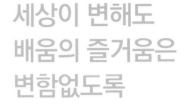

세상이 변해도
배움의 즐거움은
변함없도록

시대는 빠르게 변해도
배움의 즐거움은
변함없어야 하기에

어제의 비상은
남다른 교재부터
결이 다른 콘텐츠
전에 없던 교육 플랫폼까지

변함없는 혁신으로
교육 문화 환경의 새로운 전형을
실현해왔습니다.

비상은 오늘, 다시 한번
새로운 교육 문화 환경을 실현하기 위한
또 하나의 혁신을 시작합니다.

오늘의 내가 어제의 나를 초월하고
오늘의 교육이 어제의 교육을 초월하여
배움의 즐거움을 지속하는 혁신,

바로, 메타인지 기반 완전 학습을.

상상을 실현하는 교육 문화 기업 비상

메타인지 기반 완전 학습

초월을 뜻하는 meta와 생각을 뜻하는 인지가 결합한 메타인지는
자신이 알고 모르는 것을 스스로 구분하고 학습계획을 세우도록 하는
궁극의 학습 능력입니다. 비상의 메타인지 기반 완전 학습 시스템은
잠들어 있는 메타인지를 깨워 공부를 100% 내 것으로 만들도록 합니다.

01 다항식의 연산
9~35쪽

001 $x^3-4x^2+3yx-2y^2+y-5$

002 $-2y^2+y-5+3yx-4x^2+x^3$

003 $-2y^2+(3x+1)y+x^3-4x^2-5$

004 $x^3-4x^2-5+(3x+1)y-2y^2$

005 $x-2y$ **006** $3x^2+5x-2$ **007** x^3+x^2+9x-4

008 $2x^2-xy+y^2$ **009** $-x+3y-2$ **010** $2x^2+x-2$

011 x^3+3x^2+3x-6 **012** $-x^2+xy+2y^2$

013 $2x^3+3x^2-3x-1$ **014** $3x^2-x+9$

015 $x^3+9x^2-4x+22$ **016** $x^2-xy+2y^2$

017 $3x^2+3xy-4y^2$ **018** $-5x^2-7xy+10y^2$

019 $2x^2-x-10$ **020** $2x^2+3x$ **021** $-x^2-8x+3$

022 $2xy+4y^2$ **023** $-2x^2+6xy+6y^2$

024 $x^2-3xy-3y^2$ **025** ③ **026** $4x^3-2x^2+9x+5$

027 $12x+4$ **028** ③ **029** ④ **030** ②

031 $2a^3-a^2+3a$ **032** x^2y-2xy^2+xy

033 $2x^2+xy-3y^2$ **034** a^3+a+2

035 $x^3+x^2-3x^2y-4xy-y$ **036** $-2, -2, 1$ **037** 1

038 19 **039** -5 **040** ② **041** ⑤

042 x^3+6x^2-7x-6 **043** ① **044** ⑤ **045** -2

046 x^2+6x+9 **047** $4x^2-4x+1$ **048** $25a^2-1$

049 $\frac{1}{4}x^2-\frac{1}{9}y^2$ **050** $x^2-2x-15$ **051** $15x^2+13x+2$

052 $6x^2-11xy+4y^2$

053 $a^2+b^2+2ab+4a+4b+4$

054 $a^2+b^2+c^2+2ab-2bc-2ca$

055 $a^2+b^2+c^2-2ab+2bc-2ca$

056 $9a^2+b^2+c^2+6ab+2bc+6ca$

057 $a^2+b^2+4c^2-2ab-4bc+4ca$

058 $4a^2+9b^2+c^2-12ab+6bc-4ca$

059 $x^3+9x^2+27x+27$ **060** $27x^3+54x^2+36x+8$

061 $x^3+6x^2y+12xy^2+8y^3$ **062** $x^3-6x^2+12x-8$

063 $27x^3-27x^2+9x-1$ **064** $x^3-9x^2y+27xy^2-27y^3$

065 $8x^3-36x^2y+54xy^2-27y^3$ **066** x^3+64

067 $27x^3+1$ **068** a^3-8 **069** $27x^3-y^3$

070 x^3-2x^2-5x+6 **071** $x^3-12x^2+44x-48$

072 $x^3+2x^2-11x-12$ **073** $x^3+y^3-3xy+1$

074 $a^3+b^3-c^3+3abc$ **075** $8a^3-b^3+c^3+6abc$

076 x^4+x^2+1 **077** x^4+4x^2+16

078 $16x^4+4x^2y^2+y^4$

079 $X-x, x^2+2, x^4+x^3+2x^2+2x+4$

080 x^4+4x^3-8x **081** $x^4+x^3-10x^2+x+1$

082 $X-12, x^2+x, x^4+2x^3-11x^2-12x$

083 $x^4+2x^3-7x^2-8x+12$

084 $x^4-2x^3-25x^2+26x+120$ **085** 6 **086** -8

087 ③ **088** ① **089** 3 **090** ③ **091** ⑤ **092** 4

093 ② **094** ⑤ **095** ③ **096** ①

097 11 **098** -11 **099** 13 **100** $\sqrt{13}$ **101** 36 **102** $10\sqrt{13}$

103 10 **104** $\frac{10}{3}$ **105** 16 **106** 4 **107** -26 **108** 28

109 -2 **110** 20 **111** 2 **112** -7 **113** 14 **114** 52

115 $30\sqrt{3}$ **116** 6 **117** 11 **118** -4 **119** 1 **120** -1

121 -8 **122** 7 **123** 18 **124** 6 **125** 14 **126** -3

127 7 **128** -18 **129** 4 **130** 18 **131** 76 **132** ②

133 45 **134** ① **135** (1) 2 (2) $2\sqrt{3}$ (3) $12\sqrt{3}$ **136** ②

137 ④ **138** -1 **139** ② **140** 2 **141** ④ **142** ②

143 18 **144** ①

145 $3, 6, 3, 6, 3, 6, 9, 2, 2x+3, 2$

146 몫: x^2+3x-2, 나머지: 4

147 몫: x^2-x+1, 나머지: -4

148 몫: $x-1$, 나머지: $x+6$

149 몫: $3x-1$, 나머지: $-x-3$

150 몫: $2x^2+x+5$, 나머지: $11x+17$

151 $x^3-3x^2+4x-2=(x-3)(x^2+4)+10$

152 $2x^3-x^2+7x-5=(x^2+1)(2x-1)+5x-4$

153 $Q(x), \frac{1}{2}Q(x), \frac{1}{2}Q(x), R$

154 몫: $\frac{1}{3}Q(x)$, 나머지: R **155** 몫: $2Q(x)$, 나머지: R

156 7 **157** 9 **158** 23 **159** $8x^3+3x-5$ **160** ③

161 5 **162** ② **163** 4

164 $1, 0, -2, 6, x^2-2x, 6$

165 $-2, 0, -2, -4, 8, -7, x^2-4x+8, -7$

166 몫: x^2+5x+8, 나머지: 12

167 몫: $2x^2-4x+4$, 나머지: -3

168 몫: $4x^3-4x^2+2x-5$, 나머지: 10

169 $2x^2+2x-2, 2, x^2+x-1, x^2+x-1, 2$

170 $1, 6, 2, 18, 6, 8, 3x^2+18x+6, 8, x^2+6x+2, 8,$ $x^2+6x+2, 8$

171 몫: x^2-2x-1, 나머지: 2

172 몫: $2x^2-x-1$, 나머지: 1 **173** 72 **174** ①

175 ④ **176** ②

043 x^2, ± 1 044 $x=\pm\sqrt{3}$ 또는 $x=\pm 2$

045 $x=\pm 2i$ 또는 $x=\pm\sqrt{2}i$

046 $x=\pm\sqrt{3}i$ 또는 $x=\pm\dfrac{1}{2}$

047 $x=\pm\dfrac{\sqrt{2}}{2}$ 또는 $x=\pm\dfrac{\sqrt{3}}{3}$

048 $4x^2$, x^2-2x-2, x^2-2x-2, $1\pm\sqrt{3}$

049 $x=-2\pm\sqrt{5}$ 또는 $x=2\pm\sqrt{5}$

050 $x=\dfrac{-1\pm\sqrt{17}}{2}$ 또는 $x=\dfrac{1\pm\sqrt{17}}{2}$

051 $x=\dfrac{-1\pm\sqrt{15}i}{2}$ 또는 $x=\dfrac{1\pm\sqrt{15}i}{2}$

052 $x=\dfrac{-3\pm\sqrt{3}i}{2}$ 또는 $x=\dfrac{3\pm\sqrt{3}i}{2}$

053 3, $x+\dfrac{1}{x}$, $x+\dfrac{1}{x}$, $\dfrac{-1\pm\sqrt{3}i}{2}$, $\dfrac{-1\pm\sqrt{3}i}{2}$

054 $x=\dfrac{-1\pm\sqrt{3}i}{2}$ 또는 $x=\pm i$

055 $x=\pm i$ 또는 $x=\dfrac{5\pm\sqrt{21}}{2}$

056 $x=\dfrac{-1\pm\sqrt{3}i}{2}$ 또는 $x=\dfrac{3\pm\sqrt{5}}{2}$

057 $x=-2\pm\sqrt{3}$ 또는 $x=\dfrac{-3\pm\sqrt{5}}{2}$ 058 -9 059 ③

060 ③   061 ③   062 ①   063 1

064 -1, 4, -5 065 2, -1, 1 066 0, -3, -2

067 7, 0, 3 068 -2, $-\dfrac{1}{2}$, -1 069 2, $\dfrac{2}{3}$, 3

070 -2 071 1 072 -3 073 -3 074 $-\dfrac{1}{3}$

075 $\dfrac{2}{3}$ 076 $x^3-4x^2+3x=0$

077 $x^3+x^2-10x+8=0$ 078 $x^3-x^2-3x+3=0$

079 $x^3-x^2-3x-1=0$ 080 $x^3+5x^2+11x+15=0$

081 $x^3-2x^2+3x-6=0$

082 4, 3, -3, -1, $x^3+3x^2-4x+1=0$

083 $x^3+4x^2+3x-1=0$ 084 $x^3-8x^2+12x+8=0$

085 $x^3-3x^2-4x-1=0$ 086 ④   087 13 088 -6

089 28 090 ⑤   091 13

092 $1-\sqrt{3}$, $1-\sqrt{3}$, -4, -10, -8 093 $a=5$, $b=-2$

094 $a=2$, $b=-8$ 095 $1-2i$, $1-2i$, -1, 1, -5

096 $a=-2$, $b=-3$ 097 $a=16$, $b=-30$

098 $a=-5$, $b=-13$ 099 ⑤   100 -15 101 10

102 0 103 -1 104 -1 105 -1 106 1 107 -1

108 0 109 1 110 0 111 1 112 -1 113 -1

114 0 115 ②   116 ③   117 ④   118 ③   119 -1

120 5, 3, 2, 3, 2 121 $\begin{cases} x=-1 \\ y=-4 \end{cases}$ 또는 $\begin{cases} x=4 \\ y=1 \end{cases}$

122 $\begin{cases} x=-5 \\ y=-7 \end{cases}$ 또는 $\begin{cases} x=-1 \\ y=1 \end{cases}$ 123 $\begin{cases} x=-2 \\ y=3 \end{cases}$ 또는 $\begin{cases} x=2 \\ y=-1 \end{cases}$

124 $2x$, $-\sqrt{10}$, -4, $-\sqrt{10}$, -4

125 $\begin{cases} x=-\sqrt{11} \\ y=\sqrt{11} \end{cases}$ 또는 $\begin{cases} x=\sqrt{11} \\ y=-\sqrt{11} \end{cases}$

또는 $\begin{cases} x=-3\sqrt{3} \\ y=-\sqrt{3} \end{cases}$ 또는 $\begin{cases} x=3\sqrt{3} \\ y=\sqrt{3} \end{cases}$

126 $\begin{cases} x=-3 \\ y=1 \end{cases}$ 또는 $\begin{cases} x=3 \\ y=-1 \end{cases}$ 또는 $\begin{cases} x=-\sqrt{5} \\ y=-\sqrt{5} \end{cases}$ 또는 $\begin{cases} x=\sqrt{5} \\ y=\sqrt{5} \end{cases}$

127 $\begin{cases} x=-\sqrt{11}i \\ y=\sqrt{11}i \end{cases}$ 또는 $\begin{cases} x=\sqrt{11}i \\ y=-\sqrt{11}i \end{cases}$

또는 $\begin{cases} x=-2 \\ y=-1 \end{cases}$ 또는 $\begin{cases} x=2 \\ y=1 \end{cases}$

128 ④   129 ④   130 1 131 $x=3$, $y=1$ 132 ⑤

133 -10 134 ③   135 18 136 ④   137 ③   138 3

139 ⑤

140 4, 4, 4, 2 141 $\begin{cases} x=-4 \\ y=-1 \end{cases}$ 또는 $\begin{cases} x=-1 \\ y=-4 \end{cases}$

142 $\begin{cases} x=-6 \\ y=4 \end{cases}$ 또는 $\begin{cases} x=4 \\ y=-6 \end{cases}$ 143 $\begin{cases} x=-2 \\ y=5 \end{cases}$ 또는 $\begin{cases} x=5 \\ y=-2 \end{cases}$

144 u^2-2v, -1, -3, t^2-4t+3, 3, 3, 3, -1, -3, 3, 3

145 $\begin{cases} x=-4 \\ y=5 \end{cases}$ 또는 $\begin{cases} x=5 \\ y=-4 \end{cases}$

146 $\begin{cases} x=-2-\sqrt{3}i \\ y=-2+\sqrt{3}i \end{cases}$ 또는 $\begin{cases} x=-2+\sqrt{3}i \\ y=-2-\sqrt{3}i \end{cases}$ 또는 $\begin{cases} x=1 \\ y=1 \end{cases}$

147 ①   148 4 149 -2 150 ③   151 $5\,\mathrm{cm}$

152 $x=5$, $y=2$

153 $y-1$, 1, 0, 1, 3, 2, $(3, 2)$

154 $(-6, -1)$, $(-4, 1)$, $(-2, -5)$, $(0, -3)$

155 $(2, -3)$, $(3, -4)$, $(5, 0)$, $(6, -1)$

156 $(0, 3)$, $(2, 1)$ 157 $y-3$, $y-3$, 3, $y-3$, 3, -1

158 $x=4$, $y=3$ 159 $x=2$, $y=-1$ 160 $x=2$, $y=2$

161 ②   162 ④   163 6 164 ①   165 ⑤   166 -6

실전유형으로 중단원 점검

1 ②   2 3 3 ②   4 ②   5 ⑤   6 $\sqrt{5}$

7 ⑤   8 ②   9 $x^3+2x-4=0$ 10 ①   11 ④

12 ⑤   13 $4\sqrt{2}$ 14 ④   15 1 16 $48\,\mathrm{m}^2$ 17 ①

18 4

1 ⑤　　**2** 13　　**3** ②　　**4** −12　　**5** −1　　**6** ③

7 ③　　**8** ①　　**9** 20　　**10** ⑤　　**11** 6　　**12** ④

13 −1　　**14** ④　　**15** ②

095 −1　**096** i　**097** i　**098** 2　**099** 0　**100** 0

101 −1　**102** 1　**103** −1　**104** 1　**105** ②　**106** ④

107 −1　**108** −100　　　**109** ④　**110** ④　**111** ①

112 $\sqrt{7}i$　**113** $4i$　**114** $-2\sqrt{3}i$　　**115** $\dfrac{3}{2}i$　**116** $\pm\sqrt{5}i$

117 $\pm 6i$　**118** $\pm\dfrac{1}{3}i$　**119** $\pm\dfrac{\sqrt{3}}{5}i$　　　**120** −4　**121** $6i$

122 $3\sqrt{2}i$　**123** $-3i$　**124** $\dfrac{1}{2}i$　**125** 7　　**126** $\sqrt{3}$　**127** ⑤

128 12　**129** 8　　**130** ④　　**131** ④　　**132** $2i$

1 4　　**2** ④　　**3** ④　　**4** ②　　**5** 2　　**6** ②

7 ④　　**8** 26　　**9** ②　　**10** ①　　**11** −7　　**12** ④

03 복소수　　　　　　　67~83쪽

001 2, −1　　　　**002** −3, $\sqrt{2}$　　　**003** $\dfrac{1}{3}$, $-\dfrac{4}{3}$

004 0, 7　**005** −6, 0　　　**006** $1+\sqrt{5}$, 0

007 ㄴ, ㄹ, ㅅ, ㅈ　**008** ㄱ, ㄷ, ㅁ, ㅂ, ㅇ

009 ㄷ, ㅂ, ㅇ　　**010** $x=-1$, $y=2$　**011** $x=0$, $y=-4$

012 $x=2$, $y=-3$　**013** $x=-3$, $y=5$　**014** $x=-1$, $y=2$

015 $x=1$, $y=-2$　**016** $x=6$, $y=-3$　**017** $-2-3i$

018 $7+4i$　　　**019** $\sqrt{3}-i$　　　**020** $5+\sqrt{2}i$

021 −15　**022** $-8i$　**023** $a=3$, $b=-5$　**024** $a=-1$, $b=2$

025 $a=-\sqrt{5}$, $b=-1$　　　**026** $a=7$, $b=\sqrt{3}$

027 $a=\sqrt{2}$, $b=0$　**028** $a=0$, $b=11$　**029** 1　　**030** ⑤

031 ②　　**032** 5　　**033** ①　　**034** ③

035 $4+11i$　　**036** $3-i$　**037** $2-i$　**038** $-8-2i$

039 $3-5i$　　　**040** $4+11i$　　　**041** $6-10i$

042 $-1+7i$　　**043** $16+11i$　　　**044** $-5+14i$

045 $-5-12i$　**046** 37　**047** $3-i$　**048** $-\dfrac{1}{2}+\dfrac{1}{2}i$

049 i　　**050** $\dfrac{3}{4}+\dfrac{5}{4}i$　　　**051** $7+5i$　　　**052** $1+2i$

053 $\dfrac{7}{2}+\dfrac{1}{2}i$　　**054** $-4+5i$　　　**055** 3　　**056** $3+i$

057 $3-2i$　　**058** $\dfrac{7}{10}-\dfrac{9}{10}i$　　**059** $2-i$　**060** 4

061 $3-4i$　　**062** $\dfrac{3}{5}+\dfrac{4}{5}i$　　**063** $3+4i$

064 $8i$　**065** 25　**066** $-\dfrac{7}{25}+\dfrac{24}{25}i$

067 $a-bi$, $a-bi$, $2a+b$, $2a+b$, −1, 1, $-1+i$

068 $2+5i$　　**069** $1-i$　**070** $-2-3i$　　**071** $3+3i$

072 $3-3i$　　**073** $1+7i$　　**074** $1-7i$

075 $12+i$　　**076** $12-i$　　**077** ⑤　　**078** 3

079 ②　**080** ④　**081** ①　**082** 3　**083** ④

084 (1) 5　(2) −2　**085** ④　**086** 5　**087** ⑤　**088** ①

089 29　**090** $-5+8i$　　**091** ①　**092** 13　**093** ①

094 ④

04 이차방정식　　　　　　　85~105쪽

001 $x=-2$ (중근) **002** $x=1$ 또는 $x=2$

003 $x=-3$ 또는 $x=4$　　**004** $x=-\dfrac{1}{2}$ 또는 $x=3$

005 $x=-\dfrac{1}{2}$ 또는 $x=1$　　**006** $x=-1$ 또는 $x=\dfrac{2}{3}$

007 $x=-\dfrac{1}{2}$ 또는 $x=\dfrac{1}{2}$　　**008** $x=-2$ 또는 $x=\dfrac{1}{4}$

009 $x=\dfrac{1\pm\sqrt{13}}{2}$, 실근　　**010** $x=\dfrac{3\pm\sqrt{15}i}{2}$, 허근

011 $x=\dfrac{-5\pm\sqrt{31}i}{4}$, 허근　　**012** $x=\dfrac{-1\pm\sqrt{37}}{6}$, 실근

013 $x=2\pm\sqrt{3}i$, 허근　　**014** $x=-5\pm3\sqrt{3}$, 실근

015 $x=\dfrac{3\pm i}{2}$, 허근　　**016** $x=\dfrac{1\pm\sqrt{13}}{3}$, 실근

017 $3+2\sqrt{2}$, $2+2\sqrt{2}$, $-2-2\sqrt{2}$

018 $x=1$ 또는 $x=\sqrt{2}-1$　　**019** $x=1$ 또는 $x=\dfrac{3-3\sqrt{3}}{2}$

020 $x=3$ 또는 $x=-1-\sqrt{3}$　**021** $x=-1$ 또는 $x=1-\sqrt{5}$

022 $x+4$, −4, −4, $x-3$, 3, 3, $x=3$

023 $x=-2$ 또는 $x=2$　　**024** $x=-2$ 또는 $x=2$

025 $x=-4$ 또는 $x=5$　　**026** 3　**027** 6　**028** ⑤

029 $\sqrt{13}$　　　　**030** ②　**031** ⑤　**032** ⑤

033 $3-6\sqrt{3}$　　　**034** ②　**035** ①　**036** 12　**037** 3m

038 서로 다른 두 허근　　**039** 중근

040 서로 다른 두 실근　　**041** 서로 다른 두 실근

042 >, >, <, $\dfrac{25}{4}$　　**043** $k<\dfrac{9}{4}$　　　**044** $k>3$

045 $k>-\dfrac{1}{4}$　　046 =, =, -4　047 $\dfrac{9}{8}$　048 $\dfrac{13}{4}$

049 2　050 <, <, >, $\dfrac{1}{8}$　051 $k<-\dfrac{25}{4}$　052 $k>\dfrac{5}{2}$

053 $k>3$ 054 ⑤　055 6　056 ④　057 ②　058 24

059 ④　060 ①　061 ①　062 $\dfrac{2}{7}$

063 5, 7　064 -4, -2　065 2, -9　066 0, 11

067 $\dfrac{1}{2}$, 1　068 -2, $-\dfrac{3}{2}$　069 3　070 7

071 $\dfrac{3}{7}$　072 -5　073 $-\dfrac{5}{7}$　074 -36　075 -2

076 -4　077 -5　078 20　079 -32　080 8

081 $3a$, 5, 1, 6　082 -40 083 -6

084 $2a$, $2a$, $2a$, 3, -18　085 20　086 -3 또는 2

087 4, $m-2$, -3, -1　088 $\dfrac{1}{4}$　089 -10 또는 4

090 1, 6, 6, $a-2$, 5, 5　091 1　092 -7 또는 7

093 ④　094 ④　095 100　096 ③　097 ③　098 17

099 33　100 5　101 ④　102 ⑤　103 8　104 4

105 $x^2-6x+8=0$ 106 $x^2-2=0$　107 $x^2+2x-2=0$

108 $x^2+25=0$　109 $x^2-4x+5=0$ 110 $2x^2-7x+3=0$

111 $2x^2-1=0$　112 $2x^2-2x+1=0$

113 $x^2-2x+3=0$ 114 $x^2-x-6=0$　115 $x^2+\dfrac{2}{3}x+\dfrac{1}{3}=0$

116 $(x+\sqrt{3})(x-\sqrt{3})$　117 $(x+2i)(x-2i)$

118 $\left(x+\dfrac{1+\sqrt{5}}{2}\right)\left(x+\dfrac{1-\sqrt{5}}{2}\right)$

119 $(x+2+\sqrt{6})(x+2-\sqrt{6})$

120 $2\left(x+\dfrac{1+\sqrt{15}}{2}\right)\left(x+\dfrac{1-\sqrt{15}}{2}\right)$　121 ④

122 $2x^2-8x-1=0$　123 $x^2+x+25=0$ 124 ④

125 ①　126 -1

127 $-\sqrt{3}$　128 $3+\sqrt{2}$　129 $-2-\sqrt{5}$

130 $-\sqrt{3}-2$　131 $-2i$ 132 $1-3i$

133 $3+\sqrt{6}i$　134 $i+2$

135 $1-\sqrt{3}$, $1-\sqrt{3}$, $1-\sqrt{3}$, -2, -2　136 $a=-8$, $b=10$

137 $a=-2$, $b=-1$　138 $a=-6$, $b=1$

139 $-2-i$, $-2-i$, $-2-i$, 4, 5　140 $a=6$, $b=13$

141 $a=-4$, $b=9$ 142 $a=-2$, $b=9$ 143 ①　144 ④

145 3　146 ④　147 -3　148 ①

05 이차방정식과 이차함수　107~126쪽

001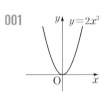

002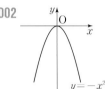

003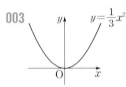

004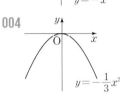

005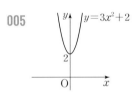

006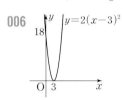

007 $y=(x-1)^2-2$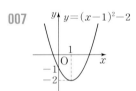

008 $y=-(x+2)^2+4$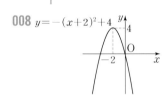

009 $y=(x-3)^2-10$,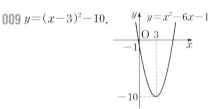

010 $y=(x-1)^2+1$,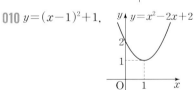

011 $y=-(x+2)^2+6$,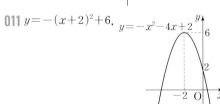

012 $y=4x^2-8x+3$　013 $y=-x^2+10x-25$

014 $y=-2x^2-4x+5$　015 $x=1$ 또는 $x=4$

016 $x=0$ 또는 $x=3$　017 $x=1$ (중근)

018 $x=-2$ 또는 $x=2$ 019 0, 2 020 1, 6 021 -2
022 -2, $\dfrac{3}{2}$ 023 5
024 서로 다른 두 점에서 만난다.
025 한 점에서 만난다(접한다). 026 만나지 않는다.
027 서로 다른 두 점에서 만난다. 028 만나지 않는다.
029 $>$, $<$ 030 $k=1$ 031 $k>1$ 032 $k<4$ 033 $k=4$
034 $k>4$ 035 $k>2$ 036 $k=2$ 037 $k<2$ 038 $k>1$ 039 $k=1$
040 $k<1$ 041 ① 042 6 043 -6 044 ② 045 2
046 ① 047 ② 048 1 049 ①

050 2, 4 051 4 052 $\dfrac{5}{2}$, 3 053 -2, 6
054 -2, $\dfrac{1}{2}$ 055 서로 다른 두 점에서 만난다.
056 서로 다른 두 점에서 만난다.
057 만나지 않는다. 058 만나지 않는다.
059 한 점에서 만난다(접한다).
060 $x-2$, $k+2$, $k+2$, 2 061 $k=2$ 062 $k>2$
063 $k<4$ 064 $k=4$ 065 $k>4$
066 $k<-\dfrac{3}{4}$ 067 $k=-\dfrac{3}{4}$ 068 $k>-\dfrac{3}{4}$
069 $k>-6$ 070 $k=-6$ 071 $k<-6$
072 -25 073 4 074 ③ 075 ① 076 ④ 077 6
078 ⑤ 079 ④ 080 ③ 081 -1 082 ⑤ 083 ⑤

084 최댓값: 없다., 최솟값: 7
085 최댓값: -3, 최솟값: 없다.
086 최댓값: 없다., 최솟값: -2
087 최댓값: 없다., 최솟값: -11
088 최댓값: 27, 최솟값: 없다. 089 4, 8, 4, 8
090 $p=2$, $q=-6$ 091 $p=-1$, $q=-3$
092 $p=2$, $q=3$ 093 $k-1$, $k-1$, $k-1$, 6 094 -1
095 2 096 7 097 최댓값: 3, 최솟값: 2
098 최댓값: 11, 최솟값: 2 099 최댓값: 6, 최솟값: 3
100 최댓값: 2, 최솟값: -2 101 최댓값: 1, 최솟값: -7
102 최댓값: 1, 최솟값: -2 103 최댓값: 5, 최솟값: -3
104 최댓값: 15, 최솟값: -1 105 최댓값: 15, 최솟값: 5
106 최댓값: 2, 최솟값: -6 107 최댓값: 3, 최솟값: -1
108 최댓값: 2, 최솟값: -1 109 1, 2, 4 110 3
111 2 112 9 113 4, -4, -4, -1, -11 114 1
115 4 116 8 117 11 118 ④ 119 ⑤ 120 -6
121 ① 122 25 123 24 124 ④ 125 32 126 44 m
127 18 m² 128 6

실전유형 으로 **중단원** 점검
1 ⑤ 2 -10 3 ② 4 29 5 10 6 ④
7 2 8 ⑤ 9 ③ 10 -6 11 -20 12 ⑤
13 50 cm² 14 10

06 여러 가지 방정식 128~159쪽

001 $x=-3$ 또는 $x=0$ (중근)
002 $x=-1$ 또는 $x=\dfrac{1\pm\sqrt{3}i}{2}$
003 $x=2$ 또는 $x=-1\pm\sqrt{3}i$
004 $x=-\dfrac{3}{2}$ 또는 $x=\dfrac{3\pm3\sqrt{3}i}{4}$
005 $x=0$(중근) 또는 $x=\pm\dfrac{\sqrt{2}}{2}i$
006 $x=-2$ 또는 $x=0$(중근) 또는 $x=2$
007 $x=\pm1$ 또는 $x=\pm i$
008 $x=\pm\dfrac{1}{2}$ 또는 $x=\pm\dfrac{1}{2}i$
009 -1, -1, x^2-x-6, $x-3$, $x-3$, 3
010 $x=-3$ 또는 $x=-2$ 또는 $x=1$
011 $x=-4$ 또는 $x=1$ (중근)
012 $x=-2$ 또는 $x=2\pm2i$ 013 $x=2$ 또는 $x=-1\pm2i$
014 $x=-3$ 또는 $x=2$ 또는 $x=6$
015 $x=-\dfrac{5}{2}$ 또는 $x=-2$ 또는 $x=3$
016 0, 1, 2, 1, x^2+x+4, x^2+x+4, $\dfrac{-1\pm\sqrt{15}i}{2}$
017 $x=-1$ 또는 $x=1$ 또는 $x=\dfrac{1\pm\sqrt{5}}{2}$
018 $x=-1$ 또는 $x=2$ 또는 $x=\pm2i$
019 $x=-3$ 또는 $x=-2$ 또는 $x=1$ 또는 $x=2$
020 $x=-3$(중근) 또는 $x=1$ (중근)
021 $x=1$ 또는 $x=2$ 또는 $x=3$ 또는 $x=4$
022 -6 023 ② 024 2 025 ③ 026 -2 027 ④
028 ⑤ 029 15 030 ② 031 ② 032 3 cm 033 3

034 x^2+1, x^2+1, 1, x^2+1, 1
035 $x=1$ 또는 $x=2$ 또는 $x=3$ 또는 $x=4$
036 $x=-5$ 또는 $x=-2$ 또는 $x=-1$ 또는 $x=2$
037 5, x^2+5x, x^2+5x, $\dfrac{-5\pm\sqrt{13}}{2}$, $\dfrac{-5\pm\sqrt{13}}{2}$
038 $x=\dfrac{3\pm\sqrt{17}}{2}$ 또는 $x=\dfrac{3\pm\sqrt{7}i}{2}$
039 $x=1\pm\sqrt{5}$ 또는 $x=1\pm2\sqrt{2}$ 040 ③ 041 ①
042 3

1 $x^2-2xy-y^2$　　2 ③　　3 ②　　4 ⑤

5 $x^4+2x^3-13x^2-14x+24$　6 36　7 ③　　8 20

9 ②　　10 $12\sqrt{6}$　11 -4　12 ③　13 ②

14 x^2-2x+1

02 나머지 정리와 인수분해　　　36~63쪽

001 ×　　002 ×　　003 ○　　004 ○　　005 ×　　006 ○

007 ○　008 $a=2$, $b=3$　009 $a=-1$, $b=5$

010 $a=2$, $b=-3$, $c=-4$　011 $a=1$, $b=-2$, $c=3$

012 $a=5$, $b=-1$, $c=-6$　013 $a=0$, $b=\dfrac{1}{2}$, $c=-1$

014 $a+b$, $a+b$, 4, -1, 2　015 $a=8$, $b=6$

016 $a=-2$, $b=-3$　　017 $a=1$, $b=1$

018 -1, 2　　019 $a=1$, $b=3$　020 $a=8$, $b=5$

021 $a=8$, $b=7$　022 $a=2$, $b=5$, $c=2$

023 $a=1$, $b=3$, $c=2$　024 $a=3$, $b=-8$, $c=9$

025 $a=6$, $b=-8$, $c=3$　026 $a=-7$, $b=3$, $c=-2$

027 ④　028 ①　029 3　030 ②　031 3　032 ③

033 1　034 ②　035 -255　　036 ④　037 ②

038 12

039 3　040 3　041 $-\dfrac{39}{8}$　　042 2　043 11

044 $\dfrac{9}{4}$　045 5　046 4　047 $\dfrac{28}{9}$　048 -5　049 -3

050 4　051 3, 3, 3, 2, 3, 2, 9　052 2　053 -1

054 -8　055 5, -1, 5, 5, -1, -1, -2, 3, $-2x+3$

056 $-12x-15$　057 $x+5$　058 $7x-13$　　059 ②

060 ①　061 -11　062 ②　063 1　064 ④　065 ①

066 ③　067 $-2x+1$　　068 ④　069 ①　070 6

071 ③

072 ×　073 ○　074 ×　075 -3　076 1　077 $-\dfrac{9}{2}$

078 -7　079 ④　080 -3　081 ①　082 28　083 ⑤

084 ①

085 $ab(b-3a)$　086 $x(1-3x+2y)$　087 $(x-y)(a-b)$

088 $(x+4y)^2$　089 $(2a-3b)^2$

090 $(2x+1)(2x-1)$　　091 $\left(x+\dfrac{1}{3}y\right)\left(x-\dfrac{1}{3}y\right)$

092 $(x+3)(x-1)$　093 $(x-3)(x-5)$

094 $(x+3)(2x-1)$　　095 $(3x-1)(2x-3)$

096 $(a+b+1)^2$　097 $(2a+b+3c)^2$　098 $(a+b-2c)^2$

099 $(x+1)^3$　　100 $(3a+1)^3$　　101 $(x-3)^3$

102 $(a-2b)^3$　　103 $(x+1)(x^2-x+1)$

104 $(3x+2)(9x^2-6x+4)$　105 $(a-4)(a^2+4a+16)$

106 $(3a-b)(9a^2+3ab+b^2)$

107 $(x-y+1)(x^2+y^2+xy-x+y+1)$

108 $(a+b+2c)(a^2+b^2+4c^2-ab-2bc-2ca)$

109 $(3x+y-z)(9x^2+y^2+z^2-3xy+yz+3zx)$

110 $(x^2+2x+4)(x^2-2x+4)$

111 $(9x^2+3x+1)(9x^2-3x+1)$

112 $(4x^2+2xy+y^2)(4x^2-2xy+y^2)$　113 ④　　114 ④

115 $x(2x-3y)^3$　116 ②　117 ④　118 ④

119 $x+y$, 3, $x+y+3$　　120 $(x-y+4)(x-y+1)$

121 $(x-1)^2(x+1)(x-3)$

122 $(x+1)(x+3)(x+5)(x-1)$

123 $(x+2)^2(x-1)^2$

124 x^2+3x, x^2+3x, x^2+3x, x^2+3x, x^2+3x, 6, 6, 6, 4

125 $(x^2+5x+2)(x^2+5x+8)$

126 $(x^2-6x+6)(x^2-6x+7)$

127 $(x+1)^2(x^2+2x-12)$　128 $4Y$, $4y^2$, $2y$

129 $(x^2+5)(x+2)(x-2)$

130 $(x+1)(x-1)(x+5)(x-5)$

131 $(x+y)(x-y)(x+3y)(x-3y)$

132 x^2, x^2, x^2-x+1　　133 $(x^2+x+3)(x^2-x+3)$

134 $(x^2+2x-4)(x^2-2x-4)$

135 $(4x^2+2xy+y^2)(4x^2-2xy+y^2)$　136 ②　137 ④

138 ①　139 ③　140 ④　141 ①

142 x^2+x-2, $x-1$, $x+y-1$

143 $(x+y)(x-2y+z)$　　144 $(x+y)(x-y)(x+z)$

145 $(x+y+1)(x^2-x+y+1)$

146 $(x+3y-1)(x+y-2)$　147 $(x+y-1)(x-y+3)$

148 b^2-c^2, $b-c$, $b-c$, $a-c$

149 $(b-c)(a+b)(a+c)$　　150 $(b-c)(a-b)(a-c)$

151 0, x^2+6x+3　152 $(x-1)(x-2)(x+3)$

153 $(x+1)(x^2+x-7)$　　154 $(x-2)(x+3)(x+5)$

155 $(x-1)(x+2)(2x-1)$　156 0, 0, x^2+2x-5

157 $(x-1)(x+1)^2(x-2)$

158 $(x-1)(x+2)(x^2+x+2)$

159 $(x+1)(x+2)(x+3)(x-3)$

160 $(x+1)(x-2)(x+2)(2x+1)$　161 ②　162 ⑤

163 $2x+y-1$　164 ⑤　165 ⑤　166 ③　167 8

168 ⑤　169 ③　170 ③　171 ④　172 ⑤

유형
만렙
LITE

개념과 유형을 잇는 기본 유형서

공통수학 1

Structure
구성과 특징

소개념

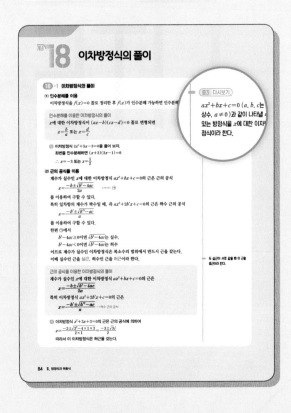

개념유형

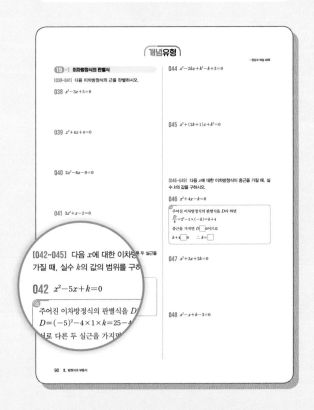

개념을 쉽게 이해하고 　　≫　　 문제로 적용 연습을 충분히 한 후

- 반드시 알아야 하는 교과서 개념을 쉽게 이해할 수 있도록 체계적으로 설명
- 이전에 배웠던 연계 개념을 다시보기 로 설명하여 개념 이해에 도움

- 개념과 공식을 확실히 자신의 것으로 만들 수 있도록 연산 문제를 풍부하게 수록
- 개념이 응용된 문제는 풀이 과정을 따라가면서 자연스럽게 유형을 익힐 수 있도록 구성

"""교과서의 중요 개념과 수준별 유형 학습으로
기본 실력을 완성하세요."""

실전유형

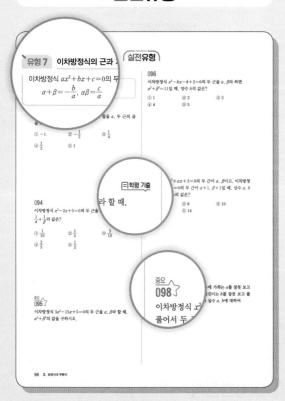

실전유형으로 중단원 점검

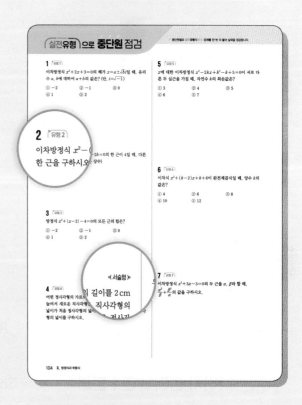

>> 실전 감각을 UP!

개념별
반복

- 유형별로 개념 또는 풀이 전략 제공
- 학교 시험 문제를 철저하게 분석하여 기본 실력을 다지는 데 꼭 필요한 유형을 선별하여 구성
- 출제율이 높은 학교 시험 문제에 중요 표시
- 기본 수준의 학평, 모평, 수능 문제 제공

중요 실전 문제로 평가!

기본
완성

- 실전유형 코너의 중요 문제를 다시 한 번 풀어 완벽하게 이해할 수 있도록 구성
- 틀린 문제는 실전유형에서 점검할 수 있도록 문제에 유형 번호 제공
- 학교 내신에 자주 출제되었던 《 서술형 》 문제 제공

Contents
차례

Ⅲ

경우의 수

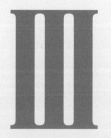

Ⅳ

행렬

I

다항식

07 연립일차부등식　161~173쪽

001 >　002 <　003 >　004 <　005 <　006 <
007 >　008 <　009 $x \geq -3$　010 해는 없다.
011 모든 실수　012 $x < 5$　013 >, <, >, <
014 $\begin{cases} a > 0 \text{일 때, } x \leq 1 \\ a = 0 \text{일 때, 모든 실수} \\ a < 0 \text{일 때, } x \geq 1 \end{cases}$　015 $\begin{cases} a > -1 \text{일 때, } x \geq 1 \\ a = -1 \text{일 때, 모든 실수} \\ a < -1 \text{일 때, } x \leq 1 \end{cases}$

016 $-4 \leq x < 2$　017 $x \geq \frac{1}{3}$　018 $-5 \leq x < 5$
019 $x \geq -1$　020 10, 9, 3, 3, 3, 9, 3
021 $-3 < x \leq 5$　022 $x \leq -1$

023 , 해는 없다.

024 , $x = 2$

025 , 해는 없다.　026 $x = 1$

027 해는 없다.　028 $x = 4$　029 9, 3, -2, 2
030 -2　031 12　032 2, 1, 1, 6　033 -11　034 7
035 16, 8, $\geq$, $\geq$　036 $a \geq 3$　037 $a \leq -7$
038 ④　039 ②　040 1　041 ①　042 3　043 ⑤
044 -5　045 ④　046 11　047 21　048 ③　049 8
050 ④　051 $1 \leq a < 2$　052 ②　053 ①　054 ④
055 18명

056 -2, -1　057 $-14 \leq x \leq 6$　058 $-4 < x < 3$
059 $\frac{2}{3} \leq x \leq 4$　060 $-5 \leq x \leq 7$　061 $-1 < x < 6$
062 -5, -3, 7　063 $x < -9$ 또는 $x > 3$
064 $x < -1$ 또는 $x > 4$　065 $x < -\frac{9}{4}$ 또는 $x > \frac{15}{4}$
066 $x \leq -2$ 또는 $x \geq 14$　067 $x < 1$ 또는 $x > \frac{7}{3}$
068 1, 1, -2, 4, 1　069 $x \leq 2$
070 $-\frac{6}{7} < x < \frac{16}{5}$　071 $x > \frac{9}{4}$
072 -4, -4, 2, -4, 3　073 $-\frac{1}{2} < x < \frac{3}{2}$
074 $x = -2$　075 $x \geq \frac{5}{2}$　076 ③　077 0
078 10　079 2　080 6　081 ③

실전유형 으로 중단원 점검
1 ①　2 ④　3 ④　4 ④　5 ③　6 3
7 ②　8 ⑤　9 20　10 ①　11 1　12 ④

08 이차부등식　175~195쪽

001 $x < 2$ 또는 $x > 5$　002 $x \leq 2$ 또는 $x \geq 5$
003 $2 < x < 5$　004 $2 \leq x \leq 5$
005 $x < -5$ 또는 $x > 1$　006 $-5 \leq x \leq 1$
007 $x - 3$, 3　008 $x < -1$ 또는 $x > 8$
009 $-4 < x < -1$　010 $x < -3$ 또는 $x > 1$
011 $-2 \leq x \leq \frac{3}{2}$　012 $x \leq -2$ 또는 $x \geq \frac{1}{3}$　013 3, 3
014 $x \neq -5$인 모든 실수　015 해는 없다.
016 모든 실수　017 $x \neq 2$인 모든 실수　018 $x = 1$
019 없다.　020 모든 실수　021 모든 실수
022 해는 없다.　023 해는 없다.　024 모든 실수
025 1　026 $-2 \leq x \leq 0$　027 ⑤　028 3　029 ③
030 ④　031 ④　032 $x \leq 1$ 또는 $x \geq 5$　033 ②
034 ③　035 25 m　036 ①

037 5, 9, 20　038 $x^2 - 9 \geq 0$　039 $x^2 - x - 2 \leq 0$
040 $x^2 + 11x + 28 > 0$　041 $x^2 + 3x < 0$
042 <, <, <, -4, 1, 3　043 $a = 1$, $b = 70$
044 $a = 3$, $b = 2$　045 $a = -1$, $b = -3$
046 $a = -2$, $b = 2$　047 ①　048 $-1 < x < \frac{1}{2}$　049 ③
050 ③　051 3　052 ④　053 $-1 \leq x \leq 4$　054 3
055 ③

056 1, 1　057 $k \geq 4$　058 $k \leq -\frac{9}{4}$　059 $k > \frac{3}{4}$
060 $k < -\frac{9}{8}$　061 $0 \leq k \leq 1$　062 $-1 < k < 3$
063 >, <, <, 4, 4　064 $0 < k < \frac{16}{9}$
065 $-5 \leq k < 0$　066 $-9 < k < -1$　067 $-1 < k \leq 1$
068 4, 2, 2　069 $k = -2\sqrt{2}$ 또는 $k = 2\sqrt{2}$
070 $k = -4$ 또는 $k = 0$　071 $k = -16$ 또는 $k = 0$
072 $k = 1$ 또는 $k = 5$　073 $\geq$, $\leq$, $\geq$　074 $k > 4$
075 $4 \leq k \leq 16$　076 $k \leq -\frac{1}{4}$　077 $\frac{1}{2} \leq k \leq 1$
078 ④　079 3　080 ②　081 ②
082 $k < -5$ 또는 $k > -1$　083 $\frac{1}{3}$　084 2　085 ⑤
086 22　087 ①　088 1　089 ⑤

090 $-1 < x \leq 4$　091 $-\frac{5}{2} \leq x \leq 1$　092 $x > 4$
093 $-\frac{3}{4} < x \leq 1$　094 $-2 < x \leq -1$ 또는 $3 \leq x < 5$
095 $-2 \leq x < -1$　096 해는 없다.　097 $-9 \leq x \leq -\frac{7}{3}$
098 $2 < x < 4$　099 $-3 \leq x < -1$ 또는 $3 < x \leq 5$
100 $4 \leq x \leq 5$　101 $2 \leq x < 8$　102 ③　103 ①
104 2　105 ④　106 ①　107 $-3 \leq a \leq -1$
108 $2 < a \leq 3$　109 3　110 ④　111 ①　112 ⑤
113 3

114 5, -5, >, >, >, >, <, <, $1 \leq k < \frac{5}{4}$
115 $k \leq -5$　116 $k > \frac{5}{4}$
117 1, 1, >, >, <, $1 \leq k < 2$　118 $k \leq -\frac{1}{4}$
119 $k > 2$　120 ⑤　121 4　122 ④　123 4　124 $k \geq 1$
125 -4

실전유형 으로 중단원 점검
1 $x \leq -1$ 또는 $x \geq 2$　2 ⑤　3 10 m
4 $-3 < x < 2$　5 ②　6 ③　7 $k < 0$ 또는 $k > 16$
8 7　9 ④　10 2　11 -2　12 -4　13 13
14 $1 \leq k < 2$　15 ④

09 경우의 수와 순열　198~217쪽

001 27　002 3　003 3　004 5　005 2　006 6
007 8　008 7　009 5　010 5　011 7
012 5, 1, 6　013 6　014 12　015 15
016 4, 2, 6　017 10　018 12　019 8　020 21
021 12　022 60　023 6　024 144　025 6　026 12
027 9　028 12　029 1, 3, 3, 6　030 10　031 12
032 18　033 6　034 2　035 8　036 9　037 6
038 15　039 2, 2, 48　040 108　041 72　042 ③
043 16　044 ④　045 6　046 ⑤　047 ④　048 40
049 ②　050 ③　051 ⑤　052 ③　053 6　054 10
055 17　056 ④　057 180　058 ②　059 84

060 20　061 8　062 504　063 840　064 6　065 1
066 24　067 120　068 1　069 1　070 8　071 5
072 4　073 2　074 4　075 0　076 120　077 24
078 42　079 60　080 336　081 24, 2, 48　082 720
083 240　084 2880　085 24, 5, 2, 20, 480

086 12　087 3600　088 14400
089 4, 2, 12　090 120　091 24　092 12
093 120, 2, 6, 12, 108　094 96　095 672　096 4320
097 4, 4, 4, 2, 12, 48　098 96　099 36　100 30
101 ④　102 8　103 ②　104 ④　105 6　106 ④
107 12　108 ⑤　109 ①　110 ⑤　111 1440　112 ④
113 30　114 ④　115 ⑤　116 12　117 ②　118 480
119 720　120 ⑤　121 ⑤　122 408　123 ④　124 ②

실전유형 으로 중단원 점검
1 ③　2 10　3 ⑤　4 ⑤　5 30　6 1620
7 ⑤　8 12　9 ④　10 14400　11 ④　12 4800
13 ③　14 dbace

10 조합　219~227쪽

001 56　002 9　003 715　004 55　005 1　006 1
007 2　008 3　009 6　010 7　011 6　012 7
013 5　014 0 또는 7　015 13　016 15　017 5
018 4　019 35　020 28　021 10　022 120　023 9
024 4, 4　025 84　026 20　027 21　028 70, 5, 65
029 31　030 16　031 5, 10, 4, 6, 24, 1440
032 24000　033 32400　034 2, 4, 8, 8, 10
035 18　036 10　037 28　038 8, 56, 4, 4, 52
039 110　040 30　041 70　042 ⑤　043 6　044 ③
045 10　046 60　047 13　048 ②　049 ②　050 6
051 ④　052 ⑤　053 ⑤　054 5명　055 ⑤　056 240
057 ②　058 ③　059 ②　060 20　061 30　062 ①
063 60

실전유형 으로 중단원 점검
1 ③　2 ④　3 11　4 ④　5 ②　6 220
7 6명　8 ⑤　9 42　10 ④　11 ②　12 150

11 행렬의 연산　231~256쪽

001 $\begin{pmatrix} 80 & 95 & 97 \\ 91 & 89 & 100 \end{pmatrix}$　002 91, 89, 100
003 95, 89　004 2　005 4　006 2, 1, 3　007 1, 2
008 1, 3　009 4, 1　010 3, 2　011 2, 4　012 3, 3　013 0
014 4　015 0　016 -1　017 3　018 -1　019 5

020 $\begin{pmatrix} -1 & -1 \\ 0 & 0 \end{pmatrix}$ 021 $\begin{pmatrix} 2 & 3 & 4 \\ 3 & 4 & 5 \end{pmatrix}$ 022 $\begin{pmatrix} 2 & 1 \\ 3 & 2 \\ 4 & 3 \end{pmatrix}$

023 $\begin{pmatrix} 1 & -1 & 1 \\ -1 & 1 & -1 \\ 1 & -1 & 1 \end{pmatrix}$ 024 $\begin{pmatrix} 0 & 1 \\ 1 & 0 \end{pmatrix}$

025 $\begin{pmatrix} 2 & 2 & 3 \\ 3 & 4 & 6 \\ 4 & 5 & 6 \end{pmatrix}$ 026 9   027 ③   028 ④

029 $\begin{pmatrix} 0 & 1 & 1 \\ 1 & 1 & 1 \\ 1 & 0 & 0 \end{pmatrix}$ 030 ③

031 $a=-1, b=4$ 032 $a=4, b=-1$ 033 $a=4, b=3$
034 $a=3, b=4$ 035 $a=2, b=5, c=-2$
036 $a=-4, b=2, c=-3$ 037 $a=1, b=2, c=4$
038 $a=2, b=3, c=8$ 039 $a=-1, b=2, c=-2$
040 ②   041 144   042 ⑤

043 $(5 \ \ 5)$ 044 $\begin{pmatrix} 1 \\ 2 \\ 2 \end{pmatrix}$ 045 $\begin{pmatrix} 3 & 1 \\ 6 & -3 \end{pmatrix}$

046 $\begin{pmatrix} -2 & 10 & 9 \\ -1 & -2 & 5 \end{pmatrix}$ 047 $\begin{pmatrix} -3 & 11 \\ -1 & 0 \\ -3 & 3 \end{pmatrix}$

048 $\begin{pmatrix} 7 & 3 & -4 \\ 3 & 5 & 6 \\ 1 & 1 & 3 \end{pmatrix}$ 049 $(1 \ \ -4)$

050 $\begin{pmatrix} -10 \\ 8 \\ -4 \end{pmatrix}$ 051 $\begin{pmatrix} 2 & -2 \\ -1 & 9 \end{pmatrix}$

052 $\begin{pmatrix} 2 & 4 & 2 \\ -8 & 4 & -7 \end{pmatrix}$ 053 $\begin{pmatrix} 2 & -1 \\ 2 & -3 \\ -14 & -3 \end{pmatrix}$

054 $\begin{pmatrix} -2 & 2 & -4 \\ 4 & -1 & -6 \\ -1 & -12 & 14 \end{pmatrix}$ 055 $\begin{pmatrix} 6 & -4 \\ 13 & 10 \end{pmatrix}$

056 $\begin{pmatrix} 7 & -1 \\ 13 & 2 \end{pmatrix}$ 057 $\begin{pmatrix} -6 & -2 \\ -9 & 0 \end{pmatrix}$ 058 $\begin{pmatrix} 2 & 2 \\ 1 & 12 \end{pmatrix}$

059 $\begin{pmatrix} -6 & 0 \\ 18 & 12 \end{pmatrix}$ 060 $\begin{pmatrix} 4 & 0 \\ -12 & -8 \end{pmatrix}$ 061 $\begin{pmatrix} -1 & 0 \\ 3 & 2 \end{pmatrix}$

062 $\begin{pmatrix} 4 & 0 \\ 0 & 13 \end{pmatrix}$ 063 $\begin{pmatrix} 6 & 1 \\ -3 & 16 \end{pmatrix}$ 064 $\begin{pmatrix} 2 & -7 \\ 21 & 31 \end{pmatrix}$

065 $\begin{pmatrix} -4 & 4 \\ -12 & -27 \end{pmatrix}$ 066 $\begin{pmatrix} 2 & 7 \\ -21 & -18 \end{pmatrix}$

067 $\begin{pmatrix} -2 & 11 \\ -33 & -45 \end{pmatrix}$ 068 $\begin{pmatrix} 2 & 6 \\ 12 & -4 \end{pmatrix}$

069 $\begin{pmatrix} -5 & 2 \\ -5 & -5 \end{pmatrix}$ 070 $\begin{pmatrix} 14 & -9 \\ 9 & 17 \end{pmatrix}$ 071 $\begin{pmatrix} -7 & 13 \\ 8 & -16 \end{pmatrix}$

072 4, 20, 5, 5, -3

073 $A=\begin{pmatrix} 0 & 2 \\ 4 & -3 \end{pmatrix}, B=\begin{pmatrix} 2 & -1 \\ -1 & 1 \end{pmatrix}$

074 $A=\begin{pmatrix} 3 & -1 \\ -2 & 4 \end{pmatrix}, B=\begin{pmatrix} 0 & 3 \\ 9 & -11 \end{pmatrix}$

075 $x=2, y=-2$ 076 $x=2, y=-5$ 077 $x=-2, y=3$
078 $x=-1, y=-4$ 079 ①   080 1   081 ③

082 $\begin{pmatrix} 10 & 21 \\ -9 & -22 \end{pmatrix}$ 083 ②   084 ③   085 19   086 ①

087 ④   088 ①   089 1   090 22

091 32   092 -10 093 $(-6 \ \ 14)$

094 $(-4 \ \ 26)$ 095 $\begin{pmatrix} 5 & 10 \\ -3 & -6 \end{pmatrix}$ 096 $\begin{pmatrix} 8 & -32 \\ -4 & 16 \end{pmatrix}$

097 $\begin{pmatrix} -6 \\ -1 \end{pmatrix}$ 098 $\begin{pmatrix} 11 \\ -7 \end{pmatrix}$ 099 $\begin{pmatrix} 2 & 24 \\ 3 & 6 \end{pmatrix}$

100 $\begin{pmatrix} 24 & -12 \\ -12 & 18 \end{pmatrix}$ 101 $\begin{pmatrix} -4 & -19 \\ 2 & -48 \end{pmatrix}$ 102 $\begin{pmatrix} 4 & 26 \\ -3 & 18 \end{pmatrix}$

103 $\begin{pmatrix} -2 & 3 \\ 3 & 0 \end{pmatrix}$ 104 $\begin{pmatrix} 2 & 5 \\ 14 & 17 \end{pmatrix}$ 105 $\begin{pmatrix} 19 & -2 \\ -1 & 2 \end{pmatrix}$

106 $\begin{pmatrix} 8 & 14 \\ 20 & 32 \end{pmatrix}$ 107 $\begin{pmatrix} -8 & -6 \\ -3 & -15 \end{pmatrix}$

108 $x=-2, y=3$ 109 $x=2, y=-3$ 110 $x=-1, y=4$
111 $x=-5, y=-3$ 112 $x=1, y=4$
113 $x=2, y=4$ 114 ④   115 ②   116 ⑤   117 ②
118 7   119 ④   120 ③   121 $a+b$ 122 ④

123 $\begin{pmatrix} 1 & -9 \\ 0 & 4 \end{pmatrix}$ 124 $\begin{pmatrix} -1 & 21 \\ 0 & -8 \end{pmatrix}$ 125 $\begin{pmatrix} 1 & -45 \\ 0 & 16 \end{pmatrix}$

126 $\begin{pmatrix} 4 & 0 \\ 4 & 0 \end{pmatrix}$ 127 $\begin{pmatrix} 8 & 0 \\ 8 & 0 \end{pmatrix}$ 128 $\begin{pmatrix} 16 & 0 \\ 16 & 0 \end{pmatrix}$

129 ①   130 ②   131 9   132 ④   133 ③   134 34

135 $\begin{pmatrix} 7 & 0 \\ -1 & -2 \end{pmatrix}$ 136 $\begin{pmatrix} -1 & 2 \\ 4 & 6 \end{pmatrix}$ 137 $\begin{pmatrix} -4 & 0 \\ 12 & 6 \end{pmatrix}$

138 $\begin{pmatrix} 11 & 8 \\ 3 & 4 \end{pmatrix}$ 139 $-1, 5$ 140 $\begin{pmatrix} 1 \\ 3 \end{pmatrix}$

141 $\begin{pmatrix} 14 \\ 2 \end{pmatrix}$ 142 $\begin{pmatrix} -12 \\ 4 \end{pmatrix}$ 143 ①   144 ④   145 -8

146 ④   147 3   148 13   149 ⑤   150 ②   151 2

152 $\begin{pmatrix} -1 & 0 \\ 0 & -1 \end{pmatrix}$ 153 $\begin{pmatrix} 3 & 0 \\ 0 & 3 \end{pmatrix}$ 154 $\begin{pmatrix} 1 & 0 \\ 0 & 1 \end{pmatrix}$

155 $\begin{pmatrix} 1 & 0 \\ 0 & 1 \end{pmatrix}$ 156 A^2-E 157 $A^2-4A+4E$

158 A^3+E 159 E, 4   160 2   161 3   162 6

163 ⑤   164 9   165 1   166 3   167 4   168 ④

실전유형 으로 중단원 점검 ──────
1 12   2 ③   3 ④   4 ②   5 -3 6 -5
7 -5 8 ②   9 -200 10 -8 11 1   12 16
13 18   14 ①

개념 01 다항식의 덧셈과 뺄셈

01 -1 다항식의 정리

한 개 또는 두 개 이상의 항의 합으로 이루어진 식을 **다항식**이라 한다.
다항식은 다음과 같은 방법으로 정리할 수 있고, 특별한 언급이 없으면 주로 내림차순으로 정리한다.

> (1) **내림차순**: 한 문자에 대하여 차수가 높은 항부터 낮은 항의 순서로 나타내는 것
> (2) **오름차순**: 한 문자에 대하여 차수가 낮은 항부터 높은 항의 순서로 나타내는 것

예 다항식 $5xy+2x^2-3y+1$을
- x에 대한 내림차순으로 정리하면 $2x^2+5yx-3y+1$
- x에 대한 오름차순으로 정리하면 $-3y+1+5yx+2x^2$
- y에 대한 내림차순으로 정리하면 $(5x-3)y+2x^2+1$
- y에 대한 오름차순으로 정리하면 $2x^2+1+(5x-3)y$

> **중1 다시보기**
> **> 다항식에 대한 용어**
> (1) 항: 다항식을 이루고 있는 각각의 단항식
> (2) 상수항: 특정한 문자를 포함하지 않는 항
> (3) 계수: 항에서 특정한 문자를 제외한 나머지 부분
> (4) 항의 차수: 항에서 특정한 문자가 곱해진 개수
> (5) 다항식의 차수: 다항식에서 차수가 가장 높은 항의 차수
> (6) 동류항: 특정한 문자에 대한 차수가 같은 항

01 -2 다항식의 덧셈과 뺄셈

(1) 다항식의 덧셈과 뺄셈

다항식의 덧셈과 뺄셈은 괄호가 있는 경우 괄호 앞의 부호에 따라

$$A+(B-C)=A+B-C \quad \rightarrow \text{덧셈은 부호가 그대로}$$
$$A-(B-C)=A-B+C \quad \rightarrow \text{뺄셈은 부호가 반대로}$$

와 같이 괄호를 없앤 다음 동류항끼리 모아서 계산한다.

> **다항식의 덧셈과 뺄셈**
> 괄호가 있는 경우 괄호를 풀고, 동류항끼리 모아서 계산한다.
> 이때 뺄셈은 빼는 식의 각 항의 부호를 바꾸어 더한다.

예
$$
\begin{aligned}
(x^2-5x+2)-(3x^2-4x+1) &= x^2-5x+2-3x^2+4x-1 \quad \rightarrow \text{괄호를 푼다.}\\
&= (1-3)x^2+(-5+4)x+2-1 \quad \rightarrow \text{동류항끼리 모아서 계산한다.}\\
&= -2x^2-x+1
\end{aligned}
$$

(2) 다항식의 덧셈에 대한 성질

다항식의 덧셈에 대하여 다음과 같은 성질이 성립한다.

> 세 다항식 A, B, C에 대하여
> ① 교환법칙: $A+B=B+A$
> ② 결합법칙: $(A+B)+C=A+(B+C)$

참고 다항식의 덧셈에 대한 결합법칙이 성립하므로 $(A+B)+C$, $A+(B+C)$를 간단히 $A+B+C$로 나타낼 수 있다.

> 다항식의 뺄셈에 대해서는 교환법칙과 결합법칙이 성립하지 않는다.

• 정답과 해설 2쪽

01 -1 다항식의 정리

[001~004] 다항식 $x^3-2y^2-4x^2+3xy+y-5$에 대하여 다음과 같이 정리하시오.

001 x에 대한 내림차순

002 x에 대한 오름차순

003 y에 대한 내림차순

004 y에 대한 오름차순

01 -2 다항식의 덧셈과 뺄셈

[005~008] 다음을 계산하시오.

005 $(3x-5y+1)+(-2x+3y-1)$

006 $(x^2-2x+1)+(2x^2+7x-3)$

007 $(2x^3-x^2+3x+1)+(-x^3+2x^2+6x-5)$

008 $(x^2+2xy-y^2)+(x^2-3xy+2y^2)$

[009~012] 다음을 계산하시오.

009 $(x+2y-3)-(2x-y-1)$

010 $(x^2+3x-2)-(-x^2+2x)$

011 $(2x^3+x^2+3x-5)-(x^3-2x^2+1)$

012 $(x^2-2xy+3y^2)-(2x^2-3xy+y^2)$

[013~015] 두 다항식 $A=x^3+3x^2-2x+4$, $B=x^3-x-5$에 대하여 다음을 계산하시오.

013 $A+B$

014 $A-B$

015 $A+2(A-B)$

[016~018] 두 다항식 $A=2x^2+xy-y^2$, $B=-x^2-2xy+3y^2$에 대하여 다음을 계산하시오.

016 $A+B$

017 $A-B$

018 $A-B-2(A-2B)$

[019~021] 세 다항식 $A=2x^2+x-5$, $B=-x^2+3x-8$, $C=x^2-5x+3$에 대하여 다음을 계산하시오.

019 $A+B+C$

020 $A-B-C$

021 $2A+C-(3A-B-C)$

[022~024] 두 다항식 $A=x^2-2xy-y^2$, $B=-x^2+4xy+5y^2$에 대하여 다음을 만족시키는 다항식 X를 구하시오.

022 $A=X-B$

023 $B=X+A$

024 $A-2X=B$

• 정답과 해설 3쪽

유형 1 다항식의 덧셈과 뺄셈

다항식의 덧셈과 뺄셈은 다음과 같은 순서로 계산한다.
(1) 괄호가 있는 경우 괄호를 푼다.
(2) 동류항끼리 모아서 계산한다.

025 학평 기출

두 다항식 $A=x^2+3xy+2y^2$, $B=2x^2-3xy-y^2$에 대하여 $A+B$를 간단히 하면?

① x^2+3y^2
② $3x^2-2y^2$
③ $3x^2+y^2$
④ $x^2-2xy+3y^2$
⑤ $3x^2-2xy+y^2$

026

두 다항식
$$A=x^3-x^2+7x+8, \ B=-2x^3+5x+11$$
에 대하여 $A+B-(-A+2B)$를 계산하시오.

027

세 다항식
$$A=x^2+4x-3, \ B=5x^2-2x+1, \ C=2x^2+3x+4$$
에 대하여 $A-(B-2C)$를 계산하시오.

028

두 다항식
$$A=x^2+2xy, \ B=2x^2-xy+y^2$$
에 대하여 $3A-2\{7A-4B-3(2A-B)\}$를 계산하면?

① $-3x^2+4xy-2y^2$
② $2x^2+12xy+2y^2$
③ $5x^2+2y^2$
④ $5x^2+4xy-2y^2$
⑤ $5x^2+12xy+2y^2$

중요
029 ☆

두 다항식
$$A=x^2+4x-5, \ B=3x^3+x^2-2x+1$$
에 대하여 $B=3X-2A$를 만족시키는 다항식 X는?

① $-x^3+x^2+2x+3$
② $-x^3+2x^2+x+3$
③ x^3-x^2-2x-3
④ x^3+x^2+2x-3
⑤ x^3+2x^2+x-3

030

두 다항식 A, B에 대하여
$$A-2B=-3x^2+5xy, \ A+B=3x^2+2xy+6y^2$$
일 때, $A-B$를 계산하면?

① $-x^2-4xy+2y^2$
② $-x^2+4xy+2y^2$
③ $-x^2+4xy+6y^2$
④ $x^2+2xy+2y^2$
⑤ $x^2+4xy+2y^2$

개념 02 다항식의 곱셈

02 -1 다항식의 곱셈

(1) 지수법칙

단항식과 단항식의 곱셈은 다음과 같은 지수법칙을 이용하여 계산한다.

> a, b는 실수, m, n은 자연수일 때
> ① $a^m \times a^n = a^{m+n}$
> ② $(a^m)^n = a^{mn}$
> ③ $(ab)^n = a^n b^n$
> ④ $\left(\dfrac{b}{a}\right)^n = \dfrac{b^n}{a^n}$ (단, $a \neq 0$)
> ⑤ $a^m \div a^n = \begin{cases} a^{m-n} & (m > n일 때) \\ 1 & (m = n일 때) \\ \dfrac{1}{a^{n-m}} & (m < n일 때) \end{cases}$ (단, $a \neq 0$)

> **예** ① $2^2 \times 2^4 = 2^{2+4} = 2^6 = 64$ ② $(2^2)^4 = 2^{2 \times 4} = 2^8 = 256$
> ③ $(2 \times 3)^3 = 2^3 \times 3^3 = 8 \times 27 = 216$ ④ $\left(\dfrac{2}{3}\right)^3 = \dfrac{2^3}{3^3} = \dfrac{8}{27}$
> ⑤ $2^{10} \div 2^3 = 2^{10-3} = 2^7 = 128$, $2^{10} \div 2^{10} = 1$, $2^3 \div 2^{10} = \dfrac{1}{2^{10-3}} = \dfrac{1}{2^7} = \dfrac{1}{128}$

(2) 다항식의 곱셈

단항식과 다항식 또는 다항식과 다항식의 곱셈은 다음과 같은 분배법칙

$$m(a+b) = ma + mb, \quad (a+b)(c+d) = ac + ad + bc + bd$$

와 지수법칙을 이용하여 식을 전개한 다음 동류항끼리 모아서 계산한다.

> **다항식의 곱셈**
> 분배법칙과 지수법칙을 이용하여 식을 전개한 다음 동류항끼리 모아서 계산한다.

● 괄호를 풀어 하나의 다항식으로 나타내는 것을 전개한다고 하고, 전개하여 얻은 다항식을 전개식이라 한다.

> **예** $(3x+2y)(x+3y) = \underset{①}{3x^2} + \underset{②}{9xy} + \underset{③}{2xy} + \underset{④}{6y^2}$ → 분배법칙과 지수법칙을 이용하여 전개한다.
> $= 3x^2 + 11xy + 6y^2$ → 동류항끼리 모아서 계산한다.

(3) 다항식의 곱셈에 대한 성질

다항식의 곱셈에 대하여 다음과 같은 성질이 성립한다.

> 세 다항식 A, B, C에 대하여
> ① 교환법칙: $AB = BA$
> ② 결합법칙: $(AB)C = A(BC)$
> ③ 분배법칙: $A(B+C) = AB + AC$, $(A+B)C = AC + BC$

> **참고** 다항식의 곱셈에 대한 결합법칙이 성립하므로 $(AB)C$, $A(BC)$를 간단히 ABC로 나타낼 수 있다.

• 정답과 해설 4쪽

02 -1 다항식의 곱셈

[031~035] 다음 식을 전개하시오.

031 $a(2a^2-a+3)$

032 $xy(x-2y+1)$

033 $(x-y)(2x+3y)$

034 $(a+1)(a^2-a+2)$

035 $(x^2-3xy-y)(x+1)$

[036~039] 다음 식의 전개식에서 [   ] 안의 항의 계수를 구하시오.

036 $(x^3+x^2-4)(x^2-2x+3)$ $[x^3]$

주어진 식에서 x^3항이 나오는 부분만 계산하면

$x^3 \times 3 = 3x^3$

$x^2 \times (-2x) = \boxed{}x^3$

$(x^3+x^2-4)(x^2-2x+3)$

따라서 x^3의 계수는

$3+(\boxed{}) = \boxed{}$

037 $(x-2y-3)(2x+5y-1)$ $[xy]$

038 $(2x^2-x+6)(x^2-3x+5)$ $[x^2]$

039 $(x^3-2x^2+x-5)(2x^2-x+1)$ $[x^4]$

유형 2 다항식의 곱셈

다항식의 곱셈은 다음과 같은 순서로 계산한다.
(1) 분배법칙과 지수법칙을 이용하여 식을 전개한다.
(2) 동류항끼리 모아서 계산한다.

040

다항식 $(a-b)(3a^2-ab-b^2)$을 전개하면?

① $3a^3-4a^2b-2ab^2+b^3$ 　② $3a^3-4a^2b+b^3$

③ $3a^3-2a^2b+b^3$ 　④ $3a^3+4a^2b+b^3$

⑤ $3a^3+4a^2b+2ab^2+b^3$

041

다항식 $(x+2y-3)(x-2y-1)$을 전개하면?

① $x^2-4xy-4y^2+4x+3$

② $x^2-4xy-4y^2+4y+3$

③ $x^2-4y^2-4x-4y+3$

④ $x^2-4y^2-4x+4y-3$

⑤ $x^2-4y^2-4x+4y+3$

중요
042 ☆

세 다항식 $A=2x^2-x-1$, $B=-x^2+x+1$, $C=x+5$에 대하여 $A-BC$를 계산하시오.

유형 3 다항식의 전개식에서 계수 구하기

다항식의 전개식에서 특정 항의 계수를 구할 때는 분배법칙을 이용하여 특정한 항이 나오도록 각 다항식에서 하나씩 택하여 곱한다.

043

다항식 $(x-3y+1)(2x+2y-3)$의 전개식에서 x의 계수를 a, xy의 계수를 b라 할 때, $a+b$의 값은?

① -5 　② -4 　③ -3

④ -2 　⑤ -1

044

다항식 $(x^3-x^2+2x-5)(3x^2+x-2)$의 전개식에서 x^3의 계수는?

① -11 　② -8 　③ -3

④ 1 　⑤ 3

중요
045 ☆

다항식 $(x^2-5x-2)(3x^2+x+k)$의 전개식에서 x의 계수가 8일 때, 상수 k의 값을 구하시오.

개념 03 곱셈 공식

03-1 곱셈 공식 (1)

다항식의 곱셈은 분배법칙과 지수법칙을 이용하여 직접 전개하여 구할 수도 있지만 곱셈 공식을 이용하면 편리하게 계산할 수 있다. 중학교에서 배운 곱셈 공식은 다음과 같다.

(1) $(a+b)^2=a^2+2ab+b^2$, $(a-b)^2=a^2-2ab+b^2$
(2) $(a+b)(a-b)=a^2-b^2$
(3) $(x+a)(x+b)=x^2+(a+b)x+ab$
(4) $(ax+b)(cx+d)=acx^2+(ad+bc)x+bd$

예 (1) $(2x+1)^2=(2x)^2+2\times2x\times1+1^2=4x^2+4x+1$
$\quad(x-3)^2=x^2-2\times x\times3+3^2=x^2-6x+9$
(2) $(2x+3y)(2x-3y)=(2x)^2-(3y)^2=4x^2-9y^2$
(3) $(x+1)(x-3)=x^2+\{1+(-3)\}x+1\times(-3)=x^2-2x-3$
(4) $(2x+3)(x+2)=(2\times1)x^2+(2\times2+3\times1)x+3\times2=2x^2+7x+6$

03-2 곱셈 공식 (2)

고등학교에서 새롭게 배우는 곱셈 공식은 다음과 같다.

(1) $(a+b+c)^2=a^2+b^2+c^2+2ab+2bc+2ca$
(2) $(a+b)^3=a^3+3a^2b+3ab^2+b^3$, $(a-b)^3=a^3-3a^2b+3ab^2-b^3$
(3) $(a+b)(a^2-ab+b^2)=a^3+b^3$, $(a-b)(a^2+ab+b^2)=a^3-b^3$
(4) $(x+a)(x+b)(x+c)=x^3+(a+b+c)x^2+(ab+bc+ca)x+abc$
(5) $(a+b+c)(a^2+b^2+c^2-ab-bc-ca)=a^3+b^3+c^3-3abc$
(6) $(a^2+ab+b^2)(a^2-ab+b^2)=a^4+a^2b^2+b^4$

예 (1) $(a+b+1)^2=a^2+b^2+1^2+2\times a\times b+2\times b\times1+2\times1\times a=a^2+b^2+2ab+2a+2b+1$
(2) $(x+2)^3=x^3+3\times x^2\times2+3\times x\times2^2+2^3=x^3+6x^2+12x+8$
$\quad(2x-1)^3=(2x)^3-3\times(2x)^2\times1+3\times2x\times1^2-1^3=8x^3-12x^2+6x-1$
(3) $(x+3)(x^2-3x+9)=(x+3)(x^2-x\times3+3^2)=x^3+3^3=x^3+27$
$\quad(x-2y)(x^2+2xy+4y^2)=(x-2y)\{x^2+x\times2y+(2y)^2\}=x^3-(2y)^3=x^3-8y^3$
(4) $(x+1)(x+2)(x+3)=x^3+(1+2+3)x^2+(1\times2+2\times3+3\times1)x+1\times2\times3$
$\qquad\qquad\qquad\qquad=x^3+6x^2+11x+6$
(5) $(a+b-1)(a^2+b^2+1-ab+a+b)$
$\quad=(a+b-1)\{a^2+b^2+(-1)^2-a\times b-b\times(-1)-(-1)\times a\}$
$\quad=a^3+b^3+(-1)^3-3\times a\times b\times(-1)=a^3+b^3+3ab-1$
(6) $(x^2+3x+9)(x^2-3x+9)=(x^2+x\times3+3^2)(x^2-x\times3+3^2)$
$\qquad\qquad\qquad\qquad=x^4+x^2\times3^2+3^4=x^4+9x^2+81$

개념유형

03-1 곱셈 공식 (1)

[046~049] 곱셈 공식을 이용하여 다음 식을 전개하시오.

046 $(x+3)^2$

047 $(2x-1)^2$

048 $(5a-1)(5a+1)$

049 $\left(\dfrac{1}{2}x+\dfrac{1}{3}y\right)\left(\dfrac{1}{2}x-\dfrac{1}{3}y\right)$

[050~052] 곱셈 공식을 이용하여 다음 식을 전개하시오.

050 $(x+3)(x-5)$

051 $(3x+2)(5x+1)$

052 $(2x-y)(3x-4y)$

03-2 곱셈 공식 (2)

[053~058] 곱셈 공식을 이용하여 다음 식을 전개하시오.

053 $(a+b+2)^2$

054 $(a+b-c)^2$

055 $(a-b-c)^2$

056 $(3a+b+c)^2$

057 $(a-b+2c)^2$

058 $(2a-3b-c)^2$

[059~065] 곱셈 공식을 이용하여 다음 식을 전개하시오.

059 $(x+3)^3$

060 $(3x+2)^3$

061 $(x+2y)^3$

062 $(x-2)^3$

063 $(3x-1)^3$

064 $(x-3y)^3$

065 $(2x-3y)^3$

[066~069] 곱셈 공식을 이용하여 다음 식을 전개하시오.

066 $(x+4)(x^2-4x+16)$

067 $(3x+1)(9x^2-3x+1)$

068 $(a-2)(a^2+2a+4)$

069 $(3x-y)(9x^2+3xy+y^2)$

[070~072] 곱셈 공식을 이용하여 다음 식을 전개하시오.

070 $(x-3)(x-1)(x+2)$

071 $(x-6)(x-4)(x-2)$

072 $(x-3)(x+1)(x+4)$

[073~075] 곱셈 공식을 이용하여 다음 식을 전개하시오.

073 $(x+y+1)(x^2+y^2+1-xy-x-y)$

074 $(a+b-c)(a^2+b^2+c^2-ab+bc+ca)$

075 $(2a-b+c)(4a^2+b^2+c^2+2ab+bc-2ca)$

[076~078] 곱셈 공식을 이용하여 다음 식을 전개하시오.

076 $(x^2+x+1)(x^2-x+1)$

077 $(x^2+2x+4)(x^2-2x+4)$

078 $(4x^2+2xy+y^2)(4x^2-2xy+y^2)$

[079~081] 다음 식을 전개하시오.

079 $(x^2+2x+2)(x^2-x+2)$

$x^2+2=X$로 놓으면
$$(x^2+2x+2)(x^2-x+2)=\{(x^2+2)+2x\}\{(x^2+2)-x\}$$
$$=(X+2x)(\boxed{})$$
$$=X^2+xX-2x^2$$
$$=(\boxed{})^2+x(x^2+2)-2x^2$$
$$=x^4+4x^2+4+x^3+2x-2x^2$$
$$=\boxed{}$$

080 $(x^2+2x)(x^2+2x-4)$

081 $(x^2+4x+1)(x^2-3x+1)$

[082~084] 다음 식을 전개하시오.

082 $x(x-3)(x+1)(x+4)$

공통부분이 생기도록 두 일차식의 상수항의 합이 같게 짝을 지어 전개하면
$$x(x-3)(x+1)(x+4)=\{x(x+1)\}\{(x-3)(x+4)\}$$
$$=(x^2+x)(x^2+x-12) \quad\cdots\cdots\;\text{⊙}$$
$x^2+x=X$로 놓으면 ⊙에서
$$(x^2+x)(x^2+x-12)=X(\boxed{})=X^2-12X$$
$$=(x^2+x)^2-12(\boxed{})$$
$$=x^4+2x^3+x^2-12x^2-12x$$
$$=\boxed{}$$

083 $(x-2)(x-1)(x+2)(x+3)$

084 $(x-5)(x-3)(x+2)(x+4)$

• 정답과 해설 7쪽

유형 4 곱셈 공식을 이용한 식의 전개

(1) $(a+b+c)^2=a^2+b^2+c^2+2ab+2bc+2ca$

(2) $(a+b)^3=a^3+3a^2b+3ab^2+b^3$
  $(a-b)^3=a^3-3a^2b+3ab^2-b^3$

(3) $(a+b)(a^2-ab+b^2)=a^3+b^3$
  $(a-b)(a^2+ab+b^2)=a^3-b^3$

(4) $(x+a)(x+b)(x+c)$
  $=x^3+(a+b+c)x^2+(ab+bc+ca)x+abc$

(5) $(a+b+c)(a^2+b^2+c^2-ab-bc-ca)$
  $=a^3+b^3+c^3-3abc$

(6) $(a^2+ab+b^2)(a^2-ab+b^2)=a^4+a^2b^2+b^4$

085
학평 기출

다항식 $(2x+y)^3$의 전개식에서 xy^2의 계수를 구하시오.

086

다항식 $(2x-y)(4x^2+2xy+y^2)$을 전개하면 ax^3+by^3일 때, 상수 a, b에 대하여 ab의 값을 구하시오.

중요
087

다음 중 옳지 <u>않은</u> 것은?

① $(2a-3)^3=8a^3-36a^2+54a-27$

② $(3a-2b)(9a^2+6ab+4b^2)=27a^3-8b^3$

③ $(x-y+z)^2=x^2+y^2+z^2-2xy-2yz-2zx$

④ $(x-5)(x-1)(x+3)=x^3-3x^2-13x+15$

⑤ $(9x^2+3x+1)(9x^2-3x+1)=81x^4+9x^2+1$

088

다항식 $(x-y-1)(x^2+y^2+xy+x-y+1)$을 전개하면 $x^3-y^3+axy+b$일 때, 상수 a, b에 대하여 $a+2b$의 값은?

① -5 ② -2 ③ 2

④ 5 ⑤ 8

089
학평 기출

다항식 $(x+a)^3+x(x-4)$의 전개식에서 x^2의 계수가 10일 때, 상수 a의 값을 구하시오.

090

다항식 $(x-2)(x+2)(x^2-2x+4)(x^2+2x+4)$를 전개하면?

① x^4-16 ② x^4+16 ③ x^6-64

④ x^6+64 ⑤ x^6+8x^3+64

091

다항식 $(2x-y)^3(2x+y)^3$의 전개식에서 x^4y^2의 계수를 a, x^2y^4의 계수를 b라 할 때, $b-a$의 값은?

① 12   ② 24   ③ 36

④ 48   ⑤ 60

유형 5   **공통부분이 있는 식의 전개**

(1) 공통부분을 한 문자로 놓고 전개한 후 원래의 식을 대입한다.
(2) (일차식)×(일차식)×(일차식)×(일차식) 꼴
  ➡ 공통부분이 생기도록 일차식을 두 개씩 짝을 지어 전개한
    후 공통부분을 치환한다.

092

다항식 $(x^2-x-3)(x^2-x+4)$를 전개하면
$x^4+ax^3+bx^2+cx-12$일 때, 상수 a, b, c에 대하여 abc
의 값을 구하시오.

093

다항식 $(x^2-x-2)(x^2-3x-2)$를 전개하면?

① $x^4-4x^3-7x^2+8x+4$

② $x^4-4x^3-x^2+8x+4$

③ $x^4-4x^3+x^2+8x+4$

④ $x^4+4x^3-x^2+8x+4$

⑤ $x^4+4x^3+x^2+8x+4$

094

다항식 $(a+b-c)(a-b+c)$를 전개하면?

① $a^2-b^2-c^2-2ab$ ② $a^2-b^2-c^2-2bc$

③ $a^2-b^2-c^2$ ④ $a^2-b^2-c^2+2ab$

⑤ $a^2-b^2-c^2+2bc$

095 중요

다항식 $(x-2)(x-1)(x+4)(x+5)$를 전개하면?

① $x^4-6x^3-5x^2+42x+40$

② $x^4-6x^3+5x^2-42x+40$

③ $x^4+6x^3-5x^2-42x+40$

④ $x^4+6x^3-5x^2+42x+40$

⑤ $x^4+6x^3+5x^2-42x+40$

096

다항식 $(x-5)(x-3)(x-1)(x+1)$을 전개하면
$x^4-8x^3+ax^2+bx-15$일 때, 상수 a, b에 대하여 $a-2b$
의 값은?

① -2 ② 0   ③ 2

④ 4   ⑤ 6

개념 04 곱셈 공식의 변형

04-1 곱셈 공식의 변형 (1)

문자의 합 또는 차와 곱의 값이 주어질 때, 다음과 같은 곱셈 공식의 변형을 이용하면 여러 가지 식의 값을 편리하게 구할 수 있다.

> (1) $a^2+b^2=(a+b)^2-2ab=(a-b)^2+2ab$
>
> (2) $a^3+b^3=(a+b)^3-3ab(a+b)$, $a^3-b^3=(a-b)^3+3ab(a-b)$
>
> (3) $a^2+b^2+c^2=(a+b+c)^2-2(ab+bc+ca)$
>
> (4) $a^2+b^2+c^2-ab-bc-ca=\dfrac{1}{2}\{(a-b)^2+(b-c)^2+(c-a)^2\}$
>
> $a^2+b^2+c^2+ab+bc+ca=\dfrac{1}{2}\{(a+b)^2+(b+c)^2+(c+a)^2\}$
>
> (5) $a^3+b^3+c^3=(a+b+c)(a^2+b^2+c^2-ab-bc-ca)+3abc$

(1)~(3) 및 (5)는 곱셈 공식의 항을 적절히 이항하여 나타낸 것으로 간단히 확인할 수 있다.
(4)의 유도 과정을 알아보자.

$$a^2+b^2+c^2-ab-bc-ca=\frac{1}{2}(2a^2+2b^2+2c^2-2ab-2bc-2ca)$$
$$=\frac{1}{2}\{(a^2-2ab+b^2)+(b^2-2bc+c^2)+(c^2-2ca+a^2)\}$$
$$=\frac{1}{2}\{(a-b)^2+(b-c)^2+(c-a)^2\}$$

04-2 곱셈 공식의 변형 (2)

곱셈 공식의 변형

$$a^2+b^2=(a+b)^2-2ab=(a-b)^2+2ab,$$
$$a^3+b^3=(a+b)^3-3ab(a+b),\ a^3-b^3=(a-b)^3+3ab(a-b)$$

의 식에 a 대신 x, b 대신 $\dfrac{1}{x}$을 대입하면 다음과 같은 식을 얻을 수 있다.

> (1) $x^2+\dfrac{1}{x^2}=\left(x+\dfrac{1}{x}\right)^2-2=\left(x-\dfrac{1}{x}\right)^2+2$
>
> (2) $x^3+\dfrac{1}{x^3}=\left(x+\dfrac{1}{x}\right)^3-3\left(x+\dfrac{1}{x}\right)$, $x^3-\dfrac{1}{x^3}=\left(x-\dfrac{1}{x}\right)^3+3\left(x-\dfrac{1}{x}\right)$

예 $x+\dfrac{1}{x}=-2$일 때, 다음 식의 값을 구해 보자.

(1) $x^2+\dfrac{1}{x^2}=\left(x+\dfrac{1}{x}\right)^2-2=(-2)^2-2=4-2=2$

(2) $x^3+\dfrac{1}{x^3}=\left(x+\dfrac{1}{x}\right)^3-3\left(x+\dfrac{1}{x}\right)=(-2)^3-3\times(-2)=-8+6=-2$

04 -1 곱셈 공식의 변형 (1)

[097~102] $a+b=3$, $ab=-1$일 때, 다음 식의 값을 구하시오. (단, $a>b$)

097 a^2+b^2

098 $\dfrac{b}{a}+\dfrac{a}{b}$

099 $(a-b)^2$

100 $a-b$

101 a^3+b^3

102 a^3-b^3

[103~108] $a-b=-2$, $ab=3$일 때, 다음 식의 값을 구하시오. (단, $a>0$, $b>0$)

103 a^2+b^2

104 $\dfrac{b}{a}+\dfrac{a}{b}$

105 $(a+b)^2$

106 $a+b$

107 a^3-b^3

108 a^3+b^3

[109~110] $x+y=2$, $x^2+y^2=8$일 때, 다음 식의 값을 구하시오.

109 xy

110 x^3+y^3

[111~112] $x-y=-1$, $x^2+y^2=5$일 때, 다음 식의 값을 구하시오.

111 xy

112 x^3-y^3

[113~115] $a=2+\sqrt{3}$, $b=2-\sqrt{3}$일 때, 다음 식의 값을 구하시오.

113 a^2+b^2

114 a^3+b^3

115 a^3-b^3

[116~117] 다음을 구하시오.

116 $a+b+c=2$, $ab+bc+ca=-1$일 때, $a^2+b^2+c^2$의 값

117 $a+b+c=6$, $a^2+b^2+c^2=14$일 때, $ab+bc+ca$의 값

[118~119] $a+b+c=1$, $a^2+b^2+c^2=9$, $abc=-4$일 때, 다음 식의 값을 구하시오.

118 $ab+bc+ca$

119 $\dfrac{1}{a}+\dfrac{1}{b}+\dfrac{1}{c}$

[120~121] $x+y+z=-2$, $x^2+y^2+z^2=6$, $xyz=2$일 때, 다음 식의 값을 구하시오.

120 $xy+yz+zx$

121 $x^3+y^3+z^3$

04 -2 곱셈 공식의 변형 (2)

[122~123] $x+\dfrac{1}{x}=3$일 때, 다음 식의 값을 구하시오.

122 $x^2+\dfrac{1}{x^2}$

123 $x^3+\dfrac{1}{x^3}$

[124~125] $x-\dfrac{1}{x}=2$일 때, 다음 식의 값을 구하시오.

124 $x^2+\dfrac{1}{x^2}$

125 $x^3-\dfrac{1}{x^3}$

[126~128] $x^2+3x+1=0$일 때, 다음 식의 값을 구하시오.

126 $x+\dfrac{1}{x}$

> $x\neq0$이므로 $x^2+3x+1=0$의 양변을 x로 나누면
>
> $x+3+\dfrac{1}{x}=0$ $\quad\therefore\ x+\dfrac{1}{x}=\boxed{}$

127 $x^2+\dfrac{1}{x^2}$

128 $x^3+\dfrac{1}{x^3}$

[129~131] $x^2-4x-1=0$일 때, 다음 식의 값을 구하시오.

129 $x-\dfrac{1}{x}$

130 $x^2+\dfrac{1}{x^2}$

131 $x^3-\dfrac{1}{x^3}$

유형 6 곱셈 공식의 변형 $-a^n \pm b^n$ 꼴

(1) $a^2+b^2=(a+b)^2-2ab=(a-b)^2+2ab$

(2) $a^3+b^3=(a+b)^3-3ab(a+b)$

$a^3-b^3=(a-b)^3+3ab(a-b)$

132 학평 기출

$x+y=\sqrt{2}$, $xy=-2$일 때, $\dfrac{x^2}{y}+\dfrac{y^2}{x}$의 값은?

① $-5\sqrt{2}$　　　② $-4\sqrt{2}$　　　③ $-3\sqrt{2}$

④ $-2\sqrt{2}$　　　⑤ $-\sqrt{2}$

중요
133

$x+y=3$, $x^2+y^2=13$일 때, x^3+y^3의 값을 구하시오.

중요
134

$x=\sqrt{2}-1$, $y=\sqrt{2}+1$일 때, x^3-y^3의 값은?

① -14　　　② -12　　　③ -10

④ -8　　　⑤ -6

135

$x-y=2$, $x^3-y^3=20$일 때, 다음 식의 값을 구하시오.

(단, $x>0$, $y>0$)

(1) xy

(2) $x+y$

(3) x^3+y^3

유형 7 곱셈 공식의 변형 $-a^n+b^n+c^n$ 꼴

(1) $a^2+b^2+c^2=(a+b+c)^2-2(ab+bc+ca)$

(2) $a^2+b^2+c^2-ab-bc-ca$

$=\dfrac{1}{2}\{(a-b)^2+(b-c)^2+(c-a)^2\}$

(3) $a^3+b^3+c^3=(a+b+c)(a^2+b^2+c^2-ab-bc-ca)+3abc$

136 학평 기출

$x+y-z=5$, $xy-yz-zx=4$일 때, $x^2+y^2+z^2$의 값은?

① 15　　　② 17　　　③ 19

④ 21　　　⑤ 23

137

$a-b=8$, $b-c=6$, $c-a=-14$일 때,

$a^2+b^2+c^2-ab-bc-ca$의 값은?

① 25　　　② 37　　　③ 74

④ 148　　　⑤ 296

중요
138

$a+b+c=3$, $a^2+b^2+c^2=13$, $a^3+b^3+c^3=42$일 때, abc의 값을 구하시오.

유형 8 곱셈 공식의 변형 – $x^n \pm \dfrac{1}{x^n}$ 꼴

(1) $x^2 + \dfrac{1}{x^2} = \left(x + \dfrac{1}{x}\right)^2 - 2 = \left(x - \dfrac{1}{x}\right)^2 + 2$

(2) $x^3 + \dfrac{1}{x^3} = \left(x + \dfrac{1}{x}\right)^3 - 3\left(x + \dfrac{1}{x}\right)$

$x^3 - \dfrac{1}{x^3} = \left(x - \dfrac{1}{x}\right)^3 + 3\left(x - \dfrac{1}{x}\right)$

139

$x + \dfrac{1}{x} = -4$일 때, $x^3 + x^2 + \dfrac{1}{x^2} + \dfrac{1}{x^3}$의 값은?

① -40 ② -38 ③ -36
④ -34 ⑤ -32

140

$x^2 + \dfrac{1}{x^2} = 2$일 때, $x^3 + \dfrac{1}{x^3}$의 값을 구하시오. (단, $x > 0$)

중요
141 ☆

$x^2 - 3x + 1 = 0$일 때, $x^3 - \dfrac{1}{x^3}$의 값은? (단, $x > 1$)

① $2\sqrt{5}$ ② $4\sqrt{5}$ ③ $6\sqrt{5}$
④ $8\sqrt{5}$ ⑤ $10\sqrt{5}$

유형 9 곱셈 공식의 활용

(1) 복잡한 수의 계산은 적절한 수를 문자로 치환한 후 곱셈 공식을 이용한다.

(2) 도형에 대한 활용 문제에서는 선분의 길이를 문자로 놓고 주어진 둘레의 길이, 넓이, 부피 등을 이용하여 식을 세운 후 곱셈 공식을 이용한다.

142 🔲학평 기출

$2016 \times 2019 \times 2022 = 2019^3 - 9a$가 성립할 때, 상수 a의 값은?

① 2018 ② 2019 ③ 2020
④ 2021 ⑤ 2022

중요
143 ☆

오른쪽 그림과 같이 반지름의 길이가 4인 원에 둘레의 길이가 20인 직사각형이 내접할 때, 이 직사각형의 넓이를 구하시오.

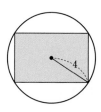

144 🔲학평 기출

두 정육면체의 모든 모서리 길이의 합은 60이고, 겉넓이의 합은 126이다. 이 두 정육면체의 부피의 합은?

① 95 ② 100 ③ 105
④ 110 ⑤ 115

개념 05 다항식의 나눗셈

05 -1 다항식의 나눗셈

(다항식)÷(다항식)의 계산은 각 다항식을 내림차순으로 정리한 후 자연수의 나눗셈과
같이 세로셈으로 계산하여 몫과 나머지를 구한다.
예를 들어 $(2x^2+3x-7) \div (x+3)$을 계산해 보면

$$
\begin{array}{r}
2x-3 \quad \rightarrow \text{몫} \\
x+3 \overline{)\, 2x^2+3x-7 } \\
2x^2+6x \quad \cdots\cdots (x+3) \times 2x \\
\overline{-3x-7} \\
-3x-9 \quad \cdots\cdots (x+3) \times (-3) \\
\overline{2} \quad \rightarrow \text{나머지}
\end{array}
$$

따라서 다항식 $2x^2+3x-7$을 $x+3$으로 나누었을 때의 몫은 $2x-3$, 나머지는 2이다.

> **다항식의 나눗셈**
>
> 두 다항식을 각각 내림차순으로 정리한 후 자연수의 나눗셈과 같은 방법으로 계산
> 한다.
> 이때 나머지가 상수가 되거나 나머지의 차수가 나누는 식의 차수보다 작아질 때까
> 지 나눈다.

● (다항식)÷(단항식)의 계산은
나눗셈을 역수의 곱셈으로 바꾸
어 계산한다.

● 다항식의 나눗셈은 자연수의 나
눗셈과 다르게 나머지가 음수인
경우도 있다.

05 -2 다항식의 나눗셈에 대한 등식

자연수 a를 자연수 $b\,(b \neq 0)$로 나누었을 때의 몫을 q, 나머지를 r라 하면
$$a = bq + r \ (0 \leq r < b)$$
와 같이 나타낼 수 있는 것처럼 다항식의 나눗셈에서도 등식으로 나타낼 수 있다.

> **다항식의 나눗셈에 대한 등식**
>
> 다항식 A를 다항식 $B\,(B \neq 0)$로 나누었을 때의 몫을 Q,
> 나머지를 R라 하면
> $$A = BQ + R$$
> (단, R는 상수 또는 (R의 차수)<(B의 차수))
> 특히 $R=0$이면 A는 B로 나누어떨어진다고 한다.

$$
\begin{array}{r}
Q \\
B \overline{)\, A } \\
BQ \\
\overline{A-BQ=R}
\end{array}
$$

● 나누는 식이 n차이면 나머지 R
는 $(n-1)$차 이하의 다항식 또
는 상수이다. (단, $n \geq 2$)

예 다항식 $2x^2+3x-7$을 $x+3$으로 나누었을 때의 몫이 $2x-3$, 나머지가 2이므로
$$2x^2+3x-7 = (x+3)\underset{\text{몫}}{(2x-3)}+\underset{\text{나머지}}{2}$$

05 -1 다항식의 나눗셈

[145~150] 다음 나눗셈의 몫과 나머지를 구하시오.

145 $(2x^3-x^2+11) \div (x^2-2x+3)$

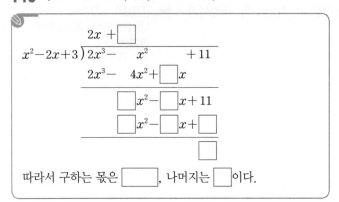

따라서 구하는 몫은 $\boxed{}$, 나머지는 $\boxed{}$이다.

146 $(x^3+2x^2-5x+6) \div (x-1)$

147 $(2x^3-3x^2+3x-5) \div (2x-1)$

148 $(x^3-x+7) \div (x^2+x-1)$

149 $(3x^3-x^2+2x-4) \div (x^2+1)$

150 $(4x^4-x^2+x-8) \div (2x^2-x-5)$

05 -2 다항식의 나눗셈에 대한 등식

[151~152] 다음 두 다항식 A, B에 대하여 A를 B로 나누었을 때의 몫을 Q, 나머지를 R라 할 때, $A=BQ+R$ 꼴로 나타내시오.

151 $A=x^3-3x^2+4x-2$, $B=x-3$

• 정답과 해설 11쪽

152 $A=2x^3-x^2+7x-5$, $B=x^2+1$

[153~155] 다음 물음에 답하시오.

153 다항식 $f(x)$를 $x-3$으로 나누었을 때의 몫을 $Q(x)$, 나머지를 R라 할 때, $f(x)$를 $2(x-3)$으로 나누었을 때의 몫과 나머지를 구하시오.

> $f(x)$를 $x-3$으로 나누었을 때의 몫이 $Q(x)$, 나머지가 R이므로
>
> $f(x)=(x-3)\boxed{}+R$
>
> $=2(x-3)\times\boxed{}+R$
>
> 따라서 $f(x)$를 $2(x-3)$으로 나누었을 때의 몫은 $\boxed{}$,
>
> 나머지는 $\boxed{}$이다.

154 다항식 $f(x)$를 $x+4$로 나누었을 때의 몫을 $Q(x)$, 나머지를 R라 할 때, $f(x)$를 $3x+12$로 나누었을 때의 몫과 나머지를 구하시오.

155 다항식 $f(x)$를 $2x-4$로 나누었을 때의 몫을 $Q(x)$, 나머지를 R라 할 때, $f(x)$를 $x-2$로 나누었을 때의 몫과 나머지를 구하시오.

유형 10 다항식의 나눗셈 – 몫과 나머지

> 다항식의 나눗셈은 각 다항식을 내림차순으로 정리한 후 자연수의 나눗셈과 같은 방법으로 계산한다. 이때 나머지의 차수가 나누는 식의 차수보다 작아지거나 나머지가 상수가 될 때까지 나눈다.

156

다음은 다항식 $2x^3-5x^2+6x-3$을 $x-2$로 나누는 과정이다. 상수 a, b, c, d에 대하여 $a+b+c+d$의 값을 구하시오.

$$
\begin{array}{r}
2x^2+ax\ +4 \\
x-2\overline{\smash{\big)}\,2x^3-5x^2+6x-3} \\
\underline{2x^3-4x^2} \\
-x^2+bx \\
\underline{-x^2+2x} \\
4x+c \\
\underline{4x-8} \\
d
\end{array}
$$

157 학평 기출

다항식 $2x^3-x^2+x+3$을 $x+1$로 나눈 몫을 $Q(x)$라 할 때, $Q(-1)$의 값을 구하시오.

중요
158 학평 기출

다항식 $x^4+2x^3+11x-4$를 x^2+2x+3으로 나누었을 때의 몫과 나머지를 각각 $Q(x)$, $R(x)$라 하자.
$Q(2)+R(1)$의 값을 구하시오.

다항식의 나눗셈 – $A=BQ+R$ 꼴의 이용

> 다항식 A를 다항식 $B\,(B\neq0)$로 나누었을 때의 몫을 Q, 나머지를 R라 하면
> $$A=BQ+R$$
> (단, R는 상수 또는 (R의 차수)<(B의 차수))

159

다항식 $f(x)$를 $4x^2+2x+1$로 나누었을 때의 몫이 $2x-1$이고 나머지가 $3x-4$일 때, $f(x)$를 구하시오.

중요
160

다항식 $3x^3-2x^2+2x+1$을 다항식 A로 나누었을 때의 몫이 $3x+4$이고 나머지가 $10x+1$일 때, 다항식 A는?

① x^2-3x ② x^2-2x-1 ③ x^2-2x

④ x^2-2x+1 ⑤ x^2+2x

161

다항식 $f(x)$를 $x+1$로 나누었을 때의 몫이 x^2-2x+2이고 나머지가 3이다. $f(x)$를 x^2+1로 나누었을 때의 몫을 $Q(x)$, 나머지를 $R(x)$라 할 때, $Q(x)+R(x)$를 구하시오.

몫과 나머지의 변형

> 다항식 $f(x)$를 $x+\dfrac{b}{a}\,(a\neq0)$로 나누었을 때의 몫을 $Q(x)$, 나머지를 R라 하면
> $$f(x)=\left(x+\frac{b}{a}\right)Q(x)+R$$
> $$=\frac{1}{a}(ax+b)Q(x)+R$$
> $$=(ax+b)\times\frac{1}{a}Q(x)+R$$
> ➡ 다항식 $f(x)$를 $ax+b$로 나누었을 때의 몫은 $\dfrac{1}{a}Q(x)$, 나머지는 R이다.

중요
162

다항식 $f(x)$를 $x+\dfrac{5}{2}$로 나누었을 때의 몫을 $Q(x)$, 나머지를 R라 할 때, $f(x)$를 $2x+5$로 나누었을 때의 몫과 나머지를 차례대로 나열한 것은?

① $\dfrac{1}{2}Q(x),\ \dfrac{1}{2}R$ ② $\dfrac{1}{2}Q(x),\ R$

③ $Q(x),\ R$ ④ $2Q(x),\ R$

⑤ $2Q(x),\ 2R$

163

다항식 $f(x)$를 $3x-6$으로 나누었을 때의 몫을 $Q(x)$, 나머지를 R라 할 때, $f(x)$를 $x-2$로 나누었을 때의 몫이 $aQ(x)$, 나머지가 $b\times R$이다. 상수 a, b에 대하여 $a+b$의 값을 구하시오.

개념 06 조립제법

06-1 조립제법

다항식을 일차식으로 나눌 때, 직접 나눗셈을 하지 않고 계수와 상수항만을 이용하여 몫과 나머지를 구하는 방법을 **조립제법**이라 한다.

예를 들어 $(x^3-x+5) \div (x+2)$의 몫과 나머지는 조립제법을 이용하여 다음과 같은 순서로 구할 수 있다.

(1) 다항식의 각 항의 계수를 차례대로 적는다. 이때 특정 차수의 항이 없으면 계수가 0이므로 그 자리에 0을 적는다. 가장 왼쪽에는 (나누는 식)$=0$이 되는 x의 값, 즉 $x+2=0$인 x의 값 -2를 적는다.

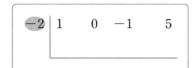

(2) 다항식의 최고차항의 계수 1을 그대로 내려 적은 후 (1)에서 적은 수 -2와 1의 곱인 -2를 0 아래에 적고, 0과 -2의 합인 -2를 -2의 아래에 적는다. 이와 같은 과정을 반복하여 나머지 자리를 채운다.

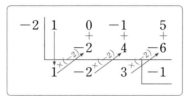

(3) (2)의 마지막 계산 결과인 -1이 나머지이고 이를 제외한 1, -2, 3이 차례대로 몫의 x^2의 계수, x의 계수, 상수항이다.

➡ $x^3-x+5=(x+2)(\underline{x^2-2x+3})\underline{-1}$
  몫 나머지

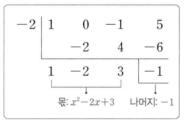

몫: x^2-2x+3 나머지: -1

이때 $(x^3-x+5) \div (x+2)$의 몫과 나머지를 다항식의 나눗셈과 조립제법을 이용하여 구한 것을 비교하면 다음과 같다.

• 다항식의 나눗셈 이용

$$\begin{array}{r} x^2-2x+3 \\ x+2 \overline{)\ x^3\quad -x+5} \\ \underline{x^3+2x^2} \\ -2x^2-x \\ \underline{-2x^2-4x} \\ 3x+5 \\ \underline{3x+6} \\ -1 \end{array}$$

• 조립제법 이용

$$\begin{array}{r|rrrr} -2 & 1 & 0 & -1 & 5 \\ & & -2 & 4 & -6 \\ \hline & 1 & -2 & 3 & -1 \end{array}$$

조립제법
다항식을 일차식으로 나누었을 때의 몫과 나머지는 조립제법을 이용하여 간단히 구할 수 있다.

나누는 일차식의 계수가 1이 아닌 경우에는 나눗셈에 대한 등식을 세우고 이를 변형하여 몫과 나머지를 구한다.

• 정답과 해설 12쪽

06 -1 조립제법

[164~168] 조립제법을 이용하여 다음 나눗셈의 몫과 나머지를 구하시오.

164 $(x^3-3x^2+2x+6)\div(x-1)$

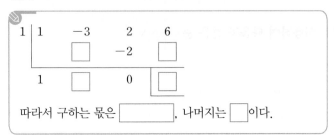

따라서 구하는 몫은 ☐ , 나머지는 ☐ 이다.

165 $(x^3-2x^2+9)\div(x+2)$

$$
\begin{array}{c|cccc}
\boxed{} & 1 & -2 & \boxed{} & 9 \\
 & & \boxed{} & 8 & -16 \\
\hline
 & 1 & \boxed{} & \boxed{} & \boxed{}
\end{array}
$$

따라서 구하는 몫은 ☐ , 나머지는 ☐ 이다.

166 $(x^3+3x^2-2x-4)\div(x-2)$

167 $(2x^3-3x^2+2x-1)\div\left(x+\dfrac{1}{2}\right)$

168 $(4x^4-2x^2-3x+5)\div(x+1)$

[169~172] 조립제법을 이용하여 다음 나눗셈의 몫과 나머지를 구하시오.

169 $(2x^3+3x^2-x+1)\div(2x+1)$

$2x+1=2\left(x+\dfrac{1}{2}\right)$이므로 다음과 같이 조립제법을 이용하면

$$
\begin{array}{c|cccc}
-\dfrac{1}{2} & 2 & 3 & -1 & 1 \\
 & & -1 & -1 & 1 \\
\hline
 & 2 & 2 & -2 & \boxed{2}
\end{array}
$$
$\rightarrow 2x^3+3x^2-x+1$을 $x+\dfrac{1}{2}$로 나누는 조립제법

$2x^3+3x^2-x+1$을 $x+\dfrac{1}{2}$로 나누었을 때의

몫은 ☐ , 나머지는 ☐ 이므로

$2x^3+3x^2-x+1=\left(x+\dfrac{1}{2}\right)(2x^2+2x-2)+2$

$\qquad\qquad\qquad =(2x+1)(\boxed{})+2$

따라서 구하는 몫은 ☐ , 나머지는 ☐ 이다.

170 $(3x^3+17x^2+6)\div(3x-1)$

$$
\begin{array}{c|cccc}
\dfrac{1}{3} & 3 & 17 & 0 & 6 \\
 & & \boxed{} & \boxed{} & \boxed{} \\
\hline
 & 3 & \boxed{} & \boxed{} & \boxed{}
\end{array}
$$

$\therefore 3x^3+17x^2+6=\left(x-\dfrac{1}{3}\right)(\boxed{})+\boxed{}$

$\qquad\qquad\qquad =(3x-1)(\boxed{})+\boxed{}$

따라서 구하는 몫은 ☐ , 나머지는 ☐ 이다.

171 $(2x^3-5x^2+3)\div(2x-1)$

172 $(6x^3+x^2-5x-1)\div(3x+2)$

유형13 조립제법

다항식을 일차식으로 나누었을 때의 몫과 나머지를 구할 때는 조립제법을 이용하면 편리하다.

참고 나누는 일차식의 계수가 1이 아닌 경우에는 나눗셈에 대한 등식을 세우고 이를 변형하여 몫과 나머지를 구한다.

➡ 다항식을 $x+\dfrac{b}{a}$로 나누었을 때의 몫이 $Q(x)$, 나머지가 R이면 다항식을 $ax+b$로 나누었을 때의 몫은 $\dfrac{1}{a}Q(x)$, 나머지는 R임을 이용한다.

173

다음은 조립제법을 이용하여 다항식 x^3-2x^2+5x-7을 $x-3$으로 나누었을 때의 몫과 나머지를 구하는 과정이다. 상수 a, b, c, d에 대하여 $abcd$의 값을 구하시오.

a	1	-2	5	-7
		b	3	24
	1	c	d	17

174

다음은 조립제법을 이용하여 다항식 ax^3+8x^2-3x+b를 $x+4$로 나누었을 때의 몫과 나머지를 구하는 과정이다. 상수 a, b, c, d에 대하여 $a+b+c+d$의 값은? (단, k는 상수)

k	a	8	-3	b
		c	0	12
	2	d	-3	1

① -17 ② -15 ③ -13
④ -11 ⑤ -9

175

다음은 조립제법을 이용하여 다항식 x^3-5x-6을 $x+2$로 나누었을 때의 몫과 나머지를 구하는 과정이다. 몫을 $Q(x)$라 할 때, $Q(ad)-bc$의 값은? (단, a, b, c, d는 상수)

-2	1	a	-5	b
		-2	c	2
	1	d	-1	-4

① 20   ② 21   ③ 22
④ 23   ⑤ 24

중요
176 ☆

다음은 조립제법을 이용하여 다항식 $3x^3+4x^2-7x+8$을 $3x-2$로 나누었을 때의 몫과 나머지를 구하는 과정이다. 이때 몫과 나머지를 차례대로 나열한 것은?

$\dfrac{2}{3}$	3	4	-7	8
		2	4	-2
	3	6	-3	6

① x^2+2x-1, 2   ② x^2+2x-1, 6
③ x^2+2x-1, 18   ④ $3x^2+6x-3$, 2
⑤ $3x^2+6x-3$, 6

1 [유형 1]

두 다항식 $A=x^2-xy+2y^2$, $B=4x^2-6xy+2y^2$에 대하여 $2(X+A)=B$를 만족시키는 다항식 X를 구하시오.

2 [유형 2]

세 다항식 $A=x+2y$, $B=3x^2-xy-y^2$, $C=x-y-1$에 대하여 $AC-B$를 계산하면?

① $-2x^2-y^2-x-y$

② $-2x^2+xy-y^2-x-2y$

③ $-2x^2+2xy-y^2-x-2y$

④ $2x^2+y^2+x+2y$

⑤ $2x^2+2xy+y^2+x+2y$

3 [유형 3]

다항식 $(4x^2-x+k)(x^2+2x-5)$의 전개식에서 x^2의 계수가 -19일 때, 상수 k의 값은?

① 2   ② 3   ③ 4

④ 5   ⑤ 6

4 [유형 4]

다음 중 옳은 것은?

① $(a+b+2c)^2=a^2+b^2+4c^2+2ab+2bc+2ca$

② $(3x-2)^3=27x^3-18x^2+36x-8$

③ $(2a-1)(4a^2+2a+1)=8a^3+1$

④ $(x-4)(x+2)(x+5)=x^3+3x^2-28x-40$

⑤ $(x^2-2xy+4y^2)(x^2+2xy+4y^2)=x^4+4x^2y^2+16y^4$

5 [유형 5]

다항식 $(x-3)(x-1)(x+2)(x+4)$를 전개하시오.

6 [유형 6]

$x-y=3$, $x^2+y^2=11$일 때, x^3-y^3의 값을 구하시오.

7 [유형 6]

$x=1+\sqrt{2}$, $y=1-\sqrt{2}$일 때, x^3+y^3+2xy의 값은?

① 8   ② 10   ③ 12

④ 14   ⑤ 16

8 유형7

$x+y+z=2$, $x^2+y^2+z^2=14$, $xyz=-6$일 때, $x^3+y^3+z^3$의 값을 구하시오.

9 유형8

$x^2-2\sqrt{3}x-1=0$일 때, $x^3+\dfrac{1}{x^3}$의 값은? (단, $x>0$)

① 48   ② 52   ③ 56
④ 60   ⑤ 64

10 유형9 ◁ 서술형 ▷

오른쪽 그림과 같이 반지름의 길이가 $3\sqrt{5}$인 원에 넓이가 18인 직사각형이 내접할 때, 이 직사각형의 둘레의 길이를 구하시오.

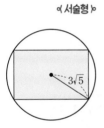

11 유형10

다항식 x^3-2x+1을 x^2+x+1로 나누었을 때의 몫을 $Q(x)$, 나머지를 $R(x)$라 할 때, $Q(-1)+R(2)$의 값을 구하시오.

12 유형11

다항식 $3x^3-4x^2+4x+2$를 다항식 A로 나누었을 때의 몫이 $3x^2-x+3$이고 나머지가 5일 때, 다항식 A는?

① $x-3$ ② $x-2$ ③ $x-1$
④ $x+1$ ⑤ $x+2$

13 유형12

다항식 $f(x)$를 $x-\dfrac{1}{2}$로 나누었을 때의 몫을 $Q(x)$, 나머지를 R라 할 때, $f(x)$를 $2x-1$로 나누었을 때의 몫과 나머지를 차례대로 나열한 것은?

① $\dfrac{1}{2}Q(x)$, $\dfrac{1}{2}R$ ② $\dfrac{1}{2}Q(x)$, R

③ $\dfrac{1}{2}Q(x)$, $2R$ ④ $Q(x)$, R

⑤ $Q(x)$, $2R$

14 유형13

다음은 조립제법을 이용하여 다항식 $2x^3-5x^2+2x+1$을 $2x-1$로 나누었을 때의 몫과 나머지를 구하는 과정이다. 이때 몫과 나머지의 합을 구하시오.

$\frac{1}{2}$	2	-5	2	1
		1	-2	0
	2	-4	0	1

개념 07 항등식의 뜻

07-1 항등식의 뜻

등식에는 방정식과 항등식이 있다.

등식 $x^2+3x=4$의 좌변에 $x=1$을 대입하면 좌변과 우변이 모두 4이므로 등식이 성립하고, $x=2$를 대입하면 좌변은 10, 우변은 4이므로 등식이 성립하지 않는다.

이와 같이 x에 특정한 값을 대입하였을 때만 성립하는 등식을 방정식이라 한다.

한편 등식 $x+2x=3x$의 좌변을 정리하면 $3x=3x$이므로 x에 어떤 값을 대입하여도 등식이 항상 성립한다.

이와 같이 x에 어떤 값을 대입하여도 항상 성립하는 등식을 x에 대한 **항등식**이라 한다.

● **중1 다시보기**
> **등식**: 등호를 사용하여 수량 사이의 관계를 나타낸 식
> **방정식**: x의 값에 따라 참이 되기도 하고 거짓이 되기도 하는 등식

> **항등식**
> 문자를 포함한 등식에서 문자에 어떤 값을 대입하여도 항상 성립하는 등식

예 • $x(x+1)=0$은 $x=-1$ 또는 $x=0$을 대입하였을 때만 등식이 성립하므로 방정식이다.
　　• $(x-1)^2=x^2-2x+1$은 x에 어떤 값을 대입하여도 항상 등식이 성립하므로 항등식이다.

참고 다음 표현은 모두 x에 대한 항등식을 나타낸다.
　(1) 모든 x에 대하여 성립하는 등식
　(2) 임의의 x에 대하여 성립하는 등식
　(3) x의 값에 관계없이 항상 성립하는 등식
　(4) 어떤 x의 값에 대하여도 항상 성립하는 등식

개념유형

• 정답과 해설 15쪽

07-1 항등식의 뜻

[001~007] 다음 등식이 x에 대한 항등식인 것은 ○를, 항등식이 아닌 것은 ×를 ( ) 안에 써넣으시오.

001 $2x-1=0$　　　　　　( )

002 $x^2-2x=3$　　　　　( )

003 $x^2=x(x+3)-3x$　　( )

004 $x^2+x-6=(x-2)(x+3)$　　( )

005 $(x+1)(x-1)=x^2+x$　　( )

006 $x^2+3=(x+1)^2-2(x-1)$　　( )

007 $(x-1)(x^2+x+1)=x^3-1$　　( )

항등식의 성질과 미정계수법

08 -1 항등식의 성질

(1) $ax^2+bx+c=0$이 x에 대한 항등식이면 x에 어떤 값을 대입하여도 항상 등식이 성립하므로

$x=0$을 대입하면 $c=0$ ...... ㉠

$x=-1$을 대입하면 $a-b+c=0$ ...... ㉡

$x=1$을 대입하면 $a+b+c=0$ ...... ㉢

㉠, ㉡, ㉢에서 $a=0$, $b=0$, $c=0$

또 $a=0$, $b=0$, $c=0$이면 등식 $ax^2+bx+c=0$에서

(좌변)$=0\times x^2+0\times x+0=0$, (우변)$=0$이므로 이 등식은 x에 대한 항등식이다.

(2) $ax^2+bx+c=a'x^2+b'x+c'$에서 $(a-a')x^2+(b-b')x+(c-c')=0$

이 등식이 x에 대한 항등식이면 (1)에 의하여

$a-a'=0$, $b-b'=0$, $c-c'=0$ ∴ $a=a'$, $b=b'$, $c=c'$

또 $a=a'$, $b=b'$, $c=c'$이면 등식 $ax^2+bx+c=a'x^2+b'x+c'$에서 (좌변)=(우변)

이므로 이 등식은 x에 대한 항등식이다.

이와 같이 항등식에서는 다음과 같은 성질이 성립한다.

> (1) $ax^2+bx+c=0$이 x에 대한 항등식이면 $a=0$, $b=0$, $c=0$이다.
>   또 $a=0$, $b=0$, $c=0$이면 $ax^2+bx+c=0$은 x에 대한 항등식이다.
> (2) $ax^2+bx+c=a'x^2+b'x+c'$이 x에 대한 항등식이면 $a=a'$, $b=b'$, $c=c'$이다.
>   또 $a=a'$, $b=b'$, $c=c'$이면 $ax^2+bx+c=a'x^2+b'x+c'$은 x에 대한 항등식이다.

항등식의 성질은 차수에 관계없이 모든 다항식에 대하여 성립한다.

예 (1) 등식 $(a+1)x+b=0$이 x에 대한 항등식이면 ➡ $a+1=0$, $b=0$ ∴ $a=-1$
  (2) 등식 $ax^2+bx+c=3x^2+x-5$가 x에 대한 항등식이면 ➡ $a=3$, $b=1$, $c=-5$

$ax+by=0$이 x, y에 대한 항등식이면 $a=0$, $b=0$이다.

08 -2 미정계수법

항등식의 뜻과 성질을 이용하여 등식에서 정해져 있지 않은 계수와 상수항을 정하는 방법을 **미정계수법**이라 한다. 미정계수법에는 다음과 같이 계수비교법과 수치대입법이 있다.

> (1) 계수비교법: 항등식의 양변의 동류항의 계수를 비교하여 미정계수를 정하는 방법
> (2) 수치대입법: 항등식의 문자에 적당한 수를 대입하여 미정계수를 정하는 방법

수치대입법을 이용할 때는 미정계수의 개수만큼 서로 다른 값을 문자에 대입한다.

예 등식 $ax+b(x-1)=4x+2$가 x에 대한 항등식일 때, 상수 a, b의 값을 구해 보자.
  [계수비교법] 주어진 등식의 좌변을 전개한 후 x에 대하여 내림차순으로 정리하면
    $(a+b)x-b=4x+2$
    양변의 동류항의 계수끼리 비교하면 $a+b=4$, $-b=2$ ∴ $a=6$, $b=-2$
  [수치대입법] 주어진 등식의 양변에 $x=0$을 대입하면 $-b=2$ ∴ $b=-2$
    주어진 등식의 양변에 $x=1$을 대입하면 $a=6$

08 -1 항등식의 성질

[008~009] 다음 등식이 x에 대한 항등식일 때, 상수 a, b의 값을 구하시오.

008 $ax+3=2x+b$

009 $(a+1)x+b-5=0$

[010~011] 다음 등식이 x에 대한 항등식일 때, 상수 a, b, c의 값을 구하시오.

010 $ax^2-bx+c=2x^2+3x-4$

011 $(a-1)x^2+(b+2)x-c+3=0$

[012~013] 다음 등식이 x, y에 대한 항등식일 때, 상수 a, b, c의 값을 구하시오.

012 $ax-6y-b=5x+cy+1$

013 $ax+(2b-1)y+c+1=0$

08 -2 미정계수법

[014~017] 다음 등식이 x에 대한 항등식일 때, 계수비교법을 이용하여 상수 a, b의 값을 구하시오.

014 $a(x-2)+b(x+1)=x+4$

> 주어진 등식의 좌변을 전개한 후 x에 대하여 내림차순으로 정리하면
> $(\quad\quad)x-2a+b=x+4$
> 양변의 동류항의 계수끼리 비교하면
> $\boxed{}=1$, $-2a+b=\boxed{}$
> 두 식을 연립하여 풀면
> $a=\boxed{}$, $b=\boxed{}$

015 $a(x-1)-bx+3=2x-5$

016 $(x+1)(x-3)=x^2+ax+b$

017 $(ax-1)(x+2)-3=x^2+bx-5$

[018~021] 다음 등식이 x에 대한 항등식일 때, 수치대입법을 이용하여 상수 a, b의 값을 구하시오.

018 $ax(x+1)+b(x-2)=2x^2+x+2$

주어진 등식의 양변에 $x=0$을 대입하면
$-2b=2$ $\therefore b=\boxed{}$
주어진 등식의 양변에 $x=2$를 대입하면
$6a=12$ $\therefore a=\boxed{}$

019 $a(x+2)(x-1)+b(x+1)=x^2+4x+1$

020 $x^2+9x+a=bx(x+1)-4(x+1)(x-2)$

021 $x^2+4x-5=(x-2)^2+a(x-2)+b$

[022~026] 다음 등식이 x에 대한 항등식일 때, 상수 a, b, c의 값을 구하시오.

022 $2x^2-3x+4=ax(x+1)-bx+2c$

023 $ax(x-1)+b(x-1)+c=x^2+2x-1$

024 $a(x+1)^2+b(x+1)+c=3x^2-2x+4$

025 x^2-3x+8
$=ax(x-1)+b(x-1)(x+1)+cx(x+1)$

026 $x^3+ax-6=(x-3)(x^2+bx-c)$

유형 1 항등식에서 미정계수 구하기 – 계수비교법

양변이 내림차순으로 정리되어 있거나 전개하기 쉬운 항등식이 주어진 경우 항등식의 양변을 각각 정리한 후 동류항의 계수를 비교한다.

➡ $ax^2+bx+c=a'x^2+b'x+c'$이 x에 대한 항등식이면
$$a=a',\ b=b',\ c=c'$$

027

등식 $(a-2)x+(a+2b)y=0$이 x, y에 대한 항등식일 때, 상수 a, b에 대하여 $a-b$의 값은?

① -1 ② 1   ③ 2

④ 3   ⑤ 4

중요
028 ⭐

🗐 **학평 기출**

등식
$$(x+2)(x^2-2x+4)=x^3+(a-3)x+4b$$
가 x에 대한 항등식일 때, $a\times b$의 값은?
(단, a, b는 상수이다.)

① 6   ② 9   ③ 12

④ 15   ⑤ 18

029

등식 $(k-2)x-(2k+1)y+5=0$이 k의 값에 관계없이 항상 성립할 때, 상수 x, y에 대하여 $x+y$의 값을 구하시오.

유형 2 항등식에서 미정계수 구하기 – 수치대입법

적당한 수를 대입하면 간단해지는 항등식이 주어진 경우 항등식의 문자에 적당한 수를 대입하여 계수를 정한다.

030

🗐 **학평 기출**

등식 $a(x+1)^2+b(x-1)^2=5x^2-2x+5$가 x에 대한 항등식일 때, 두 상수 a, b의 곱 ab의 값은?

① 4   ② 6   ③ 8

④ 10   ⑤ 12

중요
031 ⭐

다음 등식이 x의 값에 관계없이 항상 성립할 때, 상수 a, b, c에 대하여 $a+b+c$의 값을 구하시오.

$$3x^2-7x-2=ax(x-1)+bx(x+2)+c(x-1)(x+2)$$

032

🗐 **학평 기출**

다항식 $P(x)$가 모든 실수 x에 대하여 등식
$$x(x+1)(x+2)=(x+1)(x-1)P(x)+ax+b$$
를 만족시킬 때, $P(a-b)$의 값은? (단, a, b는 상수이다.)

① 1   ② 2   ③ 3

④ 4   ⑤ 5

유형 3 항등식에서 계수의 합 구하기

다항식 $f(x)=a_0+a_1x+a_2x^2+\cdots+a_nx^n$에 대하여 양변에
(1) $x=0$을 대입 ➡ $f(0)=a_0$
(2) $x=1$을 대입 ➡ $f(1)=a_0+a_1+a_2+\cdots+a_n$
(3) $x=-1$을 대입 ➡ $f(-1)=a_0-a_1+a_2-\cdots+(-1)^na_n$

예 x에 대한 항등식 $(1-x-x^2)^6=a_0+a_1x+a_2x^2+\cdots+a_{12}x^{12}$에서
양변에 $x=0$을 대입하면 $1=a_0$
양변에 $x=1$을 대입하면 $1=a_0+a_1+a_2+\cdots+a_{12}$
양변에 $x=-1$을 대입하면 $1=a_0-a_1+a_2-\cdots+a_{12}$

033

등식 $(x^2-2x)^{12}=a_0+a_1x+a_2x^2+\cdots+a_{24}x^{24}$이 x에 대한 항등식일 때, $a_0+a_1+a_2+a_3+\cdots+a_{24}$의 값을 구하시오. (단, a_0, a_1, a_2, ..., a_{24}는 상수)

중요 034

등식 $(1-x)^{10}=a_0+a_1x+a_2x^2+\cdots+a_{10}x^{10}$이 x에 대한 항등식일 때, $a_1+a_2+a_3+\cdots+a_{10}$의 값은?

(단, a_0, a_1, a_2, ..., a_{10}은 상수)

① -2 ② -1 ③ 0
④ 1 ⑤ 2

035

모든 실수 x에 대하여 등식
$$(1-4x-3x^2)^8=a_0+a_1x+a_2x^2+\cdots+a_{16}x^{16}$$
이 성립할 때, $a_1-a_2+a_3-\cdots-a_{16}$의 값을 구하시오.

(단, a_0, a_1, a_2, ..., a_{16}은 상수)

유형 4 다항식의 나눗셈과 항등식

다항식 $A(x)$를 다항식 $B(x)(B(x)\neq0)$로 나누었을 때의 몫을 $Q(x)$, 나머지를 $R(x)$라 하면
$$A(x)=B(x)Q(x)+R(x)$$
이때 이 등식은 x에 대한 항등식이다.

중요 036

다항식 $3x^3+ax^2+bx+c$를 x^2+2x-2로 나누었을 때의 몫이 $3x+1$, 나머지가 -7일 때, 상수 a, b, c에 대하여 $a-b-c$의 값은?

① 14 ② 16 ③ 18
④ 20 ⑤ 22

037

다항식 x^3-x^2+ax+b를 x^2+3x+2로 나누었을 때의 나머지가 $2x+3$일 때, 상수 a, b에 대하여 ab의 값은?

① 36 ② 40 ③ 44
④ 48 ⑤ 52

038

다항식 x^3-2x^2-5x+a가 x^2-x+b로 나누어떨어질 때, 상수 a, b에 대하여 $a-b$의 값을 구하시오.

나머지 정리

09 -1 나머지 정리

(1) 다항식 $f(x)$를 일차식 $x-\alpha$로 나누었을 때의 몫을 $Q(x)$, 나머지를 R라 하면

$$f(x)=(x-\alpha)Q(x)+R$$

이 등식이 x에 대한 항등식이므로 양변에 $x=\alpha$를 대입하면

$$f(\alpha)=0\times Q(\alpha)+R$$

$$\therefore R=f(\alpha)$$

따라서 다항식 $f(x)$를 일차식 $x-\alpha$로 나누었을 때의 나머지는 $f(\alpha)$이다.

(2) 다항식 $f(x)$를 일차식 $ax+b$로 나누었을 때의 몫을 $Q(x)$, 나머지를 R라 하면

$$f(x)=(ax+b)Q(x)+R$$

이 등식이 x에 대한 항등식이므로 양변에 $x=-\dfrac{b}{a}$를 대입하면

$$f\left(-\frac{b}{a}\right)=0\times Q\left(-\frac{b}{a}\right)+R$$

$$\therefore R=f\left(-\frac{b}{a}\right)$$

따라서 다항식 $f(x)$를 일차식 $ax+b$로 나누었을 때의 나머지는 $f\left(-\dfrac{b}{a}\right)$이다.

이와 같이·다항식을 일차식으로 나누었을 때의 나머지는 직접 나눗셈을 하지 않아도 항등식의 성질을 이용하여 쉽게 구할 수 있다. 이를 나머지 정리라 한다.

> ● 나머지의 차수는 나누는 식의 차수보다 작아야 하므로 나누는 식이 일차식이면 나머지는 상수이다.

> ● 나머지 정리는 일차식으로 나눌 때만 이용할 수 있고, 몫은 구할 수 없다.

나머지 정리

(1) 다항식 $f(x)$를 일차식 $x-\alpha$로 나누었을 때의 나머지를 R라 하면

$$R=f(\alpha) \rightarrow x-\alpha=0을 \text{ 만족시키는 } x의 \text{ 값 대입}$$

(2) 다항식 $f(x)$를 일차식 $ax+b$로 나누었을 때의 나머지를 R라 하면

$$R=f\left(-\frac{b}{a}\right) \rightarrow ax+b=0을 \text{ 만족시키는 } x의 \text{ 값 대입}$$

예 다항식 $f(x)=2x^3-x^2+1$에 대하여 다음을 구해 보자.

(1) $x-1$로 나누었을 때의 나머지

➡ $f(1)=2-1+1=2$

(2) $2x-1$로 나누었을 때의 나머지

➡ $f\left(\dfrac{1}{2}\right)=\dfrac{1}{4}-\dfrac{1}{4}+1=1$

09 -1 나머지 정리

[039~041] 다항식 $f(x)=x^3+2x^2-5x-3$을 다음 일차식으로 나누었을 때의 나머지를 구하시오.

039 $x-2$

040 $x+3$

041 $x-\dfrac{1}{2}$

[042~044] 다항식 $f(x)=2x^3-3x+1$을 다음 일차식으로 나누었을 때의 나머지를 구하시오.

042 $3x+3$

043 $3x-6$

044 $2x+1$

[045~047] 다항식 $f(x)=x^3-ax+5$를 다음 일차식으로 나누었을 때의 나머지가 [ ] 안의 수일 때, 상수 a의 값을 구하시오.

045 $x+1$ [9]

046 $x+2$ [5]

047 $3x+1$ [6]

[048~050] 다항식 $f(x)=2x^3+ax^2-3x-1$을 다음 일차식으로 나누었을 때의 나머지가 [ ] 안의 수일 때, 상수 a의 값을 구하시오.

048 $x-3$ [-1]

049 $2x-1$ [-3]

050 $3x-3$ [2]

[051~054] 다음을 구하시오.

051 다항식 $f(x)$를 $x-2$로 나누었을 때의 나머지가 3일 때, 다항식 $xf(2x-4)$를 $x-3$으로 나누었을 때의 나머지

> $g(x)=xf(2x-4)$라 하면 구하는 나머지는 $g(x)$를 $x-3$으로 나누었을 때의 나머지이므로 나머지 정리에 의하여
> $g(3)=\boxed{}f(2\times\boxed{}-4)=\boxed{}f(\boxed{})$ ······ ㉠
> $f(x)$를 $x-2$로 나누었을 때의 나머지가 3이므로
> $f(2)=3$
> 따라서 ㉠에서 구하는 나머지는
> $\boxed{}f(\boxed{})=\boxed{}$

052 다항식 $f(x)$를 $x+1$로 나누었을 때의 나머지가 2일 때, 다항식 $f(x+3)$을 $x+4$로 나누었을 때의 나머지

053 다항식 $f(x)$를 $x-6$으로 나누었을 때의 나머지가 -1일 때, 다항식 $f(3x)$를 $x-2$로 나누었을 때의 나머지

054 다항식 $f(x)$를 $x+3$으로 나누었을 때의 나머지가 4일 때, 다항식 $xf(-x-5)$를 $x+2$로 나누었을 때의 나머지

[055~058] 다음을 구하시오.

055 다항식 $f(x)$를 $x+1$로 나누었을 때의 나머지가 5이고, $x-2$로 나누었을 때의 나머지가 -1일 때, $f(x)$를 $(x+1)(x-2)$로 나누었을 때의 나머지

> $f(x)$를 $x+1$, $x-2$로 나누었을 때의 나머지가 각각 5, -1이므로 나머지 정리에 의하여
> $f(-1)=\boxed{}$, $f(2)=\boxed{}$
> 또 $f(x)$를 $(x+1)(x-2)$로 나누었을 때의 몫을 $Q(x)$, 나머지를 $ax+b\,(a,\ b$는 상수)라 하면
> $f(x)=(x+1)(x-2)Q(x)+ax+b$
> $f(-1)=\boxed{}$에서 $-a+b=\boxed{}$ ······ ㉠
> $f(2)=\boxed{}$에서 $2a+b=\boxed{}$ ······ ㉡
> ㉠, ㉡을 연립하여 풀면 $a=\boxed{}$, $b=\boxed{}$
> 따라서 구하는 나머지는 $\boxed{}$이다.

056 다항식 $f(x)$를 $x+2$로 나누었을 때의 나머지가 9이고, $x+1$로 나누었을 때의 나머지가 -3일 때, $f(x)$를 $(x+2)(x+1)$로 나누었을 때의 나머지

057 다항식 $f(x)$를 $x+3$으로 나누었을 때의 나머지가 2이고, $x-1$로 나누었을 때의 나머지가 6일 때, $f(x)$를 $(x+3)(x-1)$로 나누었을 때의 나머지

058 다항식 $f(x)$를 $x-2$로 나누었을 때의 나머지가 1이고, $x-3$으로 나누었을 때의 나머지가 8일 때, $f(x)$를 $(x-2)(x-3)$으로 나누었을 때의 나머지

유형 5 나머지 정리 – 일차식으로 나누는 경우

다항식 $f(x)$를
(1) 일차식 $x-a$로 나누었을 때의 나머지는 $f(a)$
(2) 일차식 $ax+b$로 나누었을 때의 나머지는 $f\left(-\dfrac{b}{a}\right)$

059

다항식 $3x^3-x^2+2x-1$을 $3x-1$로 나누었을 때의 나머지는?

① $-\dfrac{2}{3}$ ② $-\dfrac{1}{3}$ ③ $-\dfrac{2}{9}$

④ $\dfrac{2}{3}$ ⑤ $\dfrac{7}{9}$

060
학평 기출

다항식 x^2+ax+4를 $x-1$로 나누었을 때의 나머지와 $x-2$로 나누었을 때의 나머지가 서로 같을 때, 상수 a의 값은?

① -3 ② -1 ③ 1
④ 3 ⑤ 5

061

다항식 $f(x)=2x^3-x^2+ax+1$을 $x-1$로 나누었을 때의 나머지가 -2일 때, $f(x)$를 $x+2$로 나누었을 때의 나머지를 구하시오. (단, a는 상수)

062
학평 기출

다항식 $P(x)$를 x^2-1로 나눈 몫은 $2x+1$이고 나머지가 5일 때, 다항식 $P(x)$를 $x-2$로 나눈 나머지는?

① 15 ② 20 ③ 25
④ 30 ⑤ 35

중요
063

다항식 x^3+ax^2+bx-1을 $x+1$로 나누었을 때의 나머지가 -7이고, $x-2$로 나누었을 때의 나머지가 5일 때, 상수 a, b에 대하여 $a+b$의 값을 구하시오.

064

다항식 $f(x)$를 $x-6$으로 나누었을 때의 나머지가 -3일 때, 다항식 $xf(4-2x)$를 $x+1$로 나누었을 때의 나머지는?

① -6 ② -3 ③ 1
④ 3 ⑤ 6

065
학평 기출

다항식 $f(x)$에 대하여 다항식 $(x+3)\{f(x)-2\}$를 $x-1$로 나눈 나머지가 16일 때, 다항식 $f(x)$를 $x-1$로 나눈 나머지는?

① 6 ② 7 ③ 8
④ 9 ⑤ 10

유형 6   나머지 정리 – 이차식으로 나누는 경우

다항식을 이차식으로 나누었을 때의 나머지는 일차 이하의 다항식, 즉 일차식 또는 상수이므로 나머지를 $ax+b(a, b$는 상수)로 놓고 항등식을 세운다.

066
다항식 $f(x)$를 $x+3$으로 나누었을 때의 나머지가 -2이고, $x-2$로 나누었을 때의 나머지가 3일 때, $f(x)$를 $(x+3)(x-2)$로 나누었을 때의 나머지는?

① $x-2$ ② $x-1$ ③ $x+1$
④ $x+2$ ⑤ $x+3$

067
다항식 $f(x)$를 $x+2$로 나누었을 때의 나머지가 5이고, $x-1$로 나누었을 때의 나머지가 -1일 때, $f(x)$를 x^2+x-2로 나누었을 때의 나머지를 구하시오.

중요
068 ⭐
다항식 $f(x)$를 $x+2$로 나누었을 때의 나머지가 -3이고, $x-2$로 나누었을 때의 나머지가 5이다. $f(x)$를 x^2-4로 나누었을 때의 나머지를 $R(x)$라 할 때, $R(3)$의 값은?

① 4   ② 5   ③ 6
④ 7   ⑤ 8

유형 7   몫을 일차식으로 나누는 경우

다항식 $f(x)$를 $x-\alpha$로 나누었을 때의 몫을 $Q(x)$라 할 때, $Q(x)$를 $x-\beta$로 나누었을 때의 나머지는 다음과 같은 순서로 구한다.
(1) $f(x)$를 $x-\alpha$로 나누었을 때의 나머지는 $f(\alpha)$이므로 다항식의 나눗셈을 항등식으로 나타낸다.
→ $f(x)=(x-\alpha)Q(x)+f(\alpha)$
(2) (1)의 식의 양변에 $x=\beta$를 대입하여 $Q(\beta)$의 값을 구한다.
→ $f(\beta)=(\beta-\alpha)Q(\beta)+f(\alpha)$

069
다항식 $f(x)$를 $x-3$으로 나누었을 때의 몫이 $Q(x)$, 나머지가 8이다. $f(x)$를 $x-4$로 나누었을 때의 나머지가 6일 때, $Q(x)$를 $x-4$로 나누었을 때의 나머지는?

① -2 ② -1 ③ 1
④ 2   ⑤ 3

070
다항식 $f(x)$를 x^2-2x-1로 나누었을 때의 몫이 $Q(x)$, 나머지가 $x+1$이다. $f(x)$를 $x-2$로 나누었을 때의 나머지가 -3일 때, $Q(x)$를 $x-2$로 나누었을 때의 나머지를 구하시오.

중요
071 ⭐
다항식 $x^{11}+1$을 $x-1$로 나누었을 때의 몫을 $Q(x)$라 할 때, $Q(x)$를 $x+1$로 나누었을 때의 나머지는?

① -3 ② -1 ③ 1
④ 3   ⑤ 5

개념 10 인수 정리

10 -1 인수 정리

다항식 $f(x)$를 일차식 $x-a$로 나누었을 때의 나머지는 나머지 정리에 의하여 $f(a)$이다.
이때 $f(x)$가 일차식 $x-a$로 나누어떨어지면 나머지가 0이므로 $f(a)=0$이다.
또 $f(a)=0$이면 $f(x)$를 $x-a$로 나누었을 때의 나머지가 0이라는 뜻이므로 $f(x)$는
$x-a$로 나누어떨어진다.
이와 같은 성질을 이용하면 다항식이 어떤 일차식으로 나누어떨어지는지, 즉 어떤 일차
식을 인수로 갖는지 직접 나눗셈을 하지 않아도 쉽게 알 수 있다. 이를 인수 정리라 한다.

> **인수 정리**
> 다항식 $f(x)$에 대하여
> (1) $f(x)$가 일차식 $x-a$로 나누어떨어지면 $f(a)=0$이다.
> (2) $f(a)=0$이면 $f(x)$는 일차식 $x-a$로 나누어떨어진다.

예 다항식 $f(x)=x^3+ax^2-1$에 대하여 다음을 만족시키는 상수 a의 값을 구해 보자.

  (1) $x-1$로 나누어떨어지는 경우
  ➡ 인수 정리에 의하여 $f(1)=0$이므로 $1+a-1=0$ ∴ $a=0$

  (2) $2x-1$로 나누어떨어지는 경우
  ➡ 인수 정리에 의하여 $f\left(\dfrac{1}{2}\right)=0$이므로 $\dfrac{1}{8}+\dfrac{1}{4}a-1=0$ ∴ $a=\dfrac{7}{2}$

• $f(a)=0$을 나타내는 여러 가
지 표현
➡ $f(x)$를 $x-a$로 나누었을 때
  의 나머지는 0이다.
➡ $f(x)$가 $x-a$로 나누어떨어
  진다.
➡ $f(x)$가 $x-a$를 인수로 갖는
  다.
➡ $f(x)=(x-a)Q(x)$
  (단, $Q(x)$는 몫)

개념유형

• 정답과 해설 21쪽

10 -1 인수 정리

[072~074] 다음 중 다항식 $f(x)=x^3-4x^2+x+6$의 인수
인 것은 O를, 인수가 아닌 것은 ×를 ( ) 안에 써넣으시오.

072 $x-1$ (   )

073 $x-2$ (   )

074 $x+3$ (   )

[075~078] 다항식 $f(x)=x^3-x^2+ax+3$이 다음 일차식으
로 나누어떨어질 때, 상수 a의 값을 구하시오.

075 $x-1$

076 $x+1$

077 $x+2$

078 $x-3$

• 정답과 해설 21쪽

유형 8   인수 정리 – 일차식으로 나누는 경우

다항식 $f(x)$가 $x-a$로 나누어떨어지면
(1) $f(a)=0$
(2) $f(x)$는 $x-a$를 인수로 갖는다.

079
학평 기출

x에 대한 다항식 x^3-2x^2-8x+a가 $x-3$으로 나누어떨어질 때, 상수 a의 값은?

① 6   ② 9   ③ 12
④ 15   ⑤ 18

중요
080

다항식 x^3-ax^2+bx-2가 $x+2$, $x-1$로 각각 나누어떨어질 때, 상수 a, b에 대하여 $a+b$의 값을 구하시오.

081
학평 기출

x에 대한 다항식 x^4-4x^2+a가 $x-1$로 나누어떨어질 때의 몫을 $Q(x)$라 하자. $Q(a)$의 값은? (단, a는 상수이다.)

① 24   ② 25   ③ 26
④ 27   ⑤ 28

유형 9   인수 정리 – 이차식으로 나누는 경우

다항식 $f(x)$가 $(x-\alpha)(x-\beta)$로 나누어떨어지면
(1) $f(\alpha)=0$, $f(\beta)=0$
(2) $f(x)$는 $x-\alpha$, $x-\beta$를 인수로 갖는다.

082

다항식 x^4+ax^3-bx+2가 $(x+1)(x-2)$를 인수로 가질 때, 상수 a, b에 대하여 ab의 값을 구하시오.

083

다항식 $2x^3+ax^2+bx-12$가 x^2-5x+6으로 나누어떨어질 때, 상수 a, b에 대하여 $a+b$의 값은?

① -10 ② -5 ③ 0
④ 5   ⑤ 10

중요
084

다항식 $f(x)=x^3+ax^2+bx+5$가 x^2-1로 나누어떨어질 때, $f(x)$를 $x-2$로 나누었을 때의 나머지는?
(단, a, b는 상수)

① -9 ② -6 ③ -3
④ 3   ⑤ 6

개념 11 인수분해

11-1 인수분해 공식 (1)

인수분해는 다항식의 곱의 전개 과정을 거꾸로 생각한 것이므로 곱셈 공식의 좌변과 우변을 바꾸면 인수분해 공식을 얻을 수 있다. 중학교에서 배운 인수분해 공식은 다음과 같다.

(1) $ma+mb=m(a+b)$

(2) $a^2+2ab+b^2=(a+b)^2$, $a^2-2ab+b^2=(a-b)^2$

(3) $a^2-b^2=(a+b)(a-b)$

(4) $x^2+(a+b)x+ab=(x+a)(x+b)$

(5) $acx^2+(ad+bc)x+bd=(ax+b)(cx+d)$

예 (1) $ab+ac=a(b+c)$

(2) $x^2+2x+1=x^2+2\times x\times 1+1^2=(x+1)^2$

$x^2-8x+16=x^2-2\times x\times 4+4^2=(x-4)^2$

(3) $x^2-4=x^2-2^2=(x+2)(x-2)$

(4) $x^2+5x+6=x^2+(3+2)x+3\times 2=(x+3)(x+2)$

(5) $3x^2-x-2=(3\times 1)x^2+\{3\times(-1)+2\times 1\}x+2\times(-1)=(3x+2)(x-1)$

> 중3 다시보기
>
> **인수분해**
> 하나의 다항식을 두 개 이상의 다항식의 곱으로 나타내는 것
>
> x^2-x-2
>
> 인수분해 ↕ 전개
>
> $(x+1)(x-2)$
> └─인수─┘

11-2 인수분해 공식 (2)

고등학교에서 새롭게 배우는 인수분해 공식은 다음과 같다.

(1) $a^2+b^2+c^2+2ab+2bc+2ca=(a+b+c)^2$

(2) $a^3+3a^2b+3ab^2+b^3=(a+b)^3$, $a^3-3a^2b+3ab^2-b^3=(a-b)^3$

(3) $a^3+b^3=(a+b)(a^2-ab+b^2)$, $a^3-b^3=(a-b)(a^2+ab+b^2)$

(4) $a^3+b^3+c^3-3abc=(a+b+c)(a^2+b^2+c^2-ab-bc-ca)$

$=\dfrac{1}{2}(a+b+c)\{(a-b)^2+(b-c)^2+(c-a)^2\}$

(5) $a^4+a^2b^2+b^4=(a^2+ab+b^2)(a^2-ab+b^2)$

예 (1) $a^2+b^2+4+2ab+4a+4b=a^2+b^2+2^2+2\times a\times b+2\times b\times 2+2\times 2\times a=(a+b+2)^2$

(2) $x^3+6x^2+12x+8=x^3+3\times x^2\times 2+3\times x\times 2^2+2^3=(x+2)^3$

$27x^3-27x^2+9x-1=(3x)^3-3\times(3x)^2\times 1+3\times 3x\times 1^2-1^3=(3x-1)^3$

(3) $x^3+27=x^3+3^3=(x+3)(x^2-x\times 3+3^2)=(x+3)(x^2-3x+9)$

$x^3-8y^3=x^3-(2y)^3=(x-2y)\{x^2+x\times 2y+(2y)^2\}=(x-2y)(x^2+2xy+4y^2)$

(4) $a^3+b^3-1+3ab=a^3+b^3+(-1)^3-3\times a\times b\times(-1)$

$=(a+b-1)\{a^2+b^2+(-1)^2-a\times b-b\times(-1)-(-1)\times a\}$

$=(a+b-1)(a^2+b^2-ab+a+b+1)$

(5) $x^4+9x^2+81=x^4+x^2\times 3^2+3^4=(x^2+x\times 3+3^2)(x^2-x\times 3+3^2)$

$=(x^2+3x+9)(x^2-3x+9)$

인수분해는 특별한 언급이 없으면 계수가 유리수인 범위까지 하고, 더 이상 인수분해할 수 없을 때까지 인수분해한다.

11 -1 인수분해 공식 (1)

[085~087] 다음 식을 인수분해하시오.

085 ab^2-3a^2b

086 $x-3x^2+2xy$

087 $a(x-y)+b(y-x)$

[088~091] 다음 식을 인수분해하시오.

088 $x^2+8xy+16y^2$

089 $4a^2-12ab+9b^2$

090 $4x^2-1$

091 $x^2-\dfrac{1}{9}y^2$

[092~095] 다음 식을 인수분해하시오.

092 x^2+2x-3

093 $x^2-8x+15$

094 $2x^2+5x-3$

095 $6x^2-11x+3$

11 -2 인수분해 공식 (2)

[096~098] 다음 식을 인수분해하시오.

096 $a^2+b^2+2ab+2a+2b+1$

097 $4a^2+b^2+9c^2+4ab+6bc+12ca$

098 $a^2+b^2+4c^2+2ab-4bc-4ca$

[099~102] 다음 식을 인수분해하시오.

099 x^3+3x^2+3x+1

100 $27a^3+27a^2+9a+1$

101 $x^3-9x^2+27x-27$

102 $a^3-6a^2b+12ab^2-8b^3$

[103~106] 다음 식을 인수분해하시오.

103 x^3+1

104 $27x^3+8$

105 a^3-64

106 $27a^3-b^3$

[107~109] 다음 식을 인수분해하시오.

107 $x^3-y^3+3xy+1$

108 $a^3+b^3+8c^3-6abc$

109 $27x^3+y^3-z^3+9xyz$

[110~112] 다음 식을 인수분해하시오.

110 x^4+4x^2+16

111 $81x^4+9x^2+1$

112 $16x^4+4x^2y^2+y^4$

유형10 공식을 이용한 인수분해

(1) $a^2+b^2+c^2+2ab+2bc+2ca=(a+b+c)^2$
(2) $a^3+3a^2b+3ab^2+b^3=(a+b)^3$
$\quad a^3-3a^2b+3ab^2-b^3=(a-b)^3$
(3) $a^3+b^3=(a+b)(a^2-ab+b^2)$
$\quad a^3-b^3=(a-b)(a^2+ab+b^2)$
(4) $a^3+b^3+c^3-3abc=(a+b+c)(a^2+b^2+c^2-ab-bc-ca)$
(5) $a^4+a^2b^2+b^4=(a^2+ab+b^2)(a^2-ab+b^2)$

113

다항식 $125x^3-27$을 인수분해하면 $(5x+a)(bx^2+cx+d)$
일 때, 상수 a, b, c, d에 대하여 $a+b-c+d$의 값은?

① 10   ② 12   ③ 14
④ 16   ⑤ 18

중요 114

다음 중 옳지 <u>않은</u> 것은?

① $8a^3+12a^2+6a+1=(2a+1)^3$
② $x^3+8y^3=(x+2y)(x^2-2xy+4y^2)$
③ $256x^4+16x^2y^2+y^4$
$\quad =(16x^2+4xy+y^2)(16x^2-4xy+y^2)$
④ $x^2+y^2+z^2-2xy+2yz-2zx=(x-y+z)^2$
⑤ $a^3-8b^3+c^3+6abc$
$\quad =(a-2b+c)(a^2+4b^2+c^2+2ab+2bc-ca)$

115

다항식 $8x^4-36x^3y+54x^2y^2-27xy^3$을 인수분해하시오.

116

다항식 $x^2+4y^2+9z^2-4xy-12yz+6zx$가
$(ax+by+cz)^2$으로 인수분해될 때, 상수 a, b, c에 대하여
abc의 값은? (난, $a>0$)

① -7 ② -6 ③ -5
④ -4 ⑤ -3

117

다음 중 다항식 x^6-1의 인수가 <u>아닌</u> 것은?

① $x-1$ ② $x+1$ ③ x^2-1
④ x^2+1 ⑤ x^3-1

118

다항식 $a(a^3+1)-2a^2+2a-2$를 인수분해하면?

① $(a+1)(a-2)(a^2-a+1)$
② $(a+1)(a-2)(a^2+a+1)$
③ $(a+1)(a-1)(a^2+a+1)$
④ $(a+2)(a-1)(a^2-a+1)$
⑤ $(a+2)(a-1)(a^2+a+1)$

개념 12 복잡한 식의 인수분해(1)

12-1 공통부분이 있는 식의 인수분해

공통부분이 있는 식은 치환을 이용하여 다음과 같은 순서로 인수분해한다.

(1) 공통부분을 X로 놓고 주어진 식을 X에 대한 식으로 나타낸 후 인수분해한다.

(2) X에 원래의 식을 대입한다. 이때 더 이상 인수분해할 수 없을 때까지 인수분해한다.

> 공통부분을 한 문자로 바꾸어 놓는 것을 치환이라 한다.

예 다항식 $(x^2+2x)^2-4(x^2+2x)-5$를 인수분해하여 보자.

$x^2+2x=X$로 놓으면

$$(x^2+2x)^2-4(x^2+2x)-5=X^2-4X-5$$
$$=(X+1)(X-5)$$
$$=(x^2+2x+1)(x^2+2x-5) \rightarrow X=x^2+2x \text{ 대입}$$
$$=(x+1)^2(x^2+2x-5)$$

12-2 x^4+ax^2+b 꼴의 식의 인수분해

x^4+ax^2+b 꼴의 다항식은 다음과 같은 방법으로 인수분해한다.

x^4+ax^2+b에서 $x^2=X$로 놓을 때

(1) X^2+aX+b가 인수분해되는 경우

➡ X^2+aX+b를 인수분해한 후 $X=x^2$을 대입하여 정리한다.

(2) X^2+aX+b가 인수분해되지 않는 경우

➡ x^4+ax^2+b에서 적당한 이차항을 더하거나 빼서 A^2-B^2 꼴로 변형한 후 인수분해한다.

> x^4+ax^2+b와 같이 차수가 짝수인 항과 상수항만으로 이루어진 다항식을 복이차식이라 한다.

예 (1) 다항식 x^4+3x^2-28을 인수분해하여 보자.

$x^2=X$로 놓으면

$$x^4+3x^2-28=X^2+3X-28=(X+7)(X-4)$$
$$=(x^2+7)(x^2-4) \rightarrow X=x^2 \text{ 대입}$$
$$=(x^2+7)(x+2)(x-2)$$

(2) 다항식 x^4-8x^2+4를 인수분해하여 보자.

$x^2=X$로 놓으면 $x^4-8x^2+4=X^2-8X+4$는 인수분해되지 않는다.

주어진 식에 $4x^2$을 더하고 빼서 A^2-B^2 꼴로 변형하면

$$x^4-8x^2+4=(x^4-4x^2+4)-4x^2=(x^2-2)^2-(2x)^2$$
$$=(x^2-2+2x)(x^2-2-2x)$$
$$=(x^2+2x-2)(x^2-2x-2)$$

12 -1 공통부분이 있는 식의 인수분해

[119~123] 다음 식을 인수분해하시오.

119 $(x+y)^2-(x+y)-12$

$\boxed{}=X$로 놓으면
$(x+y)^2-(x+y)-12=X^2-X-12$
$\qquad\qquad\qquad\qquad =(X-4)(X+\boxed{})$
$\qquad\qquad\qquad\qquad =(x+y-4)(\boxed{})$

120 $(x-y)^2+5(x-y)+4$

121 $(x^2-2x)^2-2(x^2-2x)-3$

122 $(x^2+4x)(x^2+4x-2)-15$

123 $(x^2+x-1)(x^2+x-3)+1$

[124~127] 다음 식을 인수분해하시오.

124 $x(x+1)(x+2)(x+3)-24$

공통부분이 생기도록 두 일차식의 상수항의 합이 같게 짝을 지어 전개하면
$x(x+1)(x+2)(x+3)-24$
$=\{x(x+3)\}\{(x+1)(x+2)\}-24$
$=(\boxed{})(\boxed{}+2)-24 \quad \cdots\cdots \ \ominus$
$\boxed{}=X$로 놓으면 ㉠에서
$(\boxed{})(\boxed{}+2)-24$
$=X(X+2)-24$
$=X^2+2X-24$
$=(X+\boxed{})(X-4)$
$=(x^2+3x+\boxed{})(x^2+3x-4)$
$=(x^2+3x+\boxed{})(x+\boxed{})(x-1)$

125 $(x+1)(x+2)(x+3)(x+4)-8$

126 $(x-5)(x-4)(x-2)(x-1)+2$

127 $(x-2)(x-1)(x+3)(x+4)-36$

12 -2 x^4+ax^2+b 꼴의 식의 인수분해

[128~131] 다음 식을 인수분해하시오.

128 $x^4-x^2y^2-12y^4$

> $x^2=X$, $y^2=Y$로 놓으면
> $x^4-x^2y^2-12y^4=X^2-XY-12Y^2$
> $\qquad\qquad\qquad = (X+3Y)(X-\boxed{})$
> $\qquad\qquad\qquad = (x^2+3y^2)(x^2-\boxed{})$
> $\qquad\qquad\qquad = (x^2+3y^2)(x+2y)(x-\boxed{})$

129 x^4+x^2-20

130 x^4-26x^2+25

131 $x^4-10x^2y^2+9y^4$

[132~135] 다음 식을 인수분해하시오.

132 x^4+x^2+1

> 주어진 식에 x^2을 더하고 빼면
> $x^4+x^2+1=(x^4+2x^2+1)-\boxed{}$
> $\qquad\qquad = (x^2+1)^2-\boxed{}$
> $\qquad\qquad = (x^2+x+1)(\boxed{})$

133 x^4+5x^2+9

134 x^4-12x^2+16

135 $16x^4+4x^2y^2+y^4$

• 정답과 해설 24쪽

유형 11 **공통부분이 있는 식의 인수분해**

공통부분을 한 문자로 놓고 전개하여 인수분해한 후 원래의 식을 대입한다.

참고 $(x+a)(x+b)(x+c)(x+d)+k$ 꼴
➡ 공통부분이 생기도록 일차식을 두 개씩 짝을 지어 전개한 후 공통부분을 치환하여 인수분해한다.

136
다음 중 다항식 $(x-2y)(x-2y+3)-10$의 인수인 것은?

① $x-2y-5$ ② $x-2y-2$ ③ $x-2y$
④ $x+2y-5$ ⑤ $x+2y-2$

중요
137

학평 기출

다항식 $(x^2+x)(x^2+x+2)-8$이 $(x-1)(x+a)(x^2+x+b)$로 인수분해될 때, 두 상수 a, b에 대하여 $a+b$의 값은?

① 3   ② 4   ③ 5
④ 6   ⑤ 7

138
다항식 $(x-3)(x-1)(x+2)(x+4)+24$를 인수분해하면?

① $(x+3)(x-2)(x^2+x-8)$
② $(x+3)(x-2)(x^2+x+8)$
③ $(x+3)(x+2)(x^2+x-8)$
④ $(x^2+x+6)(x^2+x-8)$
⑤ $(x^2+4x+6)(x^2+x+8)$

유형 12 x^4+ax^2+b 꼴의 식의 인수분해

x^4+ax^2+b에서 $x^2=X$로 놓을 때
(1) X^2+aX+b가 인수분해되는 경우
➡ X^2+aX+b를 인수분해한 후 $X=x^2$을 대입하여 정리한다.
(2) X^2+aX+b가 인수분해되지 않는 경우
➡ x^4+ax^2+b에서 적당한 이차항을 더하거나 빼서 A^2-B^2 꼴로 변형한 후 인수분해한다.

139
다항식 $3x^4-11x^2-4$를 인수분해하면?

① $(3x^2-2)(x^2+2)$
② $(3x^2-4)(x^2+1)$
③ $(3x^2+1)(x+2)(x-2)$
④ $(3x^2+2)(x^2-2)$
⑤ $(3x^2+4)(x+1)(x-1)$

중요
140

다음 중 다항식 x^4-3x^2+1의 인수인 것은?

① x^2-x-3 ② x^2-x ③ x^2+x-3
④ x^2+x-1 ⑤ x^2+x+1

141

학평 기출

다항식 x^4+7x^2+16이 $(x^2+ax+b)(x^2-ax+b)$로 인수분해될 때, 두 양수 a, b에 대하여 $a+b$의 값은?

① 5   ② 6   ③ 7
④ 8   ⑤ 9

개념 13 복잡한 식의 인수분해(2)

13 -1 여러 개의 문자를 포함한 식의 인수분해

여러 개의 문자를 포함한 식은 다음과 같은 순서로 인수분해한다.

(1) 차수가 가장 낮은 문자에 대하여 내림차순으로 정리한다.

이때 차수가 모두 같으면 어느 한 문자에 대하여 내림차순으로 정리한다.

(2) 공통인수로 묶거나 공식을 이용하여 인수분해한다.

예 다항식 $x^2-xy-2y^2-2x+7y-3$을 인수분해하여 보자.

x, y의 차수가 같으므로 x에 대하여 내림차순으로 정리한 후 인수분해하면

$$x^2-xy-2y^2-2x+7y-3=x^2-(y+2)x-2y^2+7y-3$$
$$=x^2-(y+2)x-(2y-1)(y-3)$$
$$=\{x-(2y-1)\}\{x+(y-3)\}$$
$$=(x-2y+1)(x+y-3)$$

13 -2 인수 정리를 이용한 인수분해

삼차 이상의 다항식 $f(x)$는 인수 정리를 이용하여 인수를 찾은 후 조립제법을 이용하여 다음과 같은 순서로 인수분해한다.

(1) $f(\alpha)=0$을 만족시키는 상수 α의 값을 구한다.

이때 α의 값은 $\pm\dfrac{(f(x)\text{의 상수항의 약수})}{(f(x)\text{의 최고차항의 계수의 약수})}$ 중에서 찾는다.

(2) 조립제법을 이용하여 $f(x)$를 $x-\alpha$로 나누었을 때의 몫 $Q(x)$를 구하여

$f(x)=(x-\alpha)Q(x)$로 나타낸다.

(3) $Q(x)$를 더 이상 인수분해할 수 없을 때까지 인수분해한다.

예 다항식 $f(x)=x^3-2x^2-3x+4$를 인수분해하여 보자.

$f(\alpha)=0$을 만족시키는 α의 값은 ±1, ±2, ±4 중에서 찾을 수 있다.

이때 $f(1)=1-2-3+4=0$이므로 인수 정리에 의하여 $x-1$은 $f(x)$의 인수이다.

따라서 조립제법을 이용하여 $f(x)$를 $x-1$로 나누었을 때의 몫을 구하면 x^2-x-4이므로 다음과 같이 인수분해할 수 있다.

$$f(x)=x^3-2x^2-3x+4$$
$$=(x-1)(x^2-x-4)$$

$$\begin{array}{r|rrrr} 1 & 1 & -2 & -3 & 4 \\ & & 1 & -1 & -4 \\ \hline & 1 & -1 & -4 & 0 \end{array}$$

13 -1 여러 개의 문자를 포함한 식의 인수분해

[142~147] 다음 식을 인수분해하시오.

142 $x^2+xy+x+2y-2$

> 차수가 가장 낮은 y에 대하여 내림차순으로 정리한 후 인수분해하면
> $x^2+xy+x+2y-2=(x+2)y+\boxed{}$
> $\qquad\qquad\qquad\quad =(x+2)y+(x+2)(\boxed{})$
> $\qquad\qquad\qquad\quad =(x+2)(\boxed{})$

143 $x^2-2y^2-xy+yz+zx$

144 $x^3-xy^2-y^2z+x^2z$

145 $x^3+x^2y+y^2+2y+1$

146 $x^2+4xy+3y^2-3x-7y+2$

147 $x^2-y^2+2x+4y-3$

[148~150] 다음 식을 인수분해하시오.

148 $ab(a+b)-bc(b+c)-ca(c-a)$

> a, b, c의 차수가 같으므로 a에 대하여 내림차순으로 정리한 후 인수분해하면
> $ab(a+b)-bc(b+c)-ca(c-a)$
> $=a^2b+ab^2-b^2c-bc^2-c^2a+ca^2$
> $=(b+c)a^2+(\boxed{})a-b^2c-bc^2$
> $=(b+c)a^2+(b+c)(\boxed{})a-bc(b+c)$
> $=(b+c)\{a^2+(\boxed{})a-bc\}$
> $=(b+c)(a+b)(\boxed{})$

149 $ab(a+b)+bc(b-c)-ca(c+a)$

150 $a^2(b-c)+b^2(c-a)+c^2(a-b)$

13 -2 인수 정리를 이용한 인수분해

[151~160] 다음 식을 인수분해하시오.

151 x^3+5x^2-3x-3

$f(x)=x^3+5x^2-3x-3$이라 할 때, $f(1)=$ □

따라서 조립제법을 이용하여 $f(x)$를 인수분해하면

```
1 | 1    5   -3   -3
  |      1    6    3
  --------------------
    1    6    3  | 0
```

$x^3+5x^2-3x-3=(x-1)(\boxed{})$

152 x^3-7x+6

153 x^3+2x^2-6x-7

154 x^3+6x^2-x-30

155 $2x^3+x^2-5x+2$

156 $x^4+2x^3-6x^2-2x+5$

$f(x)=x^4+2x^3-6x^2-2x+5$라 할 때,

$f(1)=$ □ , $f(-1)=$ □

따라서 조립제법을 이용하여 $f(x)$를 인수분해하면

```
 1 | 1    2   -6   -2    5
   |      1    3   -3   -5
   ------------------------
-1 | 1    3   -3   -5  | 0
   |     -1   -2    5
   ------------------------
     1    2   -5  | 0
```

$x^4+2x^3-6x^2-2x+5=(x-1)(x+1)(\boxed{})$

157 $x^4-x^3-3x^2+x+2$

158 $x^4+2x^3+x^2-4$

159 $x^4+3x^3-7x^2-27x-18$

160 $2x^4+3x^3-7x^2-12x-4$

실전유형

유형13 **여러 개의 문자를 포함한 식의 인수분해**

여러 개의 문자를 포함한 식은 다음과 같은 순서로 인수분해한다.
(1) 차수가 가장 낮은 문자에 대하여 내림차순으로 정리한다.
이때 문자의 치수가 모두 같으면 어느 한 문자에 대하여 내림차순으로 정리한다.
(2) 공통부분으로 묶거나 공식을 이용하여 인수분해한다.

161

다항식 $x^2-2xy+y^2+3x-3y+2$를 인수분해하면?

① $(x-y-1)(x-y-2)$
② $(x-y+1)(x-y+2)$
③ $(x-y+1)(x+y-2)$
④ $(x+y-1)(x+y-2)$
⑤ $(x+y+1)(x+y+2)$

중요
162 ☆

다항식 $x^2+2xy-3y^2+2x+10y-3$을 인수분해하면 $(x-y+a)(x+by+c)$일 때, 상수 a, b, c에 대하여 $a+b+c$의 값은?

① -5 ② -3 ③ 1
④ 3 ⑤ 5

163

다항식 $x^2+xy-2y^2-x+7y-6$이 x, y에 대한 두 일차식의 곱으로 인수분해되고 두 일차식의 x의 계수가 1일 때, 두 일차식의 합을 구하시오.

164

다항식 $a^2(b+c)+b^2(c+a)+c^2(a+b)+2abc$를 인수분해하면?

① $(a-b)(b-c)(c-a)$
② $(a-b)(b+c)(c+a)$
③ $(a+b)(b-c)(c+a)$
④ $(a+b)(b+c)(c-a)$
⑤ $(a+b)(b+c)(c+a)$

유형14 **인수 정리를 이용한 인수분해**

삼차 이상의 다항식 $f(x)$는 인수 정리를 이용하여 다음과 같은 순서로 인수분해한다.
(1) $f(\alpha)=0$을 만족시키는 상수 α의 값을 구한다.
이때 α의 값은 $\pm\dfrac{(f(x)의\ 상수항의\ 약수)}{(f(x)의\ 최고차항의\ 계수의\ 약수)}$ 중에서 찾는다.
(2) 조립제법을 이용하여 $f(x)$를 $x-\alpha$로 나누었을 때의 몫 $Q(x)$를 구하여 $f(x)=(x-\alpha)Q(x)$로 나타낸다.
(3) $Q(x)$를 더 이상 인수분해할 수 없을 때까지 인수분해한다.

중요
165 ☆

다음 중 다항식 $x^3-x^2-8x+12$의 인수인 것은?

① $x-3$ ② $x-1$ ③ $x+2$
④ x^2-x-6 ⑤ x^2+x-6

166

🔳 학평 기출

다항식 $2x^3-3x^2-12x-7$을 인수분해하면 $(x+a)^2(bx+c)$일 때, $a+b+c$의 값은?

(단, a, b, c는 상수이다.)

① -6 ② -5 ③ -4
④ -3 ⑤ -2

167

다항식 $x^4-4x^3-x^2+16x-12$를 인수분해하면 $(x+a)(x+b)(x+c)(x+d)$일 때, 상수 a, b, c, d에 대하여 $ab-cd$의 값을 구하시오. (단, $a<b<c<d$)

168

다음 중 다항식 $x^4+2x^3-9x^2-2x+8$의 인수가 <u>아닌</u> 것은?

① $x-1$ ② $x-2$ ③ x^2-x-2
④ x^2+2x-8 ⑤ x^2+3x+4

유형15 **인수분해의 활용**

(1) 식의 값을 구하는 문제는 주어진 식을 인수분해한 후 값을 대입한다.
(2) 복잡한 수의 계산은 적절한 수를 문자로 치환하고 이 문자에 대한 식을 인수분해한 후 수를 대입하여 값을 구한다.

중요
169 ☆ 🔲학평 기출

$101^3-3\times101^2+3\times101-1$의 값은?

① 10^5 ② 3×10^5 ③ 10^6
④ 3×10^6 ⑤ 10^7

170

다항식 $f(x)=x^3+3x^2-4$에 대하여 $f(98)$의 값은?

① 9700   ② 97000   ③ 970000
④ 9700000   ⑤ 97000000

171 🔲학평 기출

$x=\sqrt{3}+\sqrt{2}$, $y=\sqrt{3}-\sqrt{2}$일 때, x^2y+xy^2+x+y의 값은?

① $\sqrt{3}$ ② $2\sqrt{3}$ ③ $3\sqrt{3}$
④ $4\sqrt{3}$ ⑤ $5\sqrt{3}$

172

$\sqrt{10\times11\times12\times13+1}$의 값은?

① 127   ② 128   ③ 129
④ 130   ⑤ 131

1 유형1

등식 $(x-a)(2x+1)+b=2x^2-3x-4$가 x에 대한 항등식일 때, 상수 a, b에 대하여 $a-2b$의 값은?

① -6 ② -3 ③ 0
④ 3 ⑤ 6

2 유형2

다음 등식이 x의 값에 관계없이 항상 성립할 때, 상수 a, b, c에 대하여 $a-b+c$의 값을 구하시오.

$$x^2+3x+8$$
$$=a(x-1)(x-2)+b(x-2)(x+1)+c(x-1)(x+1)$$

3 유형3

등식 $(x-2)^8=a_0+a_1x+a_2x^2+\cdots+a_8x^8$이 x에 대한 항등식일 때, $a_1+a_2+a_3+\cdots+a_8$의 값은?
(단, a_0, a_1, a_2, ..., a_8은 상수)

① -256 ② -255 ③ 0
④ 255 ⑤ 256

4 유형4

다항식 x^3+ax^2+bx+c를 x^2-x+1로 나누었을 때의 몫이 $x+2$, 나머지가 $-3x+1$일 때, 상수 a, b, c에 대하여 abc의 값을 구하시오.

5 유형5

다항식 x^3+ax^2-3x+b를 $x-1$로 나누었을 때의 나머지가 1이고, $x+2$로 나누었을 때의 나머지가 4일 때, 상수 a, b에 대하여 $a-b$의 값을 구하시오.

6 유형6

다항식 $f(x)$를 $x-1$로 나누었을 때의 나머지가 3이고, $x-3$으로 나누었을 때의 나머지가 -3이다. $f(x)$를 x^2-4x+3으로 나누었을 때의 나머지를 $R(x)$라 할 때, $R(-1)$의 값은?

① 3 ② 6 ③ 9
④ 12 ⑤ 15

7 유형7

다항식 $(x-2)^{15}$을 $x-3$으로 나누었을 때의 몫을 $Q(x)$라 할 때, $Q(x)$를 $x-1$로 나누었을 때의 나머지는?

① -2 ② -1 ③ 1
④ 2 ⑤ 3

8 유형 8

다항식 x^3-2x^2+ax+b가 $x+1$, $x-3$으로 각각 나누어
떨어질 때, 상수 a, b에 대하여 $a+b$의 값은?

① -3 ② -2 ③ -1

④ 0 ⑤ 1

9 유형 9   ≪서술형≫

다항식 $f(x)=x^3+ax^2+bx-6$이 x^2+x-2로 나누어떨
어질 때, $f(x)$를 $x-2$로 나누었을 때의 나머지를 구하시
오. (단, a, b는 상수)

10 유형 10

다음 중 옳지 <u>않은</u> 것은?

① $x^3-3x^2+3x-1=(x-1)^3$
② $a^4-8ab^3=a(a-2b)(a^2+2ab+4b^2)$
③ $x^3-8y^3+27z^3+18xyz$
   $=(x-2y+3z)(x^2+4y^2+9z^2+2xy+6yz-3zx)$
④ $81x^4+9x^2y^2+y^4=(9x^2+3xy+y^2)(9x^2-3xy+y^2)$
⑤ $a^2+9b^2+4c^2-6ab+12bc-4ca=(a-3b+2c)^2$

11 유형 11

다항식 $(x^2+2x-1)(x^2+2x+3)-12$가
$(x+3)(x+a)(x^2+bx+c)$로 인수분해될 때, 상수 a, b,
c에 대하여 $a+b+c$의 값을 구하시오.

12 유형 12

다음 중 다항식 x^4-13x^2+4의 인수인 것은?

① $x-2$ ② $x-1$ ③ $x+2$

④ x^2+3x-2 ⑤ x^2+3x+2

13 유형 13

다항식 $x^2+2xy+y^2+2x+2y-3$을 인수분해하면
$(x+ay+3)(x+by+c)$일 때, 상수 a, b, c에 대하여 abc
의 값을 구하시오.

14 유형 14

다음 중 다항식 $2x^3+3x^2-5x-6$의 인수가 <u>아닌</u> 것은?

① $x+1$ ② $x+2$ ③ $2x-3$

④ $2x^2-x-6$ ⑤ $2x^2+x-6$

15 유형 15

$\dfrac{997^3-27}{998\times999+7}$의 값은?

① 100 ② 994 ③ 997

④ 1000 ⑤ 10000

II

방정식과 부등식

개념 14 복소수의 뜻

14-1 복소수의 뜻

(1) 허수단위 i의 뜻

실수의 범위에서는 방정식 $x^2=-1$의 해가 존재하지 않으므로 이 방정식이 해를 가지려면 수의 범위의 확장이 필요하다. 이때 다음과 같은 새로운 수를 생각할 수 있다.

> 제곱하여 -1이 되는 새로운 수를 기호로 i와 같이 나타내고, i를 허수단위라 한다.
>
> $$i^2=-1, \ i=\sqrt{-1}$$

(2) 복소수의 뜻과 분류

실수 a, b에 대하여 $a+bi$ 꼴로 나타내어지는 수를 복소수라 하고, a를 실수부분, b를 허수부분이라 한다.
복소수 $a+bi$ (a, b는 실수)는 다음과 같이 분류할 수 있다.

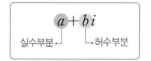
실수부분 $a+bi$ 허수부분

● 복소수 $a+bi$에서 허수부분은 bi가 아니라 b임에 유의한다.

> 복소수 $a+bi$ $\begin{cases} \text{실수 } a \ (b=0) \\ \text{허수} \begin{cases} \text{순허수 } bi & (a=0, \ b\neq0) \\ \text{순허수가 아닌 허수 } a+bi & (a\neq0, \ b\neq0) \end{cases} \end{cases}$

● $0i=0$으로 정하면 실수 a는 $a+0i$로 나타낼 수 있으므로 실수도 복소수이다.

14-2 복소수가 서로 같을 조건

두 복소수의 실수부분과 허수부분이 각각 서로 같을 때, 두 복소수는 서로 같다고 한다.

> **복소수가 서로 같을 조건**
> a, b, c, d가 실수일 때
> (1) $a+bi=c+di$이면 $a=c$, $b=d$
> (2) $a+bi=0$이면 $a=0$, $b=0$

● 서로 같은 복소수
a, b, c, d가 실수일 때
(1) $a=c$, $b=d$이면
  $\quad a+bi=c+di$
(2) $a=0$, $b=0$이면
  $\quad a+bi=0$

> 예 a, b가 실수일 때, $a-3i=2+bi$이면 $a=2$, $b=-3$

14-3 켤레복소수

복소수 $a+bi$ (a, b는 실수)에서 허수부분의 부호를 바꾼 복소수 $a-bi$를 복소수 $a+bi$의 켤레복소수라 하고, 기호로 $\overline{a+bi}$와 같이 나타낸다.

$$\overline{a+bi}=a-bi$$

● a, b가 실수일 때,
$\overline{a-bi}=a+bi$이므로 두 복소수 $a+bi$와 $a-bi$는 서로 켤레복소수이다.

> 예 $\overline{1+5i}=1-5i$, $\overline{3-i}=3+i$, $\overline{4i}=-4i$, $\overline{6}=6$

03

복소수

14 -1 복소수의 뜻

[001~006] 다음 복소수의 실수부분과 허수부분을 차례대로 구하시오.

001 $2-i$

002 $-3+\sqrt{2}i$

003 $\dfrac{1-4i}{3}$

004 $7i$

005 -6

006 $1+\sqrt{5}$

[007~009] 보기에서 다음에 해당하는 것만을 있는 대로 고르시오.

┌ 보기 ┐
ㄱ. $3+5i$ ㄴ. $1-\sqrt{3}$ ㄷ. $-2i$
ㄹ. π ㅁ. $3i-1$ ㅂ. $\sqrt{4}i$
ㅅ. 0 ㅇ. i ㅈ. $\sqrt{9}$
└─────────────────┘

007 실수

008 허수

009 순허수

14 -2 복소수가 서로 같을 조건

[010~016] 다음 등식을 만족시키는 실수 x, y의 값을 구하시오.

010 $x+yi=-1+2i$

011 $x+yi=-4i$

012 $2+3i=x-yi$

013 $-x-5i=3-yi$

014 $(x+1)+(2-y)i=0$

015 $(3x-y)+(x+y)i=5-i$

016 $(x-y+1)+(x+2y)i=10$

14 -3 켤레복소수

[017~022] 다음 복소수의 켤레복소수를 구하시오.

017 $-2+3i$

018 $7-4i$

019 $\sqrt{3}+i$

020 $-\sqrt{2}i+5$

021 -15

022 $8i$

[023~028] 다음 등식을 만족시키는 실수 a, b의 값을 구하시오.

023 $\overline{3+5i}=a+bi$

024 $\overline{-1-2i}=a+bi$

025 $\overline{i-\sqrt{5}}=a+bi$

026 $\overline{7-\sqrt{3}i}=a+bi$

027 $\overline{\sqrt{2}}=a+bi$

028 $\overline{-11i}=a+bi$

유형 1 복소수의 뜻

실수 a, b에 대하여
(1) $a+bi$ 꼴로 나타내어지는 수를 복소수라 하고, a를 실수부분, b를 허수부분이라 한다.
(2) 복소수 $a+bi$는 다음과 같이 분류할 수 있다.
$$\begin{cases} \text{실수 } a \ (b=0) \\ \text{허수} \begin{cases} \text{순허수 } bi & (a=0, \ b\neq0) \\ \text{순허수가 아닌 허수 } a+bi & (a\neq0, \ b\neq0) \end{cases} \end{cases}$$

029

복소수 $\dfrac{3-i}{2}$의 실수부분을 a, 허수부분을 b라 할 때, $a+b$의 값을 구하시오.

030

다음 중 옳지 않은 것은?

① 제곱하여 -1이 되는 수는 $\pm i$이다.
② $-2i$의 실수부분은 0이다.
③ $2i$는 순허수이다.
④ $3+6i$는 순허수가 아닌 허수이다.
⑤ 실수 a, b에 대하여 $a\neq0$, $b=0$이면 $a+bi$는 복소수가 아니다.

중요
031 ☆

보기에서 허수인 것만을 있는 대로 고른 것은?

┌ 보기 ─────────────────
│ ㄱ. $-5i$ ㄴ. $3+i$ ㄷ. $2-\sqrt{3}$
│ ㄹ. $3i^2$ ㅁ. $1+\pi$ ㅂ. $1+\sqrt{-2}$
└──────────────────────

① ㄱ, ㄴ, ㄷ   ② ㄱ, ㄴ, ㅂ   ③ ㄱ, ㄹ, ㅂ
④ ㄴ, ㄹ, ㅁ   ⑤ ㄷ, ㅁ, ㅂ

유형 2 복소수가 서로 같을 조건

a, b, c, d가 실수일 때
(1) $a+bi=c+di$이면 $a=c$, $b=d$
(2) $a+bi=0$이면 $a=0$, $b=0$

032

등식 $2x+(1-y)i=6-i$를 만족시키는 실수 x, y에 대하여 $x+y$의 값을 구하시오.

033

등식 $(x+y)-9i=\overline{-1-3xi}$를 만족시키는 실수 x, y에 대하여 xy의 값은?

① -6 ② -4 ③ -2
④ 2 ⑤ 4

중요
034 ☆

등식 $(2x-y)+(x+y-3)i=0$을 만족시키는 실수 x, y에 대하여 x^2+y^2의 값은?

① 3 ② 4 ③ 5
④ 6 ⑤ 7

복소수의 사칙연산

15 -1 복소수의 사칙연산

(1) 덧셈과 뺄셈

허수단위 i를 문자처럼 생각하여 실수부분은 실수부분끼리, 허수부분은 허수부분끼리 계산한다.

예를 들어 두 복소수 $2+3i$, $1+2i$의 합과 차를 각각 계산하면

$$(2+3i)+(1+2i)=(2+1)+(3+2)i=3+5i$$
$$(2+3i)-(1+2i)=(2-1)+(3-2)i=1+i$$

(2) 곱셈

허수단위 i를 문자처럼 생각하고, 분배법칙을 이용하여 전개한 후 $i^2=-1$임을 이용하여 계산한다.

예를 들이 두 복소수 $2+3i$, $1+2i$의 곱을 계산하면

$$(2+3i)(1+2i)=2+4i+3i+6i^2=2+7i-6=-4+7i$$

(3) 나눗셈

분모의 켤레복소수를 분모, 분자에 각각 곱하여 계산한다. → 분모를 실수로 만든다.

예를 들어 복소수 $2+3i$를 복소수 $1+2i$로 나누면

$$\frac{2+3i}{1+2i}=\frac{(2+3i)(1-2i)}{(1+2i)(1-2i)}=\frac{2-4i+3i-6i^2}{1-4i^2}=\frac{2-i+6}{1+4}=\frac{8-i}{5}$$

> **복소수의 사칙연산**
>
> a, b, c, d가 실수일 때
> (1) $(a+bi)+(c+di)=(a+c)+(b+d)i$
> $(a+bi)-(c+di)=(a-c)+(b-d)i$
> (2) $(a+bi)(c+di)=(ac-bd)+(ad+bc)i$
> (3) $\dfrac{a+bi}{c+di}=\dfrac{(a+bi)(c-di)}{(c+di)(c-di)}=\dfrac{ac+bd}{c^2+d^2}+\dfrac{bc-ad}{c^2+d^2}i$ (단, $c+di\neq0$)

● **복소수의 덧셈과 곱셈에 대한 성질**

세 복소수 z_1, z_2, z_3에 대하여
(1) 교환법칙
  $z_1+z_2=z_2+z_1$, $z_1z_2=z_2z_1$
(2) 결합법칙
  $(z_1+z_2)+z_3$
   $=z_1+(z_2+z_3)$,
  $(z_1z_2)z_3=z_1(z_2z_3)$
(3) 분배법칙
  $z_1(z_2+z_3)=z_1z_2+z_1z_3$,
  $(z_1+z_2)z_3=z_1z_3+z_2z_3$

15 -2 켤레복소수의 성질

켤레복소수는 다음과 같은 성질이 있다.

> 두 복소수 z_1, z_2와 그 켤레복소수 $\overline{z_1}$, $\overline{z_2}$에 대하여
> (1) $\overline{(\overline{z_1})}=z_1$
> (2) $\overline{z_1+z_2}=\overline{z_1}+\overline{z_2}$, $\overline{z_1-z_2}=\overline{z_1}-\overline{z_2}$
> (3) $\overline{z_1z_2}=\overline{z_1}\times\overline{z_2}$, $\overline{\left(\dfrac{z_1}{z_2}\right)}=\dfrac{\overline{z_1}}{\overline{z_2}}$ (단, $z_2\neq0$)

● 복소수 z에 대하여
① $z+\overline{z}$, $z\overline{z}$는 실수이다.
② $\overline{z}=z$이면 z는 실수이다.
③ $\overline{z}=-z$이면 z는 순허수 또는 0이다.

15 -1 복소수의 사칙연산

[035~038] 다음을 계산하시오.

035 $(3+5i)+(1+6i)$

036 $(-2+3i)+(5-4i)$

037 $(5-2i)+(-3+i)$

038 $(-3-4i)+(2i-5)$

[039~042] 다음을 계산하시오.

039 $(5-4i)-(2+i)$

040 $(7+6i)-(3-5i)$

041 $(4-3i)-(-2+7i)$

042 $(-2+3i)-(-1-4i)$

[043~046] 다음을 계산하시오.

043 $(3-2i)(2+5i)$

044 $(4-i)(-2+3i)$

045 $(2-3i)^2$

046 $(6-i)(6+i)$

[047~050] 다음을 계산하시오.

047 $\dfrac{10}{3+i}$

048 $\dfrac{i}{1-i}$

049 $\dfrac{1+2i}{2-i}$

050 $\dfrac{3i-5}{4i}$

[051~054] 다음을 계산하시오.

051 $(5-8i)-(-2-3i)+10i$

052 $\dfrac{3}{1-i}-\dfrac{1}{1+i}$

053 $(2-i)(2+i)+\dfrac{5i}{1-3i}$

054 $(1+2i)^2-\dfrac{3-i}{2+i}$

[055~058] $a=1+i$, $b=2-i$일 때, 다음 식의 값을 구하시오.

055 $a+b$

056 ab

057 a^2+b^2

058 $\dfrac{b}{a}+\dfrac{a}{b}$

[059~062] 복소수 $z=2+i$에 대하여 다음 식의 값을 구하시오. (단, $\bar{z}$는 z의 켤레복소수)

059 $\bar{z}$

060 $z+\bar{z}$

061 $\bar{z}^2$

062 $\dfrac{z}{\bar{z}}$

[063~066] 복소수 $z=3-4i$에 대하여 다음 식의 값을 구하시오. (단, $\bar{z}$는 z의 켤레복소수)

063 $\bar{z}$

064 $\bar{z}-z$

065 $z\bar{z}$

066 $\dfrac{\bar{z}}{z}$

[067~070] 복소수 z와 그 켤레복소수 $\bar{z}$에 대하여 다음 등식이 성립할 때, 복소수 z를 구하시오.

067 $(1-i)z+3i\bar{z}=3-i$

$z=a+bi(a,\ b$는 실수)라 하면 $\bar{z}=$ [　　]

이를 주어진 등식에 대입하면

$(1-i)(a+bi)+3i($ [　　] $)=3-i$

$a+bi-ai-bi^2+3ai-3bi^2=3-i$

$(a+b+3b)+(b-a+3a)i=3-i$

$(a+4b)+($ [　　] $)i=3-i$

복소수가 서로 같을 조건에 의하여

$a+4b=3,$ [　　] $=-1$

두 식을 연립하여 풀면 $a=$ [　] , $b=$ [　]

$\therefore z=$ [　　]

068 $2iz+(1+i)\bar{z}=-3+i$

069 $(3-i)z-i\bar{z}=3-5i$

070 $(1+2i)z+(4-i)\bar{z}=-1+7i$

15-2 켤레복소수의 성질

[071~076] 두 복소수 $\alpha=2+5i$, $\beta=1-2i$에 대하여 다음 식의 값을 구하시오. (단, $\bar{\alpha}$, $\bar{\beta}$는 각각 α, β의 켤레복소수)

071 $\alpha+\beta$

072 $\bar{\alpha}+\bar{\beta}$

073 $\alpha-\beta$

074 $\bar{\alpha}-\bar{\beta}$

075 $\alpha\beta$

076 $\bar{\alpha}\times\bar{\beta}$

03
복소수

유형 3 복소수의 사칙연산

a, b, c, d가 실수일 때

(1) $(a+bi)+(c+di)=(a+c)+(b+d)i$

　　$(a+bi)-(c+di)=(a-c)+(b-d)i$

(2) $(a+bi)(c+di)=(ac-bd)+(ad+bc)i$

(3) $\dfrac{a+bi}{c+di}=\dfrac{(a+bi)(c-di)}{(c+di)(c-di)}=\dfrac{ac+bd}{c^2+d^2}+\dfrac{bc-ad}{c^2+d^2}i$

　　　　　　　　　　　　　　　　(단, $c+di\neq0$)

077

다음 중 옳은 것은?

① $(2-i)+(1+3i)=1+2i$

② $(5-3i)-(3-2i)=2-5i$

③ $(1+2i)(4-i)=2+7i$

④ $(2+3i)^2=13+12i$

⑤ $\dfrac{1}{3+i}+\dfrac{1}{3-i}=\dfrac{3}{5}$

중요 078

$(3-i)(1+2i)-\dfrac{5i}{2-i}$를 $a+bi$ (a, b는 실수) 꼴로 나타낼 때, $a-b$의 값을 구하시오.

079

학평 기출

두 실수 a, b에 대하여 $\dfrac{2a}{1-i}+3i=2+bi$일 때, $a+b$의 값은? (단, $i=\sqrt{-1}$)

① 6 　　　　② 7 　　　　③ 8

④ 9 　　　　⑤ 10

중요 080

등식 $2x(1+i)-y(3-5i)=\overline{5+3i}$를 만족시키는 실수 x, y에 대하여 $x-y$의 값은?

① -1 　　　　② 0 　　　　③ 1

④ 2 　　　　⑤ 3

유형 4 복소수가 실수 또는 순허수가 될 조건

복소수 $z=a+bi$ (a, b는 실수)에 대하여

(1) z가 실수이면 ➡ $b=0$

(2) z가 순허수이면 ➡ $a=0$, $b\neq0$

(3) z^2이 실수이면 z는 실수 또는 순허수이므로

　　➡ $a=0$ 또는 $b=0$

(4) z^2이 양의 실수이면 z는 0이 아닌 실수이므로

　　➡ $a\neq0$, $b=0$

(5) z^2이 음의 실수이면 z는 순허수이므로

　　➡ $a=0$, $b\neq0$

081

복소수 $z=i(x-i)^2$이 실수가 되도록 하는 양수 x의 값은?

① 1 　　　　② 2 　　　　③ 3

④ 4 　　　　⑤ 5

중요 082

복소수 $z=x^2+(i-2)x+i-3$이 순허수가 되도록 하는 실수 x의 값을 구하시오.

083

복소수 $z=x(1+i)-2-3i$에 대하여 z^2이 실수가 되도록 하는 모든 실수 x의 값의 합은?

① 2   ② 3   ③ 4
④ 5   ⑤ 6

084

복소수 $z=(x^2-4)+(x^2-7x+10)i$에 대하여 다음을 구하시오.

(1) z^2이 양의 실수가 되도록 하는 실수 x의 값
(2) z^2이 음의 실수가 되도록 하는 실수 x의 값

유형 5 복소수가 주어질 때의 식의 값

(1) 주어진 복소수를 구하는 식에 대입한 후 계산하여 식의 값을 구한다.
　 이때 두 복소수 x, y가 서로 켤레복소수이면 구해야 하는 식을 $x+y$, xy를 포함한 식으로 변형한 후 대입한다.
(2) $x=a+bi$ (a, b는 실수)가 주어진 경우에는 $x-a=bi$의 양변을 제곱하여 $(x-a)^2=-b^2$임을 이용한다.

085

$a=2-i$, $b=2+i$일 때, $\dfrac{b}{a}+\dfrac{a}{b}$의 값은?

① $\dfrac{3}{4}$ ② $\dfrac{5}{6}$ ③ 1
④ $\dfrac{6}{5}$ ⑤ $\dfrac{4}{3}$

086

$\alpha=3+i$, $\beta=1-2i$일 때, $\alpha\bar{\alpha}-\beta\bar{\beta}$의 값을 구하시오.
(단, $\bar{\alpha}$, $\bar{\beta}$는 각각 α, β의 켤레복소수)

087

학평 기출

두 복소수 $\alpha=\dfrac{1-i}{1+i}$, $\beta=\dfrac{1+i}{1-i}$에 대하여 $(1-2\alpha)(1-2\beta)$의 값은? (단, $i=\sqrt{-1}$이다.)

① 1   ② 2   ③ 3
④ 4   ⑤ 5

중요 088

학평 기출

복소수 $z=1+\sqrt{3}i$에 대하여 z^2-2z+1의 값은?
(단, $i=\sqrt{-1}$)

① -3 ② $-2+i$ ③ -1
④ $2-i$ ⑤ 3

유형 6 등식을 만족시키는 복소수 구하기

복소수 z를 포함한 등식이 주어진 경우
➡ $z=a+bi$(a, b는 실수)로 놓고 주어진 등식에 대입한 후 복소수가 서로 같을 조건을 이용하여 a, b의 값을 구한다.

089
학평 기출

복소수 z에 대하여 등식 $3z-2\bar{z}=5+10i$가 성립할 때, $z\bar{z}$의 값을 구하시오.

(단, $\bar{z}$는 z의 켤레복소수이고, $i=\sqrt{-1}$이다.)

중요 090 ★

복소수 z와 그 켤레복소수 $\bar{z}$에 대하여 등식
$(1+i)z+2i\bar{z}=3-7i$가 성립할 때, 복소수 z를 구하시오.

091

복소수 z와 그 켤레복소수 $\bar{z}$에 대하여
$$z+\bar{z}=6, \ z\bar{z}=10$$
이 성립할 때, 복소수 z는?

① $3\pm i$ ② $1\pm 3i$ ③ $1\pm i$
④ $-1\pm 3i$ ⑤ $-3\pm i$

유형 7 켤레복소수의 성질을 이용한 식의 값

두 복소수 z_1, z_2와 그 켤레복소수 $\bar{z_1}$, $\bar{z_2}$에 대하여
(1) $\overline{(\bar{z_1})}=z_1$
(2) $\overline{z_1+z_2}=\bar{z_1}+\bar{z_2}$, $\overline{z_1-z_2}=\bar{z_1}-\bar{z_2}$
(3) $\overline{z_1 z_2}=\bar{z_1}\times\bar{z_2}$, $\overline{\left(\dfrac{z_1}{z_2}\right)}=\dfrac{\bar{z_1}}{\bar{z_2}}$ (단, $z_2\neq 0$)

092

$\alpha=5-i$, $\beta=-2+3i$일 때, $(\alpha+\beta)(\bar{\alpha}+\bar{\beta})$의 값을 구하시오. (단, $\bar{\alpha}$, $\bar{\beta}$는 각각 α, β의 켤레복소수)

093

두 복소수 z_1, z_2에 대하여 $\bar{z_1}-\bar{z_2}=3+2i$, $\bar{z_1}\times\bar{z_2}=4-3i$일 때, $z_1-z_1 z_2-z_2$의 값은?

(단, $\bar{z_1}$, $\bar{z_2}$는 각각 z_1, z_2의 켤레복소수)

① $-1-5i$ ② $-1-i$ ③ $-1+5i$
④ $1-5i$ ⑤ $1+5i$

중요 094 ★

$\alpha=2-i$, $\beta=1+3i$일 때, $\alpha\bar{\alpha}-\alpha\bar{\beta}-\bar{\alpha}\beta+\beta\bar{\beta}$의 값은?
(단, $\bar{\alpha}$, $\bar{\beta}$는 각각 α, β의 켤레복소수)

① $-17i$ ② $17-i$ ③ $17i$
④ 17 ⑤ $17+i$

개념 16 i의 거듭제곱

16 -1 i의 거듭제곱

i의 거듭제곱을 차례대로 계산해 보면

$i^1=i$, $i^2=-1$, $i^3=i^2\times i=-i$, $i^4=i^2\times i^2=1$,

$i^5=i^4\times i=i$, $i^6=i^4\times i^2=-1$, $i^7=i^4\times i^3=-i$, $i^8=(i^4)^2=1$, …

이와 같이 i의 거듭제곱은 네 수 i, -1, $-i$, 1이 이 순서대로 반복되어 나타난다.

i의 거듭제곱

$i^{4k+1}=i$, $i^{4k+2}=-1$, $i^{4k+3}=-i$, $i^{4k+4}=1$

(단, k는 음이 아닌 정수)

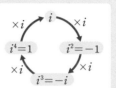

자연수 n에 대하여 i^n의 값은 n을 4로 나누었을 때의 나머지에 따라 정해진다.

예 $i^{21}=i^{4\times5+1}=i$, $i^{30}=i^{4\times7+2}=-1$, $i^{40}=i^{4\times10}=1$

03 복소수

개념유형

• 정답과 해설 35쪽

16 -1 i의 거듭제곱

[095~100] 다음을 계산하시오.

095 i^{10}

096 i^{17}

097 $(-i)^7$

098 $i^{100}-i^{102}$

099 $1+i+i^2+i^3$

100 $\dfrac{1}{i^{201}}+\dfrac{1}{i^{203}}$

[101~104] 다음을 계산하시오.

101 $\left(\dfrac{1+i}{1-i}\right)^2$

102 $\left(\dfrac{1+i}{1-i}\right)^{100}$

103 $\left(\dfrac{1-i}{1+i}\right)^2$

104 $\left(\dfrac{1-i}{1+i}\right)^{52}$

• 정답과 해설 35쪽

유형 8 i의 거듭제곱

음이 아닌 정수 k에 대하여
$$i^{4k+1}=i, \ i^{4k+2}=-1, \ i^{4k+3}=-i, \ i^{4k+4}=1$$

105
$1-i+i^2-i^3+\cdots+i^{100}$을 간단히 하면?

① -1　　　　② 1　　　　③ $-2i$
④ i　　　　⑤ $2i$

중요
106
$\dfrac{1}{i}+\dfrac{1}{i^2}+\dfrac{1}{i^3}+\dfrac{1}{i^4}+\cdots+\dfrac{1}{i^{41}}$ 을 간단히 하면?

① -1　　　　② 0　　　　③ 1
④ $-i$　　　　⑤ i

107
실수 a, b에 대하여
$$(i+i^2+i^3+i^4+\cdots+i^{97})(i+i^2+i^3+i^4+\cdots+i^{99})$$
$$=a+bi$$
일 때, $a+b$의 값을 구하시오.

108
실수 a, b에 대하여
$$i+2i^2+3i^3+4i^4+\cdots+20i^{20}=a+bi$$
일 때, ab의 값을 구하시오.

유형 9 복소수의 거듭제곱

복소수 z의 거듭제곱은 z 또는 z^2을 간단히 한 후 i의 거듭제곱을 이용하여 구한다.
➡ $\dfrac{1+i}{1-i}=i, \ \dfrac{1-i}{1+i}=-i, \ (1+i)^2=2i, \ (1-i)^2=-2i$

중요
109
$\left(\dfrac{1-i}{1+i}\right)^{100}-\left(\dfrac{1+i}{1-i}\right)^{101}$ 을 간단히 하면?

① $-i$　　　　② i　　　　③ $-1+i$
④ $1-i$　　　　⑤ $2+3i$

110
$z=\dfrac{1-i}{\sqrt{2}}$일 때, $z^2+z^4+z^6+z^8+z^{10}$의 값은?

① -1　　　　② 0　　　　③ 1
④ $-i$　　　　⑤ i

111
$z=\dfrac{1+i}{1-i}$일 때, $\dfrac{1}{z}+\dfrac{1}{z^2}+\dfrac{1}{z^3}+\cdots+\dfrac{1}{z^{100}}$의 값은?

① 0　　　　② 1　　　　③ 2
④ 3　　　　⑤ 4

17 음수의 제곱근

17 -1 음수의 제곱근

제곱하여 a가 되는 수를 a의 제곱근이라 하고, a의 제곱근을 $\pm\sqrt{a}$로 나타낸다.

이때 허수단위 i를 이용하면 음수의 제곱근을 구할 수 있다.

예를 들어 두 복소수 $\sqrt{6}i$와 $-\sqrt{6}i$를 각각 제곱하면

$$(\sqrt{6}i)^2=6i^2=-6, \quad (-\sqrt{6}i)^2=6i^2=-6$$

이므로 $\sqrt{6}i$와 $-\sqrt{6}i$는 -6의 제곱근이다.

따라서 $a>0$일 때

$$(\sqrt{a}i)^2=ai^2=-a, \quad (-\sqrt{a}i)^2=ai^2=-a$$

이므로 $-a$의 제곱근은 $\pm\sqrt{a}i$이다.

> **음수의 제곱근**
>
> $a>0$일 때
> (1) $\sqrt{-a}=\sqrt{a}i$
> (2) $-a$의 제곱근은 $\pm\sqrt{a}i$이다.

> **중3 다시보기**
>
> **> 제곱근**
> 어떤 수 x를 제곱하여 a가 될 때, 즉 $x^2=a$일 때 x를 a의 제곱근이라 한다.
>
> $\begin{matrix} -2 \\ 2 \end{matrix} \underset{\text{제곱근}}{\overset{\text{제곱}}{\rightleftharpoons}} \boxed{4}$

03

복소수

17 -2 음수의 제곱근의 성질

근호 안의 수가 양수 또는 음수인 경우에 따라 제곱근을 계산해 보자.

(1) $a<0$, $b<0$이면 $-a>0$, $-b>0$이므로

$$\sqrt{a}\sqrt{b}=\sqrt{-a}i\times\sqrt{-b}i=\sqrt{(-a)\times(-b)}\,i^2=-\sqrt{ab}$$

(2) $a>0$, $b<0$이면 $-b>0$이므로

$$\frac{\sqrt{a}}{\sqrt{b}}=\frac{\sqrt{a}}{\sqrt{-b}i}=\frac{\sqrt{a}i}{\sqrt{-b}i^2}=-\sqrt{\frac{a}{-b}}\,i=-\sqrt{\frac{a}{b}}$$

(1), (2)의 경우 외에는 $\sqrt{a}\sqrt{b}=\sqrt{ab}$, $\dfrac{\sqrt{a}}{\sqrt{b}}=\sqrt{\dfrac{a}{b}}$ (단, $b\neq0$)

> **음수의 제곱근의 성질**
>
> 0이 아닌 두 실수 a, b에 대하여
> (1) $a<0$, $b<0$이면 $\sqrt{a}\sqrt{b}=-\sqrt{ab}$
>
> $a>0$, $b<0$이면 $\dfrac{\sqrt{a}}{\sqrt{b}}=-\sqrt{\dfrac{a}{b}}$
> (2) $\sqrt{a}\sqrt{b}=-\sqrt{ab}$이면 $a<0$, $b<0$
>
> $\dfrac{\sqrt{a}}{\sqrt{b}}=-\sqrt{\dfrac{a}{b}}$이면 $a>0$, $b<0$

예 • $\sqrt{-3}\sqrt{-7}=-\sqrt{(-3)\times(-7)}=-\sqrt{21}$

     • $\dfrac{\sqrt{2}}{\sqrt{-5}}=-\sqrt{\dfrac{2}{-5}}=-\sqrt{-\dfrac{2}{5}}=-\sqrt{\dfrac{2}{5}}\,i$

> 근호 안의 수가 음수일 때, $\sqrt{-a}=\sqrt{a}i$를 이용하여 i를 포함한 식으로 고쳐서 계산할 수도 있다.

• 정답과 해설 **36**쪽

17 -1 **음수의 제곱근**

[112~115] 다음 수를 허수단위 i를 사용하여 나타내시오.

112 $\sqrt{-7}$

113 $\sqrt{-16}$

114 $-\sqrt{-12}$

115 $\sqrt{-\dfrac{9}{4}}$

[116~119] 다음 수의 제곱근을 허수단위 i를 사용하여 나타내시오.

116 -5

117 -36

118 $-\dfrac{1}{9}$

119 $-\dfrac{3}{25}$

17 -2 **음수의 제곱근의 성질**

[120~126] 다음을 계산하시오.

120 $\sqrt{-2}\sqrt{-8}$

121 $\sqrt{-4}\sqrt{9}$

122 $\sqrt{3}\sqrt{-6}$

123 $\dfrac{\sqrt{18}}{\sqrt{-2}}$

124 $\dfrac{\sqrt{-3}}{\sqrt{12}}$

125 $\sqrt{-4}\sqrt{-16}-\sqrt{-9}\sqrt{-25}$

126 $\dfrac{\sqrt{-6}}{\sqrt{2}}+\dfrac{\sqrt{6}}{\sqrt{-2}}+\dfrac{\sqrt{-6}}{\sqrt{-2}}$

유형10 음수의 제곱근의 계산

음수의 제곱근을 계산할 때 다음과 같은 음수의 제곱근의 성질을
이용하여 계산한다.
➡ $a<0$, $b<0$이면 $\sqrt{a}\sqrt{b}=-\sqrt{ab}$
  $a>0$, $b<0$이면 $\dfrac{\sqrt{a}}{\sqrt{b}}=-\sqrt{\dfrac{a}{b}}$

참고 음수의 제곱근을 허수단위 i를 사용하여 나타낸 후 계산할 수도 있다.
➡ $a>0$일 때, $\sqrt{-a}=\sqrt{a}i$

127

다음 중 옳지 <u>않은</u> 것은?

① $\sqrt{3}\sqrt{-5}=\sqrt{15}i$

② $\sqrt{-3}\sqrt{-5}=-\sqrt{15}$

③ $\dfrac{\sqrt{-15}}{\sqrt{3}}=\sqrt{5}i$

④ $\dfrac{\sqrt{-3}}{\sqrt{-15}}=\dfrac{\sqrt{5}}{5}$

⑤ $\dfrac{\sqrt{3}}{\sqrt{-15}}=\dfrac{\sqrt{5}}{5}i$

중요
128 ☆

실수 a, b에 대하여 $\sqrt{-2}\sqrt{-12}+\dfrac{\sqrt{18}}{\sqrt{-3}}=a+bi$일 때,
ab의 값을 구하시오.

129

$z=\sqrt{2}\sqrt{-8}+\sqrt{-2}\sqrt{-8}+\dfrac{\sqrt{8}}{\sqrt{-2}}+\dfrac{\sqrt{-8}}{\sqrt{-2}}$일 때, $z\bar{z}$의 값을
구하시오. (단, $\bar{z}$는 z의 켤레복소수)

유형11 음수의 제곱근의 성질

0이 아닌 두 실수 a, b에 대하여
(1) $\sqrt{a}\sqrt{b}=-\sqrt{ab}$이면 $a<0$, $b<0$
(2) $\dfrac{\sqrt{a}}{\sqrt{b}}=-\sqrt{\dfrac{a}{b}}$이면 $a>0$, $b<0$

130

0이 아닌 두 실수 a, b에 대하여 $\sqrt{a}\sqrt{b}=-\sqrt{ab}$일 때, 다음
중 옳지 <u>않은</u> 것은?

① $\sqrt{-a}\sqrt{b}=\sqrt{-ab}$

② $\dfrac{\sqrt{a}}{\sqrt{b}}=\sqrt{\dfrac{a}{b}}$

③ $\sqrt{a^3b}=-a\sqrt{ab}$

④ $\sqrt{\dfrac{b}{a^2}}=\dfrac{\sqrt{b}}{a}$

⑤ $\sqrt{a^2}\sqrt{b^2}=ab$

131

0이 아닌 두 실수 a, b에 대하여 $\dfrac{\sqrt{a}}{\sqrt{b}}=-\sqrt{\dfrac{a}{b}}$일 때,
$\sqrt{(a-b)^2}-\sqrt{b^2}$을 간단히 하면?

① $-a$

② $-a+2b$

③ $a-2b$

④ a

⑤ $a+2b$

중요
132 ☆

0이 아닌 두 실수 a, b에 대하여 $\sqrt{a}\sqrt{b}=-\sqrt{ab}$일 때,
$\dfrac{\sqrt{a}}{\sqrt{-a}}-\dfrac{\sqrt{b-a}}{\sqrt{a-b}}$를 간단히 하시오. (단, $a<b$)

실전유형 으로 중단원 점검

1 〔유형1〕

다음 복소수 중 허수의 개수를 구하시오.

$$2+i, \quad -3, \quad 2i^2, \quad 3i^3-5i$$
$$-4i, \quad \sqrt{3}i+1, \quad 2-\pi, \quad \sqrt{25}$$

2 〔유형2〕

등식 $(x+y+1)+(x-2y-11)i=0$을 만족시키는 실수 x, y에 대하여 $x-y$의 값은?

① 4   ② 5   ③ 6
④ 7   ⑤ 8

3 〔유형3〕

$\dfrac{5+i}{1-i}+(2-3i)(5+i)$를 $a+bi$ (a, b는 실수) 꼴로 나타낼 때, $a+b$의 값은?

① -8 ② -5 ③ 0
④ 5   ⑤ 8

4 〔유형3〕

등식 $x(2+i)-2y(1+i)=\overline{4-7i}$를 만족시키는 실수 x, y에 대하여 $x+y$의 값은?

① -10 ② -8 ③ -6
④ -4 ⑤ -2

5 〔유형4〕   ≪서술형≫

복소수 $z=(1+i)x^2-3x+2-i$가 순허수가 되도록 하는 실수 x의 값을 구하시오.

6 〔유형5〕

$x=\dfrac{-1-\sqrt{3}i}{2}$일 때, x^2+x의 값은?

① $-1-i$ ② -1 ③ 1
④ $1+i$ ⑤ 2

7 유형 6

복소수 z와 그 켤레복소수 $\bar{z}$에 대하여 등식
$(1+2i)z-i\bar{z}=1+5i$가 성립할 때, 복소수 z는?

① $4-2i$ ② $4-i$ ③ 4

④ $4+i$ ⑤ $4+2i$

8 유형 7

$\alpha=2+i$, $\beta=3-2i$일 때, $\alpha\bar{\alpha}+\alpha\bar{\beta}+\bar{\alpha}\beta+\beta\bar{\beta}$의 값을 구하시오. (단, $\bar{\alpha}$, $\bar{\beta}$는 각각 α, β의 켤레복소수)

9 유형 8

$\dfrac{1}{i}+\dfrac{1}{i^2}+\dfrac{1}{i^3}+\dfrac{1}{i^4}+\cdots+\dfrac{1}{i^{80}}$을 간단히 하면?

① -1 ② 0 ③ 1

④ $-\dfrac{1}{i}$ ⑤ $\dfrac{1}{i}$

10 유형 9

$\left(\dfrac{1+i}{1-i}\right)^{206}+\left(\dfrac{1-i}{1+i}\right)^{206}$을 간단히 하면?

① -2 ② -1 ③ 0

④ 1 ⑤ 2

11 유형 10

실수 a, b에 대하여 $\sqrt{-6}\sqrt{-6}+\dfrac{\sqrt{10}}{\sqrt{-2}}\times\dfrac{\sqrt{-3}}{\sqrt{-15}}=a+bi$일 때, $a+b$의 값을 구하시오.

12 유형 11

0이 아닌 두 실수 a, b에 대하여 $\sqrt{a}\sqrt{b}=-\sqrt{ab}$일 때, $|a|-\sqrt{(a+b)^2}$을 간단히 하면?

① $-2a-b$ ② $-2a+b$ ③ $-b$

④ b ⑤ $2a+b$

개념 18 이차방정식의 풀이

18 -1 이차방정식의 풀이

(1) 인수분해를 이용

이차방정식을 $f(x)=0$ 꼴로 정리한 후 $f(x)$가 인수분해 가능하면 인수분해하여 푼다.

> **인수분해를 이용한 이차방정식의 풀이**
>
> x에 대한 이차방정식이 $(ax-b)(cx-d)=0$ 꼴로 변형되면
>
> $$x=\frac{b}{a} \text{ 또는 } x=\frac{d}{c}$$

예 이차방정식 $2x^2+5x-3=0$을 풀어 보자.

좌변을 인수분해하면 $(x+3)(2x-1)=0$

$\therefore\ x=-3$ 또는 $x=\dfrac{1}{2}$

(2) 근의 공식을 이용

계수가 실수인 x에 대한 이차방정식 $ax^2+bx+c=0$의 근은 근의 공식

$$x=\frac{-b\pm\sqrt{b^2-4ac}}{2a} \qquad \cdots\cdots \text{㉠}$$

를 이용하여 구할 수 있다.

특히 일차항의 계수가 짝수일 때, 즉 $ax^2+2b'x+c=0$의 근은 짝수 근의 공식

$$x=\frac{-b'\pm\sqrt{b'^2-ac}}{a}$$

를 이용하여 구할 수 있다.

한편 ㉠에서

$b^2-4ac \geq 0$이면 $\sqrt{b^2-4ac}$는 실수,

$b^2-4ac < 0$이면 $\sqrt{b^2-4ac}$는 허수

이므로 계수가 실수인 이차방정식은 복소수의 범위에서 반드시 근을 갖는다.

이때 실수인 근을 실근, 허수인 근을 허근이라 한다.

> **근의 공식을 이용한 이차방정식의 풀이**
>
> 계수가 실수인 x에 대한 이차방정식 $ax^2+bx+c=0$의 근은
>
> $$x=\frac{-b\pm\sqrt{b^2-4ac}}{2a}$$
>
> 특히 이차방정식 $ax^2+2b'x+c=0$의 근은
>
> $$x=\frac{-b'\pm\sqrt{b'^2-ac}}{a} \rightarrow \text{짝수 근의 공식}$$

예 이차방정식 $x^2+3x+3=0$의 근은 근의 공식에 의하여

$$x=\frac{-3\pm\sqrt{3^2-4\times1\times3}}{2\times1}=\frac{-3\pm\sqrt{3}i}{2}$$

따라서 이 이차방정식은 허근을 갖는다.

중3 다시보기

$ax^2+bx+c=0$ (a, b, c는 상수, $a\neq0$)과 같이 나타낼 수 있는 방정식을 x에 대한 이차방정식이라 한다.

인수분해 공식

(1) $x^2+2ax+a^2=(x+a)^2$

(2) $x^2-a^2=(x+a)(x-a)$

(3) $x^2+(a+b)x+ab$
$=(x+a)(x+b)$

(4) $acx^2+(ad+bc)x+bd$
$=(ax+b)(cx+d)$

두 실근이 서로 같을 때 이 근을 중근이라 한다.

• 정답과 해설 39쪽

18 -1 이차방정식의 풀이

[001~008] 인수분해를 이용하여 다음 이차방정식을 푸시오.

001 $x^2+4x+4=0$

002 $x^2-3x+2=0$

003 $x^2-x-12=0$

004 $2x^2-5x-3=0$

005 $2x^2-x-1=0$

006 $3x^2+x-2=0$

007 $4x^2-1=0$

008 $4x^2+7x-2=0$

[009~016] 근의 공식을 이용하여 다음 이차방정식을 풀고, 그 근이 실근인지 허근인지 구분하시오.

009 $x^2-x-3=0$

010 $x^2-3x+6=0$

011 $2x^2+5x+7=0$

012 $3x^2+x-3=0$

013 $x^2-4x+7=0$

014 $x^2+10x-2=0$

015 $2x^2-6x+5=0$

016 $3x^2-2x-4=0$

[017~021] 다음 이차방정식을 푸시오.

017 $(\sqrt{2}-1)x^2+(\sqrt{2}+1)x+2=0$

주어진 이차방정식의 양변에 $\sqrt{2}+1$을 곱하면
$(\sqrt{2}+1)(\sqrt{2}-1)x^2+(\sqrt{2}+1)^2x+(\sqrt{2}+1)\times2=0$
$x^2+(\boxed{})x+2+2\sqrt{2}=0$
이때 좌변을 인수분해하면

$$
\begin{array}{ccc}
x & \hspace{2em} & 1 \longrightarrow \hspace{3em} x \\
x & \hspace{2em} & 2+2\sqrt{2} \longrightarrow \underline{+)\ (2+2\sqrt{2})x} \\
& & \hspace{3em} (3+2\sqrt{2})x
\end{array}
$$

$(x+1)(x+\boxed{})=0$
$\therefore x=-1$ 또는 $x=\boxed{}$

018 $(\sqrt{2}+1)x^2-(\sqrt{2}+2)x+1=0$

019 $(\sqrt{3}+1)x^2-(\sqrt{3}-2)x-3=0$

020 $(\sqrt{3}-1)x^2-(3\sqrt{3}-5)x-6=0$

021 $(\sqrt{5}+1)x^2+(\sqrt{5}+5)x+4=0$

[022~025] 다음 방정식을 푸시오.

022 $x^2-|x-3|-9=0$

절댓값 기호 안의 식의 값이 0이 되는 값, 즉 $x-3=0$에서
$x=3$을 기준으로 범위를 나누어 풀면
(ⅰ) $x<3$일 때
   $|x-3|=-(x-3)$이므로
   $x^2+(x-3)-9=0,\ x^2+x-12=0$
   $(\boxed{})(x-3)=0$ $\quad\therefore x=\boxed{}$ 또는 $x=3$
   그런데 $x<3$이므로 $x=\boxed{}$
(ⅱ) $x\geq3$일 때
   $|x-3|=x-3$이므로
   $x^2-(x-3)-9=0,\ x^2-x-6=0$
   $(x+2)(\boxed{})=0$ $\quad\therefore x=-2$ 또는 $x=\boxed{}$
   그런데 $x\geq3$이므로 $x=\boxed{}$
(ⅰ), (ⅱ)에서 주어진 방정식의 해는
$x=-4$ 또는 $\boxed{}$

023 $x^2+|x|-6=0$

024 $3x^2-4|x|-4=0$

025 $x^2-3|x+1|-7=0$

04

이차방정식

유형 1 이차방정식의 풀이

이차방정식을 (x에 대한 이차식) $=0$ 꼴로 정리한 후 인수분해 또는 근의 공식을 이용하여 푼다.

참고 이차항의 계수가 무리수인 이차방정식은 $(\sqrt{a}+b)(\sqrt{a}-b)=a-b^2$ 임을 이용하여 이차항의 계수를 유리화한 후 푼다.

중요
026 ⭐

이차방정식 $x^2-2x+5=0$의 해가 $x=a\pm bi$일 때, 실수 a, b에 대하여 $a+b$의 값을 구하시오. (단, $b>0$이고 $i=\sqrt{-1}$)

027

이차방정식 $x(x-4)=4(x^2+2x)-15$의 두 근을 α, β라 할 때, $|\alpha|+|\beta|$의 값을 구하시오.

028

다음 중 이차방정식의 해를 구한 것으로 옳지 <u>않은</u> 것은?
(단, $i=\sqrt{-1}$)

① $x^2-8x+15=0 \Rightarrow x=3$ 또는 $x=5$

② $x^2+3x+4=0 \Rightarrow x=\dfrac{-3\pm\sqrt{7}i}{2}$

③ $2x^2-4x+3=0 \Rightarrow x=\dfrac{2\pm\sqrt{2}i}{2}$

④ $\dfrac{1}{5}x^2-x-\dfrac{1}{2}=0 \Rightarrow x=\dfrac{5\pm\sqrt{35}}{2}$

⑤ $0.2x^2+0.1x-0.6=0 \Rightarrow x=-2$ 또는 $x=\dfrac{1}{2}$

029

이차방정식 $3x^2-1=x$의 두 근 중에서 작은 근을 α라 할 때, $1-6\alpha$의 값을 구하시오.

030

이차방정식 $(\sqrt{2}+1)x^2-(2\sqrt{2}+1)x+\sqrt{2}=0$의 무리수인 근은?

① $1-\sqrt{2}$
② $2-\sqrt{2}$
③ $\sqrt{2}$
④ $1+\sqrt{2}$
⑤ $2+\sqrt{2}$

유형 2 한 근이 주어진 이차방정식

주어진 한 근을 이차방정식에 대입하여 미정계수를 구한 후 이차방정식을 풀어 다른 한 근을 구한다.

중요
031 ⭐

이차방정식 $x^2-(3k+1)x+k+2=0$의 한 근이 1일 때, 다른 한 근은? (단, k는 상수)

① -2
② -1
③ 0
④ 2
⑤ 3

032

이차방정식 $5x^2+(k-7)x+k=0$의 두 근이 2, α일 때, 상수 k에 대하여 $\dfrac{k}{\alpha}$의 값은?

① -10 ② -5 ③ 1
④ 5   ⑤ 10

유형 3 **절댓값 기호를 포함한 방정식의 풀이**

절댓값 기호를 포함한 방정식은
$$|x-a|=\begin{cases} -x+a & (x<a) \\ x-a & (x\geq a) \end{cases}$$
임을 이용하여 절댓값 기호 안의 식의 값이 0이 되는 x의 값을 기준으로 x의 값의 범위를 나누어 푼다.

중요
033

방정식 $x^2+2|x-1|-13=0$의 모든 근의 곱을 구하시오.

034

방정식 $x^2+|2x-1|=2$의 해가 $x=a$ 또는 $x=b+c\sqrt{2}$일 때, 유리수 a, b, c에 대하여 abc의 값은?

① -2 ② -1 ③ 1
④ 2   ⑤ 3

유형 4 **이차방정식의 활용**

이차방정식의 활용 문제는 다음과 같은 순서로 푼다.
(1) 문제에서 미지수 x를 정한다.
(2) 주어진 조건을 이용하여 방정식을 세운다.
(3) 방정식을 풀고 구한 해가 문제의 조건에 맞는지 확인한다.

중요
035   학평 기출

어느 가족이 작년까지 한 변의 길이가 10 m인 정사각형 모양의 밭을 가꾸었다. 올해는 그림과 같이 가로의 길이를 x m만큼, 세로의 길이를 $(x-10)$ m만큼 늘여서 새로운 직사각형 모양의 밭을 가꾸었다. 올해 늘어난 ⌐ 모양의 밭의 넓이가 500 m^2일 때, x의 값은? (단, $x>10$)

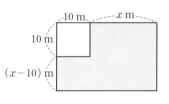

① 20   ② 21   ③ 22
④ 23   ⑤ 24

036

오른쪽 그림과 같이 한 변의 길이가 x cm인 정사각형 모양의 종이의 네 모퉁이에서 한 변의 길이가 2 cm인 정사각형을 잘라 내고 점선을 따라 접어서 뚜껑이 없는 상자를 만들었더니 부피가 128 cm^3가 되었다. x의 값을 구하시오. (단, 종이의 두께는 생각하지 않는다.)

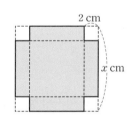

037

오른쪽 그림과 같이 가로, 세로의 길이가 각각 10 m, 8 m인 직사각형 모양의 땅에 폭이 일정한 길을 만들려고 한다. 길을 제외한 땅의 넓이가 35 m^2일 때, 길의 폭은 몇 m인지 구하시오.

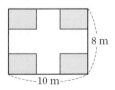

이차방정식의 근의 판별

19 -1 이차방정식의 판별식

(1) **이차방정식의 판별식**

계수가 실수인 이차방정식 $ax^2+bx+c=0$에 대하여 b^2-4ac를 이차방정식의 **판별식**이라 하고, 기호 D로 나타낸다. 즉,

$$D=b^2-4ac$$

(2) **이차방정식의 근의 판별**

이차방정식 $ax^2+bx+c=0$ (a, b, c는 실수)의 두 근을

$$\alpha=\frac{-b+\sqrt{b^2-4ac}}{2a}, \ \beta=\frac{-b-\sqrt{b^2-4ac}}{2a}$$

라 하면 $\sqrt{b^2-4ac}$의 값에 따라 α, β가 실수인지 허수인지 결정된다.

$D=b^2-4ac$라 하면

① $D>0$일 때, $\sqrt{b^2-4ac}$는 0이 아닌 실수이므로

$$\alpha=\frac{-b+\sqrt{b^2-4ac}}{2a}, \ \beta=\frac{-b-\sqrt{b^2-4ac}}{2a} \ \Rightarrow \ \text{서로 다른 두 실근}$$

② $D=0$일 때, $\sqrt{b^2-4ac}=0$이므로

$$\alpha=\beta=-\frac{b}{2a} \ \Rightarrow \ \text{중근(서로 같은 두 실근)}$$

③ $D<0$일 때, $\sqrt{b^2-4ac}$는 허수이므로

$$\alpha=-\frac{b}{2a}+\frac{\sqrt{-b^2+4ac}}{2a}i, \ \beta=-\frac{b}{2a}-\frac{\sqrt{-b^2+4ac}}{2a}i \ \Rightarrow \ \text{서로 다른 두 허근}$$

따라서 판별식 D의 부호에 따라 이차방정식의 근을 판별할 수 있다.

> **이차방정식의 근의 판별**
>
> 계수가 실수인 이차방정식 $ax^2+bx+c=0$의 판별식을 $D=b^2-4ac$라 할 때
> ① $D>0$이면 서로 다른 두 실근을 갖는다. ⎫
> ② $D=0$이면 중근(서로 같은 두 실근)을 갖는다. ⎬ $D \geq 0$이면 실근을 갖는다.
> ③ $D<0$이면 서로 다른 두 허근을 갖는다. ⎭

예 ① 이차방정식 $x^2-3x+2=0$의 판별식을 D라 하면

$$D=(-3)^2-4\times1\times2=1>0$$

따라서 서로 다른 두 실근을 갖는다.

② 이차방정식 $4x^2-4x+1=0$의 판별식을 D라 하면

$$\frac{D}{4}=(-2)^2-4\times1=0$$

따라서 중근을 갖는다.

③ 이차방정식 $2x^2-x+3=0$의 판별식을 D라 하면

$$D=(-1)^2-4\times2\times3=-23<0$$

따라서 서로 다른 두 허근을 갖는다.

일차항의 계수가 짝수인 이차방정식 $ax^2+2b'x+c=0$에서는 판별식 D 대신 $\frac{D}{4}=b'^2-ac$를 이용할 수 있다.

이차방정식 $ax^2+2b'x+c=0$의 판별식 $\frac{D}{4}=b'^2-ac$에서

$\frac{D}{4}>0$이면 서로 다른 두 실근,

$\frac{D}{4}=0$이면 중근,

$\frac{D}{4}<0$이면 서로 다른 두 허근을 갖는다.

04

이차방정식

19 -1 이차방정식의 판별식

[038~041] 다음 이차방정식의 근을 판별하시오.

038 $x^2-3x+5=0$

039 $x^2+4x+4=0$

040 $2x^2-6x-9=0$

041 $3x^2+x-2=0$

[042~045] 다음 x에 대한 이차방정식이 서로 다른 두 실근을 가질 때, 실수 k의 값의 범위를 구하시오.

042 $x^2-5x+k=0$

주어진 이차방정식의 판별식을 D라 하면
$D=(-5)^2-4\times1\times k=25-4k$
서로 다른 두 실근을 가지면 D ☐ 0이므로
$25-4k$ ☐ 0, $4k$ ☐ 25 ∴ $k<$ ☐

043 $x^2-3x+k=0$

044 $x^2-2kx+k^2-k+3=0$

045 $x^2+(2k+1)x+k^2=0$

[046~049] 다음 x에 대한 이차방정식이 중근을 가질 때, 실수 k의 값을 구하시오.

046 $x^2+4x-k=0$

주어진 이차방정식의 판별식을 D라 하면
$\dfrac{D}{4}=2^2-1\times(-k)=k+4$
중근을 가지면 D ☐ 0이므로
$k+4$ ☐ 0 ∴ $k=$ ☐

047 $x^2+3x+2k=0$

048 $x^2-x+k-3=0$

• 정답과 해설 43쪽

049 $x^2+2kx+k^2+k-2=0$

유형 5 **이차방정식의 근의 판별**

계수가 실수인 이차방정식 $ax^2+bx+c=0$의 판별식을
$D=b^2-4ac$라 할 때
(1) $D>0$이면 서로 다른 두 실근을 갖는다.
(2) $D=0$이면 중근을 갖는다.
(3) $D<0$이면 서로 다른 두 허근을 갖는다.

[050~053] 다음 x에 대한 이차방정식이 서로 다른 두 허근을 가질 때, 실수 k의 값의 범위를 구하시오.

050 $x^2-x+2k=0$

> 주어진 이차방정식의 판별식을 D라 하면
> $D=(-1)^2-4\times1\times2k=1-8k$
> 서로 다른 두 허근을 가지면 $D\boxed{\phantom{<}}0$이므로
> $1-8k\boxed{\phantom{<}}0$, $8k\boxed{\phantom{<}}1$ $\therefore k>\boxed{}$

051 $x^2+5x-k=0$

052 $x^2-6kx+9k^2+2k-5=0$

053 $x^2+2(k-1)x+k^2-5=0$

054

보기에서 실근을 갖는 이차방정식인 것만을 있는 대로 고른 것은?

┌ 보기 ┐
ㄱ. $x^2-2x+5=0$ ㄴ. $2x^2+4x-11=0$
ㄷ. $3x^2-\sqrt{13}x-2=0$ ㄹ. $4x^2-12x+9=0$

① ㄱ   ② ㄴ   ③ ㄱ, ㄷ
④ ㄴ, ㄹ   ⑤ ㄴ, ㄷ, ㄹ

055

이차방정식 $3x^2-kx+k-3=0$이 중근을 가질 때, 실수 k의 값을 구하시오.

중요
056 ☆   **학평 기출**

x에 대한 이차방정식 $x^2-2kx+k^2+3k-22=0$이 서로 다른 두 허근을 갖도록 하는 자연수 k의 최솟값은?

① 5   ② 6   ③ 7
④ 8   ⑤ 9

057

이차방정식 $2x^2-5x+k-2=0$이 실근을 가질 때, 자연수 k의 개수는?

① 4   ② 5   ③ 6
④ 7   ⑤ 8

058

이차방정식 $x^2-3kx+6k-4=0$이 중근 α를 가질 때, $9k\alpha$의 값을 구하시오. (단, k는 실수)

059

이차방정식 $x^2-3x+k+1=0$은 허근을 갖고, 이차방정식 $x^2+(2-k)x+k+6=0$은 중근을 가질 때, 실수 k의 값은?

① 4   ② 6   ③ 8
④ 10   ⑤ 12

060

x에 대한 이차방정식 $x^2-2(m+a)x+m^2+m+b=0$이 실수 m의 값에 관계없이 항상 중근을 가질 때, $12(a+b)$의 값은? (단, a, b는 상수이다.)

① 9   ② 10   ③ 11
④ 12   ⑤ 13

유형 6   **이차식이 완전제곱식이 될 조건**

이차식 ax^2+bx+c가 완전제곱식이면
➡ 이차방정식 $ax^2+bx+c=0$이 중근을 갖는다.
➡ $b^2-4ac=0$

중요
061

이차식 $x^2+2(k+1)x+k+3$이 완전제곱식일 때, 양수 k의 값은?

① 1   ② 2   ③ 3
④ 4   ⑤ 5

062

이차식 $(k-2)x^2-(k-2)x+2k-1$이 완전제곱식일 때, 실수 k의 값을 구하시오.

개념 20 이차방정식의 근과 계수의 관계

20 -1 이차방정식의 근과 계수의 관계

이차방정식 $ax^2+bx+c=0$ (a, b, c는 실수)의 두 근을

$$\alpha=\frac{-b+\sqrt{b^2-4ac}}{2a},\ \beta=\frac{-b-\sqrt{b^2-4ac}}{2a}$$

라 하면 두 근의 합과 곱은

$$\alpha+\beta=\frac{-b+\sqrt{b^2-4ac}}{2a}+\frac{-b-\sqrt{b^2-4ac}}{2a}=\frac{-2b}{2a}=-\frac{b}{a}$$

$$\alpha\beta=\frac{-b+\sqrt{b^2-4ac}}{2a}\times\frac{-b-\sqrt{b^2-4ac}}{2a}=\frac{4ac}{4a^2}=\frac{c}{a}$$

이를 이용하면 이차방정식의 근을 직접 구하지 않아도 이차방정식의 계수를 이용하여 두 근의 합과 곱을 구할 수 있다.

> **이차방정식의 근과 계수의 관계**
>
> 이차방정식 $ax^2+bx+c=0$의 두 근을 α, β라 하면
>
> $$\alpha+\beta=-\frac{b}{a},\ \alpha\beta=\frac{c}{a}$$

예 이차방정식 $3x^2-2x+1=0$의 두 근을 α, β라 하면

$$\alpha+\beta=-\frac{-2}{3}=\frac{2}{3},\ \alpha\beta=\frac{1}{3}$$

개념유형

• 정답과 해설 44쪽

20 -1 이차방정식의 근과 계수의 관계

[063~068] 다음 이차방정식의 두 근의 합과 곱을 차례대로 구하시오.

063 $x^2-5x+7=0$

064 $x^2+4x-2=0$

065 $x^2-2x-9=0$

066 $x^2+11=0$

067 $2x^2-x+2=0$

068 $2x^2+4x-3=0$

[069~074] 이차방정식 $x^2-3x+7=0$의 두 근을 α, β라 할 때, 다음 식의 값을 구하시오.

069 $\alpha+\beta$

070 $\alpha\beta$

071 $\dfrac{1}{\alpha}+\dfrac{1}{\beta}$

072 $\alpha^2+\beta^2$

073 $\dfrac{\beta}{\alpha}+\dfrac{\alpha}{\beta}$

074 $\alpha^3+\beta^3$

[075~080] 이차방정식 $x^2+2x-4=0$의 두 근을 α, β라 할 때, 다음 식의 값을 구하시오.

075 $\alpha+\beta$

076 $\alpha\beta$

077 $(\alpha+1)(\beta+1)$

078 $(\alpha-\beta)^2$

079 $\alpha^3+\beta^3$

080 $\dfrac{\beta^2}{\alpha}+\dfrac{\alpha^2}{\beta}$

[081~083] 다음 이차방정식의 두 근의 비가 [ ] 안과 같을 때, 상수 m의 값을 구하시오.

081 $x^2-5x+m=0$ $[2:3]$

두 근의 비가 2 : 3이므로 두 근을 2α, $\boxed{}$ $(\alpha\neq0)$라 하면
이차방정식의 근과 계수의 관계에 의하여
$2\alpha+3\alpha=\boxed{}$ ······ ㉠
$2\alpha\times3\alpha=m$ ······ ㉡
㉠에서 $\alpha=\boxed{}$
이를 ㉡에 대입하면 $m=\boxed{}$

082 $x^2-14x-m=0$ $[2:5]$

083 $2x^2-7x-m=0$ $[3:4]$

[084~086] 다음 이차방정식의 한 근이 다른 근의 k배일 때, 상수 m의 값을 구하시오.

084 $x^2-9x-m=0$, $k=2$

한 근이 다른 근의 2배이므로 두 근을 α, $\boxed{}$ ($\alpha\neq0$)라 하면 이차방정식의 근과 계수의 관계에 의하여

$\alpha+\boxed{}=9$ $\quad$ …… ㉠

$\alpha\times\boxed{}=-m$ $\quad$ …… ㉡

㉠에서 $\alpha=\boxed{}$

이를 ㉡에 대입하여 풀면 $m=\boxed{}$

085 $x^2-12x+m=0$, $k=5$

086 $x^2-(2m+1)x+4=0$, $k=4$

[087~089] 다음 이차방정식의 두 근의 차가 [ ] 안의 수와 같을 때, 상수 m의 값을 구하시오.

087 $x^2+2x+m-2=0$ [4]

두 근의 차가 4이므로 두 근을 α, $\alpha+\boxed{}$라 하면 이차방정식의 근과 계수의 관계에 의하여

$\alpha+(\alpha+4)=-2$ $\quad$ …… ㉠

$\alpha(\alpha+4)=\boxed{}$ $\quad$ …… ㉡

㉠에서 $\alpha=\boxed{}$

이를 ㉡에 대입하여 풀면 $m=\boxed{}$

088 $x^2-3x+5m=0$ [2]

089 $x^2+(m+3)x+10=0$ [3]

[090~092] 다음 이차방정식의 두 근이 연속인 정수일 때, 상수 m의 값을 구하시오.

090 $x^2+mx+6=0$

두 근이 연속인 정수이므로 두 근을 α, $\alpha+\boxed{}$ (α는 정수)이라 하면 이차방정식의 근과 계수의 관계에 의하여

$\alpha+(\alpha+1)=-m$ $\quad$ …… ㉠

$\alpha(\alpha+1)=\boxed{}$ $\quad$ …… ㉡

㉡에서 $\alpha^2+\alpha-\boxed{}=0$

$(\alpha+3)(\boxed{})=0$ $\quad$ ∴ $\alpha=-3$ 또는 $\alpha=2$

(i) $\alpha=-3$을 ㉠에 대입하여 풀면 $m=\boxed{}$

(ii) $\alpha=2$를 ㉠에 대입하여 풀면 $m=-5$

(i), (ii)에서 $m=-5$ 또는 $m=\boxed{}$

091 $x^2+3x-2m+4=0$

092 $x^2-mx+12=0$

유형 7 이차방정식의 근과 계수의 관계

이차방정식 $ax^2+bx+c=0$의 두 근을 α, β라 하면

$$\alpha+\beta=-\frac{b}{a},\ \alpha\beta=\frac{c}{a}$$

093

이차방정식 $2x^2-x+2=0$의 두 근의 합을 a, 두 근의 곱을 b라 할 때, ab의 값은?

① -1 ② $-\dfrac{1}{2}$ ③ $\dfrac{1}{4}$

④ $\dfrac{1}{2}$ ⑤ 1

094

📑 학평 기출

이차방정식 $x^2-2x+5=0$의 두 근을 α, β라 할 때, $\dfrac{1}{\alpha}+\dfrac{1}{\beta}$의 값은?

① $\dfrac{1}{10}$ ② $\dfrac{1}{5}$ ③ $\dfrac{3}{10}$

④ $\dfrac{2}{5}$ ⑤ $\dfrac{1}{2}$

중요
095

이차방정식 $3x^2-15x+5=0$의 두 근을 α, β라 할 때, $\alpha^3+\beta^3$의 값을 구하시오.

096

이차방정식 $x^2-kx-k+2=0$의 두 근을 α, β라 하면 $\alpha^2+\beta^2=11$일 때, 양수 k의 값은?

① 1 ② 2 ③ 3
④ 4 ⑤ 5

097

이차방정식 $x^2+ax+3=0$의 두 근이 α, β이고, 이차방정식 $x^2-5x+b=0$의 두 근이 $\alpha+1$, $\beta+1$일 때, 상수 a, b에 대하여 $b-a$의 값은?

① 6 ② 8 ③ 10
④ 12 ⑤ 14

중요
098

이차방정식 $x^2+ax+b=0$을 푸는데 가희는 a를 잘못 보고 풀어서 두 근 -3, 5를 얻었고, 희진이는 b를 잘못 보고 풀어서 두 근 -4, 2를 얻었다. 이때 실수 a, b에 대하여 $a-b$의 값을 구하시오.

유형 8 이차방정식의 근과 계수의 관계 – 식의 값 구하기

이차방정식 $ax^2+bx+c=0$의 두 근을 α, β라 하면 $a\alpha^2+b\alpha+c=0$, $a\beta^2+b\beta+c=0$이므로 주어진 식을 $\alpha+\beta$, $\alpha\beta$로 간단히 나타낸 후 $\alpha+\beta=-\dfrac{b}{a}$, $\alpha\beta=\dfrac{c}{a}$임을 이용하여 구한다.

099

이차방정식 $x^2-6x+3=0$의 두 근을 α, β라 할 때, $6\alpha+\beta^2$의 값을 구하시오.

중요
100 ☆

이차방정식 $x^2+15x+5=0$의 두 근을 α, β라 할 때, $(\alpha^2+16\alpha+5)(\beta^2+16\beta+5)$의 값을 구하시오.

유형 9 두 근에 대한 조건이 주어진 이차방정식

주어진 조건에 따라 두 근을 다음과 같이 놓고 근과 계수의 관계를 이용하여 식을 세운다.
(1) 두 근의 차가 k ➡ α, $\alpha+k$
(2) 두 근이 연속인 정수 ➡ α, $\alpha+1$ (α는 정수)
(3) 두 근의 비가 $m:n$ ➡ $m\alpha$, $n\alpha$ ($\alpha\neq0$)
(4) 한 근이 다른 근의 k배 ➡ α, $k\alpha$ ($\alpha\neq0$)

중요
101 ☆

이차방정식 $x^2+4x+k+5=0$의 두 근의 차가 2일 때, 실수 k의 값은?

① -5 ② -4 ③ -3
④ -2 ⑤ -1

102

이차방정식 $x^2-8x+k=0$의 한 근이 다른 근의 3배일 때, 실수 k의 값은?

① 4   ② 6   ③ 8
④ 10   ⑤ 12

103

이차방정식 $x^2-(k+2)x+24=0$의 두 근의 비가 $2:3$일 때, 양수 k의 값을 구하시오.

104

이차방정식 $x^2-(k+1)x+6=0$의 두 근이 연속인 정수일 때, 양수 k의 값을 구하시오.

21-1 이차방정식의 작성

두 수 α, β를 근으로 하고 x^2의 계수가 1인 이차방정식은

$$(x-\alpha)(x-\beta)=0$$

좌변을 전개하여 정리하면

$$x^2-(\alpha+\beta)x+\alpha\beta=0$$

이와 같이 두 수가 주어지면 두 수를 근으로 하는 이차방정식을 세울 수 있다.

> **이차방정식의 작성**
> 두 수 α, β를 근으로 하고 x^2의 계수가 1인 이차방정식은
>
> $$x^2-\underset{\text{두 근의 합}}{(\alpha+\beta)}x+\underset{\text{두 근의 곱}}{\alpha\beta}=0$$

예 두 수 -2, 1을 근으로 하고 x^2의 계수가 1인 이차방정식은

$$x^2-(-2+1)x+(-2)\times1=0$$
$$\therefore\ x^2+x-2=0$$

참고 두 수 α, β를 근으로 하고 x^2의 계수가 a인 이차방정식은

$$a\{x^2-(\alpha+\beta)x+\alpha\beta\}=0$$

21-2 이차식의 인수분해

이차방정식 $ax^2+bx+c=0$의 두 근을 α, β라 하면 근과 계수의 관계에 의하여

$$\alpha+\beta=-\frac{b}{a},\ \alpha\beta=\frac{c}{a}$$

따라서 이차식 ax^2+bx+c는

$$\begin{aligned}ax^2+bx+c&=a\left(x^2+\frac{b}{a}x+\frac{c}{a}\right)\\&=a\{x^2-(\alpha+\beta)x+\alpha\beta\}\\&=a(x-\alpha)(x-\beta)\end{aligned}$$

로 인수분해할 수 있다.

이와 같이 계수가 실수인 이차식은 복소수의 범위에서 항상 두 일차식의 곱으로 인수분해할 수 있다.

> **이차식의 인수분해**
> 이차방정식 $ax^2+bx+c=0$의 두 근을 α, β라 하면
>
> $$ax^2+bx+c=a(x-\alpha)(x-\beta)$$

예 이차식 x^2-2x+2를 복소수의 범위에서 인수분해하여 보자.

이차방정식 $x^2-2x+2=0$의 해는 $x=-(-1)\pm\sqrt{(-1)^2-1\times2}=1\pm i$이므로

$$x^2-2x+2=\{x-(1-i)\}\{x-(1+i)\}=(x-1+i)(x-1-i)$$

• 정답과 해설 47쪽

21 -1 이차방정식의 작성

[105~109] 다음 두 수를 근으로 하고 x^2의 계수가 1인 이차방정식을 구하시오.

105 $2, 4$

106 $-\sqrt{2}, \sqrt{2}$

107 $-1+\sqrt{3}, -1-\sqrt{3}$

108 $-5i, 5i$

109 $2+i, 2-i$

[110~112] 다음 두 수를 근으로 하고 x^2의 계수가 2인 이차방정식을 구하시오.

110 $\dfrac{1}{2}, 3$

111 $-\dfrac{\sqrt{2}}{2}, \dfrac{\sqrt{2}}{2}$

112 $\dfrac{1}{1+i}, \dfrac{1}{1-i}$

[113~115] 이차방정식 $x^2+2x+3=0$의 두 근을 α, β라 할 때, 다음을 두 근으로 하고 x^2의 계수가 1인 이차방정식을 구하시오.

113 $-\alpha, -\beta$

114 $\alpha+\beta, \alpha\beta$

115 $\dfrac{1}{\alpha}, \dfrac{1}{\beta}$

21 -2 이차식의 인수분해

[116~120] 다음 이차식을 복소수의 범위에서 인수분해하시오.

116 x^2-3

117 x^2+4

118 x^2+x-1

119 x^2+4x-2

120 $2x^2+2x-7$

유형10 두 수를 근으로 하는 이차방정식의 작성

두 수 α, β를 근으로 하고 x^2의 계수가 1인 이차방정식은
$$x^2-(\alpha+\beta)x+\alpha\beta=0$$

121

$\sqrt{3}-\sqrt{2}$, $\sqrt{3}+\sqrt{2}$를 근으로 하고 x^2의 계수가 1인 이차방정식은?

① $x^2+x-2\sqrt{3}=0$ ② $x^2+x+2\sqrt{3}=0$
③ $x^2-2\sqrt{3}x-1=0$ ④ $x^2-2\sqrt{3}x+1=0$
⑤ $x^2+2\sqrt{3}x+1=0$

중요
122

이차방정식 $x^2+8x-2=0$의 두 근을 α, β라 할 때, $\dfrac{1}{\alpha}$, $\dfrac{1}{\beta}$을 두 근으로 하고 x^2의 계수가 2인 이차방정식을 구하시오.

123

이차방정식 $x^2-3x+5=0$의 두 근을 α, β라 할 때, α^2, β^2을 두 근으로 하고 x^2의 계수가 1인 이차방정식을 구하시오.

유형11 이차식의 인수분해

이차방정식 $ax^2+bx+c=0$의 두 근을 α, β라 하면
$$ax^2+bx+c=a(x-\alpha)(x-\beta)$$

124

다음 중 이차식 x^2+2x+4의 인수인 것은? (단, $i=\sqrt{-1}$)

① $x-2+\sqrt{3}i$ ② $x-1-\sqrt{3}i$ ③ $x-\sqrt{3}i$
④ $x+1-\sqrt{3}i$ ⑤ $x+2+\sqrt{3}i$

125

이차식 x^2-4x+6을 복소수의 범위에서 일차항의 계수가 1인 두 일차식의 곱으로 인수분해하였을 때, 두 일차식의 합은? (단, $i=\sqrt{-1}$)

① $2x-4$ ② $2x-2\sqrt{2}i$ ③ $2x$
④ $2x+2\sqrt{2}i$ ⑤ $2x+4$

중요
126

이차식 $x^2-6x+13$을 복소수의 범위에서 인수분해하면 $(x+a+bi)(x+a-bi)$일 때, 실수 a, b에 대하여 $a+b$의 값을 구하시오. (단, $b>0$이고 $i=\sqrt{-1}$)

22 -1 이차방정식의 켤레근의 성질

이차방정식 $ax^2+bx+c=0$의 두 근 α, β를

$$\alpha=-\frac{b}{2a}+\frac{\sqrt{b^2-4ac}}{2a}, \quad \beta=-\frac{b}{2a}-\frac{\sqrt{b^2-4ac}}{2a}$$

라 하자.

(1) a, b, c가 유리수이고, $\sqrt{b^2-4ac}$가 무리수이면 이차방정식의 두 근 α, β는
 ➡ $\alpha=p+q\sqrt{m}$, $\beta=p-q\sqrt{m}$ 꼴이다. (단, p, q는 유리수, $q\neq0$, $\sqrt{m}$은 무리수)

(2) a, b, c가 실수이고, $\sqrt{b^2-4ac}$가 허수이면 이차방정식의 두 근 α, β는
 ➡ $\alpha=p+qi$, $\beta=p-qi$ 꼴이다. (단, p, q는 실수, $q\neq0$, $i=\sqrt{-1}$)

따라서 이차방정식의 계수가 유리수 또는 실수일 때, 한 근이 주어지면 켤레근의 성질을 이용하여 다른 한 근을 구할 수 있다.

➡ $q\neq0$일 때
　$p+q\sqrt{m}$과 $p-q\sqrt{m}$,
　$p+qi$와 $p-qi$
를 각각 **켤레근**이라 한다.

> **이차방정식의 켤레근의 성질**
>
> 이차방정식 $ax^2+bx+c=0$에서
>
> (1) a, b, c가 유리수일 때, 한 근이 $p+q\sqrt{m}$이면 다른 한 근은 $p-q\sqrt{m}$이다.
> （단, p, q는 유리수, $q\neq0$, $\sqrt{m}$은 무리수）
>
> (2) a, b, c가 실수일 때, 한 근이 $p+qi$이면 다른 한 근은 $p-qi$이다.
> （단, p, q는 실수, $q\neq0$, $i=\sqrt{-1}$）

예 (1) 계수가 유리수인 이차방정식의 한 근이 $1+\sqrt{3}$이면 다른 한 근은 $1-\sqrt{3}$이다.
(2) 계수가 실수인 이차방정식의 한 근이 $2-i$이면 다른 한 근은 $2+i$이다.

개념유형

• 정답과 해설 **48**쪽

22 -1 이차방정식의 켤레근의 성질

[127~130] 유리수 a, b에 대하여 이차방정식 $x^2+ax+b=0$의 한 근이 다음과 같을 때, 다른 한 근을 구하시오.

127 $\sqrt{3}$

128 $3-\sqrt{2}$

129 $-2+\sqrt{5}$

130 $\sqrt{3}-2$

[131~134] 실수 a, b에 대하여 이차방정식 $x^2+ax+b=0$의 한 근이 다음과 같을 때, 다른 한 근을 구하시오.

131 $2i$

132 $1+3i$

133 $3-\sqrt{6}i$

134 $-i+2$

[135~138] 이차방정식 $x^2+ax+b=0$의 한 근이 다음과 같을 때, 유리수 a, b의 값을 구하시오.

135 $1+\sqrt{3}$

주어진 이차방정식의 계수가 모두 유리수이므로 한 근이 $1+\sqrt{3}$이면 다른 한 근은 ☐이다.
이차방정식의 근과 계수의 관계에 의하여
두 근의 합은 $(1+\sqrt{3})+($ ☐ $)=-a$
두 근의 곱은 $(1+\sqrt{3})($ ☐ $)=b$
∴ $a=$ ☐, $b=$ ☐

136 $4+\sqrt{6}$

137 $1-\sqrt{2}$

138 $3-2\sqrt{2}$

[139~142] 이차방정식 $x^2+ax+b=0$의 한 근이 다음과 같을 때, 실수 a, b의 값을 구하시오.

139 $-2+i$

주어진 이차방정식의 계수가 모두 실수이므로 한 근이 $-2+i$이면 다른 한 근은 ☐이다.
이차방정식의 근과 계수의 관계에 의하여
두 근의 합은 $(-2+i)+($ ☐ $)=-a$
두 근의 곱은 $(-2+i)($ ☐ $)=b$
∴ $a=$ ☐, $b=$ ☐

140 $-3+2i$

141 $2-\sqrt{5}i$

142 $1+2\sqrt{2}i$

유형**12** 이차방정식의 켤레근의 성질

이차방정식 $ax^2+bx+c=0$에서
(1) a, b, c가 유리수일 때, 한 근이 $p+q\sqrt{m}$이면 다른 한 근은 $p-q\sqrt{m}$이다. (단, p, q는 유리수, $q\neq0$, $\sqrt{m}$은 무리수)
(2) a, b, c가 실수일 때, 한 근이 $p+qi$이면 다른 한 근은 $p-qi$이다. (단, p, q는 실수, $q\neq0$, $i=\sqrt{-1}$)

143

$\boxminus$학평 기출

계수가 실수인 이차방정식의 한 근이 $2-3i$이고 다른 한 근을 α라 하자. 두 실수 a, b에 대하여 $\dfrac{1}{\alpha}=a+bi$일 때, $a+b$의 값은? (단, $i=\sqrt{-1}$)

① $-\dfrac{1}{13}$　　② $-\dfrac{2}{13}$　　③ $-\dfrac{3}{13}$

④ $-\dfrac{4}{13}$　　⑤ $-\dfrac{5}{13}$

중요
144 ☆

$\boxminus$학평 기출

x에 대한 이차방정식 $2x^2+ax+b=0$의 한 근이 $2-i$일 때, $b-a$의 값은? (단, a, b는 실수이고, $i=\sqrt{-1}$이다.)

① 12　　② 14　　③ 16

④ 18　　⑤ 20

145

이차방정식 $x^2-6x+a=0$의 한 근이 $b+2\sqrt{2}$일 때, 유리수 a, b에 대하여 ab의 값을 구하시오.

146

이차방정식 $x^2+4x+6=0$의 두 근을 α, β라 할 때, $3\left(\dfrac{1}{\overline{\alpha}}+\dfrac{1}{\overline{\beta}}\right)$의 값은? (단, $\overline{\alpha}$, $\overline{\beta}$는 각각 α, β의 켤레복소수)

① -5　　② -4　　③ -3

④ -2　　⑤ -1

147

이차방정식 $x^2+ax+b=0$의 한 근이 $-1+\sqrt{5}i$일 때, 이차방정식 $ax^2+bx+1=0$의 두 근의 합을 구하시오.
(단, a, b는 실수이고 $i=\sqrt{-1}$)

148

이차방정식 $x^2-abx+a+b=0$의 한 근이 $1+\sqrt{2}i$일 때, 실수 a, b에 대하여 a^2+b^2의 값은? (단, $i=\sqrt{-1}$)

① 5　　② 10　　③ 15

④ 20　　⑤ 25

1 유형1

이차방정식 $x^2+2x+3=0$의 해가 $x=a\pm\sqrt{b}i$일 때, 유리수 a, b에 대하여 $a+b$의 값은? (단, $i=\sqrt{-1}$)

① -2 ② -1 ③ 0
④ 1 ⑤ 2

2 유형2

이차방정식 $x^2-(k+2)x+2k=0$의 한 근이 4일 때, 다른 한 근을 구하시오. (단, k는 상수)

3 유형3

방정식 $x^2+|x-2|-4=0$의 모든 근의 합은?

① -2 ② -1 ③ 0
④ 1 ⑤ 2

4 유형4 《서술형》

어떤 정사각형의 가로의 길이를 $4\,\text{cm}$, 세로의 길이를 $2\,\text{cm}$ 늘여서 새로운 직사각형을 만들었더니 새로운 직사각형의 넓이가 처음 정사각형의 넓이의 3배가 되었다. 처음 정사각형의 넓이를 구하시오.

5 유형5

x에 대한 이차방정식 $x^2-2kx+k^2-k+5=0$이 서로 다른 두 실근을 가질 때, 자연수 k의 최솟값은?

① 3 ② 4 ③ 5
④ 6 ⑤ 7

6 유형6

이차식 $x^2+(k-2)x+k+6$이 완전제곱식일 때, 양수 k의 값은?

① 4 ② 6 ③ 8
④ 10 ⑤ 12

7 유형7

이차방정식 $x^2+3x-3=0$의 두 근을 α, β라 할 때, $\dfrac{\alpha^2}{\beta}+\dfrac{\beta^2}{\alpha}$의 값을 구하시오.

8 유형7

이차방정식 $x^2+ax+b=0$을 푸는데 민호는 a를 잘못 보고 풀어서 두 근 -3, -2를 얻었고, 준수는 b를 잘못 보고 풀어서 두 근 -1, 6을 얻었다. 이때 실수 a, b에 대하여 $a+b$의 값을 구하시오.

9 유형8

이차방정식 $x^2-4x+6=0$의 두 근을 α, β라 할 때, $(\alpha^2-2\alpha+6)(\beta^2-2\beta+6)$의 값을 구하시오.

10 유형9

이차방정식 $x^2+3x+k+2=0$의 두 근의 차가 5일 때, 실수 k의 값은?

① -6 ② -4 ③ -2
④ 2 ⑤ 4

11 유형10

이차방정식 $6x^2-3x+5=0$의 두 근을 α, β라 할 때, 2α, 2β를 두 근으로 하고 x^2의 계수가 3인 이차방정식을 구하시오.

12 유형11

이차식 $x^2+8x+20$을 복소수의 범위에서 인수분해하면 $(x+a+bi)(x+a-bi)$일 때, 실수 a, b에 대하여 ab의 값을 구하시오. (단, $b>0$이고 $i=\sqrt{-1}$)

13 유형12

이차방정식 $x^2+ax+b=0$의 한 근이 $-2-4i$일 때, 실수 a, b에 대하여 $\dfrac{b}{a}$의 값은? (단, $i=\sqrt{-1}$)

① 1 ② 3 ③ 5
④ 7 ⑤ 9

23 이차함수의 그래프

23 -1 이차함수의 그래프

(1) 이차함수 $y=ax^2 (a \neq 0)$의 그래프

① 원점 $O(0, 0)$을 꼭짓점으로 하는 포물선이다.

② 축의 방정식: $x=0(y$축$)$

③ a의 부호: 그래프의 모양을 결정

    ➡ $a>0$이면 아래로 볼록, $a<0$이면 위로 볼록

④ a의 절댓값: 그래프의 폭을 결정

    ➡ a의 절댓값이 클수록 그래프의 폭이 좁아진다.

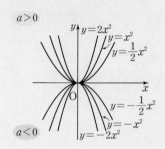

(2) 이차함수 $y=a(x-p)^2+q (a \neq 0)$의 그래프

① 이차함수 $y=ax^2$의 그래프를 x축의 방향으로 p만큼, y축의 방향으로 q만큼 평행이동한 것이다.

② 꼭짓점의 좌표: (p, q)

③ 축의 방정식: $x=p$

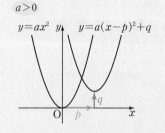

(3) 이차함수 $y=ax^2+bx+c (a \neq 0)$의 그래프

이차함수 $y=ax^2+bx+c$의 그래프는 $y=a(x-p)^2+q$ 꼴로 변형하여 그릴 수 있다.
예를 들어 이차함수 $y=2x^2-4x+3$의 식을 변형하면

$$y=2x^2-4x+3=2(x^2-2x)+3=2(x-1)^2+1$$

즉, 꼭짓점의 좌표가 $(1, 1)$이고, 축의 방정식이 $x=1$인 이차
함수 $y=2x^2-4x+3$의 그래프는 오른쪽 그림과 같다.

따라서 이차함수 $y=ax^2+bx+c$에 대하여

$$y=ax^2+bx+c=a\left(x^2+\frac{b}{a}x\right)+c$$

$$=a\left\{x^2+\frac{b}{a}x+\left(\frac{b}{2a}\right)^2\right\}-\frac{b^2}{4a}+c=a\left(x+\frac{b}{2a}\right)^2-\frac{b^2-4ac}{4a}$$

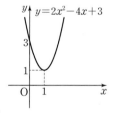

이므로 이차함수 $y=ax^2+bx+c$의 그래프는 이차함수 $y=ax^2$의 그래프를 x축의 방향으로 $-\dfrac{b}{2a}$만큼, y축의 방향으로 $-\dfrac{b^2-4ac}{4a}$만큼 평행이동한 것이다.

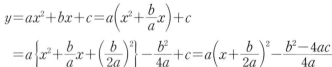

이차함수 $y=ax^2+bx+c (a \neq 0)$의 그래프

① 꼭짓점의 좌표: $\left(-\dfrac{b}{2a}, -\dfrac{b^2-4ac}{4a}\right)$

② 축의 방정식: $x=-\dfrac{b}{2a}$

③ y축과의 교점의 좌표: $(0, c)$

● 이차함수 $y=ax^2+bx+c$의 **계수의 부호**

(1) a의 부호
    ➡ 그래프의 모양 결정
    ① $a>0$이면 아래로 볼록
    ② $a<0$이면 위로 볼록

(2) b의 부호
    ➡ 축의 위치 결정
    ① a, b가 서로 다른 부호이면 축은 y축의 오른쪽에 위치
    ② a, b가 서로 같은 부호이면 축은 y축의 왼쪽에 위치

(3) c의 부호
    ➡ y축과의 교점의 위치 결정
    ① $c>0$이면 교점은 x축의 위쪽에 위치
    ② $c<0$이면 교점은 x축의 아래쪽에 위치

개념유형

• 정답과 해설 51쪽

23 -1 이차함수의 그래프

[001~004] 다음 이차함수의 그래프를 그리시오.

001 $y=2x^2$

002 $y=-x^2$

003 $y=\dfrac{1}{3}x^2$

004 $y=-\dfrac{1}{3}x^2$

[005~008] 다음 이차함수의 그래프를 그리시오.

005 $y=3x^2+2$

006 $y=2(x-3)^2$

007 $y=(x-1)^2-2$

008 $y=-(x+2)^2+4$

[009~011] 다음 이차함수를 $y=a(x-p)^2+q$ 꼴로 나타내고, 그 그래프를 그리시오.

009 $y=x^2-6x-1$

010 $y=x^2-2x+2$

011 $y=-x^2-4x+2$

[012~014] 다음 조건을 만족시키는 이차함수의 식을 $y=ax^2+bx+c$ 꼴로 나타내시오.

012 그래프의 꼭짓점의 좌표가 $(1, -1)$이고, 점 $(2, 3)$을 지난다.

013 그래프가 x축과 점 $(5, 0)$에서 접하고, 점 $(4, -1)$을 지난다.

014 그래프가 세 점 $(-1, 7)$, $(0, 5)$, $(1, -1)$을 지난다.

24 이차함수의 그래프와 x축의 위치 관계

24-1 이차함수의 그래프와 x축의 교점

이차함수 $y=ax^2+bx+c$의 그래프와 x축의 교점의 x좌표는 이차방정식 $ax^2+bx+c=0$의 실근과 같다.

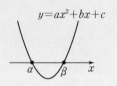

> 이차함수 $y=ax^2+bx+c$의 그래프와 x축의 교점의 x좌표가 α, β이면 이차방정식 $ax^2+bx+c=0$의 근과 계수의 관계에 의하여
> $$\alpha+\beta=-\frac{b}{a},\ \alpha\beta=\frac{c}{a}$$

예 이차함수 $y=x^2-4x-5$의 그래프와 x축의 교점의 x좌표를 구해 보자.
이차방정식 $x^2-4x-5=0$에서 $(x+1)(x-5)=0$ ∴ $x=-1$ 또는 $x=5$
따라서 주어진 이차함수의 그래프와 x축의 교점의 x좌표는 -1, 5이다.

24-2 이차함수의 그래프와 x축의 위치 관계

이차함수 $y=ax^2+bx+c$의 그래프와 x축의 교점의 개수는 이차방정식 $ax^2+bx+c=0$의 실근의 개수와 같으므로 이차함수 $y=ax^2+bx+c$의 그래프와 x축의 위치 관계는 이차방정식 $ax^2+bx+c=0$의 판별식 D의 부호에 따라 다음과 같다.

		$D>0$	$D=0$	$D<0$
$y=ax^2+bx+c$의 그래프	$a>0$			
	$a<0$			
$y=ax^2+bx+c$의 그래프와 x축의 위치 관계		서로 다른 두 점에서 만난다.	한 점에서 만난다(접한다).	만나지 않는다.

이차함수의 그래프와 x축의 위치 관계

이차함수 $y=ax^2+bx+c$의 그래프와 x축의 위치 관계는 이차방정식 $ax^2+bx+c=0$의 판별식을 D라 할 때
(1) $\boldsymbol{D>0}$ ➡ 서로 다른 두 점에서 만난다.
(2) $\boldsymbol{D=0}$ ➡ 한 점에서 만난다(접한다).
(3) $\boldsymbol{D<0}$ ➡ 만나지 않는다.

> 이차함수 $y=ax^2+bx+c$의 그래프가 x축과 만나면 이차방정식 $ax^2+bx+c=0$의 판별식을 D라 할 때, $D\geq0$이다.

예 (1) 이차방정식 $x^2-3x+1=0$의 판별식을 D라 하면 $D=9-4=5>0$
따라서 이차함수 $y=x^2-3x+1$의 그래프는 x축과 서로 다른 두 점에서 만난다.
(2) 이차방정식 $x^2+6x+9=0$의 판별식을 D라 하면 $\frac{D}{4}=9-9=0$
따라서 이차함수 $y=x^2+6x+9$의 그래프는 x축과 한 점에서 만난다(접한다).
(3) 이차방정식 $2x^2+5x+4=0$의 판별식을 D라 하면 $D=25-32=-7<0$
따라서 이차함수 $y=2x^2+5x+4$의 그래프는 x축과 만나지 않는다.

24 -1 이차함수의 그래프와 x축의 교점

[015~018] 이차함수 $y=ax^2+bx+c$의 그래프가 다음 그림과 같을 때, 이차방정식 $ax^2+bx+c=0$의 해를 구하시오.

015

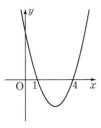

016

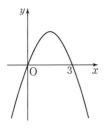

017

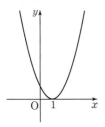

018

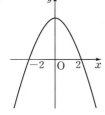

[019~023] 다음 이차함수의 그래프와 x축의 교점의 x좌표를 구하시오.

019 $y=x^2-2x$

020 $y=x^2-7x+6$

021 $y=x^2+4x+4$

022 $y=2x^2+x-6$

023 $y=-x^2+10x-25$

24 -2 이차함수의 그래프와 x축의 위치 관계

[024~028] 다음 이차함수의 그래프와 x축의 위치 관계를 말하시오.

024 $y=x^2+x-7$

025 $y=x^2-6x+9$

026 $y=-x^2+2x-3$

027 $y=-x^2+5x+7$

028 $y=3x^2-5x+4$

[029~031] 이차함수 $y=x^2+2x+k$의 그래프와 x축의 위치 관계가 다음과 같을 때, 상수 k의 값 또는 범위를 구하시오.

029 서로 다른 두 점에서 만난다.

주어진 이차함수의 그래프가 x축과 서로 다른 두 점에서 만나면 이차방정식 $x^2+2x+k=0$의 판별식을 D라 할 때, $D>0$이므로
$$\frac{D}{4}=1-k \boxed{} 0$$
$$\therefore k \boxed{} 1$$

030 접한다.

031 만나지 않는다.

[032~034] 이차함수 $y=x^2-4x+k$의 그래프와 x축의 위치 관계가 다음과 같을 때, 상수 k의 값 또는 범위를 구하시오.

032 서로 다른 두 점에서 만난다.

033 접한다.

034 만나지 않는다.

실전유형

• 정답과 해설 53쪽

[035~037] 이차함수 $y=x^2-2kx+k^2-3k+6$의 그래프와 x축의 위치 관계가 다음과 같을 때, 상수 k의 값 또는 범위를 구하시오.

035 서로 다른 두 점에서 만난다.

036 접한다.

037 만나지 않는다.

[038~040] 이차함수 $y=-x^2+4kx-4k^2+k-1$의 그래프와 x축의 위치 관계가 다음과 같을 때, 상수 k의 값 또는 범위를 구하시오.

038 서로 다른 두 점에서 만난다.

039 접한다.

040 만나지 않는다.

유형 1 **이차함수의 그래프와 x축의 교점**

이차함수 $y=ax^2+bx+c$의 그래프와 x축의 교점의 x좌표는 이차방정식 $ax^2+bx+c=0$의 실근과 같다.

중요
041

이차함수 $y=3x^2+5x-2$의 그래프가 x축과 두 점 $(a, 0)$, $(b, 0)$에서 만날 때, 상수 a, b에 대하여 $3a-b$의 값은?

(단, $a>b$)

① 3　　　　② 4　　　　③ 5
④ 6　　　　⑤ 7

042

이차함수 $y=2x^2+2x-5$의 그래프와 x축의 두 교점의 x좌표가 α, β일 때, $\alpha^2+\beta^2$의 값을 구하시오.

중요
043

이차함수 $y=-x^2+ax+b$의 그래프가 오른쪽 그림과 같을 때, 상수 a, b에 대하여 ab의 값을 구하시오.

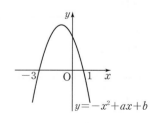

044

이차함수 $y=x^2-x+a$의 그래프와 x축의 두 교점의 x좌표가 -2, b일 때, 상수 a, b에 대하여 $a+b$의 값은?

① -6 ② -3 ③ 0

④ 3 ⑤ 6

045

이차함수 $y=x^2+kx-8$의 그래프와 x축의 두 교점 사이의 거리가 6일 때, 양수 k의 값을 구하시오.

유형 2   **이차함수의 그래프와 x축의 위치 관계**

이차함수 $y=ax^2+bx+c$의 그래프와 x축의 위치 관계는 이차방정식 $ax^2+bx+c=0$의 판별식 D의 부호에 따라 다음과 같이 결정된다.

(1) $D>0$ ➡ 서로 다른 두 점에서 만난다.
(2) $D=0$ ➡ 한 점에서 만난다(접한다).
(3) $D<0$ ➡ 만나지 않는다.

046   학평 기출

이차함수 $y=x^2+4x+a$의 그래프가 x축과 접할 때, 상수 a의 값은?

① 4 ② 5 ③ 6

④ 7 ⑤ 8

047

이차함수 $y=x^2+2(k-2)x+k^2$의 그래프가 x축과 서로 다른 두 점에서 만날 때, 상수 k의 값의 범위는?

① $k<-1$ ② $k<1$ ③ $k<2$

④ $k>-1$ ⑤ $k>1$

중요
048

이차함수 $y=x^2+4x-4k+9$의 그래프가 x축과 만나지 않을 때, 정수 k의 최댓값을 구하시오.

049

이차함수 $y=x^2-2x+2k-2$의 그래프는 x축과 서로 다른 두 점에서 만나고, 이차함수 $y=x^2+2kx+k+2$의 그래프는 x축과 한 점에서만 만날 때, 상수 k의 값은?

① -1 ② 0 ③ 1

④ 2 ⑤ 3

25 이차함수의 그래프와 직선의 위치 관계

25 -1 이차함수의 그래프와 직선의 교점

이차함수 $y=ax^2+bx+c$의 그래프와 직선 $y=mx+n$ 의 교점의 x좌표는 이차방정식 $ax^2+bx+c=mx+n$의 실근과 같다.

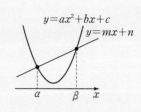

이차함수 $y=ax^2+bx+c$의 그래프와 직선 $y=mx+n$의 교점의 x좌표가 α, β이면 이차방정식
$ax^2+bx+c=mx+n$, 즉 $ax^2+(b-m)x+c-n=0$ 의 근과 계수의 관계에 의하여
$$\alpha+\beta=-\frac{b-m}{a},$$
$$\alpha\beta=\frac{c-n}{a}$$

예 이차함수 $y=x^2-4x+1$의 그래프와 직선 $y=-2x+9$의 교점의 x좌표를 구해 보자.
이차방정식 $x^2-4x+1=-2x+9$에서
$x^2-2x-8=0$, $(x+2)(x-4)=0$ $\therefore x=-2$ 또는 $x=4$
따라서 주어진 이차함수의 그래프와 직선의 교점의 x좌표는 -2, 4이다.

25 -2 이차함수의 그래프와 직선의 위치 관계

이차함수 $y=ax^2+bx+c$의 그래프와 직선 $y=mx+n$의 교점의 개수는 이차방정식 $ax^2+bx+c=mx+n$의 실근의 개수와 같으므로 이차함수 $y=ax^2+bx+c$의 그래프와 직선 $y=mx+n$의 위치 관계는 이차방정식 $ax^2+bx+c=mx+n$, 즉 $ax^2+(b-m)x+c-n=0$의 판별식 D의 부호에 따라 다음과 같다.

	$D>0$	$D=0$	$D<0$
$y=ax^2+bx+c\ (a>0)$의 그래프와 직선 $y=mx+n$ $(m>0)$			
$y=ax^2+bx+c$의 그래프와 직선 $y=mx+n$의 위치 관계	서로 다른 두 점에서 만난다.	한 점에서 만난다(접한다).	만나지 않는다.

이차함수의 그래프와 직선의 위치 관계

이차함수 $y=ax^2+bx+c$의 그래프와 직선 $y=mx+n$의 위치 관계는 이차방정식 $ax^2+bx+c=mx+n$, 즉 $ax^2+(b-m)x+c-n=0$의 판별식을 D라 할 때

(1) $D>0$ ➡ 서로 다른 두 점에서 만난다.

(2) $D=0$ ➡ 한 점에서 만난다(접한다).

(3) $D<0$ ➡ 만나지 않는다.

이차함수 $y=ax^2+bx+c$의 그래프와 직선 $y=mx+n$이 만나면 이차방정식 $ax^2+(b-m)x+c-n=0$ 의 판별식을 D라 할 때, $D\geq0$ 이다.

예 이차함수 $y=x^2-5x+4$의 그래프와 직선 $y=x-5$의 위치 관계를 조사해 보자.
이차방정식 $x^2-5x+4=x-5$, 즉 $x^2-6x+9=0$의 판별식을 D라 하면
$$\frac{D}{4}=9-9=0$$
따라서 주어진 이차함수의 그래프와 직선은 한 점에서 만난다(접한다).

개념유형

25 -1 이차함수의 그래프와 직선의 교점

[050~054] 다음 이차함수의 그래프와 직선의 교점의 x좌표를 구하시오.

050 $y=x^2-7x+4,\ y=-x-4$

051 $y=-x^2+3x-10,\ y=-5x+6$

052 $y=2x^2-4x+13,\ y=7x-2$

053 $y=-x^2+5x+5,\ y=x-7$

054 $y=2x^2+x-3,\ y=-2x-1$

25 -2 이차함수의 그래프와 직선의 위치 관계

[055~059] 다음 이차함수의 그래프와 직선의 위치 관계를 말하시오.

055 $y=x^2+3x-2,\ y=4x-1$

056 $y=-x^2-4x+3,\ y=2x+1$

057 $y=2x^2+x-1,\ y=-3x-4$

058 $y=x^2+5,\ y=2x+3$

059 $y=-x^2-x-6,\ y=x-5$

[060~062] 이차함수 $y=x^2-3x+k$의 그래프와 직선 $y=x-2$의 위치 관계가 다음과 같을 때, 상수 k의 값 또는 범위를 구하시오.

060 서로 다른 두 점에서 만난다.

주어진 이차함수의 그래프와 직선이 서로 다른 두 점에서 만나면 이차방정식 $x^2-3x+k=\boxed{}$, 즉

$x^2-4x+\boxed{}=0$의 판별식을 D라 할 때, $D>0$이므로

$\dfrac{D}{4}=4-(\boxed{})>0$

$\therefore k<\boxed{}$

061 접한다.

062 만나지 않는다.

[063~065] 이차함수 $y=-x^2+4x-2k$의 그래프와 직선 $y=-2x+1$의 위치 관계가 다음과 같을 때, 상수 k의 값 또는 범위를 구하시오.

063 서로 다른 두 점에서 만난다.

064 접한다.

065 만나지 않는다.

[066~068] 이차함수 $y=x^2+3x+1$의 그래프와 직선 $y=2x-k$의 위치 관계가 다음과 같을 때, 상수 k의 값 또는 범위를 구하시오.

066 서로 다른 두 점에서 만난다.

067 접한다.

068 만나지 않는다.

[069~071] 이차함수 $y=-2x^2+5x-2$의 그래프와 직선 $y=-3x-k$의 위치 관계가 다음과 같을 때, 상수 k의 값 또는 범위를 구하시오.

069 서로 다른 두 점에서 만난다.

070 접한다.

071 만나지 않는다.

유형 3 이차함수의 그래프와 직선의 교점

이차함수 $y=ax^2+bx+c$의 그래프와 직선 $y=mx+n$의 교점의 x좌표는 이차방정식 $ax^2+bx+c=mx+n$, 즉 $ax^2+(b-m)x+c-n=0$의 실근과 같다.

중요
072

이차함수 $y=x^2+3x+1$의 그래프와 직선 $y=2x+7$이 두 점 (a, b), (c, d)에서 만날 때, 상수 a, b, c, d에 대하여 $ab-cd$의 값을 구하시오. (단, $a<c$)

073

이차함수 $y=2x^2-x+a$의 그래프와 직선 $y=bx-3$의 두 교점의 x좌표가 1, 4일 때, 상수 a, b에 대하여 $b-a$의 값을 구하시오.

074

이차함수 $y=3x^2+2ax+1$의 그래프와 직선 $y=-x+3$의 두 교점의 x좌표가 2, b일 때, 상수 a, b에 대하여 ab의 값은?

① -3 ② -1 ③ 1
④ 3   ⑤ 5

075

이차함수 $y=x^2+ax+b$의 그래프와 직선 $y=3x-5$의 두 교점의 x좌표의 합이 8이고 곱이 -20일 때, 상수 a, b에 대하여 $b-3a$의 값은?

① -10 ② -5 ③ 0
④ 5   ⑤ 10

중요
076

오른쪽 그림과 같이 이차함수 $y=x^2+mx+1$의 그래프와 직선 $y=x+n$이 두 점에서 만날 때, 상수 m, n에 대하여 mn의 값은?

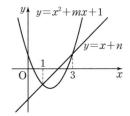

① -6 ② -2
③ 2   ④ 6
⑤ 10

077

이차함수 $y=x^2$의 그래프와 직선 $y=ax+b$가 만나는 두 점 중 한 점의 x좌표가 $1-\sqrt{5}$일 때, 유리수 a, b에 대하여 $a+b$의 값을 구하시오.

유형 4 이차함수의 그래프와 직선의 위치 관계

이차함수 $y=ax^2+bx+c$의 그래프와 직선 $y=mx+n$의 위치 관계는 이차방정식 $ax^2+(b-m)x+c-n=0$의 판별식 D의 부호에 따라 다음과 같이 결정된다.
(1) $D>0$ ➡ 서로 다른 두 점에서 만난다.
(2) $D=0$ ➡ 한 점에서 만난다(접한다).
(3) $D<0$ ➡ 만나지 않는다.

중요
078

보기에서 이차함수 $y=x^2-2x+3$의 그래프와 만나지 않는 직선인 것만을 있는 대로 고른 것은?

┌ 보기 ┐
ㄱ. $y=x+2$ ㄴ. $y=-x+2$
ㄷ. $y=3x+1$ ㄹ. $y=-3x+1$

① ㄱ, ㄴ   ② ㄱ, ㄷ   ③ ㄱ, ㄹ
④ ㄴ, ㄷ   ⑤ ㄴ, ㄹ

079

이차함수 $y=x^2-4x-m$의 그래프와 직선 $y=-2x-11$이 적어도 한 점에서 만날 때, 정수 m의 최솟값은?

① -10 ② -5 ③ 5
④ 10   ⑤ 15

중요
080   🗒학평 기출

좌표평면에서 직선 $y=mx-4$가 이차함수 $y=x^2+x$의 그래프에 접하도록 하는 양수 m의 값은?

① 1   ② 3   ③ 5
④ 7   ⑤ 9

081

이차함수 $y=-3x^2+x-1$의 그래프와 직선 $y=-x+k$는 서로 다른 두 점에서 만나고, 이차함수 $y=x^2-2kx+5k+6$의 그래프는 x축과 한 점에서만 만날 때, 상수 k의 값을 구하시오.

유형 5 이차함수의 그래프에 접하는 직선의 방정식

이차함수 $y=f(x)$의 그래프에 접하는 직선의 방정식은 주어진 조건을 이용하여 직선의 방정식을 $y=g(x)$로 놓은 후 이차방정식 $f(x)=g(x)$의 판별식 $D=0$임을 이용하여 구한다.

중요
082

이차함수 $y=5x^2+x+1$의 그래프에 접하고 기울기가 -1인 직선의 y절편은?

① $-\dfrac{4}{5}$ ② $-\dfrac{2}{5}$ ③ 0
④ $\dfrac{2}{5}$ ⑤ $\dfrac{4}{5}$

083

점 $(-4, 0)$을 지나고 이차함수 $y=x^2+2x-4$의 그래프에 접하는 두 직선의 기울기의 곱은?

① -20 ② -10 ③ 0
④ 10   ⑤ 20

개념 26 이차함수의 최대, 최소

26-1 이차함수의 최대, 최소

함수의 모든 함숫값 중에서 가장 큰 값을 그 함수의 **최댓값**이라 하고 가장 작은 값을 그 함수의 **최솟값**이라 한다.

x의 값의 범위가 실수 전체일 때, 이차함수 $y=ax^2+bx+c$의 최대, 최소는 이차함수의 식을 $y=a(x-p)^2+q$ 꼴로 변형하여 구한다.

이차함수 $y=a(x-p)^2+q$는

(1) $a>0$일 때

  $x=p$에서 최솟값 q를 갖고, 최댓값은 없다.

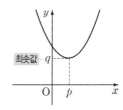

(2) $a<0$일 때

  $x=p$에서 최댓값 q를 갖고, 최솟값은 없다.

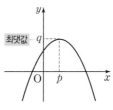

따라서 실수 전체의 범위에서 이차함수 $y=a(x-p)^2+q$의 최댓값 또는 최솟값은 a의 부호에 따라 다음과 같이 결정된다.

> 이차함수 $y=a(x-p)^2+q$는
> (1) $a>0$일 때 ➡ 최댓값은 없고, $x=p$에서 최솟값 q를 갖는다.
> (2) $a<0$일 때 ➡ $x=p$에서 최댓값 q를 갖고, 최솟값은 없다.

x의 값의 범위가 실수 전체일 때, 이차함수의 최댓값 또는 최솟값은 꼭짓점의 y좌표와 같다.

예 (1) 이차함수 $y=2x^2+12x+17$의 최댓값과 최솟값을 구해 보자.

주어진 이차함수의 식을 변형하면

$y=2x^2+12x+17=2(x+3)^2-1$

따라서 최댓값은 없고, $x=-3$에서 최솟값 -1을 갖는다.

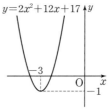

(2) 이차함수 $y=-x^2-2x+3$의 최댓값과 최솟값을 구해 보자.

주어진 이차함수의 식을 변형하면

$y=-x^2-2x+3=-(x+1)^2+4$

따라서 $x=-1$에서 최댓값 4를 갖고, 최솟값은 없다.

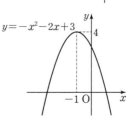

• 정답과 해설 57쪽

26 -1 이차함수의 최대, 최소

[084~088] 다음 이차함수의 최댓값과 최솟값을 구하시오.

084 $y=(x+4)^2+7$

085 $y=-(x-2)^2-3$

086 $y=5x^2-2$

087 $y=x^2+8x+5$

088 $y=-2x^2-12x+9$

[089~092] 다음을 만족시키는 상수 p, q의 값을 구하시오.

089 이차함수 $y=x^2+px+q$는 $x=-2$에서 최솟값 4를 갖는다.

이차함수 $y=x^2+px+q$의 x^2의 계수가 1이고, $x=-2$에서 최솟값 4를 가지므로
$y=(x+2)^2+\boxed{}$
$\therefore\ y=x^2+4x+\boxed{}$
$\therefore\ p=\boxed{}$, $q=\boxed{}$

090 이차함수 $y=-x^2+px+q$는 $x=1$에서 최댓값 -5를 갖는다.

091 이차함수 $y=x^2+6px-q$는 $x=3$에서 최솟값 -6을 갖는다.

092 이차함수 $y=-4x^2-4px+3q$는 $x=-1$에서 최댓값 13을 갖는다.

[093~096] 다음 이차함수의 최댓값 또는 최솟값이 [ ] 안과 같을 때, 상수 k의 값을 구하시오.

093 $y=x^2-2x+k$ [최솟값: 5]

주어진 이차함수를 $y=a(x-p)^2+q$ 꼴로 변형하면
$y=x^2-2x+k$
$\ =(x-1)^2+\boxed{}$
따라서 $x=1$일 때 최솟값은 $\boxed{}$이므로
$\boxed{}=5$　$\therefore\ k=\boxed{}$

094 $y=x^2+4x-k$ [최솟값: -3]

095 $y=-x^2-2x+k+1$ [최댓값: 4]

096 $y=3x^2-12x+2k$ [최솟값: 2]

제한된 범위에서의 이차함수의 최대, 최소

27 -1 **제한된 범위에서의 이차함수의 최대, 최소**

$\alpha \leq x \leq \beta$에서 이차함수 $f(x) = a(x-p)^2 + q$의 최대, 최소는 다음과 같다.

(1) 꼭짓점의 x좌표 p가 $\alpha \leq x \leq \beta$에 포함될 때 → $\alpha \leq p \leq \beta$일 때

$a > 0$일 때, $f(\alpha)$, $f(\beta)$ 중 큰 값이 최댓값이고, $f(p)$가 최솟값이다.

$a < 0$일 때, $f(p)$가 최댓값이고, $f(\alpha)$, $f(\beta)$ 중 작은 값이 최솟값이다.

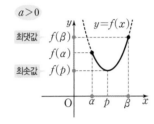
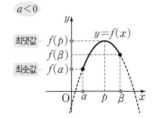

(2) 꼭짓점의 x좌표 p가 $\alpha \leq x \leq \beta$에 포함되지 않을 때 → $p < \alpha$ 또는 $p > \beta$일 때

$f(\alpha)$, $f(\beta)$ 중 큰 값이 최댓값이고, 작은 값이 최솟값이다.

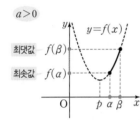
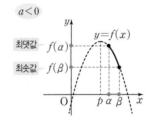

따라서 이차함수 $f(x) = a(x-p)^2 + q$의 최댓값과 최솟값은 주어진 x의 값의 범위에 따라 다음과 같이 결정된다.

> x의 값의 범위가 $\alpha \leq x \leq \beta$인 이차함수 $f(x) = a(x-p)^2 + q$에서
> (1) 꼭짓점의 x좌표 p가 $\alpha \leq x \leq \beta$에 포함될 때
> ➡ $f(\alpha)$, $f(p)$, $f(\beta)$ 중 가장 큰 값이 최댓값이고, 가장 작은 값이 최솟값이다.
> (2) 꼭짓점의 x좌표 p가 $\alpha \leq x \leq \beta$에 포함되지 않을 때
> ➡ $f(\alpha)$, $f(\beta)$ 중 큰 값이 최댓값이고, 작은 값이 최솟값이다.

— 함수식이 같아도 x의 값의 범위에 따라 최댓값과 최솟값이 달라질 수 있다.

예 주어진 x의 값의 범위에서 이차함수 $f(x) = -(x-2)^2 + 1$의 최댓값과 최솟값을 구해 보자.

(1) $1 \leq x \leq 4$

함수 $y = f(x)$의 그래프의 꼭짓점의 x좌표 2는 $1 \leq x \leq 4$에 포함되므로 $x = 2$에서 최댓값 1을 갖고, $f(1) = 0$, $f(4) = -3$이므로 $x = 4$에서 최솟값 -3을 갖는다.

(2) $3 \leq x \leq 5$

함수 $y = f(x)$의 그래프의 꼭짓점의 x좌표 2는 $3 \leq x \leq 5$에 포함되지 않으므로 $x = 3$에서 최댓값 0을 갖고, $x = 5$에서 최솟값 -8을 갖는다.

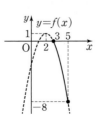

27 -1 제한된 범위에서의 이차함수의 최대, 최소

[097~099] x의 값의 범위가 다음과 같을 때, 이차함수 $f(x)=(x-1)^2+2$의 최댓값과 최솟값을 구하시오.

097 $0 \leq x \leq 2$

098 $1 \leq x \leq 4$

099 $-1 \leq x \leq 0$

[100~102] x의 값의 범위가 다음과 같을 때, 이차함수 $f(x)=-(x-2)^2+2$의 최댓값과 최솟값을 구하시오.

100 $0 \leq x \leq 3$

101 $-1 \leq x \leq 1$

102 $3 \leq x \leq 4$

[103~105] x의 값의 범위가 다음과 같을 때, 이차함수 $f(x)=2x^2+4x-1$의 최댓값과 최솟값을 구하시오.

103 $-3 \leq x \leq 0$

104 $-4 \leq x \leq -2$

105 $1 \leq x \leq 2$

[106~108] x의 값의 범위가 다음과 같을 때, 이차함수 $f(x)=-x^2+6x-6$의 최댓값과 최솟값을 구하시오.

106 $0 \leq x \leq 2$

107 $2 \leq x \leq 5$

108 $4 \leq x \leq 5$

[109~112] 다음을 구하시오.

109 $2 \leq x \leq 4$에서 이차함수 $f(x) = x^2 - 2x + k$의 최솟값이 4일 때, 상수 k의 값

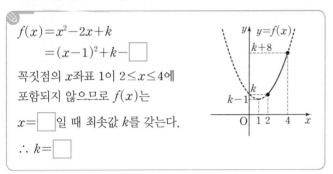

$f(x) = x^2 - 2x + k$
$= (x-1)^2 + k - \boxed{}$
꼭짓점의 x좌표 1이 $2 \leq x \leq 4$에 포함되지 않으므로 $f(x)$는
$x = \boxed{}$일 때 최솟값 k를 갖는다.
$\therefore k = \boxed{}$

110 $-4 \leq x \leq -1$에서 이차함수 $f(x) = x^2 + 6x + k$의 최댓값이 -2일 때, 상수 k의 값

111 $-1 \leq x \leq 1$에서 이차함수 $f(x) = -x^2 - 4x + k$의 최솟값이 -3일 때, 상수 k의 값

112 $0 \leq x \leq 3$에서 이차함수 $f(x) = -x^2 + 2x + k - 1$의 최댓값이 9일 때, 상수 k의 값

[113~116] 다음을 구하시오.

113 함수 $y = (x^2 + 4x)^2 + 2(x^2 + 4x) - 10$의 최솟값

$x^2 + 4x = t$로 놓으면 $t = (x+2)^2 - \boxed{}$
이때 $x = -2$에서 최솟값 -4를 가지므로 t의 값의 범위는
$t \geq \boxed{}$
주어진 함수를 t에 대한 함수로 나타내면
$y = t^2 + 2t - 10 = (t+1)^2 - 11$
따라서 $t \geq \boxed{}$에서 주어진 함수는 $t = \boxed{}$일 때 최솟값 $\boxed{}$을 갖는다.

114 함수 $y = (x^2 + 2x - 2)^2 - 4(x^2 + 2x - 2) + 5$의 최솟값

115 함수 $y = -(x^2 + 6x)^2 - 6(x^2 + 6x) - 5$의 최댓값

116 함수 $y = -(x^2 - 2x - 1)^2 - 2(x^2 - 2x - 1) + 7$의 최댓값

• 정답과 해설 59쪽

유형 6 제한된 범위에서의 이차함수의 최대, 최소

$\alpha \leq x \leq \beta$에서 이차함수 $f(x) = a(x-p)^2 + q$의 최대, 최소는

(1) $\alpha \leq p \leq \beta$일 때
  ➡ $f(\alpha)$, $f(p)$, $f(\beta)$ 중 가장 큰 값이 최댓값, 가장 작은 값이 최솟값이다.

(2) $p < \alpha$ 또는 $p > \beta$일 때
  ➡ $f(\alpha)$, $f(\beta)$ 중 큰 값이 최댓값, 작은 값이 최솟값이다.

117   학평 기출

$1 \leq x \leq 4$에서 이차함수 $f(x) = -(x-2)^2 + 15$의 최솟값을 구하시오.

중요
118

$-2 \leq x \leq 1$에서 이차함수 $f(x) = -2x^2 - 4x + k$의 최댓값이 4일 때, $f(x)$의 최솟값은? (단, k는 상수)

① -1 ② -2 ③ -3
④ -4 ⑤ -5

119

x^2의 계수가 1인 이차함수 $y = f(x)$의 그래프의 꼭짓점의 좌표가 $(1, a)$이다. $2 \leq x \leq 5$에서 이차함수 $f(x)$의 최솟값이 3일 때, $f(x)$의 최댓값은?

① 10   ② 12   ③ 14
④ 16   ⑤ 18

중요
120

이차함수 $f(x) = x^2 + 4tx + 4t + 2$의 최솟값을 $g(t)$라 할 때, $0 \leq t \leq 2$에서 $g(t)$의 최솟값을 구하시오.

유형 7 공통부분이 있는 함수의 최대, 최소

공통부분이 있는 함수의 최댓값과 최솟값은 다음과 같은 순서로 구한다.
(1) 공통부분을 t로 놓고 t의 값의 범위를 구한다.
(2) (1)에서 구한 범위에서 $y = a(t-p)^2 + q$의 최댓값과 최솟값을 구한다.

121

함수 $y = (x^2 - 2x)^2 + 4(x^2 - 2x)$의 최솟값은?

① -3 ② -2 ③ -1
④ 0   ⑤ 1

중요
122

$0 \leq x \leq 2$에서 함수 $y = (x^2 + x)^2 - 2(x^2 + x) + 3$의 최댓값을 M, 최솟값을 m이라 할 때, $M - m$의 값을 구하시오.

조건을 만족시키는 이차식의 최대, 최소

조건을 만족시키는 이차식의 최댓값과 최솟값은 다음과 같은 순서로 구한다.
(1) 주어진 조건을 한 문자에 대하여 정리한다.
(2) (1)의 식을 이차식에 대입하여 한 문자에 대한 이차식으로 나타낸다.
(3) (2)의 식의 최댓값 또는 최솟값을 구한다.

중요
123

$x+y=3$을 만족시키는 두 실수 x, y에 대하여 $0 \le x \le 3$일 때, $2x^2+y^2$의 최댓값과 최솟값의 합을 구하시오.

124

$4x+y^2=2$를 만족시키는 두 실수 x, y에 대하여 x^2+y^2+3의 최솟값은?

① 1
② $\dfrac{5}{2}$
③ 3

④ $\dfrac{13}{4}$
⑤ 4

이차함수의 최대, 최소의 활용

이차함수의 최대, 최소의 활용 문제는 다음과 같은 순서로 푼다.
(1) 주어진 상황에 맞게 변수 x를 정하고, x에 대한 이차함수의 식을 세운다.
(2) 조건을 만족시키는 x의 값의 범위를 구한다.
(3) (2)에서 구한 범위에서 최댓값 또는 최솟값을 구한다.

125

직각을 낀 두 변의 길이의 합이 16인 직각삼각형의 넓이의 최댓값을 구하시오.

126

지면으로부터의 높이가 24 m인 어느 건물 옥상에서 초속 20 m로 똑바로 위로 던져 올린 공의 t초 후의 지면으로부터의 높이 h m는 $h=24+20t-5t^2$이라 한다. 공을 던진 지 1초부터 3초까지 공이 가장 높이 있을 때의 지면으로부터의 높이를 구하시오.

중요
127

다음 그림과 같이 벽을 한 변으로 하는 직사각형 모양의 닭장을 길이가 12 m인 철망으로 만들려고 한다. 벽에는 철망을 사용하지 않을 때, 닭장의 넓이의 최댓값을 구하시오.
(단, 철망의 두께는 무시한다.)

중요
128

오른쪽 그림과 같이 직사각형 ABCD의 두 꼭짓점 A, D는 이차함수 $y=-x^2+2$의 그래프 위에 있고 두 꼭짓점 B, C는 x축 위에 있다. 직사각형 ABCD의 둘레의 길이의 최댓값을 구하시오. (단, 점 D는 제1사분면 위의 점이다.)

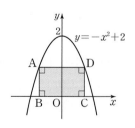

1 유형1

이차함수 $y=x^2-3x-4$의 그래프가 x축과 두 점 $(a, 0)$, $(b, 0)$에서 만날 때, 상수 a, b에 대하여 $b-a$의 값은?

(단, $a<b$)

① 1 ② 2 ③ 3
④ 4 ⑤ 5

2 유형1

이차함수 $y=2x^2+ax+b$의 그래프가 오른쪽 그림과 같을 때, 상수 a, b에 대하여 ab의 값을 구하시오.

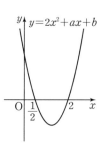

3 유형2

이차함수 $y=x^2+(2k+1)x+k^2+3k+2$의 그래프가 x축과 만날 때, 정수 k의 최댓값은?

① -2 ② -1 ③ 0
④ 1 ⑤ 2

4 유형3

이차함수 $y=x^2-4x+5$의 그래프와 직선 $y=3x-5$의 두 교점의 x좌표가 a, b일 때, 상수 a, b에 대하여 a^2+b^2의 값을 구하시오.

5 유형3   《서술형》

오른쪽 그림과 같이 이차함수 $y=-x^2+m$의 그래프와 직선 $y=nx-3$이 두 점에서 만날 때, 상수 m, n에 대하여 mn의 값을 구하시오.

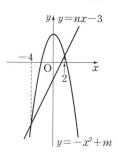

6 유형4

보기에서 이차함수 $y=-2x^2+5x+1$의 그래프와 만나는 직선인 것만을 있는 대로 고른 것은?

┌ 보기 ┐
ㄱ. $y=x+3$ ㄴ. $y=-x+2$
ㄷ. $y=2x+2$ ㄹ. $y=-2x+8$

① ㄱ, ㄴ ② ㄱ, ㄷ ③ ㄴ, ㄹ
④ ㄱ, ㄴ, ㄷ ⑤ ㄴ, ㄷ, ㄹ

05
이차방정식과 이차함수

7 유형 4

이차함수 $y=kx^2-kx+1$의 그래프와 직선 $y=2x-1$이 접할 때, 상수 k의 값을 구하시오.

8 유형 5

이차함수 $y=-x^2+5x-1$의 그래프에 접하고 기울기가 1인 직선의 y절편은?

① -5 ② -3 ③ -1

④ 1 ⑤ 3

9 유형 6

$-1\leq x\leq2$에서 이차함수 $f(x)=-x^2+2x+k+5$의 최댓값이 7일 때, $f(x)$의 최솟값은? (단, k는 상수)

① 1 ② 2 ③ 3

④ 4 ⑤ 5

10 유형 6   ◁ 서술형 ▷

이차함수 $f(x)=x^2-2tx-t^2+4t$의 최솟값을 $g(t)$라 할 때, $-1\leq t\leq1$에서 $g(t)$의 최솟값을 구하시오.

11 유형 7

$1\leq x\leq4$에서 함수 $y=(x^2-4x+1)^2+4(x^2-4x+1)$의 최댓값을 M, 최솟값을 m이라 할 때, Mm의 값을 구하시오.

12 유형 8

$x+y=2$를 만족시키는 두 실수 x, y에 대하여 $0\leq x\leq2$일 때, $2x+y^2$의 최댓값과 최솟값의 합은?

① 3 ② 4 ③ 5

④ 6 ⑤ 7

13 유형 9

오른쪽 그림과 같이 너비가 20 cm인 철판의 양쪽을 접은 후, 색칠한 직사각형 모양의 판으로 아래를 막아 물받이를 만들려고 한다. 색칠한 직사각형 모양의 판의 넓이의 최댓값을 구하시오.

(단, 철판의 두께는 무시한다.)

14 유형 9

오른쪽 그림과 같이 직사각형 PQRS의 두 꼭짓점 P, S는 이차함수 $y=-x^2+4x$의 그래프 위에 있고 두 꼭짓점 Q, R는 x축 위에 있다. 직사각형 PQRS의 둘레의 길이의 최댓값을 구하시오.

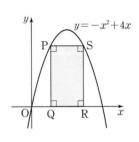

(단, 점 P는 제1사분면 위의 점이다.)

개념 28 삼차방정식과 사차방정식의 풀이

28 -1 삼차방정식과 사차방정식의 풀이

삼차방정식 또는 사차방정식 $f(x)=0$에 대하여 $f(x)$가 인수분해 가능하면 다음 성질을 이용하여 푼다.

> (1) $ABC=0$이면 $A=0$ 또는 $B=0$ 또는 $C=0$
> (2) $ABCD=0$이면 $A=0$ 또는 $B=0$ 또는 $C=0$ 또는 $D=0$

예 삼차방정식 $(x-1)(x-2)(x-4)=0$을 풀어 보자.

$x-1=0$ 또는 $x-2=0$ 또는 $x-4=0$이므로

$x=1$ 또는 $x=2$ 또는 $x=4$

참고 삼차방정식과 사차방정식의 풀이에 자주 쓰이는 인수분해 공식

- $a^2-b^2=(a+b)(a-b)$
- $x^2+(a+b)x+ab=(x+a)(x+b)$
- $a^3+b^3=(a+b)(a^2-ab+b^2)$, $a^3-b^3=(a-b)(a^2+ab+b^2)$

― 다항식 $f(x)$가 x에 대한 삼차식, 사차식일 때 방정식 $f(x)=0$을 각각 x에 대한 삼차방정식, 사차방정식이라 한다.

― 삼차 이상의 방정식을 고차방정식이라 한다.

06

28 -2 인수 정리를 이용한 삼차방정식과 사차방정식의 풀이

인수분해 공식을 이용하여 간단히 인수분해되지 않을 때, 삼차방정식 또는 사차방정식 $f(x)=0$은 인수 정리와 조립제법을 이용하여 다음과 같은 순서로 푼다.

> (1) 방정식 $f(x)=0$에서 $f(\alpha)=0$을 만족시키는 α의 값을 찾는다.
> (2) 인수 정리에 의하여 $f(x)=(x-\alpha)Q(x)$로 인수분해하여 푼다.
>   이때 $Q(x)$는 조립제법을 이용하여 구할 수 있다.

예 삼차방정식 $x^3+x^2-2=0$을 풀어 보자.

$f(x)=x^3+x^2-2$라 할 때, $f(1)=0$

즉, 인수 정리에 의하여 $x-1$은 $f(x)$의 인수이므로 조립제법을 이용하여 $f(x)$를 인수분해하면

$$\begin{array}{r|rrrr} 1 & 1 & 1 & 0 & -2 \\ & & 1 & 2 & 2 \\ \hline & 1 & 2 & 2 & 0 \end{array}$$

$f(x)=(x-1)(x^2+2x+2)$

따라서 주어진 방정식은 $(x-1)(x^2+2x+2)=0$이므로

$x-1=0$ 또는 $x^2+2x+2=0$

$\therefore x=1$ 또는 $x=-1\pm i$

― 다항식 $f(x)$의 계수가 모두 정수일 때, $f(\alpha)=0$을 만족시키는 α의 값은
$$\pm \frac{(f(x)\text{의 상수항의 약수})}{(f(x)\text{의 최고차항의 계수의 약수})}$$
중에서 찾을 수 있다.

28 -1 삼차방정식과 사차방정식의 풀이

[001~004] 다음 삼차방정식을 푸시오.

001 $x^3 + 3x^2 = 0$

002 $x^3 + 1 = 0$

003 $x^3 - 8 = 0$

004 $8x^3 + 27 = 0$

[005~008] 다음 사차방정식을 푸시오.

005 $2x^4 + x^2 = 0$

006 $x^4 - 4x^2 = 0$

007 $x^4 - 1 = 0$

008 $16x^4 - 1 = 0$

28 -2 인수 정리를 이용한 삼차방정식과 사차방정식의 풀이

[009~015] 다음 삼차방정식을 푸시오.

009 $x^3 - 2x^2 - 5x + 6 = 0$

$f(x) = x^3 - 2x^2 - 5x + 6$이라 할 때, $f(1) = 0$
따라서 조립제법을 이용하여 $f(x)$를 인수분해하면

$$
\begin{array}{r|rrrr}
1 & 1 & -2 & -5 & 6 \\
  &   & 1 & \boxed{} & -6 \\
\hline
  & 1 & \boxed{} & -6 & 0
\end{array}
$$

$f(x) = (x-1)(\boxed{})$
$ = (x-1)(x+2)(\boxed{})$
즉, 주어진 방정식은
$(x+2)(x-1)(\boxed{}) = 0$
$\therefore x = -2$ 또는 $x = 1$ 또는 $x = \boxed{}$

010 $x^3 + 4x^2 + x - 6 = 0$

011 $x^3 + 2x^2 - 7x + 4 = 0$

012 $x^3 - 2x^2 + 16 = 0$

013 $x^3+x-10=0$

014 $x^3-5x^2-12x+36=0$

015 $2x^3+3x^2-17x-30=0$

[016~021] 다음 사차방정식을 푸시오.

016 $x^4+x^2-6x-8=0$

$f(x)=x^4+x^2-6x-8$이라 할 때, $f(-1)=0$, $f(2)=0$
따라서 조립제법을 이용하여 $f(x)$를 인수분해하면

$$
\begin{array}{r|rrrrr}
-1 & 1 & \boxed{} & 1 & -6 & -8 \\
   &   & -1 & \boxed{} & -2 & 8 \\
\hline
2 & 1 & -1 & 2 & -8 & \big|\ 0 \\
  &   & \boxed{} & 2 & 8 & \\
\hline
  & \boxed{} & 1 & 4 & \big|\ 0 &
\end{array}
$$

$f(x)=(x+1)(x-2)(\boxed{})$
즉, 주어진 방정식은
$(x+1)(x-2)(\boxed{})=0$
$\therefore x=-1$ 또는 $x=2$ 또는 $x=\boxed{}$

017 $x^4-x^3-2x^2+x+1=0$

018 $x^4-x^3+2x^2-4x-8=0$

019 $x^4+2x^3-7x^2-8x+12=0$

020 $x^4+4x^3-2x^2-12x+9=0$

021 $x^4-10x^3+35x^2-50x+24=0$

실전유형

유형 1　삼차방정식과 사차방정식의 풀이

$f(x)=0$ 꼴의 삼차방정식과 사차방정식을 풀 때는 인수분해 공식이나 인수 정리와 조립제법 등을 이용하여 $f(x)$를 인수분해한 후 다음 성질을 이용하여 푼다.

(1) $ABC=0$이면 $A=0$ 또는 $B=0$ 또는 $C=0$
(2) $ABCD=0$이면
　$A=0$ 또는 $B=0$ 또는 $C=0$ 또는 $D=0$

022

삼차방정식 $x^3+8=0$의 해가 $x=a$ 또는 $x=b\pm\sqrt{c}i$일 때, 실수 a, b, c에 대하여 abc의 값을 구하시오. (단, $i=\sqrt{-1}$)

중요
023

삼차방정식 $x^3-13x-12=0$의 세 실근을 α, β, γ라 할 때, $\alpha-\beta+\gamma$의 값은? (단, $\alpha<\beta<\gamma$)

① 0　　　　　　② 2　　　　　　③ 4
④ 6　　　　　　⑤ 8

024

사차방정식 $x^4+4x^3+7x^2+8x+4=0$의 모든 실근의 곱을 구하시오.

025
학평 기출

삼차방정식 $x^3+2x^2-3x-10=0$의 서로 다른 두 허근을 α, β라 할 때, $\alpha^3+\beta^3$의 값은?

① -2　　　　　② -3　　　　　③ -4
④ -5　　　　　⑤ -6

유형 2　근이 주어진 삼차방정식과 사차방정식

방정식 $f(x)=0$의 한 근이 α이면 $f(\alpha)=0$임을 이용하여 미정 계수를 구한 후 방정식을 푼다.

중요
026

삼차방정식 $x^3+kx^2+2kx-4=0$의 한 근이 1일 때, 나머지 두 근의 합을 구하시오. (단, k는 실수)

027

사차방정식 $x^4-kx^3-(3k+1)x^2+8x+6k=0$의 한 근이 -1일 때, 이 방정식의 네 근 중에서 가장 큰 근과 가장 작은 근의 합은? (단, k는 실수)

① -2　　　　　② -1　　　　　③ 0
④ 1　　　　　　⑤ 2

028

사차방정식 $x^4 + ax^3 - 11x + b = 0$의 두 근이 -1, 2일 때, 나머지 두 근의 곱은? (단, a, b는 실수)

① 1 ② 2 ③ 3
④ 4 ⑤ 5

031

삼차방정식 $x^3 - 2x^2 + (k-8)x + 2k = 0$이 중근을 가질 때, 모든 실수 k의 값의 합은?

① -10 ② -8 ③ -6
④ -4 ⑤ -2

유형 3 **근의 조건이 주어진 삼차방정식**

삼차방정식 $(x-a)(ax^2+bx+c)=0$(a는 실수)에서 이차방정식 $ax^2+bx+c=0$의 판별식을 D라 할 때, 주어진 삼차방정식이
(1) 세 실근을 가지면 ➡ $D \geq 0$
(2) 한 개의 실근과 두 개의 허근을 가지면 ➡ $D < 0$
(3) 중근을 가지면 ➡ $D = 0$ 또는 $aa^2 + ba + c = 0$

중요 029 ☆   학평 기출

x에 대한 방정식 $x^3 + 3x^2 + (16-a)x + a - 20 = 0$이 허근을 갖도록 하는 자연수 a의 개수를 구하시오.

유형 4 **삼차방정식과 사차방정식의 활용**

삼차방정식의 활용 문제는 다음과 같은 순서로 푼다.
(1) 문제에서 미지수 x를 정한다.
(2) 주어진 조건을 이용하여 방정식을 세운다.
(3) 방정식을 풀고 구한 해가 문제의 조건에 맞는지 확인한다.

032

어떤 정육면체의 가로, 세로의 길이는 각각 $1\,cm$, $2\,cm$만큼 줄이고, 높이는 $3\,cm$만큼 늘여서 만든 직육면체의 부피가 $12\,cm^3$일 때, 처음 정육면체의 한 모서리의 길이를 구하시오.

030

삼차방정식 $x^3 + (k-1)x - k = 0$의 근이 모두 실수일 때, 실수 k의 최댓값은?

① $\dfrac{1}{8}$ ② $\dfrac{1}{4}$ ③ $\dfrac{3}{8}$
④ $\dfrac{1}{2}$ ⑤ $\dfrac{5}{8}$

중요 033 ☆

오른쪽 그림과 같이 가로, 세로의 길이가 각각 $20\,cm$, $16\,cm$인 직사각형 모양의 종이의 네 모퉁이에서 한 변의 길이가 $x\,cm$인 정사각형 모양을 잘라 내고 점선을 따라 접어서 뚜껑 없는 상자를 만들었더니 부피가 $420\,cm^3$가 되었다. 이때 자연수 x의 값을 구하시오. (단, 종이의 두께는 생각하지 않는다.)

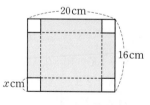

개념 29 여러 가지 사차방정식의 풀이(1)

29 -1 공통부분이 있는 방정식의 풀이

공통부분이 있는 방정식은 치환을 이용하여 다음과 같은 순서로 인수분해하여 푼다.

(1) 공통부분을 X로 놓고 X에 대한 방정식을 푼다.
(2) X에 원래의 식을 대입하고 인수분해 또는 근의 공식을 이용하여 푼다.

● 공통부분이 바로 보이지 않으면 공통부분이 생기도록 식을 변형한다.

예 사차방정식 $(x^2+x)^2-(x^2+x)-2=0$을 풀어 보자.
$x^2+x=X$로 놓으면
$X^2-X-2=0$, $(X+1)(X-2)=0$ ∴ $X=-1$ 또는 $X=2$
(i) $X=-1$일 때
$x^2+x=-1$에서 $x^2+x+1=0$ ∴ $x=\dfrac{-1\pm\sqrt{3}i}{2}$
(ii) $X=2$일 때
$x^2+x=2$에서 $x^2+x-2=0$
$(x+2)(x-1)=0$ ∴ $x=-2$ 또는 $x=1$
(i), (ii)에서 주어진 방정식의 해는 $x=-2$ 또는 $x=1$ 또는 $x=\dfrac{-1\pm\sqrt{3}i}{2}$

개념유형

• 정답과 해설 66쪽

29 -1 공통부분이 있는 방정식의 풀이

[034~036] 다음 사차방정식을 푸시오.

034 $(x^2+1)^2-7(x^2+1)+10=0$

$\boxed{}=X$로 놓으면 주어진 방정식은
$X^2-7X+10=0$, $(X-2)(X-5)=0$
∴ $X=2$ 또는 $X=5$
(i) $X=2$일 때
$\boxed{}=2$에서 $x^2-1=0$
$(x+1)(x-1)=0$ ∴ $x=-1$ 또는 $x=\boxed{}$
(ii) $X=5$일 때
$\boxed{}=5$에서 $x^2-4=0$
$(x+2)(x-2)=0$ ∴ $x=-2$ 또는 $x=2$
(i), (ii)에서 주어진 방정식의 해는
$x=-2$ 또는 $x=-1$ 또는 $x=\boxed{}$ 또는 $x=2$

035 $(x^2-5x)^2+10(x^2-5x)+24=0$

036 $(x^2+3x+1)(x^2+3x-9)-11=0$

[037~039] 다음 사차방정식을 푸시오.

037 $(x+1)(x+2)(x+3)(x+4)-3=0$

공통부분이 생기도록 두 일차식의 상수항의 합이 같게 짝을
지어 전개하면

$\{(x+1)(x+4)\}\{(x+2)(x+3)\}-3=0$

$(x^2+5x+4)(x^2+\boxed{}x+6)-3=0$

$\boxed{}=X$로 놓으면

$(X+4)(X+6)-3=0,\ X^2+10X+21=0$

$(X+7)(X+3)=0$ ∴ $X=-7$ 또는 $X=-3$

(ⅰ) $X=-7$일 때

$\boxed{}=-7$에서 $x^2+5x+7=0$

∴ $x=\dfrac{-5\pm\sqrt{3}i}{2}$

(ⅱ) $X=-3$일 때

$x^2+5x=-3$에서 $x^2+5x+3=0$

∴ $x=\boxed{}$

(ⅰ), (ⅱ)에서 주어진 방정식의 해는

$x=\dfrac{-5\pm\sqrt{3}i}{2}$ 또는 $x=\boxed{}$

038 $x(x-3)(x-2)(x-1)-8=0$

039 $(x-4)(x-3)(x+1)(x+2)+4=0$

유형 5 공통부분이 있는 방정식의 풀이

방정식에 공통부분이 있으면 공통부분을 한 문자로 치환한 후 인
수분해하여 푼다.

참고 공통부분이 바로 보이지 않으면 공통부분이 생기도록 식을 변형
한다.

040

사차방정식 $(x^2+2x)^2-5(x^2+2x)+8=2$의 모든 양의
근의 합은?

① $-1+\sqrt{3}$ ② 1 ③ $\sqrt{3}$

④ $1+\sqrt{3}$ ⑤ 3

중요
041 ☆   학평 기출

사차방정식 $(x^2-3x)(x^2-3x+6)+5=0$의 서로 다른
두 실근을 α, β라 할 때, $\alpha\beta$의 값은?

① 1 ② 2 ③ 3

④ 4 ⑤ 5

042

사차방정식 $x(x+1)(x+2)(x+3)=24$의 서로 다른 두
실근을 α, β, 서로 다른 두 허근을 γ, δ라 할 때,
$\alpha+\beta+\gamma\delta$의 값을 구하시오.

30 여러 가지 사차방정식의 풀이(2)

30-1 $x^4+ax^2+b=0$ 꼴의 방정식의 풀이

$x^4+ax^2+b=0$ 꼴의 사차방정식은 다음과 같은 방법으로 인수분해하여 푼다.

> $x^4+ax^2+b=0$에서 $x^2=X$로 놓을 때
> (1) $X^2+aX+b=0$의 좌변이 인수분해되는 경우
>   ➡ X에 대한 이차방정식을 푼 후 $X=x^2$을 대입하여 푼다.
> (2) $X^2+aX+b=0$의 좌변이 인수분해되지 않는 경우
>   ➡ $x^4+ax^2+b=0$의 좌변에 적당한 이차항을 더하거나 빼서 A^2-B^2 꼴로 변형한 후 인수분해하여 푼다.

예 (1) 사차방정식 $x^4+4x^2+4=0$을 풀어 보자.
  $x^2=X$로 놓으면 $X^2+4X+4=0$, $(X+2)^2=0$ ∴ $X=-2$
  즉, $x^2=-2$이므로 $x=\pm\sqrt{2}i$

  (2) 사차방정식 $x^4+7x^2+16=0$을 풀어 보자.
  주어진 방정식의 좌변에 x^2을 더하고 빼서 $A^2-B^2=0$ 꼴로 변형하면
  $(x^4+8x^2+16)-x^2=0$, $(x^2+4)^2-x^2=0$, $(x^2+x+4)(x^2-x+4)=0$
  ∴ $x^2+x+4=0$ 또는 $x^2-x+4=0$ ∴ $x=\dfrac{-1\pm\sqrt{15}i}{2}$ 또는 $x=\dfrac{1\pm\sqrt{15}i}{2}$

30-2 $ax^4+bx^3+cx^2+bx+a=0$ 꼴의 방정식의 풀이

계수가 대칭인 사차방정식 $ax^4+bx^3+cx^2+bx+a=0\,(a\neq0)$은 다음과 같은 순서로 푼다.

> (1) $x\neq0$이므로 방정식의 양변을 x^2으로 나눈다.
> (2) $x+\dfrac{1}{x}=X$로 놓고 X에 대한 이차방정식을 푼 후 $X=x+\dfrac{1}{x}$을 대입하여 푼다.

예 사차방정식 $x^4-5x^3+8x^2-5x+1=0$을 풀어 보자.
  $x\neq0$이므로 양변을 x^2으로 나누면 $x^2-5x+8-\dfrac{5}{x}+\dfrac{1}{x^2}=0$, $x^2+\dfrac{1}{x^2}-5\left(x+\dfrac{1}{x}\right)+8=0$

  이때 $x^2+\dfrac{1}{x^2}=\left(x+\dfrac{1}{x}\right)^2-2$이므로 $\left(x+\dfrac{1}{x}\right)^2-5\left(x+\dfrac{1}{x}\right)+6=0$

  $x+\dfrac{1}{x}=X$로 놓으면 $X^2-5X+6=0$, $(X-2)(X-3)=0$ ∴ $X=2$ 또는 $X=3$

  (ⅰ) $X=2$일 때, $x+\dfrac{1}{x}=2$에서 $x^2-2x+1=0$, $(x-1)^2=0$ ∴ $x=1$ (중근)

  (ⅱ) $X=3$일 때, $x+\dfrac{1}{x}=3$에서 $x^2-3x+1=0$ ∴ $x=\dfrac{3\pm\sqrt{5}}{2}$

  (ⅰ), (ⅱ)에서 주어진 방정식의 해는 $x=1$(중근) 또는 $x=\dfrac{3\pm\sqrt{5}}{2}$

30 -1 $x^4+ax^2+b=0$ 꼴의 방정식의 풀이

[043~047] 다음 사차방정식을 푸시오.

043 $x^4+x^2-2=0$

> $\boxed{}=X$로 놓으면 주어진 방정식은
> $X^2+X-2=0$
> $(X+2)(X-1)=0$
> $\therefore X=-2$ 또는 $X=1$
> 즉, $x^2=-2$ 또는 $x^2=1$이므로
> $x=\pm\sqrt{2}i$ 또는 $x=\boxed{}$

044 $x^4-7x^2+12=0$

045 $x^4+6x^2+8=0$

046 $4x^4+11x^2-3=0$

047 $6x^4-5x^2+1=0$

[048~052] 다음 사차방정식을 푸시오.

048 $x^4-8x^2+4=0$

> $(x^4-4x^2+4)-\boxed{}=0$
> $(x^2-2)^2-(2x)^2=0$
> $(x^2+2x-2)(\boxed{})=0$
> $\therefore x^2+2x-2=0$ 또는 $\boxed{}=0$
> 따라서 주어진 방정식의 해는
> $x=-1\pm\sqrt{3}$ 또는 $x=\boxed{}$

049 $x^4-18x^2+1=0$

050 $x^4-9x^2+16=0$

051 $x^4+7x^2+16=0$

052 $x^4-3x^2+9=0$

30 -2 $ax^4+bx^3+cx^2+bx+a=0$ 꼴의 방정식의 풀이

[053~057] 다음 사차방정식을 푸시오.

053 $x^4+4x^3+5x^2+4x+1=0$

$x\neq0$이므로 양변을 x^2으로 나누면

$x^2+4x+5+\dfrac{4}{x}+\dfrac{1}{x^2}=0$, $\left(x^2+\dfrac{1}{x^2}\right)+4\left(x+\dfrac{1}{x}\right)+5=0$

$\left(x+\dfrac{1}{x}\right)^2+4\left(x+\dfrac{1}{x}\right)+\boxed{}=0$

$\boxed{}=X$로 놓으면 $X^2+4X+3=0$

$(X+3)(X+1)=0$ ∴ $X=-3$ 또는 $X=-1$

(i) $X=-3$일 때

$\boxed{}=-3$에서 $x^2+3x+1=0$

∴ $x=\dfrac{-3\pm\sqrt{5}}{2}$

(ii) $X=-1$일 때

$x+\dfrac{1}{x}=-1$에서 $x^2+x+1=0$

∴ $x=\boxed{}$

(i), (ii)에서 주어진 방정식의 해는

$x=\dfrac{-3\pm\sqrt{5}}{2}$ 또는 $x=\boxed{}$

054 $x^4+x^3+2x^2+x+1=0$

055 $x^4-5x^3+2x^2-5x+1=0$

056 $x^4-2x^3-x^2-2x+1=0$

057 $x^4+7x^3+14x^2+7x+1=0$

• 정답과 해설 68쪽

유형 6 $x^4+ax^2+b=0$ 꼴의 방정식의 풀이

$x^4+ax^2+b=0$에서 $x^2=X$로 놓을 때
(1) $X^2+aX+b=0$의 좌변이 인수분해되는 경우
  ➡ X에 대한 이차방정식을 푼 후 $X=x^2$을 대입하여 푼다.
(2) $X^2+aX+b=0$의 좌변이 인수분해되지 않는 경우
  ➡ $x^4+ax^2+b=0$의 좌변에 적당한 이차항을 더하거나 빼서 A^2-B^2 꼴로 변형한 후 인수분해하여 푼다.

중요 058

사차방정식 $x^4+x^2-20=0$의 두 실근을 α, β, 두 허근을 γ, δ라 할 때, $\alpha\beta-\gamma\delta$의 값을 구하시오.

059

사차방정식 $4x^4-5x^2+1=0$의 모든 양의 근의 합은?

① $\dfrac{1}{2}$ ② 1 ③ $\dfrac{3}{2}$

④ 2 ⑤ $\dfrac{5}{2}$

060

사차방정식 $x^4-7x^2+9=0$의 가장 큰 근을 α, 가장 작은 근을 β라 할 때, $\alpha+\beta$의 값은?

① -2 ② -1 ③ 0

④ 1 ⑤ 2

유형 7 $ax^4+bx^3+cx^2+bx+a=0$ 꼴의 방정식의 풀이

계수가 대칭인 사차방정식은 다음과 같은 순서로 푼다.
(1) 양변을 x^2으로 나눈다.
(2) $x+\dfrac{1}{x}=X$로 놓고 X에 대한 이차방정식을 푼 후
  $X=x+\dfrac{1}{x}$을 대입하여 푼다.

중요 061

사차방정식 $x^4-6x^3+7x^2-6x+1=0$의 실근은?

① $\dfrac{1\pm\sqrt{3}}{2}$ ② $\dfrac{4\pm\sqrt{3}}{2}$ ③ $\dfrac{5\pm\sqrt{21}}{2}$

④ $2\pm\sqrt{3}$ ⑤ $5\pm\sqrt{21}$

062

사차방정식 $x^4+2x^3-x^2+2x+1=0$의 실근을 α라 할 때, $\alpha+\dfrac{1}{\alpha}$의 값은?

① -3 ② -1 ③ 1

④ 3 ⑤ 5

063

사차방정식 $2x^4-7x^3-5x^2-7x+2=0$의 모든 허근의 곱을 구하시오.

31 -1 삼차방정식의 근과 계수의 관계

이차방정식과 마찬가지로 삼차방정식 또한 세 근을 직접 구하지 않아도 삼차방정식의 계수를 이용하여 세 근의 합, 두 근끼리의 곱의 합, 세 근의 곱을 구할 수 있다.

삼차방정식 $ax^3+bx^2+cx+d=0$의 세 근을 α, β, γ라 하면 삼차식 ax^3+bx^2+cx+d 는 $x-\alpha$, $x-\beta$, $x-\gamma$를 인수로 가지므로

$$ax^3+bx^2+cx+d=a(x-\alpha)(x-\beta)(x-\gamma)$$

이때 $a\neq0$이므로 양변을 a로 나누고 우변을 전개하면

$$x^3+\frac{b}{a}x^2+\frac{c}{a}x+\frac{d}{a}=x^3-(\alpha+\beta+\gamma)x^2+(\alpha\beta+\beta\gamma+\gamma\alpha)x-\alpha\beta\gamma$$

이 등식은 x에 대한 항등식이므로 양변의 동류항의 계수를 비교하면

$$\alpha+\beta+\gamma=-\frac{b}{a},\ \alpha\beta+\beta\gamma+\gamma\alpha=\frac{c}{a},\ \alpha\beta\gamma=-\frac{d}{a}$$

> **삼차방정식의 근과 계수의 관계**
>
> 삼차방정식 $ax^3+bx^2+cx+d=0$의 세 근을 α, β, γ라 하면
>
> $$\alpha+\beta+\gamma=-\frac{b}{a},\ \alpha\beta+\beta\gamma+\gamma\alpha=\frac{c}{a},\ \alpha\beta\gamma=-\frac{d}{a}$$

예 삼차방정식 $2x^3+3x^2+5x-6=0$의 세 근을 α, β, γ라 하면

$$\alpha+\beta+\gamma=-\frac{3}{2},\ \alpha\beta+\beta\gamma+\gamma\alpha=\frac{5}{2},\ \alpha\beta\gamma=-\frac{-6}{2}=3$$

31 -2 삼차방정식의 작성

세 수 α, β, γ를 근으로 하고 x^3의 계수가 1인 삼차방정식은

$$(x-\alpha)(x-\beta)(x-\gamma)=0$$

좌변을 전개하여 정리하면

$$x^3-(\alpha+\beta+\gamma)x^2+(\alpha\beta+\beta\gamma+\gamma\alpha)x-\alpha\beta\gamma=0$$

이와 같이 세 수가 주어지면 세 수를 근으로 하는 삼차방정식을 세울 수 있다.

> **삼차방정식의 작성**
>
> 세 수 α, β, γ를 근으로 하고 x^3의 계수가 1인 삼차방정식은
>
> $$x^3-\underset{\text{세 근의 합}}{(\alpha+\beta+\gamma)}x^2+\underset{\text{두 근끼리의 곱의 합}}{(\alpha\beta+\beta\gamma+\gamma\alpha)}x-\underset{\text{세 근의 곱}}{\alpha\beta\gamma}=0$$

예 세 수 2, 3, 4를 근으로 하고 x^3의 계수가 1인 삼차방정식은

$$x^3-(2+3+4)x^2+(2\times3+3\times4+4\times2)x-2\times3\times4=0$$

$$\therefore\ x^3-9x^2+26x-24=0$$

참고 세 수 α, β, γ를 근으로 하고 x^3의 계수가 a인 삼차방정식은

$$a\{x^3-(\alpha+\beta+\gamma)x^2+(\alpha\beta+\beta\gamma+\gamma\alpha)x-\alpha\beta\gamma\}=0$$

• 정답과 해설 69쪽

31 -1 **삼차방정식의 근과 계수의 관계**

[064~069] 다음 삼차방정식의 세 근을 α, β, γ라 할 때, $\alpha+\beta+\gamma$, $\alpha\beta+\beta\gamma+\gamma\alpha$, $\alpha\beta\gamma$의 값을 차례대로 구하시오.

064 $x^3+x^2+4x+5=0$

065 $x^3-2x^2-x-1=0$

066 $x^3-3x+2=0$

067 $x^3-7x^2-3=0$

068 $2x^3+4x^2-x+2=0$

069 $3x^3-6x^2+2x-9=0$

[070~075] 삼차방정식 $x^3+2x^2+x+3=0$의 세 근을 α, β, γ라 할 때, 다음 식의 값을 구하시오.

070 $\alpha+\beta+\gamma$

071 $\alpha\beta+\beta\gamma+\gamma\alpha$

072 $\alpha\beta\gamma$

073 $(\alpha+1)(\beta+1)(\gamma+1)$

074 $\dfrac{1}{\alpha}+\dfrac{1}{\beta}+\dfrac{1}{\gamma}$

075 $\dfrac{1}{\alpha\beta}+\dfrac{1}{\beta\gamma}+\dfrac{1}{\gamma\alpha}$

여러 가지 방정식

31 -2 삼차방정식의 작성

[076~081] 다음 세 수를 근으로 하고 x^3의 계수가 1인 삼차방정식을 구하시오.

076 $0, 1, 3$

077 $-4, 1, 2$

078 $1, \sqrt{3}, -\sqrt{3}$

079 $-1, 1+\sqrt{2}, 1-\sqrt{2}$

080 $-3, -1+2i, -1-2i$

081 $2, \sqrt{3}i, -\sqrt{3}i$

[082~085] 삼차방정식 $x^3-4x^2+3x+1=0$의 세 근을 α, β, γ라 할 때, 다음을 세 근으로 하고 x^3의 계수가 1인 삼차방정식을 구하시오.

082 $\dfrac{1}{\alpha}, \dfrac{1}{\beta}, \dfrac{1}{\gamma}$

삼차방정식의 근과 계수의 관계에 의하여

$\alpha+\beta+\gamma=\boxed{}$, $\alpha\beta+\beta\gamma+\gamma\alpha=\boxed{}$, $\alpha\beta\gamma=-1$

구하는 삼차방정식의 세 근이 $\dfrac{1}{\alpha}, \dfrac{1}{\beta}, \dfrac{1}{\gamma}$이므로

$\dfrac{1}{\alpha}+\dfrac{1}{\beta}+\dfrac{1}{\gamma}=\dfrac{\alpha\beta+\beta\gamma+\gamma\alpha}{\alpha\beta\gamma}=\boxed{}$

$\dfrac{1}{\alpha}\times\dfrac{1}{\beta}+\dfrac{1}{\beta}\times\dfrac{1}{\gamma}+\dfrac{1}{\gamma}\times\dfrac{1}{\alpha}=\dfrac{\alpha+\beta+\gamma}{\alpha\beta\gamma}=-4$

$\dfrac{1}{\alpha}\times\dfrac{1}{\beta}\times\dfrac{1}{\gamma}=\dfrac{1}{\alpha\beta\gamma}=\boxed{}$

따라서 구하는 삼차방정식은

$\boxed{}$

083 $-\alpha, -\beta, -\gamma$

084 $2\alpha, 2\beta, 2\gamma$

085 $\alpha\beta, \beta\gamma, \gamma\alpha$

유형 8 삼차방정식의 근과 계수의 관계

> 삼차방정식 $ax^3+bx^2+cx+d=0$의 세 근을 α, β, γ라 하면
> $$\alpha+\beta+\gamma=-\frac{b}{a},\ \alpha\beta+\beta\gamma+\gamma\alpha=\frac{c}{a},\ \alpha\beta\gamma=-\frac{d}{a}$$

중요
086

삼차방정식 $x^3+2x^2+4x-3=0$의 세 근을 α, β, γ라 할 때, $(\alpha-1)(\beta-1)(\gamma-1)$의 값은?

① -10 ② -8 ③ -6

④ -4 ⑤ -2

087

삼차방정식 $x^3-3x^2-2x-5=0$의 세 근을 α, β, γ라 할 때, $\alpha^2+\beta^2+\gamma^2$의 값을 구하시오.

088

삼차방정식 $x^3+kx^2+6x-2=0$의 세 근을 α, β, γ라 할 때, $\dfrac{1}{\alpha\beta}+\dfrac{1}{\beta\gamma}+\dfrac{1}{\gamma\alpha}=3$이 성립한다. 이때 실수 k의 값을 구하시오.

089

삼차방정식 $x^3-6x^2+ax+b=0$의 세 근이 연속인 정수일 때, 실수 a, b에 대하여 $2a-b$의 값을 구하시오.

유형 9 세 수를 근으로 하는 삼차방정식의 작성

> 세 수 α, β, γ를 근으로 하고 x^3의 계수가 1인 삼차방정식은
> $$x^3-(\alpha+\beta+\gamma)x^2+(\alpha\beta+\beta\gamma+\gamma\alpha)x-\alpha\beta\gamma=0$$

중요
090

삼차방정식 $x^3+x^2+1=0$의 세 근을 α, β, γ라 할 때, $\dfrac{1}{\alpha}$, $\dfrac{1}{\beta}$, $\dfrac{1}{\gamma}$을 세 근으로 하고 x^3의 계수가 1인 삼차방정식은?

① $x^3-x^2-1=0$ ② $x^3+x^2+1=0$

③ $x^3-x+1=0$ ④ $x^3+x-1=0$

⑤ $x^3+x+1=0$

091

삼차방정식 $x^3+2x^2-5x+6=0$의 세 근을 α, β, γ라 할 때, $\alpha+2$, $\beta+2$, $\gamma+2$를 세 근으로 하고 x^3의 계수가 1인 삼차방정식은 $x^3+ax^2+bx+c=0$이다. 이때 상수 a, b, c에 대하여 $a-b+c$의 값을 구하시오.

삼차방정식의 켤레근의 성질

32 -1 삼차방정식의 켤레근의 성질

삼차방정식 $a(x+\alpha)(x^2+kx+l)=0$에서 이차방정식 $x^2+kx+l=0$이 켤레근을 가지면 이차방정식 $x^2+kx+l=0$의 두 근은 삼차방정식 $a(x+\alpha)(x^2+kx+l)=0$의 세 근에 포함되므로 주어진 삼차방정식도 켤레근을 갖게 된다.

따라서 이차방정식과 마찬가지로 삼차방정식의 계수가 유리수 또는 실수일 때도 켤레근의 성질이 성립한다.

> **삼차방정식의 켤레근의 성질**
>
> 삼차방정식 $ax^3+bx^2+cx+d=0$에서
>
> (1) a, b, c, d가 유리수일 때, 한 근이 $p+q\sqrt{m}$이면 $p-q\sqrt{m}$도 근이다.
>
> (단, p, q는 유리수, $q\neq0$, $\sqrt{m}$은 무리수)
>
> (2) a, b, c, d가 실수일 때, 한 근이 $p+qi$이면 $p-qi$도 근이다.
>
> (단, p, q는 실수, $q\neq0$, $i=\sqrt{-1}$)

(1) 계수가 유리수인 삼차방정식에서 세 근 중 두 근이 $p+q\sqrt{m}$, $p-q\sqrt{m}$이면 나머지 한 근은 유리수이다.

(2) 계수가 실수인 삼차방정식에서 세 근 중 두 근이 $p+qi$, $p-qi$이면 나머지 한 근은 실수이다.

예 (1) 계수가 유리수인 삼차방정식의 한 근이 $1+\sqrt{2}$이면 $1-\sqrt{2}$도 근이다.
(2) 계수가 실수인 삼차방정식의 한 근이 $\sqrt{2}i$이면 $-\sqrt{2}i$도 근이다.

개념유형

• 정답과 해설 71쪽

32 -1 삼차방정식의 켤레근의 성질

[092~094] 주어진 삼차방정식의 한 근이 [ ] 안의 수와 같을 때, 유리수 a, b의 값을 구하시오.

092 $x^3+2x^2+ax+b=0$ [$1+\sqrt{3}$]

주어진 삼차방정식의 계수가 유리수이므로 한 근이 $1+\sqrt{3}$이면 ☐도 근이다.

나머지 한 근을 α라 하면 삼차방정식의 근과 계수의 관계에 의하여

$(1+\sqrt{3})+(\boxed{})+\alpha=-2$ ······ ㉠

$(1+\sqrt{3})(1-\sqrt{3})+(1-\sqrt{3})\alpha+\alpha(1+\sqrt{3})=a$ ······ ㉡

$(1+\sqrt{3})(1-\sqrt{3})\alpha=-b$ ······ ㉢

㉠에서 $\alpha=\boxed{}$

㉡, ㉢에서 $a=\boxed{}$, $b=\boxed{}$

093 $x^3-ax^2+6x+b=0$ [$2+\sqrt{2}$]

094 $x^3+ax^2+bx-16=0$ [$-2\sqrt{2}$]

[095~098] 주어진 삼차방정식의 한 근이 [ ] 안의 수와 같을 때, 실수 a, b의 값을 구하시오.

095 $x^3 - ax^2 + 3x - b = 0$ [$1+2i$]

> 주어진 삼차방정식의 계수가 실수이므로 한 근이 $1+2i$이면 [   ]도 근이다.
>
> 나머지 한 근을 α라 하면 삼차방정식의 근과 계수의 관계에 의하여
>
> $(1+2i) + ($ [   ] $) + \alpha = a$ ...... ㉠
>
> $(1+2i)(1-2i) + (1-2i)\alpha + \alpha(1+2i) = 3$ ...... ㉡
>
> $(1+2i)(1-2i)\alpha = b$ ...... ㉢
>
> ㉡에서 $\alpha = $ [   ]
>
> ㉠, ㉢에서 $a = $ [   ], $b = $ [   ]

096 $x^3 + ax^2 + bx + 10 = 0$ [$2-i$]

097 $x^3 - 5x^2 + ax + b = 0$ [$1-3i$]

098 $x^3 + ax^2 + 7x - b = 0$ [$3+2i$]

유형 10 삼차방정식의 켤레근의 성질

> 삼차방정식 $ax^3 + bx^2 + cx + d = 0$에서
>
> (1) a, b, c, d가 유리수일 때, 한 근이 $p+q\sqrt{m}$이면 $p-q\sqrt{m}$도 근이다. (단, p, q는 유리수, $q \neq 0$, $\sqrt{m}$은 무리수)
>
> (2) a, b, c, d가 실수일 때, 한 근이 $p+qi$이면 $p-qi$도 근이다. (단, p, q는 실수, $q \neq 0$, $i=\sqrt{-1}$)

중요
099

삼차방정식 $x^3 - (a+1)x^2 + 4x - a = 0$의 한 근이 $1+i$일 때, 실수 a의 값은? (단, $i=\sqrt{-1}$)

① -2 ② -1 ③ 0
④ 1 ⑤ 2

100

삼차방정식 $x^3 + ax^2 + bx + c = 0$의 두 근이 1, $2+\sqrt{5}$일 때, 유리수 a, b, c에 대하여 abc의 값을 구하시오.

101   학평 기출

x에 대한 삼차방정식 $x^3 - x^2 + kx - k = 0$이 허근 $3i$와 실근 α를 가질 때, $k+\alpha$의 값을 구하시오.
(단, k는 실수이고, $i=\sqrt{-1}$이다.)

06
여러 가지 방정식

개념 33 방정식 $x^3=1$, $x^3=-1$의 허근의 성질

33-1 방정식 $x^3=1$, $x^3=-1$의 허근의 성질

(1) 방정식 $x^3=1$의 허근의 성질

방정식 $x^3=1$의 한 허근을 ω라 하자.

① $x^3=1$에서

$$x^3-1=0, \ (x-1)(x^2+x+1)=0$$

$$\therefore \ x=1 \text{ 또는 } x^2+x+1=0$$

이때 방정식 $x^3=1$의 한 허근이 ω이므로

$$\omega^3=1$$

또 ω는 이차방정식 $x^2+x+1=0$의 근이므로

$$\omega^2+\omega+1=0$$

② 이차방정식 $x^2+x+1=0$의 한 허근이 ω이므로 다른 한 근은 $\overline{\omega}$이다. → 이차방정식의 켤레근의 성질

따라서 이차방정식의 근과 계수의 관계에 의하여

$$\omega+\overline{\omega}=-1, \ \omega\overline{\omega}=1$$

③ $\omega^3=1$에서 $\omega^2=\dfrac{1}{\omega}$

$\omega\overline{\omega}=1$에서 $\overline{\omega}=\dfrac{1}{\omega}$

$$\therefore \ \omega^2=\overline{\omega}=\dfrac{1}{\omega}$$

> **방정식 $x^3=1$의 허근의 성질**
>
> 방정식 $x^3=1$의 한 허근을 ω라 하면 다음이 성립한다. (단, $\overline{\omega}$는 ω의 켤레복소수)
> ① $\omega^3=1$, $\omega^2+\omega+1=0$
> ② $\omega+\overline{\omega}=-1$, $\omega\overline{\omega}=1$
> ③ $\omega^2=\overline{\omega}=\dfrac{1}{\omega}$

예 방정식 $x^3=1$의 한 허근 ω에 대하여 $\omega^8+\omega^4+1$의 값을 구해 보자.

$x^3=1$에서 $(x-1)(x^2+x+1)=0$이므로

$\omega^3=1$, $\omega^2+\omega+1=0$

$\therefore \ \omega^8+\omega^4+1=(\omega^3)^2\times\omega^2+\omega^3\times\omega+1$
$=\omega^2+\omega+1=0$

참고 $\omega^3=1$이면 $\overline{\omega}^3=1$이므로 $\overline{\omega}^2+\overline{\omega}+1=0$, $\overline{\omega}^2=\omega$도 성립한다.

(2) 방정식 $x^3=-1$의 허근의 성질

방정식 $x^3=-1$의 한 허근을 ω라 하자.

① $x^3=-1$에서

$$x^3+1=0, \ (x+1)(x^2-x+1)=0$$

$$\therefore \ x=-1 \text{ 또는 } x^2-x+1=0$$

이때 방정식 $x^3=-1$의 한 허근이 ω이므로

$$\omega^3=-1$$

또 ω는 이차방정식 $x^2-x+1=0$의 근이므로

$$\omega^2-\omega+1=0$$

② 이차방정식 $x^2-x+1=0$의 한 허근이 ω이므로 다른 한 근은 $\overline{\omega}$이다. → 이차방정식의 켤레근의 성질

따라서 이차방정식의 근과 계수의 관계에 의하여

$$\omega+\overline{\omega}=1, \ \omega\overline{\omega}=1$$

③ $\omega^3=-1$에서 $\omega^2=-\dfrac{1}{\omega}$

$\omega\overline{\omega}=1$에서 $\overline{\omega}=\dfrac{1}{\omega}$

$$\therefore \ \omega^2=-\overline{\omega}=-\dfrac{1}{\omega}$$

> **방정식 $x^3=-1$의 허근의 성질**
>
> 방정식 $x^3=-1$의 한 허근을 ω라 하면 다음이 성립한다. (단, $\overline{\omega}$는 ω의 켤레복소수)
> ① $\omega^3=-1$, $\omega^2-\omega+1=0$
> ② $\omega+\overline{\omega}=1$, $\omega\overline{\omega}=1$
> ③ $\omega^2=-\overline{\omega}=-\dfrac{1}{\omega}$

예 방정식 $x^3=-1$의 한 허근 ω에 대하여 $\omega^5-\omega^4+3$의 값을 구해 보자.

$x^3=-1$에서 $(x+1)(x^2-x+1)=0$이므로

$\omega^3=-1$, $\omega^2-\omega+1=0$

$\therefore \ \omega^5-\omega^4+3=\omega^3\times\omega^2-\omega^3\times\omega+3$
$=-\omega^2+\omega+3$
$=-(\omega^2-\omega+1)+4=4$

참고 $\omega^3=-1$이면 $\overline{\omega}^3=-1$이므로 $\overline{\omega}^2-\overline{\omega}+1=0$, $\overline{\omega}^2=-\omega$도 성립한다.

• 정답과 해설 72쪽

33 -1 **방정식 $x^3=1$, $x^3=-1$의 허근의 성질**

[102~107] 방정식 $x^3=1$의 한 허근을 ω라 할 때, 다음 식의 값을 구하시오. (단, $\overline{\omega}$는 ω의 켤레복소수)

102 $\omega^2+\omega+1$

103 $\omega+\overline{\omega}$

104 $\omega^{20}+\omega^{10}$

105 $\omega^2+\dfrac{1}{\omega^2}$

106 $\dfrac{\overline{\omega}}{\omega^2}$

107 $\dfrac{\omega^5}{\omega+1}$

[108~113] 방정식 $x^3=-1$의 한 허근을 ω라 할 때, 다음 식의 값을 구하시오. (단, $\overline{\omega}$는 ω의 켤레복소수)

108 $\omega^2-\omega+1$

109 $\omega\overline{\omega}$

110 $\omega^8-\omega^7+1$

111 $\omega+\dfrac{1}{\omega}$

112 $\dfrac{\overline{\omega}^2}{\omega}$

113 $\dfrac{\overline{\omega}^5}{\omega-1}$

여러 가지 방정식

유형 11 방정식 $x^3=1$, $x^3=-1$의 허근의 성질

(1) 방정식 $x^3=1$의 한 허근을 ω라 하면
 ① $\omega^3=1$, $\omega^2+\omega+1=0$
 ② $\omega+\overline{\omega}=-1$, $\omega\overline{\omega}=1$
 ③ $\omega^2=\overline{\omega}=\dfrac{1}{\omega}$

(2) 방정식 $x^3=-1$의 한 허근을 ω라 하면
 ① $\omega^3=-1$, $\omega^2-\omega+1=0$
 ② $\omega+\overline{\omega}=1$, $\omega\overline{\omega}=1$
 ③ $\omega^2=-\overline{\omega}=-\dfrac{1}{\omega}$

중요
114

방정식 $x^3=-1$의 한 허근을 ω라 할 때, $\omega^{99}-\omega^{100}+\omega^{101}$의 값을 구하시오.

115

방정식 $x^3=1$의 한 허근을 ω라 할 때, $\dfrac{\omega^{14}+1}{\omega^{10}}$의 값은?

① -2 ② -1 ③ 1
④ 2 ⑤ 3

116

방정식 $x^3+1=0$의 한 허근을 ω라 할 때, $\dfrac{\omega}{1+\omega}+\dfrac{\overline{\omega}}{1+\overline{\omega}}$의 값은? (단, $\overline{\omega}$는 ω의 켤레복소수)

① -2 ② -1 ③ 1
④ 2 ⑤ 3

117

방정식 $x^3-1=0$의 한 허근을 ω라 할 때, 다음 중 그 값이 가장 큰 것은?

① ω^3

② $\omega^2+\omega$

③ $\omega+\dfrac{1}{\omega}+2$

④ $(1+\omega)(1+\omega^2)(1+\omega^3)$

⑤ $\dfrac{\omega^2}{1+\omega}+\dfrac{1+\omega^2}{\omega}+\dfrac{1}{\omega+\omega^2}$

118

방정식 $x^3+1=0$의 한 허근을 ω라 할 때, 보기에서 옳은 것만을 있는 대로 고른 것은? (단, $\overline{\omega}$는 ω의 켤레복소수)

┌ 보기 ─────────────
│ ㄱ. $\overline{\omega}^2-\overline{\omega}+1=0$
│ ㄴ. $\omega^{10}-\omega^5=0$
│ ㄷ. $\dfrac{\omega^2+1}{\omega-1}+\dfrac{\omega-1}{\omega^2+1}=1$
└──────────────────

① ㄱ   ② ㄱ, ㄴ   ③ ㄱ, ㄷ
④ ㄴ, ㄷ   ⑤ ㄱ, ㄴ, ㄷ

119

방정식 $x^2+x+1=0$의 한 허근을 ω라 할 때, $\omega+\omega^2+\omega^3+\cdots+\omega^{11}$의 값을 구하시오.

개념 **34** 연립이차방정식의 풀이

34-1 일차방정식과 이차방정식으로 이루어진 연립이차방정식의 풀이

일차방정식과 이차방정식으로 이루어진 연립이차방정식은 다음과 같은 순서로 푼다.

> (1) 일차방정식을 한 미지수에 대하여 정리한다.
> (2) (1)의 식을 이차방정식에 대입하여 한 미지수의 값을 구한다.
> (3) (2)에서 구한 미지수를 일차방정식에 대입하여 다른 미지수의 값을 구한다.

- $\begin{cases} x-y=1 \\ x^2+y^2=3 \end{cases}$, $\begin{cases} x^2-xy=0 \\ 2x^2-y^2=1 \end{cases}$과 같이 미지수가 2개인 연립방정식에서 차수가 가장 높은 방정식이 이차방정식일 때, 이 연립방정식을 미지수가 2개인 연립이차방정식이라 한다.

예 연립방정식 $\begin{cases} x-y=1 \\ x^2+y^2=25 \end{cases}$ 를 풀어 보자.

$x-y=1$에서 $x=y+1$ ······ ㉠

이를 $x^2+y^2=25$에 대입하면 $(y+1)^2+y^2=25$

$2y^2+2y-24=0$, $y^2+y-12=0$, $(y+4)(y-3)=0$ ∴ $y=-4$ 또는 $y=3$

이를 각각 ㉠에 대입하면 $y=-4$일 때 $x=-3$, $y=3$일 때 $x=4$

따라서 주어진 연립방정식의 해는 $\begin{cases} x=-3 \\ y=-4 \end{cases}$ 또는 $\begin{cases} x=4 \\ y=3 \end{cases}$

34-2 두 이차방정식으로 이루어진 연립이차방정식의 풀이

두 이차방정식으로 이루어진 연립이차방정식은 다음과 같은 순서로 푼다.

> (1) 두 이차방정식 중 인수분해되는 것을 인수분해하여 두 일차방정식을 얻는다.
> (2) (1)에서 얻은 식을 나머지 이차방정식에 각각 대입하여 한 미지수의 값을 구한다.
> (3) (2)에서 구한 미지수를 (1)에서 얻은 식에 대입하여 다른 미지수의 값을 구한다.

- 두 이차방정식 중 주로 상수항이 없는 이차방정식을 인수분해하여 두 일차방정식을 얻는다.

예 연립방정식 $\begin{cases} x^2-xy-2y^2=0 \\ x^2+y^2=20 \end{cases}$ 을 풀어 보자.

$x^2-xy-2y^2=0$에서 $(x+y)(x-2y)=0$ ∴ $x=-y$ 또는 $x=2y$

(ⅰ) $x=-y$를 $x^2+y^2=20$에 대입하면 $(-y)^2+y^2=20$

$2y^2=20$, $y^2=10$ ∴ $y=-\sqrt{10}$ 또는 $y=\sqrt{10}$

이를 각각 $x=-y$에 대입하면

$y=-\sqrt{10}$일 때 $x=\sqrt{10}$, $y=\sqrt{10}$일 때 $x=-\sqrt{10}$

(ⅱ) $x=2y$를 $x^2+y^2=20$에 대입하면 $(2y)^2+y^2=20$

$5y^2=20$, $y^2=4$ ∴ $y=-2$ 또는 $y=2$

이를 각각 $x=2y$에 대입하면

$y=-2$일 때 $x=-4$, $y=2$일 때 $x=4$

(ⅰ), (ⅱ)에서 주어진 연립방정식의 해는

$\begin{cases} x=-\sqrt{10} \\ y=\sqrt{10} \end{cases}$ 또는 $\begin{cases} x=\sqrt{10} \\ y=-\sqrt{10} \end{cases}$ 또는 $\begin{cases} x=-4 \\ y=-2 \end{cases}$ 또는 $\begin{cases} x=4 \\ y=2 \end{cases}$

여러 가지 방정식

34 -1 **일차방정식과 이차방정식으로 이루어진 연립이차방정식의 풀이**

[120~123] 다음 연립방정식을 푸시오.

120 $\begin{cases} x+y=5 \\ x^2+y^2=13 \end{cases}$

$x+y=5$에서 $y=-x+\boxed{}$ ······ ㉠

㉠을 $x^2+y^2=13$에 대입하면

$x^2+(-x+5)^2=13$, $x^2-5x+6=0$

$(x-2)(x-3)=0$ $\therefore x=2$ 또는 $x=3$

이를 각각 ㉠에 대입하면

$x=2$일 때 $y=\boxed{}$, $x=3$일 때 $y=\boxed{}$

따라서 주어진 연립방정식의 해는

$\begin{cases} x=2 \\ y=\boxed{} \end{cases}$ 또는 $\begin{cases} x=3 \\ y=\boxed{} \end{cases}$

121 $\begin{cases} x-y=3 \\ x^2+y^2=17 \end{cases}$

122 $\begin{cases} 2x-y=-3 \\ 2x^2-y^2=1 \end{cases}$

123 $\begin{cases} x+y=1 \\ x^2+y^2-2y=7 \end{cases}$

34 -2 **두 이차방정식으로 이루어진 연립이차방정식의 풀이**

[124~127] 다음 연립방정식을 푸시오.

124 $\begin{cases} 2x^2-3xy+y^2=0 \\ x^2+y^2=20 \end{cases}$

$2x^2-3xy+y^2=0$에서 $(x-y)(2x-y)=0$

$\therefore y=x$ 또는 $y=\boxed{}$

(i) $y=x$를 $x^2+y^2=20$에 대입하면

$x^2+x^2=20$, $x^2=10$ $\therefore x=\pm\sqrt{10}$

이를 각각 $y=x$에 대입하면

$x=-\sqrt{10}$일 때 $y=\boxed{}$, $x=\sqrt{10}$일 때 $y=\sqrt{10}$

(ii) $y=2x$를 $x^2+y^2=20$에 대입하면

$x^2+4x^2=20$, $x^2=4$

$\therefore x=\pm2$

이를 각각 $y=2x$에 대입하면

$x=-2$일 때 $y=\boxed{}$, $x=2$일 때 $y=4$

(i), (ii)에서 주어진 연립방정식의 해는

$\begin{cases} x=-\sqrt{10} \\ y=\boxed{} \end{cases}$ 또는 $\begin{cases} x=\sqrt{10} \\ y=\sqrt{10} \end{cases}$ 또는 $\begin{cases} x=-2 \\ y=\boxed{} \end{cases}$ 또는 $\begin{cases} x=2 \\ y=4 \end{cases}$

125 $\begin{cases} (x+y)(x-3y)=0 \\ x^2+2y^2=33 \end{cases}$

126 $\begin{cases} x^2+y^2=10 \\ x^2+2xy-3y^2=0 \end{cases}$

127 $\begin{cases} x^2-xy-2y^2=0 \\ x^2+3xy+y^2=11 \end{cases}$

유형 12 일차방정식과 이차방정식으로 이루어진 연립이차방정식의 풀이

일차방정식과 이차방정식으로 이루어진 연립이차방정식은 다음과 같은 순서로 푼다.

(1) 일차방정식을 한 미지수에 대하여 정리한다.

(2) (1)의 식을 이차방정식에 대입하여 한 미지수의 값을 구한다.

(3) (2)에서 구한 미지수를 일차방정식에 대입하여 다른 미지수의 값을 구한다.

중요
128

학평 기출

연립방정식 $\begin{cases} x-y=2 \\ x^2+8x+y^2=2 \end{cases}$ 의 해를 $x=\alpha$, $y=\beta$라 할 때, $\alpha+\beta$의 값은?

① -1 ② -2 ③ -3

④ -4 ⑤ -5

129

연립방정식 $\begin{cases} x+2y=5 \\ x^2+xy+y^2=13 \end{cases}$ 을 만족시키는 실수 x, y에 대하여 $x-y$의 최댓값은?

① -1 ② 0 ③ 1

④ 2 ⑤ 3

130

연립방정식 $\begin{cases} 2x-y=1 \\ x^2-4y^2=-3 \end{cases}$ 을 만족시키는 정수 x, y에 대하여 xy의 값을 구하시오.

131

연립방정식 $\begin{cases} x-y=a \\ x^2+y^2=b \end{cases}$ 의 한 근이 $\begin{cases} x=-1 \\ y=-3 \end{cases}$ 일 때, 나머지 한 근을 구하시오. (단, a, b는 상수)

132

두 연립방정식

$$\begin{cases} x-y=4 \\ x^2-ay^2=-1 \end{cases}, \begin{cases} 2x-by=7 \\ x^2+3xy+y^2=1 \end{cases}$$

의 공통인 해가 있을 때, 자연수 a, b에 대하여 $a-b$의 값은?

① 5 ② 6 ③ 7

④ 8 ⑤ 9

유형 13 두 이차방정식으로 이루어진 연립이차방정식의 풀이

두 이차방정식으로 이루어진 연립이차방정식은 다음과 같은 순서로 푼다.

(1) 두 이차방정식 중 인수분해되는 것을 인수분해하여 두 일차방정식을 얻는다.

(2) (1)에서 얻은 식을 나머지 이차방정식에 각각 대입하여 한 미지수의 값을 구한다.

(3) (2)에서 구한 미지수를 (1)에서 얻은 식에 대입하여 다른 미지수의 값을 구한다.

133

연립방정식 $\begin{cases} x^2-y^2=0 \\ x^2+4y=5 \end{cases}$ 를 만족시키는 음의 실수 x, y에 대하여 $x+y$의 값을 구하시오.

중요
134

연립방정식 $\begin{cases} 3x^2+2xy-y^2=0 \\ 3x^2+y^2=12 \end{cases}$ 의 해를 $x=\alpha$, $y=\beta$라 할 때, $\alpha+\beta$의 최댓값은?

① 0   ② $2\sqrt{3}$ ③ 4

④ $3\sqrt{3}$ ⑤ 6

135

연립방정식 $\begin{cases} x^2-4xy+4y^2=0 \\ x^2-6x-12y+36=0 \end{cases}$ 의 해가 $x=\alpha$, $y=\beta$일 때, $\alpha\beta$의 값을 구하시오.

136

연립방정식 $\begin{cases} 4x^2-5xy+y^2=0 \\ x^2-2xy+2y^2=25 \end{cases}$ 의 해를 $x=\alpha$, $y=\beta$라 할 때, $\alpha\beta$의 최댓값을 M, 최솟값을 m이라 하자. 이때 $M-m$의 값은?

① 9   ② 13   ③ 17

④ 21   ⑤ 25

유형 14 **연립이차방정식의 근의 판별**

일차방정식을 한 미지수에 대하여 정리하고, 이를 이차방정식에 대입하여 얻은 이차방정식의 판별식을 D라 할 때, 연립방정식이
(1) 실근을 가지려면 ➡ $D \geq 0$
(2) 한 쌍의 해를 가지려면 ➡ $D=0$
(3) 실근을 갖지 않으려면 ➡ $D<0$

중요
137

연립방정식 $\begin{cases} 2x+y=k \\ x^2+y^2=5 \end{cases}$ 가 오직 한 쌍의 해를 가질 때, 양수 k의 값은?

① 1   ② 3   ③ 5

④ 7   ⑤ 9

138

연립방정식 $\begin{cases} x-3y=6 \\ x^2+y^2=k \end{cases}$ 를 만족시키는 실수 x, y가 존재하지 않을 때, 정수 k의 최댓값을 구하시오.

139

연립방정식 $\begin{cases} 2x-y=k \\ x^2-2y=6 \end{cases}$ 이 실근을 가질 때, 자연수 k의 개수는?

① 1   ② 2   ③ 3

④ 4   ⑤ 5

대칭식으로 이루어진 연립이차방정식의 풀이

35 -1 대칭식으로 이루어진 연립이차방정식의 풀이

x, y에 대한 대칭식으로 이루어진 연립이차방정식은 $x+y=u$, $xy=v$로 놓고 주어진 연립방정식을 u, v에 대한 연립방정식으로 변형하여 u, v에 대한 연립방정식을 푼다.

이때 구한 u, v의 값은 각각 x, y의 합과 곱이므로 x, y를 두 근으로 하고 이차항의 계수가 1인 t에 대한 이차방정식은 $t^2-ut+v=0$이다.

따라서 이차방정식 $t^2-ut+v=0$을 풀어 x, y의 값을 각각 구할 수 있다.

즉, x, y에 대한 대칭식으로 이루어진 연립이차방정식은 다음과 같은 순서로 푼다.

> (1) $x+y=u$, $xy=v$로 놓고 주어진 연립방정식을 u, v에 대한 연립방정식으로 변형한다.
> (2) (1)의 연립방정식을 풀어 u, v의 값을 각각 구한다.
> (3) x, y는 이차방정식 $t^2-ut+v=0$의 두 근임을 이용하여 x, y의 값을 각각 구한다.

● $xy+x+y$와 같이 x, y를 서로 바꾸어 대입해도 원래의 식과 같아지는 식을 대칭식이라 한다.

예 연립방정식 $\begin{cases} x+y-xy=-5 \\ x^2+y^2=5 \end{cases}$ 를 풀어 보자.

$x^2+y^2=5$에서 $(x+y)^2-2xy=5$

$x+y=u$, $xy=v$로 놓으면

$\begin{cases} u-v=-5 & \cdots\cdots\ \text{㉠} \\ u^2-2v=5 & \cdots\cdots\ \text{㉡} \end{cases}$

㉠에서 $v=u+5$ $\cdots\cdots$ ㉢

이를 ㉡에 대입하면 $u^2-2(u+5)=5$, $u^2-2u-15=0$

$(u+3)(u-5)=0$ $\therefore u=-3$ 또는 $u=5$

이를 각각 ㉢에 대입하면 $u=-3$, $v=2$ 또는 $u=5$, $v=10$

(i) $u=-3$, $v=2$, 즉 $x+y=-3$, $xy=2$일 때

x, y를 두 근으로 하는 t에 대한 이차방정식은 $t^2+3t+2=0$, $(t+2)(t+1)=0$

$\therefore t=-2$ 또는 $t=-1$ $\therefore \begin{cases} x=-2 \\ y=-1 \end{cases}$ 또는 $\begin{cases} x=-1 \\ y=-2 \end{cases}$

(ii) $u=5$, $v=10$, 즉 $x+y=5$, $xy=10$일 때

x, y를 두 근으로 하는 t에 대한 이차방정식은 $t^2-5t+10=0$

$\therefore t=\dfrac{5\pm\sqrt{15}\,i}{2}$ $\therefore \begin{cases} x=\dfrac{5-\sqrt{15}\,i}{2} \\ y=\dfrac{5+\sqrt{15}\,i}{2} \end{cases}$ 또는 $\begin{cases} x=\dfrac{5+\sqrt{15}\,i}{2} \\ y=\dfrac{5-\sqrt{15}\,i}{2} \end{cases}$

(i), (ii)에서 주어진 연립방정식의 해는

$\begin{cases} x=-2 \\ y=-1 \end{cases}$ 또는 $\begin{cases} x=-1 \\ y=-2 \end{cases}$ 또는 $\begin{cases} x=\dfrac{5-\sqrt{15}\,i}{2} \\ y=\dfrac{5+\sqrt{15}\,i}{2} \end{cases}$ 또는 $\begin{cases} x=\dfrac{5+\sqrt{15}\,i}{2} \\ y=\dfrac{5-\sqrt{15}\,i}{2} \end{cases}$

• 정답과 해설 76쪽

35 -1 대칭식으로 이루어진 연립이차방정식의 풀이

[140~143] 다음 연립방정식을 푸시오.

140 $\begin{cases} x+y=6 \\ xy=8 \end{cases}$

$x+y=6$, $xy=8$이므로 x, y를 두 근으로 하는 t에 대한 이차방정식은

$t^2-6t+8=0$

$(t-2)(t-4)=0$

$\therefore t=2$ 또는 $t=\boxed{}$

따라서 주어진 연립방정식의 해는

$\begin{cases} x=2 \\ y=\boxed{} \end{cases}$ 또는 $\begin{cases} x=\boxed{} \\ y=\boxed{} \end{cases}$

141 $\begin{cases} x+y=-5 \\ xy=4 \end{cases}$

142 $\begin{cases} x+y=-2 \\ xy=-24 \end{cases}$

143 $\begin{cases} x+y=3 \\ xy=-10 \end{cases}$

[144~146] 다음 연립방정식을 푸시오.

144 $\begin{cases} xy=3 \\ x^2+y^2=10 \end{cases}$

주어진 연립방정식을 변형하면 $\begin{cases} xy=3 \\ (x+y)^2-2xy=10 \end{cases}$

$x+y=u$, $xy=v$로 놓으면 $\begin{cases} v=3 \quad\cdots\cdots \text{㉠} \\ \boxed{}=10 \quad\cdots\cdots \text{㉡} \end{cases}$

㉠을 ㉡에 대입하면

$u^2-16=0$, $(u+4)(u-4)=0$ $\therefore u=-4$ 또는 $u=4$

(i) $u=-4$, $v=3$, 즉 $x+y=-4$, $xy=3$일 때

x, y를 두 근으로 하는 t에 대한 이차방정식온

$t^2+4t+3=0$, $(t+3)(t+1)=0$

$\therefore t=-3$ 또는 $t=-1$

$\therefore \begin{cases} x=-3 \\ y=-1 \end{cases}$ 또는 $\begin{cases} x=\boxed{} \\ y=\boxed{} \end{cases}$

(ii) $u=4$, $v=3$, 즉 $x+y=4$, $xy=3$일 때

x, y를 두 근으로 하는 t에 대한 이차방정식은

$\boxed{}=0$, $(t-1)(t-3)=0$

$\therefore t=1$ 또는 $t=\boxed{}$

$\therefore \begin{cases} x=1 \\ y=\boxed{} \end{cases}$ 또는 $\begin{cases} x=\boxed{} \\ y=1 \end{cases}$

(i), (ii)에서 주어진 연립방정식의 해는

$\begin{cases} x=-3 \\ y=-1 \end{cases}$ 또는 $\begin{cases} x=\boxed{} \\ y=\boxed{} \end{cases}$ 또는 $\begin{cases} x=1 \\ y=\boxed{} \end{cases}$ 또는 $\begin{cases} x=\boxed{} \\ y=1 \end{cases}$

145 $\begin{cases} x+y=1 \\ x^2+xy+y^2=21 \end{cases}$

146 $\begin{cases} xy+x+y=3 \\ x^2+y^2=2 \end{cases}$

유형15 대칭식으로 이루어진 연립이차방정식의 풀이

x, y를 서로 바꾸어도 식이 변하지 않는 연립방정식은 다음과 같은 순서로 푼다.

(1) $x+y=u$, $xy=v$로 놓고 주어진 연립방정식을 u, v에 대한 연립방정식으로 변형한다.

(2) (1)의 연립방정식을 풀어 u, v의 값을 각각 구한다.

(3) x, y는 이차방정식 $t^2-ut+v=0$의 두 근임을 이용하여 x, y의 값을 각각 구한다.

147

학평 기출

연립방정식 $\begin{cases} x+y+xy=8 \\ 2x+2y-xy=4 \end{cases}$ 의 해를 $x=\alpha$, $y=\beta$라 할 때, $\alpha^2+\beta^2$의 값은?

① 8 ② 10 ③ 12

④ 14 ⑤ 16

148

연립방정식 $\begin{cases} x+y=2 \\ x^2+xy+y^2=7 \end{cases}$ 을 만족시키는 x, y에 대하여 $x-y$의 최댓값을 구하시오.

중요 149

연립방정식 $\begin{cases} 2xy-x-y=-4 \\ x^2+y^2=10 \end{cases}$ 을 만족시키는 정수 x, y에 대하여 $x+y$의 값을 구하시오.

유형16 연립이차방정식의 활용

연립이차방정식의 활용 문제는 다음과 같은 순서로 푼다.

(1) 미지수 x, y를 정하고 연립이차방정식을 세운다.

(2) (1)에서 세운 연립이차방정식을 푼다.

(3) 구한 해가 문제의 조건에 맞는지 확인한다.

중요 150

대각선의 길이가 $10\,\mathrm{m}$인 직사각형 모양의 꽃밭이 있다. 이 꽃밭의 가로, 세로의 길이를 각각 $3\,\mathrm{m}$씩 늘였더니 꽃밭의 넓이가 $51\,\mathrm{m}^2$만큼 넓어졌다고 한다. 처음 꽃밭의 가로의 길이가 세로의 길이보다 길 때, 처음 꽃밭의 가로의 길이는?

① $6\,\mathrm{m}$ ② $7\,\mathrm{m}$ ③ $8\,\mathrm{m}$

④ $9\,\mathrm{m}$ ⑤ $10\,\mathrm{m}$

151

빗변의 길이가 $13\,\mathrm{cm}$인 직각삼각형이 있다. 이 직각삼각형의 넓이가 $30\,\mathrm{cm}^2$일 때, 빗변이 아닌 두 변 중 짧은 변의 길이를 구하시오.

152

반지름의 길이가 각각 x, y인 두 원의 둘레의 길이의 합은 14π이고 넓이의 합은 29π일 때, x, y의 값을 구하시오.

(단, $x>y$)

36 부정방정식의 풀이

36-1 부정방정식의 풀이

(1) 부정방정식

$xy=3$과 같이 방정식의 개수가 미지수의 개수보다 적으면 그 해가 무수히 많다. 이와 같이 해가 무수히 많아 해를 정할 수 없는 방정식을 **부정방정식**이라 한다.

부정방정식은 해에 대한 정수 조건, 실수 조건 등이 주어지면 그 해가 유한 개로 정해질 수 있다. 예를 들어 방정식 $xy=3$을 만족시키는 해는 무수히 많지만 x, y가 자연수이면 이를 만족시키는 방정식의 해는 $\begin{cases} x=1 \\ y=3 \end{cases}$, $\begin{cases} x=3 \\ y=1 \end{cases}$로 정해진다.

(2) 정수 조건의 부정방정식의 풀이

정수 조건이 있는 부정방정식은 다음과 같이 풀 수 있다.

> (일차식)×(일차식)=(정수) 꼴로 변형한 후 좌변의 두 일차식의 값이 모두 정수임을 이용한다.

예 방정식 $xy-2x-2y=1$을 만족시키는 양의 정수 x, y의 값을 구해 보자.

주어진 방정식을 변형하면 $x(y-2)-2(y-2)=5$

$\therefore (x-2)(y-2)=5$ ...... ㉠

x, y가 양의 정수이므로 $x \geq 1$, $y \geq 1$에서 $x-2 \geq -1$, $y-2 \geq -1$

㉠을 만족시키는 -1 이상의 정수 $x-2$, $y-2$의 값은

$x-2=1$, $y-2=5$ 또는 $x-2=5$, $y-2=1$

$\therefore x=3$, $y=7$ 또는 $x=7$, $y=3$

(3) 실수 조건의 부정방정식의 풀이

실수 조건이 있는 부정방정식은 실수의 성질을 이용하여 다음과 같이 풀 수 있다.

> **[방법 1]** $A^2+B^2=0$ 꼴로 변형한 후 A, B가 실수이면 $A=0$, $B=0$임을 이용한다.
> **[방법 2]** 한 문자에 대하여 내림차순으로 정리한 후 이차방정식의 판별식 D가 $D \geq 0$임을 이용한다.

예 방정식 $x^2-4x+y^2+4=0$을 만족시키는 실수 x, y의 값을 구해 보자.

[방법 1] 주어진 방정식을 변형하면 $(x^2-4x+4)+y^2=0$ $\therefore (x-2)^2+y^2=0$

이때 x가 실수이므로 $x-2$도 실수이다.

따라서 $x-2=0$, $y=0$이므로 $x=2$, $y=0$

[방법 2] 주어진 방정식을 x에 대한 이차방정식으로 생각할 때 실근을 가져야 하므로 이 이차방정식의 판별식을 D라 하면

$$\frac{D}{4}=4-(y^2+4) \geq 0, \ -y^2 \geq 0 \quad \therefore y^2 \leq 0$$

이때 y는 실수이고 실수의 제곱은 항상 0보다 크거나 같아야 하므로 $y=0$

이를 주어진 방정식에 대입하면 $x^2-4x+4=0$, $(x-2)^2=0$ $\therefore x=2$

36 -1 부정방정식의 풀이

[153~156] 다음 방정식을 만족시키는 정수 x, y의 순서쌍 (x, y)를 모두 구하시오.

153 $xy-x-2y+1=0$

> 주어진 방정식에서
> $x(y-1)-2(y-1)-1=0$
> $\therefore (x-2)(\boxed{})=1$
> (i) $x-2=-1$, $y-1=-1$일 때, $x=\boxed{}$, $y=\boxed{}$
> (ii) $x-2=1$, $y-1=\boxed{}$일 때, $x=\boxed{}$, $y=\boxed{}$
> (i), (ii)에서 정수 x, y의 순서쌍 (x, y)는
> $(1, 0)$, $\boxed{}$

154 $xy+2x+3y+9=0$

155 $xy+2x-4y-10=0$

156 $xy-2x-y+3=0$

[157~160] 다음 방정식을 만족시키는 실수 x, y의 값을 구하시오.

157 $x^2+y^2+2x-6y+10=0$

> **[방법 1]**
> 주어진 방정식에서
> $(x+1)^2+(\boxed{})^2=0$
> x, y가 실수이므로
> $x+1=0$, $\boxed{}=0$ $\therefore x=-1$, $y=\boxed{}$
> **[방법 2]**
> 주어진 방정식의 좌변을 x에 대하여 내림차순으로 정리하면
> $x^2+2x+y^2-6y+10=0$ ······ ㉠
> x가 실수이므로 이 이차방정식의 판별식을 D라 하면
> $\dfrac{D}{4}=1-(y^2-6y+10)\geq0$, $-y^2+6y-9\geq0$
> $\therefore (\boxed{})^2\leq0$
> 이때 y는 실수이므로 $y-3=0$ $\therefore y=\boxed{}$
> 이를 ㉠에 대입하면 $x^2+2x+1=0$
> $(x+1)^2=0$ $\therefore x=\boxed{}$

158 $x^2+y^2-8x-6y+25=0$

159 $x^2+y^2-4x+2y+5=0$

160 $2x^2+y^2-2xy-4x+4=0$

• 정답과 해설 79쪽

유형17 정수 조건의 부정방정식의 풀이

주어진 방정식을 (일차식)×(일차식)=(정수) 꼴로 변형한 후 두 일차식의 값이 모두 정수임을 이용한다.

161

방정식 $xy-2x-y-1=0$을 만족시키는 자연수 x, y의 순서쌍 (x, y)의 개수는?

① 1 ② 2 ③ 3
④ 4 ⑤ 5

중요 162

방정식 $xy+x+y=2$를 만족시키는 정수 x, y에 대하여 xy의 최댓값은?

① 1 ② 2 ③ 4
④ 8 ⑤ 16

163

방정식 $2xy-2x-y=-6$을 만족시키는 정수 x, y에 대하여 $x+y$의 최댓값을 구하시오.

유형18 실수 조건의 부정방정식의 풀이

[방법 1] $A^2+B^2=0$ 꼴로 변형한 후 $A=0$, $B=0$임을 이용한다.
[방법 2] 한 문자에 대하여 내림차순으로 정리한 후 이차방정식의 판별식 D가 $D \geq 0$임을 이용한다.

164

방정식 $x^2+y^2-6x+4y+13=0$을 만족시키는 실수 x, y에 대하여 xy의 값은?

① -6 ② -3 ③ -1
④ 1 ⑤ 3

165

방정식 $x^2+4y^2+4x+4y+5=0$을 만족시키는 실수 x, y에 대하여 x^2+y^2의 값은?

① $\dfrac{13}{4}$ ② $\dfrac{7}{2}$ ③ $\dfrac{15}{4}$

④ 4 ⑤ $\dfrac{17}{4}$

중요 166

방정식 $2x^2+y^2+2xy+6x+9=0$을 만족시키는 실수 x, y에 대하여 $x-y$의 값을 구하시오.

1 유형1

삼차방정식 $2x^3 - 9x^2 + 7x + 6 = 0$의 가장 큰 근을 α, 가장 작은 근을 β라 할 때, $\alpha + \beta$의 값은?

① 2　　　　　② $\dfrac{5}{2}$　　　　　③ 3

④ $\dfrac{7}{2}$　　　　　⑤ 4

2 유형2

삼차방정식 $x^3 + kx^2 - (3k+2)x - 6 = 0$의 한 근이 2일 때, 나머지 두 근의 곱을 구하시오. (단, k는 실수)

3 유형3

삼차방정식 $x^3 + 4x^2 + (14-k)x + 20 - 2k = 0$이 허근을 가질 때, 자연수 k의 개수는?

① 7　　　　　② 8　　　　　③ 9

④ 10　　　　　⑤ 11

4 유형4

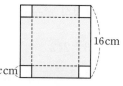

오른쪽 그림과 같이 한 변의 길이가 16 cm인 정사각형 모양의 종이의 네 모퉁이에서 한 변의 길이가 x cm인 정사각형 모양을 잘라 내고 점선을 따라 접어서 뚜껑 없는 상자를 만들었더니 부피가 288 cm³가 되었다. 이때 자연수 x의 값은?

(단, 종이의 두께는 생각하지 않는다.)

① 1　　　　　② 2　　　　　③ 3

④ 4　　　　　⑤ 5

5 유형5

사차방정식 $(x^2+x)(x^2+x-2)-3=0$의 서로 다른 두 실근을 α, β라 할 때, $\alpha^2 + \beta^2$의 값은?

① 3　　　　　② 4　　　　　③ 5

④ 6　　　　　⑤ 7

6 유형6

사차방정식 $x^4 - 6x^2 + 5 = 0$의 가장 큰 근을 구하시오.

06

여러 가지 방정식

7 〔유형 7〕

사차방정식 $x^4-5x^3-4x^2-5x+1=0$의 실근은?

① $-3\pm2\sqrt{2}$　　② $\dfrac{-1\pm\sqrt{3}}{2}$　　③ $\dfrac{1\pm\sqrt{3}}{2}$

④ $3\pm\sqrt{3}$　　⑤ $3\pm2\sqrt{2}$

8 〔유형 8〕

삼차방정식 $x^3-2x^2+5x+2=0$의 세 근을 α, β, γ라 할 때, $(2+\alpha)(2+\beta)(2+\gamma)$의 값은?

① 22　　② 24　　③ 26

④ 28　　⑤ 30

9 〔유형 9〕　　◁서술형▷

삼차방정식 $x^3+x^2+2=0$의 세 근을 α, β, γ라 할 때, $\alpha\beta$, $\beta\gamma$, $\gamma\alpha$를 세 근으로 하고 x^3의 계수가 1인 삼차방정식을 구하시오.

10 〔유형 10〕

삼차방정식 $x^3+ax^2+x-a+2=0$의 한 근이 $2+i$일 때, 실수 a의 값은? (단, $i=\sqrt{-1}$)

① -3　　② -2　　③ -1

④ 0　　⑤ 1

11 〔유형 11〕

방정식 $x^3=1$의 한 허근을 ω라 할 때, $\omega^{28}+\omega^{29}+\omega^{30}+\omega^{31}$의 값은?

① -1　　② $-\omega$　　③ 0

④ ω　　⑤ 1

12 〔유형 12〕

연립방정식 $\begin{cases} x-2y=1 \\ x^2-xy-y^2=5 \end{cases}$를 만족시키는 음의 정수 x, y에 대하여 $y-x$의 값은?

① -1　　② 0　　③ 1

④ 2　　⑤ 3

13 유형13

연립방정식 $\begin{cases} x^2-4xy+3y^2=0 \\ x^2-3xy+4y^2=8 \end{cases}$ 을 만족시키는 x, y에 대하여 $x+y$의 최댓값을 구하시오.

14 유형14

연립방정식 $\begin{cases} x-y=-3 \\ x^2+2y^2=k \end{cases}$ 가 오직 한 쌍의 해를 가질 때, 실수 k의 값은?

① 3 ② 4 ③ 5
④ 6 ⑤ 7

15 유형15

연립방정식 $\begin{cases} x+y-xy=-1 \\ x^2+y^2=13 \end{cases}$ 을 만족시키는 자연수 x, y에 대하여 $|x-y|$의 값을 구하시오.

16 유형16

오른쪽 그림과 같이 대각선의 길이가 10 m인 직사각형 모양의 땅이 있다. 이 땅의 가로의 길이를 1 m 줄이고, 세로의 길이를 2 m 늘였더니 땅의 넓이는 처음 땅의 넓이보다 8 m²만큼 넓어졌다고 한다. 처음 땅의 넓이를 구하시오.

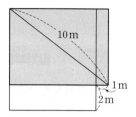

17 유형17

방정식 $xy-5x+y+2=0$을 만족시키는 정수 x, y에 대하여 $x+y$의 최솟값은?

① -2 ② -1 ③ 0
④ 1 ⑤ 2

18 유형18

방정식 $10y^2-2y-6xy+x^2+1=0$을 만족시키는 실수 x, y에 대하여 $x+y$의 값을 구하시오.

37 일차부등식의 풀이

37 -1 일차부등식의 풀이

(1) 부등식의 기본 성질

부등식을 풀 때는 다음과 같은 부등식의 기본 성질을 이용한다.

> 실수 a, b, c에 대하여
> ① $a>b$, $b>c$이면 $a>c$
> ② $a>b$이면 $a+c>b+c$, $a-c>b-c$
> ③ $a>b$, $c>0$이면 $ac>bc$, $\dfrac{a}{c}>\dfrac{b}{c}$ → 부등호의 방향 그대로
> ④ $a>b$, $c<0$이면 $ac<bc$, $\dfrac{a}{c}<\dfrac{b}{c}$ → 부등호의 방향 반대로

부등호 $>$, $<$, $\geq$, $\leq$를 사용하여 수 또는 식의 값의 대소 관계를 나타낸 식을 부등식이라 한다.

(2) 부등식 $ax>b$의 풀이

주어진 부등식에서 x를 포함한 항은 좌변으로 이항하고, 상수항은 우변으로 이항하여 해를 구할 수 있다.
특히 x의 계수가 미정인 $ax>b$ 꼴의 부등식은 다음과 같이 $a>0$, $a=0$, $a<0$인 경우로 나누어 푼다.

> ① $a>0$일 때, $x>\dfrac{b}{a}$ → 부등호의 방향 그대로
> ② $a=0$일 때, $\begin{cases} b\geq 0$이면 해는 없다. → $0\times x>$ (0 또는 양수) \\ b<0$이면 해는 모든 실수이다. → $0\times x>$ (음수) \end{cases}$
> ③ $a<0$일 때, $x<\dfrac{b}{a}$ → 부등호의 방향 반대로

부등식의 모든 항을 좌변으로 이항하여 정리하였을 때,
$$ax+b>0,\ ax+b<0,$$
$$ax+b\geq 0,\ ax+b\leq 0$$
$$(a,\ b$는 상수,$\ a\neq 0)$$
과 같이 좌변이 x에 대한 일차식으로 나타내어지는 부등식을 x에 대한 일차부등식이라 한다.

예 부등식 $(a+2)x\leq 4$를 풀어 보자.
x의 계수 $a+2$의 부호에 따라 경우를 나누어 풀면

(i) $a+2>0$, 즉 $a>-2$일 때, $x\leq \dfrac{4}{a+2}$

(ii) $a+2=0$, 즉 $a=-2$일 때, $0\times x\leq 4$이므로 해는 모든 실수이다.

(iii) $a+2<0$, 즉 $a<-2$일 때, $x\geq \dfrac{4}{a+2}$

(i), (ii), (iii)에서 주어진 부등식의 해는

$$\begin{cases} a>-2$일 때, $x\leq \dfrac{4}{a+2} \\ a=-2$일 때, 모든 실수 \\ a<-2$일 때, $x\geq \dfrac{4}{a+2} \end{cases}$$

• 정답과 해설 83쪽

37 -1 일차부등식의 풀이

[001~004] $a>b$일 때, 다음 □ 안에 알맞은 부등호를 써넣으시오.

001 $a+3$ □ $b+3$

002 $-a$ □ $-b$

003 $\dfrac{a}{10}$ □ $\dfrac{b}{10}$

004 $-\dfrac{3a}{4}+5$ □ $-\dfrac{3b}{4}+5$

[005~008] $a<0<b$일 때, 다음 □ 안에 알맞은 부등호를 써넣으시오.

005 $2a$ □ $a+b$

006 $a+b$ □ $2b$

007 a^2 □ ab

008 $\dfrac{a}{b}$ □ 1

[009~012] 다음 일차부등식을 푸시오.

009 $3x-1\geq x-7$

010 $2(x+4)\leq -x+3(x-1)$

011 $5(x+1)-x<4x+9$

012 $\dfrac{x}{5}-1>\dfrac{x-5}{3}$

[013~015] 다음 x에 대한 부등식을 푸시오.

013 $ax>1$

(i) $a>0$일 때, x □ $\dfrac{1}{a}$

(ii) $a=0$일 때, $0\times x>1$이므로 해는 없다.

(iii) $a<0$일 때, x □ $\dfrac{1}{a}$

(i), (ii), (iii)에서 주어진 부등식의 해는

$\begin{cases} a>0 일 때,\ x\ \square\ \dfrac{1}{a} \\ a=0 일 때,\ 해는\ 없다. \\ a<0 일 때,\ x\ \square\ \dfrac{1}{a} \end{cases}$

014 $ax\leq a$

015 $(a+1)x\geq a+1$

개념 38 연립일차부등식의 풀이

38 -1 연립일차부등식의 풀이

(1) 연립부등식의 뜻

$\begin{cases} 2x-4<6 \\ 8-3x \geq x \end{cases}$ 와 같이 두 개 이상의 부등식을 한 쌍으로 묶어 나타낸 것을 **연립부등식**

이라 하고, 각각의 부등식이 모두 일차부등식인 연립부등식을 **연립일차부등식**이라 한다.
이때 두 개 이상의 부등식의 공통인 해를 **연립부등식의 해**라 하고, 연립부등식의 해를
구하는 것을 연립부등식을 푼다고 한다.

(2) 연립일차부등식의 풀이

연립일차부등식은 다음과 같은 순서로 푼다.

> ① 각 부등식을 푼다.
> ② 각 부등식의 해를 하나의 수직선 위에 나타낸다.
> ③ 공통부분을 찾아 연립부등식의 해를 구한다.

참고 • 두 실수 a, b $(a<b)$에 대하여

$\begin{cases} x>a \\ x \leq b \end{cases}$의 해는 $a<x \leq b$ $\begin{cases} x>a \\ x \geq b \end{cases}$의 해는 $x \geq b$ $\begin{cases} x<a \\ x \leq b \end{cases}$의 해는 $x<a$

$\begin{cases} x \leq a \\ x \geq a \end{cases}$의 해는 $x=a$ $\begin{cases} x<a \\ x \geq b \end{cases}$의 해는 없다. $\begin{cases} x<a \\ x \geq a \end{cases}$의 해는 없다.

• $A<B<C$ 꼴의 부등식은 연립부등식 $\begin{cases} A<B \\ B<C \end{cases}$ 꼴로 고쳐서 푼다.

이때 $\begin{cases} A<B \\ A<C \end{cases}$ 또는 $\begin{cases} A<C \\ B<C \end{cases}$ 꼴로 고쳐서 풀지 않도록 주의한다.

예 연립부등식 $\begin{cases} 2x-4 \geq 5-x \\ 2-3x \leq 7-4x \end{cases}$ 를 풀어 보자.

$2x-4 \geq 5-x$를 풀면 $3x \geq 9$ $\therefore$ $x \geq 3$ …… ㉠

$2-3x \leq 7-4x$를 풀면 $x \leq 5$ …… ㉡

㉠, ㉡을 수직선 위에 나타내면 오른쪽 그림과 같으므로 주어진 연립
부등식의 해는 $3 \leq x \leq 5$

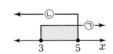

• 정답과 해설 84쪽

38 -1 연립일차부등식의 풀이

[016~019] 다음 연립부등식을 푸시오.

016 $\begin{cases} x+1 \geq -3 \\ 4x < 8 \end{cases}$

017 $\begin{cases} 4-(x-2) \leq 2x+7 \\ 18x+11 \geq 12x+13 \end{cases}$

018 $\begin{cases} 3(x-2) < 2x-1 \\ \dfrac{3}{4}x+1 \geq \dfrac{1}{2}x-\dfrac{1}{4} \end{cases}$

019 $\begin{cases} 3.2x-0.2 \geq 2.4x-1 \\ -\dfrac{x}{12} < \dfrac{x}{4}+1 \end{cases}$

[020~022] 다음 부등식을 푸시오.

020 $-2 \leq 3x+1 \leq 10$

$-2 \leq 3x+1$에서 $-3x \leq 3$ $\therefore x \geq -1$ …… ㉠

$3x+1 \leq \boxed{}$에서 $3x \leq \boxed{}$ $\therefore x \leq \boxed{}$ …… ㉡

㉠, ㉡을 수직선 위에 나타내면 오른쪽
그림과 같으므로 부등식의 해는

$-1 \leq x \leq \boxed{}$

다른 풀이

$-2 \leq 3x+1 \leq 10$에서

$-3 \leq 3x \leq \boxed{}$

$\therefore -1 \leq x \leq \boxed{}$

021 $-7 < 2x-1 \leq 9$

022 $2x \leq x-1 < 2$

[023~025] 다음 연립부등식을 수직선을 이용하여 푸시오.

023 $\begin{cases} x \leq -1 \\ x > 3 \end{cases}$ $\xleftarrow{\hspace{3cm}} x$

024 $\begin{cases} x \leq 2 \\ x \geq 2 \end{cases}$ $\xleftarrow{\hspace{3cm}} x$

025 $\begin{cases} x < -5 \\ x \geq -5 \end{cases}$ $\xleftarrow{\hspace{3cm}} x$

[026~028] 다음 연립부등식을 푸시오.

026 $\begin{cases} 2x+5 \leq x+6 \\ 7x \geq 5x+2 \end{cases}$

027 $\begin{cases} 3(x+1) > 4x+6 \\ 5x-2 \leq 8x+7 \end{cases}$

028 $\begin{cases} \dfrac{x}{4}+2 \leq \dfrac{x}{2}+1 \\ \dfrac{x-2}{6} \leq -\dfrac{x-5}{3} \end{cases}$

[029~034] 연립부등식과 그 해가 다음과 같을 때, 상수 a의 값을 구하시오.

029 $\begin{cases} x+6 > 2a \\ 3x-2 < 7 \end{cases}$

연립부등식의 해: $-2 < x < 3$

$x+6 > 2a$에서 $x > 2a-6$

$3x-2 < 7$에서 $3x < \boxed{}$ $\therefore \ x < \boxed{}$

주어진 연립부등식의 해가 $-2 < x < 3$이므로

$2a-6 = \boxed{}$ $\therefore \ a = \boxed{}$

030 $\begin{cases} x-4 < 2x-1 \\ 5x-a \leq 7 \end{cases}$

연립부등식의 해: $-3 < x \leq 1$

031 $\begin{cases} 2x-4 > -a \\ -2x+16 > 3x-4 \end{cases}$

연립부등식의 해: $-4 < x < 4$

032 $\begin{cases} 3x-1 \geq a-4x \\ -2x+3 \leq -4x+5 \end{cases}$

연립부등식의 해: $x=1$

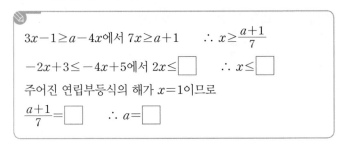

$3x-1 \geq a-4x$에서 $7x \geq a+1$ $\therefore \ x \geq \dfrac{a+1}{7}$

$-2x+3 \leq -4x+5$에서 $2x \leq \boxed{}$ $\therefore \ x \leq \boxed{}$

주어진 연립부등식의 해가 $x=1$이므로

$\dfrac{a+1}{7} = \boxed{}$ $\therefore \ a = \boxed{}$

033 $\begin{cases} x+3 \geq 3x-3 \\ -2x-2 \leq a+x \end{cases}$

연립부등식의 해: $x=3$

034 $\begin{cases} 2(x-1)-3 \geq a-x \\ x-11 \leq 9-4x \end{cases}$

연립부등식의 해: $x=4$

[035~037] 다음 연립부등식이 해가 없을 때, 상수 a의 값의 범위를 구하시오.

035 $\begin{cases} 3x-8 < x+8 \\ 2x-1 \geq x+a \end{cases}$

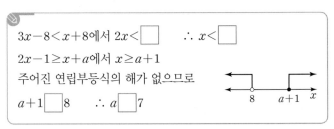

$3x-8 < x+8$에서 $2x < \boxed{}$ $\therefore \ x < \boxed{}$

$2x-1 \geq x+a$에서 $x \geq a+1$

주어진 연립부등식의 해가 없으므로

$a+1 \ \boxed{} \ 8$ $\therefore \ a \ \boxed{} \ 7$

036 $\begin{cases} 5x > 2x-6 \\ x-3 > 4x+a \end{cases}$

037 $\begin{cases} 3(x+2) > 5x-8 \\ 4x-7 \geq 2x-a \end{cases}$

실전유형

유형 1 연립일차부등식의 풀이

연립일차부등식은 다음과 같은 순서로 푼다.
(1) 각 일차부등식을 푼다.
(2) 각 부등식의 해를 하나의 수직선 위에 나타낸다.
(3) 공통부분을 찾아 연립부등식의 해를 구한다.

038

다음 중 연립부등식 $\begin{cases} 2(1-x) \geq 3x-8 \\ 2x+1 > 6-3x \end{cases}$ 의 해를 수직선 위에 바르게 나타낸 것은?

①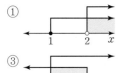
②
③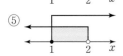
④
⑤

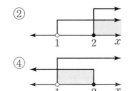

039

학평 기출

연립부등식 $\begin{cases} 3x \geq 2x+3 \\ x-10 \leq -x \end{cases}$ 를 만족시키는 모든 정수 x의 값의 합은?

① 10   ② 12   ③ 14
④ 16   ⑤ 18

중요 040

연립부등식 $\begin{cases} \dfrac{x}{6}-2 \leq \dfrac{x}{3}-1 \\ \dfrac{x-1}{6} \geq \dfrac{x-3}{4} \end{cases}$ 의 해가 $a \leq x \leq b$일 때, $a+b$의 값을 구하시오.

유형 2 $A < B < C$ 꼴의 부등식

$A < B < C$ 꼴의 부등식은 연립부등식 $\begin{cases} A < B \\ B < C \end{cases}$ 꼴로 고쳐서 푼다.

중요 041

부등식 $4x-1 < 2(x-3)+1 < 3x+2$를 풀면?

① $-7 < x < -2$ ② $-7 < x < 2$
③ $-2 < x < 7$ ④ $2 < x < 7$
⑤ $x > 7$

042

부등식 $x-1 < 1-\dfrac{2-x}{2} \leq \dfrac{2x+1}{3}$ 을 만족시키는 정수 x의 최댓값을 M, 최솟값을 m이라 할 때, $M-m$의 값을 구하시오.

유형 3 해가 특수한 연립일차부등식

(1) 연립부등식의 해가 한 개인 경우
➡ 각 부등식의 해를 수직선 위에 나타내었을 때, 공통부분이 한 점뿐이다.
(2) 연립부등식의 해가 없는 경우
➡ 각 부등식의 해를 수직선 위에 나타내었을 때, 공통부분이 없다.

043

연립부등식 $\begin{cases} 4(x-2) < 6-3x \\ 5x-8 \geq 10-4x \end{cases}$ 를 풀면?

① $x < 2$ ② $x \leq 2$ ③ $x > 2$
④ $x = 2$ ⑤ 해는 없다.

044

연립부등식 $\begin{cases} \dfrac{x}{3} - \dfrac{x+2}{2} \geq -\dfrac{1}{6} \\ \dfrac{1+x}{4} \geq \dfrac{x-1}{6} \end{cases}$ 의 해가 $x=a$일 때, a의

값을 구하시오.

045

다음 부등식 중 해가 없는 것은?

① $\begin{cases} 2x < 5 \\ 6x-5 \leq 3x+4 \end{cases}$　　② $\begin{cases} x-3 \leq -1-x \\ 1-4x \leq -2-x \end{cases}$

③ $\begin{cases} 2x \geq 5x+6 \\ 4(x+1) > 2(x-4) \end{cases}$　　④ $\begin{cases} \dfrac{x}{10} + \dfrac{1}{5} \leq \dfrac{1}{20} \\ \dfrac{x}{2} - 3 > 1 \end{cases}$

⑤ $x-3 \leq 6x+2 < 10-2x$

유형 4 **해가 주어진 연립일차부등식**

각 일차부등식의 해를 구한 후 주어진 연립부등식의 해와 비교하여 미정계수의 값을 구한다.

046

연립부등식 $\begin{cases} 5x-4 > a \\ -x+12 > 2x-3 \end{cases}$ 의 해

를 수직선 위에 나타내면 오른쪽 그림과 같을 때, 상수 a의 값을 구하시오.

047

x에 대한 연립부등식 $\begin{cases} x-1 > 8 \\ 2x-16 \leq x+a \end{cases}$ 의 해가 $b < x \leq 28$

일 때, 두 상수 a, b에 대하여 $a+b$의 값을 구하시오.

048

연립부등식 $\begin{cases} 3(x-1) \geq 4x-a \\ 5x+b \leq 8x-7 \end{cases}$ 의 해가 $x=3$일 때, 상수 a, b에 대하여 ab의 값은?

① 3　　　　　② 6　　　　　③ 12
④ 24　　　　⑤ 48

유형 5 **해를 갖거나 갖지 않을 조건이 주어진 연립일차부등식**

각 일차부등식의 해를 구한 후 주어진 연립부등식의 해의 조건을 만족시키도록 수직선 위에 나타낸다.
(1) 해를 갖는 경우 ➡ 공통부분이 존재한다.
(2) 해를 갖지 않는 경우 ➡ 공통부분이 존재하지 않는다.

049

연립부등식 $\begin{cases} 6-x < 2(x-3) \\ 3x-k \leq x \end{cases}$ 가 해를 갖지 않을 때, 정수 k의 최댓값을 구하시오.

중요 050

연립부등식 $\begin{cases} \dfrac{x}{3}+5<a \\ 2-4x\le -x+11 \end{cases}$ 이 해를 가질 때, 상수 a의 값의 범위는?

① $a>-3$ ② $a\ge -3$ ③ $-3<a\le 4$
④ $a>4$ ⑤ $a\ge 4$

유형 6 정수인 해의 조건이 주어진 연립일차부등식

연립부등식을 만족시키는 정수인 해가 n개이면 각 일차부등식의 해를 구한 후 공통부분이 n개의 정수만 포함하도록 수직선 위에 나타낸다.

051

연립부등식 $\begin{cases} 2x+1>5x-5 \\ 3x-1\ge 2x-a \end{cases}$ 를 만족시키는 정수 x가 0, 1 뿐일 때, 상수 a의 값의 범위를 구하시오.

중요 052

연립부등식 $\begin{cases} 3x-7<x+1 \\ x+1\le 5x-a \end{cases}$ 를 만족시키는 정수 x가 3개일 때, 상수 a의 값의 범위는?

① $a<-1$ ② $-1<a\le 3$ ③ $-1\le a<3$
④ $-1\le a\le 3$ ⑤ $a\ge 3$

유형 7 연립일차부등식의 활용

연립일차부등식의 활용 문제는 다음과 같은 순서로 푼다.
(1) 문제의 상황에 맞게 미지수 x를 정한 후 연립일차부등식을 세운다.
(2) 연립일차부등식을 푼다.
(3) 구한 해가 문제의 조건에 맞는지 확인한다.

053

어떤 자연수가 다음 조건을 만족시킬 때, 그 자연수의 개수는?

(개) 어떤 자연수에서 2를 뺀 후 6배 하면 36보다 작다.
(내) 어떤 자연수에서 2를 뺀 것은 6에서 어떤 자연수를 뺀 것보다 크다.

① 3   ② 4   ③ 5
④ 6   ⑤ 7

중요 054

한 개의 무게가 12 g인 막대 사탕과 한 개의 무게가 3 g인 알 사탕을 합하여 30개를 사려고 한다. 전체 무게가 180 g 이상 225 g 이하가 되도록 살 때, 살 수 있는 막대 사탕의 최대 개수는?

① 12   ② 13   ③ 14
④ 15   ⑤ 16

중요 055

학생들에게 선물을 나누어 주는데 학생 1명당 선물을 5개씩 주면 13개가 남고, 6개씩 주면 마지막 1명은 1개 이상 3개 이하의 선물을 받는다고 할 때, 학생은 최대 몇 명인지 구하시오.

개념 39 절댓값 기호를 포함한 일차부등식

39-1 절댓값 기호를 포함한 일차부등식 – 절댓값의 성질을 이용하여 풀기

절댓값 기호를 포함한 간단한 부등식은 다음과 같은 절댓값의 성질을 이용하여 푼다.

$a > 0$일 때

(1) $|x| < a$이면 $-a < x < a$

(2) $|x| > a$이면 $x < -a$ 또는 $x > a$

$0 < a < b$일 때, $a < |x| < b$이면
$$-b < x < -a$$
또는 $a < x < b$

예 (1) 부등식 $|x+2| \le 3$에서

$-3 \le x+2 \le 3$ $\therefore -5 \le x \le 1$

(2) 부등식 $|x+2| > 3$에서

$x+2 < -3$ 또는 $x+2 > 3$ $\therefore x < -5$ 또는 $x > 1$

39-2 절댓값 기호를 포함한 일차부등식 – 범위를 나누어 풀기

절댓값 기호를 포함한 부등식은
$$|x| = \begin{cases} -x & (x<0) \\ x & (x \ge 0) \end{cases}, \quad |x-a| = \begin{cases} -(x-a) & (x<a) \\ x-a & (x \ge a) \end{cases}$$
임을 이용하여 다음과 같은 순서로 푼다.

(1) 절댓값 기호 안의 식의 값이 0이 되는 x의 값을 기준으로 x의 값의 범위를 나눈다.

(2) 각 범위에서 절댓값 기호를 없앤 후 일차부등식을 푼다. 이때 해당 범위를 만족시키는 것만 주어진 부등식의 해이다.

(3) (2)에서 구한 해를 합한 x의 값의 범위를 구한다.

절댓값 기호가 2개인 부등식
$$|x-a| + |x-b| < c$$
$$(a < b, c > 0)$$
는 절댓값 기호 안의 식의 값이 0이 되는 x의 값인 $x=a$, $x=b$를 기준으로 하여

(i) $x < a$

(ii) $a \le x < b$

(iii) $x \ge b$

일 때로 범위를 나누어 푼다.

예 부등식 $|x| - 3x < 4$를 풀어 보자.

절댓값 기호 안의 식의 값이 0이 되는 x의 값인 $x=0$을 기준으로 범위를 나누면

(i) $x < 0$일 때

$|x| = -x$이므로 주어진 부등식은 $-x-3x < 4$

$-4x < 4$ $\therefore x > -1$

그런데 $x < 0$이므로 $-1 < x < 0$

(ii) $x \ge 0$일 때

$|x| = x$이므로 주어진 부등식은 $x-3x < 4$

$-2x < 4$ $\therefore x > -2$

그런데 $x \ge 0$이므로 $x \ge 0$

(i), (ii)에서 주어진 부등식의 해는 $x > -1$

• 정답과 해설 87쪽

39 -1 절댓값 기호를 포함한 일차부등식
- 절댓값의 성질을 이용하여 풀기

[056~061] 다음 부등식을 푸시오.

056 $|x-1|<2$

$$\boxed{}<x-1<2이므로$$
$$\boxed{}<x<3$$

057 $|x+4|\leq 10$

058 $|2x+1|<7$

059 $|3x-7|\leq 5$

060 $|1-x|\leq 6$

061 $|5-2x|<7$

[062~067] 다음 부등식을 푸시오.

062 $|x-2|\geq 5$

$$x-2\leq\boxed{} \text{ 또는 } x-2\geq 5$$
$$\therefore x\leq\boxed{} \text{ 또는 } x\geq\boxed{}$$

063 $|x+3|>6$

064 $|2x-3|>5$

065 $|4x-3|>12$

066 $\left|3-\dfrac{x}{2}\right|\geq 4$

067 $|5-3x|>2$

07
연립일차부등식

39 -2 절댓값 기호를 포함한 일차부등식 - 범위를 나누어 풀기

[068~071] 다음 부등식을 푸시오.

068 $|x-4|<3x$

$x-4=0$, 즉 $x=4$를 기준으로 범위를 나누면

(ⅰ) $x<4$일 때

$|x-4|=-(x-4)$이므로

$-(x-4)<3x$, $-4x<-4$ $\therefore x>\boxed{}$

그런데 $x<4$이므로 $\boxed{}<x<4$

(ⅱ) $x\geq4$일 때

$|x-4|=x-4$이므로

$x-4<3x$, $-2x<4$ $\therefore x>\boxed{}$

그런데 $x\geq4$이므로 $x\geq\boxed{}$

(ⅰ), (ⅱ)에서 주어진 부등식의 해는

$x>\boxed{}$

069 $|x+2|\geq2x$

070 $|6x-5|<x+11$

071 $2|x+1|<6x-7$

[072~075] 다음 부등식을 푸시오.

072 $|x+3|+|x-2|\leq7$

$x+3=0$과 $x-2=0$, 즉 $x=-3$과 $x=2$를 기준으로 범위를 나누면

(ⅰ) $x<-3$일 때

$|x+3|=-(x+3)$, $|x-2|=-(x-2)$이므로

$-(x+3)-(x-2)\leq7$, $-2x-1\leq7$

$-2x\leq8$ $\therefore x\geq\boxed{}$

그런데 $x<-3$이므로 $\boxed{}\leq x<-3$

(ⅱ) $-3\leq x<2$일 때

$|x+3|=x+3$, $|x-2|=-(x-2)$이므로

$(x+3)-(x-2)\leq7$

$0\times x\leq2$이므로 해는 모든 실수이다.

그런데 $-3\leq x<2$이므로 $-3\leq x<2$

(ⅲ) $x\geq2$일 때

$|x+3|=x+3$, $|x-2|=x-2$이므로

$(x+3)+(x-2)\leq7$, $2x+1\leq7$

$2x\leq6$ $\therefore x\leq3$

그런데 $x\geq2$이므로 $\boxed{}\leq x\leq3$

(ⅰ), (ⅱ), (ⅲ)에서 주어진 부등식의 해는

$\boxed{}\leq x\leq\boxed{}$

073 $|x|+|x-1|<2$

074 $|x-3|+2|x+2|\leq5$

075 $|x-1|+|x-2|\geq-2x+7$

• 정답과 해설 89쪽

유형 8 $|ax+b|<c$ 꼴의 부등식의 풀이

$|ax+b|<c\,(c>0)$ 꼴의 부등식은 다음을 이용하여 절댓값 기호를 없앤 후 해를 구한다.
(1) $|ax+b|<c$ ➡ $-c<ax+b<c$
(2) $|ax+b|>c$ ➡ $ax+b<-c$ 또는 $ax+b>c$

참고 $c<d$일 때, $c<|ax+b|<d$
➡ $-d<ax+b<-c$ 또는 $c<ax+b<d$

중요
076 ✨

학평 기출

부등식 $|2x-3|<5$의 해가 $a<x<b$일 때, $a+b$의 값은?

① 2 ② $\dfrac{5}{2}$ ③ 3

④ $\dfrac{7}{2}$ ⑤ 4

077

부등식 $2<|2-5x|\leq7$을 만족시키는 모든 정수 x의 값의 합을 구하시오.

유형 9 $|ax+b|<cx+d$ 꼴의 부등식의 풀이

$|ax+b|<cx+d$ 꼴의 부등식은 절댓값 기호 안의 식의 값이 0이 되는 $x=-\dfrac{b}{a}$를 기준으로 하여
(i) $x<-\dfrac{b}{a}$ (ii) $x\geq-\dfrac{b}{a}$
일 때로 범위를 나누어 푼다.

중요
078 ✨

부등식 $|3x-6|<2x+5$를 만족시키는 정수 x의 최댓값을 구하시오.

079

부등식 $x<|1-2x|-3$의 해가 $x<a$ 또는 $x>b$일 때, $3a+b$의 값을 구하시오.

유형10 절댓값 기호가 2개인 부등식의 풀이

$|x-a|+|x-b|<c\,(a<b,\ c>0)$ 꼴의 부등식은 절댓값 기호 안의 식의 값이 0이 되는 $x=a$, $x=b$를 기준으로 하여
(i) $x<a$ (ii) $a\leq x<b$ (iii) $x\geq b$
일 때로 범위를 나누어 푼다.

중요
080 ✨

부등식 $|x-4|+|x+1|\leq6$의 해가 $a\leq x\leq b$일 때, $b-a$의 값을 구하시오.

081

부등식 $2|x+1|+|x-1|<5$를 만족시키는 정수 x의 개수는?

① 1 ② 2 ③ 3
④ 4 ⑤ 5

1 〔유형 1〕

연립부등식 $\begin{cases} 3(x+4)>4-x \\ \dfrac{2x+1}{3}<\dfrac{x}{4}+2 \end{cases}$ 의 해가 $a<x<b$일 때, ab

의 값은?

① -8 ② -4 ③ -1
④ 4 ⑤ 8

2 〔유형 2〕

부등식 $3x-3 \le 2x+1 < 4x+7$을 만족시키는 정수 x의 개수는?

① 4 ② 5 ③ 6
④ 7 ⑤ 8

3 〔유형 3〕

다음 부등식 중 해가 없는 것은?

① $\begin{cases} 2x-1 \le 3 \\ x-2 > 4-3x \end{cases}$ ② $\begin{cases} 1.2x+1.7 \le -1.5-2x \\ 2(x+4)-3 > -2 \end{cases}$

③ $\begin{cases} \dfrac{1}{2}x-\dfrac{3}{4} \ge 2x \\ 2-5x \le 3-3x \end{cases}$ ④ $\begin{cases} 2x-3 < 1-(x-2) \\ 3-2x \le \dfrac{3}{2}x-4 \end{cases}$

⑤ $3x-2 \le 2(x-2)+3 < 5-x$

4 〔유형 4〕

연립부등식 $\begin{cases} -5+x < 4-2x \\ x+a < 4x+10 \end{cases}$ 의 해가 $-2<x<b$일 때,

상수 a, b에 대하여 ab의 값은?

① 4 ② 6 ③ 8
④ 12 ⑤ 24

5 〔유형 4〕

연립부등식 $\begin{cases} x+3 \le 3x+a \\ 3x-2(1+2x) \ge b \end{cases}$ 의 해가 $x=-1$일 때, 상수 a, b에 대하여 $a-b$의 값은?

① 2 ② 4 ③ 6
④ 8 ⑤ 10

6 〔유형 5〕 ◁ 서술형 ▷

연립부등식 $\begin{cases} 3x-2 < 4x+1 \\ 2(3x-1) > 8x+a \end{cases}$ 가 해를 가질 때, 정수 a의

최댓값을 구하시오.

7 유형 6

연립부등식 $\begin{cases} 2(x+a) \leq x-1 \\ -x-2 \leq 3x+6 \end{cases}$ 을 만족시키는 정수 x가 4개일 때, 상수 a의 최댓값은?

① -2 ② -1 ③ 0
④ 1 ⑤ 2

8 유형 7

한 개에 1000원인 사과와 한 개에 2000원인 복숭아를 섞어서 10개를 사려고 한다. 지불할 금액이 12000원 이상 16000원 이하가 되도록 살 때, 살 수 있는 사과의 최대 개수는?

① 4 ② 5 ③ 6
④ 7 ⑤ 8

9 유형 7   ≪ 서술형 ≫

어느 고등학교의 1학년 학생 전체가 강당의 긴 의자에 나누어 앉으려 한다. 한 의자에 8명씩 앉으면 학생이 18명 남고, 9명씩 앉으면 마지막 의자에는 1명 이상 7명 이하의 학생이 앉는다고 할 때, 의자의 최소 개수를 구하시오.

10 유형 8

부등식 $|3x+1| \leq 4$의 해가 $a \leq x \leq b$일 때, $a+b$의 값은?

① $-\dfrac{2}{3}$ ② $-\dfrac{1}{3}$ ③ 1
④ 3 ⑤ $\dfrac{10}{3}$

11 유형 9

부등식 $|x-1| \geq 3x-4$를 만족시키는 정수 x의 최댓값을 구하시오.

12 유형 10

부등식 $|x-2|+|x+2| < 10$을 만족시키는 정수 x의 개수는?

① 6 ② 7 ③ 8
④ 9 ⑤ 10

07
연립일차부등식

개념 40 이차부등식의 해

40-1 이차부등식과 이차함수의 그래프의 관계

이차부등식의 해와 이차함수의 그래프 사이에는 다음과 같은 관계가 성립한다.

> (1) 이차부등식 $ax^2+bx+c>0$의 해
>
> ➡ 이차함수 $y=ax^2+bx+c$의 그래프가 $\underset{y>0 \text{인 부분}}{\underline{x축보다 \text{ } 위쪽에 \text{ } 있는 \text{ } 부분}}$의 x의 값의 범위
>
> (2) 이차부등식 $ax^2+bx+c<0$의 해
>
> ➡ 이차함수 $y=ax^2+bx+c$의 그래프가 $\underset{y<0 \text{인 부분}}{\underline{x축보다 \text{ } 아래쪽에 \text{ } 있는 \text{ } 부분}}$의 값의 범위
>
>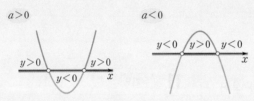

부등식의 모든 항을 좌변으로 이항하여 정리하였을 때, (이차식)>0, (이차식)<0, (이차식)≥0, (이차식)≤0 과 같이 좌변이 x에 대한 이차식으로 나타내어지는 부등식을 x에 대한 이차부등식이라 한다.

이차부등식 $f(x)\geq0$, $f(x)\leq0$ 꼴의 해는 함수 $y=f(x)$의 그래프와 x축의 교점의 x좌표를 포함하여 생각한다.

참고 두 함수 $y=f(x)$, $y=g(x)$의 그래프가 오른쪽 그림과 같을 때

(1) 부등식 $f(x)>g(x)$의 해

➡ 함수 $y=f(x)$의 그래프가 함수 $y=g(x)$의 그래프보다 위쪽에 있는 부분의 x의 값의 범위

(2) 부등식 $f(x)<g(x)$의 해

➡ 함수 $y=f(x)$의 그래프가 함수 $y=g(x)$의 그래프보다 아래쪽에 있는 부분의 x의 값의 범위

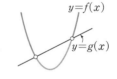

부등식 $f(x)>g(x)$는 $f(x)-g(x)>0$으로 고쳐서 풀 수 있다.

40-2 이차부등식의 해

이차방정식 $ax^2+bx+c=0$ $(a>0)$의 판별식을 D라 할 때, 이차함수 $y=ax^2+bx+c$의 그래프를 이용하여 이차부등식의 해를 구하면 다음과 같다.

	$D>0$	$D=0$	$D<0$
$ax^2+bx+c=0$의 해	서로 다른 두 실근 α, β	중근 α	서로 다른 두 허근
$y=ax^2+bx+c$의 그래프	(그래프)	(그래프)	(그래프)
$ax^2+bx+c>0$의 해	$x<\alpha$ 또는 $x>\beta$	$x\neq\alpha$인 모든 실수	모든 실수
$ax^2+bx+c\geq0$의 해	$x\leq\alpha$ 또는 $x\geq\beta$	모든 실수	모든 실수
$ax^2+bx+c<0$의 해	$\alpha<x<\beta$	없다.	없다.
$ax^2+bx+c\leq0$의 해	$\alpha\leq x\leq\beta$	$x=\alpha$	없다.

$D>0$인 경우

(1) $(x-\alpha)(x-\beta)>0$의 해
➡ $x<\alpha$ 또는 $x>\beta$

(2) $(x-\alpha)(x-\beta)<0$의 해
➡ $\alpha<x<\beta$

$a<0$인 경우에는 이차부등식의 양변에 -1을 곱하여 x^2의 계수를 양수로 바꾸어 푼다.

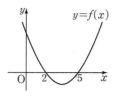
40 -1 이차부등식과 이차함수의 그래프의 관계

[001~004] 이차함수 $y=f(x)$의 그래프가 오른쪽 그림과 같을 때, 다음 이차부등식의 해를 구하시오.

001 $f(x)>0$

002 $f(x)\geq 0$

003 $f(x)<0$

004 $f(x)\leq 0$

[005~006] 이차함수 $y=f(x)$의 그래프와 직선 $y=g(x)$가 오른쪽 그림과 같을 때, 다음 이차부등식의 해를 구하시오.

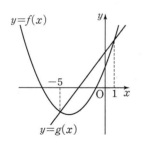

005 $f(x)>g(x)$

006 $f(x)-g(x)\leq 0$

40 -2 이차부등식의 해

[007~012] 다음 이차부등식을 푸시오.

007 $x^2-x-6<0$

주어진 부등식의 좌변을 인수분해하면

$(x+2)(\boxed{})<0$

따라서 주어진 부등식의 해는

$-2<x<\boxed{}$

008 $x^2-7x-8>0$

009 $x^2+5x+4<0$

010 $x^2+2x-3>0$

011 $2x^2+x-6\leq 0$

012 $3x^2\geq 2-5x$

[013~018] 다음 이차부등식을 푸시오.

013 $x^2-6x+9>0$

주어진 부등식의 좌변을 인수분해하면

$(x-\boxed{})^2>0$

따라서 주어진 부등식의 해는

$x\neq\boxed{}$인 모든 실수이다.

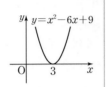

014 $x^2+10x+25>0$

015 $x^2-24x+144<0$

016 $9x^2-24x+16\geq0$

017 $-x^2+4x-4<0$

018 $2x^2\leq4x-2$

[019~024] 다음 이차부등식을 푸시오.

019 $x^2-2x+2\leq0$

주어진 부등식의 좌변에서

$x^2-2x+2=(x-1)^2+1\geq1$이므

로 주어진 부등식의 해는

$\boxed{}$

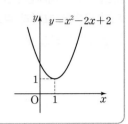

020 $x^2+3x+9\geq0$

021 $x^2+4x+5>0$

022 $x^2-5x+10<0$

023 $-x^2+x-1\geq0$

024 $-2x^2+x-1\leq0$

실전유형

• 정답과 해설 93쪽

유형 1 그래프를 이용한 부등식의 풀이

(1) 부등식 $f(x)>0$의 해
   함수 $y=f(x)$의 그래프가 x축보다 위쪽에 있는 부분의 x의 값의 범위

(2) 부등식 $f(x)<0$의 해
   함수 $y=f(x)$의 그래프가 x축보다 아래쪽에 있는 부분의 x의 값의 범위

참고 부등식 $f(x)>g(x)$의 해
   함수 $y=f(x)$의 그래프가 함수 $y=g(x)$의 그래프보다 위쪽에 있는 부분의 x의 값의 범위

025

이차함수 $y=f(x)$의 그래프가 오른쪽 그림과 같을 때, 부등식 $f(x)\leq0$을 만족시키는 정수 x의 최댓값을 구하시오.

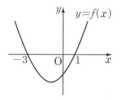

026

이차함수 $y=f(x)$의 그래프와 직선 $y=g(x)$가 오른쪽 그림과 같을 때, 부등식 $f(x)\leq g(x)$의 해를 구하시오.

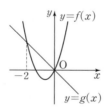

중요
027

이차함수 $y=ax^2+bx+c$의 그래프와 직선 $y=mx+n$이 오른쪽 그림과 같을 때, 이차부등식 $ax^2+(b-m)x+c-n>0$의 해는? (단, a, b, c, m, n은 상수)

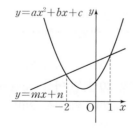

① $x<-2$ ② $-2<x<1$
③ $x<1$ ④ $x>1$
⑤ $x<-2$ 또는 $x>1$

028

두 이차함수 $y=f(x)$, $y=g(x)$의 그래프가 오른쪽 그림과 같을 때, 부등식 $f(x)>g(x)$의 해는 $\alpha<x<\beta$이다. 이때 $\alpha+\beta$의 값을 구하시오.

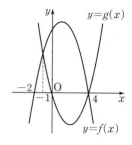

유형 2 이차부등식의 풀이

이차방정식 $f(x)=0$의 판별식을 D라 할 때, 이차부등식 $f(x)>0$, $f(x)<0$의 해는 다음과 같이 구한다.
(1) $D>0$이면 인수분해 또는 근의 공식을 이용한다.
(2) $D\leq0$이면 $f(x)=a(x-p)^2+q$ 꼴로 변형한다.

중요
029

이차부등식 $x^2-3x+8<2x^2-x$의 해가 $x<\alpha$ 또는 $x>\beta$일 때, $\beta-\alpha$의 값은?

① 2   ② 4   ③ 6
④ 8   ⑤ 10

030

이차부등식 $(2x-3)(x+2)<9$를 만족시키는 정수 x의 최댓값은?

① -1 ② 0   ③ 1
④ 2   ⑤ 3

08

이차부등식

031

다음 이차부등식 중 해가 없는 것은?

① $x^2+2x+1 \leq 0$ ② $x^2+3x-4<0$

③ $x^2+3x+8>0$ ④ $-x^2+x-4 \geq 0$

⑤ $-x^2+2x-3<0$

032

이차함수 $y=f(x)$의 그래프가 오른쪽 그림과 같을 때, 부등식 $f(x) \geq 3$의 해를 구하시오.

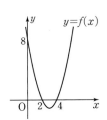

033

이차함수 $y=-x^2+3x+2$의 그래프가 직선 $y=-x-3$보다 위쪽에 있는 부분의 x의 값의 범위가 $a<x<b$일 때, $3a+b$의 값은?

① 1   ② 2   ③ 3

④ 4   ⑤ 5

유형 3 **이차부등식의 활용**

이차부등식의 활용 문제는 다음과 같은 순서로 푼다.
(1) 문제의 상황에 맞게 미지수 x를 정한 후 이차부등식을 세운다.
(2) 이차부등식을 푼다.
(3) 구한 해가 문제의 조건에 맞는지 확인한다.

034

둘레의 길이가 40 m이고 넓이가 96 m² 이상인 직사각형 모양의 광고판을 만들려고 할 때, 이 광고판의 가로의 길이의 최댓값은?

① 10 m   ② 11 m   ③ 12 m

④ 13 m   ⑤ 14 m

중요
035

오른쪽 그림과 같이 한 변의 길이가 50 m인 정사각형 모양의 땅에 폭이 일정한 도로를 만들려고 한다. 도로를 제외한 땅의 넓이가 625 m² 이상이 되도록 할 때, 도로의 최대 폭을 구하시오.

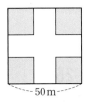

036

어느 전자 제품 판매점에서 스피커 한 대를 10만 원에 판매하면 월 판매량이 100대이고, 한 대의 가격을 x만 원씩 올릴 때마다 월 판매량이 $4x$대씩 줄어든다고 한다. 스피커의 한 달 판매액이 1200만 원 이상이 되도록 할 때, 스피커 한 대의 가격의 범위는?

① 15만 원 이상 20만 원 이하

② 20만 원 이상 25만 원 이하

③ 25만 원 이상 30만 원 이하

④ 30만 원 이상 35만 원 이하

⑤ 35만 원 이상 40만 원 이하

개념 41 이차부등식의 작성

41-1 이차부등식의 작성

이차부등식의 해가 주어지면 해를 구하는 방법을 거꾸로 생각하여 이차부등식을 세울 수 있다.

> **이차부등식의 작성**
> (1) 해가 $\alpha < x < \beta$이고 x^2의 계수가 1인 이차부등식은
> $$(x-\alpha)(x-\beta) < 0 \Rightarrow x^2 - (\alpha+\beta)x + \alpha\beta < 0$$
> (2) 해가 $x < \alpha$ 또는 $x > \beta$ $(\alpha < \beta)$이고 x^2의 계수가 1인 이차부등식은
> $$(x-\alpha)(x-\beta) > 0 \Rightarrow x^2 - (\alpha+\beta)x + \alpha\beta > 0$$

예 (1) 해가 $-3 < x < 1$이고 x^2의 계수가 1인 이차부등식은
$$(x+3)(x-1) < 0 \qquad \therefore \ x^2 + 2x - 3 < 0$$
(2) 해가 $x \le -2$ 또는 $x \ge 3$이고 x^2의 계수가 1인 이차부등식은
$$(x+2)(x-3) \ge 0 \qquad \therefore \ x^2 - x - 6 \ge 0$$

- x^2의 계수가 a인 이차부등식은 x^2의 계수가 1인 이차부등식을 먼저 세운 후 양변에 a를 곱하여 구한다. 이때 $a < 0$이면 부등호의 방향이 바뀐다.

- 해가 $x = \alpha$이고 x^2의 계수가 1인 이차부등식은 $(x-\alpha)^2 \le 0$이고, 해가 $x \ne \alpha$인 모든 실수이고 x^2의 계수가 1인 이차부등식은 $(x-\alpha)^2 > 0$이다.

개념유형

• 정답과 해설 94쪽

41-1 이차부등식의 작성

[037~041] 해가 다음과 같고 x^2의 계수가 1인 이차부등식을 구하시오.

037 $4 < x < 5$

> 해가 $4 < x < 5$이고 x^2의 계수가 1인 이차부등식은
> $$(x-4)\left(x-\boxed{}\right) < 0$$
> $$\therefore \ x^2 - \boxed{}x + \boxed{} < 0$$

038 $x \le -3$ 또는 $x \ge 3$

039 $-1 \le x \le 2$

040 $x < -7$ 또는 $x > -4$

041 $-3 < x < 0$

[042~046] 이차부등식과 그 해가 다음과 같을 때, 상수 a, b 의 값을 구하시오.

042 $ax^2-4x+b<0$
이차부등식의 해: $1<x<3$

x^2의 계수가 a이고 해가 $1<x<3$이므로
$a>0$
해가 $1<x<3$이고 x^2의 계수가 1인 이차부등식은
$(x-1)(x-3)\ \boxed{\ }\ 0$ ∴ $x^2-4x+3\ \boxed{\ }\ 0$
양변에 a를 곱하면 $ax^2-4ax+3a\ \boxed{\ }\ 0\ (\because\ a>0)$
이 부등식이 $ax^2-4x+b<0$과 같으므로
$-4a=\boxed{\ }$, $3a=b$
∴ $a=\boxed{\ }$, $b=\boxed{\ }$

043 $ax^2-17x+b\geq0$
이차부등식의 해: $x\leq7$ 또는 $x\geq10$

044 $ax^2+bx-1<0$
이차부등식의 해: $-1<x<\dfrac{1}{3}$

045 $ax^2+bx+18\geq0$
이차부등식의 해: $-6\leq x\leq3$

046 $ax^2+3x+b<0$
이차부등식의 해: $x<-\dfrac{1}{2}$ 또는 $x>2$

유형 4 해가 주어진 이차부등식

(1) 해가 $\alpha<x<\beta$이고 x^2의 계수가 1인 이차부등식은
$$(x-\alpha)(x-\beta)<0 \Rightarrow x^2-(\alpha+\beta)x+\alpha\beta<0$$
(2) 해가 $x<\alpha$ 또는 $x>\beta$ $(\alpha<\beta)$이고 x^2의 계수가 1인 이차부등식은
$$(x-\alpha)(x-\beta)>0 \Rightarrow x^2-(\alpha+\beta)x+\alpha\beta>0$$
참고 해가 $x=\alpha$이고 x^2의 계수가 1인 이차부등식은
$$(x-\alpha)^2\leq0$$

047 학평 기출
x에 대한 이차부등식 $x^2+ax+6<0$의 해가 $2<x<3$일 때, 상수 a의 값은?

① -5 ② -4 ③ -3
④ -2 ⑤ -1

048 중요
이차부등식 $x^2+ax+b\leq0$의 해가 $-1\leq x\leq2$일 때, 이차부등식 $bx^2+ax+1>0$의 해를 구하시오. (단, a, b는 상수)

049
이차부등식 $2x^2-(4a+1)x+10>0$의 해가 $x<2$ 또는 $x>b$일 때, 상수 a, b에 대하여 ab의 값은? (단, $b>2$)

① 1 ② 3 ③ 5
④ 7 ⑤ 9

050

이차부등식 $4x^2+ax+b\leq 0$의 해가 $x=\dfrac{1}{2}$일 때, 상수 a, b에 대하여 a^2+b^2의 값은?

① 13   ② 15   ③ 17

④ 19   ⑤ 21

051

이차함수 $y=x^2-ax+b$의 그래프가 직선 $y=x+2$보다 아래쪽에 있는 부분의 x의 값의 범위가 $1<x<5$일 때, 상수 a, b에 대하여 $2a-b$의 값을 구하시오.

유형 5   **부등식 $f(x)<0$과 부등식 $f(ax+b)<0$ 사이의 관계**

이차부등식 $f(x)<0$의 해가 $\alpha<x<\beta$로 주어졌을 때, 이차부등식 $f(ax+b)<0$의 해는 다음과 같은 순서로 구한다.
(1) 해가 $\alpha<x<\beta$이고 x^2의 계수가 p $(p>0)$인 이차부등식 $p(x-\alpha)(x-\beta)<0$을 세운다.
(2) (1)에서 구한 이차부등식에서 x 대신 $ax+b$를 대입하여 이차부등식 $f(ax+b)<0$을 푼다.

중요
052 ☆

이차부등식 $f(x)<0$의 해가 $3<x<7$일 때, 부등식 $f(2x-5)<0$의 해는 $\alpha<x<\beta$이다. 이때 $\alpha\beta$의 값은?

① 6   ② 12   ③ 18

④ 24   ⑤ 30

053

이차부등식 $f(x)\geq 0$의 해가 $x\leq -2$ 또는 $x\geq 3$일 때, 부등식 $f(2-x)\leq 0$의 해를 구하시오.

유형 6   **정수인 해의 조건이 주어진 이차부등식**

이차부등식을 만족시키는 정수 x가 n개일 때
➡ 주어진 이차부등식의 해를 구한 후 이 해가 n개의 정수를 포함하도록 수직선 위에 나타낸다.

054

이차부등식 $x^2+2x\leq 2k+kx$를 만족시키는 정수 x가 6개일 때, 자연수 k의 값을 구하시오.

055

x에 대한 이차부등식 $x^2-k^2<0$을 만족시키는 정수 x가 5개일 때, 자연수 k의 값은?

① 1   ② 2   ③ 3

④ 4   ⑤ 5

이차부등식이 항상 성립할 조건

42 -1 이차부등식이 항상 성립할 조건

모든 실수 x에 대하여 주어진 이차부등식이 성립할 조건은 이차함수 $y=ax^2+bx+c$의
그래프의 개형에 따라 다음과 같다.

$ax^2+bx+c>0$	$ax^2+bx+c\geq0$	$ax^2+bx+c<0$	$ax^2+bx+c\leq0$
그래프가 아래로 볼록하고, x축보다 위쪽에 있어야 한다. ➡ $a>0$, $D<0$	그래프가 아래로 볼록하고, x축에 접하거나 x축보다 위쪽에 있어야 한다. ➡ $a>0$, $D\leq0$	그래프가 위로 볼록하고, x축보다 아래쪽에 있어야 한다. ➡ $a<0$, $D<0$	그래프가 위로 볼록하고, x축에 접하거나 x축보다 아래쪽에 있어야 한다. ➡ $a<0$, $D\leq0$

따라서 모든 실수 x에 대하여 주어진 이차부등식이 성립할 조건은 다음과 같다.

> 이차방정식 $ax^2+bx+c=0$의 판별식을 D라 하면
> (1) $ax^2+bx+c>0$ ➡ $a>0$, $D<0$
> (2) $ax^2+bx+c\geq0$ ➡ $a>0$, $D\leq0$
> (3) $ax^2+bx+c<0$ ➡ $a<0$, $D<0$
> (4) $ax^2+bx+c\leq0$ ➡ $a<0$, $D\leq0$

예 다음 이차부등식이 모든 실수 x에 대하여 성립함을 확인해 보자.

(1) 이차부등식 $2x^2-3x+2>0$은 x^2의 계수가 양수이고, 이차방정식 $2x^2-3x+2=0$의 판별식을 D라 할 때, $D=9-16=-7<0$
따라서 주어진 이차부등식은 모든 실수 x에 대하여 성립한다.

(2) 이차부등식 $x^2-4x+4\geq0$은 x^2의 계수가 양수이고, 이차방정식 $x^2-4x+4=0$의 판별식을 D라 할 때, $\dfrac{D}{4}=4-4=0$
따라서 주어진 이차부등식은 모든 실수 x에 대하여 성립한다.

(3) 이차부등식 $-2x^2+x-1<0$은 x^2의 계수가 음수이고, 이차방정식 $-2x^2+x-1=0$의 판별식을 D라 할 때, $D=1-8=-7<0$
따라서 주어진 이차부등식은 모든 실수 x에 대하여 성립한다.

(4) 이차부등식 $-x^2+6x-10\leq0$은 x^2의 계수가 음수이고, 이차방정식 $-x^2+6x-10=0$의 판별식을 D라 할 때, $\dfrac{D}{4}=9-10=-1<0$
따라서 주어진 이차부등식은 모든 실수 x에 대하여 성립한다.

참고 이차부등식이 해를 갖지 않을 조건은 이차부등식이 항상 성립할 조건으로 바꾸어 생각한다.
• $ax^2+bx+c>0$의 해가 없다. ➡ $ax^2+bx+c\leq0$이 항상 성립한다.
• $ax^2+bx+c\geq0$의 해가 없다. ➡ $ax^2+bx+c<0$이 항상 성립한다.

다음은 서로 같은 표현이다.
• 모든 실수 x에 대하여 부등식 $f(x)>0$이 성립한다.
• 부등식 $f(x)>0$이 항상 성립한다.
• 부등식 $f(x)>0$의 해는 모든 실수이다.

이차부등식이라는 조건이 없는 경우 모든 실수 x에 대하여 $ax^2+bx+c>0$이 성립하려면 $a=0$, $b=0$, $c>0$인 경우도 고려해야 한다.

이차부등식이 해를 한 개만 가질 조건
(1) $ax^2+bx+c\leq0$
➡ $a>0$, $D=0$
(2) $ax^2+bx+c\geq0$
➡ $a<0$, $D=0$

• 정답과 해설 96쪽

42 -1 이차부등식이 항상 성립할 조건

[056~062] 다음 이차부등식이 모든 실수 x에 대하여 성립할 때, 상수 k의 값의 범위를 구하시오.

056 $x^2+2x+k>0$

이차방정식 $x^2+2x+k=0$의 판별식을 D라 하면

$\dfrac{D}{4}=\boxed{}-k<0$ ∴ $k>\boxed{}$

057 $x^2-4x+k\geq0$

058 $-x^2-3x+k\leq0$

059 $3x^2+4x+k>0$

060 $-2x^2-3x+k<0$

061 $-x^2+2kx-k\leq0$

062 $x^2+(k+1)x+k+1>0$

[063~067] 다음 이차부등식이 모든 실수 x에 대하여 성립할 때, 상수 k의 값의 범위를 구하시오.

063 $kx^2+2kx+4>0$

주어진 이차부등식이 모든 실수 x에 대하여 성립하면 이차함수 $y=kx^2+2kx+4$의 그래프가 아래로 볼록하므로

$k\ \boxed{}\ 0$ …… ㉠

또 이차방정식 $kx^2+2kx+4=0$의 판별식을 D라 하면

$\dfrac{D}{4}=k^2-4k\ \boxed{}\ 0$

$k(k-4)\ \boxed{}\ 0$ ∴ $0<k<\boxed{}$ …… ㉡

㉠, ㉡에서 $0<k<\boxed{}$

064 $kx^2-3kx+4>0$

065 $kx^2+4kx+3k-5\leq0$

066 $kx^2-2(k+3)x-4<0$

067 $(k+1)x^2-2(k+1)x+2\geq0$

[068~072] 다음 이차부등식의 해가 오직 한 개일 때, 상수 k의 값을 구하시오.

068 $x^2+kx+1\leq0$

> 이차방정식 $x^2+kx+1=0$의 판별식을 D라 하면
> $D=k^2-\boxed{}=0,\ (k+2)(k-\boxed{})=0$
> $\therefore\ k=-2$ 또는 $k=\boxed{}$

069 $x^2-3kx+18\leq0$

070 $x^2-2(k+2)x+4\leq0$

071 $-4x^2+kx+k\geq0$

072 $-x^2+(k+1)x-2k+1\geq0$

[073~077] 다음 이차부등식이 해를 갖지 않을 때, 상수 k의 값의 범위를 구하시오.

073 $x^2-2x+k<0$

> 주어진 부등식이 해를 갖지 않으면 모든 실수 x에 대하여 이차부등식 $x^2-2x+k\boxed{}0$이 성립한다.
> 즉, 이차방정식 $x^2-2x+k=0$의 판별식을 D라 하면
> $\dfrac{D}{4}=1-k\boxed{}0\qquad\therefore\ k\boxed{}1$

074 $x^2+8x+4k\leq0$

075 $x^2+(k-8)x+k<0$

076 $-x^2-x+k>0$

077 $-x^2+2(2k-1)x-(2k-1)>0$

유형 7 모든 실수에 대하여 성립하는 이차부등식

이차방정식 $ax^2+bx+c=0$의 판별식을 D라 할 때, 모든 실수 x에 대하여
(1) $ax^2+bx+c>0$이 성립 ➡ $a>0$, $D<0$
(2) $ax^2+bx+c\geq0$이 성립 ➡ $a>0$, $D\leq0$
(3) $ax^2+bx+c<0$이 성립 ➡ $a<0$, $D<0$
(4) $ax^2+bx+c\leq0$이 성립 ➡ $a<0$, $D\leq0$

078

모든 실수 x에 대하여 이차부등식
$$x^2+(m+2)x+2m+1>0$$
이 성립하도록 하는 모든 정수 m의 값의 합은?

① 3   ② 4   ③ 5
④ 6   ⑤ 7

079

이차부등식 $x^2+2kx-2k+3>0$의 해가 모든 실수일 때, 정수 k의 개수를 구하시오.

080

이차함수 $y=x^2-5x$의 그래프가 직선 $y=-3x+k$보다 항상 위쪽에 있을 때, 정수 k의 최댓값은?

① -3 ② -2 ③ -1
④ 0   ⑤ 1

081 중요

모든 실수 x에 대하여 부등식
$$(a-1)x^2-2(a-1)x+1>0$$
이 성립할 때, 상수 a의 값의 범위는?

① $0<a<1$ ② $1\leq a<2$ ③ $1<a\leq2$
④ $a<1$ ⑤ $a<2$

유형 8 해를 가질 조건이 주어진 이차부등식

이차방정식 $ax^2+bx+c=0$의 판별식을 D라 할 때
(1) 이차부등식 $ax^2+bx+c>0$이 해를 가질 조건
  ① $a>0$일 때 ➡ 이차부등식은 항상 해를 갖는다.
  ② $a<0$일 때 ➡ $D>0$
(2) 주어진 이차부등식이 해를 한 개만 가질 조건
  ① $ax^2+bx+c\leq0$ ➡ $a>0$, $D=0$
  ② $ax^2+bx+c\geq0$ ➡ $a<0$, $D=0$

082

이차부등식 $x^2+(k+3)x+1<0$이 해를 가질 때, 상수 k의 값의 범위를 구하시오.

083

이차부등식 $3x^2+2x+k\leq0$의 해가 오직 한 개일 때, 상수 k의 값을 구하시오.

중요
084 ✦

이차부등식 $kx^2-4kx+8<0$이 해를 가질 때, 상수 k의 값의 범위가 $k<\alpha$ 또는 $k>\beta$이다. $\alpha+\beta$의 값을 구하시오.

085

이차부등식 $(k-2)x^2+2(k-2)x+4\leq0$의 해가 오직 한 개일 때, 상수 k의 값은?

① 2   ② 3   ③ 4

④ 5   ⑤ 6

087

이차부등식 $kx^2-2(k+1)x+4<0$이 해를 갖지 않을 때, 상수 k의 값은?

① 1   ② 2   ③ 3

④ 4   ⑤ 5

유형10 **제한된 범위에서 항상 성립하는 이차부등식**

(1) $\alpha\leq x\leq\beta$에서 이차부등식 $f(x)>0$이 항상 성립
  ➡ $\alpha\leq x\leq\beta$에서 ($f(x)$의 최솟값)>0
(2) $\alpha\leq x\leq\beta$에서 이차부등식 $f(x)<0$이 항상 성립
  ➡ $\alpha\leq x\leq\beta$에서 ($f(x)$의 최댓값)<0

088

$-1\leq x\leq2$에서 이차부등식 $-x^2+2x+k-2\leq0$이 항상 성립할 때, 상수 k의 최댓값을 구하시오.

유형9 **해를 갖지 않을 조건이 주어진 이차부등식**

이차부등식 $ax^2+bx+c>0$이 해를 갖지 않으려면
  ➡ 이차부등식 $ax^2+bx+c\leq0$이 항상 성립
  ➡ 이차방정식 $ax^2+bx+c=0$의 판별식을 D라 할 때
      $a<0$, $D\leq0$

중요
086 ✦

📋 학평 기출

x에 대한 이차부등식 $x^2+8x+(a-6)<0$이 해를 갖지 않도록 하는 실수 a의 최솟값을 구하시오.

중요
089 ✦

$0\leq x\leq3$에서 x에 대한 이차부등식
$2x^2-4x+2k^2-k+1\geq0$이 항상 성립할 때, 상수 k의 값의 범위가 $k\leq\alpha$ 또는 $k\geq\beta$이다. 이때 $\beta-\alpha$의 값은?

① $\dfrac{1}{2}$ ② $\dfrac{3}{4}$ ③ 1

④ $\dfrac{5}{4}$ ⑤ $\dfrac{3}{2}$

43-1 연립이차부등식의 풀이

연립이차부등식은 다음과 같은 순서로 푼다.

(1) 각 부등식을 푼다.
(2) 각 부등식의 해를 하나의 수직선 위에 나타낸다.
(3) 공통부분을 찾아 연립부등식의 해를 구한다.

예 연립부등식 $\begin{cases} x^2+2x-3 \le 0 \\ x^2-8x-9 > 0 \end{cases}$ 을 풀어 보자.

$x^2+2x-3 \le 0$을 풀면 $(x+3)(x-1) \le 0$

$\therefore -3 \le x \le 1$ ...... ㉠

$x^2-8x-9 > 0$을 풀면 $(x+1)(x-9) > 0$

$\therefore x < -1$ 또는 $x > 9$ ...... ㉡

㉠, ㉡을 수직선 위에 나타내면 오른쪽 그림과 같으므로 주어진 연립부등식의 해는

$-3 \le x < -1$

> $\begin{cases} 2x-5 < 0 \\ x^2+3x+2 \ge 0 \end{cases}$ 과 같이 연립부등식을 이루는 부등식 중 차수가 가장 높은 부등식이 이차부등식인 연립부등식을 연립이차부등식이라 한다.
>
> 연립부등식을 이루는 각 부등식의 해의 공통부분이 없으면 연립부등식의 해는 없다.

개념유형

• 정답과 해설 99쪽

43-1 연립이차부등식의 풀이

[090~093] 다음 연립부등식을 푸시오.

090 $\begin{cases} x-4 \le 0 \\ x^2-6x-7 < 0 \end{cases}$

091 $\begin{cases} 2x+5 \ge 0 \\ x^2+3x-4 \le 0 \end{cases}$

092 $\begin{cases} 2x-1 \ge x-2 \\ x^2+x-15 > 5 \end{cases}$

093 $\begin{cases} 4x+1 \le 5 \\ 8x^2-5x-7 < x+2 \end{cases}$

[094~097] 다음 연립부등식을 푸시오.

094 $\begin{cases} x^2-2x-3\geq0 \\ x^2-3x-10<0 \end{cases}$

095 $\begin{cases} x^2-x-5>3x \\ 2x^2-2x-6\leq x^2+2 \end{cases}$

096 $\begin{cases} 2x^2-4<0 \\ -x^2+5x-3>3 \end{cases}$

097 $\begin{cases} -x^2-11x-14\geq4 \\ 3x^2+7x+1\geq1 \end{cases}$

[098~101] 다음 부등식을 푸시오.

098 $x^2-3x<3x-8<7x+2$

099 $4<x^2-2x+1\leq16$

100 $x+9<x^2+7\leq9x-13$

101 $x^2-3x+5\leq2x^2-5<x^2+7x+3$

유형 11 연립이차부등식의 풀이

연립이차부등식은 다음과 같은 순서로 푼다.
(1) 각 부등식을 푼다.
(2) 각 부등식의 해를 하나의 수직선 위에 나타낸다.
(3) 공통부분을 찾아 연립부등식의 해를 구한다.

102

연립부등식 $\begin{cases} 2x-1 \geq 3 \\ x^2-3x-5 \leq -1 \end{cases}$ 의 해가 $a \leq x \leq b$일 때, $a+b$의 값은?

① -6　　② -2　　③ 6
④ 8　　⑤ 10

중요
103
📋 학평 기출

연립부등식 $\begin{cases} x^2-x-12 \leq 0 \\ x^2-3x+2 > 0 \end{cases}$ 을 만족시키는 모든 정수 x의 값의 합은?

① 1　　② 2　　③ 3
④ 4　　⑤ 5

104

부등식 $4x+1 \leq x^2+4 < 2x+7$을 만족시키는 정수 x의 개수를 구하시오.

105

연립부등식 $\begin{cases} |x+2| < 2 \\ x^2+2x+3 > x+5 \end{cases}$ 의 해가 $a < x < b$일 때, ab의 값은?

① -8　　② -4　　③ 4
④ 8　　⑤ 12

유형 12 해가 주어진 연립이차부등식

각 부등식의 해를 구한 후 해의 공통부분과 주어진 해가 일치하도록 수직선 위에 나타내어 미지수의 값의 범위를 구한다.

중요
106

연립부등식 $\begin{cases} x^2-x-6 \geq 0 \\ x^2-(a+7)x+7a \leq 0 \end{cases}$ 의 해가 $3 \leq x \leq 7$일 때, 상수 a의 최댓값은?

① 3　　② 4　　③ 5
④ 6　　⑤ 7

107

연립부등식 $\begin{cases} x^2-4x+3 > 0 \\ x^2+(a-5)x-5a < 0 \end{cases}$ 의 해가 이차부등식 $x^2-8x+15 < 0$의 해와 같을 때, 상수 a의 값의 범위를 구하시오.

유형13 정수인 해의 조건이 주어진 연립이차부등식

연립이차부등식을 만족시키는 정수 x가 n개일 때
➡ 각 부등식의 해를 구한 후 해의 공통부분이 n개의 정수를 포함하도록 수직선 위에 나타낸다.

108

연립부등식 $\begin{cases} x^2-6x+8 \leq 0 \\ x^2+(1-a)x-a<0 \end{cases}$ 을 만족시키는 정수 x의 값이 2뿐일 때, 상수 a의 값의 범위를 구하시오.

109

연립부등식 $\begin{cases} x+1 \leq a \\ x^2-x<2x+4 \end{cases}$ 를 만족시키는 정수 x가 3개일 때, 상수 a의 최솟값을 구하시오.

유형14 해를 갖거나 갖지 않을 조건이 주어진 연립이차부등식

(1) 연립이차부등식이 해를 가질 때
➡ 각 부등식의 해를 구한 후 해의 공통부분이 있도록 수직선 위에 나타낸다.
(2) 연립이차부등식이 해를 갖지 않을 때
➡ 각 부등식의 해를 구한 후 해의 공통부분이 없도록 수직선 위에 나타낸다.

110

연립부등식 $\begin{cases} 2x-2>-x+4 \\ (x-2k)(x-2k-2) \leq 0 \end{cases}$ 이 해를 가질 때, 상수 k의 값의 범위는?

① $k<-2$ ② $k>-2$ ③ $k<0$

④ $k>0$ ⑤ $k<1$

중요
111

x에 대한 연립부등식 $\begin{cases} |x-5|<1 \\ x^2-4ax+3a^2>0 \end{cases}$ 이 해를 갖지 않도록 하는 자연수 a의 개수는?

① 3   ② 4   ③ 5

④ 6   ⑤ 7

유형15 연립이차부등식의 활용

연립이차부등식의 활용 문제는 다음과 같은 순서로 푼다.
(1) 문제에 상황에 맞게 미지수 x를 정한 후 연립이차부등식을 세운다.
(2) 연립이차부등식을 푼다.
(3) 구한 해가 문제의 조건에 맞는지 확인한다.

112

정사각형의 가로의 길이를 3 cm, 세로의 길이를 2 cm만큼 늘여서 직사각형을 만들려고 한다. 이 직사각형의 넓이가 42 cm^2 이상 72 cm^2 이하가 되도록 할 때, 처음 정사각형의 한 변의 길이의 최댓값은?

① 2 cm   ② 3 cm   ③ 4 cm

④ 5 cm   ⑤ 6 cm

중요
113

세 변의 길이가 $x-1$, x, $x+1$인 삼각형이 둔각삼각형이 되도록 하는 자연수 x의 값을 구하시오.

개념 44 이차방정식의 실근의 조건

44-1 이차방정식의 실근의 부호

이차방정식이 두 실근을 가질 때, 이차방정식의 두 실근을 직접 구하지 않고도 다음과 같이 판별식과 근과 계수의 관계를 이용하여 두 실근의 부호를 조사할 수 있다.

> 계수가 실수인 이차방정식의 판별식을 D, 두 실근을 α, β라 하면
> (1) 두 근이 모두 양수 $\Rightarrow D \geq 0$, $\alpha + \beta > 0$, $\alpha\beta > 0$
> (2) 두 근이 모두 음수 $\Rightarrow D \geq 0$, $\alpha + \beta < 0$, $\alpha\beta > 0$
> (3) 두 근이 서로 다른 부호 $\Rightarrow \alpha\beta < 0 \to \alpha\beta < 0$이면 항상 $D > 0$이므로 D의 부호를 조사하지 않아도 된다.

두 실근에 대하여 '서로 다른'이라는 조건이 없으면 중근인 경우를 포함하여 생각한다.

예 이차방정식 $x^2 + 2x + k + 1 = 0$의 두 근이 모두 음수일 때, 실수 k의 값의 범위를 구해 보자.
이차방정식 $x^2 + 2x + k + 1 = 0$의 판별식을 D, 두 근을 α, β라 하면

(i) $D \geq 0$이므로 $\dfrac{D}{4} = 1 - (k+1) \geq 0$ $\quad \therefore k \leq 0$

(ii) $\alpha + \beta = -2 < 0$

(iii) $\alpha\beta > 0$이므로 $k + 1 > 0$ $\quad \therefore k > -1$

(i), (ii), (iii)에서 k의 값의 범위는 $-1 < k \leq 0$

44-2 이차방정식의 실근의 위치

이차방정식 $ax^2 + bx + c = 0 \, (a > 0)$의 두 실근은 이차함수 $f(x) = ax^2 + bx + c$의 그래프와 x축의 교점의 x좌표와 같다. 이차방정식 $ax^2 + bx + c = 0$의 판별식을 D라 할 때, 이차함수의 그래프를 이용하여 다음과 같이 이차방정식의 실근의 위치를 판별할 수 있다.

두 근이 모두 p보다 크다.	두 근이 모두 p보다 작다.	두 근 사이에 p가 있다.
$D \geq 0$, $f(p) > 0$, $-\dfrac{b}{2a} > p$	$D \geq 0$, $f(p) > 0$, $-\dfrac{b}{2a} < p$	$f(p) < 0$

두 실근의 위치를 판별하기 위해서는 판별식의 부호, 경계에서의 함숫값의 부호, 축의 위치를 확인한다.

> **이차방정식의 실근의 위치**
> 이차방정식 $ax^2 + bx + c = 0 \, (a > 0)$의 판별식을 D, $f(x) = ax^2 + bx + c$라 할 때, 상수 p에 대하여
> (1) 두 근이 모두 p보다 크다. $\Rightarrow D \geq 0$, $f(p) > 0$, $-\dfrac{b}{2a} > p$
> (2) 두 근이 모두 p보다 작다. $\Rightarrow D \geq 0$, $f(p) > 0$, $-\dfrac{b}{2a} < p$
> (3) 두 근 사이에 p가 있다. $\Rightarrow f(p) < 0$

• 정답과 해설 101쪽

44 -1 이차방정식의 실근의 부호

[114~116] 이차방정식 $x^2-2kx-4k+5=0$의 두 실근이 다음을 만족시킬 때, 실수 k의 값의 범위를 구하시오.

114 두 근이 모두 양수

이차방정식 $x^2-2kx-4k+5=0$의 판별식을 D, 두 실근을 α, β라 하자.

(i) $D\geq0$이므로

$\dfrac{D}{4}=k^2-(-4k+5)\geq0,\ k^2+4k-5\geq0$

$(k+\boxed{})(k-1)\geq0$ ∴ $k\leq\boxed{}$ 또는 $k\geq1$

(ii) $\alpha+\beta\ \boxed{}\ 0$이므로

$2k\ \boxed{}\ 0$ ∴ $k\ \boxed{}\ 0$

(iii) $\alpha\beta\ \boxed{}\ 0$이므로

$-4k+5\ \boxed{}\ 0$ ∴ $k\ \boxed{}\ \dfrac{5}{4}$

(i), (ii), (iii)에서 k의 값의 범위를 수직선 위에 나타내면 다음 그림과 같다.

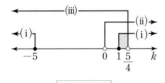

따라서 k의 값의 범위는 $\boxed{}$

115 두 근이 모두 음수

116 두 근이 서로 다른 부호

44 -2 이차방정식의 실근의 위치

[117~119] 이차방정식 $x^2-4kx+3k+1=0$의 두 실근이 다음을 만족시킬 때, 실수 k의 값의 범위를 구하시오.

117 두 근이 모두 1보다 크다.

이차방정식 $x^2-4kx+3k+1=0$의 판별식을 D, $f(x)=x^2-4kx+3k+1$이라 하자.

(i) $D\geq0$이므로

$\dfrac{D}{4}=4k^2-(3k+1)\geq0,\ 4k^2-3k-1\geq0$

$(4k+1)(k-\boxed{})\geq0$ ∴ $k\leq-\dfrac{1}{4}$ 또는 $k\geq\boxed{}$

(ii) $f(1)\ \boxed{}\ 0$이므로

$1-4k+3k+1=2-k\ \boxed{}\ 0$

∴ $k\ \boxed{}\ 2$

(iii) 이차함수 $y=f(x)$의 그래프의 축의 방정식이 $x=2k$이므로 $2k>1$에서 $k>\dfrac{1}{2}$

(i), (ii), (iii)에서 k의 값의 범위를 수직선 위에 나타내면 다음 그림과 같다.

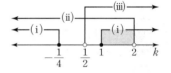

따라서 k의 값의 범위는 $\boxed{}$

118 두 근이 모두 1보다 작다.

119 두 근 사이에 1이 있다.

유형 16 이차방정식의 실근의 부호

계수가 실수인 이차방정식의 판별식을 D, 두 실근을 α, β라 할 때
(1) 두 근이 모두 양수 ➡ $D \geq 0$, $\alpha + \beta > 0$, $\alpha\beta > 0$
(2) 두 근이 모두 음수 ➡ $D \geq 0$, $\alpha + \beta < 0$, $\alpha\beta > 0$
(3) 두 근이 서로 다른 부호 ➡ $\alpha\beta < 0$

중요
120

이차방정식 $x^2 - (k-3)x + k = 0$의 두 근이 모두 양수일 때, 실수 k의 값의 범위는?

① $k \leq 1$ ② $1 \leq k < 3$ ③ $k > 3$
④ $3 < k \leq 9$ ⑤ $k \geq 9$

121

이차방정식 $x^2 + (k+2)x + k + 5 = 0$의 두 근이 모두 음수일 때, 실수 k의 최솟값을 구하시오.

122

x에 대한 이차방정식 $x^2 - (k^2 + 2k - 3)x + k^2 - 3k - 4 = 0$의 두 실근의 절댓값이 같고 부호가 서로 다를 때, 실수 k의 값은?

① -3 ② -2 ③ -1
④ 1 ⑤ 2

유형 17 이차방정식의 실근의 위치

이차방정식 $ax^2 + bx + c = 0 \, (a > 0)$의 판별식을 D, $f(x) = ax^2 + bx + c$라 하면 상수 p에 대하여
(1) 두 근이 모두 p보다 크다.
➡ $D \geq 0$, $f(p) > 0$, $-\dfrac{b}{2a} > p$

(2) 두 근이 모두 p보다 작다.
➡ $D \geq 0$, $f(p) > 0$, $-\dfrac{b}{2a} < p$

(3) 두 근 사이에 p가 있다.
➡ $f(p) < 0$

123

x에 대한 이차방정식 $x^2 + (k^2 + k)x + 5k - 8 = 0$의 두 근 사이에 2가 있을 때, 정수 k의 개수를 구하시오.

124

이차방정식 $x^2 - 2kx - k + 2 = 0$의 두 근이 모두 -1보다 클 때, 실수 k의 값의 범위를 구하시오.

중요
125

이차방정식 $x^2 - kx + k + 8 = 0$의 두 근이 모두 2보다 작을 때, 실수 k의 최댓값을 구하시오.

08
이차부등식

1 유형1

이차함수 $y=ax^2+bx+c$의 그래프와 직선 $y=mx+n$이 오른쪽 그림과 같을 때, 이차부등식
$ax^2+(b-m)x+c-n\leq0$의 해를 구하시오. (단, a, b, c, m, n은 상수)

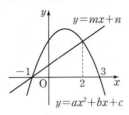

2 유형2

이차부등식 $4x^2+x-2\leq-x^2+4x$의 해가 $\alpha\leq x\leq\beta$일 때, $\beta-\alpha$의 값은?

① $\dfrac{3}{5}$ ② $\dfrac{4}{5}$ ③ 1

④ $\dfrac{6}{5}$ ⑤ $\dfrac{7}{5}$

3 유형3

오른쪽 그림과 같이 가로, 세로의 길이가 각각 $35\,\mathrm{m}$, $20\,\mathrm{m}$인 직사각형 모양의 땅에 폭이 일정한 도로를 만들려고 한다. 도로를 제외한 땅의 넓이가 $250\,\mathrm{m}^2$ 이상이 되도록 할 때, 도로의 최대 폭을 구하시오.

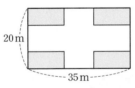

4 유형4

이차부등식 $6x^2+ax+b>0$의 해가 $x<-\dfrac{1}{3}$ 또는 $x>\dfrac{1}{2}$일 때, 이차부등식 $ax^2+bx+6>0$의 해를 구하시오.
(단, a, b는 상수)

5 유형5

이차부등식 $f(x)<0$의 해가 $-6<x<2$일 때, 부등식 $f(4x-2)<0$의 해는 $\alpha<x<\beta$이다. 이때 $\alpha+\beta$의 값은?

① -1 ② 0 ③ 1

④ 2 ⑤ 3

6 유형7

모든 실수 x에 대하여 부등식
$$(a+2)x^2-2(a+2)x+4>0$$
이 성립할 때, 상수 a의 값의 범위는?

① $a<-2$ ② $a\leq-2$ ③ $-2\leq a<2$

④ $-2<a\leq2$ ⑤ $a>2$

7 유형8   ◁서술형▷

이차부등식 $kx^2-kx+4<0$이 해를 가질 때, 상수 k의 값의 범위를 구하시오.

8 유형 9

이차부등식 $2x^2+(k+3)x+2\le 0$이 해를 갖지 않을 때, 정수 k의 개수를 구하시오.

9 유형 10

$-1\le x\le 3$에서 x에 대한 이차부등식 $x^2-4x-3k^2+2k+3\le 0$이 항상 성립할 때, 상수 k의 값의 범위가 $k\le\alpha$ 또는 $k\ge\beta$이다. 이때 $\alpha+\beta$의 값은?

① $\dfrac{1}{6}$ ② $\dfrac{1}{3}$ ③ $\dfrac{1}{2}$

④ $\dfrac{2}{3}$ ⑤ $\dfrac{5}{6}$

10 유형 11

연립부등식 $\begin{cases} 2x^2-5x-7\le 0 \\ x^2+3x-4>0 \end{cases}$ 을 만족시키는 정수 x의 개수를 구하시오.

11 유형 12   ≪서술형≫

연립부등식 $\begin{cases} x^2-2x-3\le 0 \\ x^2-(a+2)x+2a\ge 0 \end{cases}$의 해가 $2\le x\le 3$일 때, 정수 a의 최댓값을 구하시오.

12 유형 14

연립부등식 $\begin{cases} x^2-5x-14\ge 0 \\ (x-k)(x-k-5)\le 0 \end{cases}$ 이 해를 갖지 않을 때, 상수 k의 값의 범위가 $a<k<b$이다. 이때 ab의 값을 구하시오.

13 유형 15

세 변의 길이가 $3x-1$, x, $3x+1$인 삼각형이 예각삼각형이 되도록 하는 자연수 x의 최솟값을 구하시오.

14 유형 16

이차방정식 $x^2-(3k-1)x-k+2=0$의 두 근이 모두 양수일 때, 실수 k의 값의 범위를 구하시오.

15 유형 17

이차방정식 $x^2-2(k+1)x+5k+11=0$의 두 근이 모두 2보다 작을 때, 실수 k의 최댓값은?

① -5 ② -4 ③ -3

④ -2 ⑤ -1

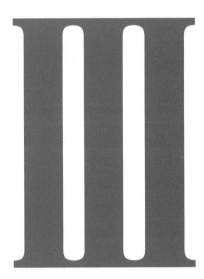

Ⅲ

경우의 수

개념 45 사건과 경우의 수

45 -1 사건과 경우의 수

중학교에서 배운 사건과 경우의 수의 뜻은 다음과 같다.

(1) **사건**: 같은 조건에서 반복할 수 있는 실험이나 관찰에서 나타나는 결과

(2) **경우의 수**: 어떤 사건이 일어나는 모든 경우의 가짓수

예 한 개의 주사위를 던질 때, <u>짝수의 눈이 나오는 경우</u>는 2, 4, 6의 <u>3가지</u>이다.
   사건   경우의 수

> **수형도**
> $a \Big\langle {}^{b-c}_{c-b}$ 와 같이 사건이 일어나는 모든 경우를 나뭇가지 모양의 그림으로 나타낸 것
> **순서쌍**
> (a, b, c), (a, c, b)와 같이 사건이 일어나는 경우를 순서대로 짝 지어 만든 쌍

개념유형

• 정답과 해설 104쪽

45 -1 사건과 경우의 수

[001~006] 다음을 구하시오.

001 어느 학급 학생 27명 중에서 한 명을 뽑는 경우의 수

002 한 개의 주사위를 던질 때, 소수의 눈이 나오는 경우의 수

003 두 사람이 가위바위보를 할 때, 비기는 경우의 수

004 1부터 20까지의 자연수가 각각 하나씩 적힌 20장의 카드에서 1장을 뽑을 때, 뽑은 카드에 적힌 수가 4의 배수인 경우의 수

005 서로 다른 두 개의 주사위를 동시에 던질 때, 나오는 두 눈의 수의 합이 3인 경우의 수

006 각 면에 1부터 12까지의 자연수가 각각 하나씩 적힌 정십이면체 모양의 주사위 한 개를 2번 던질 때, 바닥에 놓인 면에 적힌 두 눈의 수의 곱이 12가 되는 경우의 수

개념 46 합의 법칙과 곱의 법칙

46 -1 합의 법칙

일반적으로 동시에 일어나지 않는 두 사건에 대하여 다음이 성립하고 이를 **합의 법칙**이라 한다.

> 두 사건 A, B가 동시에 일어나지 않을 때, 사건 A와 사건 B가 일어나는 경우의 수가 각각 m, n이면 사건 A 또는 사건 B가 일어나는 경우의 수는
> $$m+n$$

예 오른쪽 그림과 같이 두 지점 P, Q 사이를 오갈 수 있는 버스 편이 3가지, 기차 편이 2가지일 때, 버스 또는 기차를 타고 P 지점에서 Q 지점으로 가는 경우의 수를 구하면 두 교통편을 동시에 이용할 수 없으므로 합의 법칙에 의하여

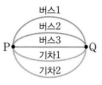

$3+2=5$

참고
- '또는', '이거나' 등의 표현이 있으면 합의 법칙을 이용한다.
- 합의 법칙은 어느 두 사건도 동시에 일어나지 않는 세 사건 이상에 대해서도 성립한다.
- 사건 A와 사건 B가 일어나는 경우의 수가 각각 m, n, 두 사건 A, B가 동시에 일어나는 경우의 수가 l일 때, 사건 A 또는 사건 B가 일어나는 경우의 수는
  $$m+n-l$$

46 -2 곱의 법칙

일반적으로 동시에 일어나는 두 사건에 대하여 다음이 성립하고 이를 **곱의 법칙**이라 한다.

> 두 사건 A, B에 대하여 사건 A가 일어나는 경우의 수가 m, 그 각각에 대하여 사건 B가 일어나는 경우의 수가 n이면 두 사건 A, B가 동시에 일어나는 경우의 수는
> $$m \times n$$

예 오른쪽 그림과 같이 P 지점에서 Q 지점으로 가는 길이 a, b, c의 3가지, Q 지점에서 R 지점으로 가는 길이 d, e의 2가지일 때, P 지점에서 R 지점까지 가는 경우의 수를 구하면 P 지점에서 Q 지점을 거쳐 R 지점까지 연이어 가야 하므로 곱의 법칙에 의하여

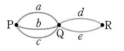

$3 \times 2=6$

참고
- '그리고', '동시에', '연이어', '잇달아' 등의 표현이 있으면 곱의 법칙을 이용한다.
- 곱의 법칙은 동시에 일어나는 세 사건 이상에 대해서도 성립한다.

46 -1 합의 법칙

[007~011] 다음을 구하시오.

007 서로 다른 운동화 3켤레와 구두 5켤레 중에서 1켤레를 택하는 경우의 수

008 A 지점에서 B 지점까지 가는 항공편이 3가지, 배편이 4가지일 때, A 지점에서 B 지점까지 항공편 또는 배편을 이용하여 가는 경우의 수

009 서로 다른 동화책 3권, 소설책 2권, 만화책 3권 중에서 1권을 택할 때, 동화책 또는 소설책을 택하는 경우의 수

010 1부터 10까지의 자연수가 각각 하나씩 적힌 10장의 카드에서 1장을 뽑을 때, 뽑은 카드에 적힌 수가 3의 배수 또는 5의 배수인 경우의 수

011 서로 다른 두 개의 주사위를 동시에 던질 때, 나오는 두 눈의 수의 합이 4 또는 5인 경우의 수

[012~015] 다음 방정식을 만족시키는 자연수 x, y, z의 순서쌍 (x, y, z)의 개수를 구하시오.

012 $2x+y+z=7$

x, y, z가 자연수이므로 $x \geq 1$, $y \geq 1$, $z \geq 1$
주어진 방정식에서 x의 계수가 가장 크므로 x가 될 수 있는 자연수를 구하면 $2x < 7$에서
$x=1$ 또는 $x=2$ 또는 $x=3$
(i) $x=1$일 때, $y+z=\boxed{}$이므로 순서쌍 (y, z)는 $(1, 4)$, $(2, 3)$, $(3, 2)$, $(4, 1)$의 4개
(ii) $x=2$일 때, $y+z=3$이므로 순서쌍 (y, z)는 $(1, 2)$, $(2, \boxed{})$의 2개
(iii) $x=3$일 때, $y+z=1$이므로 순서쌍 (y, z)는 없다.
(i), (ii), (iii)에서 구하는 순서쌍 (x, y, z)의 개수는
$4+2=\boxed{}$

013 $x+y+z=5$

014 $x+2y+z=9$

015 $x+y+3z=12$

[016~019] 다음 부등식을 만족시키는 자연수 x, y의 순서쌍 (x, y)의 개수를 구하시오.

016 $2x+y\leq 6$

> x, y가 자연수이므로 $x\geq 1$, $y\geq 1$
> 주어진 부등식에서 x의 계수가 가장 크므로 x가 될 수 있는 자연수를 구하면 $2x<6$에서
> $x=1$ 또는 $x=2$
> (i) $x=1$일 때, $y\leq 4$이므로 순서쌍 (x, y)는 $(1, 1)$, $(1, 2)$, $(1, 3)$, $(1, \boxed{})$의 4개
> (ii) $x=2$일 때, $y\leq \boxed{}$이므로 순서쌍 (x, y)는 $(2, 1)$, $(2, 2)$의 2개
> (i), (ii)에서 구하는 순서쌍 (x, y)의 개수는
> $4+2=\boxed{}$

017 $x+y\leq 5$

018 $x+3y\leq 10$

019 $2x+3y\leq 12$

---

46 -2 곱의 법칙

[020~024] 다음을 구하시오.

020 셔츠 7종류와 바지 3종류 중에서 셔츠와 바지를 각각 1종류씩 고르는 경우의 수

021 남학생 3명과 여학생 4명으로 구성된 모둠에서 남학생과 여학생을 각각 1명씩 뽑는 경우의 수

022 서로 다른 수학 문제집 4권, 영어 문제집 3권, 국어 문제집 5권 중에서 각 과목별로 1권씩 택하는 경우의 수

023 한 개의 주사위를 2번 던질 때, 첫 번째에 2의 배수의 눈이 나오고 두 번째에 3의 배수의 눈이 나오는 경우의 수

024 서로 다른 두 개의 주사위와 서로 다른 두 개의 동전을 동시에 던질 때, 나오는 모든 경우의 수

09

경우의 수와 순열

다음 다항식을 전개할 때 생기는 서로 다른 항의 개수를 구하시오.

025 $(x+y)(a+b+c)$

026 $(x+y+z)(a+b+c+d)$

027 $(x^2+x+1)(y^3+y^2+y)$

028 $(x+y)(a+b)(p+q+r)$

[029~032] 다음 자연수의 약수의 개수를 구하시오.

029 18

> 18을 소인수분해하면
> $18=2\times3^2$
> 이때 18의 약수는 2의 약수, 3^2의 약수 중에서 각각 하나씩 택하여 곱한 것이다.
> 2의 약수는 $\boxed{}$, 2의 2개, 3^2의 약수는 1, 3, 3^2의 $\boxed{}$개이므로 구하는 약수의 개수는
> $2\times\boxed{}=\boxed{}$

030 48

031 72

032 180

[033~035] 오른쪽 그림과 같이 세 지점 A, B, C를 연결하는 도로가 있다. 같은 지점은 두 번 이상 지나지 않는다고 할 때, 다음을 구하시오.

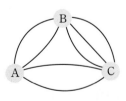

033 A 지점에서 출발하여 B 지점을 거쳐 C 지점으로 가는 경우의 수

034 A 지점에서 출발하여 B 지점을 거치지 않고 C 지점으로 가는 경우의 수

035 A 지점에서 출발하여 C 지점으로 가는 경우의 수

[036~038] 오른쪽 그림과 같이 집, 학교, 서점, 문구점을 연결하는 도로가 있다. 같은 지점은 두 번 이상 지나지 않는다고 할 때, 다음을 구하시오.

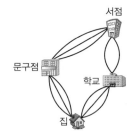

036 집에서 출발하여 문구점을 거쳐 서점으로 가는 경우의 수

037 집에서 출발하여 학교를 거쳐 서점으로 가는 경우의 수

038 집에서 출발하여 서점으로 가는 경우의 수

[039~041] 다음 그림의 A, B, C, D 4개의 영역을 서로 다른 4가지의 색으로 칠하려고 한다. 같은 색을 중복하여 사용해도 좋으나 인접한 영역은 서로 다른 색으로 칠할 때, 칠하는 경우의 수를 구하시오.

(단, 각 영역에는 한 가지 색만 칠한다.)

039

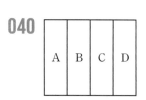

가장 많은 영역과 인접한 영역 중 하나인 A부터 칠하고, B → C → D의 순서로 칠하는 경우를 생각한다.

A에 칠할 수 있는 색은 4가지

B에 칠할 수 있는 색은 A에 칠한 색을 제외한 3가지

C에 칠할 수 있는 색은 A와 B에 칠한 색을 제외한 ☐가지

D에 칠할 수 있는 색은 A와 C에 칠한 색을 제외한 2가지

따라서 구하는 경우의 수는

$4 \times 3 \times \boxed{} \times 2 = \boxed{}$

040

A	B	C	D

041

A	B	C
		D

09
경우의 수와 순열

실전유형

유형 1 합의 법칙

두 사건 A, B가 동시에 일어나지 않을 때, 사건 A와 사건 B가 일어나는 경우의 수가 각각 m, n이면

　　(사건 A 또는 사건 B가 일어나는 경우의 수)$=m+n$

> **참고** 사건 A와 사건 B가 일어나는 경우의 수가 각각 m, n이고, 두 사건 A, B가 동시에 일어나는 경우의 수가 l이면
> 　　(사건 A 또는 사건 B가 일어나는 경우의 수)$=m+n-l$

중요 042

서로 다른 두 개의 주사위를 동시에 던질 때, 나오는 두 눈의 수의 합이 6의 배수인 경우의 수는?

① 4　　　　　② 5　　　　　③ 6

④ 7　　　　　⑤ 8

043

서로 다른 두 개의 주사위를 동시에 던질 때, 나오는 두 눈의 수의 차가 1 이하인 경우의 수를 구하시오.

044

1부터 80까지의 자연수 중에서 2 또는 3으로 나누어떨어지는 수의 개수는?

① 44　　　　　② 47　　　　　③ 50

④ 53　　　　　⑤ 56

유형 2 방정식, 부등식을 만족시키는 순서쌍의 개수

방정식 $ax+by+cz=d$ 또는 부등식 $ax+by+cz\le d$를 만족시키는 자연수 x, y, z의 순서쌍 $(x,\ y,\ z)$의 개수는 x, y, z 중에서 계수의 절댓값이 가장 큰 문자에 1, 2, 3, …을 차례대로 대입하여 구한다.

> **참고** 음이 아닌 정수의 순서쌍을 구할 때는 주어진 방정식 또는 부등식의 계수의 절댓값이 가장 큰 문자에 0, 1, 2, …를 차례대로 대입한다.

중요 045

방정식 $2x+2y+z=10$을 만족시키는 자연수 x, y, z의 순서쌍 $(x,\ y,\ z)$의 개수를 구하시오.

046

부등식 $x+2y\le 7$을 만족시키는 음이 아닌 정수 x, y의 순서쌍 $(x,\ y)$의 개수는?

① 12　　　　　② 14　　　　　③ 16

④ 18　　　　　⑤ 20

047

한 개의 가격이 각각 400원, 1200원, 1600원인 3종류의 과자를 적어도 1개씩 포함하여 6000원어치 사는 경우의 수는?

① 2　　　　　② 3　　　　　③ 4

④ 5　　　　　⑤ 6

유형 3 곱의 법칙

두 사건 A, B에 대하여 사건 A가 일어나는 경우의 수가 m, 그 각각에 대하여 사건 B가 일어나는 경우의 수가 n이면

(두 사건 A, B가 동시에 일어나는 경우의 수)$= m \times n$

참고 곱의 법칙은 동시에 일어나는 셋 이상의 사건에 대해서도 성립한다.

048

티셔츠 5종류, 바지 4종류, 가방 2종류 중에서 티셔츠, 바지, 가방을 각각 1종류씩 고르는 경우의 수를 구하시오.

049

다항식 $(x+y)^2(a+b+c)$를 전개할 때 생기는 서로 다른 항의 개수는?

① 6   ② 9   ③ 12
④ 15   ⑤ 18

중요 050

백의 자리의 숫자는 짝수, 십의 자리의 숫자는 소수, 일의 자리의 숫자는 홀수인 세 자리의 자연수의 개수는?

① 76   ② 78   ③ 80
④ 82   ⑤ 84

유형 4 약수의 개수

자연수 N이

$N = p^a q^b r^c$ (p, q, r는 서로 다른 소수, a, b, c는 자연수)

꼴로 소인수분해될 때, N의 약수의 개수는

$(a+1)(b+1)(c+1)$

참고 두 자연수 A, B의 공약수의 개수는 A, B의 최대공약수의 약수의 개수와 같다.

중요 051

60의 약수의 개수를 a, 100의 약수의 개수를 b라 할 때, $a+b$의 값은?

① 13   ② 15   ③ 17
④ 19   ⑤ 21

052

90과 225의 공약수의 개수는?

① 3   ② 4   ③ 6
④ 8   ⑤ 9

053

$2^2 \times 3^3 \times 5^n$의 약수의 개수가 84일 때, 자연수 n의 값을 구하시오.

유형 5 도로망에서의 경우의 수

도로망에서의 경우의 수를 구할 때
(1) 연이어 갈 수 있는 도로이면 곱의 법칙을 이용한다.
(2) 연이어 갈 수 없는 도로이면 합의 법칙을 이용한다.

054

오른쪽 그림과 같이 세 지점 A, B, C를 연결하는 도로가 있다. A 지점에서 출발하여 C 지점으로 가는 경우의 수를 구하시오.
(단, 같은 지점은 두 번 이상 지나지 않는다.)

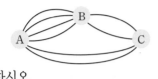

055

오른쪽 그림과 같이 네 지점 A, B, C, D를 연결하는 도로가 있다. A 지점에서 출발하여 C 지점으로 가는 경우의 수를 구하시오. (단, 같은 지점은 두 번 이상 지나지 않는다.)

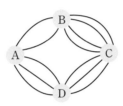

중요
056

오른쪽 그림과 같이 네 지점 A, B, C, D를 연결하는 도로가 있다. A 지점에서 출발하여 C 지점으로 가는 경우의 수는? (단, 같은 지점은 두 번 이상 지나지 않는다.)

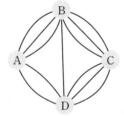

① 15   ② 20
③ 25   ④ 30
⑤ 35

유형 6 색칠하는 경우의 수

색칠하는 경우의 수는 다음과 같은 순서로 구한다.
(1) 가장 많은 영역과 인접하고 있는 영역에 색칠하는 경우의 수를 먼저 구한다.
(2) 서로 같은 색을 칠할 수 있는 영역은 같은 색을 칠하는 경우와 다른 색을 칠하는 경우로 나누어 생각한다.
(3) 곱의 법칙을 이용하여 경우의 수를 구한다.

중요
057

오른쪽 그림의 A, B, C, D 4개의 영역을 서로 다른 5가지의 색으로 칠하려고 한다. 같은 색을 중복하여 사용해도 좋으나 인접한 영역은 서로 다른 색으로 칠할 때, 칠하는 경우의 수를 구하시오. (단, 각 영역에는 한 가지 색만 칠한다.)

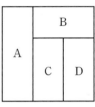

058

오른쪽 그림의 A, B, C, D, E 5개의 영역을 서로 다른 5가지의 색으로 칠하려고 한다. 같은 색을 중복하여 사용해도 좋으나 인접한 영역은 서로 다른 색으로 칠할 때, 칠하는 경우의 수는?
(단, 각 영역에는 한 가지 색만 칠한다.)

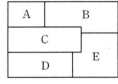

① 450   ② 540   ③ 720
④ 960   ⑤ 1280

059

오른쪽 그림의 A, B, C, D 4개의 영역을 서로 다른 4가지의 색으로 칠하려고 한다. 같은 색을 중복하여 사용해도 좋으나 인접한 영역은 서로 다른 색으로 칠할 때, 칠하는 경우의 수를 구하시오. (단, 각 영역에는 한 가지 색만 칠한다.)

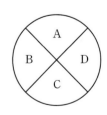

개념 47 순열

47-1 순열

(1) 순열

서로 다른 n개에서 $r\,(0<r\leq n)$개를 택하여 일렬로 배열하는 것을 n개에서 r개를 택하는 **순열**이라 한다.

이때 순열의 가짓수를 **순열의 수**라 하고 기호로 ${}_n\mathrm{P}_r$와 같이 나타낸다.

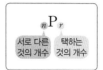

서로 다른 n개에서 r개를 택한 후 순서를 생각하여 일렬로 배열할 때

첫 번째 자리에 올 수 있는 것은 n가지,

두 번째 자리에 올 수 있는 것은 $(n-1)$가지, → 첫 번째 자리에 놓인 것 제외

세 번째 자리에 올 수 있는 것은 $(n-2)$가지, → 두 번째 자리까지 놓인 것 제외

$\vdots$

r번째 자리에 올 수 있는 것은 $\{n-(r-1)\}$가지 → $(r-1)$번째 자리까지 놓인 것 제외

따라서 곱의 법칙에 의하여

$${}_n\mathrm{P}_r=n(n-1)(n-2)\times\cdots\times(n-r+1)$$

> **순열의 수**
>
> 서로 다른 n개에서 r개를 택하는 순열의 수는
>
> $${}_n\mathrm{P}_r=\underline{n(n-1)(n-2)\times\cdots\times(n-r+1)}\ (단,\ 0<r\leq n)$$
>
> n부터 시작하여 1씩 작아지는 수 r개 곱하기

예 학생 7명 중에서 3명을 뽑아 일렬로 세우는 경우의 수 ➡ ${}_7\mathrm{P}_3=7\times6\times5=210$

서로 다른 7개에서 / 3개를 택하여 / 일렬로 배열

(2) 계승

1부터 n까지의 자연수를 차례대로 곱한 것을 n의 **계승**이라 하고, 기호로 $n!$과 같이 나타낸다.

> **n의 계승**
>
> $$n!=n(n-1)(n-2)\times\cdots\times3\times2\times1$$

참고 $0!=1$로 정한다.

(3) $n!$을 이용한 순열의 수

순열의 수를 계승을 이용하여 나타내면 다음과 같다.

> ① ${}_n\mathrm{P}_n=n!,\ {}_n\mathrm{P}_0=1$
>
> ② ${}_n\mathrm{P}_r=\dfrac{n!}{(n-r)!}$ (단, $0\leq r\leq n$)

예 • ${}_6\mathrm{P}_6=6!=6\times5\times4\times3\times2\times1=720$

• ${}_6\mathrm{P}_2=\dfrac{6!}{(6-2)!}=\dfrac{6!}{4!}=6\times5=30$

> **이웃할 때의 순열의 수**
> 이웃하는 것을 한 묶음으로 생각하여 나머지와 함께 일렬로 배열하는 경우의 수와 묶음 안에서 자리를 바꾸는 경우의 수를 곱한다.
>
> **이웃하지 않을 때의 순열의 수**
> 이웃해도 되는 것을 일렬로 배열하는 경우의 수와 이웃해도 되는 것 사이사이와 양 끝에 이웃하지 않는 것을 배열하는 경우의 수를 곱한다.
>
> **'적어도'의 조건이 있을 때의 순열의 수**
> (적어도 ~인 순열의 수)
> =(모든 순열의 수)
>   −(모두 ~가 아닌 순열의 수)

47 -1 순열

[060~065] 다음 값을 구하시오.

060 $_5P_2$

061 $_8P_1$

062 $_9P_3$

063 $_7P_4$

064 $_3P_3$

065 $_6P_0$

[066~069] 다음 값을 구하시오.

066 $4!$

067 $5!$

068 $1!$

069 $0!$

[070~072] 다음 등식을 만족시키는 자연수 n의 값을 구하시오.

070 $_nP_2=56$

071 $_nP_3=60$

072 $_nP_n=24$

[073~075] 다음 등식을 만족시키는 음이 아닌 정수 r의 값을 구하시오.

073 $_9P_r=72$

074 $_6P_r=120$

075 $_7P_r=1$

[076~080] 다음을 구하시오.

076 학생 6명 중에서 3명을 뽑아 일렬로 세우는 경우의 수

077 학생 4명을 일렬로 세우는 경우의 수

078 운동 선수 7명 중에서 주장 1명, 부주장 1명을 뽑는 경우의 수

079 5개의 문자 a, b, c, d, e 중에서 3개를 택하여 일렬로 배열하는 경우의 수

080 후보 8명 중에서 회장 1명, 부회장 1명, 총무 1명을 뽑는 경우의 수

[081~084] 다음을 구하시오.

081 부모님 2명을 포함한 5명의 가족을 일렬로 세울 때, 부모님끼리 서로 이웃하도록 세우는 경우의 수

> 부모님 2명을 한 명으로 생각
> 하여 4명을 일렬로 세우는 경
> 우의 수는 4!=☐
>
> | 부 모 | 가족1 | 가족2 | 가족3 |
>
> 부모님이 자리를 바꾸는 경우의 수는 2!=☐
> 따라서 구하는 경우의 수는 ☐

082 남학생 4명과 여학생 3명을 일렬로 세울 때, 여학생끼리 서로 이웃하도록 세우는 경우의 수

083 6개의 문자 a, b, c, d, e, f를 일렬로 배열할 때, 모음끼리 서로 이웃하도록 배열하는 경우의 수

084 1부터 8까지의 숫자가 각각 하나씩 적힌 8장의 카드를 일렬로 배열할 때, 홀수가 적힌 카드끼리 서로 이웃하도록 배열하는 경우의 수

085 1학년 학생 2명과 2학년 학생 4명을 일렬로 세울 때, 1학년 학생끼리는 서로 이웃하지 않도록 세우는 경우의 수

이웃해도 되는 2학년 학생 4명을 일렬로 세우는 경우의 수는

$4! = \boxed{}$

2학년 학생 사이사이와 양 끝의 5개의 자리에 1학년 학생 2명을 세우는 경우의 수는 $_{\square}P_{\square} = \boxed{}$

따라서 구하는 경우의 수는 $\boxed{}$

086 민재와 경희를 포함한 4명을 일렬로 세울 때, 민재와 경희가 서로 이웃하지 않도록 세우는 경우의 수

087 7개의 문자 a, b, c, d, e, f, g를 일렬로 배열할 때, 모음끼리는 서로 이웃하지 않도록 배열하는 경우의 수

088 남자 3명과 여자 5명을 일렬로 세울 때, 남자끼리는 어느 두 명도 서로 이웃하지 않도록 세우는 경우의 수

089 5개의 문자 a, b, c, d, e 중에서 3개를 택하여 일렬로 배열할 때, b가 맨 앞에 오도록 배열하는 경우의 수

b를 맨 앞에 고정시키고 나머지 a, c, d, e의 4개의 문자 중에서 2개를 택하여 일렬로 배열하면 되므로 구하는 경우의 수는

$_{\square}P_{\square} = \boxed{}$

090 동희를 포함한 7명 중에서 4명을 뽑아 일렬로 세울 때, 동희가 맨 뒤에 오도록 세우는 경우의 수

091 6개의 문자 a, b, c, d, e, f 중에서 5개를 택하여 일렬로 배열할 때, c가 맨 앞에 오고 e가 맨 뒤에 오도록 배열하는 경우의 수

092 A, B를 포함한 5명의 학생을 일렬로 세울 때, 양 끝에 A, B가 오도록 세우는 경우의 수

[093~096] 다음을 구하시오.

093 남학생 3명과 여학생 2명을 일렬로 세울 때, 적어도 한쪽 끝에 남학생이 오도록 세우는 경우의 수

> 5명의 학생을 일렬로 세우는 경우의 수에서 양 끝에 여학생만 오도록 세우는 경우의 수를 빼면 된다.
> (i) 5명의 학생을 일렬로 세우는 경우의 수는 5! = ☐
> (ii) 양 끝에 여학생 2명을 세우는 경우의 수는 2! = ☐
>
> 여 남 남 남 여
>
> 양 끝의 여학생 2명을 제외한 남학생 3명을 일렬로 세우는 경우의 수는 3! = ☐
> 따라서 양 끝에 여학생만 오도록 세우는 경우의 수는 ☐
> (i), (ii)에서 구하는 경우의 수는 ☐

094 6개의 문자 a, b, c, d, e, f 중에서 3개를 택하여 일렬로 배열할 때, 모음을 적어도 1개는 포함하도록 배열하는 경우의 수

095 steady에 있는 6개의 문자를 일렬로 배열할 때, 적어도 한쪽 끝에 자음이 오도록 배열하는 경우의 수

096 축구 선수 4명과 야구 선수 3명을 일렬로 세울 때, 적어도 한쪽 끝에 축구 선수가 오도록 세우는 경우의 수

[097~100] 다섯 개의 숫자 0, 1, 2, 3, 4에서 숫자를 택하여 자연수를 만들 때, 다음을 구하시오.

097 서로 다른 3개의 숫자를 택하여 만들 수 있는 세 자리의 자연수의 개수

> 백의 자리에 올 수 있는 숫자는 0을 제외한 ☐ 개
> 십의 자리와 일의 자리의 숫자를 택하는 경우의 수는 백의 자리에 오는 숫자를 제외한 ☐ 개의 숫자 중에서 2개를 택하여 일렬로 배열하는 경우의 수와 같으므로
> ☐P☐ = ☐
> 따라서 구하는 자연수의 개수는 ☐

098 서로 다른 4개의 숫자를 택하여 만들 수 있는 네 자리의 자연수의 개수

099 서로 다른 4개의 숫자를 택하여 만들 수 있는 네 자리의 자연수 중 홀수의 개수

100 서로 다른 3개의 숫자를 택하여 만들 수 있는 세 자리의 자연수 중 짝수의 개수

실전유형

유형 7 $_n\mathrm{P}_r$의 계산

(1) $_n\mathrm{P}_r = n(n-1)(n-2) \times \cdots \times (n-r+1)$ (단, $0 < r \le n$)

(2) $_n\mathrm{P}_r = \dfrac{n!}{(n-r)!}$ (단, $0 \le r \le n$)

중요
101

등식 $_{n+1}\mathrm{P}_4 = 7 \times _n\mathrm{P}_3$을 만족시키는 자연수 n의 값은?

① 3   ② 4   ③ 5

④ 6   ⑤ 7

102

$_n\mathrm{P}_3 : _{n+1}\mathrm{P}_3 = 2 : 3$을 만족시키는 자연수 n의 값을 구하시오.

103

부등식 $_n\mathrm{P}_3 \le 6 \times _n\mathrm{P}_2$를 만족시키는 모든 자연수 n의 값의 합은?

① 30   ② 33   ③ 36

④ 39   ⑤ 42

유형 8 순열의 수

(1) 서로 다른 n개에서 r개를 택하여 일렬로 배열하는 경우의 수
→ $_n\mathrm{P}_r$

(2) 서로 다른 n개를 모두 일렬로 배열하는 경우의 수
→ $_n\mathrm{P}_n = n!$

104

서로 다른 책 5권을 책꽂이에 일렬로 꽂는 경우의 수는?

① 5   ② 20   ③ 60

④ 120   ⑤ 720

105

남학생 3명과 여학생 4명이 있다. 남학생 중에서 2명을 뽑아 일렬로 세우는 경우의 수를 a, 여학생 중에서 2명을 뽑아 일렬로 세우는 경우의 수를 b라 할 때, $b-a$의 값을 구하시오.

중요
106

어느 동호회 회원 n명 중에서 회장, 부회장, 총무를 각각 1명씩 뽑는 경우의 수가 720일 때, n의 값은?

① 7   ② 8   ③ 9

④ 10   ⑤ 11

유형 9 이웃할 때의 순열의 수

서로 다른 n개 중에서 r개가 서로 이웃하도록 배열하는 경우의 수는 다음과 같은 순서로 구한다.

(1) 이웃하는 것을 한 묶음으로 생각하여 일렬로 배열하는 경우의 수를 구한다. ➡ $(n-r+1)!$

(2) 이웃하는 것끼리 자리를 바꾸는 경우의 수를 구한다. ➡ $r!$

(3) (1), (2)에서 구한 경우의 수를 곱한다.
   ➡ $(n-r+1)! \times r!$

107

찬호와 준형이를 포함한 4명의 학생을 일렬로 세울 때, 찬호와 준형이가 서로 이웃하도록 세우는 경우의 수를 구하시오.

108

어른 3명과 아이 3명이 일렬로 버스에 타려고 할 때, 어른이 연이어 버스에 타는 경우의 수는?

① 24   ② 48   ③ 60

④ 120   ⑤ 144

중요
109

1학년 학생 3명과 2학년 학생 2명을 일렬로 세울 때, 1학년 학생은 1학년 학생끼리, 2학년 학생은 2학년 학생끼리 서로 이웃하도록 세우는 경우의 수는?

① 24   ② 26   ③ 28

④ 30   ⑤ 32

유형 10 이웃하지 않을 때의 순열의 수

서로 다른 n개 중에서 r개가 서로 이웃하지 않도록 배열하는 경우의 수는 다음과 같은 순서로 구한다.

(1) 이웃해도 되는 것을 일렬로 배열하는 경우의 수를 구한다.
   ➡ $(n-r)!$

(2) 이웃해도 되는 것의 사이사이와 양 끝에 이웃하지 않는 것을 배열하는 경우의 수를 구한다. ➡ $_{n-r+1}P_r$

(3) (1), (2)에서 구한 경우의 수를 곱한다.
   ➡ $(n-r)! \times {}_{n-r+1}P_r$

참고 두 집단의 구성원의 수가 각각 n일 때, 두 집단의 구성원이 교대로 서는 경우의 수 ➡ $2 \times n! \times n!$

110 학평 기출

숫자 1, 2, 3, 4, 5가 하나씩 적혀 있는 5장의 카드가 있다. 이 5장의 카드를 모두 일렬로 나열할 때, 짝수가 적혀 있는 카드끼리 서로 이웃하지 않도록 나열하는 경우의 수는?

① 24   ② 36   ③ 48

④ 60   ⑤ 72

중요
111

남학생 3명, 여학생 4명을 일렬로 세울 때, 남학생끼리는 어느 두 학생도 서로 이웃하지 않도록 세우는 경우의 수를 구하시오.

112

simulate에 있는 8개의 문자를 일렬로 배열할 때, 자음과 모음이 교대로 오도록 배열하는 경우의 수는?

① 144   ② 288   ③ 576

④ 1152   ⑤ 2304

자리에 대한 조건이 있을 때의 순열의 수는 다음과 같은 순서로 구한다.
(1) 특정한 자리를 고정시키고, 그 자리에 배열하는 경우의 수를 구한다.
(2) 특정한 자리를 제외한 나머지 자리에 배열하는 경우의 수를 구한다.
(3) (1), (2)에서 구한 경우의 수를 곱한다.

113

7명의 후보 A, B, C, D, E, F, G 중에서 회장 1명, 부회장 1명, 서기 1명을 뽑을 때, D가 서기로 뽑히는 경우의 수를 구하시오.

114

mentor에 있는 6개의 문자를 일렬로 배열할 때, 맨 앞에 모음이 오도록 배열하는 경우의 수는?

① 210　　　　② 220　　　　③ 230
④ 240　　　　⑤ 250

중요
115 ☆

남학생 4명과 여학생 3명을 일렬로 세울 때, 같은 성별의 학생을 양 끝에 세우는 경우의 수는?

① 360　　　　② 720　　　　③ 1080
④ 1440　　　　⑤ 2160

116

5개의 문자 A, B, C, D, E를 일렬로 배열할 때, A와 C 사이에 B 하나만 있도록 배열하는 경우의 수를 구하시오.

(사건 A가 적어도 한 번 일어나는 경우의 수)
＝(모든 경우의 수)－(사건 A가 일어나지 않는 경우의 수)

중요
117 ☆

almond에 있는 6개의 문자를 일렬로 배열할 때, 적어도 한쪽 끝에 모음이 오도록 배열하는 경우의 수는?

① 288　　　　② 432　　　　③ 554
④ 624　　　　⑤ 700

118

6개의 숫자 1, 2, 3, 4, 5, 6이 각각 하나씩 적힌 6장의 카드를 일렬로 배열할 때, 1과 2가 적힌 카드 사이에 적어도 한 장의 카드가 오도록 배열하는 경우의 수를 구하시오.

유형13 순열을 이용한 자연수의 개수

주어진 조건에 따라 기준이 되는 자리에 오는 숫자를 먼저 배열하고 나머지 자리에 남은 숫자를 배열한다.
이때 맨 앞자리에는 0이 올 수 없음에 주의한다.
➡ 서로 다른 n개의 한 자리의 숫자를 한 번씩 사용하여 만들 수 있는 r자리의 자연수의 개수
  (1) n개의 숫자에 0이 없는 경우: $_n\mathrm{P}_r$
  (2) n개의 숫자에 0이 있는 경우: $(n-1) \times _{n-1}\mathrm{P}_{r-1}$

119

일곱 개의 숫자 0, 1, 2, 3, 4, 5, 6에서 서로 다른 4개를 사용하여 만들 수 있는 네 자리의 자연수의 개수를 구하시오.

중요
120 ★

다섯 개의 숫자 0, 1, 2, 3, 4에서 서로 다른 3개를 사용하여 만들 수 있는 세 자리의 자연수 중 홀수의 개수는?

① 10   ② 12   ③ 14
④ 16   ⑤ 18

121

여섯 개의 숫자 0, 1, 2, 3, 4, 5에서 서로 다른 5개를 사용하여 만들 수 있는 다섯 자리의 자연수 중 5의 배수의 개수는?

① 208   ② 210   ③ 212
④ 214   ⑤ 216

유형14 사전식 배열에서 특정한 위치 찾기

문자를 사전식으로 배열하거나 숫자를 크기순으로 배열하는 경우에는 기준이 되어 자리를 정할 수 있는 문자 또는 숫자를 먼저 배열한 후 순열을 이용하여 나머지 자리에 남은 문자 또는 숫자를 배열하는 경우의 수를 구한다.

122

여섯 개의 숫자 3, 4, 5, 6, 7, 8에서 서로 다른 5개를 사용하여 만들 수 있는 다섯 자리의 자연수 중 57000보다 큰 수의 개수를 구하시오.

123

5개의 문자 A, B, C, D, E를 모두 한 번씩만 사용하여 만든 문자열을 사전식으로 배열할 때, BDCAE는 몇 번째에 나타나는지 구하면?

① 36번째   ② 37번째   ③ 38번째
④ 39번째   ⑤ 40번째

중요
124 ★

study에 있는 5개의 문자를 모두 한 번씩만 사용하여 만든 문자열을 사전식으로 배열할 때, 50번째에 나타나는 문자열은?

① tdsuy   ② tdsyu   ③ tdusy
④ tduys   ⑤ tdysu

실전유형 으로 중단원 점검

1 유형 1

서로 다른 두 개의 주사위를 동시에 던질 때, 나오는 두 눈의 수의 합이 12의 약수인 경우의 수는?

① 8   ② 10   ③ 12
④ 14   ⑤ 16

2 유형 2

방정식 $x+2y+3z=14$를 만족시키는 자연수 x, y, z의 순서쌍 (x, y, z)의 개수를 구하시오.

3 유형 3

백의 자리의 숫자는 홀수, 십의 자리의 숫자는 3의 배수, 일의 자리의 숫자는 6의 약수인 세 자리의 자연수의 개수는?

① 36   ② 48   ③ 60
④ 72   ⑤ 84

4 유형 4

112의 약수의 개수를 a, 300의 약수의 개수를 b라 할 때, ab의 값은?

① 10   ② 18   ③ 60
④ 120   ⑤ 180

5 유형 5

오른쪽 그림과 같이 네 지점 A, B, C, D를 연결하는 도로가 있다. A 지점에서 출발하여 C 지점으로 가는 경우의 수를 구하시오. (단, 같은 지점은 두 번 이상 지나지 않는다.)

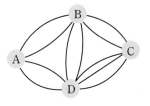

6 유형 6

오른쪽 그림의 A, B, C, D, E, F 6개의 영역을 서로 다른 5가지의 색으로 칠하려고 한다. 같은 색을 중복하여 사용해도 좋으나 인접한 영역은 서로 다른 색으로 칠할 때, 칠하는 경우의 수를 구하시오. (단, 각 영역에는 한 가지 색만 칠한다.)

A				
B	C	D	E	F

7 유형 7

등식 $_{2n}\mathrm{P}_3=100\times{_n}\mathrm{P}_2$를 만족시키는 자연수 n의 값은?

① 9   ② 10   ③ 11
④ 12   ⑤ 13

8 유형 8

n명의 학생으로 구성된 학급에서 반장 1명, 부반장 1명을 뽑는 경우의 수가 132일 때, n의 값을 구하시오.

9 유형 9

세 쌍의 부부가 뮤지컬 관람을 하기로 하였다. 좌석 번호가 R1부터 R6까지 일렬로 나란히 붙어 있는 티켓을 구매하였을 때, 부부끼리 서로 이웃하도록 앉는 경우의 수는?

① 24   ② 48   ③ 60
④ 96   ⑤ 120

10 유형 10   《 서술형 》

triangle에 있는 8개의 문자를 일렬로 배열할 때, 모음끼리는 어느 두 개도 서로 이웃하지 않도록 배열하는 경우의 수를 구하시오.

11 유형 11

1학년 학생 2명과 2학년 학생 5명을 일렬로 세울 때, 같은 학년의 학생을 양 끝에 세우는 경우의 수는?

① 2400   ② 2480   ③ 2560
④ 2640   ⑤ 2720

12 유형 12

central에 있는 7개의 문자를 일렬로 배열할 때, 적어도 한 쪽 끝에 자음이 오도록 배열하는 경우의 수를 구하시오.

13 유형 13

여섯 개의 숫자 0, 1, 2, 3, 4, 5에서 서로 다른 4개를 사용하여 만들 수 있는 네 자리의 자연수 중 짝수의 개수는?

① 144   ② 150   ③ 156
④ 162   ⑤ 168

14 유형 14

5개의 문자 a, b, c, d, e를 모두 한 번씩만 사용하여 만든 문자열을 사전식으로 배열할 때, 79번째에 나타나는 문자열을 구하시오.

개념 48 조합

48-1 조합

(1) 조합

서로 다른 n개에서 순서를 생각하지 않고 $r\,(0<r\leq n)$개를 택하는 것을 n개에서 r개를 택하는 **조합**이라 한다.

이때 조합의 가짓수를 **조합의 수**라 하고 기호로 $_n\mathrm{C}_r$와 같이 나타낸다.

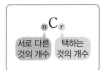

서로 다른 n개에서 $r\,(0<r\leq n)$개를 택하는 경우의 수는 $_n\mathrm{C}_r$이고, 그 각각에 대하여 택한 r개를 일렬로 배열하는 경우의 수는 $r!$이므로 서로 다른 n개에서 r개를 택하여 일렬로 배열하는 경우의 수는 곱의 법칙에 의하여 $_n\mathrm{C}_r \times r!$이다.

이는 $_n\mathrm{P}_r$와 같으므로

$$_n\mathrm{C}_r \times r! = {_n\mathrm{P}_r}$$

$$\therefore\ _n\mathrm{C}_r = \frac{_n\mathrm{P}_r}{r!} = \frac{n!}{r!(n-r)!}\ (단,\ 0<r\leq n)$$

이때 $0!=1$, $_n\mathrm{P}_0=1$이므로 $_n\mathrm{C}_0=1$로 정하면 위의 식은 $r=0$일 때도 성립한다.

> **조합의 수**
>
> 서로 다른 n개에서 r개를 택하는 조합의 수는 $_n\mathrm{C}_0=1$로 정하면
>
> $$_n\mathrm{C}_r = \frac{_n\mathrm{P}_r}{r!} = \frac{n!}{r!(n-r)!}\ (단,\ 0\leq r\leq n)$$

예 학생 5명 중에서 2명을 뽑는 경우의 수 $\Rightarrow$ $_5\mathrm{C}_2 = \dfrac{_5\mathrm{P}_2}{2!} = \dfrac{5\times 4}{2\times 1} = 10$
서로 다른 5개에서   순서를 생각하지 않고 2개를 택하기

(2) 조합의 수의 성질

조합의 수에 대하여 다음과 같은 성질이 성립한다.

> ① $_n\mathrm{C}_r = {_n\mathrm{C}_{n-r}}$ (단, $0\leq r\leq n$)
> ② $_n\mathrm{C}_r = {_{n-1}\mathrm{C}_r} + {_{n-1}\mathrm{C}_{r-1}}$ (단, $1\leq r<n$)

예 ① 학생 5명 중에서 2명을 뽑는 경우의 수는 학생 5명 중에서 뽑지 않는 3명을 고르는 경우
의 수와 같다. $\Rightarrow$ $\underset{_5\mathrm{C}_2}{_5\mathrm{C}_2} = \underset{_5\mathrm{C}_3}{_5\mathrm{C}_3}$

② A를 포함한 학생 6명 중에서 3명을 뽑는 경우의 수는 A를 제외한 학생 5명 중에서 3명
$\underset{_6\mathrm{C}_3}{}$ $\underset{_5\mathrm{C}_3}{}$
을 뽑는 경우의 수와 A를 이미 뽑았다고 생각하고 나머지 학생 5명 중에서 2명을 뽑는
$\underset{_5\mathrm{C}_2}{}$
경우의 수의 합과 같다. $\Rightarrow$ $_6\mathrm{C}_3 = {_5\mathrm{C}_3} + {_5\mathrm{C}_2}$

순열은 순서를 생각하여 택하는 것이고, 조합은 순서를 생각하지 않고 택하는 것이다.

> **특정한 것을 포함할 때의 조합의 수**
> 서로 다른 n개에서 특정한 k개를 포함하여 r개를 뽑는 경우의 수
> $\Rightarrow$ $(n-k)$개 중에서 $(r-k)$개를 뽑는 경우의 수

> **특정한 것을 포함하지 않을 때의 조합의 수**
> 서로 다른 n개에서 특정한 k개를 제외하고 r개를 뽑는 경우의 수
> $\Rightarrow$ $(n-k)$개 중에서 r개를 뽑는 경우의 수

> **'적어도'의 조건이 있을 때의 조합의 수**
> (적어도 ~인 조합의 수)
> = (모든 조합의 수)
> $\quad$ − (모두 ~가 아닌 조합의 수)

• 정답과 해설 115쪽

48-1 **조합**

[001~006] 다음 값을 구하시오.

001 $_8C_3$

002 $_9C_1$

003 $_{13}C_4$

004 $_{11}C_9$

005 $_5C_5$

006 $_8C_0$

[007~010] 다음 □ 안에 알맞은 수를 써넣으시오.

007 $_6C_2 = \dfrac{_6P_2}{\square!}$

008 $_7C_3 = \dfrac{_7P_\square}{3!}$

009 $_9C_3 = \dfrac{9!}{3!\,\square!}$

010 $_\square C_2 = \dfrac{7!}{2!\,5!}$

[011~014] 다음 등식을 만족시키는 자연수 n 또는 음이 아닌 정수 r의 값을 구하시오.

011 $_nC_2 = 15$

012 $_nC_3 = 35$

013 $_{n+1}C_3 = 20$

014 $_7C_r = 1$

[015~018] 다음 등식을 만족시키는 자연수 n 또는 r의 값을 구하시오.

015 $_nC_2 = {_nC_{11}}$

016 $_nC_7 = {_nC_8}$

017 $_{13}C_r = {_{13}C_8}$ (단, $r \neq 8$)

018 $_7C_3 + {_7C_4} = {_8C_r}$

[019~023] 다음을 구하시오.

019 학생 7명 중에서 대표 3명을 뽑는 경우의 수

020 메뉴 8종류 중에서 서로 다른 2종류를 고르는 경우의 수

021 5개의 문자 a, b, c, d, e 중에서 서로 다른 2개를 택하는 경우의 수

022 1부터 10까지의 자연수 중에서 서로 다른 3개를 택하는 경우의 수

023 야구 선수 5명과 축구 선수 7명 중에서 3명을 뽑을 때, 3명 모두 야구 선수를 뽑는 경우의 수

[024~027] 다음을 구하시오.

024 5개의 문자 a, b, c, d, e 중에서 서로 다른 3개를 택할 때, b를 포함하지 않고 택하는 경우의 수

> b를 제외한 4개의 문자 중에서 서로 다른 3개를 택하면 되므로 구하는 경우의 수는
>
> $\square C_3 = \boxed{}$

025 1부터 10까지의 자연수 중에서 서로 다른 3개를 택할 때, 4는 포함하지 않고 택하는 경우의 수

026 1학년 학생 6명과 2학년 학생 2명 중에서 5명을 뽑을 때, 2학년 학생을 모두 포함하여 뽑는 경우의 수

027 남학생 4명과 여학생 5명 중에서 4명을 뽑을 때, 특정한 남학생 1명과 특정한 여학생 1명을 모두 포함하여 뽑는 경우의 수

[028~030] 다음을 구하시오.

028 서로 다른 소설책 3권과 만화책 5권 중에서 4권을 고를 때, 소설책을 적어도 1권은 포함하여 고르는 경우의 수

> 책 8권 중에서 4권을 고르는 경우의 수에서 만화책만 4권을 고르는 경우의 수를 빼면 된다.
>
> (i) 책 8권 중에서 4권을 고르는 경우의 수는
>
> $_8C_4 = \boxed{}$
>
> (ii) 만화책만 4권을 고르는 경우의 수는
>
> $_5C_4 = \boxed{}$
>
> (i), (ii)에서 구하는 경우의 수는 $\boxed{}$

029 1학년 학생 3명과 2학년 학생 4명 중에서 3명을 뽑을 때, 1학년 학생을 적어도 1명은 포함하여 뽑는 경우의 수

030 6개의 문자 a, b, c, d, e, f 중에서 서로 다른 3개를 택할 때, 모음을 적어도 1개는 포함하여 택하는 경우의 수

[031~033] 다음을 구하시오.

031 남학생 5명과 여학생 4명 중에서 남학생 2명과 여학생 2명을 뽑아 일렬로 세우는 경우의 수

남학생 5명 중에서 2명을 뽑는 경우의 수는
$\square C_2 = \boxed{}$
여학생 4명 중에서 2명을 뽑는 경우의 수는
$\square C_2 = \boxed{}$
뽑은 4명을 일렬로 세우는 경우의 수는 $4! = \boxed{}$
따라서 구하는 경우의 수는 $\boxed{}$

032 1반 학생 6명과 2반 학생 5명 중에서 1반 학생 3명과 2반 학생 2명을 뽑아 일렬로 세우는 경우의 수

033 A 동아리 회원 4명, B 동아리 회원 6명, C 동아리 회원 3명 중에서 A 동아리 회원 2명, B 동아리 회원 2명, C 동아리 회원 1명을 뽑아 일렬로 세우는 경우의 수

[034~037] 다음을 구하시오.

034 오른쪽 그림과 같이 평행한 두 직선 l, m 위에 6개의 점이 있을 때, 주어진 점을 이어서 만들 수 있는 서로 다른 직선의 개수

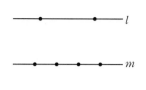

직선 l 위에 있는 점 1개와 직선 m 위에 있는 점 1개를 택하여 만들 수 있는 직선의 개수는
$\square C_1 \times \square C_1 = \boxed{}$
또 직선 l 위에 있는 점으로 만들 수 있는 직선이 1개, 직선 m 위에 있는 점으로 만들 수 있는 직선이 1개이므로 구하는 직선의 개수는
$\boxed{} + 1 + 1 = \boxed{}$

035 오른쪽 그림과 같이 평행한 두 직선 l, m 위에 8개의 점이 있을 때, 주어진 점을 이어서 만들 수 있는 서로 다른 직선의 개수

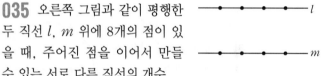

036 오른쪽 그림과 같이 원 위에 5개의 점이 있을 때, 주어진 점을 이어서 만들 수 있는 서로 다른 직선의 개수

037 오른쪽 그림과 같이 직사각형의 변 위에 8개의 점이 있을 때, 주어진 점을 이어서 만들 수 있는 서로 다른 직선의 개수

[038~041] 다음을 구하시오.

038 오른쪽 그림과 같이 반원 위에 있는 8개의 점 중에서 3개의 점을 꼭짓점으로 하는 삼각형의 개수

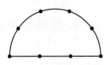

만들 수 있는 삼각형의 개수는 한 직선 위에 있지 않은 3개의 점을 택하는 경우의 수와 같다.

8개의 점 중에서 3개를 택하는 경우의 수는

$\square C_3 = \boxed{}$

한 직선 위에 있는 4개의 점 중에서 3개를 택하는 경우의 수는

$\square C_3 = \boxed{}$

따라서 구하는 삼각형의 개수는 $\boxed{}$

039 오른쪽 그림과 같이 반원 위에 있는 10개의 점 중에서 3개의 점을 꼭짓점으로 하는 삼각형의 개수

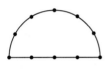

040 오른쪽 그림과 같이 평행한 두 직선 l, m 위에 있는 7개의 점 중에서 3개의 점을 꼭짓점으로 하는 삼각형의 개수

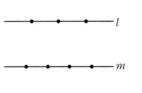

041 오른쪽 그림과 같이 원 위에 있는 8개의 점 중에서 4개의 점을 꼭짓점으로 하는 사각형의 개수

유형 1 $_nC_r$의 계산

(1) $_nC_r = \dfrac{_nP_r}{r!} = \dfrac{n!}{r!(n-r)!}$ (단, $0 \le r \le n$)

(2) $_nC_r = {}_nC_{n-r}$ (단, $0 \le r \le n$)

042
자연수 m, n에 대하여 두 등식
$$_mC_2 = 28, \quad _{n+3}C_n = 10$$
이 성립할 때, $m+n$의 값은?

① 6   ② 7   ③ 8

④ 9   ⑤ 10

중요
043 ☆
등식 $_{n-2}C_2 + {}_nC_2 = {}_{n+1}C_2$를 만족시키는 자연수 n의 값을 구하시오.

044
등식 $_{10}C_{2r} = {}_{10}C_{r+4}$를 만족시키는 모든 자연수 r의 값의 합은?

① 4   ② 5   ③ 6

④ 7   ⑤ 8

유형 2 조합의 수

서로 다른 n개에서 순서를 생각하지 않고 r개를 택하는 경우의 수 ➡ $_n\mathrm{C}_r$

참고 서로 다른 n개의 자연수 중에서 $a<b$를 만족시키는 자연수 a, b를 정하는 경우의 수
➡ n개 중에서 2개를 뽑아 크기가 작은 순서대로 a, b로 정하면 되므로 $_n\mathrm{C}_2$

045

1부터 10까지의 자연수가 각각 하나씩 적힌 10장의 카드 중에서 3장을 동시에 뽑을 때, 3장 모두 홀수가 적힌 카드를 뽑는 경우의 수를 구하시오.

중요 046 ⌣ 〓모평 기출

어느 학교 동아리 회원은 1학년이 6명, 2학년이 4명이다. 이 동아리에서 7명을 뽑을 때, 1학년에서 4명, 2학년에서 3명을 뽑는 경우의 수를 구하시오.

중요 047 ⌣

어느 마라톤 대회에 참가한 n명의 참가자가 다른 참가자와 모두 한 번씩 악수를 하였더니 전체 횟수가 78이었다. 이때 n의 값을 구하시오.

048

자연수 a, b에 대하여 부등식 $1<a<b\leq8$을 만족시키는 순서쌍 (a, b)의 개수는?

① 20   ② 21   ③ 22
④ 23   ⑤ 24

유형 3 특정한 것을 포함하거나 포함하지 않을 때의 조합의 수

(1) 서로 다른 n개에서 특정한 k개를 포함하여 r개를 뽑는 경우의 수
➡ $(n-k)$개 중에서 $(r-k)$개를 뽑는 경우의 수
➡ $_{n-k}\mathrm{C}_{r-k}$

(2) 서로 다른 n개에서 특정한 k개를 포함하지 않고 r개를 뽑는 경우의 수
➡ $(n-k)$개 중에서 r개를 뽑는 경우의 수
➡ $_{n-k}\mathrm{C}_r$

049

어느 고등학교의 리듬 체조 선수 11명 중에서 특정한 선수 3명을 포함하여 선발전에 나갈 7명을 뽑는 경우의 수는?

① 60   ② 70   ③ 80
④ 90   ⑤ 100

중요 050 ⌣

7개의 문자 a, b, c, d, e, f, g 중에서 서로 다른 4개를 택할 때, f는 포함하지 않고 모음은 모두 포함하여 택하는 경우의 수를 구하시오.

중요 051 ⌣

남학생 4명과 여학생 7명 중에서 남학생 2명, 여학생 4명을 뽑을 때, 특정한 남학생 1명과 특정한 여학생 1명을 모두 포함하여 뽑는 경우의 수는?

① 24   ② 36   ③ 48
④ 60   ⑤ 72

(사건 A가 적어도 한 번 일어나는 경우의 수)
=(모든 경우의 수)−(사건 A가 일어나지 않는 경우의 수)

052

서로 다른 음료수 4개와 아이스크림 6개 중에서 3개를 택할 때, 음료수를 적어도 1개는 포함하여 택하는 경우의 수는?

① 88   ② 94   ③ 100
④ 106   ⑤ 112

중요
053

어느 회사의 A 팀 직원 6명과 B 팀 직원 7명 중에서 4명을 뽑아 프로젝트 팀을 만들려고 할 때, A 팀 직원과 B 팀 직원을 각각 적어도 1명씩은 포함하여 뽑는 경우의 수는?

① 605   ② 620   ③ 635
④ 650   ⑤ 665

중요
054

어느 동호회 회원 12명 중에서 운영진 3명을 뽑을 때, 여자 회원을 적어도 1명은 포함하여 뽑는 경우의 수가 185이다. 이때 여자 회원은 몇 명인지 구하시오.

조건을 만족시키도록 r개를 뽑은 후에 일렬로 배열하는 경우의 수는 다음과 같은 순서로 구한다.
(1) 조합을 이용하여 조건을 만족시키도록 r개를 뽑는 경우의 수를 구한다.
(2) 뽑은 r개를 일렬로 배열하는 경우의 수를 구한다.
(3) (1), (2)에서 구한 경우의 수를 곱한다.

중요
055

남학생 4명과 여학생 6명 중에서 남학생 2명과 여학생 3명을 뽑아 일렬로 세우는 경우의 수는?

① 120   ② 1200   ③ 1440
④ 12000   ⑤ 14400

056

부모님 2명을 포함한 7명의 가족 중에서 부모님을 포함하여 4명을 뽑아 일렬로 세우는 경우의 수를 구하시오.

057

합창단 동호회 회원 9명 중에서 성은이와 희근이를 포함하여 5명을 뽑아 무대 위에 일렬로 줄을 세워 공연 연습을 하려고 한다. 성은이와 희근이가 서로 이웃하도록 세우는 경우의 수는?

① 1540   ② 1680   ③ 1840
④ 2000   ⑤ 2120

유형 6 직선과 대각선의 개수

(1) 어느 세 점도 한 직선 위에 있지 않은 서로 다른 n개의 점으로 만들 수 있는 서로 다른 직선의 개수
➡ $_nC_2$

(2) n각형의 대각선의 개수
➡ $_nC_2 - n$ ← n각형의 변의 개수

유형 7 다각형의 개수

(1) 어느 세 점도 한 직선 위에 있지 않은 서로 다른 n개의 점에 대하여
① 3개의 점을 꼭짓점으로 하는 삼각형의 개수 ➡ $_nC_3$
② 4개의 점을 꼭짓점으로 하는 사각형의 개수 ➡ $_nC_4$

(2) m개의 서로 평행한 직선과 n개의 서로 평행한 직선이 만날 때, 이 직선으로 만들어지는 평행사변형의 개수
➡ $_mC_2 \times _nC_2$

058

오른쪽 그림과 같이 원 위에 6개의 점이 있을 때, 주어진 점을 이어서 만들 수 있는 서로 다른 직선의 개수는?

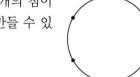

① 13　　② 14
③ 15　　④ 16
⑤ 17

061

오른쪽 그림과 같이 평행한 두 직선 l, m 위에 있는 8개의 점 중에서 4개의 점을 꼭짓점으로 하는 사각형의 개수를 구하시오.

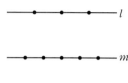

중요 059

오른쪽 그림과 같이 평행한 두 직선 l, m 위에 15개의 점이 있을 때, 주어진 점을 이어서 만들 수 있는 서로 다른 직선의 개수는?

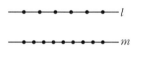

① 54　　② 56　　③ 58
④ 60　　⑤ 62

중요 062

오른쪽 그림과 같이 반원 위에 있는 7개의 점 중에서 3개의 점을 꼭짓점으로 하는 삼각형의 개수는?

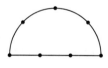

① 31　　② 32　　③ 33
④ 34　　⑤ 35

중요 060

오른쪽 그림과 같은 팔각형에서 대각선의 개수를 구하시오.

중요 063

오른쪽 그림과 같이 4개의 평행한 직선과 5개의 평행한 직선이 서로 만날 때, 이 직선으로 만들어지는 평행사변형의 개수를 구하시오.

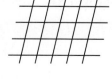

1 유형 1

등식 $_nC_2 + _nC_3 = 2 \times _{2n}C_1$을 만족시키는 자연수 n의 값은?

① 3   ② 4   ③ 5
④ 6   ⑤ 7

2 유형 2

밴드부 학생 6명과 연극부 학생 7명 중에서 밴드부 학생과 연극부 학생을 각각 2명씩 뽑는 경우의 수는?

① 285   ② 300   ③ 315
④ 330   ⑤ 345

3 유형 2

어느 야구 대회에 참가한 n개의 팀이 다른 팀과 모두 한 번씩 경기를 하였더니 전체 경기 수가 55이었다. 이때 n의 값을 구하시오.

4 유형 3

1부터 10까지의 자연수가 각각 하나씩 적힌 10개의 공이 들어 있는 상자에서 3개를 동시에 꺼낼 때, 6이 적힌 공은 반드시 꺼내고 10의 약수가 적힌 공은 꺼내지 않는 경우의 수는?

① 4   ② 6   ③ 8
④ 10   ⑤ 12

5 유형 3

기태를 포함한 남학생 5명과 진희를 포함한 여학생 6명 중에서 남학생 3명, 여학생 2명을 뽑을 때, 기태와 진희를 모두 포함하여 뽑는 경우의 수는?

① 28   ② 30   ③ 32
④ 34   ⑤ 36

6 유형 4

1학년 학생 8명과 2학년 학생 5명 중에서 3명을 뽑아 봉사 활동을 하려고 할 때, 1학년 학생과 2학년 학생을 각각 적어도 1명씩은 포함하여 뽑는 경우의 수를 구하시오.

7 〔유형4〕 ◁ 서술형 ▷

10대와 20대로 구성된 어느 동호회 회원 14명 중에서 운영진 3명을 뽑을 때, 20대 회원을 적어도 1명은 포함하여 뽑는 경우의 수가 308이다. 이때 20대 회원은 몇 명인지 구하시오.

8 〔유형5〕

어른 4명과 아이 3명 중에서 어른 2명과 아이 2명을 뽑아 일렬로 세우는 경우의 수는?

① 72　　　　② 144　　　　③ 180

④ 216　　　　⑤ 432

9 〔유형6〕

오른쪽 그림과 같이 평행한 두 직선 l, m 위에 13개의 점이 있을 때, 주어진 점을 이어서 만들 수 있는 서로 다른 직선의 개수를 구하시오.

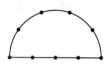

10 〔유형6〕

오른쪽 그림과 같은 십이각형에서 대각선의 개수는?

① 36　　　　② 42

③ 48　　　　④ 54

⑤ 60

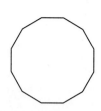

11 〔유형7〕

오른쪽 그림과 같이 반원 위에 있는 9개의 점 중에서 3개의 점을 꼭짓점으로 하는 삼각형의 개수는?

① 64　　　　② 74　　　　③ 84

④ 94　　　　⑤ 104

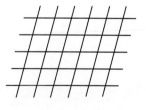

12 〔유형7〕

오른쪽 그림과 같이 5개의 평행한 직선과 6개의 평행한 직선이 서로 만날 때, 이 직선으로 만들어지는 평행사변형의 개수를 구하시오.

10

조합

IV

행렬

11 행렬의 연산

개념 49 행렬의 뜻

49 -1 행렬의 뜻

(1) **행렬**: 여러 개의 수나 문자를 직사각형 모양으로
배열하여 괄호로 묶어 나타낸 것
(2) **성분**: 행렬을 구성하고 있는 각각의 수나 문자
(3) **행**: 행렬의 성분을 가로로 배열한 줄
(4) **열**: 행렬의 성분을 세로로 배열한 줄
(5) $m \times n$ **행렬**: m개의 행과 n개의 열로 이루어진
행렬
(6) **정사각행렬**: 행의 개수와 열의 개수가 서로 같은 행렬

$$\begin{array}{ccc} \text{제1열} & \text{제2열} & \text{제3열} \\ \end{array}$$
$$\begin{array}{c} \text{제1행} \leftarrow \\ \text{제2행} \leftarrow \end{array} \begin{pmatrix} 1 & 5 & 0 \\ -2 & 3 & 2 \end{pmatrix}$$
$$\Rightarrow 2 \times 3 \text{ 행렬}$$
행의 개수 ┘   └ 열의 개수

> 행렬의 가로줄이 행이고, 윗줄부터 차례대로 제1행, 제2행, 제3행, …이라 한다.
> 또 행렬의 세로줄이 열이고 왼쪽부터 차례대로 제1열, 제2열, 제3열, …이라 한다.

참고 $n \times n$ 행렬을 n차 정사각행렬이라 한다.

예 · $(1 \quad -2 \quad 0 \quad 5)$는 행이 1개, 열이 4개이므로 1×4 행렬이다.

· $\begin{pmatrix} -2 & 1 \\ 5 & 3 \\ 2 & 0 \end{pmatrix}$은 행이 3개, 열이 2개이므로 3×2 행렬이다.

· $\begin{pmatrix} 2 & -1 \\ 3 & 0 \end{pmatrix}$은 행이 2개, 열이 2개이므로 2×2 행렬, 즉 이차정사각행렬이다.

49 -2 행렬의 성분

행렬 A의 제i행과 제j열이 만나는 위치에 있는 성분
을 행렬 A의 (i, j) **성분**이라 하고, 기호로
$$a_{ij}$$
와 같이 나타낸다.
이때 행렬 A를 간단히 $A = (a_{ij})$로 나타낼 수 있다.

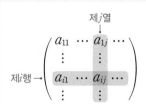

> 2×3 행렬 A는
> $A = \begin{pmatrix} a_{11} & a_{12} & a_{13} \\ a_{21} & a_{22} & a_{23} \end{pmatrix}$ 또는
> $A = (a_{ij})\ (i=1, 2, j=1, 2, 3)$
> 와 같이 나타낼 수 있다.

예 행렬 $A = \begin{pmatrix} 2 & -2 & 0 \\ -5 & 4 & 6 \end{pmatrix}$에 대하여

· 행렬 A의 $(1, 2)$ 성분은 제1행과 제2열 만나는 수이므로 -2이다. → $a_{12} = -2$
· 행렬 A의 $(2, 3)$ 성분은 제2행과 제3열 만나는 수이므로 6이다. → $a_{23} = 6$

참고 일반적으로 행렬은 알파벳의 대문자 $A, B, C, \dots$를 사용하여 나타내고, 행렬의 성분은 소문자 $a, b, c, \dots$를 사용하여 나타낸다.

• 정답과 해설 121쪽

49 -1 행렬의 뜻

[001~003] 두 학생 A, B의 국어, 영어, 수학 시험 점수가 다음 표와 같을 때, 다음 물음에 답하시오.

(단위: 점)

	국어	영어	수학
A	80	95	97
B	91	89	100

001 이 표에서 수만 직사각형 모양으로 배열하고 양쪽에 괄호로 묶어 행렬로 나타내시오.

002 001의 행렬에서 제2행의 성분을 모두 쓰시오.

003 001의 행렬에서 제2열의 성분을 모두 쓰시오.

[004~005] 행렬 $\begin{pmatrix} 1 & -2 & 8 & 0 \\ 5 & 4 & -3 & 6 \end{pmatrix}$에 대하여 다음을 구하시오.

004 행의 개수

005 열의 개수

[006~012] 다음 행렬은 몇 행 몇 열의 행렬인지 □ 안에 알맞은 수를 써넣으시오.

006 $\begin{pmatrix} 1 \\ 2 \end{pmatrix}$ □×□ 행렬

007 $(-1 \quad 3)$ □×□ 행렬

008 $(5 \quad -3 \quad 0)$ □×□ 행렬

009 $\begin{pmatrix} 0 \\ -4 \\ 2 \\ 7 \end{pmatrix}$ □×□ 행렬

010 $\begin{pmatrix} 1 & 0 \\ 9 & 7 \\ -4 & 6 \end{pmatrix}$ □×□ 행렬

011 $\begin{pmatrix} 2 & 0 & -1 & 5 \\ 4 & 1 & 6 & 3 \end{pmatrix}$ □×□ 행렬

012 $\begin{pmatrix} 1 & 4 & 5 \\ 8 & -2 & 4 \\ 0 & 6 & -3 \end{pmatrix}$ □×□ 행렬

49 -2 행렬의 성분

[013~019] 행렬 $A=\begin{pmatrix} -1 & 0 & 1 \\ 5 & -2 & 4 \\ 0 & 3 & 2 \end{pmatrix}$ 에서 $A=(a_{ij})$일 때,

다음을 구하시오.

013 $(1, 2)$ 성분

014 $(2, 3)$ 성분

015 a_{31}

016 $a_{13}+a_{22}$

017 $a_{21}-a_{33}$

018 $i=j$인 성분 a_{ij}의 합

019 $i<j$인 성분 a_{ij}의 합

[020~025] 행렬 A의 (i, j) 성분 a_{ij}가 다음과 같을 때, 행렬 A를 구하시오.

020 $a_{ij}=i-2$ (단, $i=1, 2, j=1, 2$)

021 $a_{ij}=i+j$ (단, $i=1, 2, j=1, 2, 3$)

022 $a_{ij}=i-j+2$ (단, $i=1, 2, 3, j=1, 2$)

023 $a_{ij}=(-1)^{i+j}$ (단, $i=1, 2, 3, j=1, 2, 3$)

024 $a_{ij}=\begin{cases} 0 & (i=j) \\ 1 & (i\neq j) \end{cases}$ (단, $i=1, 2, j=1, 2$)

025 $a_{ij}=\begin{cases} i+j & (i\geq j) \\ ij & (i<j) \end{cases}$ (단, $i=1, 2, 3, j=1, 2, 3$)

• 정답과 해설 122쪽

유형 1   행렬의 (i, j) 성분

행렬 $A=(a_{ij})$의 (i, j) 성분 a_{ij}
➡ 행렬 A의 제i행과 제j열이 만나는 위치에 있는 성분
➡ a_{ij}를 나타내는 식에 $i=1, 2, ..., j=1, 2, ...$를 대입한 값

026

3×2 행렬 A의 (i, j) 성분 a_{ij}가 $a_{ij}=ij+j-2$일 때, $a_{12}+a_{21}+a_{32}$의 값을 구하시오.

중요
027

📋 학평 기출

이차정사각행렬 A의 (i, j) 성분 a_{ij}를

$$a_{ij}=\begin{cases} 3i+j & (i가 홀수일 때) \\ 3i-j & (i가 짝수일 때) \end{cases}$$

로 정의하자. 이때 행렬 A의 모든 성분의 합은?

① 12   ② 15   ③ 18
④ 21   ⑤ 24

028

이차정사각행렬 A의 (i, j) 성분 a_{ij}가 $a_{ij}=i^2-4j$일 때, 이차정사각행렬 B의 (i, j) 성분 b_{ij}는 $b_{ij}=a_{ji}$를 만족시킨다. 이때 행렬 B는?

① $\begin{pmatrix} -4 & -7 \\ 0 & -3 \end{pmatrix}$ ② $\begin{pmatrix} -4 & 0 \\ -7 & -3 \end{pmatrix}$ ③ $\begin{pmatrix} -3 & -7 \\ 0 & -4 \end{pmatrix}$

④ $\begin{pmatrix} -3 & 0 \\ -7 & -4 \end{pmatrix}$ ⑤ $\begin{pmatrix} 3 & 0 \\ 7 & 4 \end{pmatrix}$

유형 2   행렬의 활용

주어진 조건에 따라 행렬의 각 성분을 차례대로 구한 후 직사각형 모양으로 배열하고 괄호로 묶어 행렬로 나타낸다.

029

오른쪽 표는 노선 번호가 1, 2, 3인 세 마을버스가 정차하는 정류장을 조사하여 나타낸 것이다. 행렬 A의 (i, j) 성분 a_{ij}가

정류장	정차하는 노선 번호
P_1	2, 3
P_2	1, 2, 3
P_3	1

$$a_{ij}=\begin{cases} 1 & (정류장 P_i에 j번 버스가 정차하는 경우) \\ 0 & (정류장 P_i에 j번 버스가 정차하지 않는 경우) \end{cases}$$

일 때, 행렬 A를 구하시오. (단, $i=1, 2, 3$, $j=1, 2, 3$)

중요
030

세 도시 A_1, A_2, A_3 사이를 화살표 방향으로 통행하도록 연결한 도로망이 오른쪽 그림과 같다. 도시 A_i에서 도시 A_j로 바로 가는 도로의 수를 a_{ij}라 할 때, a_{ij}를 (i, j) 성분으로 하는 행렬은? (단, $i=1, 2, 3$, $j=1, 2, 3$)

① $\begin{pmatrix} 0 & 0 & 1 \\ 0 & 2 & 2 \\ 1 & 1 & 1 \end{pmatrix}$ ② $\begin{pmatrix} 0 & 0 & 1 \\ 1 & 1 & 1 \\ 0 & 2 & 2 \end{pmatrix}$ ③ $\begin{pmatrix} 0 & 2 & 2 \\ 0 & 0 & 1 \\ 1 & 1 & 1 \end{pmatrix}$

④ $\begin{pmatrix} 0 & 2 & 2 \\ 1 & 1 & 1 \\ 0 & 0 & 1 \end{pmatrix}$ ⑤ $\begin{pmatrix} 1 & 1 & 1 \\ 0 & 0 & 1 \\ 0 & 2 & 2 \end{pmatrix}$

50-1 서로 같은 행렬

두 행렬 A, B가 서로 같은 꼴이고 대응하는 성분이 각각 같을 때, 두 행렬 A, B는 **서로 같다**고 하고, 기호로 $A=B$와 같이 나타낸다.

두 이차정사각행렬에 대하여 행렬이 서로 같을 조건은 다음과 같다.

> 두 행렬 $A=\begin{pmatrix} a_{11} & a_{12} \\ a_{21} & a_{22} \end{pmatrix}$, $B=\begin{pmatrix} b_{11} & b_{12} \\ b_{21} & b_{22} \end{pmatrix}$에 대하여 $A=B$이면
>
> $a_{11}=b_{11}$, $a_{12}=b_{12}$, $a_{21}=b_{21}$, $a_{22}=b_{22}$

예 등식 $\begin{pmatrix} a & b \\ -2 & 5 \end{pmatrix}=\begin{pmatrix} 3 & -1 \\ c & d \end{pmatrix}$를 만족시키는 실수 a, b, c, d의 값을 구해 보자.

두 행렬이 서로 같으려면 두 행렬의 대응하는 성분이 각각 같아야 하므로

$a=3$, $b=-1$, $c=-2$, $d=5$

참고 • 두 행렬 A, B가 서로 같지 않을 때, 기호로 $A \neq B$와 같이 나타낸다.

• 세 행렬 A, B, C에 대하여 $A=B$, $B=C$이면 $A=C$이다.

— 두 행렬 A, B의 행의 개수와 열의 개수가 각각 같을 때, 두 행렬 A, B는 서로 같은 꼴이라 한다.

개념유형

• 정답과 해설 122쪽

50-1 서로 같은 행렬

[031~034] 다음 등식을 만족시키는 실수 a, b의 값을 구하시오.

031 $(a \quad b)=(-1 \quad 4)$

032 $\begin{pmatrix} a-1 \\ b+2 \end{pmatrix}=\begin{pmatrix} 3 \\ 1 \end{pmatrix}$

033 $\begin{pmatrix} 0 & a+1 \\ 2b & -3 \end{pmatrix}=\begin{pmatrix} 0 & 5 \\ 6 & -3 \end{pmatrix}$

034 $\begin{pmatrix} 3a-2 & 2 \\ 1 & -4 \end{pmatrix}=\begin{pmatrix} 7 & 2 \\ 1 & 4-2b \end{pmatrix}$

• 정답과 해설 122쪽

[035~039] 다음 등식을 만족시키는 실수 a, b, c의 값을 구하시오.

035 $\begin{pmatrix} 2a & a-b \\ 1 & b+2c \end{pmatrix} = \begin{pmatrix} 4 & -3 \\ 1 & 1 \end{pmatrix}$

036 $\begin{pmatrix} ab & 3b \\ 14 & -1 \end{pmatrix} = \begin{pmatrix} -8 & 6 \\ ac+2 & -1 \end{pmatrix}$

037 $\begin{pmatrix} a+b & -3 \\ c & 2a \end{pmatrix} = \begin{pmatrix} 3 & -3 \\ 2b & b \end{pmatrix}$

038 $\begin{pmatrix} a+b & a-b \\ -6 & 4 \end{pmatrix} = \begin{pmatrix} 5 & -1 \\ -6 & c-2a \end{pmatrix}$

039 $\begin{pmatrix} a^2-2a & a+2 \\ b-a & 2a \end{pmatrix} = \begin{pmatrix} 3 & a^2 \\ -b+5 & c \end{pmatrix}$

유형 3 **서로 같은 행렬**

두 행렬 $A = \begin{pmatrix} a_{11} & a_{12} \\ a_{21} & a_{22} \end{pmatrix}$, $B = \begin{pmatrix} b_{11} & b_{12} \\ b_{21} & b_{22} \end{pmatrix}$에 대하여 $A = B$이면
$a_{11} = b_{11}$, $a_{12} = b_{12}$, $a_{21} = b_{21}$, $a_{22} = b_{22}$

040 〔≡학평 기출〕

두 행렬 $A = \begin{pmatrix} a-1 & 4 \\ 2 & 6 \end{pmatrix}$, $B = \begin{pmatrix} 5 & 4 \\ 2 & b+2 \end{pmatrix}$에 대하여 $A = B$일 때, $a+b$의 값은?

① 9   ② 10   ③ 11
④ 12   ⑤ 13

041

등식 $\begin{pmatrix} a+c & a^2-5a & 3 \\ b & 0 & a^2-3a \end{pmatrix} = \begin{pmatrix} 8 & -6 & 3 \\ 2c & 0 & -2 \end{pmatrix}$를 만족시키는 실수 a, b, c에 대하여 abc의 값을 구하시오.

042 중요 ☆

두 행렬 $A = \begin{pmatrix} -8 & \alpha+\beta \\ \alpha & \beta \end{pmatrix}$, $B = \begin{pmatrix} 2\alpha\beta & 2 \\ \alpha & \beta \end{pmatrix}$에 대하여 $A = B$일 때, 실수 α, β에 대하여 $\alpha^3 + \beta^3$의 값은?

① 16   ② 20   ③ 24
④ 28   ⑤ 32

51-1 행렬의 덧셈과 뺄셈

(1) 행렬의 덧셈과 뺄셈

같은 꼴인 두 행렬 A, B에 대하여 행렬 A와 행렬 B의 대응하는 각 성분을 더한 것을 성분으로 하는 행렬을 행렬 A와 행렬 B의 합이라 하고, 기호로 $A+B$와 같이 나타낸다. 또 행렬 A의 각 성분에서 그에 대응하는 행렬 B의 성분을 뺀 것을 성분으로 하는 행렬을 행렬 A와 행렬 B의 차라 하고, 기호로 $A-B$와 같이 나타낸다.

두 이차정사각행렬의 합과 차는 다음과 같다.

> 두 행렬 $A=\begin{pmatrix} a_{11} & a_{12} \\ a_{21} & a_{22} \end{pmatrix}$, $B=\begin{pmatrix} b_{11} & b_{12} \\ b_{21} & b_{22} \end{pmatrix}$에 대하여
>
> $A+B=\begin{pmatrix} a_{11}+b_{11} & a_{12}+b_{12} \\ a_{21}+b_{21} & a_{22}+b_{22} \end{pmatrix}$, $A-B=\begin{pmatrix} a_{11}-b_{11} & a_{12}-b_{12} \\ a_{21}-b_{21} & a_{22}-b_{22} \end{pmatrix}$

예 두 행렬 $A=\begin{pmatrix} -1 & 2 \\ 3 & -4 \end{pmatrix}$, $B=\begin{pmatrix} 5 & 1 \\ -2 & -1 \end{pmatrix}$에 대하여

$A+B=\begin{pmatrix} -1 & 2 \\ 3 & -4 \end{pmatrix}+\begin{pmatrix} 5 & 1 \\ -2 & -1 \end{pmatrix}=\begin{pmatrix} -1+5 & 2+1 \\ 3+(-2) & -4+(-1) \end{pmatrix}=\begin{pmatrix} 4 & 3 \\ 1 & -5 \end{pmatrix}$

$A-B=\begin{pmatrix} -1 & 2 \\ 3 & -4 \end{pmatrix}-\begin{pmatrix} 5 & 1 \\ -2 & -1 \end{pmatrix}=\begin{pmatrix} -1-5 & 2-1 \\ 3-(-2) & -4-(-1) \end{pmatrix}=\begin{pmatrix} -6 & 1 \\ 5 & -3 \end{pmatrix}$

(2) 영행렬

> 모든 성분이 0인 행렬을 **영행렬**이라 하고, 기호로 O와 같이 나타낸다.

예 $(0,\ 0)$, $\begin{pmatrix} 0 \\ 0 \end{pmatrix}$, $\begin{pmatrix} 0 & 0 \\ 0 & 0 \end{pmatrix}$, $\begin{pmatrix} 0 & 0 & 0 \\ 0 & 0 & 0 \end{pmatrix}$은 모두 영행렬이다.

참고 행렬 A와 영행렬 O가 같은 꼴일 때, 다음이 성립한다.

$$A+O=O+A=A,\ A-O=A,\ A-A=O$$

- **행렬의 덧셈에 대한 성질**
  같은 꼴인 세 행렬 A, B, C에 대하여
  (1) $A+B=B+A$
  (2) $(A+B)+C$
   $=A+(B+C)$

- 영행렬은 행렬의 각 꼴마다 하나씩 있다.

51-2 행렬의 실수배

임의의 실수 k에 대하여 행렬 A의 각 성분을 k배 한 것을 성분으로 하는 행렬을 행렬 A의 k배라 하고, 기호로 kA와 같이 나타낸다.

이차정사각행렬의 실수배는 다음과 같다.

> 행렬 $A=\begin{pmatrix} a_{11} & a_{12} \\ a_{21} & a_{22} \end{pmatrix}$와 실수 k에 대하여 $kA=\begin{pmatrix} ka_{11} & ka_{12} \\ ka_{21} & ka_{22} \end{pmatrix}$

예 행렬 $A=\begin{pmatrix} -1 & 0 \\ 3 & 4 \end{pmatrix}$에 대하여 $2A=\begin{pmatrix} 2\times(-1) & 2\times0 \\ 2\times3 & 2\times4 \end{pmatrix}=\begin{pmatrix} -2 & 0 \\ 6 & 8 \end{pmatrix}$

참고 $1A=A$, $0A=O$가 성립한다.

- **행렬의 실수배에 대한 성질**
  같은 꼴인 두 행렬 A, B와 실수 k, l에 대하여
  (1) $(kl)A=k(lA)$
  (2) $(k+l)A=kA+lA$,
   $k(A+B)=kA+kB$

• 정답과 해설 123쪽

51 -1 행렬의 덧셈과 뺄셈

[043~048] 다음을 계산하시오.

043 $(2 \quad 4) + (3 \quad 1)$

044 $\begin{pmatrix} 1 \\ 5 \\ -7 \end{pmatrix} + \begin{pmatrix} 0 \\ -3 \\ 9 \end{pmatrix}$

045 $\begin{pmatrix} -1 & 3 \\ 0 & 2 \end{pmatrix} + \begin{pmatrix} 4 & -2 \\ 6 & -5 \end{pmatrix}$

046 $\begin{pmatrix} 3 & 6 & 1 \\ 2 & 0 & -4 \end{pmatrix} + \begin{pmatrix} -5 & 4 & 8 \\ -3 & -2 & 9 \end{pmatrix}$

047 $\begin{pmatrix} -2 & 5 \\ 8 & -7 \\ 0 & 2 \end{pmatrix} + \begin{pmatrix} -1 & 6 \\ -9 & 7 \\ -3 & 1 \end{pmatrix}$

048 $\begin{pmatrix} 3 & 1 & -1 \\ 2 & -2 & 0 \\ 5 & 10 & -5 \end{pmatrix} + \begin{pmatrix} 4 & 2 & -3 \\ 1 & 7 & 6 \\ -4 & -9 & 8 \end{pmatrix}$

[049~054] 다음을 계산하시오.

049 $(5 \quad 2) - (4 \quad 6)$

050 $\begin{pmatrix} -2 \\ 4 \\ 6 \end{pmatrix} - \begin{pmatrix} 8 \\ -4 \\ 10 \end{pmatrix}$

051 $\begin{pmatrix} 4 & -3 \\ 6 & 5 \end{pmatrix} - \begin{pmatrix} 2 & -1 \\ 7 & -4 \end{pmatrix}$

052 $\begin{pmatrix} 1 & -3 & 5 \\ -6 & 4 & -1 \end{pmatrix} - \begin{pmatrix} -1 & -7 & 3 \\ 2 & 0 & 6 \end{pmatrix}$

053 $\begin{pmatrix} 3 & 6 \\ -5 & 0 \\ -9 & 1 \end{pmatrix} - \begin{pmatrix} 1 & 7 \\ -7 & 3 \\ 5 & 4 \end{pmatrix}$

054 $\begin{pmatrix} 1 & -3 & 0 \\ 4 & 9 & 1 \\ 0 & -7 & 6 \end{pmatrix} - \begin{pmatrix} 3 & -5 & 4 \\ 0 & 10 & 7 \\ 1 & 5 & -8 \end{pmatrix}$

[055~058] 세 행렬 $A = \begin{pmatrix} 1 & -3 \\ 4 & 2 \end{pmatrix}$, $B = \begin{pmatrix} -2 & 0 \\ -4 & 6 \end{pmatrix}$, $C = \begin{pmatrix} 5 & -1 \\ 9 & 8 \end{pmatrix}$에 대하여 다음 행렬을 구하시오.

055 $A+C$

056 $C-B$

057 $A+B-C$

058 $C-A+B$

51 -2 행렬의 실수배

[059~061] 행렬 $A = \begin{pmatrix} -2 & 0 \\ 6 & 4 \end{pmatrix}$에 대하여 다음 행렬을 구하시오.

059 $3A$

060 $-2A$

061 $\frac{1}{2}A$

[062~067] 두 행렬 $A = \begin{pmatrix} 2 & -1 \\ 3 & 10 \end{pmatrix}$, $B = \begin{pmatrix} 0 & 2 \\ -6 & -7 \end{pmatrix}$에 대하여 다음 행렬을 구하시오.

062 $2A+B$

063 $3A+2B$

064 $A-3B$

065 $B-2A$

066 $4(A+B)-3A$

067 $-(A-B)+4B$

[068~071] 두 행렬 $A=\begin{pmatrix} 1 & 3 \\ 6 & -2 \end{pmatrix}$, $B=\begin{pmatrix} 4 & -5 \\ -1 & 7 \end{pmatrix}$에 대하여 다음을 만족시키는 행렬 X를 구하시오.

068 $X=2A$

069 $-(A+B)-X=O$ (단, O는 영행렬)

070 $2(X-A)=2A+6B$

071 $3(B-X)=9B-3A$

[072~074] 두 이차정사각행렬 A, B가 다음을 만족시킬 때, 두 행렬 A, B를 구하시오.

072 $A+3B=\begin{pmatrix} 1 & 3 \\ 12 & -2 \end{pmatrix}$, $A-B=\begin{pmatrix} 5 & -5 \\ -8 & 10 \end{pmatrix}$

$A+3B=\begin{pmatrix} 1 & 3 \\ 12 & -2 \end{pmatrix}$ ...... ㉠

$A-B=\begin{pmatrix} 5 & -5 \\ -8 & 10 \end{pmatrix}$ ...... ㉡

㉠−㉡을 하면

$\boxed{}B=\begin{pmatrix} -4 & 8 \\ \boxed{} & -12 \end{pmatrix}$ $\therefore B=\begin{pmatrix} -1 & 2 \\ \boxed{} & -3 \end{pmatrix}$

이를 ㉡에 대입하면

$A-\begin{pmatrix} -1 & 2 \\ \boxed{} & -3 \end{pmatrix}=\begin{pmatrix} 5 & -5 \\ -8 & 10 \end{pmatrix}$

$\therefore A=\begin{pmatrix} 4 & -3 \\ \boxed{} & 7 \end{pmatrix}$

073 $A+B=\begin{pmatrix} 2 & 1 \\ 3 & -2 \end{pmatrix}$, $A-B=\begin{pmatrix} -2 & 3 \\ 5 & -4 \end{pmatrix}$

074 $A+B=\begin{pmatrix} 3 & 2 \\ 7 & -7 \end{pmatrix}$, $4A+B=\begin{pmatrix} 12 & -1 \\ 1 & 5 \end{pmatrix}$

[075~078] 다음 등식을 만족시키는 실수 x, y의 값을 구하시오.

075 $\begin{pmatrix} 5 & -3x \\ 1 & 4 \end{pmatrix}-\begin{pmatrix} 2 & 9 \\ 4y & 6 \end{pmatrix}=\begin{pmatrix} 3 & -15 \\ 9 & -2 \end{pmatrix}$

076 $3\begin{pmatrix} x & y \\ -1 & 0 \end{pmatrix}+2\begin{pmatrix} -y & 2x \\ 1 & 4 \end{pmatrix}=\begin{pmatrix} 16 & -7 \\ -1 & 8 \end{pmatrix}$

077 $x\begin{pmatrix} 1 & -2 \\ -1 & 3 \end{pmatrix}+y\begin{pmatrix} 2 & 5 \\ 1 & -4 \end{pmatrix}=\begin{pmatrix} 4 & 19 \\ 5 & -18 \end{pmatrix}$

078 $x\begin{pmatrix} 2 & 1 \\ 4 & -3 \end{pmatrix}-y\begin{pmatrix} -2 & 2 \\ -1 & 6 \end{pmatrix}=\begin{pmatrix} -10 & 7 \\ -8 & 27 \end{pmatrix}$

유형 4 행렬의 덧셈, 뺄셈과 실수배

두 행렬 $A=\begin{pmatrix} a_{11} & a_{12} \\ a_{21} & a_{22} \end{pmatrix}$, $B=\begin{pmatrix} b_{11} & b_{12} \\ b_{21} & b_{22} \end{pmatrix}$에 대하여

$A+B=\begin{pmatrix} a_{11}+b_{11} & a_{12}+b_{12} \\ a_{21}+b_{21} & a_{22}+b_{22} \end{pmatrix}$

$A-B=\begin{pmatrix} a_{11}-b_{11} & a_{12}-b_{12} \\ a_{21}-b_{21} & a_{22}-b_{22} \end{pmatrix}$

$kA=\begin{pmatrix} ka_{11} & ka_{12} \\ ka_{21} & ka_{22} \end{pmatrix}$ (단, k는 실수)

079

学평 기출

두 행렬 $A=\begin{pmatrix} 2 & -1 \\ 3 & 4 \end{pmatrix}$, $B=\begin{pmatrix} -2 & 1 \\ 1 & 2 \end{pmatrix}$에 대하여 행렬 $A-B$의 모든 성분의 합은?

① 6　　　　　② 7　　　　　③ 8
④ 9　　　　　⑤ 10

080

두 행렬 $A=\begin{pmatrix} 2 & -5 \\ x & 6 \end{pmatrix}$, $B=\begin{pmatrix} 3x & 1 \\ 7 & -4 \end{pmatrix}$에 대하여 행렬 $A+2B$의 모든 성분의 합이 18일 때, 실수 x의 값을 구하시오.

081

두 행렬 $A=\begin{pmatrix} -3 & 1 & 2 \\ 0 & 6 & -4 \end{pmatrix}$, $B=\begin{pmatrix} -2 & 3 & 1 \\ -1 & 5 & 0 \end{pmatrix}$에 대하여 행렬 $3\left(A+\dfrac{1}{3}B\right)-2\left(\dfrac{1}{2}A-2B\right)$는?

① $\begin{pmatrix} -16 & 17 & -9 \\ 5 & 37 & 8 \end{pmatrix}$　　② $\begin{pmatrix} -16 & 17 & 9 \\ -5 & -37 & 8 \end{pmatrix}$

③ $\begin{pmatrix} -16 & 17 & 9 \\ -5 & 37 & -8 \end{pmatrix}$　　④ $\begin{pmatrix} -16 & 17 & 9 \\ 5 & 37 & 8 \end{pmatrix}$

⑤ $\begin{pmatrix} 16 & 17 & 9 \\ 5 & 37 & 8 \end{pmatrix}$

082

세 행렬 $A=\begin{pmatrix} 1 & 2 \\ 3 & 4 \end{pmatrix}$, $B=\begin{pmatrix} -3 & -2 \\ 0 & 7 \end{pmatrix}$, $C=\begin{pmatrix} 5 & 9 \\ -1 & -7 \end{pmatrix}$에 대하여 행렬 $2(A+2B)-3(B-C)-4A$를 구하시오.

중요 083 ☆

学평 기출

두 행렬 $A=\begin{pmatrix} 1 & 0 \\ 3 & -2 \end{pmatrix}$, $B=\begin{pmatrix} 2 & -1 \\ 4 & 3 \end{pmatrix}$에 대하여 $A+X=3B+2X$를 만족시키는 행렬 X는?

① $\begin{pmatrix} 5 & -3 \\ 9 & 11 \end{pmatrix}$　② $\begin{pmatrix} -5 & 3 \\ -9 & -11 \end{pmatrix}$　③ $\begin{pmatrix} 5 & 3 \\ -9 & -11 \end{pmatrix}$

④ $\begin{pmatrix} -5 & 3 \\ -9 & 11 \end{pmatrix}$　⑤ $\begin{pmatrix} -5 & -3 \\ 9 & -11 \end{pmatrix}$

유형 5 행렬의 덧셈, 뺄셈과 실수배 – 연립

두 행렬 A, B에 대한 두 등식이 주어진 경우에는 A, B에 대한 연립일차방정식으로 생각하여 A 또는 B를 소거한다.

084

学평 기출

두 이차정사각행렬 A, B에 대하여

$$A+B=\begin{pmatrix} 2 & 5 \\ -4 & 1 \end{pmatrix}, \quad A-B=\begin{pmatrix} 4 & 5 \\ 2 & 3 \end{pmatrix}$$

일 때, 행렬 A는?

① $\begin{pmatrix} 2 & 5 \\ 1 & 2 \end{pmatrix}$　　② $\begin{pmatrix} 2 & 4 \\ -1 & 2 \end{pmatrix}$　　③ $\begin{pmatrix} 3 & 5 \\ -1 & 2 \end{pmatrix}$

④ $\begin{pmatrix} 3 & 5 \\ 1 & 1 \end{pmatrix}$　　⑤ $\begin{pmatrix} 3 & 4 \\ -1 & 1 \end{pmatrix}$

중요 085 🌟

학평 기출

이차정사각행렬 A, B가

$$A+2B=\begin{pmatrix} 5 & 13 \\ 2 & 10 \end{pmatrix}, \quad 2A+B=\begin{pmatrix} 4 & 11 \\ 1 & 11 \end{pmatrix}$$

을 만족시킬 때, 행렬 $A+B$의 모든 성분의 합을 구하시오.

086

두 행렬 $A=\begin{pmatrix} 14 & -1 \\ -7 & -6 \end{pmatrix}$, $B=\begin{pmatrix} 14 & 5 \\ 0 & -33 \end{pmatrix}$과 두 행렬 X, Y가

$$X+3Y=A, \quad 2X-Y=B$$

를 만족시킬 때, 행렬 $X-Y$의 모든 성분의 합은?

① -8 ② -4 ③ 0
④ 4 ⑤ 8

087

두 행렬 $A=\begin{pmatrix} 3 & -2 \\ 7 & -4 \end{pmatrix}$, $B=\begin{pmatrix} 0 & 1 \\ 4 & 5 \end{pmatrix}$와 두 행렬 X, Y가

$$X+Y=A-2B, \quad X-2Y=4A+B$$

를 만족시킬 때, 행렬 $2X+Y$는?

① $\begin{pmatrix} -9 & -9 \\ 9 & -27 \end{pmatrix}$ ② $\begin{pmatrix} -9 & 9 \\ 9 & -27 \end{pmatrix}$ ③ $\begin{pmatrix} 9 & -9 \\ -9 & -27 \end{pmatrix}$

④ $\begin{pmatrix} 9 & -9 \\ 9 & -27 \end{pmatrix}$ ⑤ $\begin{pmatrix} 9 & 9 \\ 9 & -27 \end{pmatrix}$

유형 6 행렬의 덧셈, 뺄셈과 실수배 – 행렬이 서로 같을 조건

행렬의 덧셈, 뺄셈과 실수배를 포함한 등식이 주어지면 각 변을 계산한 후 행렬이 서로 같을 조건을 이용하여 식을 세운다.

참고 세 행렬 $A=\begin{pmatrix} a_{11} & a_{12} \\ a_{21} & a_{22} \end{pmatrix}$, $B=\begin{pmatrix} b_{11} & b_{12} \\ b_{21} & b_{22} \end{pmatrix}$, $C=\begin{pmatrix} c_{11} & c_{12} \\ c_{21} & c_{22} \end{pmatrix}$에 대하여 $xA+yB=C$를 만족시키는 실수 x, y의 값을 구하려면 행렬이 서로 같을 조건을 이용하여

$$xa_{11}+yb_{11}=c_{11}, \quad xa_{12}+yb_{12}=c_{12}$$
$$xa_{21}+yb_{21}=c_{21}, \quad xa_{22}+yb_{22}=c_{22}$$

와 같이 식을 세운 후 연립방정식을 푼다.

088

등식 $\begin{pmatrix} x & 0 \\ 2 & y \end{pmatrix}+\begin{pmatrix} y & z \\ x & -z \end{pmatrix}=\begin{pmatrix} 5 & y \\ 4 & 5 \end{pmatrix}-\begin{pmatrix} 2 & 1 \\ z & y \end{pmatrix}$를 만족시키는 실수 x, y, z에 대하여 xyz의 값은?

① -12 ② -10 ③ -8
④ -6 ⑤ -4

089

두 행렬 $A=\begin{pmatrix} 1 & 2 \\ 6 & -5 \end{pmatrix}$, $B=\begin{pmatrix} -2 & 1 \\ 4 & 7 \end{pmatrix}$에 대하여 행렬 $\begin{pmatrix} -8 & -1 \\ 0 & 31 \end{pmatrix}$을 $xA+yB$ 꼴로 나타낼 때, 실수 x, y에 대하여 $x+y$의 값을 구하시오.

중요 090 🌟

세 행렬 $A=\begin{pmatrix} -1 & 3 \\ -2 & 2 \end{pmatrix}$, $B=\begin{pmatrix} 1 & -6 \\ -1 & 5 \end{pmatrix}$,

$C=\begin{pmatrix} 3 & -21 \\ -6 & a \end{pmatrix}$가 실수 x, y에 대하여 $xA+yB=C$를 만족시킬 때, 실수 a의 값을 구하시오.

52 행렬의 곱셈

52-1 행렬의 곱셈

두 행렬 A, B에 대하여 행렬 A의 열의 개수와 행렬 B의 행의 개수가 같을 때, 행렬 A의 제i행의 성분과 행렬 B의 제j열의 성분을 각각 차례대로 곱하여 더한 값을 (i, j) 성분으로 하는 행렬을 두 행렬 A, B의 곱이라 하고, 기호로 AB와 같이 나타낸다.

이때 행렬 A가 $m \times k$ 행렬, 행렬 B가 $k \times n$ 행렬이면 두 행렬의 곱 AB는 $m \times n$ 행렬이다.

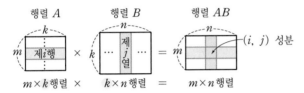

행렬의 곱셈은 다음과 같이 계산한다.

(1) $(a \quad b)\begin{pmatrix} x \\ y \end{pmatrix} = (ax+by)$

(2) $(a \quad b)\begin{pmatrix} x & u \\ y & v \end{pmatrix} = (ax+by \quad au+bv)$

(3) $\begin{pmatrix} a \\ b \end{pmatrix}(x \quad y) = \begin{pmatrix} ax & ay \\ bx & by \end{pmatrix}$

(4) $\begin{pmatrix} a & b \\ c & d \end{pmatrix}\begin{pmatrix} x \\ y \end{pmatrix} = \begin{pmatrix} ax+by \\ cx+dy \end{pmatrix}$

(5) $\begin{pmatrix} a & b \\ c & d \end{pmatrix}\begin{pmatrix} x & u \\ y & v \end{pmatrix} = \begin{pmatrix} ax+by & au+bv \\ cx+dy & cu+dv \end{pmatrix}$

예 (1) $(2 \quad 1)\begin{pmatrix} 1 \\ 3 \end{pmatrix} = 2 \times 1 + 1 \times 3 = 5$

(2) $(2 \quad 1)\begin{pmatrix} 1 & 4 \\ 3 & 6 \end{pmatrix} = (2 \times 1 + 1 \times 3 \quad 2 \times 4 + 1 \times 6) = (5 \quad 14)$

(3) $\begin{pmatrix} 1 \\ 3 \end{pmatrix}(2 \quad 1) = \begin{pmatrix} 1 \times 2 & 1 \times 1 \\ 3 \times 2 & 3 \times 1 \end{pmatrix} = \begin{pmatrix} 2 & 1 \\ 6 & 3 \end{pmatrix}$

(4) $\begin{pmatrix} 1 & 4 \\ 3 & 6 \end{pmatrix}\begin{pmatrix} 2 \\ 1 \end{pmatrix} = \begin{pmatrix} 1 \times 2 + 4 \times 1 \\ 3 \times 2 + 6 \times 1 \end{pmatrix} = \begin{pmatrix} 6 \\ 12 \end{pmatrix}$

(5) $\begin{pmatrix} 5 & -1 \\ 2 & -2 \end{pmatrix}\begin{pmatrix} 1 & 4 \\ 3 & 6 \end{pmatrix} = \begin{pmatrix} 5 \times 1 + (-1) \times 3 & 5 \times 4 + (-1) \times 6 \\ 2 \times 1 + (-2) \times 3 & 2 \times 4 + (-2) \times 6 \end{pmatrix} = \begin{pmatrix} 2 & 14 \\ -4 & -4 \end{pmatrix}$

두 행렬 A, B의 곱 AB는 행렬 A의 열의 개수와 행렬 B의 행의 개수가 같을 때만 정의된다.

한 개의 성분으로만 이루어진 행렬 $(ax+by)$는 괄호를 없애고 간단히 $ax+by$로 쓴다.

$\left(\begin{smallmatrix} ① \\ ② \end{smallmatrix}\right)(③ \quad ④)$
$= \begin{pmatrix} ① \times ③ & ① \times ④ \\ ② \times ③ & ② \times ④ \end{pmatrix}$

• 정답과 해설 128쪽

52 -1 행렬의 곱셈

[091~102] 다음을 계산하시오.

091 $(2 \quad 5)\begin{pmatrix} 1 \\ 6 \end{pmatrix}$

092 $(-3 \quad 4)\begin{pmatrix} 2 \\ -1 \end{pmatrix}$

093 $(1 \quad 3)\begin{pmatrix} 0 & 2 \\ -2 & 4 \end{pmatrix}$

094 $(-4 \quad 2)\begin{pmatrix} 1 & -3 \\ 0 & 7 \end{pmatrix}$

095 $\begin{pmatrix} 5 \\ -3 \end{pmatrix}(1 \quad 2)$

096 $\begin{pmatrix} -4 \\ 2 \end{pmatrix}(-2 \quad 8)$

097 $\begin{pmatrix} 6 & 0 \\ 3 & 1 \end{pmatrix}\begin{pmatrix} -1 \\ 2 \end{pmatrix}$

098 $\begin{pmatrix} 4 & -1 \\ -3 & 2 \end{pmatrix}\begin{pmatrix} 3 \\ 1 \end{pmatrix}$

099 $\begin{pmatrix} 2 & 5 \\ 3 & 0 \end{pmatrix}\begin{pmatrix} 1 & 2 \\ 0 & 4 \end{pmatrix}$

100 $\begin{pmatrix} -2 & 6 \\ 5 & -3 \end{pmatrix}\begin{pmatrix} 0 & 3 \\ 4 & -1 \end{pmatrix}$

101 $\begin{pmatrix} 7 & 4 \\ 8 & -2 \end{pmatrix}\begin{pmatrix} 0 & -5 \\ -1 & 4 \end{pmatrix}$

102 $\begin{pmatrix} -1 & 6 \\ -3 & 3 \end{pmatrix}\begin{pmatrix} 2 & -2 \\ 1 & 4 \end{pmatrix}$

[103~107] 세 행렬

$$A=\begin{pmatrix} 2 & -1 \\ 3 & 0 \end{pmatrix},\ B=\begin{pmatrix} 1 & 0 \\ 4 & -3 \end{pmatrix},\ C=\begin{pmatrix} 2 & 5 \\ -2 & 1 \end{pmatrix}$$

에 대하여 다음 행렬을 구하시오.

103 AB

104 BC

105 CA

106 $(A+B)C$

107 $A(B-C)$

[108~113] 다음 등식을 만족시키는 실수 x, y의 값을 구하시오.

108 $\begin{pmatrix} x & 0 \\ 3 & 2 \end{pmatrix}\begin{pmatrix} -1 \\ 3 \end{pmatrix}=\begin{pmatrix} 2 \\ y \end{pmatrix}$

109 $\begin{pmatrix} 2 & 4 \\ -1 & 1 \end{pmatrix}\begin{pmatrix} x \\ y \end{pmatrix}=\begin{pmatrix} -8 \\ -5 \end{pmatrix}$

110 $(5 \quad -2)\begin{pmatrix} x & 2 \\ 1 & y \end{pmatrix}=(-7 \quad 2)$

111 $(x \quad y)\begin{pmatrix} -2 & 1 \\ 6 & 7 \end{pmatrix}=(-8 \quad -26)$

112 $\begin{pmatrix} -1 & -2 \\ x & 1 \end{pmatrix}\begin{pmatrix} 3 & y \\ 2 & -1 \end{pmatrix}=\begin{pmatrix} -7 & -2 \\ 5 & 3 \end{pmatrix}$

113 $\begin{pmatrix} 7 & -2 \\ 4 & 1 \end{pmatrix}\begin{pmatrix} x & 1 \\ y & -3 \end{pmatrix}=\begin{pmatrix} 6 & 13 \\ 12 & 1 \end{pmatrix}$

유형 **7** 행렬의 곱셈

두 행렬 $A = \begin{pmatrix} a & b \\ c & d \end{pmatrix}$, $B = \begin{pmatrix} x & u \\ y & v \end{pmatrix}$에 대하여

$$AB = \begin{pmatrix} ax+by & au+bv \\ cx+dy & cu+dv \end{pmatrix}$$

참고 행렬 A의 열의 개수와 행렬 B의 행의 개수가 서로 같을 때만 행렬의 곱 AB가 정의된다.

114 학평 기출

두 행렬 $A = \begin{pmatrix} 1 & 2 \\ 3 & 4 \end{pmatrix}$, $B = \begin{pmatrix} 0 & 1 \\ 1 & 0 \end{pmatrix}$에 대하여 행렬 AB의 모든 성분의 합은?

① 7 ② 8 ③ 9
④ 10 ⑤ 11

115

세 행렬 $A = \begin{pmatrix} 1 \\ 2 \end{pmatrix}$, $B = (4 \quad 1)$, $C = \begin{pmatrix} -1 & 0 \\ 3 & 2 \end{pmatrix}$에 대하여 다음 중 그 곱이 정의되지 <u>않는</u> 것은?

① AB ② AC ③ BA
④ BC ⑤ CA

116

두 행렬 $A = \begin{pmatrix} 3 & 2 \\ 1 & 0 \end{pmatrix}$, $B = \begin{pmatrix} 1 & -1 \\ 2 & 0 \end{pmatrix}$에 대하여 행렬 $AB - BA$는?

① $\begin{pmatrix} -5 & -5 \\ -5 & -5 \end{pmatrix}$ ② $\begin{pmatrix} -5 & -5 \\ -5 & 5 \end{pmatrix}$ ③ $\begin{pmatrix} -5 & -5 \\ 5 & -5 \end{pmatrix}$

④ $\begin{pmatrix} -5 & 5 \\ -5 & -5 \end{pmatrix}$ ⑤ $\begin{pmatrix} 5 & -5 \\ -5 & -5 \end{pmatrix}$

117 학평 기출

두 행렬 $A = \begin{pmatrix} 1 & -1 \\ 1 & -1 \end{pmatrix}$, $B = \begin{pmatrix} 0 & 1 \\ 1 & 0 \end{pmatrix}$에 대하여 $X + AB = B$를 만족시키는 행렬 X의 모든 성분의 합은?

① 1 ② 2 ③ 3
④ 4 ⑤ 5

118

두 행렬 $A = \begin{pmatrix} x & 1 \\ 6 & -2 \end{pmatrix}$, $B = \begin{pmatrix} 2 & 1 \\ y & 2 \end{pmatrix}$가 $BA = O$를 만족시킬 때, 실수 x, y에 대하여 $y - x$의 값을 구하시오.

(단, O는 영행렬)

중요
119

등식 $\begin{pmatrix} 3 & -1 \\ x & 5 \end{pmatrix} \begin{pmatrix} 7 & -2 \\ 4 & y \end{pmatrix} = \begin{pmatrix} 17 & -7 \\ 6 & a \end{pmatrix}$를 만족시키는 실수 a의 값은? (단, x, y는 실수)

① 6 ② 7 ③ 8
④ 9 ⑤ 10

유형 8   행렬의 곱셈의 실생활에의 활용

주어진 조건을 행렬로 나타내고, 행렬의 곱을 구하여 각 성분이 의미하는 것이 무엇인지 파악한다.

중요 120

[표 1]은 두 과일 가게 P, Q에서 판매하는 사과 1개와 망고 1개의 가격을 나타낸 것이고, [표 2]는 지민이와 동희가 구입한 사과와 망고의 개수를 나타낸 것이다.

(단위: 원)

	사과	망고
P	700	1200
Q	900	1000

[표 1]

(단위: 개)

	지민	동희
사과	10	7
망고	8	9

[표 2]

$A=\begin{pmatrix} 700 & 1200 \\ 900 & 1000 \end{pmatrix}$, $B=\begin{pmatrix} 10 & 7 \\ 8 & 9 \end{pmatrix}$라 할 때, 행렬 AB의 (2, 1) 성분이 나타내는 것은?

① 가게 P에서의 지민이의 지불 금액
② 가게 P에서의 동희의 지불 금액
③ 가게 Q에서의 지민이의 지불 금액
④ 가게 Q에서의 동희의 지불 금액
⑤ 두 가게 P, Q에서의 지민이의 지불 금액

121

[표 1]은 어느 회사에서 생산하는 라면 1개와 과자 1개의 제조 원가와 판매 가격을 나타낸 것이고, [표 2]는 이 회사의 3월과 4월의 라면과 과자의 판매량을 나타낸 것이다.

(단위: 원)

	라면	과자
제조 원가	400	600
판매 가격	800	1500

[표 1]

(단위: 개)

	3월	4월
라면	120	150
과자	210	180

[표 2]

$A=\begin{pmatrix} 400 & 600 \\ 800 & 1500 \end{pmatrix}$, $B=\begin{pmatrix} 120 & 150 \\ 210 & 180 \end{pmatrix}$이라 할 때,

$AB=\begin{pmatrix} a & b \\ c & d \end{pmatrix}$이다. 3월과 4월에 판매된 라면과 과자의 제조 원가 총액을 a, b, c, d를 이용하여 나타내시오.

122   학평 기출

어느 고등학교 A와 B에서는 체육활동으로 테니스와 배드민턴을 배우고 있다. 두 학교 A, B의 1학년과 2학년의 학생 수는 [표 1]과 같다. 두 학교 모두 [표 2]와 같이 1학년 학생의 70 %는 테니스를, 30 %는 배드민턴을 배우고, 2학년 학생의 60 %는 테니스를, 40 %는 배드민턴을 배운다고 한다.

(단위: 명)

학년＼학교	A	B
1학년	300	200
2학년	250	150

[표 1]

(단위: %)

활동＼학년	1학년	2학년
테니스	70	60
배드민턴	30	40

[표 2]

[표 1]과 [표 2]를 각각 행렬 $P=\begin{pmatrix} 300 & 200 \\ 250 & 150 \end{pmatrix}$,

$Q=\begin{pmatrix} 0.7 & 0.6 \\ 0.3 & 0.4 \end{pmatrix}$로 나타낼 때, A 학교에서 배드민턴을 배우는 학생 수를 나타낸 것은?

① PQ의 (1, 2) 성분   ② PQ의 (2, 1) 성분
③ QP의 (1, 2) 성분   ④ QP의 (2, 1) 성분
⑤ QP의 (2, 2) 성분

53 행렬의 거듭제곱

53 -1 행렬의 거듭제곱

임의의 수 x에 대하여 x의 거듭제곱을 x^2, x^3, x^4, ...으로 나타내는 것처럼 행렬의 거듭제곱은 다음과 같이 정의할 수 있다.

> 정사각행렬 A와 자연수 m, n에 대하여
> (1) $AA=A^2$, $A^2A=A^3$, $A^3A=A^4$, ..., $A^{n-1}A=A^n$ (단, $n\geq 2$)
> (2) $A^mA^n=A^{m+n}$, $(A^m)^n=A^{mn}$

● 행렬의 거듭제곱은 정사각행렬에 대해서만 성립한다.

예 행렬 $A=\begin{pmatrix} 1 & 0 \\ 2 & 3 \end{pmatrix}$에 대하여 두 행렬 A^2, A^3을 구해 보자.

$$A^2=AA=\begin{pmatrix} 1 & 0 \\ 2 & 3 \end{pmatrix}\begin{pmatrix} 1 & 0 \\ 2 & 3 \end{pmatrix}=\begin{pmatrix} 1\times 1+0\times 2 & 1\times 0+0\times 3 \\ 2\times 1+3\times 2 & 2\times 0+3\times 3 \end{pmatrix}=\begin{pmatrix} 1 & 0 \\ 8 & 9 \end{pmatrix}$$

$$A^3=A^2A=\begin{pmatrix} 1 & 0 \\ 8 & 9 \end{pmatrix}\begin{pmatrix} 1 & 0 \\ 2 & 3 \end{pmatrix}=\begin{pmatrix} 1\times 1+0\times 2 & 1\times 0+0\times 3 \\ 8\times 1+9\times 2 & 8\times 0+9\times 3 \end{pmatrix}=\begin{pmatrix} 1 & 0 \\ 26 & 27 \end{pmatrix}$$

개념유형

• 정답과 해설 130쪽

53 -1 행렬의 거듭제곱

[123~125] 행렬 $A=\begin{pmatrix} -1 & 3 \\ 0 & -2 \end{pmatrix}$에 대하여 다음 행렬을 구하시오.

123 A^2

124 A^3

125 A^4

[126~128] 행렬 $A=\begin{pmatrix} 2 & 0 \\ 2 & 0 \end{pmatrix}$에 대하여 다음 행렬을 구하시오.

126 A^2

127 A^3

128 A^4

• 정답과 해설 130쪽

유형 9 행렬의 거듭제곱

정사각행렬 A와 자연수 m, n에 대하여
(1) $AA = A^2$, $A^2A = A^3$, $A^3A = A^4$, ...
  $\therefore A^{n-1}A = A^n$ (단, $n \geq 2$)
(2) $A^mA^n = A^{m+n}$, $(A^m)^n = A^{mn}$

129

행렬 $A = \begin{pmatrix} -3 & 0 \\ -3 & 0 \end{pmatrix}$에 대하여 $A^3 = kA$를 만족시킬 때, 실수 k의 값은?

① 9 ② 12 ③ 15
④ 18 ⑤ 21

중요
130

행렬 $A = \begin{pmatrix} 1 & -2 \\ 0 & 1 \end{pmatrix}$에 대하여 행렬 A^{50}의 모든 성분의 합은?

① -100 ② -98 ③ -96
④ -94 ⑤ -92

131

행렬 $A = \begin{pmatrix} -1 & 0 \\ a & -1 \end{pmatrix}$에 대하여 행렬 A^4의 모든 성분의 합이 -34일 때, 실수 a의 값을 구하시오.

132

학평 기출

행렬 $A = \begin{pmatrix} a & 1 \\ -4 & -2 \end{pmatrix}$가 $A^3 = O$를 만족시킨다. 정수 a의 값은? (단, O는 영행렬이다.)

① -4 ② -2 ③ 0
④ 2 ⑤ 4

133

행렬 $A = \begin{pmatrix} 1 & 0 \\ 0 & 3 \end{pmatrix}$에 대하여 $A^k = \begin{pmatrix} 1 & 0 \\ 0 & 729 \end{pmatrix}$를 만족시키는 자연수 k의 값은?

① 4 ② 5 ③ 6
④ 7 ⑤ 8

134

학평 기출

행렬 $A = \begin{pmatrix} 1 & 0 \\ 3 & 1 \end{pmatrix}$과 자연수 n에 대하여 A^n의 $(2, 1)$의 성분을 a_n이라 할 때, $a_n > 100$을 만족시키는 n의 최솟값을 구하시오.

54 행렬의 곱셈에 대한 성질

54 -1 행렬의 곱셈에 대한 성질

일반적으로 행렬의 연산에서 곱셈에 대한 교환법칙은 성립하지 않는다.

즉, 두 행렬 A, B에 대하여 $AB \neq BA$이다.

예를 들어 두 행렬 $A = \begin{pmatrix} 0 & 1 \\ 0 & 0 \end{pmatrix}$, $B = \begin{pmatrix} 0 & 0 \\ 0 & 1 \end{pmatrix}$에 대하여

$$AB = \begin{pmatrix} 0 & 1 \\ 0 & 0 \end{pmatrix}\begin{pmatrix} 0 & 0 \\ 0 & 1 \end{pmatrix} = \begin{pmatrix} 0 & 1 \\ 0 & 0 \end{pmatrix}, \quad BA = \begin{pmatrix} 0 & 0 \\ 0 & 1 \end{pmatrix}\begin{pmatrix} 0 & 1 \\ 0 & 0 \end{pmatrix} = \begin{pmatrix} 0 & 0 \\ 0 & 0 \end{pmatrix}$$

$$\therefore AB \neq BA$$

행렬의 곱셈에서 교환법칙은 성립하지 않지만 결합법칙과 분배법칙은 성립한다.

> **행렬의 곱셈에 대한 성질**
>
> 합과 곱이 정의되는 세 행렬 A, B, C에 대하여
>
> (1) $AB \neq BA$
>
> (2) $(AB)C = A(BC)$
>
> (3) $A(B+C) = AB + AC$, $(A+B)C = AC + BC$
>
> (4) $k(AB) = (kA)B = A(kB)$ (단, k는 실수)

행렬의 곱셈에 대한 교환법칙이 일반적으로 성립하지 않으므로 $(AB)^n \neq A^n B^n$, $(A+B)^2 \neq A^2 + 2AB + B^2$ 과 같이 지수법칙, 곱셈 공식 등이 성립하지 않는다.

개념유형

• 정답과 해설 131쪽

54 -1 행렬의 곱셈에 대한 성질

[135~138] 세 행렬 $A = \begin{pmatrix} 1 & 2 \\ -1 & 0 \end{pmatrix}$, $B = \begin{pmatrix} -1 & 0 \\ 3 & 2 \end{pmatrix}$,

$C = \begin{pmatrix} 2 & 2 \\ 0 & -3 \end{pmatrix}$에 대하여 다음 행렬을 구하시오.

135 $AB + AC$

136 $BA + CA$

137 $CA - CB$

138 $ABA + ABC$

11

행렬의 연산

• 정답과 해설 132쪽

[139~142] 이차정사각행렬 A에 대하여 $A\begin{pmatrix} a \\ b \end{pmatrix}=\begin{pmatrix} 3 \\ 1 \end{pmatrix}$, $A\begin{pmatrix} c \\ d \end{pmatrix}=\begin{pmatrix} -2 \\ 2 \end{pmatrix}$일 때, 다음 행렬을 구하시오.

139 $A\begin{pmatrix} a+2c \\ b+2d \end{pmatrix}$

$$\begin{pmatrix} a+2c \\ b+2d \end{pmatrix}=\begin{pmatrix} a \\ b \end{pmatrix}+\begin{pmatrix} 2c \\ 2d \end{pmatrix}=\begin{pmatrix} a \\ b \end{pmatrix}+2\begin{pmatrix} c \\ d \end{pmatrix}\text{이므로}$$
$$A\begin{pmatrix} a+2c \\ b+2d \end{pmatrix}=A\begin{pmatrix} a \\ b \end{pmatrix}+2A\begin{pmatrix} c \\ d \end{pmatrix}$$
$$=\begin{pmatrix} 3 \\ 1 \end{pmatrix}+2\begin{pmatrix} -2 \\ 2 \end{pmatrix}$$
$$=\begin{pmatrix} 3 \\ 1 \end{pmatrix}+\begin{pmatrix} -4 \\ 4 \end{pmatrix}=\begin{pmatrix} \square \\ \square \end{pmatrix}$$

140 $A\begin{pmatrix} a+c \\ b+d \end{pmatrix}$

141 $A\begin{pmatrix} 4a-c \\ 4b-d \end{pmatrix}$

142 $A\begin{pmatrix} 3c-2a \\ 3d-2b \end{pmatrix}$

유형**10** 행렬의 곱셈에 대한 성질

합과 곱이 정의되는 세 행렬 A, B, C에 대하여
(1) $AB \neq BA$
(2) $(AB)C=A(BC)$
(3) $A(B+C)=AB+AC$, $(A+B)C=AC+BC$
(4) $k(AB)=(kA)B=A(kB)$ (단, k는 실수)

143　　　　　　　　　　　　　　　　　　学평 기출

두 행렬 A, B에 대하여
$$A=\begin{pmatrix} 1 & 2 \\ 0 & 1 \end{pmatrix}, \ A-B=\begin{pmatrix} 1 & 0 \\ 1 & -1 \end{pmatrix}$$
일 때, 행렬 A^2-AB의 모든 성분의 합은?

① 1　　　　　② 2　　　　　③ 3
④ 4　　　　　⑤ 5

144

세 행렬 $A=\begin{pmatrix} 1 & 1 \\ -2 & 0 \end{pmatrix}$, $B=\begin{pmatrix} -1 & 0 \\ 0 & 1 \end{pmatrix}$, $C=\begin{pmatrix} 3 & 2 \\ -1 & 4 \end{pmatrix}$에 대하여 행렬 $A(B+C)+(C-A)B-C(A+B)$는?

① $\begin{pmatrix} 3 & -6 \\ -3 & 3 \end{pmatrix}$　　② $\begin{pmatrix} 3 & -3 \\ -3 & 3 \end{pmatrix}$　　③ $\begin{pmatrix} 3 & 3 \\ -3 & -3 \end{pmatrix}$
④ $\begin{pmatrix} 3 & 3 \\ 3 & -3 \end{pmatrix}$　　⑤ $\begin{pmatrix} 3 & 3 \\ 6 & -3 \end{pmatrix}$

중요
145

두 이차정사각행렬 A, B에 대하여
$$A+B=\begin{pmatrix} 1 & -1 \\ 3 & -2 \end{pmatrix}, \ AB+BA=\begin{pmatrix} 2 & 0 \\ 6 & -3 \end{pmatrix}$$
일 때, 행렬 A^2+B^2의 모든 성분의 합을 구하시오.

유형 11 행렬의 곱셈에 대한 성질 − $AB=BA$가 성립하는 경우

주어진 조건에서 괄호가 있는 쪽을 전개한 후 행렬이 서로 같을 조건을 이용한다. 이때 두 행렬 A, B에 대하여 일반적으로 $AB \neq BA$임에 유의한다.

참고 $(AB)^2=A^2B^2$, $(A+B)^2=A^2+2AB+B^2$, $(A-B)^2=A^2-2AB+B^2$, $(A+B)(A-B)=A^2-B^2$을 각각 만족시키는 조건은 모두 $AB=BA$이다.

146

두 행렬 $A=\begin{pmatrix} 3 & 2 \\ 1 & 5 \end{pmatrix}$, $B=\begin{pmatrix} 1 & 4 \\ 2 & x \end{pmatrix}$가

$(A+B)^2=A^2+2AB+B^2$을 만족시킬 때, 실수 x의 값은?

① 2 　　　　② 3 　　　　③ 4

④ 5 　　　　⑤ 6

147

두 행렬 $A=\begin{pmatrix} 0 & 4 \\ 2 & 4 \end{pmatrix}$, $B=\begin{pmatrix} 1 & x \\ y & 3 \end{pmatrix}$이

$(A-B)^2=A^2-2AB+B^2$을 만족시킬 때, 실수 x, y에 대하여 $x+y$의 값을 구하시오.

중요 148 ☆ 　　　학평 기출

두 실수 x, y에 대하여 두 행렬 A, B를
$$A=\begin{pmatrix} -1 & x \\ 3 & 0 \end{pmatrix}, B=\begin{pmatrix} -2 & 2 \\ y & -1 \end{pmatrix}$$
이라 하자. $(A+B)(A-B)=A^2-B^2$일 때 x^2+y^2의 값을 구하시오.

유형 12 행렬의 곱셈의 변형

$A\begin{pmatrix} a \\ b \end{pmatrix}$ 꼴의 행렬을 포함한 식을 이용하여 행렬을 구할 때는 다음과 같이 행렬의 곱셈에 대한 성질을 이용하여 주어진 식을 변형한다.

$$mA\begin{pmatrix} a \\ b \end{pmatrix}+nA\begin{pmatrix} c \\ d \end{pmatrix}=A\left\{ m\begin{pmatrix} a \\ b \end{pmatrix}+n\begin{pmatrix} c \\ d \end{pmatrix}\right\}$$
$$=A\begin{pmatrix} ma+nc \\ mb+nd \end{pmatrix}$$

149

이차정사각행렬 A에 대하여 $A\begin{pmatrix} a \\ b \end{pmatrix}=\begin{pmatrix} 2 \\ 3 \end{pmatrix}$, $A\begin{pmatrix} c \\ d \end{pmatrix}=\begin{pmatrix} -1 \\ 5 \end{pmatrix}$

일 때, 행렬 $A\begin{pmatrix} 3a-c \\ 3b-d \end{pmatrix}$는?

① $\begin{pmatrix} -7 \\ -4 \end{pmatrix}$ 　　② $\begin{pmatrix} -1 \\ 4 \end{pmatrix}$ 　　③ $\begin{pmatrix} 1 \\ 7 \end{pmatrix}$

④ $\begin{pmatrix} 4 \\ 7 \end{pmatrix}$ 　　⑤ $\begin{pmatrix} 7 \\ 4 \end{pmatrix}$

중요 150 ☆ 　　　학평 기출

이차정사각행렬 A에 대하여 $A\begin{pmatrix} 1 \\ 0 \end{pmatrix}=\begin{pmatrix} 2 \\ 3 \end{pmatrix}$,

$A\begin{pmatrix} 0 \\ 1 \end{pmatrix}=\begin{pmatrix} -1 \\ 2 \end{pmatrix}$이다. $A\begin{pmatrix} 1 \\ 2 \end{pmatrix}=\begin{pmatrix} p \\ q \end{pmatrix}$일 때, $p+q$의 값은?

① 6 　　　　② 7 　　　　③ 8

④ 9 　　　　⑤ 10

151

이차정사각행렬 A에 대하여 $A\begin{pmatrix} -2a \\ 7b \end{pmatrix}=\begin{pmatrix} 4 \\ -2 \end{pmatrix}$,

$A\begin{pmatrix} 5a \\ -4b \end{pmatrix}=\begin{pmatrix} -7 \\ 11 \end{pmatrix}$일 때, 행렬 $A\begin{pmatrix} a \\ b \end{pmatrix}$의 모든 성분의 합을 구하시오.

55 -1 단위행렬

(1) 단위행렬

임의의 실수 x와 1에 대하여 $x \times 1 = 1 \times x = x$가 성립하는 것처럼 임의의 행렬에 대하여 곱했을 때 원래 행렬이 그대로 나오게 하는 행렬이 다음과 같이 존재한다.

$$\begin{pmatrix} 1 & 0 \\ 0 & 1 \end{pmatrix}, \begin{pmatrix} 1 & 0 & 0 \\ 0 & 1 & 0 \\ 0 & 0 & 1 \end{pmatrix}$$과 같이 왼쪽 위에서 오른쪽 아래로 내려가는 대각선 위의

성분이 모두 1이고, 그 외의 성분은 모두 0인 n차 정사각행렬을 n차 **단위행렬**이라

하고, 일반적으로 기호 E로 나타낸다.

> 단위행렬은 정사각행렬에 대해서만 정의된다.

(2) 단위행렬의 성질

① 행렬 $A = \begin{pmatrix} a & b \\ c & d \end{pmatrix}$와 단위행렬 $E = \begin{pmatrix} 1 & 0 \\ 0 & 1 \end{pmatrix}$에 대하여

$$AE = \begin{pmatrix} a & b \\ c & d \end{pmatrix}\begin{pmatrix} 1 & 0 \\ 0 & 1 \end{pmatrix} = \begin{pmatrix} a & b \\ c & d \end{pmatrix} = A$$

$$EA = \begin{pmatrix} 1 & 0 \\ 0 & 1 \end{pmatrix}\begin{pmatrix} a & b \\ c & d \end{pmatrix} = \begin{pmatrix} a & b \\ c & d \end{pmatrix} = A$$

이와 같이 모든 n차 정사각행렬 A에 대하여 $AE = EA = A$가 성립한다.

② n차 정사각행렬 A와 n차 단위행렬 E에 대하여 $AE = EA = A$가 성립하므로

$A = E$일 때

$$E^2 = E$$

따라서 자연수 k에 대하여

$$E^3 = E^2 E = EE = E$$
$$E^4 = E^3 E = EE = E$$
$$\vdots$$
$$\therefore E^k = E$$

즉, 단위행렬 E의 거듭제곱은 항상 단위행렬 자신이 된다.

단위행렬의 성질

n차 정사각행렬 A와 n차 단위행렬 E에 대하여

① $AE = EA = A$

② $E^2 = E$, $E^3 = E$, ..., $E^k = E$ (단, k는 자연수)

참고 행렬 A와 단위행렬 E의 연산에서 단위행렬 E는 행렬 A와 같은 꼴로 생각한다.

• 정답과 해설 133쪽

55 -1 단위행렬

[152~155] 단위행렬 $E = \begin{pmatrix} 1 & 0 \\ 0 & 1 \end{pmatrix}$에 대하여 다음 행렬을 구하시오.

152 $-E$

153 $3E$

154 E^3

155 $(-E)^{20}$

[156~158] 이차정사각행렬 A에 대하여 다음 식을 전개하여 간단히 나타내시오. (단, E는 단위행렬)

156 $(A+E)(A-E)$

157 $(A-2E)^2$

158 $(A+E)(A^2-A+E)$

[159~162] 다음 주어진 행렬 A에 대하여 $A^n = E$를 만족시키는 자연수 n의 최솟값을 구하시오. (단, E는 단위행렬)

159 $A = \begin{pmatrix} 1 & 2 \\ -1 & -1 \end{pmatrix}$

$A^2 = AA = \begin{pmatrix} 1 & 2 \\ -1 & -1 \end{pmatrix}\begin{pmatrix} 1 & 2 \\ -1 & -1 \end{pmatrix} = \begin{pmatrix} -1 & 0 \\ 0 & -1 \end{pmatrix}$
$\quad = -E$
$A^3 = A^2 A = (-E)A = -A$
$A^4 = A^3 A = (-A)A = -A^2 = \boxed{}$
따라서 자연수 n의 최솟값은 $\boxed{}$이다.

160 $A = \begin{pmatrix} -1 & 0 \\ 0 & 1 \end{pmatrix}$

161 $A = \begin{pmatrix} 1 & -1 \\ 3 & -2 \end{pmatrix}$

162 $A = \begin{pmatrix} -1 & 3 \\ -1 & 2 \end{pmatrix}$

유형13 **단위행렬**

같은 꼴의 정사각행렬 A와 단위행렬 E에 대하여
$AE=EA=A$가 성립하고, 자연수 n에 대하여 $E^n=E$임을 이용하여 주어진 식을 간단히 한 후 계산한다.

중요
163

행렬 $A=\begin{pmatrix} 1 & 0 \\ -2 & 2 \end{pmatrix}$에 대하여 행렬

$(A-E)(A^2+A+E)$는? (단, E는 단위행렬)

① $\begin{pmatrix} -14 & -7 \\ 0 & 0 \end{pmatrix}$ ② $\begin{pmatrix} -14 & 7 \\ 0 & 0 \end{pmatrix}$ ③ $\begin{pmatrix} 0 & -14 \\ 0 & 7 \end{pmatrix}$

④ $\begin{pmatrix} 0 & 0 \\ -14 & -7 \end{pmatrix}$ ⑤ $\begin{pmatrix} 0 & 0 \\ -14 & 7 \end{pmatrix}$

164

행렬 $A=\begin{pmatrix} -1 & 1 \\ 0 & 1 \end{pmatrix}$에 대하여 $(2A+E)^2=xA+yE$가

성립할 때, 실수 x, y에 대하여 $x+y$의 값을 구하시오.
(단, E는 단위행렬)

165

행렬 $A=\begin{pmatrix} x & 1 \\ y & -1 \end{pmatrix}$에 대하여

$(A+E)(A-E)=E$

가 성립할 때, 실수 x, y에 대하여 xy의 값을 구하시오.
(단, E는 단위행렬)

유형14 **단위행렬을 이용한 행렬의 거듭제곱**

정사각행렬 A에 대하여 $A^2=AA$, $A^3=A^2A$, …를 차례대로 구하여 단위행렬 E 꼴이 나오는 경우를 찾아 주어진 식을 간단히 한다.

참고 정사각행렬 A와 단위행렬 E에 대하여 $A^n=kE$이면
$(A^n)^m=k^mE$이다. (단, m, n은 자연수, k는 실수)

166

행렬 $A=\begin{pmatrix} -2 & 1 \\ -3 & 1 \end{pmatrix}$에 대하여 $A^n=E$를 만족시키는 자연

수 n의 최솟값을 구하시오. (단, E는 단위행렬)

중요
167   ▣학평 기출

행렬 $A=\begin{pmatrix} 2 & -1 \\ 5 & -2 \end{pmatrix}$에 대하여 행렬 A^{2013}의 모든 성분의 합

을 구하시오.

168

행렬 $A=\begin{pmatrix} 3 & 1 \\ -7 & -2 \end{pmatrix}$에 대하여 다음 중 행렬 $A^{96}+A^{97}$과

같은 행렬은? (단, E는 단위행렬)

① E ② $A-E$ ③ A
④ $A+E$ ⑤ $2A$

1 유형 1

이차정사각행렬 A의 (i, j) 성분 a_{ij}가

$$a_{ij} = \begin{cases} i-3 & (i>j) \\ 2i+j & (i \leq j) \end{cases}$$

일 때, 행렬 A의 모든 성분의 합을 구하시오.

2 유형 2

세 지점 A_1, A_2, A_3 사이를 화살표 방향으로 통행하도록 연결한 도로망이 오른쪽 그림과 같다. 지점 A_i에서 지점 A_j로 바로 가는 도로의 수를 a_{ij}라 할 때, a_{ij}를 (i, j) 성분으로 하는 행렬은? (단, $i=1, 2, 3$, $j=1, 2, 3$)

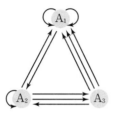

① $\begin{pmatrix} 1 & 1 & 2 \\ 2 & 1 & 0 \\ 3 & 1 & 0 \end{pmatrix}$ ② $\begin{pmatrix} 1 & 1 & 2 \\ 3 & 1 & 0 \\ 2 & 1 & 0 \end{pmatrix}$ ③ $\begin{pmatrix} 2 & 1 & 0 \\ 1 & 1 & 2 \\ 3 & 1 & 0 \end{pmatrix}$

④ $\begin{pmatrix} 2 & 1 & 0 \\ 3 & 1 & 0 \\ 1 & 1 & 2 \end{pmatrix}$ ⑤ $\begin{pmatrix} 3 & 1 & 0 \\ 2 & 1 & 0 \\ 1 & 1 & 2 \end{pmatrix}$

3 유형 3

두 행렬 $A = \begin{pmatrix} \alpha & -3 \\ \alpha\beta & \beta \end{pmatrix}$, $B = \begin{pmatrix} 6-\beta & -3 \\ \alpha\beta & \dfrac{8}{\alpha} \end{pmatrix}$에 대하여

$A=B$일 때, 실수 α, β에 대하여 $\dfrac{\beta}{\alpha} + \dfrac{\alpha}{\beta}$의 값은?

① 1 ② $\dfrac{3}{2}$ ③ 2

④ $\dfrac{5}{2}$ ⑤ 3

4 유형 4

두 행렬 $A = \begin{pmatrix} 2 & 5 \\ -1 & -2 \end{pmatrix}$, $B = \begin{pmatrix} -3 & 1 \\ 4 & -6 \end{pmatrix}$에 대하여 $2A+B+3X = X+5B$를 만족시키는 행렬 X는?

① $\begin{pmatrix} -8 & -3 \\ -9 & 10 \end{pmatrix}$ ② $\begin{pmatrix} -8 & -3 \\ 9 & -10 \end{pmatrix}$ ③ $\begin{pmatrix} -8 & 9 \\ -3 & -10 \end{pmatrix}$

④ $\begin{pmatrix} 8 & -3 \\ 9 & -10 \end{pmatrix}$ ⑤ $\begin{pmatrix} 8 & 3 \\ -9 & -10 \end{pmatrix}$

5 유형 5

두 이차정사각행렬 A, B에 대하여

$$A-B = \begin{pmatrix} 8 & -1 \\ -15 & 5 \end{pmatrix}, \quad 4A+B = \begin{pmatrix} 7 & 6 \\ -5 & -20 \end{pmatrix}$$

이 성립할 때, 행렬 $A+B$의 모든 성분의 합을 구하시오.

6 유형 6

세 행렬 $A = \begin{pmatrix} 1 & -3 \\ 3 & -6 \end{pmatrix}$, $B = \begin{pmatrix} 2 & 1 \\ -2 & a \end{pmatrix}$, $C = \begin{pmatrix} -5 & -13 \\ 17 & 2 \end{pmatrix}$

가 실수 x, y에 대하여 $xA+yB=C$를 만족시킬 때, 실수 a의 값을 구하시오.

7 유형 7

등식 $\begin{pmatrix} 4 & -2 \\ 2 & x \end{pmatrix}\begin{pmatrix} -1 & 5 \\ y & 4 \end{pmatrix} = \begin{pmatrix} -10 & 12 \\ a & 6 \end{pmatrix}$을 만족시키는

실수 a의 값을 구하시오. (단, x, y는 실수)

8 〔유형 8〕

[표 1]은 두 편의점 P, Q에서 판매하는 우유 1개와 김밥 1개의 가격을 나타낸 것이고, [표 2]는 병재와 상훈이가 구입한 우유와 김밥의 개수를 나타낸 것이다.

(단위: 원)

	우유	김밥
P	800	2200
Q	1000	3000

[표 1]

(단위: 개)

	병재	상훈
우유	5	6
김밥	4	3

[표 2]

$A = \begin{pmatrix} 800 & 2200 \\ 1000 & 3000 \end{pmatrix}$, $B = \begin{pmatrix} 5 & 6 \\ 4 & 3 \end{pmatrix}$이라 할 때, 행렬 AB의 $(1,\ 2)$ 성분이 나타내는 것은?

① 편의점 P에서의 병재의 지불 금액
② 편의점 P에서의 상훈이의 지불 금액
③ 편의점 Q에서의 병재의 지불 금액
④ 편의점 Q에서의 상훈이의 지불 금액
⑤ 두 편의점 P, Q에서의 상훈이의 지불 금액

9 〔유형 9〕

행렬 $A = \begin{pmatrix} 1 & 0 \\ -1 & 1 \end{pmatrix}$에 대하여 행렬 A^{200}의 $(2,\ 1)$ 성분을 구하시오.

10 〔유형 10〕

두 이차정사각행렬 A, B에 대하여

$$A+B = \begin{pmatrix} 2 & -1 \\ -5 & 3 \end{pmatrix}, \ A^2+B^2 = \begin{pmatrix} -2 & 4 \\ -1 & 0 \end{pmatrix}$$

일 때, 행렬 $AB+BA$의 모든 성분의 합을 구하시오.

11 〔유형 11〕 ◁ 서술형 ▷

두 행렬 $A = \begin{pmatrix} 1 & 2 \\ x & 3 \end{pmatrix}$, $B = \begin{pmatrix} 1 & y \\ 3 & -1 \end{pmatrix}$이 $(A+B)(A-B) = A^2 - B^2$을 만족시킬 때, 실수 x, y에 대하여 $x - 2y$의 값을 구하시오.

12 〔유형 12〕

이차정사각행렬 A에 대하여 $A \begin{pmatrix} 1 \\ 0 \end{pmatrix} = \begin{pmatrix} -1 \\ 4 \end{pmatrix}$, $A \begin{pmatrix} 0 \\ 1 \end{pmatrix} = \begin{pmatrix} 2 \\ 1 \end{pmatrix}$

일 때, $A \begin{pmatrix} 3 \\ -1 \end{pmatrix} = \begin{pmatrix} p \\ q \end{pmatrix}$를 만족시키는 실수 p, q에 대하여 $q - p$의 값을 구하시오.

13 〔유형 13〕

행렬 $A = \begin{pmatrix} 2 & -1 \\ 0 & 3 \end{pmatrix}$에 대하여 행렬 $(A+E)(A^2-A+E)$의 모든 성분의 합을 구하시오.

(단, E는 단위행렬)

14 〔유형 14〕

행렬 $A = \begin{pmatrix} 2 & -3 \\ 1 & -1 \end{pmatrix}$에 대하여 행렬 A^{1004}의 $(1,\ 2)$ 성분은?

① -3 ② -2 ③ -1
④ 0 ⑤ 1

유형만랩 LITE

정답과 해설

공통수학 1

visang

ABOVE IMAGINATION

우리는 남다른 상상과 혁신으로
교육 문화의 새로운 전형을 만들어
모든 이의 행복한 경험과 성장에 기여한다

001 답 $x^3-4x^2+3yx-2y^2+y-5$

002 답 $-2y^2+y-5+3yx-4x^2+x^3$

003 답 $-2y^2+(3x+1)y+x^3-4x^2-5$

004 답 $x^3-4x^2-5+(3x+1)y-2y^2$

005 답 $x-2y$

$(3x-5y+1)+(-2x+3y-1)=(3-2)x+(-5+3)y+1-1$
$\qquad\qquad\qquad\qquad\qquad\qquad =x-2y$

006 답 $3x^2+5x-2$

$(x^2-2x+1)+(2x^2+7x-3)=(1+2)x^2+(-2+7)x+1-3$
$\qquad\qquad\qquad\qquad\qquad\qquad =3x^2+5x-2$

007 답 x^3+x^2+9x-4

$(2x^3-x^2+3x+1)+(-x^3+2x^2+6x-5)$
$=(2-1)x^3+(-1+2)x^2+(3+6)x+1-5$
$=x^3+x^2+9x-4$

008 답 $2x^2-xy+y^2$

$(x^2+2xy-y^2)+(x^2-3xy+2y^2)$
$=(1+1)x^2+(2-3)xy+(-1+2)y^2$
$=2x^2-xy+y^2$

009 답 $-x+3y-2$

$(x+2y-3)-(2x-y-1)=x+2y-3-2x+y+1$
$\qquad\qquad\qquad\qquad\qquad =(1-2)x+(2+1)y-3+1$
$\qquad\qquad\qquad\qquad\qquad =-x+3y-2$

010 답 $2x^2+x-2$

$(x^2+3x-2)-(-x^2+2x)=x^2+3x-2+x^2-2x$
$\qquad\qquad\qquad\qquad\qquad =(1+1)x^2+(3-2)x-2$
$\qquad\qquad\qquad\qquad\qquad =2x^2+x-2$

011 답 x^3+3x^2+3x-6

$(2x^3+x^2+3x-5)-(x^3-2x^2+1)$
$=2x^3+x^2+3x-5-x^3+2x^2-1$
$=(2-1)x^3+(1+2)x^2+3x-5-1$
$=x^3+3x^2+3x-6$

012 답 $-x^2+xy+2y^2$

$(x^2-2xy+3y^2)-(2x^2-3xy+y^2)$
$=x^2-2xy+3y^2-2x^2+3xy-y^2$
$=(1-2)x^2+(-2+3)xy+(3-1)y^2$
$=-x^2+xy+2y^2$

013 답 $2x^3+3x^2-3x-1$

$A+B=(x^3+3x^2-2x+4)+(x^3-x-5)$
$\qquad\quad =(1+1)x^3+3x^2+(-2-1)x+4-5$
$\qquad\quad =2x^3+3x^2-3x-1$

014 답 $3x^2-x+9$

$A-B=(x^3+3x^2-2x+4)-(x^3-x-5)$
$\qquad\quad =x^3+3x^2-2x+4-x^3+x+5$
$\qquad\quad =(1-1)x^3+3x^2+(-2+1)x+4+5$
$\qquad\quad =3x^2-x+9$

015 답 $x^3+9x^2-4x+22$

$A+2(A-B)=A+2A-2B$
$\qquad\qquad\quad =3A-2B$
$\qquad\qquad\quad =3(x^3+3x^2-2x+4)-2(x^3-x-5)$
$\qquad\qquad\quad =3x^3+9x^2-6x+12-2x^3+2x+10$
$\qquad\qquad\quad =(3-2)x^3+9x^2+(-6+2)x+12+10$
$\qquad\qquad\quad =x^3+9x^2-4x+22$

016 답 $x^2-xy+2y^2$

$A+B=(2x^2+xy-y^2)+(-x^2-2xy+3y^2)$
$\qquad\quad =(2-1)x^2+(1-2)xy+(-1+3)y^2$
$\qquad\quad =x^2-xy+2y^2$

017 답 $3x^2+3xy-4y^2$

$A-B=(2x^2+xy-y^2)-(-x^2-2xy+3y^2)$
$\qquad\quad =2x^2+xy-y^2+x^2+2xy-3y^2$
$\qquad\quad =(2+1)x^2+(1+2)xy+(-1-3)y^2$
$\qquad\quad =3x^2+3xy-4y^2$

018 답 $-5x^2-7xy+10y^2$

$A-B-2(A-2B)=A-B-2A+4B$
$\qquad\qquad\qquad\quad =-A+3B$
$\qquad\qquad\qquad\quad =-(2x^2+xy-y^2)+3(-x^2-2xy+3y^2)$
$\qquad\qquad\qquad\quad =-2x^2-xy+y^2-3x^2-6xy+9y^2$
$\qquad\qquad\qquad\quad =(-2-3)x^2+(-1-6)xy+(1+9)y^2$
$\qquad\qquad\qquad\quad =-5x^2-7xy+10y^2$

019 답 $2x^2-x-10$

$A+B+C=(2x^2+x-5)+(-x^2+3x-8)+(x^2-5x+3)$
$\qquad\qquad\quad =(2-1+1)x^2+(1+3-5)x-5-8+3$
$\qquad\qquad\quad =2x^2-x-10$

020 답 $2x^2+3x$

$A-B-C=(2x^2+x-5)-(-x^2+3x-8)-(x^2-5x+3)$
$\qquad =2x^2+x-5+x^2-3x+8-x^2+5x-3$
$\qquad =(2+1-1)x^2+(1-3+5)x-5+8-3$
$\qquad =2x^2+3x$

021 답 $-x^2-8x+3$

$2A+C-(3A-B-C)$
$=2A+C-3A+B+C$
$=-A+B+2C$
$=-(2x^2+x-5)+(-x^2+3x-8)+2(x^2-5x+3)$
$=-2x^2-x+5-x^2+3x-8+2x^2-10x+6$
$=(-2-1+2)x^2+(-1+3-10)x+5-8+6$
$=-x^2-8x+3$

022 답 $2xy+4y^2$

$A=X-B$에서
$X=A+B$
$\quad =(x^2-2xy-y^2)+(-x^2+4xy+5y^2)$
$\quad =(1-1)x^2+(-2+4)xy+(-1+5)y^2$
$\quad =2xy+4y^2$

023 답 $-2x^2+6xy+6y^2$

$B=X+A$에서
$X=B-A$
$\quad =(-x^2+4xy+5y^2)-(x^2-2xy-y^2)$
$\quad =-x^2+4xy+5y^2-x^2+2xy+y^2$
$\quad =(-1-1)x^2+(4+2)xy+(5+1)y^2$
$\quad =-2x^2+6xy+6y^2$

024 답 $x^2-3xy-3y^2$

$A-2X=B$에서 $2X=A-B$
$\therefore X=\dfrac{1}{2}(A-B)$
$\quad =\dfrac{1}{2}\{(x^2-2xy-y^2)-(-x^2+4xy+5y^2)\}$
$\quad =\dfrac{1}{2}(x^2-2xy-y^2+x^2-4xy-5y^2)$
$\quad =\dfrac{1}{2}\{(1+1)x^2+(-2-4)xy+(-1-5)y^2\}$
$\quad =\dfrac{1}{2}(2x^2-6xy-6y^2)=x^2-3xy-3y^2$

실전유형

11쪽

025 답 ③

$A+B=(x^2+3xy+2y^2)+(2x^2-3xy-y^2)$
$\qquad =3x^2+y^2$

026 답 $4x^3-2x^2+9x+5$

$A+B-(-A+2B)=A+B+A-2B$
$\qquad =2A-B$
$\qquad =2(x^3-x^2+7x+8)-(-2x^3+5x+11)$
$\qquad =2x^3-2x^2+14x+16+2x^3-5x-11$
$\qquad =4x^3-2x^2+9x+5$

027 답 $12x+4$

$A-(B-2C)=A-B+2C$
$\qquad =(x^2+4x-3)-(5x^2-2x+1)+2(2x^2+3x+4)$
$\qquad =x^2+4x-3-5x^2+2x-1+4x^2+6x+8$
$\qquad =12x+4$

028 답 ③

$3A-2\{7A-4B-3(2A-B)\}=3A-2(7A-4B-6A+3B)$
$\qquad =3A-2(A-B)$
$\qquad =3A-2A+2B$
$\qquad =A+2B$
$\qquad =(x^2+2xy)+2(2x^2-xy+y^2)$
$\qquad =x^2+2xy+4x^2-2xy+2y^2$
$\qquad =5x^2+2y^2$

029 답 ④

$B=3X-2A$에서 $3X=2A+B$
$\therefore X=\dfrac{1}{3}(2A+B)$
$\quad =\dfrac{1}{3}\{2(x^2+4x-5)+(3x^3+x^2-2x+1)\}$
$\quad =\dfrac{1}{3}(2x^2+8x-10+3x^3+x^2-2x+1)$
$\quad =\dfrac{1}{3}(3x^3+3x^2+6x-9)=x^3+x^2+2x-3$

030 답 ②

$A-2B=-3x^2+5xy \qquad \cdots\cdots$ ㉠
$A+B=3x^2+2xy+6y^2 \qquad \cdots\cdots$ ㉡
㉠-㉡을 하면
$(A-2B)-(A+B)=(-3x^2+5xy)-(3x^2+2xy+6y^2)$
$A-2B-A-B=-3x^2+5xy-3x^2-2xy-6y^2$
$-3B=-6x^2+3xy-6y^2$
$\therefore B=-\dfrac{1}{3}(-6x^2+3xy-6y^2)$
$\qquad =2x^2-xy+2y^2$
따라서 ㉡에서
$A=3x^2+2xy+6y^2-B$
$\quad =3x^2+2xy+6y^2-(2x^2-xy+2y^2)$
$\quad =3x^2+2xy+6y^2-2x^2+xy-2y^2$
$\quad =x^2+3xy+4y^2$
$\therefore A-B=(x^2+3xy+4y^2)-(2x^2-xy+2y^2)$
$\qquad =x^2+3xy+4y^2-2x^2+xy-2y^2$
$\qquad =-x^2+4xy+2y^2$

031 답 $2a^3-a^2+3a$

032 답 x^2y-2xy^2+xy

033 답 $2x^2+xy-3y^2$

$(x-y)(2x+3y)=2x^2+3xy-2xy-3y^2$
$\qquad\qquad\qquad =2x^2+xy-3y^2$

034 답 a^3+a+2

$(a+1)(a^2-a+2)=a^3-a^2+2a+a^2-a+2$
$\qquad\qquad\qquad\quad =a^3+a+2$

035 답 $x^3+x^2-3x^2y-4xy-y$

$(x^2-3xy-y)(x+1)=x^3+x^2-3x^2y-3xy-xy-y$
$\qquad\qquad\qquad\qquad =x^3+x^2-3x^2y-4xy-y$

036 답 $-2,\ -2,\ 1$

037 답 1

$(x-2y-3)(2x+5y-1)$의 전개식에서 xy항은
$x\times 5y+(-2y)\times 2x=5xy-4xy$
$\qquad\qquad\qquad\qquad\quad =xy$
따라서 xy의 계수는 1이다.

038 답 19

$(2x^2-x+6)(x^2-3x+5)$의 전개식에서 x^2항은
$2x^2\times 5+(-x)\times(-3x)+6\times x^2=10x^2+3x^2+6x^2$
$\qquad\qquad\qquad\qquad\qquad\qquad\quad =19x^2$
따라서 x^2의 계수는 19이다.

039 답 -5

$(x^3-2x^2+x-5)(2x^2-x+1)$의 전개식에서 x^4항은
$x^3\times(-x)+(-2x^2)\times 2x^2=-x^4-4x^4$
$\qquad\qquad\qquad\qquad\qquad\quad =-5x^4$
따라서 x^4의 계수는 -5이다.

040 답 ②

$(a-b)(3a^2-ab-b^2)=3a^3-a^2b-ab^2-3a^2b+ab^2+b^3$
$\qquad\qquad\qquad\qquad\quad =3a^3-4a^2b+b^3$

041 답 ⑤

$(x+2y-3)(x-2y-1)$
$=x^2-2xy-x+2xy-4y^2-2y-3x+6y+3$
$=x^2-4y^2-4x+4y+3$

042 답 x^3+6x^2-7x-6

$A-BC=2x^2-x-1-(-x^2+x+1)(x+5)$
$\qquad\quad =2x^2-x-1-(-x^3-5x^2+x^2+5x+x+5)$
$\qquad\quad =2x^2-x-1-(-x^3-4x^2+6x+5)$
$\qquad\quad =2x^2-x-1+x^3+4x^2-6x-5$
$\qquad\quad =x^3+6x^2-7x-6$

043 답 ①

$(x-3y+1)(2x+2y-3)$의 전개식에서 x항은
$x\times(-3)+1\times 2x=-3x+2x=-x$
따라서 x의 계수는 -1이므로 $a=-1$
또 xy항은
$x\times 2y+(-3y)\times 2x=2xy-6xy=-4xy$
따라서 xy의 계수는 -4이므로 $b=-4$
$\therefore\ a+b=-1+(-4)=-5$

044 답 ⑤

$(x^3-x^2+2x-5)(3x^2+x-2)$의 전개식에서 x^3항은
$x^3\times(-2)+(-x^2)\times x+2x\times 3x^2=-2x^3-x^3+6x^3=3x^3$
따라서 x^3의 계수는 3이다.

045 답 -2

$(x^2-5x-2)(3x^2+x+k)$의 전개식에서 x항은
$-5x\times k+(-2)\times x=(-5k-2)x$
이때 x의 계수가 8이므로
$-5k-2=8 \qquad \therefore\ k=-2$

046 답 x^2+6x+9

$(x+3)^2=x^2+2\times x\times 3+3^2$
$\qquad\quad =x^2+6x+9$

047 답 $4x^2-4x+1$

$(2x-1)^2=(2x)^2-2\times 2x\times 1+1^2$
$\qquad\qquad =4x^2-4x+1$

048 답 $25a^2-1$

$(5a-1)(5a+1)=(5a)^2-1^2=25a^2-1$

049 답 $\dfrac{1}{4}x^2-\dfrac{1}{9}y^2$

$\left(\dfrac{1}{2}x+\dfrac{1}{3}y\right)\left(\dfrac{1}{2}x-\dfrac{1}{3}y\right)=\left(\dfrac{1}{2}x\right)^2-\left(\dfrac{1}{3}y\right)^2=\dfrac{1}{4}x^2-\dfrac{1}{9}y^2$

050 답 $x^2-2x-15$

$(x+3)(x-5)=x^2+\{3+(-5)\}x+3\times(-5)$
$\qquad\qquad\quad=x^2-2x-15$

051 답 $15x^2+13x+2$

$(3x+2)(5x+1)=(3\times5)x^2+(3\times1+2\times5)x+2\times1$
$\qquad\qquad\qquad=15x^2+13x+2$

052 답 $6x^2-11xy+4y^2$

$(2x-y)(3x-4y)$
$=(2\times3)x^2+\{2\times(-4y)+(-y)\times3\}x+(-y)\times(-4y)$
$=6x^2-11xy+4y^2$

053 답 $a^2+b^2+2ab+4a+4b+4$

$(a+b+2)^2=a^2+b^2+2^2+2\times a\times b+2\times b\times2+2\times2\times a$
$\qquad\qquad=a^2+b^2+2ab+4a+4b+4$

054 답 $a^2+b^2+c^2+2ab-2bc-2ca$

$(a+b-c)^2$
$=a^2+b^2+(-c)^2+2\times a\times b+2\times b\times(-c)+2\times(-c)\times a$
$=a^2+b^2+c^2+2ab-2bc-2ca$

055 답 $a^2+b^2+c^2-2ab+2bc-2ca$

$(a-b-c)^2=a^2+(-b)^2+(-c)^2+2\times a\times(-b)$
$\qquad\qquad\qquad\quad+2\times(-b)\times(-c)+2\times(-c)\times a$
$\qquad\qquad=a^2+b^2+c^2-2ab+2bc-2ca$

056 답 $9a^2+b^2+c^2+6ab+2bc+6ca$

$(3a+b+c)^2=(3a)^2+b^2+c^2+2\times3a\times b+2\times b\times c+2\times c\times3a$
$\qquad\qquad=9a^2+b^2+c^2+6ab+2bc+6ca$

057 답 $a^2+b^2+4c^2-2ab-4bc+4ca$

$(a-b+2c)^2$
$=a^2+(-b)^2+(2c)^2+2\times a\times(-b)+2\times(-b)\times2c+2\times2c\times a$
$=a^2+b^2+4c^2-2ab-4bc+4ca$

058 답 $4a^2+9b^2+c^2-12ab+6bc-4ca$

$(2a-3b-c)^2=(2a)^2+(-3b)^2+(-c)^2+2\times2a\times(-3b)$
$\qquad\qquad\qquad+2\times(-3b)\times(-c)+2\times(-c)\times2a$
$\qquad\qquad=4a^2+9b^2+c^2-12ab+6bc-4ca$

059 답 $x^3+9x^2+27x+27$

$(x+3)^3=x^3+3\times x^2\times3+3\times x\times3^2+3^3$
$\qquad\quad=x^3+9x^2+27x+27$

060 답 $27x^3+54x^2+36x+8$

$(3x+2)^3=(3x)^3+3\times(3x)^2\times2+3\times3x\times2^2+2^3$
$\qquad\qquad=27x^3+54x^2+36x+8$

061 답 $x^3+6x^2y+12xy^2+8y^3$

$(x+2y)^3=x^3+3\times x^2\times2y+3\times x\times(2y)^2+(2y)^3$
$\qquad\qquad=x^3+6x^2y+12xy^2+8y^3$

062 답 $x^3-6x^2+12x-8$

$(x-2)^3=x^3-3\times x^2\times2+3\times x\times2^2-2^3$
$\qquad\quad=x^3-6x^2+12x-8$

063 답 $27x^3-27x^2+9x-1$

$(3x-1)^3=(3x)^3-3\times(3x)^2\times1+3\times3x\times1^2-1^3$
$\qquad\qquad=27x^3-27x^2+9x-1$

064 답 $x^3-9x^2y+27xy^2-27y^3$

$(x-3y)^3=x^3-3\times x^2\times3y+3\times x\times(3y)^2-(3y)^3$
$\qquad\qquad=x^3-9x^2y+27xy^2-27y^3$

065 답 $8x^3-36x^2y+54xy^2-27y^3$

$(2x-3y)^3=(2x)^3-3\times(2x)^2\times3y+3\times2x\times(3y)^2-(3y)^3$
$\qquad\qquad=8x^3-36x^2y+54xy^2-27y^3$

066 답 x^3+64

$(x+4)(x^2-4x+16)=(x+4)(x^2-x\times4+4^2)$
$\qquad\qquad\qquad\qquad=x^3+4^3=x^3+64$

067 답 $27x^3+1$

$(3x+1)(9x^2-3x+1)=(3x+1)\{(3x)^2-3x\times1+1^2\}$
$\qquad\qquad\qquad\qquad=(3x)^3+1^3=27x^3+1$

068 답 a^3-8

$(a-2)(a^2+2a+4)=(a-2)(a^2+a\times2+2^2)$
$\qquad\qquad\qquad\quad=a^3-2^3=a^3-8$

069 답 $27x^3-y^3$

$(3x-y)(9x^2+3xy+y^2)=(3x-y)\{(3x)^2+3x\times y+y^2\}$
$\qquad\qquad\qquad\qquad=(3x)^3-y^3=27x^3-y^3$

070 답 x^3-2x^2-5x+6

$(x-3)(x-1)(x+2)$
$=x^3+\{(-3)+(-1)+2\}x^2$
$\qquad\qquad+\{(-3)\times(-1)+(-1)\times2+2\times(-3)\}x$
$\qquad\qquad\qquad+(-3)\times(-1)\times2$
$=x^3-2x^2-5x+6$

071 답 $x^3-12x^2+44x-48$

$(x-6)(x-4)(x-2)$
$=x^3+\{(-6)+(-4)+(-2)\}x^2$
$\qquad +\{(-6)\times(-4)+(-4)\times(-2)+(-2)\times(-6)\}x$
$\qquad\qquad +(-6)\times(-4)\times(-2)$
$=x^3-12x^2+44x-48$

072 답 $x^3+2x^2-11x-12$

$(x-3)(x+1)(x+4)$
$=x^3+\{(-3)+1+4\}x^2+\{(-3)\times1+1\times4+4\times(-3)\}x$
$\qquad\qquad\qquad +(-3)\times1\times4$
$=x^3+2x^2-11x-12$

073 답 $x^3+y^3-3xy+1$

$(x+y+1)(x^2+y^2+1-xy-x-y)$
$=(x+y+1)(x^2+y^2+1^2-x\times y-y\times1-1\times x)$
$=x^3+y^3+1^3-3\times x\times y\times1$
$=x^3+y^3-3xy+1$

074 답 $a^3+b^3-c^3+3abc$

$(a+b-c)(a^2+b^2+c^2-ab+bc+ca)$
$=(a+b-c)\{a^2+b^2+(-c)^2-a\times b-b\times(-c)-(-c)\times a\}$
$=a^3+b^3+(-c)^3-3\times a\times b\times(-c)$
$=a^3+b^3-c^3+3abc$

075 답 $8a^3-b^3+c^3+6abc$

$(2a-b+c)(4a^2+b^2+c^2+2ab+bc-2ca)$
$=(2a-b+c)$
$\qquad \times\{(2a)^2+(-b)^2+c^2-2a\times(-b)-(-b)\times c-c\times2a\}$
$=(2a)^3+(-b)^3+c^3-3\times2a\times(-b)\times c$
$=8a^3-b^3+c^3+6abc$

076 답 x^4+x^2+1

$(x^2+x+1)(x^2-x+1)=(x^2+x\times1+1^2)(x^2-x\times1+1^2)$
$\qquad\qquad\qquad\qquad =x^4+x^2\times1^2+1^4$
$\qquad\qquad\qquad\qquad =x^4+x^2+1$

077 답 x^4+4x^2+16

$(x^2+2x+4)(x^2-2x+4)=(x^2+x\times2+2^2)(x^2-x\times2+2^2)$
$\qquad\qquad\qquad\qquad =x^4+x^2\times2^2+2^4$
$\qquad\qquad\qquad\qquad =x^4+4x^2+16$

078 답 $16x^4+4x^2y^2+y^4$

$(4x^2+2xy+y^2)(4x^2-2xy+y^2)$
$=\{(2x)^2+2x\times y+y^2\}\{(2x)^2-2x\times y+y^2\}$
$=(2x)^4+(2x)^2\times y^2+y^4$
$=16x^4+4x^2y^2+y^4$

079 답 $X-x,\ x^2+2,\ x^4+x^3+2x^2+2x+4$

080 답 x^4+4x^3-8x

$x^2+2x=X$로 놓으면
$(x^2+2x)(x^2+2x-4)=X(X-4)$
$\qquad\qquad\qquad\quad =X^2-4X$
$\qquad\qquad\qquad\quad =(x^2+2x)^2-4(x^2+2x)$
$\qquad\qquad\qquad\quad =x^4+4x^3+4x^2-4x^2-8x$
$\qquad\qquad\qquad\quad =x^4+4x^3-8x$

081 답 $x^4+x^3-10x^2+x+1$

$x^2+1=X$로 놓으면
$(x^2+4x+1)(x^2-3x+1)=\{(x^2+1)+4x\}\{(x^2+1)-3x\}$
$\qquad\qquad\qquad\qquad =(X+4x)(X-3x)$
$\qquad\qquad\qquad\qquad =X^2+xX-12x^2$
$\qquad\qquad\qquad\qquad =(x^2+1)^2+x(x^2+1)-12x^2$
$\qquad\qquad\qquad\qquad =x^4+2x^2+1+x^3+x-12x^2$
$\qquad\qquad\qquad\qquad =x^4+x^3-10x^2+x+1$

082 답 $X-12,\ x^2+x,\ x^4+2x^3-11x^2-12x$

083 답 $x^4+2x^3-7x^2-8x+12$

공통부분이 생기도록 두 일차식의 상수항의 합이 같게 짝을 지어 전개하면
$(x-2)(x-1)(x+2)(x+3)$
$=\{(x-2)(x+3)\}\{(x-1)(x+2)\}$
$=(x^2+x-6)(x^2+x-2)$ ······ ㉠
$x^2+x=X$로 놓으면 ㉠에서
$(x^2+x-6)(x^2+x-2)=(X-6)(X-2)$
$\qquad\qquad\qquad\qquad =X^2-8X+12$
$\qquad\qquad\qquad\qquad =(x^2+x)^2-8(x^2+x)+12$
$\qquad\qquad\qquad\qquad =x^4+2x^3+x^2-8x^2-8x+12$
$\qquad\qquad\qquad\qquad =x^4+2x^3-7x^2-8x+12$

084 답 $x^4-2x^3-25x^2+26x+120$

공통부분이 생기도록 두 일차식의 상수항의 합이 같게 짝을 지어 전개하면
$(x-5)(x-3)(x+2)(x+4)$
$=\{(x-5)(x+4)\}\{(x-3)(x+2)\}$
$=(x^2-x-20)(x^2-x-6)$ ······ ㉠
$x^2-x=X$로 놓으면 ㉠에서
$(x^2-x-20)(x^2-x-6)=(X-20)(X-6)$
$\qquad\qquad\qquad\qquad =X^2-26X+120$
$\qquad\qquad\qquad\qquad =(x^2-x)^2-26(x^2-x)+120$
$\qquad\qquad\qquad\qquad =x^4-2x^3+x^2-26x^2+26x+120$
$\qquad\qquad\qquad\qquad =x^4-2x^3-25x^2+26x+120$

085 답 6

$(2x+y)^3=8x^3+12x^2y+6xy^2+y^3$

따라서 xy^2의 계수는 6이다.

086 답 -8

$(2x-y)(4x^2+2xy+y^2)=8x^3-y^3$

따라서 $a=8$, $b=-1$이므로 $ab=-8$

087 답 ③

③ $(x-y+z)^2=x^2+y^2+z^2-2xy-2yz+2zx$

따라서 옳지 않은 것은 ③이다.

088 답 ①

$(x-y-1)(x^2+y^2+xy+x-y+1)=x^3-y^3-3xy-1$

따라서 $a=-3$, $b=-1$이므로 $a+2b=-5$

089 답 3

$(x+a)^3+x(x-4)=x^3+3ax^2+3a^2x+a^3+x^2-4x$
$=x^3+(3a+1)x^2+(3a^2-4)x+a^3$

이때 x^2의 계수가 10이므로

$3a+1=10$ ∴ $a=3$

090 답 ③

$(x-2)(x+2)(x^2-2x+4)(x^2+2x+4)$
$=\{(x-2)(x^2+2x+4)\}\{(x+2)(x^2-2x+4)\}$
$=(x^3-8)(x^3+8)=x^6-64$

다른 풀이

$(x-2)(x+2)(x^2-2x+4)(x^2+2x+4)$
$=(x^2-4)(x^4+4x^2+16)$
$=(x^2)^3-4^3=x^6-64$

091 답 ⑤

$(2x-y)^3(2x+y)^3=\{(2x-y)(2x+y)\}^3=(4x^2-y^2)^3$
$=64x^6-48x^4y^2+12x^2y^4-y^6$

x^4y^2의 계수는 -48이므로 $a=-48$

x^2y^4의 계수는 12이므로 $b=12$

∴ $b-a=60$

092 답 4

$x^2-x=X$로 놓으면

$(x^2-x-3)(x^2-x+4)=(X-3)(X+4)$
$=X^2+X-12$
$=(x^2-x)^2+(x^2-x)-12$
$=x^4-2x^3+x^2+x^2-x-12$
$=x^4-2x^3+2x^2-x-12$

따라서 $a=-2$, $b=2$, $c=-1$이므로
$abc=4$

093 답 ②

$x^2-2=X$로 놓으면
$(x^2-x-2)(x^2-3x-2)=\{(x^2-2)-x\}\{(x^2-2)-3x\}$
$=(X-x)(X-3x)$
$=X^2-4xX+3x^2$
$=(x^2-2)^2-4x(x^2-2)+3x^2$
$=x^4-4x^2+4-4x^3+8x+3x^2$
$=x^4-4x^3-x^2+8x+4$

094 답 ⑤

$b-c=X$로 놓으면
$(a+b-c)(a-b+c)=(a+b-c)\{a-(b-c)\}$
$=(a+X)(a-X)$
$=a^2-X^2$
$=a^2-(b-c)^2$
$=a^2-(b^2-2bc+c^2)$
$=a^2-b^2-c^2+2bc$

095 답 ③

공통부분이 생기도록 두 일차식의 상수항의 합이 같게 짝을 지어 전개하면
$(x-2)(x-1)(x+4)(x+5)$
$=\{(x-2)(x+5)\}\{(x-1)(x+4)\}$
$=(x^2+3x-10)(x^2+3x-4)$ ······ ㉠

$x^2+3x=X$로 놓으면 ㉠에서
$(x^2+3x-10)(x^2+3x-4)=(X-10)(X-4)$
$=X^2-14X+40$
$=(x^2+3x)^2-14(x^2+3x)+40$
$=x^4+6x^3+9x^2-14x^2-42x+40$
$=x^4+6x^3-5x^2-42x+40$

096 답 ①

공통부분이 생기도록 두 일차식의 상수항의 합이 같게 짝을 지어 전개하면
$(x-5)(x-3)(x-1)(x+1)$
$=\{(x-5)(x+1)\}\{(x-3)(x-1)\}$
$=(x^2-4x-5)(x^2-4x+3)$ ······ ㉠

$x^2-4x=X$로 놓으면 ㉠에서
$(x^2-4x-5)(x^2-4x+3)=(X-5)(X+3)$
$=X^2-2X-15$
$=(x^2-4x)^2-2(x^2-4x)-15$
$=x^4-8x^3+16x^2-2x^2+8x-15$
$=x^4-8x^3+14x^2+8x-15$

따라서 $a=14$, $b=8$이므로
$a-2b=-2$

097 답 **11**

$a^2+b^2=(a+b)^2-2ab=3^2-2\times(-1)=11$

098 답 **−11**

$\dfrac{b}{a}+\dfrac{a}{b}=\dfrac{a^2+b^2}{ab}=\dfrac{11}{-1}=-11$

099 답 **13**

$(a-b)^2=(a+b)^2-4ab=3^2-4\times(-1)=13$

100 답 **$\sqrt{13}$**

$(a-b)^2=13$이고 $a>b$이므로
$a-b=\sqrt{13}$

101 답 **36**

$a^3+b^3=(a+b)^3-3ab(a+b)$
$\qquad=3^3-3\times(-1)\times3=36$

102 답 **$10\sqrt{13}$**

$a^3-b^3=(a-b)^3+3ab(a-b)$
$\qquad=(\sqrt{13})^3+3\times(-1)\times\sqrt{13}=10\sqrt{13}$

103 답 **10**

$a^2+b^2=(a-b)^2+2ab=(-2)^2+2\times3=10$

104 답 **$\dfrac{10}{3}$**

$\dfrac{b}{a}+\dfrac{a}{b}=\dfrac{a^2+b^2}{ab}=\dfrac{10}{3}$

105 답 **16**

$(a+b)^2-(a-b)^2+4ab=(-2)^2+4\times3=16$

106 답 **4**

$(a+b)^2=16$이고 $a>0$, $b>0$이므로
$a+b=4$

107 답 **−26**

$a^3-b^3=(a-b)^3+3ab(a-b)$
$\qquad=(-2)^3+3\times3\times(-2)=-26$

108 답 **28**

$a^3+b^3=(a+b)^3-3ab(a+b)$
$\qquad=4^3-3\times3\times4=28$

109 답 **−2**

$x^2+y^2=(x+y)^2-2xy$이므로
$8=2^2-2xy$, $2xy=-4$ $\quad\therefore xy=-2$

110 답 **20**

$x^3+y^3=(x+y)^3-3xy(x+y)$
$\qquad=2^3-3\times(-2)\times2=20$

111 답 **2**

$x^2+y^2=(x-y)^2+2xy$이므로
$5=(-1)^2+2xy$, $2xy=4$ $\quad\therefore xy=2$

112 답 **−7**

$x^3-y^3=(x-y)^3+3xy(x-y)$
$\qquad=(-1)^3+3\times2\times(-1)=-7$

113 답 **14**

$a+b=(2+\sqrt{3})+(2-\sqrt{3})=4$
$ab=(2+\sqrt{3})(2-\sqrt{3})=1$
$\therefore a^2+b^2=(a+b)^2-2ab$
$\qquad=4^2-2\times1=14$

114 답 **52**

$a^3+b^3=(a+b)^3-3ab(a+b)$
$\qquad=4^3-3\times1\times4=52$

115 답 **$30\sqrt{3}$**

$a-b=(2+\sqrt{3})-(2-\sqrt{3})=2\sqrt{3}$
$\therefore a^3-b^3=(a-b)^3+3ab(a-b)$
$\qquad=(2\sqrt{3})^3+3\times1\times2\sqrt{3}=30\sqrt{3}$

116 답 **6**

$a^2+b^2+c^2=(a+b+c)^2-2(ab+bc+ca)$
$\qquad=2^2-2\times(-1)=6$

117 답 **11**

$a^2+b^2+c^2=(a+b+c)^2-2(ab+bc+ca)$이므로
$14=6^2-2(ab+bc+ca)$, $2(ab+bc+ca)=22$
$\therefore ab+bc+ca=11$

118 답 **−4**

$a^2+b^2+c^2=(a+b+c)^2-2(ab+bc+ca)$이므로
$9=1^2-2(ab+bc+ca)$, $2(ab+bc+ca)=-8$
$\therefore ab+bc+ca=-4$

119 답 **1**

$$\frac{1}{a}+\frac{1}{b}+\frac{1}{c}=\frac{ab+bc+ca}{abc}$$
$$=\frac{-4}{-4}=1$$

120 답 **−1**

$x^2+y^2+z^2=(x+y+z)^2-2(xy+yz+zx)$이므로
$6=(-2)^2-2(xy+yz+zx)$
$2(xy+yz+zx)=-2$
$\therefore xy+yz+zx=-1$

121 답 **−8**

$$x^3+y^3+z^3=(x+y+z)(x^2+y^2+z^2-xy-yz-zx)+3xyz$$
$$=(x+y+z)\{x^2+y^2+z^2-(xy+yz+zx)\}+3xyz$$
$$=(-2)\times\{6-(-1)\}+3\times2$$
$$=-8$$

122 답 **7**

$$x^2+\frac{1}{x^2}=\left(x+\frac{1}{x}\right)^2-2=3^2-2=7$$

123 답 **18**

$$x^3+\frac{1}{x^3}=\left(x+\frac{1}{x}\right)^3-3\left(x+\frac{1}{x}\right)=3^3-3\times3=18$$

124 답 **6**

$$x^2+\frac{1}{x^2}=\left(x-\frac{1}{x}\right)^2+2=2^2+2=6$$

125 답 **14**

$$x^3-\frac{1}{x^3}=\left(x-\frac{1}{x}\right)^3+3\left(x-\frac{1}{x}\right)=2^3+3\times2=14$$

126 답 **−3**

127 답 **7**

$x\neq0$이므로 $x^2+3x+1=0$의 양변을 x로 나누면
$x+3+\frac{1}{x}=0$　　$\therefore x+\frac{1}{x}=-3$
$\therefore x^2+\frac{1}{x^2}=\left(x+\frac{1}{x}\right)^2-2=(-3)^2-2=7$

128 답 **−18**

$$x^3+\frac{1}{x^3}=\left(x+\frac{1}{x}\right)^3-3\left(x+\frac{1}{x}\right)$$
$$=(-3)^3-3\times(-3)=-18$$

129 답 **4**

$x\neq0$이므로 $x^2-4x-1=0$의 양변을 x로 나누면
$x-4-\frac{1}{x}=0$　　$\therefore x-\frac{1}{x}=4$

130 답 **18**

$$x^2+\frac{1}{x^2}=\left(x-\frac{1}{x}\right)^2+2=4^2+2=18$$

131 답 **76**

$$x^3-\frac{1}{x^3}=\left(x-\frac{1}{x}\right)^3+3\left(x-\frac{1}{x}\right)=4^3+3\times4=76$$

실전유형
25~26쪽

132 답 **②**

$$\frac{x^2}{y}+\frac{y^2}{x}=\frac{x^3+y^3}{xy}=\frac{(x+y)^3-3xy(x+y)}{xy}$$
$$=\frac{(\sqrt{2})^3-3\times(-2)\times\sqrt{2}}{-2}$$
$$=-4\sqrt{2}$$

133 답 **45**

$x^2+y^2=(x+y)^2-2xy$이므로
$13=3^2-2xy$
$2xy=-4$　　$\therefore xy=-2$
$\therefore x^3+y^3=(x+y)^3-3xy(x+y)$
$=3^3-3\times(-2)\times3=45$

134 답 **①**

$x-y=(\sqrt{2}-1)-(\sqrt{2}+1)=-2$
$xy=(\sqrt{2}-1)(\sqrt{2}+1)=1$
$\therefore x^3-y^3=(x-y)^3+3xy(x-y)$
$=(-2)^3+3\times1\times(-2)=-14$

135 답 **(1) 2　(2) $2\sqrt{3}$　(3) $12\sqrt{3}$**

(1) $x^3-y^3=(x-y)^3+3xy(x-y)$이므로
$20=2^3+3xy\times2$
$6xy=12$　　$\therefore xy=2$
(2) $(x+y)^2=(x-y)^2+4xy$
$=2^2+4\times2=12$
이때 $x>0,\ y>0$이므로
$x+y=\sqrt{12}=2\sqrt{3}$
(3) $x^3+y^3=(x+y)^3-3xy(x+y)$
$=(2\sqrt{3})^3-3\times2\times2\sqrt{3}=12\sqrt{3}$

136 답 **②**

$x^2+y^2+z^2=(x+y-z)^2-2(xy-yz-zx)$
$=5^2-2\times4=17$

137 답 ④

$$a^2+b^2+c^2-ab-bc-ca=\frac{1}{2}\{(a-b)^2+(b-c)^2+(c-a)^2\}$$
$$=\frac{1}{2}\{8^2+6^2+(-14)^2\}$$
$$=\frac{1}{2}\times296=148$$

138 답 −1

$a^2+b^2+c^2=(a+b+c)^2-2(ab+bc+ca)$이므로
$13=3^2-2(ab+bc+ca)$
$2(ab+bc+ca)=-4$ ∴ $ab+bc+ca=-2$
$a^3+b^3+c^3=(a+b+c)(a^2+b^2+c^2-ab-bc-ca)+3abc$이므로
$42=3\times\{13-(-2)\}+3abc$
$3abc=-3$ ∴ $abc=-1$

139 답 ②

$x^2+\dfrac{1}{x^2}=\left(x+\dfrac{1}{x}\right)^2-2=(-4)^2-2=14$
$x^3+\dfrac{1}{x^3}=\left(x+\dfrac{1}{x}\right)^3-3\left(x+\dfrac{1}{x}\right)$
$\qquad\quad=(-4)^3-3\times(-4)=-52$
∴ $x^3+x^2+\dfrac{1}{x^2}+\dfrac{1}{x^3}=\left(x^3+\dfrac{1}{x^3}\right)+\left(x^2+\dfrac{1}{x^2}\right)$
$\qquad\qquad\qquad\qquad\quad=-52+14=-38$

140 답 2

$x^2+\dfrac{1}{x^2}=\left(x+\dfrac{1}{x}\right)^2-2$이므로
$2=\left(x+\dfrac{1}{x}\right)^2-2$
∴ $\left(x+\dfrac{1}{x}\right)^2=4$
그런데 $x>0$이므로 $x+\dfrac{1}{x}=2$
∴ $x^3+\dfrac{1}{x^3}=\left(x+\dfrac{1}{x}\right)^3-3\left(x+\dfrac{1}{x}\right)$
$\qquad\qquad=2^3-3\times2=2$

141 답 ④

$x>1$이므로 $x^2-3x+1=0$의 양변을 x로 나누면
$x-3+\dfrac{1}{x}=0$ ∴ $x+\dfrac{1}{x}=3$
∴ $\left(x-\dfrac{1}{x}\right)^2=\left(x+\dfrac{1}{x}\right)^2-4$
$\qquad\qquad\quad=3^2-4=5$
그런데 $x>1$이므로 $0<\dfrac{1}{x}<1$이고 $x-\dfrac{1}{x}>0$
∴ $x-\dfrac{1}{x}=\sqrt{5}$
∴ $x^3-\dfrac{1}{x^3}=\left(x-\dfrac{1}{x}\right)^3+3\left(x-\dfrac{1}{x}\right)$
$\qquad\qquad=(\sqrt{5})^3+3\sqrt{5}=8\sqrt{5}$

142 답 ②

$2019=x$로 놓으면
$(x-3)x(x+3)=x^3-9a$
$x^3-9x=x^3-9a$
∴ $a=x=2019$

143 답 18

직사각형의 가로, 세로의 길이를 각각 a, b라 하면 직사각형의 둘레의 길이가 20이므로
$2(a+b)=20$ ∴ $a+b=10$
또 직사각형이 반지름의 길이가 4인 원에 내접하므로 직사각형의 대각선의 길이는 원의 지름의 길이인 8과 같다.
∴ $a^2+b^2=8^2=64$
$a^2+b^2=(a+b)^2-2ab$이므로
$64=10^2-2ab$
$2ab=36$ ∴ $ab=18$
따라서 직사각형의 넓이는 18이다.

144 답 ①

두 정육면체의 한 모서리의 길이를 각각 a, b라 하면 두 정육면체의 모든 모서리의 길이의 합이 60이므로
$12a+12b=60$ ∴ $a+b=5$
또 두 정육면체의 겉넓이의 합이 126이므로
$6a^2+6b^2=126$ ∴ $a^2+b^2=21$
$a^2+b^2=(a+b)^2-2ab$이므로
$21=5^2-2ab$
$2ab=4$ ∴ $ab=2$
따라서 두 정육면체의 부피의 합은
$a^3+b^3=(a+b)^3-3ab(a+b)$
$\qquad\quad=5^3-3\times2\times5=95$

개념유형 28~29쪽

145 답 3, 6, 3, 6, 3, 6, 9, 2, 2x+3, 2

146 답 몫: x^2+3x-2, 나머지: 4

$$
\begin{array}{r}
x^2+3x\ -2 \\
x-1\,\overline{)\,x^3+2x^2-5x+6} \\
\underline{x^3-\ x^2} \\
3x^2-5x \\
\underline{3x^2-3x} \\
-2x+6 \\
\underline{-2x+2} \\
4
\end{array}
$$

따라서 구하는 몫은 x^2+3x-2, 나머지는 4이다.

147 답 몫: x^2-x+1, 나머지: -4

$$
\begin{array}{r}
x^2-\ x+1 \\
2x-1\overline{)2x^3-3x^2+3x-5} \\
\underline{2x^3-\ x^2} \\
-2x^2+3x \\
\underline{-2x^2+\ x} \\
2x-5 \\
\underline{2x-1} \\
-4
\end{array}
$$

따라서 구하는 몫은 x^2-x+1, 나머지는 -4이다.

148 답 몫: $x-1$, 나머지: $x+6$

$$
\begin{array}{r}
x-1 \\
x^2+x-1\overline{)x^3-x+7} \\
\underline{x^3+x^2-x} \\
-x^2+7 \\
\underline{-x^2-x+1} \\
x+6
\end{array}
$$

따라서 구하는 몫은 $x-1$, 나머지는 $x+6$이다.

149 답 몫: $3x-1$, 나머지: $-x-3$

$$
\begin{array}{r}
3x-1 \\
x^2+1\overline{)3x^3-x^2+2x-4} \\
\underline{3x^3+3x} \\
-x^2-\ x-4 \\
\underline{-x^2-1} \\
-\ x-3
\end{array}
$$

따라서 구하는 몫은 $3x-1$, 나머지는 $-x-3$이다.

150 답 몫: $2x^2+x+5$, 나머지: $11x+17$

$$
\begin{array}{r}
2x^2+\ x+5 \\
2x^2-x-5\overline{)4x^4-\ x^2+\ x-\ 8} \\
\underline{4x^4-2x^3-10x^2} \\
2x^3+\ 9x^2+\ x \\
\underline{2x^3-\ x^2-5x} \\
10x^2+6x-\ 8 \\
\underline{10x^2-5x-25} \\
11x+17
\end{array}
$$

따라서 구하는 몫은 $2x^2+x+5$, 나머지는 $11x+17$이다.

151 답 $x^3-3x^2+4x-2=(x-3)(x^2+4)+10$

x^3-3x^2+4x-2를 $x-3$으로 나누면

$$
\begin{array}{r}
x^2+4 \\
x-3\overline{)x^3-3x^2+4x-\ 2} \\
\underline{x^3-3x^2} \\
4x-\ 2 \\
\underline{4x-12} \\
10
\end{array}
$$

따라서 몫은 x^2+4, 나머지는 10이므로
$x^3-3x^2+4x-2=(x-3)(x^2+4)+10$

152 답 $2x^3-x^2+7x-5=(x^2+1)(2x-1)+5x-4$

$2x^3-x^2+7x-5$를 x^2+1로 나누면

$$
\begin{array}{r}
2x-1 \\
x^2+1\overline{)2x^3-x^2+7x-5} \\
\underline{2x^3+2x} \\
-x^2+5x-5 \\
\underline{-x^2-1} \\
5x-4
\end{array}
$$

따라서 몫은 $2x-1$, 나머지는 $5x-4$이므로
$2x^3-x^2+7x-5=(x^2+1)(2x-1)+5x-4$

153 답 $Q(x)$, $\dfrac{1}{2}Q(x)$, $\dfrac{1}{2}Q(x)$, R

154 답 몫: $\dfrac{1}{3}Q(x)$, 나머지: R

$f(x)$를 $x+4$로 나누었을 때의 몫이 $Q(x)$, 나머지가 R이므로
$$
\begin{aligned}
f(x)&=(x+4)Q(x)+R \\
&=3(x+4)\times\frac{1}{3}Q(x)+R \\
&=(3x+12)\times\frac{1}{3}Q(x)+R
\end{aligned}
$$

따라서 $f(x)$를 $3x+12$로 나누었을 때의 몫은 $\dfrac{1}{3}Q(x)$, 나머지는 R이다.

155 답 몫: $2Q(x)$, 나머지: R

$f(x)$를 $2x-4$로 나누었을 때의 몫이 $Q(x)$, 나머지가 R이므로
$$
\begin{aligned}
f(x)&=(2x-4)Q(x)+R \\
&=2(x-2)Q(x)+R \\
&=(x-2)\times 2Q(x)+R
\end{aligned}
$$

따라서 $f(x)$를 $x-2$로 나누었을 때의 몫은 $2Q(x)$, 나머지는 R이다.

실전유형

29~30쪽

156 답 7

$$
\begin{array}{r}
2x^2-\ x+4 \\
x-2\overline{)2x^3-5x^2+6x-3} \\
\underline{2x^3-4x^2} \\
-\ x^2+6x \\
\underline{-\ x^2+2x} \\
4x-3 \\
\underline{4x-8} \\
5
\end{array}
$$

따라서 $a=-1$, $b=6$, $c=-3$, $d=5$이므로
$a+b+c+d=7$

157 답 9

$2x^3-x^2+x+3$을 $x+1$로 나누면

$$
\begin{array}{r}
2x^2-3x+4 \\
x+1\overline{\smash{)}\,2x^3-\ x^2+\ x+3} \\
\underline{2x^3+2x^2} \\
-3x^2+\ x \\
\underline{-3x^2-3x} \\
4x+3 \\
\underline{4x+4} \\
-1
\end{array}
$$

따라서 $Q(x)=2x^2-3x+4$이므로
$Q(-1)=2+3+4=9$

158 답 23

$x^4+2x^3+11x-4$를 x^2+2x+3으로 나누면

$$
\begin{array}{r}
x^2-3 \\
x^2+2x+3\overline{\smash{)}\,x^4+2x^3+11x-4} \\
\underline{x^4+2x^3+3x^2} \\
-3x^2+11x-4 \\
\underline{-3x^2-\ 6x-9} \\
17x+5
\end{array}
$$

따라서 $Q(x)=x^2-3$, $R(x)=17x+5$이므로

$$
\begin{aligned}
Q(2)+R(1)&=(4-3)+(17+5) \\
&=23
\end{aligned}
$$

159 답 $8x^3+3x-5$

$f(x)$를 $4x^2+2x+1$로 나누었을 때의 몫이 $2x-1$, 나머지가 $3x-4$이므로

$$
\begin{aligned}
f(x)&=(4x^2+2x+1)(2x-1)+3x-4 \\
&=8x^3-1+3x-4 \\
&=8x^3+3x-5
\end{aligned}
$$

160 답 ③

$3x^3-2x^2+2x+1$을 A로 나누었을 때의 몫이 $3x+4$, 나머지가 $10x+1$이므로
$3x^3-2x^2+2x+1=A(3x+4)+10x+1$
$A(3x+4)=3x^3-2x^2-8x$
$\therefore A=(3x^3-2x^2-8x)\div(3x+4)$
$3x^3-2x^2-8x$를 $3x+4$로 나누면

$$
\begin{array}{r}
x^2-2x \\
3x+4\overline{\smash{)}\,3x^3-2x^2-8x} \\
\underline{3x^3+4x^2} \\
-6x^2-8x \\
\underline{-6x^2-8x} \\
0
\end{array}
$$

$\therefore A=x^2-2x$

161 답 5

$f(x)$를 $x+1$로 나누었을 때의 몫이 x^2-2x+2, 나머지가 3이므로

$$
\begin{aligned}
f(x)&=(x+1)(x^2-2x+2)+3 \\
&=x^3-2x^2+2x+x^2-2x+2+3 \\
&=x^3-x^2+5
\end{aligned}
$$

x^3-x^2+5를 x^2+1로 나누면

$$
\begin{array}{r}
x-1 \\
x^2+1\overline{\smash{)}\,x^3-x^2+5} \\
\underline{x^3+x} \\
-x^2-x+5 \\
\underline{-x^2-1} \\
-x+6
\end{array}
$$

따라서 $Q(x)=x-1$, $R(x)=-x+6$이므로
$Q(x)+R(x)=(x-1)+(-x+6)=5$

162 답 ②

$f(x)$를 $x+\dfrac{5}{2}$로 나누었을 때의 몫이 $Q(x)$, 나머지가 R이므로

$$
\begin{aligned}
f(x)&=\left(x+\dfrac{5}{2}\right)Q(x)+R \\
&=2\left(x+\dfrac{5}{2}\right)\times\dfrac{1}{2}Q(x)+R \\
&=(2x+5)\times\dfrac{1}{2}Q(x)+R
\end{aligned}
$$

따라서 $f(x)$를 $2x+5$로 나누었을 때의 몫은 $\dfrac{1}{2}Q(x)$, 나머지는 R이다.

163 답 4

$f(x)$를 $3x-6$으로 나누었을 때의 몫이 $Q(x)$, 나머지가 R이므로

$$
\begin{aligned}
f(x)&=(3x-6)Q(x)+R \\
&=3(x-2)Q(x)+R \\
&=(x-2)\times3Q(x)+R
\end{aligned}
$$

따라서 $f(x)$를 $x-2$로 나누었을 때의 몫은 $3Q(x)$, 나머지는 R이므로
$a=3$, $b=1$ $\therefore a+b=4$

개념유형 32쪽

164 답 1, 0, -2, 6, x^2-2x, 6

165 답 -2, 0, -2, -4, 8, -7, x^2-4x+8, -7

166 답 몫: x^2+5x+8, 나머지: 12

$$
\begin{array}{r|rrrr}
2 & 1 & 3 & -2 & -4 \\
& & 2 & 10 & 16 \\
\hline
& 1 & 5 & 8 & \,|\,12
\end{array}
$$

따라서 구하는 몫은 x^2+5x+8, 나머지는 12이다.

167 답 몫: $2x^2-4x+4$, 나머지: -3

$$
\begin{array}{r|rrrr}
-\frac{1}{2} & 2 & -3 & 2 & -1 \\
& & -1 & 2 & -2 \\
\hline
& 2 & -4 & 4 & \boxed{-3}
\end{array}
$$

따라서 구하는 몫은 $2x^2-4x+4$, 나머지는 -3이다.

168 답 몫: $4x^3-4x^2+2x-5$, 나머지: 10

$$
\begin{array}{r|rrrrr}
-1 & 4 & 0 & -2 & -3 & 5 \\
& & -4 & 4 & -2 & 5 \\
\hline
& 4 & -4 & 2 & -5 & \boxed{10}
\end{array}
$$

따라서 구하는 몫은 $4x^3-4x^2+2x-5$, 나머지는 10이다.

169 답 $2x^2+2x-2$, 2, x^2+x-1, x^2+x-1, 2

170 답 1, 6, 2, 18, 6, 8, $3x^2+18x+6$, 8, x^2+6x+2, 8, x^2+6x+2, 8

$3x-1=3\left(x-\frac{1}{3}\right)$이므로 다음과 같이 조립제법을 이용하면

$$
\begin{array}{r|rrrr}
\frac{1}{3} & 3 & 17 & 0 & 6 \\
& & \boxed{1} & \boxed{6} & \boxed{2} \\
\hline
& 3 & \boxed{18} & \boxed{6} & \boxed{8}
\end{array}
$$

$3x^3+17x^2+6$을 $x-\frac{1}{3}$로 나누었을 때의 몫은 $3x^2+18x+6$, 나머지는 8이므로

$$
\begin{aligned}
3x^3+17x^2+6 &= \left(x-\frac{1}{3}\right)\left(\boxed{3x^2+18x+6}\right)+\boxed{8} \\
&= (3x-1)\left(\boxed{x^2+6x+2}\right)+\boxed{8}
\end{aligned}
$$

따라서 구하는 몫은 $\boxed{x^2+6x+2}$, 나머지는 $\boxed{8}$이다.

171 답 몫: x^2-2x-1, 나머지: 2

$2x-1=2\left(x-\frac{1}{2}\right)$이므로 다음과 같이 조립제법을 이용하면

$$
\begin{array}{r|rrrr}
\frac{1}{2} & 2 & -5 & 0 & 3 \\
& & 1 & -2 & -1 \\
\hline
& 2 & -4 & -2 & \boxed{2}
\end{array}
$$

$2x^3-5x^2+3$을 $x-\frac{1}{2}$로 나누었을 때의 몫은 $2x^2-4x-2$, 나머지는 2이므로

$$
\begin{aligned}
2x^3-5x^2+3 &= \left(x-\frac{1}{2}\right)(2x^2-4x-2)+2 \\
&= (2x-1)(x^2-2x-1)+2
\end{aligned}
$$

따라서 구하는 몫은 x^2-2x-1, 나머지는 2이다.

172 답 몫: $2x^2-x-1$, 나머지: 1

$3x+2=3\left(x+\frac{2}{3}\right)$이므로 다음과 같이 조립제법을 이용하면

$$
\begin{array}{r|rrrr}
-\frac{2}{3} & 6 & 1 & -5 & -1 \\
& & -4 & 2 & 2 \\
\hline
& 6 & -3 & -3 & \boxed{1}
\end{array}
$$

$6x^3+x^2-5x-1$을 $x+\frac{2}{3}$로 나누었을 때의 몫은 $6x^2-3x-3$, 나머지는 1이므로

$$
\begin{aligned}
6x^3+x^2-5x-1 &= \left(x+\frac{2}{3}\right)(6x^2-3x-3)+1 \\
&= (3x+2)(2x^2-x-1)+1
\end{aligned}
$$

따라서 구하는 몫은 $2x^2-x-1$, 나머지는 1이다.

실전유형
33쪽

173 답 72

$$
\begin{array}{r|rrrr}
3 & 1 & -2 & 5 & -7 \\
& & 3 & 3 & 24 \\
\hline
& 1 & 1 & 8 & \boxed{17}
\end{array}
$$

따라서 $a=3$, $b=3$, $c=1$, $d=8$이므로
$abcd=72$

174 답 ①

$$
\begin{array}{r|rrrr}
-4 & a & 8 & -3 & b \\
& & -8 & 0 & 12 \\
\hline
& 2 & 0 & -3 & \boxed{1}
\end{array}
$$

$\therefore k=-4$, $a=2$, $c=-8$, $d=0$
이때 $b+12=1$이므로
$b=-11$
$\therefore a+b+c+d=-17$

175 답 ④

$$
\begin{array}{r|rrrr}
-2 & 1 & 0 & -5 & -6 \\
& & -2 & 4 & 2 \\
\hline
& 1 & -2 & -1 & \boxed{-4}
\end{array}
$$

$\therefore a=0$, $b=-6$, $c=4$, $d=-2$
이때 $Q(x)=x^2-2x-1$이므로

$$
\begin{aligned}
Q(ad)-bc &= Q(0)+24 \\
&= -1+24=23
\end{aligned}
$$

176 답 ②

주어진 조립제법에서 $3x^3+4x^2-7x+8$을 $x-\frac{2}{3}$로 나누었을 때의 몫이 $3x^2+6x-3$, 나머지가 6이므로

$$
\begin{aligned}
3x^3+4x^2-7x+8 &= \left(x-\frac{2}{3}\right)(3x^2+6x-3)+6 \\
&= (3x-2)(x^2+2x-1)+6
\end{aligned}
$$

따라서 $3x^3+4x^2-7x+8$을 $3x-2$로 나누었을 때의 몫은 x^2+2x-1, 나머지는 6이다.

1 답 $x^2-2xy-y^2$

$2(X+A)=B$에서 $X+A=\dfrac{1}{2}B$

$\therefore X=\dfrac{1}{2}B-A$

$\qquad =\dfrac{1}{2}(4x^2-6xy+2y^2)-(x^2-xy+2y^2)$

$\qquad =2x^2-3xy+y^2-x^2+xy-2y^2=x^2-2xy-y^2$

2 답 ③

$AC-B=(x+2y)(x-y-1)-(3x^2-xy-y^2)$

$\qquad =x^2-xy-x+2xy-2y^2-2y-(3x^2-xy-y^2)$

$\qquad =x^2+xy-x-2y^2-2y-3x^2+xy+y^2$

$\qquad =-2x^2+2xy-y^2-x-2y$

3 답 ②

$(4x^2-x+k)(x^2+2x-5)$의 전개식에서 x^2항은

$4x^2\times(-5)+(-x)\times 2x+k\times x^2=-20x^2-2x^2+kx^2$

$\qquad\qquad\qquad\qquad\qquad\qquad\qquad =(k-22)x^2$

이때 x^2의 계수가 -19이므로

$k-22=-19 \qquad \therefore k=3$

4 답 ⑤

① $(a+b+2c)^2=a^2+b^2+4c^2+2ab+4bc+4ca$

② $(3x-2)^3=27x^3-54x^2+36x-8$

③ $(2a-1)(4a^2+2a+1)=8a^3-1$

④ $(x-4)(x+2)(x+5)=x^3+3x^2-18x-40$

따라서 옳은 것은 ⑤이다.

5 답 $x^4+2x^3-13x^2-14x+24$

공통부분이 생기도록 두 일차식의 상수항의 합이 같게 짝을 지어 전개하면

$(x-3)(x-1)(x+2)(x+4)$

$=\{(x-3)(x+4)\}\{(x-1)(x+2)\}$

$=(x^2+x-12)(x^2+x-2) \qquad \cdots\cdots \ ㉠$

$x^2+x=X$로 놓으면 ㉠에서

$(x^2+x-12)(x^2+x-2)=(X-12)(X-2)$

$\qquad\qquad\qquad\qquad\qquad =X^2-14X+24$

$\qquad\qquad\qquad\qquad\qquad =(x^2+x)^2-14(x^2+x)+24$

$\qquad\qquad\qquad\qquad\qquad =x^4+2x^3+x^2-14x^2-14x+24$

$\qquad\qquad\qquad\qquad\qquad =x^4+2x^3-13x^2-14x+24$

6 답 36

$x^2+y^2=(x-y)^2+2xy$이므로

$11=3^2+2xy,\ 2xy=2 \qquad \therefore xy=1$

$\therefore x^3-y^3=(x-y)^3+3xy(x-y)$

$\qquad\qquad =3^3+3\times 1\times 3=36$

7 답 ③

$x+y=(1+\sqrt2)+(1-\sqrt2)=2$

$xy=(1+\sqrt2)(1-\sqrt2)=-1$

$\therefore x^3+y^3+2xy=(x+y)^3-3xy(x+y)+2xy$

$\qquad\qquad\qquad\quad =2^3-3\times(-1)\times 2+2\times(-1)$

$\qquad\qquad\qquad\quad =12$

8 답 20

$x^2+y^2+z^2=(x+y+z)^2-2(xy+yz+zx)$이므로

$14=2^2-2(xy+yz+zx)$

$2(xy+yz+zx)=-10$

$\therefore xy+yz+zx=-5$

$\therefore x^3+y^3+z^3=(x+y+z)(x^2+y^2+z^2-xy-yz-zx)+3xyz$

$\qquad\qquad\qquad =2\times\{14-(-5)\}+3\times(-6)$

$\qquad\qquad\qquad =20$

9 답 ②

$x>0$이므로 $x^2-2\sqrt3 x-1=0$의 양변을 x로 나누면

$x-2\sqrt3-\dfrac{1}{x}=0 \qquad \therefore x-\dfrac{1}{x}=2\sqrt3$

$\therefore \left(x+\dfrac{1}{x}\right)^2=\left(x-\dfrac{1}{x}\right)^2+4$

$\qquad\qquad\quad =(2\sqrt3)^2+4=16$

그런데 $x>0$이므로 $x+\dfrac{1}{x}=4$

$\therefore x^3+\dfrac{1}{x^3}=\left(x+\dfrac{1}{x}\right)^3-3\left(x+\dfrac{1}{x}\right)$

$\qquad\qquad\quad =4^3-3\times 4=52$

10 답 $12\sqrt6$

직사각형의 가로, 세로의 길이를 각각 a, b라 하면 직사각형의 넓이가 18이므로

$ab=18 \qquad\qquad\qquad\qquad\qquad\qquad \cdots\cdots$ ⓘ

또 직사각형이 반지름의 길이가 $3\sqrt5$인 원에 내접하므로 직사각형의 대각선의 길이는 원의 지름의 길이인 $6\sqrt5$와 같다

$\therefore a^2+b^2=(6\sqrt5)^2=180 \qquad\qquad\qquad \cdots\cdots$ ⓘⓘ

$a^2+b^2=(a+b)^2-2ab$이므로

$180=(a+b)^2-2\times 18$

$\therefore (a+b)^2=216$

그런데 $a>0,\ b>0$이므로

$a+b=6\sqrt6$

따라서 직사각형의 둘레의 길이는

$2(a+b)=12\sqrt6 \qquad\qquad\qquad\qquad\quad \cdots\cdots$ ⓘⓘⓘ

채점 기준		
ⓘ 직사각형의 넓이를 이용하여 가로, 세로의 길이에 대한 식 세우기		30 %
ⓘⓘ 직사각형의 대각선의 길이를 이용하여 가로, 세로의 길이에 대한 식 세우기		30 %
ⓘⓘⓘ 직사각형의 둘레의 길이 구하기		40 %

11 답 -4

x^3-2x+1을 x^2+x+1로 나누면

$$
\begin{array}{r}
x-1 \\
x^2+x+1\,\overline{\smash{)}\,x^3-2x+1} \\
\underline{x^3+x^2+x} \\
-x^2-3x+1 \\
\underline{-x^2-x-1} \\
-2x+2
\end{array}
$$

따라서 $Q(x)=x-1$, $R(x)=-2x+2$이므로
$Q(-1)+R(2)=(-1-1)+(-4+2)=-4$

12 답 ③

$3x^3-4x^2+4x+2$를 A로 나누었을 때의 몫이 $3x^2-x+3$, 나머지가 5이므로
$3x^3-4x^2+4x+2=A(3x^2-x+3)+5$
$A(3x^2-x+3)=3x^3-4x^2+4x-3$
$\therefore A=(3x^3-4x^2+4x-3)\div(3x^2-x+3)$
$3x^3-4x^2+4x-3$을 $3x^2-x+3$으로 나누면

$$
\begin{array}{r}
x-1 \\
3x^2-x+3\,\overline{\smash{)}\,3x^3-4x^2+4x-3} \\
\underline{3x^3-x^2+3x} \\
-3x^2+x-3 \\
\underline{-3x^2+x-3} \\
0
\end{array}
$$

$\therefore A=x-1$

13 답 ②

$f(x)$를 $x-\dfrac{1}{2}$로 나누었을 때의 몫이 $Q(x)$, 나머지가 R이므로

$f(x)=\left(x-\dfrac{1}{2}\right)Q(x)+R$

$\quad=2\left(x-\dfrac{1}{2}\right)\times\dfrac{1}{2}Q(x)+R$

$\quad=(2x-1)\times\dfrac{1}{2}Q(x)+R$

따라서 $f(x)$를 $2x-1$로 나누었을 때의 몫은 $\dfrac{1}{2}Q(x)$, 나머지는 R
이다.

14 답 x^2-2x+1

주어진 조립제법에서 $2x^3-5x^2+2x+1$을 $x-\dfrac{1}{2}$로 나누었을 때의
몫이 $2x^2-4x$, 나머지가 1이므로
$2x^3-5x^2+2x+1=\left(x-\dfrac{1}{2}\right)(2x^2-4x)+1$
$\qquad\qquad\qquad\quad=(2x-1)(x^2-2x)+1$
따라서 $2x^3-5x^2+2x+1$을 $2x-1$로 나누었을 때의 몫은 x^2-2x,
나머지는 1이므로 구하는 합은
x^2-2x+1

개념유형

001 답 $\times$

002 답 $\times$

003 답 $\bigcirc$

주어진 등식의 우변을 전개하여 정리하면 $x^2=x^2$
따라서 항등식이다.

004 답 $\bigcirc$

주어진 등식의 우변을 전개하면 $x^2+x-6=x^2+x-6$
따라서 항등식이다.

005 답 $\times$

주어진 등식의 좌변을 전개하면
$x^2-1=x^2+x$ $\qquad\therefore x=-1$
따라서 항등식이 아니다.

006 답 $\bigcirc$

주어진 등식의 우변을 전개하여 정리하면 $x^2+3=x^2+3$
따라서 항등식이다.

007 답 $\bigcirc$

주어진 등식의 좌변을 전개하면 $x^3-1=x^3-1$
따라서 항등식이다.

008 답 $a=2$, $b=3$

009 답 $a=-1$, $b=5$

$a+1=0$, $b-5=0$이므로 $a=-1$, $b=5$

010 답 $a=2$, $b=-3$, $c=-4$

011 답 $a=1$, $b=-2$, $c=3$

$a-1=0$, $b+2=0$, $-c+3=0$이므로
$a=1$, $b=-2$, $c=3$

012 답 $a=5$, $b=-1$, $c=-6$

013 답 $a=0$, $b=\dfrac{1}{2}$, $c=-1$

$a=0$, $2b-1=0$, $c+1=0$이므로
$a=0$, $b=\dfrac{1}{2}$, $c=-1$

014 답 $a+b$, $a+b$, 4, -1, 2

015 답 $a=8$, $b=6$

주어진 등식의 좌변을 전개한 후 x에 대하여 내림차순으로 정리하면
$(a-b)x-a+3=2x-5$
이 등식이 x에 대한 항등식이므로
$a-b=2$, $-a+3=-5$ $\therefore a=8$, $b=6$

016 답 $a=-2$, $b=-3$

주어진 등식의 좌변을 전개하면
$x^2-2x-3=x^2+ax+b$
이 등식이 x에 대한 항등식이므로
$a=-2$, $b=-3$

017 답 $a=1$, $b=1$

주어진 등식의 좌변을 전개한 후 x에 대하여 내림차순으로 정리하면
$ax^2+(2a-1)x-5=x^2+bx-5$
이 등식이 x에 대한 항등식이므로
$a=1$, $2a-1=b$ $\therefore b=1$

018 답 -1, 2

019 답 $a=1$, $b=3$

주어진 등식의 양변에 $x=1$을 대입하면
$2b=6$ $\therefore b=3$
주어진 등식의 양변에 $x=-1$을 대입하면
$-2a=-2$ $\therefore a=1$

020 답 $a=8$, $b=5$

주어진 등식의 양변에 $x=0$을 대입하면
$a=8$
주어진 등식의 양변에 $x=2$를 대입하면
$22+a=6b$, $6b=30$ $\therefore b=5$

021 답 $a=8$, $b=7$

주어진 등식의 양변에 $x=2$를 대입하면 $b=7$
주어진 등식의 양변에 $x=0$을 대입하면
$-5=4-2a+b$, $2a=16$ $\therefore a=8$

022 답 $a=2$, $b=5$, $c=2$

[계수비교법]

주어진 등식의 우변을 전개한 후 x에 대하여 내림차순으로 정리하면
$2x^2-3x+4=ax^2+(a-b)x+2c$
이 등식이 x에 대한 항등식이므로
$2=a$, $-3=a-b$, $4=2c$
$\therefore a=2$, $b=5$, $c=2$

[수치대입법]

주어진 등식의 양변에 $x=0$을 대입하면
$4=2c$ $\therefore c=2$
주어진 등식의 양변에 $x=-1$을 대입하면
$9=b+2c$ $\therefore b=5$
주어진 등식의 양변에 $x=1$을 대입하면
$3=2a-b+2c$, $2a=4$ $\therefore a=2$

023 답 $a=1$, $b=3$, $c=2$

[계수비교법]

주어진 등식의 좌변을 전개한 후 x에 대하여 내림차순으로 정리하면
$ax^2+(-a+b)x-b+c=x^2+2x-1$
이 등식이 x에 대한 항등식이므로
$a=1$, $-a+b=2$, $-b+c=-1$
$\therefore a=1$, $b=3$, $c=2$

[수치대입법]

주어진 등식의 양변에 $x=1$을 대입하면
$c=2$
주어진 등식의 양변에 $x=0$을 대입하면
$-b+c=-1$ $\therefore b=3$
주어진 등식의 양변에 $x=2$를 대입하면
$2a+b+c=7$, $2a=2$ $\therefore a=1$

024 답 $a=3$, $b=-8$, $c=9$

[계수비교법]

주어진 등식의 좌변을 전개한 후 x에 대하여 내림차순으로 정리하면
$ax^2+(2a+b)x+a+b+c=3x^2-2x+4$
이 등식이 x에 대한 항등식이므로
$a=3$, $2a+b=-2$, $a+b+c=4$
$\therefore a=3$, $b=-8$, $c=9$

[수치대입법]

주어진 등식의 양변에 $x=-1$을 대입하면
$c=9$
주어진 등식의 양변에 $x=0$을 대입하면
$a+b+c=4$ $\therefore a+b=-5$ ...... ㉠
주어진 등식의 양변에 $x=1$을 대입하면
$4a+2b+c=5$ $\therefore 2a+b=-2$ ...... ㉡
㉠, ㉡을 연립하여 풀면
$a=3$, $b=-8$

025 답 $a=6$, $b=-8$, $c=3$

[계수비교법]

주어진 등식의 우변을 전개한 후 x에 대하여 내림차순으로 정리하면
$x^2-3x+8=(a+b+c)x^2+(-a+c)x-b$
이 등식이 x에 대한 항등식이므로
$1=a+b+c$ ...... ㉠
$-3=-a+c$ ...... ㉡
$8=-b$ $\therefore b=-8$

$b=-8$을 ㉠에 대입하여 정리하면
$a+c=9$ ······ ㉢
㉡, ㉢을 연립하여 풀면 $a=6$, $c=3$

[수치대입법]
주어진 등식의 양변에 $x=0$을 대입하면
$8=-b$ ∴ $b=-8$
주어진 등식의 양변에 $x=1$을 대입하면
$6=2c$ ∴ $c=3$
주어진 등식의 양변에 $x=-1$을 대입하면
$12=2a$ ∴ $a=6$

026 답 $a=-7$, $b=3$, $c=-2$

[계수비교법]
주어진 등식의 우변을 전개하면
$x^3+ax-6=x^3+(b-3)x^2-(3b+c)x+3c$
이 등식이 x에 대한 항등식이므로
$0=b-3$, $a=-(3b+c)$, $-6=3c$
∴ $a=-7$, $b=3$, $c=-2$

[수치대입법]
주어진 등식의 양변에 $x=3$을 대입하면
$3a+21=0$ ∴ $a=-7$
주어진 등식의 양변에 $x=0$을 대입하면
$-6=3c$ ∴ $c=-2$
주어진 등식의 양변에 $x=2$를 대입하면
$2a+2=-4-2b+c$, $2b=6$ ∴ $b=3$

실전유형

40~41쪽

027 답 ④

$a-2=0$, $a+2b=0$이므로 $a=2$, $b=-1$
∴ $a-b=3$

028 답 ①

주어진 등식의 좌변을 전개하면
$x^3+8=x^3+(a-3)x+4b$
이 등식이 x에 대한 항등식이므로
$a-3=0$, $4b=8$ ∴ $a=3$, $b=2$
∴ $ab=6$

029 답 3

주어진 등식이 k의 값에 관계없이 항상 성립하므로 주어진 등식은 k에 대한 항등식이다.
등식의 좌변을 k에 대하여 정리하면
$(x-2y)k-2x-y+5=0$
이 등식이 k에 대한 항등식이므로
$x-2y=0$, $-2x-y+5=0$ ∴ $x=2y$, $2x+y=5$
두 식을 연립하여 풀면 $x=2$, $y=1$ ∴ $x+y=3$

030 답 ②

주어진 등식의 양변에 $x=-1$을 대입하면
$4b=12$ ∴ $b=3$
주어진 등식의 양변에 $x=1$을 대입하면
$4a=8$ ∴ $a=2$
∴ $ab=2\times3=6$

031 답 3

주어진 등식의 양변에 $x=0$을 대입하면
$-2=-2c$ ∴ $c=1$
주어진 등식의 양변에 $x=1$을 대입하면
$-6=3b$ ∴ $b=-2$
주어진 등식의 양변에 $x=-2$를 대입하면
$24=6a$ ∴ $a=4$
∴ $a+b+c=4+(-2)+1=3$

032 답 ③

주어진 등식의 양변에 $x=-1$을 대입하면
$0=-a+b$ ······ ㉠
주어진 등식의 양변에 $x=1$을 대입하면
$6=a+b$ ······ ㉡
㉠, ㉡을 연립하여 풀면
$a=3$, $b=3$
$a-b=0$이므로 주어진 등식의 양변에 $x=0$을 대입하면
$0=-P(0)+3$
∴ $P(0)=3$

033 답 1

주어진 등식의 양변에 $x=1$을 대입하면
$a_0+a_1+a_2+a_3+\cdots+a_{24}=(-1)^{12}=1$

034 답 ②

주어진 등식의 양변에 $x=0$을 대입하면
$a_0=1^{10}=1$
주어진 등식의 양변에 $x=1$을 대입하면
$a_0+a_1+a_2+a_3+\cdots+a_{10}=0$
∴ $a_1+a_2+a_3+\cdots+a_{10}=-a_0$
$=-1$

035 답 -255

주어진 등식의 양변에 $x=0$을 대입하면
$a_0=1^8=1$
주어진 등식의 양변에 $x=-1$을 대입하면
$a_0-a_1+a_2-\cdots+a_{16}=2^8=256$
∴ $a_1-a_2+a_3-\cdots-a_{16}=a_0-256$
$=1-256=-255$

036 답 ④

$3x^3+ax^2+bx+c$를 x^2+2x-2로 나누었을 때의 몫이 $3x+1$, 나머지가 -7이므로
$3x^3+ax^2+bx+c=(x^2+2x-2)(3x+1)-7$
이 등식의 우변을 전개한 후 x에 대하여 내림차순으로 정리하면
$3x^3+ax^2+bx+c=3x^3+7x^2-4x-9$
이 등식이 x에 대한 항등식이므로
$a=7$, $b=-4$, $c=-9$ $\therefore a-b-c=20$

037 답 ②

x^3-x^2+ax+b를 x^2+3x+2로 나누었을 때의 몫을 $x+k$(k는 상수)라 하면 나머지가 $2x+3$이므로
$x^3-x^2+ax+b=(x^2+3x+2)(x+k)+2x+3$
이 등식의 우변을 전개한 후 x에 대하여 내림차순으로 정리하면
$x^3-x^2+ax+b=x^3+(k+3)x^2+(3k+4)x+2k+3$
이 등식이 x에 대한 항등식이므로
$-1=k+3$, $a=3k+4$, $b=2k+3$
$\therefore k=-4$, $a=-8$, $b=-5$
$\therefore ab=40$

다른 풀이

x^3-x^2+ax+b를 x^2+3x+2로 나누었을 때의 몫을 $Q(x)$라 하면 나머지가 $2x+3$이므로
$x^3-x^2+ax+b=(x^2+3x+2)Q(x)+2x+3$
$\qquad\qquad\quad =(x+1)(x+2)Q(x)+2x+3$ ...... ㉠
㉠의 양변에 $x=-1$을 대입하면
$-2-a+b=1$ $\therefore a-b=-3$ ...... ㉡
㉠의 양변에 $x=-2$를 대입하면
$-12-2a+b=-1$ $\therefore 2a-b=-11$ ...... ㉢
㉡, ㉢을 연립하여 풀면 $a=-8$, $b=-5$
$\therefore ab=40$

038 답 12

x^3-2x^2-5x+a를 x^2-x+b로 나누었을 때의 몫을 $x+k$(k는 상수)라 하면
$x^3-2x^2-5x+a=(x^2-x+b)(x+k)$
이 등식의 우변을 전개한 후 x에 대하여 내림차순으로 정리하면
$x^3-2x^2-5x+a=x^3+(k-1)x^2+(-k+b)x+bk$
이 등식이 x에 대한 항등식이므로
$-2=k-1$, $-5=-k+b$, $a=bk$
$\therefore k=-1$, $a=6$, $b=-6$
$\therefore a-b=12$

개념유형

43~44쪽

039 답 3

나머지 정리에 의하여
$f(2)=8+8-10-3=3$

040 답 3

나머지 정리에 의하여
$f(-3)=-27+18+15-3=3$

041 답 $-\dfrac{39}{8}$

나머지 정리에 의하여
$f\left(\dfrac{1}{2}\right)=\dfrac{1}{8}+\dfrac{1}{2}-\dfrac{5}{2}-3=-\dfrac{39}{8}$

042 답 2

나머지 정리에 의하여
$f(-1)=-2+3+1=2$

043 답 11

나머지 정리에 의하여
$f(2)=16-6+1=11$

044 답 $\dfrac{9}{4}$

나머지 정리에 의하여
$f\left(-\dfrac{1}{2}\right)=-\dfrac{1}{4}+\dfrac{3}{2}+1=\dfrac{9}{4}$

045 답 5

나머지 정리에 의하여 $f(-1)=9$이므로
$-1+a+5=9$ $\therefore a=5$

046 답 4

나머지 정리에 의하여 $f(-2)=5$이므로
$-8+2a+5=5$ $\therefore a=4$

047 답 $\dfrac{28}{9}$

나머지 정리에 의하여 $f\left(-\dfrac{1}{3}\right)=6$이므로
$-\dfrac{1}{27}+\dfrac{1}{3}a+5=6$ $\therefore a=\dfrac{28}{9}$

048 답 -5

나머지 정리에 의하여 $f(3)=-1$이므로
$54+9a-9-1=-1$ $\therefore a=-5$

049 답 -3

나머지 정리에 의하여 $f\left(\dfrac{1}{2}\right)=-3$이므로
$\dfrac{1}{4}+\dfrac{1}{4}a-\dfrac{3}{2}-1=-3$ $\therefore a=-3$

050 답 4

나머지 정리에 의하여 $f(1)=2$이므로
$2+a-3-1=2$ $\therefore a=4$

051 답 3, 3, 3, 2, 3, 2, 9

052 답 2

$g(x)=f(x+3)$이라 하면 구하는 나머지는 $g(x)$를 $x+4$로 나누었을 때의 나머지이므로 나머지 정리에 의하여
$g(-4)=f(-4+3)=f(-1)$ ······ ㉠
$f(x)$를 $x+1$로 나누었을 때의 나머지가 2이므로
$f(-1)=2$
따라서 ㉠에서 구하는 나머지는
$f(-1)=2$

053 답 −1

$g(x)=f(3x)$라 하면 구하는 나머지는 $g(x)$를 $x-2$로 나누었을 때의 나머지이므로 나머지 정리에 의하여
$g(2)=f(3\times2)=f(6)$ ······ ㉠
$f(x)$를 $x-6$으로 나누었을 때의 나머지가 -1이므로
$f(6)=-1$
따라서 ㉠에서 구하는 나머지는
$f(6)=-1$

054 답 −8

$g(x)=xf(-x-5)$라 하면 구하는 나머지는 $g(x)$를 $x+2$로 나누었을 때의 나머지이므로 나머지 정리에 의하여
$g(-2)=-2f(2-5)=-2f(-3)$ ······ ㉠
$f(x)$를 $x+3$으로 나누었을 때의 나머지가 4이므로
$f(-3)=4$
따라서 ㉠에서 구하는 나머지는
$-2f(-3)=-8$

055 답 5, −1, 5, 5, −1, −1, −2, 3, −2x+3

056 답 −12x−15

나머지 정리에 의하여
$f(-2)=9$, $f(-1)=-3$
또 $f(x)$를 $(x+2)(x+1)$로 나누었을 때의 몫을 $Q(x)$, 나머지를 $ax+b(a, b$는 상수)라 하면
$f(x)=(x+2)(x+1)Q(x)+ax+b$
$f(-2)=9$에서 $-2a+b=9$ ······ ㉠
$f(-1)=-3$에서 $-a+b=-3$ ······ ㉡
㉠, ㉡을 연립하여 풀면 $a=-12$, $b=-15$
따라서 구하는 나머지는 $-12x-15$이다.

057 답 x+5

나머지 정리에 의하여 $f(-3)=2$, $f(1)=6$
또 $f(x)$를 $(x+3)(x-1)$로 나누었을 때의 몫을 $Q(x)$, 나머지를 $ax+b(a, b$는 상수)라 하면
$f(x)=(x+3)(x-1)Q(x)+ax+b$
$f(-3)=2$에서 $-3a+b=2$ ······ ㉠
$f(1)=6$에서 $a+b=6$ ······ ㉡
㉠, ㉡을 연립하여 풀면 $a=1$, $b=5$
따라서 구하는 나머지는 $x+5$이다.

058 답 7x−13

나머지 정리에 의하여 $f(2)=1$, $f(3)=8$
또 $f(x)$를 $(x-2)(x-3)$으로 나누었을 때의 몫을 $Q(x)$, 나머지를 $ax+b(a, b$는 상수)라 하면
$f(x)=(x-2)(x-3)Q(x)+ax+b$
$f(2)=1$에서 $2a+b=1$ ······ ㉠
$f(3)=8$에서 $3a+b=8$ ······ ㉡
㉠, ㉡을 연립하여 풀면 $a=7$, $b=-13$
따라서 구하는 나머지는 $7x-13$이다.

실전유형
45~46쪽

059 답 ②

$f(x)=3x^3-x^2+2x-1$이라 하면 구하는 나머지는 나머지 정리에 의하여
$f\left(\dfrac{1}{3}\right)=\dfrac{1}{9}-\dfrac{1}{9}+\dfrac{2}{3}-1=-\dfrac{1}{3}$

060 답 ①

$f(x)=x^2+ax+4$라 하면 나머지 정리에 의하여
$f(1)=1+a+4=a+5$, $f(2)=4+2a+4=2a+8$
이때 $f(1)=f(2)$이므로
$a+5=2a+8$ $\therefore a=-3$

061 답 −11

나머지 정리에 의하여 $f(1)=-2$이므로
$2-1+a+1=-2$ $\therefore a=-4$
$\therefore f(x)=2x^3-x^2-4x+1$
따라서 $f(x)$를 $x+2$로 나누었을 때의 나머지는
$f(-2)=-16-4+8+1=-11$

062 답 ②

$P(x)$를 x^2-1로 나누었을 때의 몫이 $2x+1$, 나머지가 5이므로
$P(x)=(x^2-1)(2x+1)+5$
따라서 $P(x)$를 $x-2$로 나누었을 때의 나머지는 나머지 정리에 의하여
$P(2)=(4-1)\times(4+1)+5=20$

063 답 1

$f(x)=x^3+ax^2+bx-1$이라 하면 나머지 정리에 의하여

$f(-1)=-7$, $f(2)=5$

$f(-1)=-7$에서 $-1+a-b-1=-7$

$\therefore a-b=-5$ ...... ㉠

$f(2)=5$에서 $8+4a+2b-1=5$

$\therefore 2a+b=-1$ ...... ㉡

㉠, ㉡을 연립하여 풀면

$a=-2$, $b=3$

$\therefore a+b=1$

064 답 ④

나머지 정리에 의하여

$f(6)=-3$

따라서 $xf(4-2x)$를 $x+1$로 나누었을 때의 나머지는

$-f(4+2)=-f(6)=3$

065 답 ①

$(x+3)\{f(x)-2\}$를 $x-1$로 나누었을 때의 나머지가 16이므로 나머지 정리에 의하여

$4\{f(1)-2\}=16$ $\therefore f(1)=6$

따라서 $f(x)$를 $x-1$로 나누었을 때의 나머지는

$f(1)=6$

066 답 ③

나머지 정리에 의하여

$f(-3)=-2$, $f(2)=3$

또 $f(x)$를 $(x+3)(x-2)$로 나누었을 때의 몫을 $Q(x)$, 나머지를 $ax+b(a, b$는 상수)라 하면

$f(x)=(x+3)(x-2)Q(x)+ax+b$

$f(-3)=-2$에서 $-3a+b=-2$ ...... ㉠

$f(2)=3$에서 $2a+b=3$ ...... ㉡

㉠, ㉡을 연립하여 풀면

$a=1$, $b=1$

따라서 구하는 나머지는 $x+1$이다.

067 답 $-2x+1$

나머지 정리에 의하여

$f(-2)=5$, $f(1)=-1$

또 $f(x)$를 x^2+x-2로 나누었을 때의 몫을 $Q(x)$, 나머지를 $ax+b(a, b$는 상수)라 하면

$f(x)=(x^2+x-2)Q(x)+ax+b$

$\quad =(x+2)(x-1)Q(x)+ax+b$

$f(-2)=5$에서 $-2a+b=5$ ...... ㉠

$f(1)=-1$에서 $a+b=-1$ ...... ㉡

㉠, ㉡을 연립하여 풀면

$a=-2$, $b=1$

따라서 구하는 나머지는 $-2x+1$이다.

068 답 ④

나머지 정리에 의하여

$f(-2)=-3$, $f(2)=5$

또 $f(x)$를 x^2-4로 나누었을 때의 몫을 $Q(x)$, 나머지를 $R(x)=ax+b(a, b$는 상수)라 하면

$f(x)=(x^2-4)Q(x)+ax+b$

$\quad =(x+2)(x-2)Q(x)+ax+b$

$f(-2)=-3$에서 $-2a+b=-3$ ...... ㉠

$f(2)=5$에서 $2a+b=5$ ...... ㉡

㉠, ㉡을 연립하여 풀면 $a=2$, $b=1$

따라서 $R(x)=2x+1$이므로

$R(3)=6+1=7$

069 답 ①

$f(x)$를 $x-3$으로 나누었을 때의 몫이 $Q(x)$, 나머지가 8이므로

$f(x)=(x-3)Q(x)+8$ ...... ㉠

이때 $f(x)$를 $x-4$로 나누었을 때의 나머지가 6이므로 나머지 정리에 의하여

$f(4)=6$

$Q(x)$를 $x-4$로 나누었을 때의 나머지는 $Q(4)$이므로 ㉠의 양변에 $x=4$를 대입하면

$f(4)=Q(4)+8$

$6=Q(4)+8$

$\therefore Q(4)=-2$

070 답 6

$f(x)$를 x^2-2x-1로 나누었을 때의 몫이 $Q(x)$, 나머지가 $x+1$이므로

$f(x)=(x^2-2x-1)Q(x)+x+1$ ...... ㉠

이때 $f(x)$를 $x-2$로 나누었을 때의 나머지가 -3이므로 나머지 정리에 의하여

$f(2)=-3$

$Q(x)$를 $x-2$로 나누었을 때의 나머지는 $Q(2)$이므로 ㉠의 양변에 $x=2$를 대입하면

$f(2)=-Q(2)+3$

$-3=-Q(2)+3$

$\therefore Q(2)=6$

071 답 ③

$f(x)=x^{11}+1$이라 하면 $f(x)$를 $x-1$로 나누었을 때의 나머지는 나머지 정리에 의하여

$f(1)=1+1=2$

$f(x)$를 $x-1$로 나누었을 때의 몫이 $Q(x)$, 나머지가 2이므로

$f(x)=(x-1)Q(x)+2$ ...... ㉠

$Q(x)$를 $x+1$로 나누었을 때의 나머지는 $Q(-1)$이므로 ㉠의 양변에 $x=-1$을 대입하면

$f(-1)=-2Q(-1)+2$

$0=-2Q(-1)+2$ $\therefore Q(-1)=1$

072 답 ×

$f(1)=1-4+1+6=4$이므로 $x-1$은 인수가 아니다.

073 답 ○

$f(2)=8-16+2+6=0$이므로 $x-2$는 인수이다.

074 답 ×

$f(-3)=-27-36-3+6=-60$이므로 $x+3$은 인수가 아니다.

075 답 -3

인수 정리에 의하여 $f(1)=0$이므로
$1-1+a+3=0$ $\therefore a=-3$

076 답 **1**

인수 정리에 의하여 $f(-1)=0$이므로
$-1-1-a+3=0$ $\therefore a=1$

077 답 $-\dfrac{9}{2}$

인수 정리에 의하여 $f(-2)=0$이므로
$-8-4-2a+3=0$ $\therefore a=-\dfrac{9}{2}$

078 답 -7

인수 정리에 의하여 $f(3)=0$이므로
$27-9+3a+3=0$ $\therefore a=-7$

079 답 ④

$f(x)=x^3-2x^2-8x+a$라 하면 인수 정리에 의하여 $f(3)=0$이므로
$27-18-24+a=0$ $\therefore a=15$

080 답 -3

$f(x)=x^3-ax^2+bx-2$라 하면 인수 정리에 의하여
$f(-2)=0,\ f(1)=0$
$f(-2)=0$에서 $-8-4a-2b-2=0$
$\therefore 2a+b=-5$ ...... ㉠
$f(1)=0$에서 $1-a+b-2=0$
$\therefore a-b=-1$ ...... ㉡
㉠, ㉡을 연립하여 풀면
$a=-2,\ b=-1$
$\therefore a+b=-3$

081 답 ①

$f(x)=x^4-4x^2+a$라 하면 인수 정리에 의하여 $f(1)=0$이므로
$1-4+a=0$ $\therefore a=3$
$\therefore f(x)=x^4-4x^2+3$
이때 $f(x)=(x-1)Q(x)$이므로 양변에 $x=3$을 대입하면
$f(3)=2Q(3)$
$48=2Q(3)$ $\therefore Q(3)=24$

082 답 **28**

$f(x)=x^4+ax^3-bx+2$라 하면 $f(x)$가 $(x+1)(x-2)$를 인수로 가지므로 인수 정리에 의하여
$f(-1)=0,\ f(2)=0$
$f(-1)=0$에서 $1-a+b+2=0$
$\therefore a-b=3$ ...... ㉠
$f(2)=0$에서 $16+8a-2b+2=0$
$\therefore 4a-b=-9$ ...... ㉡
㉠, ㉡을 연립하여 풀면
$a=-4,\ b=-7$
$\therefore ab=28$

083 답 ⑤

$f(x)=2x^3+ax^2+bx-12$라 하면 $f(x)$가 x^2-5x+6, 즉 $(x-2)(x-3)$으로 나누어떨어지므로 인수 정리에 의하여
$f(2)=0,\ f(3)=0$
$f(2)=0$에서 $16+4a+2b-12=0$
$\therefore 2a+b=-2$ ...... ㉠
$f(3)=0$에서 $54+9a+3b-12=0$
$\therefore 3a+b=-14$ ...... ㉡
㉠, ㉡을 연립하여 풀면
$a=-12,\ b=22$
$\therefore a+b=10$

084 답 ①

$f(x)$가 x^2-1, 즉 $(x+1)(x-1)$로 나누어떨어지므로 인수 정리에 의하여
$f(-1)=0,\ f(1)=0$
$f(-1)=0$에서 $-1+a-b+5=0$
$\therefore a-b=-4$ ...... ㉠
$f(1)=0$에서 $1+a+b+5=0$
$\therefore a+b=-6$ ...... ㉡
㉠, ㉡을 연립하여 풀면
$a=-5,\ b=-1$
$\therefore f(x)=x^3-5x^2-x+5$
따라서 $f(x)$를 $x-2$로 나누었을 때의 나머지는 나머지 정리에 의하여
$f(2)=8-20-2+5=-9$

085 답 $ab(b-3a)$

086 답 $x(1-3x+2y)$

087 답 $(x-y)(a-b)$

$a(x-y)+b(y-x)=a(x-y)-b(x-y)$
$\qquad\qquad\qquad\quad=(x-y)(a-b)$

088 답 $(x+4y)^2$

$x^2+8xy+16y^2=x^2+2\times x\times 4y+(4y)^2$
$\qquad\qquad\qquad=(x+4y)^2$

089 답 $(2a-3b)^2$

$4a^2-12ab+9b^2=(2a)^2-2\times 2a\times 3b+(3b)^2$
$\qquad\qquad\qquad=(2a-3b)^2$

090 답 $(2x+1)(2x-1)$

$4x^2-1=(2x)^2-1^2=(2x+1)(2x-1)$

091 답 $\left(x+\dfrac{1}{3}y\right)\left(x-\dfrac{1}{3}y\right)$

$x^2-\dfrac{1}{9}y^2=x^2-\left(\dfrac{1}{3}y\right)^2=\left(x+\dfrac{1}{3}y\right)\left(x-\dfrac{1}{3}y\right)$

092 답 $(x+3)(x-1)$

$x^2+2x-3=x^2+\{3+(-1)\}x+3\times(-1)$
$\qquad\qquad=(x+3)(x-1)$

093 답 $(x-3)(x-5)$

$x^2-8x+15=x^2+\{(-3)+(-5)\}x+(-3)\times(-5)$
$\qquad\qquad=(x-3)(x-5)$

094 답 $(x+3)(2x-1)$

$2x^2+5x-3=(1\times 2)x^2+\{1\times(-1)+3\times 2\}x+3\times(-1)$
$\qquad\qquad=(x+3)(2x-1)$

095 답 $(3x-1)(2x-3)$

$6x^2-11x+3$
$=(3\times 2)x^2+\{3\times(-3)+(-1)\times 2\}x+(-1)\times(-3)$
$=(3x-1)(2x-3)$

096 답 $(a+b+1)^2$

$a^2+b^2+2ab+2a+2b+1$
$=a^2+b^2+1^2+2\times a\times b+2\times b\times 1+2\times 1\times a$
$=(a+b+1)^2$

097 답 $(2a+b+3c)^2$

$4a^2+b^2+9c^2+4ab+6bc+12ca$
$=(2a)^2+b^2+(3c)^2+2\times 2a\times b+2\times b\times 3c+2\times 3c\times 2a$
$=(2a+b+3c)^2$

098 답 $(a+b-2c)^2$

$a^2+b^2+4c^2+2ab-4bc-4ca$
$=a^2+b^2+(-2c)^2+2\times a\times b+2\times b\times(-2c)+2\times(-2c)\times a$
$=(a+b-2c)^2$

099 답 $(x+1)^3$

$x^3+3x^2+3x+1=x^3+3\times x^2\times 1+3\times x\times 1^2+1^3$
$\qquad\qquad\qquad=(x+1)^3$

100 답 $(3a+1)^3$

$27a^3+27a^2+9a+1=(3a)^3+3\times(3a)^2\times 1+3\times 3a\times 1^2+1^3$
$\qquad\qquad\qquad=(3a+1)^3$

101 답 $(x-3)^3$

$x^3-9x^2+27x-27=x^3-3\times x^2\times 3+3\times x\times 3^2-3^3$
$\qquad\qquad\qquad=(x-3)^3$

102 답 $(a-2b)^3$

$a^3-6a^2b+12ab^2-8b^3=a^3-3\times a^2\times 2b+3\times a\times(2b)^2-(2b)^3$
$\qquad\qquad\qquad=(a-2b)^3$

103 답 $(x+1)(x^2-x+1)$

$x^3+1=x^3+1^3=(x+1)(x^2-x\times 1+1^2)$
$\qquad\qquad=(x+1)(x^2-x+1)$

104 답 $(3x+2)(9x^2-6x+4)$

$27x^3+8=(3x)^3+2^3$
$\qquad\quad=(3x+2)\{(3x)^2-3x\times 2+2^2\}$
$\qquad\quad=(3x+2)(9x^2-6x+4)$

105 답 $(a-4)(a^2+4a+16)$

$a^3-64=a^3-4^3$
$\qquad\quad=(a-4)(a^2+a\times 4+4^2)$
$\qquad\quad=(a-4)(a^2+4a+16)$

106 답 $(3a-b)(9a^2+3ab+b^2)$

$27a^3-b^3=(3a)^3-b^3$
$\qquad\quad=(3a-b)\{(3a)^2+3a\times b+b^2\}$
$\qquad\quad=(3a-b)(9a^2+3ab+b^2)$

107

답 $(x-y+1)(x^2+y^2+xy-x+y+1)$

$x^3-y^3+3xy+1$
$=x^3+(-y)^3+1^3-3\times x\times(-y)\times 1$
$=\{x+(-y)+1\}$
$\qquad\times\{x^2+(-y)^2+1^2-x\times(-y)-(-y)\times 1-1\times x\}$
$=(x-y+1)(x^2+y^2+xy-x+y+1)$

108

답 $(a+b+2c)(a^2+b^2+4c^2-ab-2bc-2ca)$

$a^3+b^3+8c^3-6abc$
$=a^3+b^3+(2c)^3-3\times a\times b\times 2c$
$=(a+b+2c)\{a^2+b^2+(2c)^2-a\times b-b\times 2c-2c\times a\}$
$=(a+b+2c)(a^2+b^2+4c^2-ab-2bc-2ca)$

109

답 $(3x+y-z)(9x^2+y^2+z^2-3xy+yz+3zx)$

$27x^3+y^3-z^3+9xyz$
$=(3x)^3+y^3+(-z)^3-3\times 3x\times y\times(-z)$
$=\{3x+y+(-z)\}$
$\qquad\times\{(3x)^2+y^2+(-z)^2-3x\times y-y\times(-z)-(-z)\times 3x\}$
$=(3x+y-z)(9x^2+y^2+z^2-3xy+yz+3zx)$

110

답 $(x^2+2x+4)(x^2-2x+4)$

$x^4+4x^2+16=x^4+x^2\times 2^2+2^4$
$\qquad\qquad=(x^2+x\times 2+2^2)(x^2-x\times 2+2^2)$
$\qquad\qquad=(x^2+2x+4)(x^2-2x+4)$

111

답 $(9x^2+3x+1)(9x^2-3x+1)$

$81x^4+9x^2+1=(3x)^4+(3x)^2\times 1^2+1^4$
$\qquad\qquad=\{(3x)^2+3x\times 1+1^2\}\{(3x)^2-3x\times 1+1^2\}$
$\qquad\qquad=(9x^2+3x+1)(9x^2-3x+1)$

112

답 $(4x^2+2xy+y^2)(4x^2-2xy+y^2)$

$16x^4+4x^2y^2+y^4=(2x)^4+(2x)^2\times y^2+y^4$
$\qquad\qquad=\{(2x)^2+2x\times y+y^2\}\{(2x)^2-2x\times y+y^2\}$
$\qquad\qquad=(4x^2+2xy+y^2)(4x^2-2xy+y^2)$

실전유형

52쪽

113

답 ④

$125x^3-27=(5x-3)(25x^2+15x+9)$
따라서 $a=-3$, $b=25$, $c=15$, $d=9$이므로 $a+b-c+d=16$

114

답 ④

④ $x^2+y^2+z^2-2xy+2yz-2zx=(x-y-z)^2$
따라서 옳지 않은 것은 ④이다.

115

답 $x(2x-3y)^3$

$8x^4-36x^3y+54x^2y^2-27xy^3=x(8x^3-36x^2y+54xy^2-27y^3)$
$\qquad\qquad\qquad\qquad=x(2x-3y)^3$

116

답 ②

$x^2+4y^2+9z^2-4xy-12yz+6zx=(x-2y+3z)^2$
따라서 $a=1$, $b=-2$, $c=3$이므로 $abc=-6$

117

답 ④

$x^6-1=(x^3+1)(x^3-1)$
$\qquad=(x+1)(x^2-x+1)(x-1)(x^2+x+1)$
따라서 주어진 식의 인수가 아닌 것은 ④이다.
참고 $(x+1)(x-1)=x^2-1$이므로 x^2-1은 x^6-1의 인수이다.

118

답 ④

$a(a^3+1)-2a^2+2a-2=a(a+1)(a^2-a+1)-2(a^2-a+1)$
$\qquad\qquad\qquad=\{a(a+1)-2\}(a^2-a+1)$
$\qquad\qquad\qquad=(a^2+a-2)(a^2-a+1)$
$\qquad\qquad\qquad=(a+2)(a-1)(a^2-a+1)$

개념유형

54~55쪽

119

답 $x+y$, 3, $x+y+3$

120

답 $(x-y+4)(x-y+1)$

$x-y=X$로 놓으면
$(x-y)^2+5(x-y)+4=X^2+5X+4$
$\qquad\qquad\qquad=(X+4)(X+1)$
$\qquad\qquad\qquad=(x-y+4)(x-y+1)$

121

답 $(x-1)^2(x+1)(x-3)$

$x^2-2x=X$로 놓으면
$(x^2-2x)^2-2(x^2-2x)-3=X^2-2X-3$
$\qquad\qquad\qquad=(X+1)(X-3)$
$\qquad\qquad\qquad=(x^2-2x+1)(x^2-2x-3)$
$\qquad\qquad\qquad=(x-1)^2(x+1)(x-3)$

122

답 $(x+1)(x+3)(x+5)(x-1)$

$x^2+4x=X$로 놓으면
$(x^2+4x)(x^2+4x-2)-15=X(X-2)-15$
$\qquad\qquad\qquad=X^2-2X-15$
$\qquad\qquad\qquad=(X+3)(X-5)$
$\qquad\qquad\qquad=(x^2+4x+3)(x^2+4x-5)$
$\qquad\qquad\qquad=(x+1)(x+3)(x+5)(x-1)$

123 답 $(x+2)^2(x-1)^2$

$x^2+x=X$로 놓으면
$$\begin{aligned}(x^2+x-1)(x^2+x-3)+1&=(X-1)(X-3)+1\\&=X^2-4X+4=(X-2)^2\\&=(x^2+x-2)^2\\&=\{(x+2)(x-1)\}^2\\&=(x+2)^2(x-1)^2\end{aligned}$$

124 답 $x^2+3x,\ x^2+3x,\ x^2+3x,\ x^2+3x,\ x^2+3x,\ 6,\ 6,\ 6,\ 4$

125 답 $(x^2+5x+2)(x^2+5x+8)$

공통부분이 생기도록 두 일차식의 상수항의 합이 같게 짝을 지어 전개하면
$$(x+1)(x+2)(x+3)(x+4)-8$$
$$=\{(x+1)(x+4)\}\{(x+2)(x+3)\}-8$$
$$=(x^2+5x+4)(x^2+5x+6)-8 \quad\cdots\cdots\ \text{㉠}$$
$x^2+5x=X$로 놓으면 ㉠에서
$$\begin{aligned}(x^2+5x+4)(x^2+5x+6)-8&=(X+4)(X+6)-8\\&=X^2+10X+16\\&=(X+2)(X+8)\\&=(x^2+5x+2)(x^2+5x+8)\end{aligned}$$

126 답 $(x^2-6x+6)(x^2-6x+7)$

공통부분이 생기도록 두 일차식의 상수항의 합이 같게 짝을 지어 전개하면
$$(x-5)(x-4)(x-2)(x-1)+2$$
$$=\{(x-5)(x-1)\}\{(x-4)(x-2)\}+2$$
$$=(x^2-6x+5)(x^2-6x+8)+2 \quad\cdots\cdots\ \text{㉠}$$
$x^2-6x=X$로 놓으면 ㉠에서
$$\begin{aligned}(x^2-6x+5)(x^2-6x+8)+2&=(X+5)(X+8)+2\\&=X^2+13X+42\\&=(X+6)(X+7)\\&=(x^2-6x+6)(x^2-6x+7)\end{aligned}$$

127 답 $(x+1)^2(x^2+2x-12)$

공통부분이 생기도록 두 일차식의 상수항의 합이 같게 짝을 지어 전개하면
$$(x-2)(x-1)(x+3)(x+4)-36$$
$$=\{(x-2)(x+4)\}\{(x-1)(x+3)\}-36$$
$$=(x^2+2x-8)(x^2+2x-3)-36 \quad\cdots\cdots\ \text{㉠}$$
$x^2+2x=X$로 놓으면 ㉠에서
$$\begin{aligned}(x^2+2x-8)(x^2+2x-3)-36&=(X-8)(X-3)-36\\&=X^2-11X-12\\&=(X+1)(X-12)\\&=(x^2+2x+1)(x^2+2x-12)\\&=(x+1)^2(x^2+2x-12)\end{aligned}$$

128 답 $4Y,\ 4y^2,\ 2y$

129 답 $(x^2+5)(x+2)(x-2)$

$x^2=X$로 놓으면
$$\begin{aligned}x^4+x^2-20&=X^2+X-20\\&=(X+5)(X-4)\\&=(x^2+5)(x^2-4)\\&=(x^2+5)(x+2)(x-2)\end{aligned}$$

130 답 $(x+1)(x-1)(x+5)(x-5)$

$x^2=X$로 놓으면
$$\begin{aligned}x^4-26x^2+25&=X^2-26X+25\\&=(X-1)(X-25)\\&=(x^2-1)(x^2-25)\\&=(x+1)(x-1)(x+5)(x-5)\end{aligned}$$

131 답 $(x+y)(x-y)(x+3y)(x-3y)$

$x^2=X,\ y^2=Y$로 놓으면
$$\begin{aligned}x^4-10x^2y^2+9y^4&=X^2-10XY+9Y^2\\&=(X-Y)(X-9Y)\\&=(x^2-y^2)(x^2-9y^2)\\&=(x+y)(x-y)(x+3y)(x-3y)\end{aligned}$$

132 답 $x^2,\ x^2,\ x^2-x+1$

133 답 $(x^2+x+3)(x^2-x+3)$

주어진 식에 x^2을 더하고 빼면
$$\begin{aligned}x^4+5x^2+9&=(x^4+6x^2+9)-x^2=(x^2+3)^2-x^2\\&=(x^2+x+3)(x^2-x+3)\end{aligned}$$

134 답 $(x^2+2x-4)(x^2-2x-4)$

주어진 식에 $4x^2$을 더하고 빼면
$$\begin{aligned}x^4-12x^2+16&=(x^4-8x^2+16)-4x^2=(x^2-4)^2-(2x)^2\\&=(x^2+2x-4)(x^2-2x-4)\end{aligned}$$

135 답 $(4x^2+2xy+y^2)(4x^2-2xy+y^2)$

주어진 식에 $4x^2y^2$을 더하고 빼면
$$\begin{aligned}16x^4+4x^2y^2+y^4&=(16x^4+8x^2y^2+y^4)-4x^2y^2\\&=(4x^2+y^2)^2-(2xy)^2\\&=(4x^2+2xy+y^2)(4x^2-2xy+y^2)\end{aligned}$$

실전유형
56쪽

136 답 ②

$x-2y=X$로 놓으면
$$\begin{aligned}(x-2y)(x-2y+3)-10&=X(X+3)-10\\&=X^2+3X-10=(X+5)(X-2)\\&=(x-2y+5)(x-2y-2)\end{aligned}$$
따라서 주어진 식의 인수인 것은 ②이다.

137 답 ④

$x^2+x=X$로 놓으면
$$(x^2+x)(x^2+x+2)-8=X(X+2)-8$$
$$=X^2+2X-8=(X+4)(X-2)$$
$$=(x^2+x+4)(x^2+x-2)$$
$$=(x^2+x+4)(x+2)(x-1)$$
따라서 $a=2$, $b=4$이므로 $a+b=6$

138 답 ①

공통부분이 생기도록 두 일차식의 상수항의 합이 같게 짝을 지어 전개하면
$$(x-3)(x-1)(x+2)(x+4)+24$$
$$=\{(x-3)(x+4)\}\{(x-1)(x+2)\}+24$$
$$=(x^2+x-12)(x^2+x-2)+24 \quad \cdots\cdots \text{㉠}$$
$x^2+x=X$로 놓으면 ㉠에서
$$(x^2+x-12)(x^2+x-2)+24=(X-12)(X-2)+24$$
$$=X^2-14X+48$$
$$=(X-6)(X-8)$$
$$=(x^2+x-6)(x^2+x-8)$$
$$=(x+3)(x-2)(x^2+x-8)$$

139 답 ③

$x^2=X$로 놓으면
$$3x^4-11x^2-4=3X^2-11X-4$$
$$=(3X+1)(X-4)$$
$$=(3x^2+1)(x^2-4)$$
$$=(3x^2+1)(x+2)(x-2)$$

140 답 ④

주어진 식에 x^2을 더하고 빼면
$$x^4-3x^2+1=(x^4-2x^2+1)-x^2$$
$$=(x^2-1)^2-x^2$$
$$=(x^2+x-1)(x^2-x-1)$$
따라서 주어진 식의 인수인 것은 ④이다.

141 답 ①

주어진 식에 x^2을 더하고 빼면
$$x^4+7x^2+16=(x^4+8x^2+16)-x^2$$
$$=(x^2+4)^2-x^2$$
$$=(x^2+x+4)(x^2-x+4)$$
따라서 $a=1$, $b=4$이므로 $a+b=5$

개념유형

142 답 x^2+x-2, $x-1$, $x+y-1$

143 답 $(x+y)(x-2y+z)$

차수가 가장 낮은 z에 대하여 내림차순으로 정리한 후 인수분해하면
$$x^2-2y^2-xy+yz+zx=(x+y)z+x^2-xy-2y^2$$
$$=(x+y)z+(x+y)(x-2y)$$
$$=(x+y)(x-2y+z)$$

144 답 $(x+y)(x-y)(x+z)$

차수가 가장 낮은 z에 대하여 내림차순으로 정리한 후 인수분해하면
$$x^3-xy^2-y^2z+x^2z=(x^2-y^2)z+x^3-xy^2$$
$$=(x^2-y^2)z+x(x^2-y^2)$$
$$=(x^2-y^2)(x+z)$$
$$=(x+y)(x-y)(x+z)$$

145 답 $(x+y+1)(x^2-x+y+1)$

차수가 가장 낮은 y에 대하여 내림차순으로 정리한 후 인수분해하면
$$x^3+x^2y+y^2+2y+1=y^2+(x^2+2)y+x^3+1$$
$$=y^2+(x^2+2)y+(x+1)(x^2-x+1)$$
$$=\{y+(x+1)\}\{y+(x^2-x+1)\}$$
$$=(x+y+1)(x^2-x+y+1)$$

146 답 $(x+3y-1)(x+y-2)$

x, y의 차수가 같으므로 x에 대하여 내림차순으로 정리한 후 인수분해하면
$$x^2+4xy+3y^2-3x-7y+2=x^2+(4y-3)x+3y^2-7y+2$$
$$=x^2+(4y-3)x+(3y-1)(y-2)$$
$$=(x+3y-1)(x+y-2)$$

147 답 $(x+y-1)(x-y+3)$

x, y의 차수가 같으므로 x에 대하여 내림차순으로 정리한 후 인수분해하면
$$x^2-y^2+2x+4y-3=x^2+2x-y^2+4y-3$$
$$=x^2+2x-(y-1)(y-3)$$
$$=\{x+(y-1)\}\{x-(y-3)\}$$
$$=(x+y-1)(x-y+3)$$

148 답 b^2-c^2, $b-c$, $b-c$, $a-c$

149 답 $(b-c)(a+b)(a+c)$

a, b, c의 차수가 같으므로 a에 대하여 내림차순으로 정리한 후 인수분해하면
$$ab(a+b)+bc(b-c)-ca(c+a)$$
$$=a^2b+ab^2+b^2c-bc^2-c^2a-ca^2$$
$$=(b-c)a^2+(b^2-c^2)a+b^2c-bc^2$$
$$=(b-c)a^2+(b+c)(b-c)a+bc(b-c)$$
$$=(b-c)\{a^2+(b+c)a+bc\}$$
$$=(b-c)(a+b)(a+c)$$

02 나머지 정리와 인수분해 **25**

150 답 $(b-c)(a-b)(a-c)$

a, b, c의 차수가 같으므로 a에 대하여 내림차순으로 정리한 후 인수분해하면

$a^2(b-c)+b^2(c-a)+c^2(a-b)$
$=a^2(b-c)+b^2c-b^2a+c^2a-c^2b$
$=(b-c)a^2-(b^2-c^2)a+b^2c-bc^2$
$=(b-c)a^2-(b+c)(b-c)a+bc(b-c)$
$=(b-c)\{a^2-(b+c)a+bc\}$
$=(b-c)(a-b)(a-c)$

151 답 0, x^2+6x+3

152 답 $(x-1)(x-2)(x+3)$

$f(x)=x^3-7x+6$이라 할 때, $f(1)=0$
따라서 조립제법을 이용하여 $f(x)$를 인수분해하면

$$\begin{array}{r|rrrr} 1 & 1 & 0 & -7 & 6 \\ & & 1 & 1 & -6 \\ \hline & 1 & 1 & -6 & \boxed{0} \end{array}$$

$x^3-7x+6=(x-1)(x^2+x-6)$
$\qquad\qquad=(x-1)(x-2)(x+3)$

153 답 $(x+1)(x^2+x-7)$

$f(x)=x^3+2x^2-6x-7$이라 할 때, $f(-1)=0$
따라서 조립제법을 이용하여 $f(x)$를 인수분해하면

$$\begin{array}{r|rrrr} -1 & 1 & 2 & -6 & -7 \\ & & -1 & -1 & 7 \\ \hline & 1 & 1 & -7 & \boxed{0} \end{array}$$

$x^3+2x^2-6x-7=(x+1)(x^2+x-7)$

154 답 $(x-2)(x+3)(x+5)$

$f(x)=x^3+6x^2-x-30$이라 할 때, $f(2)=0$
따라서 조립제법을 이용하여 $f(x)$를 인수분해하면

$$\begin{array}{r|rrrr} 2 & 1 & 6 & -1 & -30 \\ & & 2 & 16 & 30 \\ \hline & 1 & 8 & 15 & \boxed{0} \end{array}$$

$x^3+6x^2-x-30=(x-2)(x^2+8x+15)$
$\qquad\qquad\qquad=(x-2)(x+3)(x+5)$

155 답 $(x-1)(x+2)(2x-1)$

$f(x)=2x^3+x^2-5x+2$라 할 때, $f(1)=0$
따라서 조립제법을 이용하여 $f(x)$를 인수분해하면

$$\begin{array}{r|rrrr} 1 & 2 & 1 & -5 & 2 \\ & & 2 & 3 & -2 \\ \hline & 2 & 3 & -2 & \boxed{0} \end{array}$$

$2x^3+x^2-5x+2=(x-1)(2x^2+3x-2)$
$\qquad\qquad\qquad=(x-1)(x+2)(2x-1)$

156 답 0, 0, x^2+2x-5

157 답 $(x-1)(x+1)^2(x-2)$

$f(x)=x^4-x^3-3x^2+x+2$라 할 때,
$f(1)=0$, $f(-1)=0$
따라서 조립제법을 이용하여 $f(x)$를 인수분해하면

$$\begin{array}{r|rrrrr} 1 & 1 & -1 & -3 & 1 & 2 \\ & & 1 & 0 & -3 & -2 \\ \hline -1 & 1 & 0 & -3 & -2 & \boxed{0} \\ & & -1 & 1 & 2 & \\ \hline & 1 & -1 & -2 & \boxed{0} & \end{array}$$

$x^4-x^3-3x^2+x+2=(x-1)(x+1)(x^2-x-2)$
$\qquad\qquad\qquad\qquad=(x-1)(x+1)^2(x-2)$

158 답 $(x-1)(x+2)(x^2+x+2)$

$f(x)=x^4+2x^3+x^2-4$라 할 때,
$f(1)=0$, $f(-2)=0$
따라서 조립제법을 이용하여 $f(x)$를 인수분해하면

$$\begin{array}{r|rrrrr} 1 & 1 & 2 & 1 & 0 & -4 \\ & & 1 & 3 & 4 & 4 \\ \hline -2 & 1 & 3 & 4 & 4 & \boxed{0} \\ & & -2 & -2 & -4 & \\ \hline & 1 & 1 & 2 & \boxed{0} & \end{array}$$

$x^4+2x^3+x^2-4=(x-1)(x+2)(x^2+x+2)$

159 답 $(x+1)(x+2)(x+3)(x-3)$

$f(x)=x^4+3x^3-7x^2-27x-18$이라 할 때,
$f(-1)=0$, $f(-2)=0$
따라서 조립제법을 이용하여 $f(x)$를 인수분해하면

$$\begin{array}{r|rrrrr} -1 & 1 & 3 & -7 & -27 & -18 \\ & & -1 & -2 & 9 & 18 \\ \hline -2 & 1 & 2 & -9 & -18 & \boxed{0} \\ & & -2 & 0 & 18 & \\ \hline & 1 & 0 & -9 & \boxed{0} & \end{array}$$

$x^4+3x^3-7x^2-27x-18=(x+1)(x+2)(x^2-9)$
$\qquad\qquad\qquad\qquad\qquad=(x+1)(x+2)(x+3)(x-3)$

160 답 $(x+1)(x-2)(x+2)(2x+1)$

$f(x)=2x^4+3x^3-7x^2-12x-4$라 할 때,
$f(-1)=0$, $f(2)=0$
따라서 조립제법을 이용하여 $f(x)$를 인수분해하면

$$\begin{array}{r|rrrrr} -1 & 2 & 3 & -7 & -12 & -4 \\ & & -2 & -1 & 8 & 4 \\ \hline 2 & 2 & 1 & -8 & -4 & \boxed{0} \\ & & 4 & 10 & 4 & \\ \hline & 2 & 5 & 2 & \boxed{0} & \end{array}$$

$2x^4+3x^3-7x^2-12x-4=(x+1)(x-2)(2x^2+5x+2)$
$\qquad\qquad\qquad\qquad\qquad=(x+1)(x-2)(x+2)(2x+1)$

161 답 ②

x, y의 차수가 같으므로 x에 대하여 내림차순으로 정리한 후 인수분해하면

$$x^2-2xy+y^2+3x-3y+2=x^2-(2y-3)x+y^2-3y+2$$
$$=x^2-(2y-3)x+(y-1)(y-2)$$
$$=\{x-(y-1)\}\{x-(y-2)\}$$
$$=(x-y+1)(x-y+2)$$

162 답 ⑤

x, y의 차수가 같으므로 x에 대하여 내림차순으로 정리한 후 인수분해하면

$$x^2+2xy-3y^2+2x+10y-3=x^2+(2y+2)x-3y^2+10y-3$$
$$=x^2+(2y+2)x-(3y-1)(y-3)$$
$$=\{x-(y-3)\}(x+3y-1)$$
$$=(x-y+3)(x+3y-1)$$

따라서 $a=3$, $b=3$, $c=-1$이므로 $a+b+c=5$

163 답 $2x+y-1$

x, y의 차수가 같으므로 x에 대하여 내림차순으로 정리한 후 인수분해하면

$$x^2+xy-2y^2-x+7y-6=x^2+(y-1)x-(2y^2-7y+6)$$
$$=x^2+(y-1)x-(2y-3)(y-2)$$
$$=(x+2y-3)\{x-(y-2)\}$$
$$=(x+2y-3)(x-y+2)$$

따라서 두 일차식의 합은
$$(x+2y-3)+(x-y+2)=2x+y-1$$

164 답 ⑤

a, b, c의 차수가 같으므로 a에 대하여 내림차순으로 정리한 후 인수분해하면

$$a^2(b+c)+b^2(c+a)+c^2(a+b)+2abc$$
$$=a^2(b+c)+b^2c+b^2a+c^2a+c^2b+2abc$$
$$=(b+c)a^2+(b^2+2bc+c^2)a+b^2c+bc^2$$
$$=(b+c)a^2+(b+c)^2a+bc(b+c)$$
$$=(b+c)\{a^2+(b+c)a+bc\}$$
$$=(b+c)(a+b)(a+c)$$
$$=(a+b)(b+c)(c+a)$$

165 답 ⑤

$f(x)=x^3-x^2-8x+12$라 할 때, $f(2)=0$
따라서 조립제법을 이용하여 $f(x)$를 인수분해하면

```
2 | 1   -1   -8    12
  |      2    2   -12
  ---------------------
    1    1   -6  |  0
```

$x^3-x^2-8x+12=(x-2)(x^2+x-6)=(x-2)^2(x+3)$
따라서 주어진 식의 인수인 것은 ⑤이다.

166 답 ③

$f(x)=2x^3-3x^2-12x-7$이라 할 때, $f(-1)=0$
따라서 조립제법을 이용하여 $f(x)$를 인수분해하면

```
-1 | 2   -3   -12   -7
   |     -2     5    7
   ----------------------
     2   -5    -7  |  0
```

$2x^3-3x^2-12x-7=(x+1)(2x^2-5x-7)$
$$=(x+1)^2(2x-7)$$
따라서 $a=1$, $b=2$, $c=-7$이므로
$a+b+c=-4$

167 답 8

$f(x)=x^4-4x^3-x^2+16x-12$라 할 때, $f(1)=0$, $f(2)=0$
따라서 조립제법을 이용하여 $f(x)$를 인수분해하면

```
1 | 1   -4   -1    16   -12
  |      1   -3    -4    12
  --------------------------
2 | 1   -3   -4    12  |  0
  |      2   -2   -12
  --------------------------
    1   -1   -6  |   0
```

$x^4-4x^3-x^2+16x-12=(x-1)(x-2)(x^2-x-6)$
$$=(x-1)(x-2)(x-3)(x+2)$$
이때 $a<b<c<d$이므로
$a=-3$, $b=-2$, $c=-1$, $d=2$
$\therefore ab-cd=6-(-2)=8$

168 답 ⑤

$f(x)=x^4+2x^3-9x^2-2x+8$이라 할 때, $f(1)=0$, $f(-1)=0$
따라서 조립제법을 이용하여 $f(x)$를 인수분해하면

```
 1 | 1    2   -9   -2    8
   |      1    3   -6   -8
   --------------------------
-1 | 1    3   -6   -8  |  0
   |     -1   -2    8
   --------------------------
     1    2   -8  |  0
```

$x^4+2x^3-9x^2-2x+8=(x-1)(x+1)(x^2+2x-8)$
$$=(x-1)(x+1)(x-2)(x+4)$$
따라서 주어진 식의 인수가 아닌 것은 ⑤이다.

169 답 ③

$101=x$로 놓으면

$$101^3-3\times101^2+3\times101-1=x^3-3x^2+3x-1$$
$$=(x-1)^3$$
$$=(101-1)^3$$
$$=100^3$$
$$=(10^2)^3$$
$$=10^6$$

170 답 ③

$f(x)=x^3+3x^2-4$에서 $f(1)=0$

따라서 조립제법을 이용하여 $f(x)$를 인수분해하면

$$
\begin{array}{r|rrrr}
1 & 1 & 3 & 0 & -4 \\
  &   & 1 & 4 & 4 \\
\hline
  & 1 & 4 & 4 & 0 \\
\end{array}
$$

$f(x)=x^3+3x^2-4$

$\quad\;\;=(x-1)(x^2+4x+4)$

$\quad\;\;=(x-1)(x+2)^2$

$\therefore f(98)=97\times 100^2=970000$

171 답 ④

$x+y=(\sqrt{3}+\sqrt{2})+(\sqrt{3}-\sqrt{2})=2\sqrt{3}$

$xy=(\sqrt{3}+\sqrt{2})(\sqrt{3}-\sqrt{2})=1$

$\therefore x^2y+xy^2+x+y=xy(x+y)+x+y$

$\qquad\qquad\qquad\qquad\;=(xy+1)(x+y)$

$\qquad\qquad\qquad\qquad\;=(1+1)\times 2\sqrt{3}=4\sqrt{3}$

172 답 ⑤

$10=a$로 놓으면

$10\times 11\times 12\times 13+1=a(a+1)(a+2)(a+3)+1$

$\qquad\qquad\qquad\qquad\quad=\{a(a+3)\}\{(a+1)(a+2)\}+1$

$\qquad\qquad\qquad\qquad\quad=(a^2+3a)(a^2+3a+2)+1\quad\cdots\cdots\;\text{㉠}$

$a^2+3a=X$로 놓으면 ㉠에서

$(a^2+3a)(a^2+3a+2)+1=X(X+2)+1$

$\qquad\qquad\qquad\qquad\qquad=X^2+2X+1$

$\qquad\qquad\qquad\qquad\qquad=(X+1)^2$

$\qquad\qquad\qquad\qquad\qquad=(a^2+3a+1)^2$

$\qquad\qquad\qquad\qquad\qquad=(10^2+3\times 10+1)^2$

$\qquad\qquad\qquad\qquad\qquad=131^2$

$\therefore \sqrt{10\times 11\times 12\times 13+1}=\sqrt{131^2}=131$

실전유형으로 **중단원** 점검
62~63쪽

1 답 ⑤

주어진 등식의 좌변을 전개한 후 x에 대하여 내림차순으로 정리하면

$2x^2+(1-2a)x-a+b=2x^2-3x-4$

이 등식이 x에 대한 항등식이므로

$1-2a=-3,\; -a+b=-4$

$\therefore a=2,\; b=-2$

$\therefore a-2b=6$

2 답 13

주어진 등식의 양변에 $x=1$을 대입하면

$12=-2b\qquad \therefore b=-6$

주어진 등식의 양변에 $x=2$를 대입하면

$18=3c\qquad \therefore c=6$

주어진 등식의 양변에 $x=-1$을 대입하면

$6=6a\qquad \therefore a=1$

$\therefore a-b+c=1-(-6)+6=13$

3 답 ②

주어진 등식의 양변에 $x=0$을 대입하면

$a_0=(-2)^8=256$

주어진 등식의 양변에 $x=1$을 대입하면

$a_0+a_1+a_2+a_3+\cdots+a_8=(-1)^8=1$

$\therefore a_1+a_2+a_3+\cdots+a_8=1-a_0=1-256=-255$

4 답 -12

x^3+ax^2+bx+c를 x^2-x+1로 나누었을 때의 몫이 $x+2$, 나머지가 $-3x+1$이므로

$x^3+ax^2+bx+c=(x^2-x+1)(x+2)-3x+1$

이 등식의 우변을 전개한 후 x에 대하여 내림차순으로 정리하면

$x^3+ax^2+bx+c=x^3+x^2-4x+3$

이 등식이 x에 대한 항등식이므로

$a=1,\; b=-4,\; c=3$

$\therefore abc=-12$

5 답 -1

$f(x)=x^3+ax^2-3x+b$라 하면 나머지 정리에 의하여

$f(1)=1,\; f(-2)=4$

$f(1)=1$에서 $1+a-3+b=1$

$\therefore a+b=3\qquad\cdots\cdots\;\text{㉠}$

$f(-2)=4$에서 $-8+4a+6+b=4$

$\therefore 4a+b=6\qquad\cdots\cdots\;\text{㉡}$

㉠, ㉡을 연립하여 풀면 $a=1,\; b=2$

$\therefore a-b=-1$

6 답 ③

나머지 정리에 의하여

$f(1)=3,\; f(3)=-3$

또 $f(x)$를 x^2-4x+3으로 나누었을 때의 몫을 $Q(x)$, 나머지를 $R(x)=ax+b\,(a,\,b$는 상수$)$라 하면

$f(x)=(x^2-4x+3)Q(x)+ax+b$

$\quad\;\;=(x-1)(x-3)Q(x)+ax+b$

$f(1)=3$에서 $a+b=3\qquad\cdots\cdots\;\text{㉠}$

$f(3)=-3$에서 $3a+b=-3\qquad\cdots\cdots\;\text{㉡}$

㉠, ㉡을 연립하여 풀면 $a=-3,\; b=6$

따라서 $R(x)=-3x+6$이므로

$R(-1)=3+6=9$

7 답 ③

$f(x)=(x-2)^{15}$이라 하면 $f(x)$를 $x-3$으로 나누었을 때의 나머지는 나머지 정리에 의하여
$$f(3)=1$$
$f(x)$를 $x-3$으로 나누었을 때의 몫이 $Q(x)$, 나머지가 1이므로
$$f(x)=(x-3)Q(x)+1 \quad \cdots\cdots \ \bigcirc$$
$Q(x)$를 $x-1$로 나누었을 때의 나머지는 $Q(1)$이므로 $\bigcirc$의 양변에 $x=1$을 대입하면
$$f(1)=-2Q(1)+1$$
$$-1=-2Q(1)+1$$
$$2Q(1)=2$$
$$\therefore Q(1)=1$$

8 답 ①

$f(x)=x^3-2x^2+ax+b$라 하면 인수 정리에 의하여
$$f(-1)=0, \ f(3)=0$$
$f(-1)=0$에서 $-1-2-a+b=0$
$$\therefore a-b=-3 \quad \cdots\cdots \ \bigcirc$$
$f(3)=0$에서 $27-18+3a+b=0$
$$\therefore 3a+b=-9 \quad \cdots\cdots \ \bigcirc$$
$\bigcirc$, $\bigcirc$을 연립하여 풀면
$$a=-3, \ b=0$$
$$\therefore a+b=-3$$

9 답 20

$f(x)$가 x^2+x-2, 즉 $(x+2)(x-1)$로 나누어떨어지므로 인수 정리에 의하여
$$f(-2)=0, \ f(1)=0$$
$f(-2)=0$에서 $-8+4a-2b-6=0$
$$\therefore 2a-b=7 \quad \cdots\cdots \ \bigcirc$$
$f(1)=0$에서 $1+a+b-6=0$
$$\therefore a+b=5 \quad \cdots\cdots \ \bigcirc \qquad \cdots\cdots \ ⓘ$$
$\bigcirc$, $\bigcirc$을 연립하여 풀면
$$a=4, \ b=1 \qquad \cdots\cdots \ ⓘⓘ$$
$$\therefore f(x)=x^3+4x^2+x-6$$
따라서 $f(x)$를 $x-2$로 나누었을 때의 나머지는 나머지 정리에 의하여
$$f(2)=8+16+2-6=20 \qquad \cdots\cdots \ ⓘⓘⓘ$$

채점 기준

ⓘ a, b에 대한 식 세우기	40 %
ⓘⓘ a, b의 값 구하기	30 %
ⓘⓘⓘ $f(x)$를 $x-2$로 나누었을 때의 나머지 구하기	30 %

10 답 ⑤

⑤ $a^2+9b^2+4c^2-6ab+12bc-4ca=(a-3b-2c)^2$
따라서 옳지 않은 것은 ⑤이다.

11 답 6

$x^2+2x=X$로 놓으면
$$\begin{aligned}(x^2+2x-1)(x^2+2x+3)-12 &= (X-1)(X+3)-12\\ &= X^2+2X-15\\ &= (X-3)(X+5)\\ &= (x^2+2x-3)(x^2+2x+5)\\ &= (x+3)(x-1)(x^2+2x+5)\end{aligned}$$
따라서 $a=-1$, $b=2$, $c=5$이므로
$$a+b+c=6$$

12 답 ④

주어진 식에 $9x^2$을 더하고 빼면
$$\begin{aligned}x^4-13x^2+4 &= (x^4-4x^2+4)-9x^2\\ &= (x^2-2)^2-(3x)^2\\ &= (x^2+3x-2)(x^2-3x-2)\end{aligned}$$
따라서 주어진 식의 인수인 것은 ④이다.

13 답 -1

x, y의 차수가 같으므로 x에 대하여 내림차순으로 정리한 후 인수분해하면
$$\begin{aligned}x^2+2xy+y^2+2x+2y-3 &= x^2+(2y+2)x+y^2+2y-3\\ &= x^2+(2y+2)x+(y+3)(y-1)\\ &= (x+y+3)(x+y-1)\end{aligned}$$
따라서 $a=1$, $b=1$, $c=-1$이므로
$$abc=-1$$

14 답 ④

$f(x)=2x^3+3x^2-5x-6$이라 할 때, $f(-1)=0$
따라서 조립제법을 이용하여 $f(x)$를 인수분해하면

$$\begin{array}{r|rrrr} -1 & 2 & 3 & -5 & -6 \\ & & -2 & -1 & 6 \\ \hline & 2 & 1 & -6 & 0 \end{array}$$

$$\begin{aligned}2x^3+3x^2-5x-6 &= (x+1)(2x^2+x-6)\\ &= (x+1)(x+2)(2x-3)\end{aligned}$$
따라서 주어진 식의 인수가 아닌 것은 ④이다.

15 답 ②

$997=x$로 놓으면
$$\begin{aligned}\frac{997^3-27}{998\times999+7} &= \frac{x^3-3^3}{(x+1)(x+2)+7}\\ &= \frac{(x-3)(x^2+3x+9)}{x^2+3x+9}\\ &= x-3\\ &= 997-3\\ &= 994\end{aligned}$$

03 복소수

001 답 $2, -1$

002 답 $-3, \sqrt{2}$

003 답 $\dfrac{1}{3}, -\dfrac{4}{3}$

004 답 $0, 7$

005 답 $-6, 0$

006 답 $1+\sqrt{5}, 0$

007 답 ㄴ, ㄹ, ㅅ, ㅈ

008 답 ㄱ, ㄷ, ㅁ, ㅂ, ㅇ

009 답 ㄷ, ㅂ, ㅇ

010 답 $x=-1, y=2$

011 답 $x=0, y=-4$

012 답 $x=2, y=-3$

복소수가 서로 같을 조건에 의하여
$2=x, 3=-y$ ∴ $x=2, y=-3$

013 답 $x=-3, y=5$

복소수가 서로 같을 조건에 의하여
$-x=3, -5=-y$ ∴ $x=-3, y=5$

014 답 $x=-1, y=2$

복소수가 서로 같을 조건에 의하여
$x+1=0, 2-y=0$ ∴ $x=-1, y=2$

015 답 $x=1, y=-2$

복소수가 서로 같을 조건에 의하여
$3x-y=5, x+y=-1$
두 식을 연립하여 풀면 $x=1, y=-2$

016 답 $x=6, y=-3$

복소수가 서로 같을 조건에 의하여
$x-y+1=10, x+2y=0$
두 식을 연립하여 풀면 $x=6, y=-3$

017 답 $-2-3i$

018 답 $7+4i$

019 답 $\sqrt{3}-i$

020 답 $5+\sqrt{2}i$

021 답 -15

022 답 $-8i$

023 답 $a=3, b=-5$

$\overline{3+5i}=3-5i$이므로 $a=3, b=-5$

024 답 $a=-1, b=2$

$\overline{-1-2i}=-1+2i$이므로 $a=-1, b=2$

025 답 $a=-\sqrt{5}, b=-1$

$\overline{i-\sqrt{5}}=-\sqrt{5}-i$이므로 $a=-\sqrt{5}, b=-1$

026 답 $a=7, b=\sqrt{3}$

$\overline{7-\sqrt{3}i}=7+\sqrt{3}i$이므로 $a=7, b=\sqrt{3}$

027 답 $a=\sqrt{2}, b=0$

$\overline{\sqrt{2}}=\sqrt{2}$이므로 $a=\sqrt{2}, b=0$

028 답 $a=0, b=11$

$\overline{-11i}=11i$이므로 $a=0, b=11$

029 답 1

$a=\dfrac{3}{2}, b=-\dfrac{1}{2}$이므로 $a+b=1$

030 답 ⑤

⑤ 실수 a, b에 대하여 $a\neq0, b=0$이면 $a+bi$는 실수, 즉 복소수이다.
따라서 옳지 않은 것은 ⑤이다.

031 답 ②

허수는 실수가 아닌 복소수이므로 ㄱ, ㄴ, ㅂ이다.

032 답 5

복소수가 서로 같을 조건에 의하여
$2x=6$, $1-y=-1$
따라서 $x=3$, $y=2$이므로 $x+y=5$

033 답 ①

$(x+y)-9i=\overline{-1-3xi}$에서 $(x+y)-9i=-1+3xi$
복소수가 서로 같을 조건에 의하여
$x+y=-1$, $-9=3x$
따라서 $x=-3$, $y=2$이므로 $xy=-6$

034 답 ③

복소수가 서로 같을 조건에 의하여
$2x-y=0$, $x+y-3=0$
두 식을 연립하여 풀면 $x=1$, $y=2$
$\therefore x^2+y^2=1+4=5$

개념유형

71~73쪽

035 답 $4+11i$

$(3+5i)+(1+6i)=(3+1)+(5+6)i$
$=4+11i$

036 답 $3-i$

$(-2+3i)+(5-4i)=(-2+5)+(3-4)i$
$=3-i$

037 답 $2-i$

$(5-2i)+(-3+i)=(5-3)+(-2+1)i$
$=2-i$

038 답 $-8-2i$

$(-3-4i)+(2i-5)=(-3-5)+(-4+2)i$
$=-8-2i$

039 답 $3-5i$

$(5-4i)-(2+i)=(5-2)+(-4-1)i$
$=3-5i$

040 답 $4+11i$

$(7+6i)-(3-5i)=(7-3)+(6+5)i$
$=4+11i$

041 답 $6-10i$

$(4-3i)-(-2+7i)=(4+2)+(-3-7)i$
$=6-10i$

042 답 $-1+7i$

$(-2+3i)-(-1-4i)=(-2+1)+(3+4)i$
$=-1+7i$

043 답 $16+11i$

$(3-2i)(2+5i)=6+15i-4i-10i^2$
$=(6+10)+(15-4)i$
$=16+11i$

044 답 $-5+14i$

$(4-i)(-2+3i)=-8+12i+2i-3i^2$
$=(-8+3)+(12+2)i$
$=-5+14i$

045 답 $-5-12i$

$(2-3i)^2=4-12i+9i^2$
$=(4-9)-12i$
$=-5-12i$

046 답 37

$(6-i)(6+i)=36-i^2=36+1=37$

047 답 $3-i$

$\dfrac{10}{3+i}=\dfrac{10(3-i)}{(3+i)(3-i)}=\dfrac{10(3-i)}{9-i^2}$
$=\dfrac{10(3-i)}{9+1}=3-i$

048 답 $-\dfrac{1}{2}+\dfrac{1}{2}i$

$\dfrac{i}{1-i}=\dfrac{i(1+i)}{(1-i)(1+i)}=\dfrac{i+i^2}{1-i^2}$
$=\dfrac{i-1}{1+1}=-\dfrac{1}{2}+\dfrac{1}{2}i$

049 답 i

$\dfrac{1+2i}{2-i}=\dfrac{(1+2i)(2+i)}{(2-i)(2+i)}$
$=\dfrac{2+i+4i+2i^2}{4-i^2}$
$=\dfrac{(2-2)+(1+4)i}{4+1}$
$=i$

03 복소수 31

050 답 $\dfrac{3}{4}+\dfrac{5}{4}i$

$$\dfrac{3i-5}{4i}=\dfrac{(3i-5)\times(-4i)}{4i\times(-4i)}$$
$$=\dfrac{-12i^2+20i}{-16i^2}$$
$$=\dfrac{12+20i}{16}$$
$$=\dfrac{3}{4}+\dfrac{5}{4}i$$

051 답 $7+5i$

$$(5-8i)-(-2-3i)+10i=(5+2)+(-8+3+10)i$$
$$=7+5i$$

052 답 $1+2i$

$$\dfrac{3}{1-i}-\dfrac{1}{1+i}=\dfrac{3(1+i)-(1-i)}{(1-i)(1+i)}$$
$$=\dfrac{3+3i-1+i}{1-i^2}$$
$$=\dfrac{(3-1)+(3+1)i}{1+1}$$
$$=1+2i$$

053 답 $\dfrac{7}{2}+\dfrac{1}{2}i$

$$(2-i)(2+i)+\dfrac{5i}{1-3i}=4-i^2+\dfrac{5i(1+3i)}{(1-3i)(1+3i)}$$
$$=4+1+\dfrac{5i+15i^2}{1-9i^2}$$
$$=5+\dfrac{5i-15}{1+9}$$
$$=5-\dfrac{3}{2}+\dfrac{1}{2}i$$
$$=\dfrac{7}{2}+\dfrac{1}{2}i$$

054 답 $-4+5i$

$$(1+2i)^2-\dfrac{3-i}{2+i}=1+4i+4i^2-\dfrac{(3-i)(2-i)}{(2+i)(2-i)}$$
$$=1+4i-4-\dfrac{6-3i-2i+i^2}{4-i^2}$$
$$=(1-4)+4i-\dfrac{(6-1)+(-3-2)i}{4+1}$$
$$=-3+4i-(1-i)$$
$$=(-3-1)+(4+1)i$$
$$=-4+5i$$

055 답 3

$$a+b=(1+i)+(2-i)$$
$$=(1+2)+(1-1)i=3$$

056 답 $3+i$

$$ab=(1+i)(2-i)$$
$$=2-i+2i-i^2$$
$$=(2+1)+(-1+2)i=3+i$$

057 답 $3-2i$

$$a^2+b^2=(a+b)^2-2ab$$
$$=3^2-2(3+i)$$
$$=(9-6)-2i=3-2i$$

058 답 $\dfrac{7}{10}-\dfrac{9}{10}i$

$$\dfrac{b}{a}+\dfrac{a}{b}=\dfrac{a^2+b^2}{ab}=\dfrac{3-2i}{3+i}$$
$$=\dfrac{(3-2i)(3-i)}{(3+i)(3-i)}=\dfrac{9-3i-6i+2i^2}{9-i^2}$$
$$=\dfrac{(9-2)+(-3-6)i}{9+1}=\dfrac{7}{10}-\dfrac{9}{10}i$$

059 답 $2-i$

060 답 4

$$z+\bar{z}=(2+i)+(2-i)=(2+2)+(1-1)i=4$$

061 답 $3-4i$

$$\bar{z}^2=(2-i)^2=4-4i+i^2=(4-1)-4i=3-4i$$

062 답 $\dfrac{3}{5}+\dfrac{4}{5}i$

$$\dfrac{z}{\bar{z}}=\dfrac{2+i}{2-i}=\dfrac{(2+i)^2}{(2-i)(2+i)}$$
$$=\dfrac{4+4i+i^2}{4-i^2}=\dfrac{(4-1)+4i}{4+1}=\dfrac{3}{5}+\dfrac{4}{5}i$$

063 답 $3+4i$

064 답 $8i$

$$\bar{z}-z=(3+4i)-(3-4i)$$
$$=(3-3)+(4+4)i=8i$$

065 답 25

$$z\bar{z}=(3-4i)(3+4i)=9-16i^2=9+16=25$$

066 답 $-\dfrac{7}{25}+\dfrac{24}{25}i$

$$\dfrac{\bar{z}}{z}=\dfrac{3+4i}{3-4i}=\dfrac{(3+4i)^2}{(3-4i)(3+4i)}$$
$$=\dfrac{9+24i+16i^2}{9-16i^2}=\dfrac{(9-16)+24i}{9+16}=-\dfrac{7}{25}+\dfrac{24}{25}i$$

067 답 $a-bi$, $a-bi$, $2a+b$, $2a+b$, -1, 1, $-1+i$

068 답 $2+5i$

$z=a+bi$(a, b는 실수)라 하면 $\bar{z}=a-bi$

이를 $2iz+(1+i)\bar{z}=-3+i$에 대입하면

$2i(a+bi)+(1+i)(a-bi)=-3+i$

$2ai+2bi^2+a-bi+ai-bi^2=-3+i$

$(-2b+a+b)+(2a-b+a)i=-3+i$

$(a-b)+(3a-b)i=-3+i$

복소수가 서로 같을 조건에 의하여

$a-b=-3$, $3a-b=1$

두 식을 연립하여 풀면 $a=2$, $b=5$

$\therefore z=2+5i$

069 답 $1-i$

$z=a+bi$(a, b는 실수)라 하면 $\bar{z}=a-bi$

이를 $(3-i)z-i\bar{z}=3-5i$에 대입하면

$(3-i)(a+bi)-i(a-bi)=3-5i$

$3a+3bi-ai-bi^2-ai+bi^2=3-5i$

$3a+(3b-a-a)i=3-5i$

$3a+(-2a+3b)i=3-5i$

복소수가 서로 같을 조건에 의하여

$3a=3$, $-2a+3b=-5$ $\therefore a=1$, $b=-1$

$\therefore z=1-i$

070 답 $-2-3i$

$z=a+bi$(a, b는 실수)라 하면 $\bar{z}=a-bi$

이를 $(1+2i)z+(4-i)\bar{z}=-1+7i$에 대입하면

$(1+2i)(a+bi)+(4-i)(a-bi)=-1+7i$

$a+bi+2ai+2bi^2+4a-4bi-ai+bi^2=-1+7i$

$(a-2b+4a-b)+(b+2a-4b-a)i=-1+7i$

$(5a-3b)+(a-3b)i=-1+7i$

복소수가 서로 같을 조건에 의하여

$5a-3b=-1$, $a-3b=7$

두 식을 연립하여 풀면 $a=-2$, $b=-3$

$\therefore z=-2-3i$

071 답 $3+3i$

$\alpha+\beta=(2+5i)+(1-2i)$

$\quad\quad =(2+1)+(5-2)i$

$\quad\quad =3+3i$

072 답 $3-3i$

$\overline{\alpha+\beta}=\overline{\alpha}+\overline{\beta}=\overline{3+3i}=3-3i$

073 답 $1+7i$

$\alpha-\beta=(2+5i)-(1-2i)$

$\quad\quad =(2-1)+(5+2)i$

$\quad\quad =1+7i$

074 답 $1-7i$

$\overline{\alpha}-\overline{\beta}=\overline{\alpha-\beta}=\overline{1+7i}=1-7i$

075 답 $12+i$

$\alpha\beta=(2+5i)(1-2i)=2-4i+5i-10i^2$

$\quad\quad =(2+10)+(-4+5)i=12+i$

076 답 $12-i$

$\overline{\alpha}\times\overline{\beta}=\overline{\alpha\beta}=\overline{12+i}=12-i$

실전유형 74~76쪽

077 답 ⑤

① $(2-i)+(1+3i)=3+2i$

② $(5-3i)-(3-2i)=2-i$

③ $(1+2i)(4-i)=4+7i-2i^2=6+7i$

④ $(2+3i)^2=4+12i+9i^2=-5+12i$

⑤ $\dfrac{1}{3+i}+\dfrac{1}{3-i}=\dfrac{3-i+3+i}{(3+i)(3-i)}=\dfrac{6}{9-i^2}=\dfrac{3}{5}$

따라서 옳은 것은 ⑤이다.

078 답 3

$(3-i)(1+2i)-\dfrac{5i}{2-i}=3+5i-2i^2-\dfrac{5i(2+i)}{(2-i)(2+i)}$

$\quad\quad =5+5i-\dfrac{10i+5i^2}{4-i^2}$

$\quad\quad =5+5i-(2i-1)$

$\quad\quad =6+3i$

따라서 $a=6$, $b=3$이므로 $a-b=3$

079 답 ②

$\dfrac{2a}{1-i}+3i=2+bi$에서

$\dfrac{2a(1+i)}{(1-i)(1+i)}+3i=2+bi$, $\dfrac{2a+2ai}{1-i^2}+3i=2+bi$

$a+ai+3i=2+bi$

$a+(a+3)i=2+bi$

복소수가 서로 같을 조건에 의하여

$a=2$, $a+3=b$ $\therefore b=5$

$\therefore a+b=7$

080 답 ④

$2x(1+i)-y(3-5i)=\overline{5+3i}$에서

$(2x-3y)+(2x+5y)i=5-3i$

복소수가 서로 같을 조건에 의하여

$2x-3y=5$, $2x+5y=-3$

두 식을 연립하여 풀면 $x=1$, $y=-1$

$\therefore x-y=2$

081 답 ①

$z=i(x-i)^2=(x^2-2xi+i^2)i$
$\quad=-2xi^2+(x^2-1)i$
$\quad=2x+(x^2-1)i$

이 복소수가 실수가 되려면 허수부분이 0이어야 하므로
$x^2-1=0$
$(x+1)(x-1)=0$
$\therefore x=-1$ 또는 $x=1$
그런데 $x>0$이므로 $x=1$

082 답 3

$z=x^2+(i-2)x+i-3$
$\quad=(x^2-2x-3)+(x+1)i$

이 복소수가 순허수가 되려면 실수부분이 0이고, 허수부분이 0이 아니어야 하므로
$x^2-2x-3=0$, $x+1\ne0$
$x^2-2x-3=0$에서 $(x+1)(x-3)=0$
$\therefore x=-1$ 또는 $x=3$ …… ㉠
$x+1\ne0$에서 $x\ne-1$ …… ㉡
㉠, ㉡에서 $x=3$

083 답 ④

$z=x(1+i)-2-3i=(x-2)+(x-3)i$
z^2이 실수가 되려면 z의 실수부분이 0이거나 허수부분이 0이어야 하므로
$x-2=0$ 또는 $x-3=0$
$\therefore x=2$ 또는 $x=3$
따라서 모든 실수 x의 값의 합은
$2+3=5$

084 답 (1) 5 (2) -2

(1) z^2이 양의 실수가 되려면 z의 실수부분이 0이 아니고, 허수부분이 0이어야 하므로
$\quad x^2-4\ne0$, $x^2-7x+10=0$
$\quad x^2-4\ne0$에서 $(x+2)(x-2)\ne0$
$\quad \therefore x\ne-2$, $x\ne2$ …… ㉠
$\quad x^2-7x+10=0$에서 $(x-2)(x-5)=0$
$\quad \therefore x=2$ 또는 $x=5$ …… ㉡
$\quad$㉠, ㉡에서 $x=5$

(2) z^2이 음의 실수가 되려면 z의 실수부분이 0이고, 허수부분이 0이 아니어야 하므로
$\quad x^2-4=0$, $x^2-7x+10\ne0$
$\quad x^2-4=0$에서 $(x+2)(x-2)=0$
$\quad \therefore x=-2$ 또는 $x=2$ …… ㉠
$\quad x^2-7x+10\ne0$에서 $(x-2)(x-5)\ne0$
$\quad \therefore x\ne2$, $x\ne5$ …… ㉡
$\quad$㉠, ㉡에서 $x=-2$

085 답 ④

$a+b=(2-i)+(2+i)=4$
$ab=(2-i)(2+i)=4-i^2=5$
$\therefore \dfrac{b}{a}+\dfrac{a}{b}=\dfrac{a^2+b^2}{ab}=\dfrac{(a+b)^2-2ab}{ab}$
$\qquad\qquad=\dfrac{4^2-2\times5}{5}=\dfrac{6}{5}$

086 답 5

$\overline{\alpha}=3-i$, $\overline{\beta}=1+2i$이므로
$\alpha\overline{\alpha}-\beta\overline{\beta}=(3+i)(3-i)-(1-2i)(1+2i)$
$\qquad\qquad=9-i^2-(1-4i^2)$
$\qquad\qquad=10-5=5$

087 답 ⑤

$\alpha=\dfrac{1-i}{1+i}=\dfrac{(1-i)^2}{(1+i)(1-i)}=\dfrac{1-2i+i^2}{1-i^2}=\dfrac{-2i}{2}=-i$
$\beta=\dfrac{1+i}{1-i}=\dfrac{(1+i)^2}{(1-i)(1+i)}=\dfrac{1+2i+i^2}{1-i^2}=\dfrac{2i}{2}=i$
$\therefore (1-2\alpha)(1-2\beta)=(1+2i)(1-2i)$
$\qquad\qquad\qquad=1-4i^2=5$

088 답 ①

$z=1+\sqrt{3}i$에서 $z-1=\sqrt{3}i$
양변을 제곱하면
$(z-1)^2=(\sqrt{3}i)^2$
$\therefore z^2-2z+1=3i^2=-3$

다른 풀이
$z^2-2z+1=(1+\sqrt{3}i)^2-2(1+\sqrt{3}i)+1$
$\qquad\qquad=1+2\sqrt{3}i+3i^2-2-2\sqrt{3}i+1$
$\qquad\qquad=-3$

089 답 29

$z=a+bi$ (a, b는 실수)라 하면 $\overline{z}=a-bi$
이를 $3z-2\overline{z}=5+10i$에 대입하면
$3(a+bi)-2(a-bi)=5+10i$
$a+5bi=5+10i$
복소수가 서로 같을 조건에 의하여
$a=5$, $5b=10$ $\therefore b=2$
따라서 $z=5+2i$, $\overline{z}=5-2i$이므로
$z\overline{z}=(5+2i)(5-2i)=25-4i^2=29$

090 답 $-5+8i$

$z=a+bi$ (a, b는 실수)라 하면 $\overline{z}=a-bi$
이를 $(1+i)z+2i\overline{z}=3-7i$에 대입하면
$(1+i)(a+bi)+2i(a-bi)=3-7i$
$a+(a+b)i+bi^2+2ai-2bi^2=3-7i$
$(a+b)+(3a+b)i=3-7i$

복소수가 서로 같을 조건에 의하여

$a+b=3$, $3a+b=-7$

두 식을 연립하여 풀면 $a=-5$, $b=8$

$\therefore z=-5+8i$

091 답 ①

$z=a+bi$ (a, b는 실수)라 하면 $\bar{z}=a-bi$

이를 $z+\bar{z}=6$에 대입하면

$(a+bi)+(a-bi)=6$, $2a=6$ $\therefore a=3$

또 $z=3+bi$, $\bar{z}=3-bi$를 $z\bar{z}=10$에 대입하면

$(3+bi)(3-bi)=10$, $9-b^2i^2=10$

$b^2=1$ $\therefore b=\pm1$

$\therefore z=3\pm i$

092 답 13

$\alpha+\beta=(5-i)+(-2+3i)=3+2i$

$\bar{\alpha}+\bar{\beta}=\overline{\alpha+\beta}=\overline{3+2i}=3-2i$

$\therefore (\alpha+\beta)(\bar{\alpha}+\bar{\beta})=(3+2i)(3-2i)$

$\qquad\qquad\qquad\quad =9-4i^2=13$

093 답 ①

$\bar{z_1}-\bar{z_2}=\overline{z_1-z_2}=3+2i$이므로

$z_1-z_2=\overline{3+2i}=3-2i$

$\bar{z_1}\times\bar{z_2}=\overline{z_1z_2}=4-3i$이므로

$z_1z_2=\overline{4-3i}=4+3i$

$\therefore z_1-z_1z_2-z_2=z_1-z_2-z_1z_2$

$\qquad\qquad\qquad =(3-2i)-(4+3i)=-1-5i$

094 답 ④

$\alpha-\beta=(2-i)-(1+3i)=1-4i$

$\bar{\alpha}-\bar{\beta}=\overline{\alpha-\beta}=\overline{1-4i}=1+4i$

$\therefore \alpha\bar{\alpha}-\alpha\bar{\beta}-\bar{\alpha}\beta+\beta\bar{\beta}=\alpha(\bar{\alpha}-\bar{\beta})-\beta(\bar{\alpha}-\bar{\beta})$

$\qquad\qquad\qquad\qquad\qquad =(\alpha-\beta)(\bar{\alpha}-\bar{\beta})$

$\qquad\qquad\qquad\qquad\qquad =(1-4i)(1+4i)$

$\qquad\qquad\qquad\qquad\qquad =1-16i^2=17$

개념유형 77쪽

095 답 −1

$i^{10}=i^{4\times2+2}=-1$

096 답 i

$i^{17}=i^{4\times4+1}=i$

097 답 i

$(-i)^7=-i^7=-i^{4+3}=-(-i)=i$

098 답 2

$i^{100}-i^{102}=i^{4\times25}-i^{4\times25+2}=1-(-1)=2$

099 답 0

$1+i+i^2+i^3=1+i-1-i=0$

100 답 0

$\dfrac{1}{i^{201}}+\dfrac{1}{i^{203}}=\dfrac{1}{i^{4\times50+1}}+\dfrac{1}{i^{4\times50+3}}=\dfrac{1}{i}-\dfrac{1}{i}=0$

101 답 −1

$\dfrac{1+i}{1-i}=\dfrac{(1+i)^2}{(1-i)(1+i)}=\dfrac{1+2i+i^2}{1-i^2}=\dfrac{2i}{2}=i$

$\therefore \left(\dfrac{1+i}{1-i}\right)^2=i^2=-1$

102 답 1

$\left(\dfrac{1+i}{1-i}\right)^{100}=\left\{\left(\dfrac{1+i}{1-i}\right)^2\right\}^{50}=(-1)^{50}=1$

103 답 −1

$\dfrac{1-i}{1+i}=\dfrac{(1-i)^2}{(1+i)(1-i)}=\dfrac{1-2i+i^2}{1-i^2}=\dfrac{-2i}{2}=-i$

$\therefore \left(\dfrac{1-i}{1+i}\right)^2=(-i)^2=-1$

104 답 1

$\left(\dfrac{1-i}{1+i}\right)^{52}=\left\{\left(\dfrac{1-i}{1+i}\right)^2\right\}^{26}=(-1)^{26}=1$

실전유형 78쪽

105 답 ②

$-i+i^2-i^3+i^4=-i-1+i+1=0$이므로

$1-i+i^2-i^3+\cdots+i^{100}$

$=1+(-i+i^2-i^3+i^4)+i^4(-i+i^2-i^3+i^4)$

$\qquad\qquad\qquad\qquad +\cdots+i^{96}(-i+i^2-i^3+i^4)$

$=1+0+0+\cdots+0=1$

106 답 ④

$\dfrac{1}{i}+\dfrac{1}{i^2}+\dfrac{1}{i^3}+\dfrac{1}{i^4}=\dfrac{1}{i}-1-\dfrac{1}{i}+1=0$이므로

$\dfrac{1}{i}+\dfrac{1}{i^2}+\dfrac{1}{i^3}+\dfrac{1}{i^4}+\cdots+\dfrac{1}{i^{41}}$

$=\left(\dfrac{1}{i}+\dfrac{1}{i^2}+\dfrac{1}{i^3}+\dfrac{1}{i^4}\right)+\dfrac{1}{i^4}\left(\dfrac{1}{i}+\dfrac{1}{i^2}+\dfrac{1}{i^3}+\dfrac{1}{i^4}\right)$

$\qquad\qquad +\cdots+\dfrac{1}{i^{36}}\left(\dfrac{1}{i}+\dfrac{1}{i^2}+\dfrac{1}{i^3}+\dfrac{1}{i^4}\right)+\dfrac{1}{i^{40}}\times\dfrac{1}{i}$

$=0+0+\cdots+0+\dfrac{1}{i}=-i$

107 답 -1

$i+i^2+i^3+i^4=i-1-i+1=0$이므로

$i+i^2+i^3+i^4+\cdots+i^{97}$

$=(i+i^2+i^3+i^4)+i^4(i+i^2+i^3+i^4)$

$+\cdots+i^{92}(i+i^2+i^3+i^4)+i^{96}\times i$

$=0+0+\cdots+0+i=i$

$i+i^2+i^3+i^4+\cdots+i^{99}$

$=(i+i^2+i^3+i^4)+i^4(i+i^2+i^3+i^4)$

$+\cdots+i^{92}(i+i^2+i^3+i^4)+i^{96}(i+i^2+i^3)$

$=0+0+\cdots+0+(i-1-i)=-1$

$\therefore (i+i^2+i^3+i^4+\cdots+i^{97})(i+i^2+i^3+i^4+\cdots+i^{99})=i\times(-1)$

$=-i$

따라서 $a=0$, $b=-1$이므로 $a+b=-1$

108 답 -100

$i+2i^2+3i^3+4i^4+\cdots+20i^{20}$

$=(i-2-3i+4)+(5i-6-7i+8)+\cdots+(17i-18-19i+20)$

$=\underbrace{(2-2i)+(2-2i)+\cdots+(2-2i)}_{5\text{개}}$

$=5(2-2i)=10-10i$

따라서 $a=10$, $b=-10$이므로 $ab=-100$

109 답 ④

$\frac{1-i}{1+i}=\frac{(1-i)^2}{(1+i)(1-i)}=\frac{1-2i+i^2}{1-i^2}=\frac{-2i}{2}=-i$

$\frac{1+i}{1-i}=\frac{(1+i)^2}{(1-i)(1+i)}=\frac{1+2i+i^2}{1-i^2}=\frac{2i}{2}=i$

$\therefore \left(\frac{1-i}{1+i}\right)^{100}-\left(\frac{1+i}{1-i}\right)^{101}=(-i)^{100}-i^{101}=i^{100}-i^{101}$

$=i^{4\times25}-i^{4\times25+1}=1-i$

110 답 ④

$z^2=\left(\frac{1-i}{\sqrt{2}}\right)^2=\frac{1-2i+i^2}{2}=\frac{-2i}{2}=-i$이므로

$z^2+z^4+z^6+z^8+z^{10}=-i+(-i)^2+(-i)^3+(-i)^4+(-i)^5$

$=-i+i^2-i^3+i^4-i^5$

$=-i-1+i+1-i=-i$

111 답 ①

$z=\frac{1+i}{1-i}=\frac{(1+i)^2}{(1-i)(1+i)}=\frac{1+2i+i^2}{1-i^2}=\frac{2i}{2}=i$이므로

$\frac{1}{z}+\frac{1}{z^2}+\frac{1}{z^3}+\cdots+\frac{1}{z^{100}}$

$=\frac{1}{i}+\frac{1}{i^2}+\frac{1}{i^3}+\cdots+\frac{1}{i^{100}}$

$=\left(\frac{1}{i}+\frac{1}{i^2}+\frac{1}{i^3}+\frac{1}{i^4}\right)+\frac{1}{i^4}\left(\frac{1}{i}+\frac{1}{i^2}+\frac{1}{i^3}+\frac{1}{i^4}\right)$

$+\cdots+\frac{1}{i^{96}}\left(\frac{1}{i}+\frac{1}{i^2}+\frac{1}{i^3}+\frac{1}{i^4}\right)$

$=\left(\frac{1}{i}-1-\frac{1}{i}+1\right)+1\times\left(\frac{1}{i}-1-\frac{1}{i}+1\right)$

$+\cdots+1\times\left(\frac{1}{i}-1-\frac{1}{i}+1\right)$

$=0$

개념유형

80쪽

112 답 $\sqrt{7}i$

113 답 $4i$

114 답 $-2\sqrt{3}i$

115 답 $\frac{3}{2}i$

116 답 $\pm\sqrt{5}i$

117 답 $\pm6i$

118 답 $\pm\frac{1}{3}i$

119 답 $\pm\frac{\sqrt{3}}{5}i$

120 답 -4

$\sqrt{-2}\sqrt{-8}=-\sqrt{(-2)\times(-8)}=-\sqrt{16}=-4$

다른 풀이

$\sqrt{-2}\sqrt{-8}=\sqrt{2}i\times\sqrt{8}i=\sqrt{2\times8}i^2=-\sqrt{16}=-4$

121 답 $6i$

$\sqrt{-4}\sqrt{9}=\sqrt{(-4)\times9}=\sqrt{-36}=6i$

다른 풀이

$\sqrt{-4}\sqrt{9}=2i\times3=6i$

122 답 $3\sqrt{2}i$

$\sqrt{3}\sqrt{-6}=\sqrt{3\times(-6)}=\sqrt{-18}=3\sqrt{2}i$

다른 풀이

$\sqrt{3}\sqrt{-6}=\sqrt{3}\times\sqrt{6}i=\sqrt{3\times6}i=\sqrt{18}i=3\sqrt{2}i$

123 답 $-3i$

$\frac{\sqrt{18}}{\sqrt{-2}}=-\sqrt{\frac{18}{-2}}=-\sqrt{-9}=-3i$

다른 풀이

$\frac{\sqrt{18}}{\sqrt{-2}}=\frac{\sqrt{18}}{\sqrt{2}i}=-\sqrt{\frac{18}{2}}i=-\sqrt{9}i=-3i$

124 답 $\frac{1}{2}i$

$\frac{\sqrt{-3}}{\sqrt{12}}=\sqrt{\frac{-3}{12}}=\sqrt{-\frac{1}{4}}=\frac{1}{2}i$

다른 풀이

$\frac{\sqrt{-3}}{\sqrt{12}}=\frac{\sqrt{3}i}{\sqrt{12}}=\sqrt{\frac{3}{12}}i=\sqrt{\frac{1}{4}}i=\frac{1}{2}i$

125 답 7

$\sqrt{-4}\sqrt{-16}-\sqrt{-9}\sqrt{-25}$

$=-\sqrt{(-4)\times(-16)}-\{-\sqrt{(-9)\times(-25)}\}$

$=-\sqrt{64}+\sqrt{225}$

$=-8+15=7$

다른 풀이

$\sqrt{-4}\sqrt{-16}-\sqrt{-9}\sqrt{-25}=2i\times4i-3i\times5i$

$\qquad\qquad\qquad\qquad\quad=8i^2-15i^2$

$\qquad\qquad\qquad\qquad\quad=-8+15=7$

126 답 $\sqrt{3}$

$\dfrac{\sqrt{-6}}{\sqrt{2}}+\dfrac{\sqrt{6}}{\sqrt{-2}}+\dfrac{\sqrt{-6}}{\sqrt{-2}}=\sqrt{\dfrac{-6}{2}}+\left(-\sqrt{\dfrac{6}{-2}}\right)+\sqrt{\dfrac{-6}{-2}}$

$\qquad\qquad\qquad\qquad\quad=\sqrt{-3}-\sqrt{-3}+\sqrt{3}=\sqrt{3}$

다른 풀이

$\dfrac{\sqrt{-6}}{\sqrt{2}}+\dfrac{\sqrt{6}}{\sqrt{-2}}+\dfrac{\sqrt{-6}}{\sqrt{-2}}=\dfrac{\sqrt{6}i}{\sqrt{2}}+\dfrac{\sqrt{6}}{\sqrt{2}i}+\dfrac{\sqrt{6}i}{\sqrt{2}i}$

$\qquad\qquad\qquad\qquad\quad=\sqrt{\dfrac{6}{2}}i-\sqrt{\dfrac{6}{2}}i+\sqrt{\dfrac{6}{2}}=\sqrt{3}$

실전유형

81쪽

127 답 ⑤

① $\sqrt{3}\sqrt{-5}=\sqrt{3\times(-5)}=\sqrt{-15}=\sqrt{15}i$

② $\sqrt{-3}\sqrt{-5}=-\sqrt{(-3)\times(-5)}=-\sqrt{15}$

③ $\dfrac{\sqrt{-15}}{\sqrt{3}}=\sqrt{\dfrac{-15}{3}}=\sqrt{-5}=\sqrt{5}i$

④ $\dfrac{\sqrt{-3}}{\sqrt{-15}}=\sqrt{\dfrac{-3}{-15}}=\sqrt{\dfrac{1}{5}}=\dfrac{\sqrt{5}}{5}$

⑤ $\dfrac{\sqrt{3}}{\sqrt{-15}}=-\sqrt{\dfrac{3}{-15}}=-\sqrt{\dfrac{1}{5}}=-\dfrac{\sqrt{5}}{5}i$

따라서 옳지 않은 것은 ⑤이다.

다른 풀이

① $\sqrt{3}\sqrt{-5}=\sqrt{3}\sqrt{5}i=\sqrt{3\times5}i=\sqrt{15}i$

② $\sqrt{-3}\sqrt{-5}=\sqrt{3}i\times\sqrt{5}i=\sqrt{3\times5}i^2=\sqrt{15}i^2=-\sqrt{15}$

③ $\dfrac{\sqrt{-15}}{\sqrt{3}}=\dfrac{\sqrt{15}i}{\sqrt{3}}=\sqrt{\dfrac{15}{3}}i=\sqrt{5}i$

④ $\dfrac{\sqrt{-3}}{\sqrt{-15}}=\dfrac{\sqrt{3}i}{\sqrt{15}i}=\sqrt{\dfrac{3}{15}}=\sqrt{\dfrac{1}{5}}=\dfrac{\sqrt{5}}{5}$

⑤ $\dfrac{\sqrt{3}}{\sqrt{-15}}=\dfrac{\sqrt{3}}{\sqrt{15}i}=-\sqrt{\dfrac{3}{15}}i=-\sqrt{\dfrac{1}{5}}i=-\dfrac{\sqrt{5}}{5}i$

128 답 12

$\sqrt{-2}\sqrt{-12}+\dfrac{\sqrt{18}}{\sqrt{-3}}=-\sqrt{(-2)\times(-12)}+\left(-\sqrt{\dfrac{18}{-3}}\right)$

$\qquad\qquad\qquad\qquad=-\sqrt{24}-\sqrt{-6}$

$\qquad\qquad\qquad\qquad=-2\sqrt{6}-\sqrt{6}i$

따라서 $a=-2\sqrt{6}$, $b=-\sqrt{6}$이므로

$ab=12$

다른 풀이

$\sqrt{-2}\sqrt{-12}+\dfrac{\sqrt{18}}{\sqrt{-3}}=\sqrt{2}i\times\sqrt{12}i+\dfrac{\sqrt{18}}{\sqrt{3}i}$

$\qquad\qquad\qquad\qquad=\sqrt{2\times12}i^2+\left(-\sqrt{\dfrac{18}{3}}i\right)$

$\qquad\qquad\qquad\qquad=-\sqrt{24}-\sqrt{6}i=-2\sqrt{6}-\sqrt{6}i$

따라서 $a=-2\sqrt{6}$, $b=-\sqrt{6}$이므로 $ab=12$

129 답 8

$z=\sqrt{2}\sqrt{-8}+\sqrt{-2}\sqrt{-8}+\dfrac{\sqrt{8}}{\sqrt{-2}}+\dfrac{\sqrt{-8}}{\sqrt{-2}}$

$=\sqrt{2\times(-8)}+\{-\sqrt{(-2)\times(-8)}\}+\left(-\sqrt{\dfrac{8}{-2}}\right)+\sqrt{\dfrac{-8}{-2}}$

$=\sqrt{-16}-\sqrt{16}-\sqrt{-4}+\sqrt{4}$

$=4i-4-2i+2=-2+2i$

$\therefore z\bar{z}=(-2+2i)(\overline{-2+2i})$

$\qquad=(-2+2i)(-2-2i)$

$\qquad=4-4i^2=8$

다른 풀이

$z=\sqrt{2}\sqrt{-8}+\sqrt{-2}\sqrt{-8}+\dfrac{\sqrt{8}}{\sqrt{-2}}+\dfrac{\sqrt{-8}}{\sqrt{-2}}$

$=\sqrt{2}\sqrt{8}i+\sqrt{2}i\times\sqrt{8}i+\dfrac{\sqrt{8}}{\sqrt{2}i}+\dfrac{\sqrt{8}i}{\sqrt{2}i}$

$=\sqrt{2\times8}i+\sqrt{2\times8}i^2+\left(-\sqrt{\dfrac{8}{2}}i\right)+\sqrt{\dfrac{8}{2}}$

$=\sqrt{16}i-\sqrt{16}-\sqrt{4}i+\sqrt{4}$

$=4i-4-2i+2=-2+2i$

$\therefore z\bar{z}=(-2+2i)(\overline{-2+2i})$

$\qquad=(-2+2i)(-2-2i)$

$\qquad=4-4i^2=8$

130 답 ④

$\sqrt{a}\sqrt{b}=-\sqrt{ab}$이므로 $a<0$, $b<0$

① $-a>0$이므로 $\sqrt{-a}\sqrt{b}=\sqrt{-ab}$

② $\dfrac{\sqrt{a}}{\sqrt{b}}=\sqrt{\dfrac{a}{b}}$

③ $a^2>0$, $ab>0$이므로

$\sqrt{a^3b}=\sqrt{a^2\times ab}=\sqrt{a^2}\sqrt{ab}$

$\qquad=|a|\sqrt{ab}=-a\sqrt{ab}$

④ $a^2>0$이므로

$\sqrt{\dfrac{b}{a^2}}=\dfrac{\sqrt{b}}{\sqrt{a^2}}=\dfrac{\sqrt{b}}{|a|}=-\dfrac{\sqrt{b}}{a}$

⑤ $\sqrt{a^2}\sqrt{b^2}=|a|\times|b|=(-a)\times(-b)=ab$

따라서 옳지 않은 것은 ④이다.

131 답 ④

$\dfrac{\sqrt{a}}{\sqrt{b}}=-\sqrt{\dfrac{a}{b}}$이므로 $a>0$, $b<0$

$a-b>0$이므로 $\sqrt{(a-b)^2}=|a-b|=a-b$

$\sqrt{b^2}=|b|=-b$

$\therefore \sqrt{(a-b)^2}-\sqrt{b^2}=(a-b)-(-b)=a$

132 답 $2i$

$\sqrt{a}\sqrt{b}=-\sqrt{ab}$이므로 $a<0$, $b<0$

$-a>0$이므로

$$\frac{\sqrt{a}}{\sqrt{-a}}=\sqrt{\frac{a}{-a}}=\sqrt{-1}=i$$

$a<b$에서 $a-b<0$, $b-a>0$이므로

$$\frac{\sqrt{b-a}}{\sqrt{a-b}}=-\sqrt{\frac{b-a}{a-b}}=-\sqrt{\frac{-(a-b)}{a-b}}$$
$$=-\sqrt{-1}=-i$$

$$\therefore \frac{\sqrt{a}}{\sqrt{-a}}-\frac{\sqrt{b-a}}{\sqrt{a-b}}=i-(-i)=2i$$

실전유형으로 중단원 점검   82~83쪽

1 답 4

허수는 실수가 아닌 복소수이므로 $2+i$, $3i^2-5i$, $-4i$, $\sqrt{3}i+1$의 4개이다.

2 답 ④

복소수가 서로 같을 조건에 의하여

$x+y+1=0$, $x-2y-11=0$

두 식을 연립하여 풀면

$x=3$, $y=-4$

$\therefore x-y=7$

3 답 ④

$$\frac{5+i}{1-i}+(2-3i)(5+i)=\frac{(5+i)(1+i)}{(1-i)(1+i)}+10-13i-3i^2$$
$$=\frac{5+6i+i^2}{1-i^2}+13-13i$$
$$=2+3i+13-13i$$
$$=15-10i$$

따라서 $a=15$, $b=-10$이므로 $a+b=5$

4 답 ②

$x(2+i)-2y(1+i)=\overline{4-7i}$에서

$2(x-y)+(x-2y)i=4+7i$

복소수가 서로 같을 조건에 의하여

$x-y=2$, $x-2y=7$

두 식을 연립하여 풀면

$x=-3$, $y=-5$

$\therefore x+y=-8$

5 답 2

$z=(1+i)x^2-3x+2-i$

$=(x^2-3x+2)+(x^2-1)i$ ...... ⓘ

이 복소수가 순허수가 되려면 실수부분이 0이고, 허수부분이 0이 아니어야 하므로

$x^2-3x+2=0$, $x^2-1\neq0$ ...... ⓘⓘ

$x^2-3x+2=0$에서 $(x-1)(x-2)=0$

$\therefore x=1$ 또는 $x=2$ ...... ㉠

$x^2-1\neq0$에서 $(x+1)(x-1)\neq0$

$\therefore x\neq-1$, $x\neq1$ ...... ㉡

㉠, ㉡에서 $x=2$ ...... ⓘⓘⓘ

채점 기준

ⓘ	복소수 z를 (실수부분)+(허수부분)i 꼴로 정리하기	20 %
ⓘⓘ	z가 순허수가 되도록 하는 조건 알기	30 %
ⓘⓘⓘ	실수 x의 값 구하기	50 %

6 답 ②

$x=\dfrac{-1-\sqrt{3}i}{2}$에서 $2x+1=-\sqrt{3}i$

양변을 제곱하면

$(2x+1)^2=(-\sqrt{3}i)^2$

$4x^2+4x+1=3i^2=-3$

$4x^2+4x=-4$

$\therefore x^2+x=-1$

다른 풀이

$$x^2+x=\left(\frac{-1-\sqrt{3}i}{2}\right)^2+\frac{-1-\sqrt{3}i}{2}$$
$$=\frac{1+2\sqrt{3}i+3i^2}{4}+\frac{-1-\sqrt{3}i}{2}$$
$$=\frac{-1+\sqrt{3}i}{2}+\frac{-1-\sqrt{3}i}{2}$$
$$=-1$$

7 답 ④

$z=a+bi$ (a, b는 실수)라 하면 $\bar{z}=a-bi$

이를 $(1+2i)z-i\bar{z}=1+5i$에 대입하면

$(1+2i)(a+bi)-i(a-bi)=1+5i$

$a+(2a+b)i+2bi^2-ai+bi^2=1+5i$

$(a-3b)+(a+b)i=1+5i$

복소수가 서로 같을 조건에 의하여

$a-3b=1$, $a+b=5$

두 식을 연립하여 풀면 $a=4$, $b=1$

$\therefore z=4+i$

8 답 26

$\alpha+\beta=(2+i)+(3-2i)=5-i$

$\overline{\alpha}+\overline{\beta}=\overline{\alpha+\beta}=\overline{5-i}=5+i$

$\therefore \alpha\overline{\alpha}+\alpha\overline{\beta}+\overline{\alpha}\beta+\beta\overline{\beta}=\alpha(\overline{\alpha}+\overline{\beta})+\beta(\overline{\alpha}+\overline{\beta})$

$=(\alpha+\beta)(\overline{\alpha}+\overline{\beta})$

$=(5-i)(5+i)$

$=25-i^2=26$

9 답 ②

$\dfrac{1}{i}+\dfrac{1}{i^2}+\dfrac{1}{i^3}+\dfrac{1}{i^4}=\dfrac{1}{i}-1-\dfrac{1}{i}+1=0$이므로

$\dfrac{1}{i}+\dfrac{1}{i^2}+\dfrac{1}{i^3}+\dfrac{1}{i^4}+\cdots+\dfrac{1}{i^{80}}$

$=\left(\dfrac{1}{i}+\dfrac{1}{i^2}+\dfrac{1}{i^3}+\dfrac{1}{i^4}\right)+\dfrac{1}{i^4}\left(\dfrac{1}{i}+\dfrac{1}{i^2}+\dfrac{1}{i^3}+\dfrac{1}{i^4}\right)$

$\qquad\qquad\qquad +\cdots+\dfrac{1}{i^{76}}\left(\dfrac{1}{i}+\dfrac{1}{i^2}+\dfrac{1}{i^3}+\dfrac{1}{i^4}\right)$

$=0$

10 답 ①

$\dfrac{1+i}{1-i}=\dfrac{(1+i)^2}{(1-i)(1+i)}=\dfrac{1+2i+i^2}{1-i^2}=\dfrac{2i}{2}=i$

$\dfrac{1-i}{1+i}=\dfrac{(1-i)^2}{(1+i)(1-i)}=\dfrac{1-2i+i^2}{1-i^2}=\dfrac{-2i}{2}=-i$

$\therefore \left(\dfrac{1+i}{1-i}\right)^{206}+\left(\dfrac{1-i}{1+i}\right)^{206}=i^{206}+(-i)^{206}$

$\qquad\qquad\qquad\qquad\qquad =i^{206}+i^{206}$

$\qquad\qquad\qquad\qquad\qquad =i^{4\times51+2}+i^{4\times51+2}$

$\qquad\qquad\qquad\qquad\qquad =-1+(-1)=-2$

11 답 -7

$\sqrt{-6}\sqrt{-6}+\dfrac{\sqrt{10}}{\sqrt{-2}}\times\dfrac{\sqrt{-3}}{\sqrt{-15}}$

$=-\sqrt{(-6)\times(-6)}+\left(-\sqrt{\dfrac{10}{-2}}\right)\times\sqrt{\dfrac{-3}{-15}}$

$=-\sqrt{36}-\sqrt{-5}\times\sqrt{\dfrac{1}{5}}$

$=-6-\sqrt{\dfrac{-5}{5}}$

$=-6-\sqrt{-1}$

$=-6-i$

따라서 $a=-6$, $b=-1$이므로

$a+b=-7$

다른 풀이

$\sqrt{-6}\sqrt{-6}+\dfrac{\sqrt{10}}{\sqrt{-2}}\times\dfrac{\sqrt{-3}}{\sqrt{-15}}=\sqrt{6}i\times\sqrt{6}i+\dfrac{\sqrt{10}}{\sqrt{2}i}\times\dfrac{\sqrt{3}i}{\sqrt{15}i}$

$\qquad\qquad\qquad\qquad\qquad =\sqrt{6\times6}i^2+\left(-\sqrt{\dfrac{10}{2}}i\right)\times\sqrt{\dfrac{3}{15}}$

$\qquad\qquad\qquad\qquad\qquad =-\sqrt{36}-\sqrt{5}i\times\sqrt{\dfrac{1}{5}}$

$\qquad\qquad\qquad\qquad\qquad =-6-i$

따라서 $a=-6$, $b=-1$이므로

$a+b=-7$

12 답 ④

$\sqrt{a}\sqrt{b}=-\sqrt{ab}$이므로 $a<0$, $b<0$

$|a|=-a$이고, $a+b<0$이므로

$\sqrt{(a+b)^2}=|a+b|=-(a+b)$

$\therefore |a|-\sqrt{(a+b)^2}=-a-\{-(a+b)\}$

$\qquad\qquad\qquad\quad =b$

개념유형   85~86쪽

001 답 $x=-2$ (중근)

$x^2+4x+4=0$에서

$(x+2)^2=0$ $\therefore x=-2$ (중근)

002 답 $x=1$ 또는 $x=2$

$x^2-3x+2=0$에서

$(x-1)(x-2)=0$ $\therefore x=1$ 또는 $x=2$

003 답 $x=-3$ 또는 $x=4$

$x^2-x-12=0$에서

$(x+3)(x-4)=0$ $\therefore x=-3$ 또는 $x=4$

004 답 $x=-\dfrac{1}{2}$ 또는 $x=3$

$2x^2-5x-3=0$에서

$(2x+1)(x-3)=0$ $\therefore x=-\dfrac{1}{2}$ 또는 $x=3$

005 답 $x=-\dfrac{1}{2}$ 또는 $x=1$

$2x^2-x-1=0$에서

$(2x+1)(x-1)=0$ $\therefore x=-\dfrac{1}{2}$ 또는 $x=1$

006 답 $x=-1$ 또는 $x=\dfrac{2}{3}$

$3x^2+x-2=0$에서

$(x+1)(3x-2)=0$ $\therefore x=-1$ 또는 $x=\dfrac{2}{3}$

007 답 $x=-\dfrac{1}{2}$ 또는 $x=\dfrac{1}{2}$

$4x^2-1=0$에서

$(2x+1)(2x-1)=0$ $\therefore x=-\dfrac{1}{2}$ 또는 $x=\dfrac{1}{2}$

008 답 $x=-2$ 또는 $x=\dfrac{1}{4}$

$4x^2+7x-2=0$에서

$(x+2)(4x-1)=0$ $\therefore x=-2$ 또는 $x=\dfrac{1}{4}$

009 답 $x=\dfrac{1\pm\sqrt{13}}{2}$, 실근

$x^2-x-3=0$에서

$x=\dfrac{-(-1)\pm\sqrt{(-1)^2-4\times1\times(-3)}}{2\times1}$

$\;=\dfrac{1\pm\sqrt{13}}{2}$

따라서 주어진 이차방정식의 근은 실근이다.

010 답 $x=\dfrac{3\pm\sqrt{15}i}{2}$, 허근

$x^2-3x+6=0$에서

$x=\dfrac{-(-3)\pm\sqrt{(-3)^2-4\times1\times6}}{2\times1}$

$=\dfrac{3\pm\sqrt{-15}}{2}=\dfrac{3\pm\sqrt{15}i}{2}$

따라서 주어진 이차방정식의 근은 허근이다.

011 답 $x=\dfrac{-5\pm\sqrt{31}i}{4}$, 허근

$2x^2+5x+7=0$에서

$x=\dfrac{-5\pm\sqrt{5^2-4\times2\times7}}{2\times2}$

$=\dfrac{-5\pm\sqrt{-31}}{4}=\dfrac{-5\pm\sqrt{31}i}{4}$

따라서 주어진 이차방정식의 근은 허근이다.

012 답 $x=\dfrac{-1\pm\sqrt{37}}{6}$, 실근

$3x^2+x-3=0$에서

$x=\dfrac{-1\pm\sqrt{1^2-4\times3\times(-3)}}{2\times3}=\dfrac{-1\pm\sqrt{37}}{6}$

따라서 주어진 이차방정식의 근은 실근이다.

013 답 $x=2\pm\sqrt{3}i$, 허근

$x^2-4x+7=0$에서

$x=\dfrac{-(-2)\pm\sqrt{(-2)^2-1\times7}}{1}=2\pm\sqrt{-3}=2\pm\sqrt{3}i$

따라서 주어진 이차방정식의 근은 허근이다.

014 답 $x=-5\pm3\sqrt{3}$, 실근

$x^2+10x-2=0$에서

$x=\dfrac{-5\pm\sqrt{5^2-1\times(-2)}}{1}=-5\pm\sqrt{27}=-5\pm3\sqrt{3}$

따라서 주어진 이차방정식의 근은 실근이다.

015 답 $x=\dfrac{3\pm i}{2}$, 허근

$2x^2-6x+5=0$에서

$x=\dfrac{-(-3)\pm\sqrt{(-3)^2-2\times5}}{2}=\dfrac{3\pm\sqrt{-1}}{2}=\dfrac{3\pm i}{2}$

따라서 주어진 이차방정식의 근은 허근이다.

016 답 $x=\dfrac{1\pm\sqrt{13}}{3}$, 실근

$3x^2-2x-4=0$에서

$x=\dfrac{-(-1)\pm\sqrt{(-1)^2-3\times(-4)}}{3}=\dfrac{1\pm\sqrt{13}}{3}$

따라서 주어진 이차방정식의 근은 실근이다.

017 답 $3+2\sqrt{2}$, $2+2\sqrt{2}$, $-2-2\sqrt{2}$

018 답 $x=1$ 또는 $x=\sqrt{2}-1$

$(\sqrt{2}+1)x^2-(\sqrt{2}+2)x+1=0$의 양변에 $\sqrt{2}-1$을 곱하면

$(\sqrt{2}-1)(\sqrt{2}+1)x^2-(\sqrt{2}-1)(\sqrt{2}+2)x+\sqrt{2}-1=0$

$x^2-\sqrt{2}x+\sqrt{2}-1=0$

$(x-1)\{x-(\sqrt{2}-1)\}=0$

$\therefore x=1$ 또는 $x=\sqrt{2}-1$

019 답 $x=1$ 또는 $x=\dfrac{3-3\sqrt{3}}{2}$

$(\sqrt{3}+1)x^2-(\sqrt{3}-2)x-3=0$의 양변에 $\sqrt{3}-1$을 곱하면

$(\sqrt{3}-1)(\sqrt{3}+1)x^2-(\sqrt{3}-1)(\sqrt{3}-2)x-(\sqrt{3}-1)\times3=0$

$2x^2-(5-3\sqrt{3})x+3-3\sqrt{3}=0$

$(x-1)\{2x-(3-3\sqrt{3})\}=0$

$\therefore x=1$ 또는 $x=\dfrac{3-3\sqrt{3}}{2}$

020 답 $x=3$ 또는 $x=-1-\sqrt{3}$

$(\sqrt{3}-1)x^2-(3\sqrt{3}-5)x-6=0$의 양변에 $\sqrt{3}+1$을 곱하면

$(\sqrt{3}+1)(\sqrt{3}-1)x^2-(\sqrt{3}+1)(3\sqrt{3}-5)x-(\sqrt{3}+1)\times6=0$

$2x^2-(4-2\sqrt{3})x-6-6\sqrt{3}=0$

$x^2-(2-\sqrt{3})x-(3+3\sqrt{3})=0$

$(x-3)\{x+(1+\sqrt{3})\}=0$

$\therefore x=3$ 또는 $x=-1-\sqrt{3}$

021 답 $x=-1$ 또는 $x=1-\sqrt{5}$

$(\sqrt{5}+1)x^2+(\sqrt{5}+5)x+4=0$의 양변에 $\sqrt{5}-1$을 곱하면

$(\sqrt{5}-1)(\sqrt{5}+1)x^2+(\sqrt{5}-1)(\sqrt{5}+5)x+(\sqrt{5}-1)\times4=0$

$4x^2+4\sqrt{5}x-4+4\sqrt{5}=0$

$x^2+\sqrt{5}x-(1-\sqrt{5})=0$

$(x+1)\{x-(1-\sqrt{5})\}=0$

$\therefore x=-1$ 또는 $x=1-\sqrt{5}$

022 답 $x+4$, -4, -4, $x-3$, 3, 3, $x=3$

023 답 $x=-2$ 또는 $x=2$

$x^2+|x|-6=0$에서

(i) $x<0$일 때

$|x|=-x$이므로

$x^2-x-6=0$, $(x+2)(x-3)=0$

$\therefore x=-2$ 또는 $x=3$

그런데 $x<0$이므로 $x=-2$

(ii) $x\geq0$일 때

$|x|=x$이므로

$x^2+x-6=0$, $(x+3)(x-2)=0$

$\therefore x=-3$ 또는 $x=2$

그런데 $x\geq0$이므로 $x=2$

(i), (ii)에서 주어진 방정식의 해는

$x=-2$ 또는 $x=2$

다른 풀이

$x^2=|x|^2$이므로 $|x|^2+|x|-6=0$

$(|x|+3)(|x|-2)=0$ $\therefore |x|=-3$ 또는 $|x|=2$

그런데 $|x|\geq0$이므로 $|x|=2$

$\therefore x=-2$ 또는 $x=2$

024 답 $x=-2$ 또는 $x=2$

$3x^2-4|x|-4=0$에서

(i) $x<0$일 때

$|x|=-x$이므로

$3x^2+4x-4=0$, $(x+2)(3x-2)=0$

$\therefore x=-2$ 또는 $x=\dfrac{2}{3}$

그런데 $x<0$이므로 $x=-2$

(ii) $x\geq0$일 때

$|x|=x$이므로

$3x^2-4x-4=0$, $(3x+2)(x-2)=0$

$\therefore x=-\dfrac{2}{3}$ 또는 $x=2$

그런데 $x\geq0$이므로 $x=2$

(i), (ii)에서 주어진 방정식의 해는

$x=-2$ 또는 $x=2$

다른 풀이

$x^2=|x|^2$이므로 $3|x|^2-4|x|-4=0$

$(3|x|+2)(|x|-2)=0$ $\therefore |x|=-\dfrac{2}{3}$ 또는 $|x|=2$

그런데 $|x|\geq0$이므로 $|x|=2$

$\therefore x=-2$ 또는 $x=2$

025 답 $x=-4$ 또는 $x=5$

$x^2-3|x+1|-7=0$에서

(i) $x<-1$일 때

$|x+1|=-(x+1)$이므로

$x^2+3(x+1)-7=0$, $x^2+3x-4=0$

$(x+4)(x-1)=0$ $\therefore x=-4$ 또는 $x=1$

그런데 $x<-1$이므로 $x=-4$

(ii) $x\geq-1$일 때

$|x+1|=x+1$이므로

$x^2-3(x+1)-7=0$, $x^2-3x-10=0$

$(x+2)(x-5)=0$ $\therefore x=-2$ 또는 $x=5$

그런데 $x\geq-1$이므로 $x=5$

(i), (ii)에서 주어진 방정식의 해는

$x=-4$ 또는 $x=5$

실전유형

87~88쪽

026 답 3

$x^2-2x+5=0$에서

$x=-(-1)\pm\sqrt{(-1)^2-1\times5}=1\pm2i$

따라서 $a=1$, $b=2$이므로 $a+b=3$

027 답 6

$x(x-4)=4(x^2+2x)-15$에서 $3x^2+12x-15=0$

$x^2+4x-5=0$, $(x+5)(x-1)=0$

$\therefore x=-5$ 또는 $x=1$

따라서 $\alpha=-5$, $\beta=1$ 또는 $\alpha=1$, $\beta=-5$이므로

$|\alpha|+|\beta|=|-5|+|1|=6$

028 답 ⑤

① $x^2-8x+15=0$에서

$(x-3)(x-5)=0$ $\therefore x=3$ 또는 $x=5$

② $x^2+3x+4=0$에서

$x=\dfrac{-3\pm\sqrt{3^2-4\times1\times4}}{2\times1}=\dfrac{-3\pm\sqrt{7}i}{2}$

③ $2x^2-4x+3=0$에서

$x=\dfrac{-(-2)\pm\sqrt{(-2)^2-2\times3}}{2}=\dfrac{2\pm\sqrt{2}i}{2}$

④ $\dfrac{1}{5}x^2-x-\dfrac{1}{2}=0$의 양변에 10을 곱하면

$2x^2-10x-5=0$

$\therefore x=\dfrac{-(-5)\pm\sqrt{(-5)^2-2\times(-5)}}{2}$

$=\dfrac{5\pm\sqrt{35}}{2}$

⑤ $0.2x^2+0.1x-0.6=0$의 양변에 10을 곱하면

$2x^2+x-6=0$

$(x+2)(2x-3)=0$ $\therefore x=-2$ 또는 $x=\dfrac{3}{2}$

따라서 옳지 않은 것은 ⑤이다.

029 답 $\sqrt{13}$

$3x^2-1=x$에서 $3x^2-x-1=0$

$\therefore x=\dfrac{-(-1)\pm\sqrt{(-1)^2-4\times3\times(-1)}}{2\times3}=\dfrac{1\pm\sqrt{13}}{6}$

따라서 $\alpha=\dfrac{1-\sqrt{13}}{6}$이므로

$1-6\alpha=1-6\times\dfrac{1-\sqrt{13}}{6}=\sqrt{13}$

030 답 ②

$(\sqrt{2}+1)x^2-(2\sqrt{2}+1)x+\sqrt{2}=0$의 양변에 $\sqrt{2}-1$을 곱하면

$(\sqrt{2}-1)(\sqrt{2}+1)x^2-(\sqrt{2}-1)(2\sqrt{2}+1)x+(\sqrt{2}-1)\times\sqrt{2}=0$

$x^2-(3-\sqrt{2})x+2-\sqrt{2}=0$

$(x-1)\{x-(2-\sqrt{2})\}=0$

$\therefore x=1$ 또는 $x=2-\sqrt{2}$

따라서 무리수인 근은 $2-\sqrt{2}$이다.

031 답 ⑤

이차방정식 $x^2-(3k+1)x+k+2=0$의 한 근이 1이므로 $x=1$을 대입하면

$1-3k-1+k+2=0$

$-2k+2=0$ $\therefore k=1$

이를 주어진 방정식에 대입하면

$x^2-4x+3=0$

$(x-1)(x-3)=0$ $\therefore x=1$ 또는 $x=3$

따라서 다른 한 근은 3이다.

032 답 ⑤

이차방정식 $5x^2+(k-7)x+k=0$의 한 근이 2이므로 $x=2$를 대입하면

$20+2k-14+k=0$

$3k+6=0$ ∴ $k=-2$

이를 주어진 방정식에 대입하면

$5x^2-9x-2=0$

$(5x+1)(x-2)=0$ ∴ $x=-\dfrac{1}{5}$ 또는 $x=2$

따라서 $a=-\dfrac{1}{5}$이므로

$\dfrac{k}{a}=\dfrac{-2}{-\dfrac{1}{5}}=10$

033 답 $3-6\sqrt{3}$

$x^2+2|x-1|-13=0$에서

(i) $x<1$일 때

$|x-1|=-(x-1)$이므로

$x^2-2(x-1)-13=0$, $x^2-2x-11=0$

∴ $x=-(-1)\pm\sqrt{(-1)^2-1\times(-11)}=1\pm2\sqrt{3}$

그런데 $x<1$이므로 $x=1-2\sqrt{3}$

(ii) $x\geq1$일 때

$|x-1|=x-1$이므로

$x^2+2(x-1)-13=0$, $x^2+2x-15=0$

$(x+5)(x-3)=0$ ∴ $x=-5$ 또는 $x=3$

그런데 $x\geq1$이므로 $x=3$

(i), (ii)에서 주어진 방정식의 해는

$x=1-2\sqrt{3}$ 또는 $x=3$

따라서 방정식의 모든 근의 곱은

$(1-2\sqrt{3})\times3=3-6\sqrt{3}$

034 답 ②

$x^2+|2x-1|=2$에서

(i) $x<\dfrac{1}{2}$일 때

$|2x-1|=-(2x-1)$이므로

$x^2-(2x-1)=2$, $x^2-2x-1=0$

∴ $x=-(-1)\pm\sqrt{(-1)^2-1\times(-1)}=1\pm\sqrt{2}$

그런데 $x<\dfrac{1}{2}$이므로 $x=1-\sqrt{2}$

(ii) $x\geq\dfrac{1}{2}$일 때

$|2x-1|=2x-1$이므로

$x^2+(2x-1)=2$, $x^2+2x-3=0$

$(x+3)(x-1)=0$ ∴ $x=-3$ 또는 $x=1$

그런데 $x\geq\dfrac{1}{2}$이므로 $x=1$

(i), (ii)에서 주어진 방정식의 해는

$x=1-\sqrt{2}$ 또는 $x=1$

따라서 $a=1$, $b=1$, $c=-1$이므로

$abc=-1$

035 답 ①

새로 만들어진 직사각형 모양의 밭의 가로, 세로의 길이는 각각

$(x+10)\,\mathrm{m}$, $x\,\mathrm{m}$

올해 늘어난 밭의 넓이가 $500\,\mathrm{m^2}$이므로

$x(x+10)-10^2=500$

$x^2+10x-600=0$, $(x+30)(x-20)=0$

∴ $x=-30$ 또는 $x=20$

그런데 $x>10$이므로 $x=20$

036 답 12

상자의 밑면의 가로, 세로의 길이는 모두 $(x-4)\,\mathrm{cm}$이고 높이는 $2\,\mathrm{cm}$이다. 상자의 부피가 $128\,\mathrm{cm^3}$이므로

$2(x-4)^2=128$

$(x-4)^2=64$, $x^2-8x-48=0$

$(x+4)(x-12)=0$

∴ $x=-4$ 또는 $x=12$

그런데 $x>4$이므로 $x=12$

037 답 $3\,\mathrm{m}$

길의 폭을 $x\,\mathrm{m}$라 하면 길을 제외한 땅의 넓이가 $35\,\mathrm{m^2}$이므로

$(10-x)(8-x)=35$

$x^2-18x+45=0$, $(x-3)(x-15)=0$

∴ $x=3$ 또는 $x=15$

그런데 $0<x<8$이므로 $x=3$

따라서 길의 폭은 $3\,\mathrm{m}$이다.

개념유형

90~91쪽

038 답 서로 다른 두 허근

이차방정식 $x^2-3x+5=0$의 판별식을 D라 하면

$D=(-3)^2-4\times1\times5=-11<0$

따라서 서로 다른 두 허근을 갖는다.

039 답 중근

이차방정식 $x^2+4x+4=0$의 판별식을 D라 하면

$\dfrac{D}{4}=2^2-1\times4=0$

따라서 중근을 갖는다.

040 답 서로 다른 두 실근

이차방정식 $2x^2-6x-9=0$의 판별식을 D라 하면

$\dfrac{D}{4}=(-3)^2-2\times(-9)=27>0$

따라서 서로 다른 두 실근을 갖는다.

041 답 서로 다른 두 실근

이차방정식 $3x^2+x-2=0$의 판별식을 D라 하면

$D=1^2-4\times3\times(-2)=25>0$

따라서 서로 다른 두 실근을 갖는다.

042 답 $>$, $>$, $<$, $\dfrac{25}{4}$

043 답 $k<\dfrac{9}{4}$

이차방정식 $x^2-3x+k=0$의 판별식을 D라 하면
$D=(-3)^2-4\times1\times k=9-4k$
서로 다른 두 실근을 가지면 $D>0$이므로
$9-4k>0$ $\quad\therefore k<\dfrac{9}{4}$

044 답 $k>3$

이차방정식 $x^2-2kx+k^2-k+3=0$의 판별식을 D라 하면
$\dfrac{D}{4}=(-k)^2-1\times(k^2-k+3)=k-3$
서로 다른 두 실근을 가지면 $D>0$이므로
$k-3>0$ $\quad\therefore k>3$

045 답 $k>-\dfrac{1}{4}$

이차방정식 $x^2+(2k+1)x+k^2=0$의 판별식을 D라 하면
$D=(2k+1)^2-4\times1\times k^2=4k+1$
서로 다른 두 실근을 가지면 $D>0$이므로
$4k+1>0$ $\quad\therefore k>-\dfrac{1}{4}$

046 답 $=$, $=$, -4

047 답 $\dfrac{9}{8}$

이차방정식 $x^2+3x+2k=0$의 판별식을 D라 하면
$D=3^2-4\times1\times2k=9-8k$
중근을 가지면 $D=0$이므로
$9-8k=0$ $\quad\therefore k=\dfrac{9}{8}$

048 답 $\dfrac{13}{4}$

이차방정식 $x^2-x+k-3=0$의 판별식을 D라 하면
$D=(-1)^2-4\times1\times(k-3)=13-4k$
중근을 가지면 $D=0$이므로
$13-4k=0$ $\quad\therefore k=\dfrac{13}{4}$

049 답 2

이차방정식 $x^2+2kx+k^2+k-2=0$의 판별식을 D라 하면
$\dfrac{D}{4}=k^2-1\times(k^2+k-2)=-k+2$
중근을 가지면 $D=0$이므로
$-k+2=0$ $\quad\therefore k=2$

050 답 $<$, $<$, $>$, $\dfrac{1}{8}$

051 답 $k<-\dfrac{25}{4}$

이차방정식 $x^2+5x-k=0$의 판별식을 D라 하면
$D=5^2-4\times1\times(-k)=4k+25$
서로 다른 두 허근을 가지면 $D<0$이므로
$4k+25<0$ $\quad\therefore k<-\dfrac{25}{4}$

052 답 $k>\dfrac{5}{2}$

이차방정식 $x^2-6kx+9k^2+2k-5=0$의 판별식을 D라 하면
$\dfrac{D}{4}=(-3k)^2-1\times(9k^2+2k-5)=-2k+5$
서로 다른 두 허근을 가지면 $D<0$이므로
$-2k+5<0$ $\quad\therefore k>\dfrac{5}{2}$

053 답 $k>3$

이차방정식 $x^2+2(k-1)x+k^2-5=0$의 판별식을 D라 하면
$\dfrac{D}{4}=(k-1)^2-1\times(k^2-5)=-2k+6$
서로 다른 두 허근을 가지면 $D<0$이므로
$-2k+6<0$ $\quad\therefore k>3$

실전유형
91~92쪽

054 답 ⑤

각 이차방정식의 판별식을 D라 하면
ㄱ. $\dfrac{D}{4}=(-1)^2-1\times5=-4<0$
즉, 서로 다른 두 허근을 갖는다.
ㄴ. $\dfrac{D}{4}=2^2-2\times(-11)=26>0$
즉, 서로 다른 두 실근을 갖는다.
ㄷ. $D=(-\sqrt{13})^2-4\times3\times(-2)=37>0$
즉, 서로 다른 두 실근을 갖는다.
ㄹ. $\dfrac{D}{4}=(-6)^2-4\times9=0$
즉, 중근을 갖는다.
따라서 보기에서 실근을 갖는 이차방정식은 ㄴ, ㄷ, ㄹ이다.

055 답 6

이차방정식 $3x^2-kx+k-3=0$의 판별식을 D라 하면 $D=0$이므로
$D=(-k)^2-4\times3\times(k-3)=0$
$k^2-12k+36=0$, $(k-6)^2=0$ $\quad\therefore k=6$

056 답 ④

이차방정식 $x^2-2kx+k^2+3k-22=0$의 판별식을 D라 하면 $D<0$
이어야 하므로
$\dfrac{D}{4}=(-k)^2-1\times(k^2+3k-22)<0$
$-3k+22<0$ $\quad\therefore k>\dfrac{22}{3}=7.3\cdots$
따라서 자연수 k의 최솟값은 8이다.

057 답 ②

이차방정식 $2x^2-5x+k-2=0$의 판별식을 D라 하면 $D\geq0$이므로

$D=(-5)^2-4\times2\times(k-2)\geq0$

$-8k+41\geq0$ $\therefore k\leq\dfrac{41}{8}=5.125$

따라서 자연수 k는 1, 2, 3, 4, 5의 5개이다.

058 답 24

이차방정식 $x^2-3kx+6k-4=0$의 판별식을 D라 하면 $D=0$이므로

$D=(-3k)^2-4\times1\times(6k-4)=0$

$9k^2-24k+16=0,\ (3k-4)^2=0$

$\therefore k=\dfrac{4}{3}$

이를 주어진 방정식에 대입하면

$x^2-4x+4=0$

$(x-2)^2=0$ $\therefore x=2$ (중근)

따라서 $a=2$이므로

$9ka=9\times\dfrac{4}{3}\times2=24$

059 답 ④

이차방정식 $x^2-3x+k+1=0$의 판별식을 D_1이라 하면 $D_1<0$이므로

$D_1=(-3)^2-4\times1\times(k+1)<0$

$-4k+5<0$ $\therefore k>\dfrac{5}{4}$ ……㉠

이차방정식 $x^2+(2-k)x+k+6=0$의 판별식을 D_2라 하면 $D_2=0$이므로

$D_2=(2-k)^2-4\times1\times(k+6)=0$

$k^2-8k-20=0,\ (k+2)(k-10)=0$

$\therefore k=-2$ 또는 $k=10$ ……㉡

㉠, ㉡에서 $k=10$

060 답 ①

x에 대한 이차방정식 $x^2-2(m+a)x+m^2+m+b=0$의 판별식을 D라 하면 $D=0$이므로

$\dfrac{D}{4}=\{-(m+a)\}^2-1\times(m^2+m+b)=0$

$\therefore (2a-1)m+a^2-b=0$

이 등식이 m에 대한 항등식이므로

$2a-1=0,\ a^2-b=0$

$\therefore a=\dfrac{1}{2},\ b=\dfrac{1}{4}$

$\therefore 12(a+b)=12\left(\dfrac{1}{2}+\dfrac{1}{4}\right)=9$

061 답 ①

이차식 $x^2+2(k+1)x+k+3$이 완전제곱식이면 이차방정식 $x^2+2(k+1)x+k+3=0$이 중근을 갖는다.

즉, 이 이차방정식의 판별식을 D라 하면 $D=0$이므로

$\dfrac{D}{4}=(k+1)^2-1\times(k+3)=0$

$k^2+k-2=0,\ (k+2)(k-1)=0$

$\therefore k=-2$ 또는 $k=1$

그런데 $k>0$이므로 $k=1$

062 답 $\dfrac{2}{7}$

$(k-2)x^2-(k-2)x+2k-1$이 이차식이므로

$k-2\neq0$ $\therefore k\neq2$ ……㉠

이차식 $(k-2)x^2-(k-2)x+2k-1$이 완전제곱식이면 이차방정식 $(k-2)x^2-(k-2)x+2k-1=0$이 중근을 갖는다.

즉, 이 이차방정식의 판별식을 D라 하면 $D=0$이므로

$D=\{-(k-2)\}^2-4\times(k-2)\times(2k-1)=0$

$-7k^2+16k-4=0$

$7k^2-16k+4=0,\ (7k-2)(k-2)=0$

$\therefore k=\dfrac{2}{7}$ 또는 $k=2$ ……㉡

㉠, ㉡에서 $k=\dfrac{2}{7}$

개념유형

93~95쪽

063 답 5, 7

이차방정식 $x^2-5x+7=0$에서 근과 계수의 관계에 의하여

(두 근의 합)$=-\dfrac{-5}{1}=5$, (두 근의 곱)$=\dfrac{7}{1}=7$

064 답 -4, -2

이차방정식 $x^2+4x-2=0$에서 근과 계수의 관계에 의하여

(두 근의 합)$=-\dfrac{4}{1}=-4$, (두 근의 곱)$=\dfrac{-2}{1}=-2$

065 답 2, -9

이차방정식 $x^2-2x-9=0$에서 근과 계수의 관계에 의하여

(두 근의 합)$=-\dfrac{-2}{1}=2$, (두 근의 곱)$=\dfrac{-9}{1}=-9$

066 답 0, 11

이차방정식 $x^2+11=0$에서 근과 계수의 관계에 의하여

(두 근의 합)$=-\dfrac{0}{1}=0$, (두 근의 곱)$=\dfrac{11}{1}=11$

067 답 $\dfrac{1}{2}$, 1

이차방정식 $2x^2-x+2=0$에서 근과 계수의 관계에 의하여

(두 근의 합)$=-\dfrac{-1}{2}=\dfrac{1}{2}$, (두 근의 곱)$=\dfrac{2}{2}=1$

068 답 -2, $-\dfrac{3}{2}$

이차방정식 $2x^2+4x-3=0$에서 근과 계수의 관계에 의하여

(두 근의 합)$=-\dfrac{4}{2}=-2$, (두 근의 곱)$=\dfrac{-3}{2}=-\dfrac{3}{2}$

069 답 3

이차방정식 $x^2-3x+7=0$의 두 근이 α, β이므로 근과 계수의 관계에 의하여

$\alpha+\beta=-\dfrac{-3}{1}=3$

070 답 7

$\alpha\beta=\dfrac{7}{1}=7$

071 답 $\dfrac{3}{7}$

$\dfrac{1}{\alpha}+\dfrac{1}{\beta}=\dfrac{\alpha+\beta}{\alpha\beta}=\dfrac{3}{7}$

072 답 -5

$\alpha^2+\beta^2=(\alpha+\beta)^2-2\alpha\beta=3^2-2\times7=-5$

073 답 $-\dfrac{5}{7}$

$\dfrac{\beta}{\alpha}+\dfrac{\alpha}{\beta}=\dfrac{\alpha^2+\beta^2}{\alpha\beta}=\dfrac{-5}{7}=-\dfrac{5}{7}$

074 답 -36

$\alpha^3+\beta^3=(\alpha+\beta)^3-3\alpha\beta(\alpha+\beta)$
$\qquad\qquad=3^3-3\times7\times3=-36$

075 답 -2

이차방정식 $x^2+2x-4=0$의 두 근이 α, β이므로 근과 계수의 관계에 의하여

$\alpha+\beta=-\dfrac{2}{1}=-2$

076 답 -4

$\alpha\beta=\dfrac{-4}{1}=-4$

077 답 -5

$(\alpha+1)(\beta+1)=\alpha\beta+\alpha+\beta+1=-4+(-2)+1=-5$

078 답 20

$(\alpha-\beta)^2=(\alpha+\beta)^2-4\alpha\beta$
$\qquad\qquad=(-2)^2-4\times(-4)=20$

079 답 -32

$\alpha^3+\beta^3=(\alpha+\beta)^3-3\alpha\beta(\alpha+\beta)$
$\qquad\qquad=(-2)^3-3\times(-4)\times(-2)=-32$

080 답 8

$\dfrac{\beta^2}{\alpha}+\dfrac{\alpha^2}{\beta}=\dfrac{\alpha^3+\beta^3}{\alpha\beta}=\dfrac{-32}{-4}=8$

081 답 3α, 5, 1, 6

082 답 -40

두 근의 비가 2 : 5이므로 두 근을 2α, 5α $(\alpha\neq0)$라 하면 이차방정식의 근과 계수의 관계에 의하여

$2\alpha+5\alpha=14$ ...... ㉠
$2\alpha\times5\alpha=-m$ ...... ㉡
㉠에서 $\alpha=2$
이를 ㉡에 대입하여 풀면 $m=-40$

083 답 -6

두 근의 비가 3 : 4이므로 두 근을 3α, 4α $(\alpha\neq0)$라 하면 이차방정식의 근과 계수의 관계에 의하여

$3\alpha+4\alpha=\dfrac{7}{2}$ ...... ㉠
$3\alpha\times4\alpha=-\dfrac{m}{2}$ ...... ㉡
㉠에서 $\alpha=\dfrac{1}{2}$
이를 ㉡에 대입하여 풀면 $m=-6$

084 답 2α, 2α, 2α, 3, -18

085 답 20

한 근이 다른 근의 5배이므로 두 근을 α, 5α $(\alpha\neq0)$라 하면 이차방정식의 근과 계수의 관계에 의하여

$\alpha+5\alpha=12$ ...... ㉠
$\alpha\times5\alpha=m$ ...... ㉡
㉠에서 $\alpha=2$
이를 ㉡에 대입하면 $m=20$

086 답 -3 또는 2

한 근이 다른 근의 4배이므로 두 근을 α, 4α $(\alpha\neq0)$라 하면 이차방정식의 근과 계수의 관계에 의하여

$\alpha+4\alpha=2m+1$ ...... ㉠
$\alpha\times4\alpha=4$ ...... ㉡
㉡에서 $\alpha^2=1$
$\therefore \alpha=-1$ 또는 $\alpha=1$
(i) $\alpha=-1$을 ㉠에 대입하여 풀면 $m=-3$
(ii) $\alpha=1$을 ㉠에 대입하여 풀면 $m=2$
(i), (ii)에서 $m=-3$ 또는 $m=2$

087 답 4, $m-2$, -3, -1

088 답 $\dfrac{1}{4}$

두 근의 차가 2이므로 두 근을 α, $\alpha+2$라 하면 이차방정식의 근과 계수의 관계에 의하여

$\alpha+(\alpha+2)=3$ ...... ㉠
$\alpha(\alpha+2)=5m$ ...... ㉡
㉠에서 $\alpha=\dfrac{1}{2}$

이를 ㉡에 대입하여 풀면 $m=\dfrac{1}{4}$

089 답 −10 또는 4

두 근의 차가 3이므로 두 근을 α, $\alpha+3$이라 하면 이차방정식의 근과 계수의 관계에 의하여

$\alpha+(\alpha+3)=-(m+3)$ ······ ㉠

$\alpha(\alpha+3)=10$ ······ ㉡

㉡에서 $\alpha^2+3\alpha-10=0$

$(\alpha+5)(\alpha-2)=0$ ∴ $\alpha=-5$ 또는 $\alpha=2$

(i) $\alpha=-5$를 ㉠에 대입하여 풀면 $m=4$

(ii) $\alpha=2$를 ㉠에 대입하여 풀면 $m=-10$

(i), (ii)에서 $m=-10$ 또는 $m=4$

090 답 1, 6, 6, $\alpha-2$, 5, 5

091 답 1

두 근이 연속인 정수이므로 두 근을 α, $\alpha+1$(α는 정수)이라 하면 이차방정식의 근과 계수의 관계에 의하여

$\alpha+(\alpha+1)=-3$ ······ ㉠

$\alpha(\alpha+1)=-2m+4$ ······ ㉡

㉠에서 $\alpha=-2$

이를 ㉡에 대입하여 풀면 $m=1$

092 답 −7 또는 7

두 근이 연속인 정수이므로 두 근을 α, $\alpha+1$(α는 정수)이라 하면 이차방정식의 근과 계수의 관계에 의하여

$\alpha+(\alpha+1)=m$ ······ ㉠

$\alpha(\alpha+1)=12$ ······ ㉡

㉡에서 $\alpha^2+\alpha-12=0$

$(\alpha+4)(\alpha-3)=0$ ∴ $\alpha=-4$ 또는 $\alpha=3$

(i) $\alpha=-4$를 ㉠에 대입하여 풀면 $m=-7$

(ii) $\alpha=3$을 ㉠에 대입하여 풀면 $m=7$

(i), (ii)에서 $m=-7$ 또는 $m=7$

실전유형

96~97쪽

093 답 ④

이차방정식 $2x^2-x+2=0$에서 근과 계수의 관계에 의하여

$a=\dfrac{1}{2}$, $b=1$ ∴ $ab=\dfrac{1}{2}$

094 답 ④

이차방정식 $x^2-2x+5=0$에서 근과 계수의 관계에 의하여

$\alpha+\beta=2$, $\alpha\beta=5$

∴ $\dfrac{1}{\alpha}+\dfrac{1}{\beta}=\dfrac{\alpha+\beta}{\alpha\beta}=\dfrac{2}{5}$

095 답 100

이차방정식 $3x^2-15x+5=0$에서 근과 계수의 관계에 의하여

$\alpha+\beta=5$, $\alpha\beta=\dfrac{5}{3}$

∴ $\alpha^3+\beta^3=(\alpha+\beta)^3-3\alpha\beta(\alpha+\beta)=5^3-3\times\dfrac{5}{3}\times5=100$

096 답 ③

이차방정식 $x^2-kx-k+2=0$에서 근과 계수의 관계에 의하여

$\alpha+\beta=k$, $\alpha\beta=-k+2$

∴ $\alpha^2+\beta^2=(\alpha+\beta)^2-2\alpha\beta$

$=k^2-2(-k+2)$

$=k^2+2k-4$

이때 $\alpha^2+\beta^2=11$에서 $k^2+2k-4=11$

$k^2+2k-15=0$, $(k+5)(k-3)=0$

∴ $k=-5$ 또는 $k=3$

그런데 $k>0$이므로 $k=3$

097 답 ③

이차방정식 $x^2+ax+3=0$에서 근과 계수의 관계에 의하여

$\alpha+\beta=-a$, $\alpha\beta=3$ ······ ㉠

이차방정식 $x^2-5x+b=0$에서 근과 계수의 관계에 의하여

$(\alpha+1)+(\beta+1)=5$, $(\alpha+1)(\beta+1)=b$

∴ $\alpha+\beta=3$, $\alpha\beta+(\alpha+\beta)+1=b$ ······ ㉡

㉠을 ㉡에 대입하면

$-a=3$, $3-a+1=b$ ∴ $a=-3$, $b=7$

∴ $b-a=10$

098 답 17

가희는 x^2의 계수와 b는 바르게 보고 풀었으므로 두 근의 곱은

$-3\times5=b$ ∴ $b=-15$

희진이는 x^2의 계수와 a는 바르게 보고 풀었으므로 두 근의 합은

$-4+2=-a$ ∴ $a=2$

∴ $a-b=17$

099 답 33

β가 이차방정식 $x^2-6x+3=0$의 근이므로

$\beta^2-6\beta+3=0$ ∴ $\beta^2=6\beta-3$

또 이차방정식의 근과 계수의 관계에 의하여 $\alpha+\beta=6$

∴ $6\alpha+\beta^2=6\alpha+(6\beta-3)=6(\alpha+\beta)-3=6\times6-3=33$

100 답 5

α, β가 이차방정식 $x^2+15x+5=0$의 근이므로

$\alpha^2+15\alpha+5=0$, $\beta^2+15\beta+5=0$

∴ $\alpha^2+16\alpha+5=\alpha$, $\beta^2+16\beta+5=\beta$

또 이차방정식의 근과 계수의 관계에 의하여 $\alpha\beta=5$

∴ $(\alpha^2+16\alpha+5)(\beta^2+16\beta+5)=\alpha\beta=5$

101 답 ④

두 근의 차가 2이므로 두 근을 α, $\alpha+2$라 하면 이차방정식 $x^2+4x+k+5=0$에서 근과 계수의 관계에 의하여

$\alpha+(\alpha+2)=-4$ ······ ㉠

$\alpha(\alpha+2)=k+5$ ······ ㉡

㉠에서 $\alpha=-3$

이를 ㉡에 대입하여 풀면 $k=-2$

102 답 ⑤

한 근이 다른 근의 3배이므로 두 근을 α, 3α $(\alpha \neq 0)$라 하면 이차방정식 $x^2-8x+k=0$에서 근과 계수의 관계에 의하여

$\alpha+3\alpha=8$ ...... ㉠

$\alpha \times 3\alpha=k$ ...... ㉡

㉠에서 $\alpha=2$

이를 ㉡에 대입하면 $k=12$

103 답 8

두 근의 비가 $2:3$이므로 두 근을 2α, 3α $(\alpha \neq 0)$라 하면 이차방정식 $x^2-(k+2)x+24=0$에서 근과 계수의 관계에 의하여

$2\alpha+3\alpha=k+2$ ...... ㉠

$2\alpha \times 3\alpha=24$ ...... ㉡

㉡에서 $\alpha^2=4$

$\alpha^2-4=0$, $(\alpha+2)(\alpha-2)=0$ ∴ $\alpha=-2$ 또는 $\alpha=2$

(i) $\alpha=-2$를 ㉠에 대입하여 풀면 $k=-12$

(ii) $\alpha=2$를 ㉠에 대입하여 풀면 $k=8$

(i), (ii)에서 $k=-12$ 또는 $k=8$

그런데 $k>0$이므로 $k=8$

104 답 4

두 근이 연속인 정수이므로 두 근을 α, $\alpha+1$ (α는 정수)이라 하면 이차방정식 $x^2-(k+1)x+6=0$에서 근과 계수의 관계에 의하여

$\alpha+(\alpha+1)=k+1$ ...... ㉠

$\alpha(\alpha+1)=6$ ...... ㉡

㉡에서 $\alpha^2+\alpha-6=0$

$(\alpha+3)(\alpha-2)=0$ ∴ $\alpha=-3$ 또는 $\alpha=2$

(i) $\alpha=-3$을 ㉠에 대입하여 풀면 $k=-6$

(ii) $\alpha=2$를 ㉠에 대입하여 풀면 $k=4$

(i), (ii)에서 $k=-6$ 또는 $k=4$

그런데 $k>0$이므로 $k=4$

개념유형

99쪽

105 답 $x^2-6x+8=0$

두 근 2, 4에 대하여

$2+4=6$, $2 \times 4=8$

따라서 구하는 이차방정식은 $x^2-6x+8=0$

106 답 $x^2-2=0$

두 근 $-\sqrt{2}$, $\sqrt{2}$에 대하여

$-\sqrt{2}+\sqrt{2}=0$, $-\sqrt{2} \times \sqrt{2}=-2$

따라서 구하는 이차방정식은 $x^2-2=0$

107 답 $x^2+2x-2=0$

두 근 $-1+\sqrt{3}$, $-1-\sqrt{3}$에 대하여

$(-1+\sqrt{3})+(-1-\sqrt{3})=-2$, $(-1+\sqrt{3})(-1-\sqrt{3})=-2$

따라서 구하는 이차방정식은 $x^2+2x-2=0$

108 답 $x^2+25=0$

두 근 $-5i$, $5i$에 대하여

$-5i+5i=0$, $-5i \times 5i=25$

따라서 구하는 이차방정식은 $x^2+25=0$

109 답 $x^2-4x+5=0$

두 근 $2+i$, $2-i$에 대하여

$(2+i)+(2-i)=4$, $(2+i)(2-i)=5$

따라서 구하는 이차방정식은 $x^2-4x+5=0$

110 답 $2x^2-7x+3=0$

두 근 $\dfrac{1}{2}$, 3에 대하여

$\dfrac{1}{2}+3=\dfrac{7}{2}$, $\dfrac{1}{2} \times 3=\dfrac{3}{2}$

따라서 구하는 이차방정식은

$2\left(x^2-\dfrac{7}{2}x+\dfrac{3}{2}\right)=0$ ∴ $2x^2-7x+3=0$

111 답 $2x^2-1=0$

두 근 $-\dfrac{\sqrt{2}}{2}$, $\dfrac{\sqrt{2}}{2}$에 대하여

$-\dfrac{\sqrt{2}}{2}+\dfrac{\sqrt{2}}{2}=0$, $-\dfrac{\sqrt{2}}{2} \times \dfrac{\sqrt{2}}{2}=-\dfrac{1}{2}$

따라서 구하는 이차방정식은

$2\left(x^2-\dfrac{1}{2}\right)=0$ ∴ $2x^2-1=0$

112 답 $2x^2-2x+1=0$

$\dfrac{1}{1+i}=\dfrac{1-i}{(1+i)(1-i)}=\dfrac{1-i}{2}$, $\dfrac{1}{1-i}=\dfrac{1+i}{(1-i)(1+i)}=\dfrac{1+i}{2}$

이므로 두 근 $\dfrac{1-i}{2}$, $\dfrac{1+i}{2}$에 대하여

$\dfrac{1-i}{2}+\dfrac{1+i}{2}=1$, $\dfrac{1-i}{2} \times \dfrac{1+i}{2}=\dfrac{1}{2}$

따라서 구하는 이차방정식은

$2\left(x^2-x+\dfrac{1}{2}\right)=0$ ∴ $2x^2-2x+1=0$

113 답 $x^2-2x+3=0$

이차방정식 $x^2+2x+3=0$에서 근과 계수의 관계에 의하여

$\alpha+\beta=-2$, $\alpha\beta=3$

구하는 이차방정식의 두 근이 $-\alpha$, $-\beta$이므로

$-\alpha+(-\beta)=-(\alpha+\beta)=2$

$-\alpha \times (-\beta)=\alpha\beta=3$

따라서 구하는 이차방정식은 $x^2-2x+3=0$

114 답 $x^2-x-6=0$

구하는 이차방정식의 두 근이 $\alpha+\beta$, $\alpha\beta$이므로

$(\alpha+\beta)+\alpha\beta=(-2)+3=1$

$(\alpha+\beta)\alpha\beta=-2 \times 3=-6$

따라서 구하는 이차방정식은 $x^2-x-6=0$

115 답 $x^2+\dfrac{2}{3}x+\dfrac{1}{3}=0$

구하는 이차방정식의 두 근이 $\dfrac{1}{\alpha}$, $\dfrac{1}{\beta}$이므로

$\dfrac{1}{\alpha}+\dfrac{1}{\beta}=\dfrac{\alpha+\beta}{\alpha\beta}=-\dfrac{2}{3}$

$\dfrac{1}{\alpha}\times\dfrac{1}{\beta}=\dfrac{1}{\alpha\beta}=\dfrac{1}{3}$

따라서 구하는 이차방정식은 $x^2+\dfrac{2}{3}x+\dfrac{1}{3}=0$

116 답 $(x+\sqrt{3})(x-\sqrt{3})$

$x^2-3=0$에서 $x=\pm\sqrt{3}$

$\therefore\ x^2-3=(x+\sqrt{3})(x-\sqrt{3})$

117 답 $(x+2i)(x-2i)$

$x^2+4=0$에서 $x=\pm2i$

$\therefore\ x^2+4=(x+2i)(x-2i)$

118 답 $\left(x+\dfrac{1+\sqrt{5}}{2}\right)\left(x+\dfrac{1-\sqrt{5}}{2}\right)$

$x^2+x-1=0$에서

$x=\dfrac{-1\pm\sqrt{1^2-4\times1\times(-1)}}{2\times1}=\dfrac{-1\pm\sqrt{5}}{2}$

$\therefore\ x^2+x-1=\left(x-\dfrac{-1-\sqrt{5}}{2}\right)\left(x-\dfrac{-1+\sqrt{5}}{2}\right)$

$\qquad\qquad\quad=\left(x+\dfrac{1+\sqrt{5}}{2}\right)\left(x+\dfrac{1-\sqrt{5}}{2}\right)$

119 답 $(x+2+\sqrt{6})(x+2-\sqrt{6})$

$x^2+4x-2=0$에서

$x=-2\pm\sqrt{2^2-1\times(-2)}=-2\pm\sqrt{6}$

$\therefore\ x^2+4x-2=\{x-(-2-\sqrt{6})\}\{x-(-2+\sqrt{6})\}$

$\qquad\qquad\qquad=(x+2+\sqrt{6})(x+2-\sqrt{6})$

120 답 $2\left(x+\dfrac{1+\sqrt{15}}{2}\right)\left(x+\dfrac{1-\sqrt{15}}{2}\right)$

$2x^2+2x-7=0$에서

$x=\dfrac{-1\pm\sqrt{1^2-2\times(-7)}}{2}=\dfrac{-1\pm\sqrt{15}}{2}$

$\therefore\ 2x^2+2x-7=2\left(x-\dfrac{-1-\sqrt{15}}{2}\right)\left(x-\dfrac{-1+\sqrt{15}}{2}\right)$

$\qquad\qquad\qquad\ =2\left(x+\dfrac{1+\sqrt{15}}{2}\right)\left(x+\dfrac{1-\sqrt{15}}{2}\right)$

실전유형 100쪽

121 답 ④

두 근 $\sqrt{3}-\sqrt{2}$, $\sqrt{3}+\sqrt{2}$에 대하여

$(\sqrt{3}-\sqrt{2})+(\sqrt{3}+\sqrt{2})=2\sqrt{3}$

$(\sqrt{3}-\sqrt{2})(\sqrt{3}+\sqrt{2})=1$

따라서 구하는 이차방정식은 $x^2-2\sqrt{3}x+1=0$

122 답 $2x^2-8x-1=0$

이차방정식 $x^2+8x-2=0$에서 근과 계수의 관계에 의하여

$\alpha+\beta=-8$, $\alpha\beta=-2$

구하는 이차방정식의 두 근이 $\dfrac{1}{\alpha}$, $\dfrac{1}{\beta}$이므로

$\dfrac{1}{\alpha}+\dfrac{1}{\beta}=\dfrac{\alpha+\beta}{\alpha\beta}=\dfrac{-8}{-2}=4$

$\dfrac{1}{\alpha}\times\dfrac{1}{\beta}=\dfrac{1}{\alpha\beta}=-\dfrac{1}{2}$

따라서 구하는 이차방정식은

$2\left(x^2-4x-\dfrac{1}{2}\right)=0$ $\qquad\therefore\ 2x^2-8x-1=0$

123 답 $x^2+x+25=0$

이차방정식 $x^2-3x+5=0$에서 근과 계수의 관계에 의하여

$\alpha+\beta=3$, $\alpha\beta=5$

구하는 이차방정식의 두 근이 α^2, β^2이므로

$\alpha^2+\beta^2=(\alpha+\beta)^2-2\alpha\beta=3^2-2\times5=-1$

$\alpha^2\beta^2=(\alpha\beta)^2=5^2=25$

따라서 구하는 이차방정식은 $x^2+x+25=0$

124 답 ④

이차방정식 $x^2+2x+4=0$의 근이 $x=-1\pm\sqrt{3}i$이므로

$x^2+2x+4=\{x-(-1-\sqrt{3}i)\}\{x-(-1+\sqrt{3}i)\}$

$\qquad\qquad\ =(x+1+\sqrt{3}i)(x+1-\sqrt{3}i)$

따라서 주어진 이차식의 인수인 것은 ④이다.

125 답 ①

이차방정식 $x^2-4x+6=0$의 근이 $x=2\pm\sqrt{2}i$이므로

$x^2-4x+6=\{x-(2-\sqrt{2}i)\}\{x-(2+\sqrt{2}i)\}$

$\qquad\qquad\ =(x-2+\sqrt{2}i)(x-2-\sqrt{2}i)$

따라서 두 일차식의 합은

$(x-2+\sqrt{2}i)+(x-2-\sqrt{2}i)=2x-4$

126 답 -1

이차방정식 $x^2-6x+13=0$의 근이 $x=3\pm2i$이므로

$x^2-6x+13=\{x-(3-2i)\}\{x-(3+2i)\}$

$\qquad\qquad\ =(x-3+2i)(x-3-2i)$

따라서 $a=-3$, $b=2$이므로 $a+b=-1$

개념유형 101~102쪽

127 답 $-\sqrt{3}$

128 답 $3+\sqrt{2}$

129 답 $-2-\sqrt{5}$

130 답 $-\sqrt{3}-2$

131 답 $-2i$

132 답 $1-3i$

133 답 $3+\sqrt{6}i$

134 답 $i+2$

135 답 $1-\sqrt{3}$, $1-\sqrt{3}$, $1-\sqrt{3}$, -2, -2

136 답 $a=-8$, $b=10$

이차방정식 $x^2+ax+b=0$의 계수가 유리수이므로 $4+\sqrt{6}$이 근이면
다른 한 근은 $4-\sqrt{6}$이다.
이차방정식의 근과 계수의 관계에 의하여
$(4+\sqrt{6})+(4-\sqrt{6})=-a$
$(4+\sqrt{6})(4-\sqrt{6})=b$
$\therefore a=-8$, $b=10$

137 답 $a=-2$, $b=-1$

이차방정식 $x^2+ax+b=0$의 계수가 유리수이므로 $1-\sqrt{2}$가 근이면
다른 한 근은 $1+\sqrt{2}$이다.
이차방정식의 근과 계수의 관계에 의하여
$(1-\sqrt{2})+(1+\sqrt{2})=-a$
$(1-\sqrt{2})(1+\sqrt{2})=b$
$\therefore a=-2$, $b=-1$

138 답 $a=-6$, $b=1$

이차방정식 $x^2+ax+b=0$의 계수가 유리수이므로 $3-2\sqrt{2}$가 근이
면 다른 한 근은 $3+2\sqrt{2}$이다.
이차방정식의 근과 계수의 관계에 의하여
$(3-2\sqrt{2})+(3+2\sqrt{2})=-a$
$(3-2\sqrt{2})(3+2\sqrt{2})=b$
$\therefore a=-6$, $b=1$

139 답 $-2-i$, $-2-i$, $-2-i$, 4, 5

140 답 $a=6$, $b=13$

이차방정식 $x^2+ax+b=0$의 계수가 실수이므로 $-3+2i$가 근이면
다른 한 근은 $-3-2i$이다.
이차방정식의 근과 계수의 관계에 의하여
$(-3+2i)+(-3-2i)=-a$
$(-3+2i)(-3-2i)=b$
$\therefore a=6$, $b=13$

141 답 $a=-4$, $b=9$

이차방정식 $x^2+ax+b=0$의 계수가 실수이므로 $2-\sqrt{5}i$가 근이면
다른 한 근은 $2+\sqrt{5}i$이다.
이차방정식의 근과 계수의 관계에 의하여
$(2-\sqrt{5}i)+(2+\sqrt{5}i)=-a$
$(2-\sqrt{5}i)(2+\sqrt{5}i)=b$
$\therefore a=-4$, $b=9$

142 답 $a=-2$, $b=9$

이차방정식 $x^2+ax+b=0$의 계수가 실수이므로 $1+2\sqrt{2}i$가 근이면
다른 한 근은 $1-2\sqrt{2}i$이다.
이차방정식의 근과 계수의 관계에 의하여
$(1+2\sqrt{2}i)+(1-2\sqrt{2}i)=-a$
$(1+2\sqrt{2}i)(1-2\sqrt{2}i)=b$
$\therefore a=-2$, $b=9$

실전유형

143 답 ①

이차방정식의 계수가 실수이므로 $2-3i$가 근이면 다른 한 근은
$2+3i$이다.
즉, $a=2+3i$이므로
$\dfrac{1}{a}=\dfrac{1}{2+3i}=\dfrac{2-3i}{(2+3i)(2-3i)}=\dfrac{2}{13}-\dfrac{3}{13}i$
따라서 $a=\dfrac{2}{13}$, $b=-\dfrac{3}{13}$이므로 $a+b=-\dfrac{1}{13}$

144 답 ④

이차방정식 $2x^2+ax+b=0$의 계수가 실수이므로 $2-i$가 근이면 다
른 한 근은 $2+i$이다.
이차방정식의 근과 계수의 관계에 의하여
$(2-i)+(2+i)=-\dfrac{a}{2}$
$(2-i)(2+i)=\dfrac{b}{2}$
$\therefore a=-8$, $b=10$
$\therefore b-a=18$

145 답 3

이차방정식 $x^2-6x+a=0$의 계수가 유리수이므로 $b+2\sqrt{2}$가 근이
면 다른 한 근은 $b-2\sqrt{2}$이다.
이차방정식의 근과 계수의 관계에 의하여
$(b+2\sqrt{2})+(b-2\sqrt{2})=6$ ...... ㉠
$(b+2\sqrt{2})(b-2\sqrt{2})=a$ ...... ㉡
㉠에서 $b=3$
이를 ㉡에 대입하면 $a=1$
$\therefore ab=3$

146 답 ④

이차방정식 $x^2+4x+6=0$에서 근과 계수의 관계에 의하여
$\alpha+\beta=-4$, $\alpha\beta=6$
이때 $\bar{\alpha}=\beta$, $\bar{\beta}=\alpha$이므로
$3\left(\dfrac{1}{\bar{\alpha}}+\dfrac{1}{\bar{\beta}}\right)=3\left(\dfrac{1}{\beta}+\dfrac{1}{\alpha}\right)$
$=3\times\dfrac{\alpha+\beta}{\alpha\beta}$
$=3\times\left(-\dfrac{4}{6}\right)=-2$

147 답 -3

이차방정식 $x^2+ax+b=0$의 계수가 실수이므로 $-1+\sqrt{5}i$가 근이면 다른 한 근은 $-1-\sqrt{5}i$이다.

이차방정식의 근과 계수의 관계에 의하여

$(-1+\sqrt{5}i)+(-1-\sqrt{5}i)=-a$

$(-1+\sqrt{5}i)(-1-\sqrt{5}i)=b$

$\therefore a=2, b=6$

따라서 이차방정식 $ax^2+bx+1=0$, 즉 $2x^2+6x+1=0$의 두 근의 합은

$-\dfrac{6}{2}=-3$

148 답 ①

이차방정식 $x^2-abx+a+b=0$의 계수가 실수이므로 $1+\sqrt{2}i$가 근이면 다른 한 근은 $1-\sqrt{2}i$이다.

이차방정식의 근과 계수의 관계에 의하여

$(1+\sqrt{2}i)+(1-\sqrt{2}i)=ab$

$(1+\sqrt{2}i)(1-\sqrt{2}i)=a+b$

$\therefore ab=2, a+b=3$

$\therefore a^2+b^2=(a+b)^2-2ab$
$\qquad\quad =3^2-2\times2=5$

실전유형으로 **중단원**점검
104~105쪽

1 답 ④

$x^2+2x+3=0$에서

$x=-1\pm\sqrt{2}i$

따라서 $a=-1$, $b=2$이므로 $a+b=1$

2 답 2

이차방정식 $x^2-(k+2)x+2k=0$의 한 근이 4이므로 $x=4$를 대입하면

$16-4k-8+2k=0$

$8-2k=0$ $\qquad \therefore k=4$

이를 주어진 방정식에 대입하면

$x^2-6x+8=0$

$(x-2)(x-4)=0$ $\qquad \therefore x=2$ 또는 $x=4$

따라서 다른 한 근은 2이다.

3 답 ④

$x^2+|x-2|-4=0$에서

(i) $x<2$일 때

$|x-2|=-(x-2)$이므로

$x^2-(x-2)-4=0, x^2-x-2=0$

$(x+1)(x-2)=0$

$\therefore x=-1$ 또는 $x=2$

그런데 $x<2$이므로 $x=-1$

(ii) $x\geq2$일 때

$|x-2|=x-2$이므로

$x^2+(x-2)-4=0, x^2+x-6=0$

$(x+3)(x-2)=0$

$\therefore x=-3$ 또는 $x=2$

그런데 $x\geq2$이므로 $x=2$

(i), (ii)에서 주어진 방정식의 해는

$x=-1$ 또는 $x=2$

따라서 방정식의 모든 근의 합은

$-1+2=1$

4 답 16 cm²

처음 정사각형의 한 변의 길이를 x cm라 하면 새로 만들어진 직사각형의 가로, 세로의 길이는 각각

$(x+4)$ cm, $(x+2)$ cm

새로 만들어진 직사각형의 넓이가 처음 정사각형의 넓이의 3배이므로

$(x+4)(x+2)=3x^2$ ⋯⋯ ⓐ

$2x^2-6x-8=0, x^2-3x-4=0$

$(x+1)(x-4)=0$ $\qquad \therefore x=-1$ 또는 $x=4$

그런데 $x>0$이므로 $x=4$ ⋯⋯ ⓑ

따라서 처음 정사각형의 넓이는 $4^2=16(\text{cm}^2)$ ⋯⋯ ⓒ

채점 기준

ⓐ	처음 정사각형의 한 변의 길이를 x로 놓고 x에 대한 이차방정식 세우기	40 %
ⓑ	x의 값 구하기	40 %
ⓒ	처음 정사각형의 넓이 구하기	20 %

5 답 ④

이차방정식 $x^2-2kx+k^2-k+5=0$의 판별식을 D라 하면 $D>0$이므로

$\dfrac{D}{4}=(-k)^2-1\times(k^2-k+5)>0$

$k-5>0$ $\qquad \therefore k>5$

따라서 자연수 k의 최솟값은 6이다.

6 답 ④

이차식 $x^2+(k-2)x+k+6$이 완전제곱식이면 이차방정식 $x^2+(k-2)x+k+6=0$이 중근을 갖는다.

즉, 이 이차방정식의 판별식을 D라 하면 $D=0$이므로

$D=(k-2)^2-4\times1\times(k+6)=0$

$k^2-8k-20=0, (k+2)(k-10)=0$

$\therefore k=-2$ 또는 $k=10$

그런데 $k>0$이므로 $k=10$

7 답 18

이차방정식 $x^2+3x-3=0$에서 근과 계수의 관계에 의하여

$\alpha+\beta=-3, \alpha\beta=-3$

$\therefore \dfrac{\alpha^2}{\beta}+\dfrac{\beta^2}{\alpha}=\dfrac{\alpha^3+\beta^3}{\alpha\beta}=\dfrac{(\alpha+\beta)^3-3\alpha\beta(\alpha+\beta)}{\alpha\beta}$

$\qquad\qquad\qquad =\dfrac{(-3)^3-3\times(-3)\times(-3)}{-3}=18$

8 답 1

민호는 x^2의 계수와 b는 바르게 보고 풀었으므로 두 근의 곱은
$-3\times(-2)=b$ ∴ $b=6$
준수는 x^2의 계수와 a는 바르게 보고 풀었으므로 두 근의 합은
$-1+6=-a$ ∴ $a=-5$
∴ $a+b=1$

9 답 24

α, β가 이차방정식 $x^2-4x+6=0$의 근이므로
$\alpha^2-4\alpha+6=0$, $\beta^2-4\beta+6=0$
∴ $\alpha^2-2\alpha+6=2\alpha$, $\beta^2-2\beta+6=2\beta$
또 이차방정식의 근과 계수의 관계에 의하여
$\alpha\beta=6$
∴ $(\alpha^2-2\alpha+6)(\beta^2-2\beta+6)=2\alpha\times2\beta=4\alpha\beta=24$

10 답 ①

두 근의 차가 5이므로 두 근을 α, $\alpha+5$라 하면 이차방정식
$x^2+3x+k+2=0$에서 근과 계수의 관계에 의하여
$\alpha+(\alpha+5)=-3$ ······ ㉠
$\alpha(\alpha+5)=k+2$ ······ ㉡
㉠에서 $\alpha=-4$
이를 ㉡에 대입하여 풀면 $k=-6$

11 답 $3x^2-3x+10=0$

이차방정식 $6x^2-3x+5=0$에서 근과 계수의 관계에 의하여
$\alpha+\beta=\dfrac{1}{2}$, $\alpha\beta=\dfrac{5}{6}$
구하는 이차방정식의 두 근이 2α, 2β이므로
$2\alpha+2\beta=2(\alpha+\beta)=2\times\dfrac{1}{2}=1$
$2\alpha\times2\beta=4\alpha\beta=4\times\dfrac{5}{6}=\dfrac{10}{3}$
따라서 구하는 이차방정식은
$3\left(x^2-x+\dfrac{10}{3}\right)=0$ ∴ $3x^2-3x+10=0$

12 답 8

이차방정식 $x^2+8x+20=0$의 근이 $x=-4\pm2i$이므로
$x^2+8x+20=\{x-(-4-2i)\}\{x-(-4+2i)\}$
$\qquad\qquad\qquad=(x+4+2i)(x+4-2i)$
따라서 $a=4$, $b=2$이므로 $ab=8$

13 답 ③

이차방정식 $x^2+ax+b=0$의 계수가 실수이므로 $-2-4i$가 근이면
다른 한 근은 $-2+4i$이다.
이차방정식의 근과 계수의 관계에 의하여
$(-2-4i)+(-2+4i)=-a$
$(-2-4i)(-2+4i)=b$
∴ $a=4$, $b=20$
∴ $\dfrac{b}{a}=5$

개념유형

107~111쪽

001 답

002 답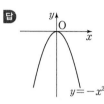

003 답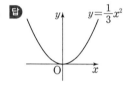

004 답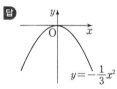

005 답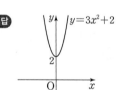

006 답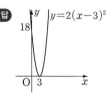

007 답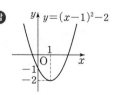

008 답 $y=-(x+2)^2+4$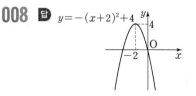

009 답 $y=(x-3)^2-10$,
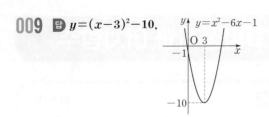

010 답 $y=(x-1)^2+1$,
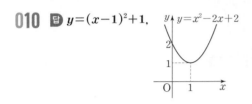

011 답 $y=-(x+2)^2+6$,
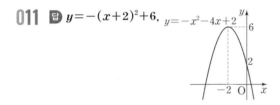

012 답 $y=4x^2-8x+3$

꼭짓점의 좌표가 $(1,\ -1)$이므로 구하는 이차함수의 식을
$y=a(x-1)^2-1\ (a\neq0)$로 놓을 수 있다.
이 함수의 그래프가 점 $(2,\ 3)$을 지나므로
$3=a(2-1)^2-1$
$3=a-1$ $\quad\therefore\ a=4$
$\therefore\ y=4(x-1)^2-1=4x^2-8x+3$

013 답 $y=-x^2+10x-25$

x축과 점 $(5,\ 0)$에서 접하므로 구하는 이차함수의 식을
$y=a(x-5)^2\ (a\neq0)$으로 놓을 수 있다.
이 함수의 그래프가 점 $(4,\ -1)$을 지나므로
$-1=a(4-5)^2$ $\quad\therefore\ a=-1$
$\therefore\ y=-(x-5)^2=-x^2+10x-25$

014 답 $y=-2x^2-4x+5$

이차함수의 식을 $y=ax^2+bx+c\ (a,\ b,\ c$는 상수, $a\neq0)$로 놓으면
이 함수의 그래프가 점 $(0,\ 5)$를 지나므로
$c=5$
즉, $y=ax^2+bx+5$의 그래프가 두 점 $(-1,\ 7)$, $(1,\ -1)$을 지나므로
$7=a-b+5$, $-1=a+b+5$
$\therefore\ a-b=2$, $a+b=-6$
두 식을 연립하여 풀면
$a=-2$, $b=-4$
따라서 구하는 이차함수의 식은
$y=-2x^2-4x+5$

015 답 $x=1$ 또는 $x=4$

016 답 $x=0$ 또는 $x=3$

017 답 $x=1$ (중근)

018 답 $x=-2$ 또는 $x=2$

019 답 $0,\ 2$

$x^2-2x=0$에서 $x(x-2)=0$ $\quad\therefore\ x=0$ 또는 $x=2$

020 답 $1,\ 6$

$x^2-7x+6=0$에서 $(x-1)(x-6)=0$
$\therefore\ x=1$ 또는 $x=6$

021 답 -2

$x^2+4x+4=0$에서 $(x+2)^2=0$ $\quad\therefore\ x=-2$ (중근)

022 답 $-2,\ \dfrac{3}{2}$

$2x^2+x-6=0$에서
$(x+2)(2x-3)=0$ $\quad\therefore\ x=-2$ 또는 $x=\dfrac{3}{2}$

023 답 5

$-x^2+10x-25=0$에서 $x^2-10x+25=0$
$(x-5)^2=0$ $\quad\therefore\ x=5$ (중근)

024 답 서로 다른 두 점에서 만난다.

이차방정식 $x^2+x-7=0$의 판별식을 D라 하면
$D=1+28=29>0$
따라서 주어진 이차함수의 그래프는 x축과 서로 다른 두 점에서 만난다.

025 답 한 점에서 만난다(접한다).

이차방정식 $x^2-6x+9=0$의 판별식을 D라 하면
$\dfrac{D}{4}=9-9=0$
따라서 주어진 이차함수의 그래프는 x축과 한 점에서 만난다(접한다).

026 답 만나지 않는다.

이차방정식 $-x^2+2x-3=0$의 판별식을 D라 하면
$\dfrac{D}{4}=1-3=-2<0$
따라서 주어진 이차함수의 그래프는 x축과 만나지 않는다.

027 답 서로 다른 두 점에서 만난다.

이차방정식 $-x^2+5x+7=0$의 판별식을 D라 하면
$D=25+28=53>0$
따라서 주어진 이차함수의 그래프는 x축과 서로 다른 두 점에서 만난다.

028 답 만나지 않는다.

이차방정식 $3x^2-5x+4=0$의 판별식을 D라 하면
$D=25-48=-23<0$
따라서 주어진 이차함수의 그래프는 x축과 만나지 않는다.

029 답 >, <

030 답 $k=1$

이차방정식 $x^2+2x+k=0$의 판별식을 D라 하면

$\dfrac{D}{4}=1-k$

주어진 이차함수의 그래프가 x축과 접하면 $D=0$이므로

$1-k=0$ ∴ $k=1$

031 답 $k>1$

주어진 이차함수의 그래프가 x축과 만나지 않으면 $D<0$이므로

$1-k<0$ ∴ $k>1$

032 답 $k<4$

이차방정식 $x^2-4x+k=0$의 판별식을 D라 하면

$\dfrac{D}{4}=4-k$

주어진 이차함수의 그래프가 x축과 서로 다른 두 점에서 만나면 $D>0$이므로

$4-k>0$ ∴ $k<4$

033 답 $k=4$

주어진 이차함수의 그래프가 x축과 접하면 $D=0$이므로

$4-k=0$ ∴ $k=4$

034 답 $k>4$

주어진 이차함수의 그래프가 x축과 만나지 않으면 $D<0$이므로

$4-k<0$ ∴ $k>4$

035 답 $k>2$

이차방정식 $x^2-2kx+k^2-3k+6=0$의 판별식을 D라 하면

$\dfrac{D}{4}=k^2-(k^2-3k+6)=3k-6$

주어진 이차함수의 그래프가 x축과 서로 다른 두 점에서 만나면 $D>0$이므로

$3k-6>0$ ∴ $k>2$

036 답 $k=2$

주어진 이차함수의 그래프가 x축과 접하면 $D=0$이므로

$3k-6=0$ ∴ $k=2$

037 답 $k<2$

주어진 이차함수의 그래프가 x축과 만나지 않으면 $D<0$이므로

$3k-6<0$ ∴ $k<2$

038 답 $k>1$

이차방정식 $-x^2+4kx-4k^2+k-1=0$의 판별식을 D라 하면

$\dfrac{D}{4}=4k^2-(4k^2-k+1)=k-1$

주어진 이차함수의 그래프가 x축과 서로 다른 두 점에서 만나면 $D>0$이므로

$k-1>0$ ∴ $k>1$

039 답 $k=1$

주어진 이차함수의 그래프가 x축과 접하면 $D=0$이므로

$k-1=0$ ∴ $k=1$

040 답 $k<1$

주어진 이차함수의 그래프가 x축과 만나지 않으면 $D<0$이므로

$k-1<0$ ∴ $k<1$

실전유형
111~112쪽

041 답 ①

$3x^2+5x-2=0$에서

$(x+2)(3x-1)=0$ ∴ $x=-2$ 또는 $x=\dfrac{1}{3}$

그런데 $a>b$이므로 $a=\dfrac{1}{3}$, $b=-2$

∴ $3a-b=3$

042 답 6

이차함수 $y=2x^2+2x-5$의 그래프와 x축의 두 교점의 x좌표가 α, β이므로 α, β는 이차방정식 $2x^2+2x-5=0$의 두 근이다.

따라서 이차방정식의 근과 계수의 관계에 의하여

$\alpha+\beta=-1$, $\alpha\beta=-\dfrac{5}{2}$

$\begin{aligned}∴\ \alpha^2+\beta^2&=(\alpha+\beta)^2-2\alpha\beta\\&=(-1)^2-2\times\left(-\dfrac{5}{2}\right)\\&=6\end{aligned}$

043 답 -6

이차함수 $y=-x^2+ax+b$의 그래프와 x축의 두 교점의 x좌표가 -3, 1이므로 -3, 1은 이차방정식 $-x^2+ax+b=0$의 두 근이다.

따라서 이차방정식의 근과 계수의 관계에 의하여

$-3+1=a$, $-3\times1=-b$

∴ $a=-2$, $b=3$

∴ $ab=-6$

044 답 ②

이차함수 $y=x^2-x+a$의 그래프와 x축의 두 교점의 x좌표가 -2, b이므로 -2, b는 이차방정식 $x^2-x+a=0$의 두 근이다.

따라서 이차방정식의 근과 계수의 관계에 의하여

$-2+b=1$, $-2\times b=a$

∴ $a=-6$, $b=3$

∴ $a+b=-3$

045 답 2

이차함수 $y=x^2+kx-8$의 그래프와 x축의 두 교점의 x좌표를 α, β
라 하면 α, β는 이차방정식 $x^2+kx-8=0$의 두 근이다.
이차방정식의 근과 계수의 관계에 의하여
$\alpha+\beta=-k$, $\alpha\beta=-8$
이때 두 교점 사이의 거리가 6이므로 $|\alpha-\beta|=6$
양변을 제곱하면 $(\alpha-\beta)^2=36$
$(\alpha+\beta)^2-4\alpha\beta=36$, $k^2+32=36$
$k^2=4$ $\therefore$ $k=-2$ 또는 $k=2$
그런데 $k>0$이므로 $k=2$

046 답 ①

이차방정식 $x^2+4x+a=0$의 판별식을 D라 하면
$\dfrac{D}{4}=4-a=0$ $\therefore$ $a=4$

047 답 ②

이차방정식 $x^2+2(k-2)x+k^2=0$의 판별식을 D라 하면
$\dfrac{D}{4}=(k-2)^2-k^2>0$
$-4k+4>0$ $\therefore$ $k<1$

048 답 1

이차방정식 $x^2+4x-4k+9=0$의 판별식을 D라 하면
$\dfrac{D}{4}=4-(-4k+9)<0$
$4k-5<0$ $\therefore$ $k<\dfrac{5}{4}$
따라서 정수 k의 최댓값은 1이다.

049 답 ①

이차방정식 $x^2-2x+2k-2=0$의 판별식을 D_1이라 하면
$\dfrac{D_1}{4}=1-(2k-2)>0$
$-2k+3>0$ $\therefore$ $k<\dfrac{3}{2}$ ······ ㉠
이차방정식 $x^2+2kx+k+2=0$의 판별식을 D_2라 하면
$\dfrac{D_2}{4}=k^2-(k+2)=0$
$k^2-k-2=0$, $(k+1)(k-2)=0$
$\therefore$ $k=-1$ 또는 $k=2$ ······ ㉡
㉠, ㉡에서 $k=-1$

개념유형   114~115쪽

050 답 2, 4

$x^2-7x+4=-x-4$에서 $x^2-6x+8=0$
$(x-2)(x-4)=0$ $\therefore$ $x=2$ 또는 $x=4$

051 답 4

$-x^2+3x-10=-5x+6$에서 $x^2-8x+16=0$
$(x-4)^2=0$ $\therefore$ $x=4$ (중근)

052 답 $\dfrac{5}{2}$, 3

$2x^2-4x+13=7x-2$에서 $2x^2-11x+15=0$
$(2x-5)(x-3)=0$ $\therefore$ $x=\dfrac{5}{2}$ 또는 $x=3$

053 답 -2, 6

$-x^2+5x+5=x-7$에서 $x^2-4x-12=0$
$(x+2)(x-6)=0$ $\therefore$ $x=-2$ 또는 $x=6$

054 답 -2, $\dfrac{1}{2}$

$2x^2+x-3=-2x-1$에서 $2x^2+3x-2=0$
$(x+2)(2x-1)=0$ $\therefore$ $x=-2$ 또는 $x=\dfrac{1}{2}$

055 답 서로 다른 두 점에서 만난다.

$x^2+3x-2=4x-1$에서
$x^2-x-1=0$
이 이차방정식의 판별식을 D라 하면
$D=1+4=5>0$
따라서 주어진 이차함수의 그래프와 직선은 서로 다른 두 점에서 만
난다.

056 답 서로 다른 두 점에서 만난다.

$-x^2-4x+3=2x+1$에서 $x^2+6x-2=0$
이 이차방정식의 판별식을 D라 하면
$\dfrac{D}{4}=9+2=11>0$
따라서 주어진 이차함수의 그래프와 직선은 서로 다른 두 점에서 만
난다.

057 답 만나지 않는다.

$2x^2+x-1=-3x-4$에서
$2x^2+4x+3=0$
이 이차방정식의 판별식을 D라 하면
$\dfrac{D}{4}=4-6=-2<0$
따라서 주어진 이차함수의 그래프와 직선은 만나지 않는다.

058 답 만나지 않는다.

$x^2+5=2x+3$에서
$x^2-2x+2=0$
이 이차방정식의 판별식을 D라 하면
$\dfrac{D}{4}=1-2=-1<0$
따라서 주어진 이차함수의 그래프와 직선은 만나지 않는다.

059 답 한 점에서 만난다(접한다).

$-x^2-x-6=x-5$에서 $x^2+2x+1=0$

이 이차방정식의 판별식을 D라 하면

$$\frac{D}{4}=1-1=0$$

따라서 주어진 이차함수의 그래프와 직선은 한 점에서 만난다(접한다).

060 답 $x-2$, $k+2$, $k+2$, 2

061 답 $k=2$

$x^2-3x+k=x-2$에서

$x^2-4x+k+2=0$

이 이차방정식의 판별식을 D라 하면

$$\frac{D}{4}=4-(k+2)=2-k$$

주어진 이차함수의 그래프와 직선이 접하면 $D=0$이므로

$2-k=0$ ∴ $k=2$

062 답 $k>2$

주어진 이차함수의 그래프와 직선이 만나지 않으면 $D<0$이므로

$2-k<0$ ∴ $k>2$

063 답 $k<4$

$-x^2+4x-2k=-2x+1$에서

$x^2-6x+2k+1=0$

이 이차방정식의 판별식을 D라 하면

$$\frac{D}{4}=9-(2k+1)=8-2k$$

주어진 이차함수의 그래프와 직선이 서로 다른 두 점에서 만나면

$D>0$이므로

$8-2k>0$ ∴ $k<4$

064 답 $k=4$

주어진 이차함수의 그래프와 직선이 접하면 $D=0$이므로

$8-2k=0$ ∴ $k=4$

065 답 $k>4$

주어진 이차함수의 그래프와 직선이 만나지 않으면 $D<0$이므로

$8-2k<0$ ∴ $k>4$

066 답 $k<-\dfrac{3}{4}$

$x^2+3x+1=2x-k$에서

$x^2+x+k+1=0$

이 이차방정식의 판별식을 D라 하면

$D=1-4(k+1)=-4k-3$

주어진 이차함수의 그래프와 직선이 서로 다른 두 점에서 만나면

$D>0$이므로

$-4k-3>0$ ∴ $k<-\dfrac{3}{4}$

067 답 $k=-\dfrac{3}{4}$

주어진 이차함수의 그래프와 직선이 접하면 $D=0$이므로

$-4k-3=0$ ∴ $k=-\dfrac{3}{4}$

068 답 $k>-\dfrac{3}{4}$

주어진 이차함수의 그래프와 직선이 만나지 않으면 $D<0$이므로

$-4k-3<0$ ∴ $k>-\dfrac{3}{4}$

069 답 $k>-6$

$-2x^2+5x-2=-3x-k$에서

$2x^2-8x-k+2=0$

이 이차방정식의 판별식을 D라 하면

$$\frac{D}{4}=16-2(-k+2)=2k+12$$

주어진 이차함수의 그래프와 직선이 서로 다른 두 점에서 만나면

$D>0$이므로

$2k+12>0$ ∴ $k>-6$

070 답 $k=-6$

주어진 이차함수의 그래프와 직선이 접하면 $D=0$이므로

$2k+12=0$ ∴ $k=-6$

071 답 $k<-6$

주어진 이차함수의 그래프와 직선이 만나지 않으면 $D<0$이므로

$2k+12<0$ ∴ $k<-6$

실전유형 116~117쪽

072 답 -25

$x^2+3x+1=2x+7$에서 $x^2+x-6=0$

$(x+3)(x-2)=0$ ∴ $x=-3$ 또는 $x=2$

그런데 $a<c$이므로 $a=-3$, $c=2$

점 $(-3, b)$가 직선 $y=2x+7$ 위의 점이므로 $b=-6+7=1$

점 $(2, d)$가 직선 $y=2x+7$ 위의 점이므로 $d=4+7=11$

∴ $ab-cd=-3-22=-25$

073 답 4

이차함수 $y=2x^2-x+a$의 그래프와 직선 $y=bx-3$의 두 교점의 x 좌표가 1, 4이므로 1, 4는 이차방정식 $2x^2-x+a=bx-3$, 즉

$2x^2-(b+1)x+a+3=0$의 두 근이다.

따라서 이차방정식의 근과 계수의 관계에 의하여

$1+4=\dfrac{b+1}{2}$, $1\times4=\dfrac{a+3}{2}$ ∴ $a=5$, $b=9$

∴ $b-a=4$

074 답 ③

이차함수 $y=3x^2+2ax+1$의 그래프와 직선 $y=-x+3$의 두 교점의 x좌표가 2, b이므로 2, b는 이차방정식 $3x^2+2ax+1=-x+3$, 즉 $3x^2+(2a+1)x-2=0$의 두 근이다.

따라서 이차방정식의 근과 계수의 관계에 의하여

$2+b=-\dfrac{2a+1}{3}$, $2\times b=-\dfrac{2}{3}$ ∴ $a=-3$, $b=-\dfrac{1}{3}$

∴ $ab=1$

075 답 ①

이차함수 $y=x^2+ax+b$의 그래프와 직선 $y=3x-5$의 두 교점의 x좌표를 α, β라 하면 α, β는 이차방정식 $x^2+ax+b=3x-5$, 즉 $x^2+(a-3)x+b+5=0$의 두 근이다.

따라서 이차방정식의 근과 계수의 관계에 의하여

$\alpha+\beta=-(a-3)$, $\alpha\beta=b+5$

이때 이차함수의 그래프와 직선의 두 교점의 x좌표의 합이 8이고 곱이 −20이므로

$-(a-3)=8$, $b+5=-20$ ∴ $a=-5$, $b=-25$

∴ $b-3a=-10$

076 답 ④

이차함수 $y=x^2+mx+1$의 그래프와 직선 $y=x+n$의 두 교점의 x좌표가 1, 3이므로 1, 3은 이차방정식 $x^2+mx+1=x+n$, 즉 $x^2+(m-1)x+1-n=0$의 두 근이다.

따라서 이차방정식의 근과 계수의 관계에 의하여

$1+3=-(m-1)$, $1\times 3=1-n$ ∴ $m=-3$, $n=-2$

∴ $mn=6$

077 답 6

이차함수 $y=x^2$의 그래프와 직선 $y=ax+b$가 만나는 한 점의 x좌표가 $1-\sqrt{5}$이므로 $1-\sqrt{5}$는 이차방정식 $x^2=ax+b$, 즉 $x^2-ax-b=0$의 근이다.

이때 이 이차방정식의 계수가 유리수이므로 $1-\sqrt{5}$가 근이면 $1+\sqrt{5}$도 근이다.

따라서 이차방정식의 근과 계수의 관계에 의하여

$(1-\sqrt{5})+(1+\sqrt{5})=a$, $(1-\sqrt{5})(1+\sqrt{5})=-b$

∴ $a=2$, $b=4$

∴ $a+b=6$

078 답 ⑤

ㄱ. $x^2-2x+3=x+2$에서 $x^2-3x+1=0$

이 이차방정식의 판별식을 D라 하면

$D=9-4=5>0$

따라서 주어진 이차함수의 그래프와 직선은 서로 다른 두 점에서 만난다.

ㄴ. $x^2-2x+3=-x+2$에서 $x^2-x+1=0$

이 이차방정식의 판별식을 D라 하면

$D=1-4=-3<0$

따라서 주어진 이차함수의 그래프와 직선은 만나지 않는다.

ㄷ. $x^2-2x+3=3x+1$에서 $x^2-5x+2=0$

이 이차방정식의 판별식을 D라 하면

$D=25-8=17>0$

따라서 주어진 이차함수의 그래프와 직선은 서로 다른 두 점에서 만난다.

ㄹ. $x^2-2x+3=-3x+1$에서 $x^2+x+2=0$

이 이차방정식의 판별식을 D라 하면

$D=1-8=-7<0$

따라서 주어진 이차함수의 그래프와 직선은 만나지 않는다.

따라서 주어진 이차함수의 그래프와 만나지 않는 직선은 ㄴ, ㄹ이다.

079 답 ④

$x^2-4x-m=-2x-11$에서 $x^2-2x+11-m=0$

이 이차방정식의 판별식을 D라 하면

$\dfrac{D}{4}=1-(11-m)\geq 0$

$m-10\geq 0$ ∴ $m\geq 10$

따라서 정수 m의 최솟값은 10이다.

080 답 ③

$x^2+x=mx-4$에서 $x^2+(1-m)x+4=0$

이 이차방정식의 판별식을 D라 하면

$D=(1-m)^2-16=0$

$m^2-2m-15=0$, $(m+3)(m-5)=0$

∴ $m=-3$ 또는 $m=5$

그런데 $m>0$이므로 $m=5$

081 답 −1

$-3x^2+x-1=-x+k$에서 $3x^2-2x+k+1=0$

이 이차방정식의 판별식을 D_1이라 하면

$\dfrac{D_1}{4}=1-3(k+1)>0$

$-3k-2>0$ ∴ $k<-\dfrac{2}{3}$ …… ㉠

이차방정식 $x^2-2kx+5k+6=0$의 판별식을 D_2라 하면

$\dfrac{D_2}{4}=k^2-(5k+6)=0$

$k^2-5k-6=0$, $(k+1)(k-6)=0$

∴ $k=-1$ 또는 $k=6$ …… ㉡

㉠, ㉡에서 $k=-1$

082 답 ⑤

기울기가 −1인 직선의 y절편을 a라 하면 직선의 방정식은

$y=-x+a$

$5x^2+x+1=-x+a$에서 $5x^2+2x-a+1=0$

이 이차방정식의 판별식을 D라 하면

$\dfrac{D}{4}=1-5(-a+1)=0$

$5a-4=0$ ∴ $a=\dfrac{4}{5}$

083 답 ⑤

점 $(-4, 0)$을 지나는 직선의 방정식을 $y=m(x+4)$ (m은 상수)라
하면
$x^2+2x-4=m(x+4)$에서
$x^2+(2-m)x-4m-4=0$
이 이차방정식의 판별식을 D라 하면
$D=(2-m)^2-4(-4m-4)=0$
$m^2+12m+20=0$
$(m+10)(m+2)=0$
$\therefore m=-10$ 또는 $m=-2$
따라서 구하는 두 직선의 기울기의 곱은
$-10\times(-2)=20$

개념유형

119~122쪽

084 답 최댓값: 없다., 최솟값: 7

최댓값은 없고, $x=-4$일 때 최솟값은 7이다.

085 답 최댓값: -3, 최솟값: 없다.

$x=2$일 때 최댓값은 -3이고, 최솟값은 없다.

086 답 최댓값: 없다., 최솟값: -2

최댓값은 없고, $x=0$일 때 최솟값은 -2이다.

087 답 최댓값: 없다., 최솟값: -11

$y=x^2+8x+5=(x+4)^2-11$
따라서 최댓값은 없고, $x=-4$일 때 최솟값은 -11이다.

088 답 최댓값: 27, 최솟값: 없다.

$y=-2x^2-12x+9=-2(x+3)^2+27$
따라서 $x=-3$일 때 최댓값은 27이고, 최솟값은 없다.

089 답 4, 8, 4, 8

090 답 $p=2$, $q=-6$

x^2의 계수가 -1이고 $x=1$에서 최댓값 -5를 갖는 이차함수는
$y=-(x-1)^2-5=-x^2+2x-6$
$\therefore p=2$, $q=-6$

091 답 $p=-1$, $q=-3$

x^2의 계수가 1이고 $x=3$에서 최솟값 -6을 갖는 이차함수는
$y=(x-3)^2-6=x^2-6x+3$
따라서 $6p=-6$, $-q=3$이므로
$p=-1$, $q=-3$

092 답 $p=2$, $q=3$

x^2의 계수가 -4이고 $x=-1$에서 최댓값 13을 갖는 이차함수는
$y=-4(x+1)^2+13=-4x^2-8x+9$
따라서 $-4p=-8$, $3q=9$이므로
$p=2$, $q=3$

093 답 $k-1$, $k-1$, $k-1$, 6

094 답 -1

$y=x^2+4x-k$
  $=(x+2)^2-k-4$
따라서 $x=-2$일 때 최솟값은 $-k-4$이므로
$-k-4=-3$ $\therefore k=-1$

095 답 2

$y=-x^2-2x+k+1$
  $=-(x+1)^2+k+2$
따라서 $x=-1$일 때 최댓값은 $k+2$이므로
$k+2=4$ $\therefore k=2$

096 답 7

$y=3x^2-12x+2k$
  $=3(x-2)^2+2k-12$
따라서 $x=2$일 때 최솟값은 $2k-12$이므로
$2k-12=2$ $\therefore k=7$

097 답 최댓값: 3, 최솟값: 2

꼭짓점의 x좌표 1이 $0\leq x\leq2$에 포함되므로
$f(x)$의 최솟값은 $f(1)=2$이고, $f(0)=3$,
$f(2)=3$에서 최댓값은 3이다.

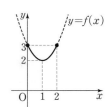

098 답 최댓값: 11, 최솟값: 2

꼭짓점의 x좌표 1이 $1\leq x\leq4$에 포함되
므로 $f(x)$의 최솟값은 $f(1)=2$이고, 최
댓값은 $f(4)=11$이다.

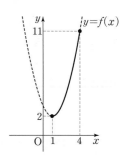

099 답 최댓값: 6, 최솟값: 3

꼭짓점의 x좌표 1이 $-1\leq x\leq0$에 포
함되지 않으므로 $f(-1)=6$, $f(0)=3$
에서 $f(x)$의 최댓값은 6, 최솟값은 3
이다.

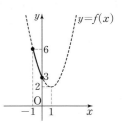

100 답 최댓값: 2, 최솟값: −2

꼭짓점의 x좌표 2가 $0 \leq x \leq 3$에 포함되므로 $f(x)$의 최댓값은 $f(2)=2$이고, $f(0)=-2$, $f(3)=1$에서 최솟값은 -2이다.

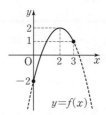

101 답 최댓값: 1, 최솟값: −7

꼭짓점의 x좌표 2가 $-1 \leq x \leq 1$에 포함되지 않으므로 $f(-1)=-7$, $f(1)=1$에서 $f(x)$의 최댓값은 1, 최솟값은 -7이다.

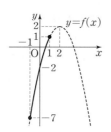

102 답 최댓값: 1, 최솟값: −2

꼭짓점의 x좌표 2가 $3 \leq x \leq 4$에 포함되지 않으므로 $f(3)=1$, $f(4)=-2$에서 $f(x)$의 최댓값은 1, 최솟값은 -2이다.

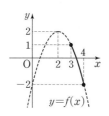

103 답 최댓값: 5, 최솟값: −3

$f(x)=2x^2+4x-1=2(x+1)^2-3$
꼭짓점의 x좌표 -1이 $-3 \leq x \leq 0$에 포함되므로 $f(x)$의 최솟값은 $f(-1)=-3$이고, $f(-3)=5$, $f(0)=-1$에서 최댓값은 5이다.

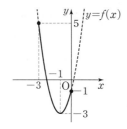

104 답 최댓값: 15, 최솟값: −1

꼭짓점의 x좌표 -1이 $-4 \leq x \leq -2$에 포함되지 않으므로 $f(-4)=15$, $f(-2)=-1$에서 $f(x)$의 최댓값은 15, 최솟값은 -1이다.

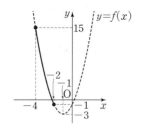

105 답 최댓값: 15, 최솟값: 5

꼭짓점의 x좌표 -1이 $1 \leq x \leq 2$에 포함되지 않으므로 $f(1)=5$, $f(2)=15$에서 $f(x)$의 최댓값은 15, 최솟값은 5이다.

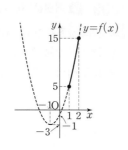

106 답 최댓값: 2, 최솟값: −6

$f(x)=-x^2+6x-6=-(x-3)^2+3$
꼭짓점의 x좌표 3이 $0 \leq x \leq 2$에 포함되지 않으므로 $f(0)=-6$, $f(2)=2$에서 $f(x)$의 최댓값은 2, 최솟값은 -6이다.

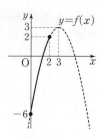

107 답 최댓값: 3, 최솟값: −1

꼭짓점의 x좌표 3이 $2 \leq x \leq 5$에 포함되므로 $f(x)$의 최댓값은 $f(3)=3$이고, $f(2)=2$, $f(5)=-1$에서 최솟값은 -1이다.

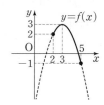

108 답 최댓값: 2, 최솟값: −1

꼭짓점의 x좌표 3이 $4 \leq x \leq 5$에 포함되지 않으므로 $f(4)=2$, $f(5)=-1$에서 $f(x)$의 최댓값은 2, 최솟값은 -1이다.

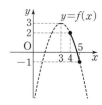

109 답 1, 2, 4

110 답 3

$f(x)=x^2+6x+k$
$\qquad =(x+3)^2+k-9$
꼭짓점의 x좌표 -3이 $-4 \leq x \leq -1$에 포함되므로 $f(x)$는 $x=-1$일 때 최댓값 $k-5$를 갖는다.
따라서 $k-5=-2$이므로 $k=3$

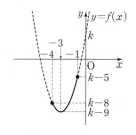

111 답 2

$f(x)=-x^2-4x+k$
$\qquad =-(x+2)^2+k+4$
꼭짓점의 x좌표 -2가 $-1 \leq x \leq 1$에 포함되지 않으므로 $f(x)$는 $x=1$일 때 최솟값 $k-5$를 갖는다.
따라서 $k-5=-3$이므로 $k=2$

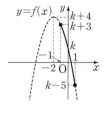

112 답 9

$f(x)=-x^2+2x+k-1$
$\qquad =-(x-1)^2+k$
꼭짓점의 x좌표 1이 $0 \leq x \leq 3$에 포함되므로 $f(x)$는 $x=1$일 때 최댓값 k를 갖는다.
$\therefore k=9$

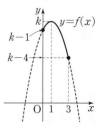

113 답 $4, -4, -4, -1, -11$

114 답 1

$x^2+2x-2=t$로 놓으면 $t=(x+1)^2-3$

이때 $x=-1$에서 최솟값 -3을 가지므로 t의 값의 범위는

$t\geq-3$

주어진 함수를 t에 대한 함수로 나타내면

$y=t^2-4t+5=(t-2)^2+1$

따라서 $t\geq-3$에서 주어진 함수는 $t=2$일 때 최솟값 1을 갖는다.

115 답 4

$x^2+6x=t$로 놓으면 $t=(x+3)^2-9$

이때 $x=-3$에서 최솟값 -9를 가지므로 t의 값의 범위는

$t\geq-9$

주어진 함수를 t에 대한 함수로 나타내면

$y=-t^2-6t-5=-(t+3)^2+4$

따라서 $t\geq-9$에서 주어진 함수는 $t=-3$일 때 최댓값 4를 갖는다.

116 답 8

$x^2-2x-1=t$로 놓으면 $t=(x-1)^2-2$

이때 $x=1$에서 최솟값 -2를 가지므로 t의 값의 범위는

$t\geq-2$

주어진 함수를 t에 대한 함수로 나타내면

$y=-t^2-2t+7=-(t+1)^2+8$

따라서 $t\geq-2$에서 주어진 함수는 $t=-1$일 때 최댓값 8을 갖는다.

실전유형

123~124쪽

117 답 11

꼭짓점의 x좌표 2가 $1\leq x\leq 4$에 포함되므로 $f(x)$는 $x=4$일 때 최솟값 11을 갖는다.

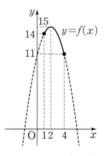

118 답 ④

$f(x)=-2x^2-4x+k$
$\qquad=-2(x+1)^2+k+2$

꼭짓점의 x좌표 -1이 $-2\leq x\leq 1$에 포함되므로 $f(x)$는 $x=-1$일 때 최댓값 $k+2$를 갖는다.

즉, $k+2=4$이므로 $k=2$

따라서 $f(x)=-2(x+1)^2+4$의 최솟값은

$f(1)=-8+4=-4$

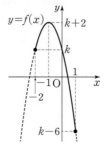

119 답 ⑤

x^2의 계수가 1이고 꼭짓점의 좌표가 $(1, a)$이므로

$f(x)=(x-1)^2+a$

꼭짓점의 x좌표 1이 $2\leq x\leq 5$에 포함되지 않으므로 $f(x)$는 $x=2$일 때 최솟값 $a+1$을 갖는다.

즉, $a+1=3$이므로 $a=2$

따라서 $f(x)=(x-1)^2+2$의 최댓값은

$f(5)=16+2=18$

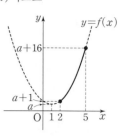

120 답 -6

$f(x)=x^2+4tx+4t+2$
$\qquad=(x+2t)^2-4t^2+4t+2$

$f(x)$는 $x=-2t$일 때 최솟값 $-4t^2+4t+2$를 가지므로

$g(t)=-4t^2+4t+2$
$\qquad=-4\left(t-\dfrac{1}{2}\right)^2+3$

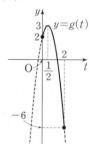

꼭짓점의 t좌표 $\dfrac{1}{2}$이 $0\leq t\leq 2$에 포함되므로 $g(t)$는 $t=2$일 때 최솟값 -6을 갖는다.

121 답 ①

$x^2-2x=t$로 놓으면

$t=(x-1)^2-1$ $\qquad\therefore t\geq-1$

이때 주어진 함수를 t에 대한 함수로 나타내면

$y=t^2+4t=(t+2)^2-4$

따라서 $t\geq-1$에서 주어진 함수는 $t=-1$일 때 최솟값 -3을 갖는다.

122 답 25

$x^2+x=t$로 놓으면 $t=\left(x+\dfrac{1}{2}\right)^2-\dfrac{1}{4}$

$0\leq x\leq 2$에서 $x=2$일 때 최댓값은 6이고, $x=0$일 때 최솟값은 0이므로 $0\leq t\leq 6$

이때 주어진 함수를 t에 대한 함수로 나타내면

$y=t^2-2t+3=(t-1)^2+2$

따라서 $0\leq t\leq 6$에서 주어진 함수는 $t=6$일 때 최댓값 27, $t=1$일 때 최솟값 2를 가지므로 $M=27$, $m=2$

$\therefore M-m=25$

123 답 24

$x+y=3$에서 $y=-x+3$ $\qquad\cdots\cdots$ ㉠

$2x^2+y^2=t$로 놓고, ㉠을 대입하면

$t=2x^2+(-x+3)^2$
$\ =3x^2-6x+9$
$\ =3(x-1)^2+6$ $\qquad\cdots\cdots$ ㉡

따라서 $0\leq x\leq 3$에서 ㉡은 $x=3$일 때 최댓값 18, $x=1$일 때 최솟값 6을 가지므로 구하는 최댓값과 최솟값의 합은 $18+6=24$

124 답 ④

$4x+y^2=2$에서 $y^2=2-4x$　　……㉠

이때 $y^2\geq0$이므로 $2-4x\geq0$　　∴ $x\leq\dfrac{1}{2}$

$x^2+y^2+3=t$로 놓고, ㉠을 대입하면

$t=x^2+(2-4x)+3$

$\quad=x^2-4x+5$

$\quad=(x-2)^2+1$　　……㉡

따라서 $x\leq\dfrac{1}{2}$에서 ㉡은 $x=\dfrac{1}{2}$일 때 최솟값 $\dfrac{13}{4}$을 갖는다.

125 답 32

직각삼각형의 두 변의 길이를 오른쪽 그림과 같이
x, y라 하면 직각을 낀 두 변의 길이의 합이 16이
므로

$x+y=16$　　∴ $y=16-x$ (단, $0<x<16$)

직각삼각형의 넓이를 S라 하면

$S=\dfrac{1}{2}xy=\dfrac{1}{2}x(16-x)$

$\quad=-\dfrac{1}{2}x^2+8x$

$\quad=-\dfrac{1}{2}(x-8)^2+32$

따라서 $0<x<16$에서 $x=8$일 때 최댓값이 32이므로 직각삼각형
의 넓이의 최댓값은 32이다.

126 답 44 m

$h=24+20t-5t^2=-5(t-2)^2+44$

따라서 $1\leq t\leq3$에서 $t=2$일 때 최댓값이 44이므로 공이 가장 높
이 있을 때의 지면으로부터의 높이는 44 m이다.

127 답 18 m²

닭장의 가로, 세로의 길이를 각각 x m, y m라 하면

$x+2y=12$　　∴ $x=12-2y$ (단, $0<y<6$)

닭장의 넓이를 S m²라 하면

$S=xy=(12-2y)y$

$\quad=-2y^2+12y=-2(y-3)^2+18$

따라서 $0<y<6$에서 $y=3$일 때 최댓값 18이므로 닭장의 넓이의
최댓값은 18 m²이다.

128 답 6

점 D의 좌표를 $(a, -a^2+2)$ $(0<a<\sqrt{2})$라 하면

$\overline{AD}=2a$, $\overline{CD}=-a^2+2$

직사각형 ABCD의 둘레의 길이를 l이라 하면

$l=2\{2a+(-a^2+2)\}=-2a^2+4a+4$

$\quad=-2(a-1)^2+6$

따라서 $0<a<\sqrt{2}$에서 $a=1$일 때 최댓값이 6이므로 직사각형
ABCD의 둘레의 길이의 최댓값은 6이다.

참고 이차함수 $y=-x^2+2$의 그래프와 x축의 교점의 x좌표가 $-\sqrt{2}$ 또는
$\sqrt{2}$이므로 점 D의 x좌표 a는 $0<a<\sqrt{2}$를 만족시켜야 한다.

실전유형으로 중단원 점검
125~126쪽

1 답 ⑤

$x^2-3x-4=0$에서

$(x+1)(x-4)=0$　　∴ $x=-1$ 또는 $x=4$

그런데 $a<b$이므로 $a=-1$, $b=4$

∴ $b-a=5$

2 답 -10

이차함수 $y=2x^2+ax+b$의 그래프와 x축의 두 교점의 x좌표가 $\dfrac{1}{2}$,

2이므로 $\dfrac{1}{2}$, 2는 이차방정식 $2x^2+ax+b=0$의 두 근이다.

따라서 이차방정식의 근과 계수의 관계에 의하여

$\dfrac{1}{2}+2=-\dfrac{a}{2}$, $\dfrac{1}{2}\times2=\dfrac{b}{2}$

∴ $a=-5$, $b=2$

∴ $ab=-10$

3 답 ②

이차방정식 $x^2+(2k+1)x+k^2+3k+2=0$의 판별식을 D라 하면

$D=(2k+1)^2-4(k^2+3k+2)\geq0$

$-8k-7\geq0$　　∴ $k\leq-\dfrac{7}{8}$

따라서 정수 k의 최댓값은 -1이다.

4 답 29

$x^2-4x+5=3x-5$에서 $x^2-7x+10=0$

$(x-2)(x-5)=0$　　∴ $x=2$ 또는 $x=5$

∴ $a=2$, $b=5$ 또는 $a=5$, $b=2$

∴ $a^2+b^2=4+25=29$

5 답 10

이차함수 $y=-x^2+m$의 그래프와 직선 $y=nx-3$의 두 교점의 x좌
표가 -4, 2이므로 -4, 2는 이차방정식 $-x^2+m=nx-3$, 즉
$x^2+nx-m-3=0$의 두 근이다.　　……ⅰ

따라서 이차방정식의 근과 계수의 관계에 의하여

$-4+2=-n$, $-4\times2=-m-3$

∴ $m=5$, $n=2$　　……ⅱ

∴ $mn=10$　　……ⅲ

채점 기준

ⅰ 이차함수 $y=-x^2+m$의 그래프와 직선 $y=nx-3$의 두 교점의 x좌표가 이차방정식 $-x^2+m=nx-3$의 근임을 알기		40 %
ⅱ m, n의 값 구하기		40 %
ⅲ mn의 값 구하기		20 %

6 답 ④

ㄱ. $-2x^2+5x+1=x+3$에서 $2x^2-4x+2=0$

　　이 이차방정식의 판별식을 D라 하면

　　$\dfrac{D}{4}=4-4=0$

따라서 주어진 이차함수의 그래프와 직선은 한 점에서 만난다(접한다).

ㄴ. $-2x^2+5x+1=-x+2$에서 $2x^2-6x+1=0$

이 이차방정식의 판별식을 D라 하면

$$\frac{D}{4}=9-2=7>0$$

따라서 주어진 이차함수의 그래프와 직선은 서로 다른 두 점에서 만난다.

ㄷ. $-2x^2+5x+1=2x+2$에서 $2x^2-3x+1=0$

이 이차방정식의 판별식을 D라 하면

$$D=9-8=1>0$$

따라서 주어진 이차함수의 그래프와 직선은 서로 다른 두 점에서 만난다.

ㄹ. $-2x^2+5x+1=-2x+8$에서 $2x^2-7x+7=0$

이 이차방정식의 판별식을 D라 하면

$$D=49-56=-7<0$$

따라서 주어진 이차함수의 그래프와 직선은 만나지 않는다.

따라서 주어진 이차함수의 그래프와 만나는 직선은 ㄱ, ㄴ, ㄷ이다.

7 답 2

$kx^2-kx+1=2x-1$에서 $kx^2-(k+2)x+2=0$

이 이차방정식의 판별식을 D라 하면

$$D=(k+2)^2-8k=0$$
$$k^2-4k+4=0, \ (k-2)^2=0$$
$$\therefore k=2$$

8 답 ⑤

기울기가 1인 직선의 y절편을 a라 하면 직선의 방정식은

$$y=x+a$$

$-x^2+5x-1=x+a$에서 $x^2-4x+a+1=0$

이 이차방정식의 판별식을 D라 하면

$$\frac{D}{4}=4-(a+1)=0$$
$$3-a=0 \qquad \therefore a=3$$

9 답 ③

$$f(x)=-x^2+2x+k+5$$
$$=-(x-1)^2+k+6$$

꼭짓점의 x좌표 1이 $-1\leq x\leq 2$에 포함되므로 $f(x)$는 $x=1$일 때 최댓값 $k+6$을 갖는다.

즉, $k+6=7$이므로 $k=1$

따라서 $f(x)=-(x-1)^2+7$의 최솟값은

$$f(-1)=-4+7=3$$

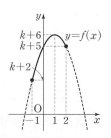

10 답 -6

$$f(x)=x^2-2tx-t^2+4t$$
$$=(x-t)^2-2t^2+4t$$

$f(x)$는 $x=t$일 때 최솟값 $-2t^2+4t$를 가지므로

$$g(t)=-2t^2+4t$$
$$=-2(t-1)^2+2$$

...... ⓘ

꼭짓점의 t좌표 1이 $-1\leq t\leq 1$에 포함되므로 $g(t)$는 $t=-1$일 때 최솟값 -6을 갖는다.

...... ⓘⓘ

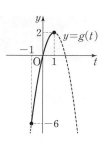

11 답 -20

$x^2-4x+1=t$로 놓으면 $t=(x-2)^2-3$

$1\leq x\leq 4$에서 $x=4$일 때 최댓값은 1이고, $x=2$일 때 최솟값은 -3이므로 $-3\leq t\leq 1$

이때 주어진 함수를 t에 대한 함수로 나타내면

$$y=t^2+4t=(t+2)^2-4$$

따라서 $-3\leq t\leq 1$에서 주어진 함수는 $t=1$일 때 최댓값 5, $t=-2$일 때 최솟값 -4를 가지므로

$M=5$, $m=-4$ $\therefore Mm=-20$

12 답 ⑤

$x+y=2$에서 $y=-x+2$ ...... ㉠

$2x+y^2=t$로 놓고, ㉠을 대입하면

$$t=2x+(-x+2)^2$$
$$=x^2-2x+4$$
$$=(x-1)^2+3$$ ...... ㉡

따라서 $0\leq x\leq 2$에서 ㉡은 $x=0$ 또는 $x=2$일 때 최댓값 4, $x=1$일 때 최솟값 3을 가지므로 구하는 최댓값과 최솟값의 합은 $4+3=7$

13 답 $50\,\text{cm}^2$

물받이의 높이는 색칠한 직사각형의 세로의 길이와 같다.

색칠한 직사각형의 가로, 세로의 길이를 각각 $x\,\text{cm}$, $y\,\text{cm}$라 하면

$x+2y=20$ $\therefore x=20-2y$ (단, $0<y<10$)

색칠한 직사각형의 넓이를 $S\,\text{cm}^2$라 하면

$$S=xy=(20-2y)y$$
$$=-2y^2+20y=-2(y-5)^2+50$$

따라서 $0<y<10$에서 $y=5$일 때 최댓값이 50이므로 색칠한 직사각형 모양의 판의 넓이의 최댓값은 $50\,\text{cm}^2$이다.

14 답 10

점 P의 좌표를 $(a, -a^2+4a)$ $(0<a<2)$라 하면

$\overline{\text{PQ}}=-a^2+4a$, $\overline{\text{QR}}=2(2-a)=4-2a$

직사각형 PQRS의 둘레의 길이를 l이라 하면

$$l=2\{(-a^2+4a)+(4-2a)\}=-2a^2+4a+8$$
$$=-2(a-1)^2+10$$

따라서 $0<a<2$에서 $a=1$일 때 최댓값이 10이므로 직사각형 PQRS의 둘레의 길이의 최댓값은 10이다.

참고 이차함수 $y=-x^2+4x$의 그래프의 축의 방정식이 $x=2$이므로 점 P의 x좌표 a는 $0<a<2$를 만족시켜야 한다.

06 여러 가지 방정식

128~129쪽

개념유형

001 답 $x=-3$ 또는 $x=0$ (중근)

$x^3+3x^2=0$의 좌변을 인수분해하면

$x^2(x+3)=0$ ∴ $x=-3$ 또는 $x=0$ (중근)

002 답 $x=-1$ 또는 $x=\dfrac{1\pm\sqrt{3}i}{2}$

$x^3+1=0$의 좌변을 인수분해하면

$(x+1)(x^2-x+1)=0$

∴ $x=-1$ 또는 $x=\dfrac{1\pm\sqrt{3}i}{2}$

003 답 $x=2$ 또는 $x=-1\pm\sqrt{3}i$

$x^3-8=0$의 좌변을 인수분해하면

$(x-2)(x^2+2x+4)=0$

∴ $x=2$ 또는 $x=-1\pm\sqrt{3}i$

004 답 $x=-\dfrac{3}{2}$ 또는 $x=\dfrac{3\pm3\sqrt{3}i}{4}$

$8x^3+27=0$의 좌변을 인수분해하면

$(2x+3)(4x^2-6x+9)=0$

∴ $x=-\dfrac{3}{2}$ 또는 $x=\dfrac{3\pm3\sqrt{3}i}{4}$

005 답 $x=0$(중근) 또는 $x=\pm\dfrac{\sqrt{2}}{2}i$

$2x^4+x^2=0$의 좌변을 인수분해하면

$x^2(2x^2+1)=0$ ∴ $x=0$(중근) 또는 $x=\pm\dfrac{\sqrt{2}}{2}i$

006 답 $x=-2$ 또는 $x=0$(중근) 또는 $x=2$

$x^4-4x^2=0$의 좌변을 인수분해하면

$x^2(x^2-4)=0$

$x^2(x+2)(x-2)=0$

∴ $x=-2$ 또는 $x=0$(중근) 또는 $x=2$

007 답 $x=\pm1$ 또는 $x=\pm i$

$x^4-1=0$의 좌변을 인수분해하면

$(x^2-1)(x^2+1)=0$

$(x+1)(x-1)(x^2+1)=0$

∴ $x=\pm1$ 또는 $x=\pm i$

008 답 $x=\pm\dfrac{1}{2}$ 또는 $x=\pm\dfrac{1}{2}i$

$16x^4-1=0$의 좌변을 인수분해하면

$(4x^2-1)(4x^2+1)=0$

$(2x+1)(2x-1)(4x^2+1)=0$

∴ $x=\pm\dfrac{1}{2}$ 또는 $x=\pm\dfrac{1}{2}i$

009 답 -1, -1, x^2-x-6, $x-3$, $x-3$, 3

010 답 $x=-3$ 또는 $x=-2$ 또는 $x=1$

$f(x)=x^3+4x^2+x-6$이라 할 때, $f(1)=0$

따라서 조립제법을 이용하여 $f(x)$를 인수분해하면

```
1 | 1   4   1   -6
  |     1   5    6
  ----------------
    1   5   6  | 0
```

$f(x)=(x-1)(x^2+5x+6)$

$\qquad=(x-1)(x+3)(x+2)$

즉, 주어진 방정식은 $(x+3)(x+2)(x-1)=0$

∴ $x=-3$ 또는 $x=-2$ 또는 $x=1$

011 답 $x=-4$ 또는 $x=1$ (중근)

$f(x)=x^3+2x^2-7x+4$라 할 때, $f(1)=0$

따라서 조립제법을 이용하여 $f(x)$를 인수분해하면

```
1 | 1   2   -7    4
  |     1    3   -4
  -----------------
    1   3   -4  | 0
```

$f(x)=(x-1)(x^2+3x-4)$

$\qquad=(x-1)^2(x+4)$

즉, 주어진 방정식은

$(x+4)(x-1)^2=0$

∴ $x=-4$ 또는 $x=1$ (중근)

012 답 $x=-2$ 또는 $x=2\pm2i$

$f(x)=x^3-2x^2+16$이라 할 때, $f(-2)=0$

따라서 조립제법을 이용하여 $f(x)$를 인수분해하면

```
-2 | 1   -2    0    16
   |      -2    8   -16
   -------------------
     1   -4    8  |  0
```

$f(x)=(x+2)(x^2-4x+8)$

즉, 주어진 방정식은

$(x+2)(x^2-4x+8)=0$

∴ $x=-2$ 또는 $x=2\pm2i$

013 답 $x=2$ 또는 $x=-1\pm2i$

$f(x)=x^3+x-10$이라 할 때, $f(2)=0$

따라서 조립제법을 이용하여 $f(x)$를 인수분해하면

```
2 | 1   0   1   -10
  |     2   4    10
  -----------------
    1   2   5  | 0
```

$f(x)=(x-2)(x^2+2x+5)$

즉, 주어진 방정식은

$(x-2)(x^2+2x+5)=0$

∴ $x=2$ 또는 $x=-1\pm2i$

014 답 $x=-3$ 또는 $x=2$ 또는 $x=6$

$f(x)=x^3-5x^2-12x+36$이라 할 때, $f(2)=0$

따라서 조립제법을 이용하여 $f(x)$를 인수분해하면

$$
\begin{array}{r|rrrr}
2 & 1 & -5 & -12 & 36 \\
  &   & 2 & -6 & -36 \\
\hline
  & 1 & -3 & -18 & 0 \\
\end{array}
$$

$f(x)=(x-2)(x^2-3x-18)$
$\quad\;\;=(x-2)(x+3)(x-6)$

즉, 주어진 방정식은 $(x+3)(x-2)(x-6)=0$

$\therefore x=-3$ 또는 $x=2$ 또는 $x=6$

015 답 $x=-\dfrac{5}{2}$ 또는 $x=-2$ 또는 $x=3$

$f(x)=2x^3+3x^2-17x-30$이라 할 때, $f(-2)=0$

따라서 조립제법을 이용하여 $f(x)$를 인수분해하면

$$
\begin{array}{r|rrrr}
-2 & 2 & 3 & -17 & -30 \\
   &   & -4 & 2 & 30 \\
\hline
   & 2 & -1 & -15 & 0 \\
\end{array}
$$

$f(x)=(x+2)(2x^2-x-15)$
$\quad\;\;=(x+2)(2x+5)(x-3)$

즉, 주어진 방정식은 $(2x+5)(x+2)(x-3)=0$

$\therefore x=-\dfrac{5}{2}$ 또는 $x=-2$ 또는 $x=3$

016 답 0, 1, 2, 1, x^2+x+4, x^2+x+4, $\dfrac{-1\pm\sqrt{15}i}{2}$

017 답 $x=-1$ 또는 $x=1$ 또는 $x=\dfrac{1\pm\sqrt5}{2}$

$f(x)=x^4-x^3-2x^2+x+1$이라 할 때, $f(1)=0$, $f(-1)=0$

따라서 조립제법을 이용하여 $f(x)$를 인수분해하면

$$
\begin{array}{r|rrrrr}
1 & 1 & -1 & -2 & 1 & 1 \\
  &   & 1 & 0 & -2 & -1 \\
\hline
-1 & 1 & 0 & -2 & -1 & 0 \\
   &   & -1 & 1 & 1 & \\
\hline
   & 1 & -1 & -1 & 0 & \\
\end{array}
$$

$f(x)=(x-1)(x+1)(x^2-x-1)$

즉, 주어진 방정식은 $(x+1)(x-1)(x^2-x-1)=0$

$\therefore x=-1$ 또는 $x=1$ 또는 $x=\dfrac{1\pm\sqrt5}{2}$

018 답 $x=-1$ 또는 $x=2$ 또는 $x=\pm2i$

$f(x)=x^4-x^3+2x^2-4x-8$이라 할 때, $f(-1)=0$, $f(2)=0$

따라서 조립제법을 이용하여 $f(x)$를 인수분해하면

$$
\begin{array}{r|rrrrr}
-1 & 1 & -1 & 2 & -4 & -8 \\
   &   & -1 & 2 & -4 & 8 \\
\hline
2 & 1 & -2 & 4 & -8 & 0 \\
  &   & 2 & 0 & 8 & \\
\hline
  & 1 & 0 & 4 & 0 & \\
\end{array}
$$

$f(x)=(x+1)(x-2)(x^2+4)$

즉, 주어진 방정식은 $(x+1)(x-2)(x^2+4)=0$

$\therefore x=-1$ 또는 $x=2$ 또는 $x=\pm2i$

019 답 $x=-3$ 또는 $x=-2$ 또는 $x=1$ 또는 $x=2$

$f(x)=x^4+2x^3-7x^2-8x+12$라 할 때, $f(1)=0$, $f(2)=0$

따라서 조립제법을 이용하여 $f(x)$를 인수분해하면

$$
\begin{array}{r|rrrrr}
1 & 1 & 2 & -7 & -8 & 12 \\
  &   & 1 & 3 & -4 & -12 \\
\hline
2 & 1 & 3 & -4 & -12 & 0 \\
  &   & 2 & 10 & 12 & \\
\hline
  & 1 & 5 & 6 & 0 & \\
\end{array}
$$

$f(x)=(x-1)(x-2)(x^2+5x+6)$
$\quad\;\;=(x-1)(x-2)(x+3)(x+2)$

즉, 주어진 방정식은 $(x+3)(x+2)(x-1)(x-2)=0$

$\therefore x=-3$ 또는 $x=-2$ 또는 $x=1$ 또는 $x=2$

020 답 $x=-3$(중근) 또는 $x=1$ (중근)

$f(x)=x^4+4x^3-2x^2-12x+9$라 할 때, $f(1)=0$, $f(-3)=0$

따라서 조립제법을 이용하여 $f(x)$를 인수분해하면

$$
\begin{array}{r|rrrrr}
1 & 1 & 4 & -2 & -12 & 9 \\
  &   & 1 & 5 & 3 & -9 \\
\hline
-3 & 1 & 5 & 3 & -9 & 0 \\
   &   & -3 & -6 & 9 & \\
\hline
   & 1 & 2 & -3 & 0 & \\
\end{array}
$$

$f(x)=(x-1)(x+3)(x^2+2x-3)$
$\quad\;\;=(x-1)^2(x+3)^2$

즉, 주어진 방정식은 $(x+3)^2(x-1)^2=0$

$\therefore x=-3$(중근) 또는 $x=1$ (중근)

021 답 $x=1$ 또는 $x=2$ 또는 $x=3$ 또는 $x=4$

$f(x)=x^4-10x^3+35x^2-50x+24$라 할 때, $f(1)=0$, $f(2)=0$

따라서 조립제법을 이용하여 $f(x)$를 인수분해하면

$$
\begin{array}{r|rrrrr}
1 & 1 & -10 & 35 & -50 & 24 \\
  &   & 1 & -9 & 26 & -24 \\
\hline
2 & 1 & -9 & 26 & -24 & 0 \\
  &   & 2 & -14 & 24 & \\
\hline
  & 1 & -7 & 12 & 0 & \\
\end{array}
$$

$f(x)=(x-1)(x-2)(x^2-7x+12)$
$\quad\;\;=(x-1)(x-2)(x-3)(x-4)$

즉, 주어진 방정식은 $(x-1)(x-2)(x-3)(x-4)=0$

$\therefore x=1$ 또는 $x=2$ 또는 $x=3$ 또는 $x=4$

실전유형

130~131쪽

022 답 -6

$x^3+8=0$의 좌변을 인수분해하면

$(x+2)(x^2-2x+4)=0$

$\therefore x=-2$ 또는 $x=1\pm\sqrt3i$

따라서 $a=-2$, $b=1$, $c=3$이므로 $abc=-6$

023 답 ②

$f(x)=x^3-13x-12$라 할 때, $f(-1)=0$
따라서 조립제법을 이용하여 $f(x)$를 인수분해하면

$$
\begin{array}{r|rrrr}
-1 & 1 & 0 & -13 & -12 \\
   &   & -1 & 1 & 12 \\
\hline
   & 1 & -1 & -12 & \boxed{0}
\end{array}
$$

$f(x)=(x+1)(x^2-x-12)$
$\quad\quad=(x+1)(x+3)(x-4)$
즉, 주어진 방정식은
$(x+3)(x+1)(x-4)=0$
$\therefore x=-3$ 또는 $x=-1$ 또는 $x=4$
이때 $\alpha<\beta<\gamma$이므로
$\alpha=-3,\ \beta=-1,\ \gamma=4$ $\quad\quad\therefore \alpha-\beta+\gamma=2$

024 답 2

$f(x)=x^4+4x^3+7x^2+8x+4$라 할 때, $f(-1)=0,\ f(-2)=0$
따라서 조립제법을 이용하여 $f(x)$를 인수분해하면

$$
\begin{array}{r|rrrrr}
-1 & 1 & 4 & 7 & 8 & 4 \\
   &   & -1 & -3 & -4 & -4 \\
\hline
-2 & 1 & 3 & 4 & 4 & \boxed{0} \\
   &   & -2 & -2 & -4 & \\
\hline
   & 1 & 1 & 2 & \boxed{0} &
\end{array}
$$

$f(x)=(x+1)(x+2)(x^2+x+2)$
즉, 주어진 방정식은 $(x+2)(x+1)(x^2+x+2)=0$
$\therefore x=-2$ 또는 $x=-1$ 또는 $x=\dfrac{-1\pm\sqrt{7}i}{2}$
따라서 모든 실근의 곱은
$-2\times(-1)=2$

025 답 ③

$f(x)=x^3+2x^2-3x-10$이라 할 때, $f(2)=0$
따라서 조립제법을 이용하여 $f(x)$를 인수분해하면

$$
\begin{array}{r|rrrr}
2 & 1 & 2 & -3 & -10 \\
  &   & 2 & 8 & 10 \\
\hline
  & 1 & 4 & 5 & \boxed{0}
\end{array}
$$

$f(x)=(x-2)(x^2+4x+5)$
즉, 주어진 방정식은 $(x-2)(x^2+4x+5)=0$
$\therefore x=2$ 또는 $x^2+4x+5=0$
따라서 두 허근 $\alpha,\ \beta$는 이차방정식 $x^2+4x+5=0$의 두 근이므로 근과 계수의 관계에 의하여
$\alpha+\beta=-4,\ \alpha\beta=5$
$\therefore \alpha^3+\beta^3=(\alpha+\beta)^3-3\alpha\beta(\alpha+\beta)$
$\quad\quad\quad\quad\quad=(-4)^3-3\times5\times(-4)=-4$

026 답 -2

$x^3+kx^2+2kx-4=0$의 한 근이 1이므로 $x=1$을 대입하면
$1+k+2k-4=0$ $\quad\quad\therefore k=1$
이를 주어진 방정식에 대입하면
$x^3+x^2+2x-4=0$

$f(x)=x^3+x^2+2x-4$라 할 때, $f(1)=0$
따라서 조립제법을 이용하여 $f(x)$를 인수분해하면

$$
\begin{array}{r|rrrr}
1 & 1 & 1 & 2 & -4 \\
  &   & 1 & 2 & 4 \\
\hline
  & 1 & 2 & 4 & \boxed{0}
\end{array}
$$

$f(x)=(x-1)(x^2+2x+4)$
즉, 주어진 방정식은 $(x-1)(x^2+2x+4)=0$
$\therefore x=1$ 또는 $x^2+2x+4=0$
이때 1이 아닌 나머지 두 근은 이차방정식 $x^2+2x+4=0$의 근이므로 근과 계수의 관계에 의하여 두 근의 합은 -2이다.

027 답 ④

$x^4-kx^3-(3k+1)x^2+8x+6k=0$의 한 근이 -1이므로 $x=-1$을 대입하면
$1+k-(3k+1)-8+6k=0$ $\quad\quad\therefore k=2$
이를 주어진 방정식에 대입하면
$x^4-2x^3-7x^2+8x+12=0$
$f(x)=x^4-2x^3-7x^2+8x+12$라 할 때, $f(-1)=0,\ f(2)=0$
따라서 조립제법을 이용하여 $f(x)$를 인수분해하면

$$
\begin{array}{r|rrrrr}
-1 & 1 & -2 & -7 & 8 & 12 \\
   &   & -1 & 3 & 4 & -12 \\
\hline
 2 & 1 & -3 & -4 & 12 & \boxed{0} \\
   &   & 2 & -2 & -12 & \\
\hline
   & 1 & -1 & -6 & \boxed{0} &
\end{array}
$$

$f(x)=(x+1)(x-2)(x^2-x-6)$
$\quad\quad=(x+1)(x-2)(x+2)(x-3)$
즉, 주어진 방정식은
$(x+2)(x+1)(x-2)(x-3)=0$
$\therefore x=-2$ 또는 $x=-1$ 또는 $x=2$ 또는 $x=3$
따라서 가장 큰 근과 가장 작은 근의 합은
$3+(-2)=1$

028 답 ⑤

$x^4+ax^3-11x+b=0$의 두 근이 -1, 2이므로 $x=-1$, $x=2$를 각각 대입하면
$1-a+11+b=0,\ 16+8a-22+b=0$
$\therefore a-b=12,\ 8a+b=6$
두 식을 연립하여 풀면 $a=2,\ b=-10$
이를 주어진 방정식에 대입하면
$x^4+2x^3-11x-10=0$
$f(x)=x^4+2x^3-11x-10$이라 할 때, $f(-1)=0,\ f(2)=0$
따라서 조립제법을 이용하여 $f(x)$를 인수분해하면

$$
\begin{array}{r|rrrrr}
-1 & 1 & 2 & 0 & -11 & -10 \\
   &   & -1 & -1 & 1 & 10 \\
\hline
 2 & 1 & 1 & -1 & -10 & \boxed{0} \\
   &   & 2 & 6 & 10 & \\
\hline
   & 1 & 3 & 5 & \boxed{0} &
\end{array}
$$

$f(x)=(x+1)(x-2)(x^2+3x+5)$

즉, 주어진 방정식은 $(x+1)(x-2)(x^2+3x+5)=0$

$\therefore x=-1$ 또는 $x=2$ 또는 $x^2+3x+5=0$

이때 -1, 2가 아닌 나머지 두 근은 이차방정식 $x^2+3x+5=0$의 근이므로 근과 계수의 관계에 의하여 두 근의 곱은 5이다.

029 답 15

$f(x)=x^3+3x^2+(16-a)x+a-20$이라 할 때, $f(1)=0$

따라서 조립제법을 이용하여 $f(x)$를 인수분해하면

1	1	3	$16-a$	$a-20$
		1	4	$20-a$
	1	4	$20-a$	0

$f(x)=(x-1)(x^2+4x+20-a)$

즉, 주어진 방정식은

$(x-1)(x^2+4x+20-a)=0$

$\therefore x=1$ 또는 $x^2+4x+20-a=0$

이 방정식이 허근을 가지려면 이차방정식 $x^2+4x+20-a=0$이 허근을 가져야 한다.

이 이차방정식의 판별식 D라 하면

$\dfrac{D}{4}=4-(20-a)<0$

$\therefore a<16$

따라서 자연수 a는 1, 2, 3, …, 15의 15개이다.

030 답 ②

$f(x)=x^3+(k-1)x-k$라 할 때, $f(1)=0$

따라서 조립제법을 이용하여 $f(x)$를 인수분해하면

1	1	0	$k-1$	$-k$
		1	1	k
	1	1	k	0

$f(x)=(x-1)(x^2+x+k)$

즉, 주어진 방정식은 $(x-1)(x^2+x+k)=0$

$\therefore x=1$ 또는 $x^2+x+k=0$

이 방정식의 근이 모두 실수가 되려면 이차방정식 $x^2+x+k=0$이 실근을 가져야 한다.

이 이차방정식의 판별식을 D라 하면

$D=1-4k\geq0$

$\therefore k\leq\dfrac{1}{4}$

따라서 k의 최댓값은 $\dfrac{1}{4}$이다.

031 답 ②

$f(x)=x^3-2x^2+(k-8)x+2k$라 할 때, $f(-2)=0$

따라서 조립제법을 이용하여 $f(x)$를 인수분해하면

-2	1	-2	$k-8$	$2k$
		-2	8	$-2k$
	1	-4	k	0

$f(x)=(x+2)(x^2-4x+k)$

즉, 주어진 방정식은 $(x+2)(x^2-4x+k)=0$

$\therefore x=-2$ 또는 $x^2-4x+k=0$

이 방정식이 중근을 가지려면 이차방정식 $x^2-4x+k=0$이 중근을 갖거나 -2를 근으로 가져야 한다.

(i) 이차방정식 $x^2-4x+k=0$이 중근을 가질 때

이 이차방정식의 판별식을 D라 하면

$\dfrac{D}{4}=4-k=0$ $\quad \therefore k=4$

(ii) 이차방정식 $x^2-4x+k=0$이 -2를 근으로 가질 때

$x^2-4x+k=0$에 $x=-2$를 대입하면

$4+8+k=0$ $\quad \therefore k=-12$

(i), (ii)에서 모든 k의 값의 합은

$4+(-12)=-8$

032 답 3 cm

처음 정육면체의 한 모서리의 길이를 $x\,$cm라 하면 새로 만들어진 직육면체의 가로, 세로의 길이와 높이는 각각

$(x-1)\,$cm, $(x-2)\,$cm, $(x+3)\,$cm

새로 만들어진 직육면체의 부피가 $12\,$cm³이므로

$(x-1)(x-2)(x+3)=12$

$x^3-7x-6=0$

$f(x)=x^3-7x-6$이라 할 때, $f(-1)=0$

따라서 조립제법을 이용하여 $f(x)$를 인수분해하면

-1	1	0	-7	-6
		-1	1	6
	1	-1	-6	0

$f(x)=(x+1)(x^2-x-6)$
$\quad\quad\ =(x+1)(x+2)(x-3)$

즉, 방정식은

$(x+2)(x+1)(x-3)=0$

$\therefore x=-2$ 또는 $x=-1$ 또는 $x=3$

그런데 $x>2$이므로 $x=3$

따라서 처음 정육면체의 한 모서리의 길이는 $3\,$cm이다.

033 답 3

상자의 밑면의 가로, 세로의 길이와 높이는 각각

$(20-2x)\,$cm, $(16-2x)\,$cm, $x\,$cm

상자의 부피가 $420\,$cm³이므로

$x(20-2x)(16-2x)=420$

$4x(x-10)(x-8)=420$

$x^3-18x^2+80x-105=0$

$f(x)=x^3-18x^2+80x-105$라 할 때, $f(3)=0$

따라서 조립제법을 이용하여 $f(x)$를 인수분해하면

3	1	-18	80	-105
		3	-45	105
	1	-15	35	0

$f(x)=(x-3)(x^2-15x+35)$

즉, 방정식은 $(x-3)(x^2-15x+35)=0$

$\therefore x=3$ 또는 $x=\dfrac{15\pm\sqrt{85}}{2}$

그런데 x는 자연수이므로

$x=3$

034 탑 x^2+1, x^2+1, 1, x^2+1, 1

035 탑 $x=1$ 또는 $x=2$ 또는 $x=3$ 또는 $x=4$

$(x^2-5x)^2+10(x^2-5x)+24=0$에서 $x^2-5x=X$로 놓으면

$X^2+10X+24=0$

$(X+6)(X+4)=0$ $\therefore X=-6$ 또는 $X=-4$

(i) $X=-6$일 때

$x^2-5x=-6$에서 $x^2-5x+6=0$

$(x-2)(x-3)=0$ $\therefore x=2$ 또는 $x=3$

(ii) $X=-4$일 때

$x^2-5x=-4$에서 $x^2-5x+4=0$

$(x-1)(x-4)=0$ $\therefore x=1$ 또는 $x=4$

(i), (ii)에서 주어진 방정식의 해는

$x=1$ 또는 $x=2$ 또는 $x=3$ 또는 $x=4$

036 탑 $x=-5$ 또는 $x=-2$ 또는 $x=-1$ 또는 $x=2$

$(x^2+3x+1)(x^2+3x-9)-11=0$에서 $x^2+3x=X$로 놓으면

$(X+1)(X-9)-11=0$, $X^2-8X-20=0$

$(X+2)(X-10)=0$ $\therefore X=-2$ 또는 $X=10$

(i) $X=-2$일 때

$x^2+3x=-2$에서 $x^2+3x+2=0$

$(x+2)(x+1)=0$

$\therefore x=-2$ 또는 $x=-1$

(ii) $X=10$일 때

$x^2+3x=10$에서 $x^2+3x-10=0$

$(x+5)(x-2)=0$

$\therefore x=-5$ 또는 $x=2$

(i), (ii)에서 주어진 방정식의 해는

$x=-5$ 또는 $x=-2$ 또는 $x=-1$ 또는 $x=2$

037 탑 5, x^2+5x, x^2+5x, $\dfrac{-5\pm\sqrt{13}}{2}$, $\dfrac{-5\pm\sqrt{13}}{2}$

038 탑 $x=\dfrac{3\pm\sqrt{17}}{2}$ 또는 $x=\dfrac{3\pm\sqrt{7}i}{2}$

$x(x-3)(x-2)(x-1)-8=0$에서

$\{x(x-3)\}\{(x-2)(x-1)\}-8=0$

$(x^2-3x)(x^2-3x+2)-8=0$

$x^2-3x=X$로 놓으면

$X(X+2)-8=0$, $X^2+2X-8=0$

$(X+4)(X-2)=0$ $\therefore X=-4$ 또는 $X=2$

(i) $X=-4$일 때

$x^2-3x=-4$에서 $x^2-3x+4=0$

$\therefore x=\dfrac{3\pm\sqrt{7}i}{2}$

(ii) $X=2$일 때

$x^2-3x=2$에서 $x^2-3x-2=0$

$\therefore x=\dfrac{3\pm\sqrt{17}}{2}$

(i), (ii)에서 주어진 방정식의 해는

$x=\dfrac{3\pm\sqrt{17}}{2}$ 또는 $x=\dfrac{3\pm\sqrt{7}i}{2}$

039 탑 $x=1\pm\sqrt{5}$ 또는 $x=1\pm2\sqrt{2}$

$(x-4)(x-3)(x+1)(x+2)+4=0$에서

$\{(x-4)(x+2)\}\{(x-3)(x+1)\}+4=0$

$(x^2-2x-8)(x^2-2x-3)+4=0$

$x^2-2x=X$로 놓으면

$(X-8)(X-3)+4=0$, $X^2-11X+28=0$

$(X-4)(X-7)=0$ $\therefore X=4$ 또는 $X=7$

(i) $X=4$일 때

$x^2-2x=4$에서 $x^2-2x-4=0$

$\therefore x=1\pm\sqrt{5}$

(ii) $X=7$일 때

$x^2-2x=7$에서 $x^2-2x-7=0$

$\therefore x=1\pm2\sqrt{2}$

(i), (ii)에서 주어진 방정식의 해는

$x=1\pm\sqrt{5}$ 또는 $x=1\pm2\sqrt{2}$

040 탑 ③

$(x^2+2x)^2-5(x^2+2x)+8=2$에서 $x^2+2x=X$로 놓으면

$X^2-5X+8=2$, $X^2-5X+6=0$

$(X-2)(X-3)=0$ $\therefore X=2$ 또는 $X=3$

(i) $X=2$일 때

$x^2+2x=2$에서 $x^2+2x-2=0$ $\therefore x=-1\pm\sqrt{3}$

(ii) $X=3$일 때

$x^2+2x=3$에서 $x^2+2x-3=0$

$(x+3)(x-1)=0$ $\therefore x=-3$ 또는 $x=1$

(i), (ii)에서 주어진 방정식의 모든 양의 근의 합은

$(-1+\sqrt{3})+1=\sqrt{3}$

041 탑 ①

$(x^2-3x)(x^2-3x+6)+5=0$에서 $x^2-3x=X$로 놓으면

$X(X+6)+5=0$, $X^2+6X+5=0$

$(X+5)(X+1)=0$ $\therefore X=-5$ 또는 $X=-1$

(i) $X=-5$일 때

$x^2-3x=-5$에서 $x^2-3x+5=0$

이 이차방정식의 판별식을 D_1이라 하면

$D_1=9-20=-11<0$

즉, 이차방정식 $x^2-3x+5=0$은 서로 다른 두 허근을 갖는다.

(ii) $X=-1$일 때

$x^2-3x=-1$에서 $x^2-3x+1=0$

이 이차방정식의 판별식을 D_2라 하면

$D_2=9-4=5>0$

즉, 이차방정식 $x^2-3x+1=0$은 서로 다른 두 실근을 갖는다.

(i), (ii)에서 α, β는 이차방정식 $x^2-3x+1=0$의 서로 다른 두 실근이므로 근과 계수의 관계에 의하여 $\alpha\beta=1$

042 답 3

$x(x+1)(x+2)(x+3)=24$에서
$\{x(x+3)\}\{(x+1)(x+2)\}-24=0$
$(x^2+3x)(x^2+3x+2)-24=0$
$x^2+3x=X$로 놓으면 주어진 방정식은
$X(X+2)-24=0$, $X^2+2X-24=0$
$(X+6)(X-4)=0$ $\quad\therefore X=-6$ 또는 $X=4$
(i) $X=-6$일 때
  $x^2+3x=-6$에서 $x^2+3x+6=0$
  이 이차방정식의 판별식을 D_1이라 하면
  $D_1=9-24=-15<0$
  즉, 이차방정식 $x^2+3x+6=0$은 서로 다른 두 허근을 갖는다.
(ii) $X=4$일 때
  $x^2+3x=4$에서 $x^2+3x-4=0$
  이 이차방정식의 판별식을 D_2라 하면
  $D_2=9+16=25>0$
  즉, 이차방정식 $x^2+3x-4=0$은 서로 다른 두 실근을 갖는다.
(i), (ii)에서 α, β는 이차방정식 $x^2+3x-4=0$의 서로 다른 두 실근, γ, δ는 이차방정식 $x^2+3x+6=0$의 서로 다른 두 허근이므로 근과 계수의 관계에 의하여
$\alpha+\beta+\gamma\delta=-3+6=3$

개념유형

043 답 x^2, ±1

044 답 $x=\pm\sqrt{3}$ 또는 $x=\pm2$

$x^4-7x^2+12=0$에서 $x^2=X$로 놓으면
$X^2-7X+12=0$
$(X-3)(X-4)=0$ $\quad\therefore X=3$ 또는 $X=4$
즉, $x^2=3$ 또는 $x^2=4$이므로
$x=\pm\sqrt{3}$ 또는 $x=\pm2$

045 답 $x=\pm2i$ 또는 $x=\pm\sqrt{2}i$

$x^4+6x^2+8=0$에서 $x^2=X$로 놓으면
$X^2+6X+8=0$
$(X+4)(X+2)=0$ $\quad\therefore X=-4$ 또는 $X=-2$
즉, $x^2=-4$ 또는 $x^2=-2$이므로
$x=\pm2i$ 또는 $x=\pm\sqrt{2}i$

046 답 $x=\pm\sqrt{3}i$ 또는 $x=\pm\dfrac{1}{2}$

$4x^4+11x^2-3=0$에서 $x^2=X$로 놓으면
$4X^2+11X-3=0$
$(X+3)(4X-1)=0$ $\quad\therefore X=-3$ 또는 $X=\dfrac{1}{4}$

즉, $x^2=-3$ 또는 $x^2=\dfrac{1}{4}$이므로
$x=\pm\sqrt{3}i$ 또는 $x=\pm\dfrac{1}{2}$

047 답 $x=\pm\dfrac{\sqrt{2}}{2}$ 또는 $x=\pm\dfrac{\sqrt{3}}{3}$

$6x^4-5x^2+1=0$에서 $x^2=X$로 놓으면
$6X^2-5X+1=0$
$(2X-1)(3X-1)=0$ $\quad\therefore X=\dfrac{1}{2}$ 또는 $X=\dfrac{1}{3}$
즉, $x^2=\dfrac{1}{2}$ 또는 $x^2=\dfrac{1}{3}$이므로
$x=\pm\dfrac{\sqrt{2}}{2}$ 또는 $x=\pm\dfrac{\sqrt{3}}{3}$

048 답 $4x^2$, x^2-2x-2, x^2-2x-2, $1\pm\sqrt{3}$

049 답 $x=-2\pm\sqrt{5}$ 또는 $x=2\pm\sqrt{5}$

$x^4-18x^2+1=0$에서
$(x^4-2x^2+1)-16x^2=0$
$(x^2-1)^2-(4x)^2=0$, $(x^2+4x-1)(x^2-4x-1)=0$
$\therefore x^2+4x-1=0$ 또는 $x^2-4x-1=0$
따라서 주어진 방정식의 해는
$x=-2\pm\sqrt{5}$ 또는 $x=2\pm\sqrt{5}$

050 답 $x=\dfrac{-1\pm\sqrt{17}}{2}$ 또는 $x=\dfrac{1\pm\sqrt{17}}{2}$

$x^4-9x^2+16=0$에서
$(x^4-8x^2+16)-x^2=0$
$(x^2-4)^2-x^2=0$, $(x^2+x-4)(x^2-x-4)=0$
$\therefore x^2+x-4=0$ 또는 $x^2-x-4=0$
따라서 주어진 방정식의 해는
$x=\dfrac{-1\pm\sqrt{17}}{2}$ 또는 $x=\dfrac{1\pm\sqrt{17}}{2}$

051 답 $x=\dfrac{-1\pm\sqrt{15}i}{2}$ 또는 $x=\dfrac{1\pm\sqrt{15}i}{2}$

$x^4+7x^2+16=0$에서
$(x^4+8x^2+16)-x^2=0$
$(x^2+4)^2-x^2=0$, $(x^2+x+4)(x^2-x+4)=0$
$\therefore x^2+x+4=0$ 또는 $x^2-x+4=0$
따라서 주어진 방정식의 해는
$x=\dfrac{-1\pm\sqrt{15}i}{2}$ 또는 $x=\dfrac{1\pm\sqrt{15}i}{2}$

052 답 $x=\dfrac{-3\pm\sqrt{3}i}{2}$ 또는 $x=\dfrac{3\pm\sqrt{3}i}{2}$

$x^4-3x^2+9=0$에서
$(x^4+6x^2+9)-9x^2=0$
$(x^2+3)^2-(3x)^2=0$, $(x^2+3x+3)(x^2-3x+3)=0$
$\therefore x^2+3x+3=0$ 또는 $x^2-3x+3=0$
따라서 주어진 방정식의 해는
$x=\dfrac{-3\pm\sqrt{3}i}{2}$ 또는 $x=\dfrac{3\pm\sqrt{3}i}{2}$

053 답 3, $x+\dfrac{1}{x}$, $x+\dfrac{1}{x}$, $\dfrac{-1\pm\sqrt{3}i}{2}$, $\dfrac{-1\pm\sqrt{3}i}{2}$

06 여러 가지 방정식 **67**

054 답 $x=\dfrac{-1\pm\sqrt{3}i}{2}$ 또는 $x=\pm i$

$x\neq 0$이므로 양변을 x^2으로 나누면 $x^2+x+2+\dfrac{1}{x}+\dfrac{1}{x^2}=0$

$\left(x^2+\dfrac{1}{x^2}\right)+\left(x+\dfrac{1}{x}\right)+2=0$

$\left(x+\dfrac{1}{x}\right)^2+\left(x+\dfrac{1}{x}\right)=0$

$x+\dfrac{1}{x}=X$로 놓으면 $X^2+X=0$

$X(X+1)=0$ $\therefore X=-1$ 또는 $X=0$

(i) $X=-1$일 때

$x+\dfrac{1}{x}=-1$에서 $x^2+x+1=0$

$\therefore x=\dfrac{-1\pm\sqrt{3}i}{2}$

(ii) $X=0$일 때

$x+\dfrac{1}{x}=0$에서 $x^2+1=0$ $\therefore x=\pm i$

(i), (ii)에서 주어진 방정식의 해는

$x=\dfrac{-1\pm\sqrt{3}i}{2}$ 또는 $x=\pm i$

055 답 $x=\pm i$ 또는 $x=\dfrac{5\pm\sqrt{21}}{2}$

$x\neq 0$이므로 양변을 x^2으로 나누면

$x^2-5x+2-\dfrac{5}{x}+\dfrac{1}{x^2}=0$

$\left(x^2+\dfrac{1}{x^2}\right)-5\left(x+\dfrac{1}{x}\right)+2=0,\ \left(x+\dfrac{1}{x}\right)^2-5\left(x+\dfrac{1}{x}\right)=0$

$x+\dfrac{1}{x}=X$로 놓으면 $X^2-5X=0$

$X(X-5)=0$ $\therefore X=0$ 또는 $X=5$

(i) $X=0$일 때

$x+\dfrac{1}{x}=0$에서 $x^2+1=0$ $\therefore x=\pm i$

(ii) $X=5$일 때

$x+\dfrac{1}{x}=5$에서 $x^2-5x+1=0$

$\therefore x=\dfrac{5\pm\sqrt{21}}{2}$

(i), (ii)에서 주어진 방정식의 해는

$x=\pm i$ 또는 $x=\dfrac{5\pm\sqrt{21}}{2}$

056 답 $x=\dfrac{-1\pm\sqrt{3}i}{2}$ 또는 $x=\dfrac{3\pm\sqrt{5}}{2}$

$x\neq 0$이므로 양변을 x^2으로 나누면

$x^2-2x-1-\dfrac{2}{x}+\dfrac{1}{x^2}=0$

$\left(x^2+\dfrac{1}{x^2}\right)-2\left(x+\dfrac{1}{x}\right)-1=0,\ \left(x+\dfrac{1}{x}\right)^2-2\left(x+\dfrac{1}{x}\right)-3=0$

$x+\dfrac{1}{x}=X$로 놓으면 $X^2-2X-3=0$

$(X+1)(X-3)=0$ $\therefore X=-1$ 또는 $X=3$

(i) $X=-1$일 때

$x+\dfrac{1}{x}=-1$에서 $x^2+x+1=0$

$\therefore x=\dfrac{-1\pm\sqrt{3}i}{2}$

(ii) $X=3$일 때

$x+\dfrac{1}{x}=3$에서 $x^2-3x+1=0$

$\therefore x=\dfrac{3\pm\sqrt{5}}{2}$

(i), (ii)에서 주어진 방정식의 해는

$x=\dfrac{-1\pm\sqrt{3}i}{2}$ 또는 $x=\dfrac{3\pm\sqrt{5}}{2}$

057 답 $x=-2\pm\sqrt{3}$ 또는 $x=\dfrac{-3\pm\sqrt{5}}{2}$

$x\neq 0$이므로 양변을 x^2으로 나누면

$x^2+7x+14+\dfrac{7}{x}+\dfrac{1}{x^2}=0$

$\left(x^2+\dfrac{1}{x^2}\right)+7\left(x+\dfrac{1}{x}\right)+14=0,\ \left(x+\dfrac{1}{x}\right)^2+7\left(x+\dfrac{1}{x}\right)+12=0$

$x+\dfrac{1}{x}=X$로 놓으면 $X^2+7X+12=0$

$(X+4)(X+3)=0$ $\therefore X=-4$ 또는 $X=-3$

(i) $X=-4$일 때

$x+\dfrac{1}{x}=-4$에서 $x^2+4x+1=0$

$\therefore x=-2\pm\sqrt{3}$

(ii) $X=-3$일 때

$x+\dfrac{1}{x}=-3$에서 $x^2+3x+1=0$

$\therefore x=\dfrac{-3\pm\sqrt{5}}{2}$

(i), (ii)에서 주어진 방정식의 해는

$x=-2\pm\sqrt{3}$ 또는 $x=\dfrac{-3\pm\sqrt{5}}{2}$

실전유형
137쪽

058 답 -9

$x^4+x^2-20=0$에서 $x^2=X$로 놓으면

$X^2+X-20=0,\ (X+5)(X-4)=0$

$\therefore X=-5$ 또는 $X=4$

즉, $x^2=-5$ 또는 $x^2=4$이므로

$x=\pm\sqrt{5}i$ 또는 $x=\pm 2$

$\therefore \alpha\beta-\gamma\delta=2\times(-2)-\sqrt{5}i\times(-\sqrt{5}i)$

$\qquad\qquad =-4-5=-9$

059 답 ③

$4x^4-5x^2+1=0$에서 $x^2=X$로 놓으면

$4X^2-5X+1=0,\ (4X-1)(X-1)=0$

$\therefore X=\dfrac{1}{4}$ 또는 $X=1$

즉, $x^2=\dfrac{1}{4}$ 또는 $x^2=1$이므로

$x=\pm\dfrac{1}{2}$ 또는 $x=\pm 1$

따라서 주어진 방정식의 모든 양의 근의 합은

$\dfrac{1}{2}+1=\dfrac{3}{2}$

060 답 ③

$x^4-7x^2+9=0$에서 $(x^4-6x^2+9)-x^2=0$

$(x^2-3)^2-x^2=0$, $(x^2+x-3)(x^2-x-3)=0$

$\therefore x=\dfrac{-1\pm\sqrt{13}}{2}$ 또는 $x=\dfrac{1\pm\sqrt{13}}{2}$

따라서 $\alpha=\dfrac{1+\sqrt{13}}{2}$, $\beta=\dfrac{-1-\sqrt{13}}{2}$이므로

$\alpha+\beta=0$

061 답 ③

$x\neq0$이므로 양변을 x^2으로 나누면

$x^2-6x+7-\dfrac{6}{x}+\dfrac{1}{x^2}=0$

$\left(x^2+\dfrac{1}{x^2}\right)-6\left(x+\dfrac{1}{x}\right)+7=0$

$\left(x+\dfrac{1}{x}\right)^2-6\left(x+\dfrac{1}{x}\right)+5=0$

$x+\dfrac{1}{x}=X$로 놓으면 $X^2-6X+5=0$

$(X-1)(X-5)=0$ $\therefore X=1$ 또는 $X=5$

(i) $X=1$일 때

　$x+\dfrac{1}{x}=1$에서 $x^2-x+1=0$

　$\therefore x=\dfrac{1\pm\sqrt{3}i}{2}$

(ii) $X=5$일 때

　$x+\dfrac{1}{x}=5$에서 $x^2-5x+1=0$

　$\therefore x=\dfrac{5\pm\sqrt{21}}{2}$

(i), (ii)에서 주어진 방정식의 실근은 $\dfrac{5\pm\sqrt{21}}{2}$이다.

062 답 ①

$x\neq0$이므로 양변을 x^2으로 나누면

$x^2+2x-1+\dfrac{2}{x}+\dfrac{1}{x^2}=0$

$\left(x^2+\dfrac{1}{x^2}\right)+2\left(x+\dfrac{1}{x}\right)-1=0$

$\left(x+\dfrac{1}{x}\right)^2+2\left(x+\dfrac{1}{x}\right)-3=0$

$x+\dfrac{1}{x}=X$로 놓으면 $X^2+2X-3=0$

$(X+3)(X-1)=0$ $\therefore X=-3$ 또는 $X=1$

(i) $X=-3$일 때

　$x+\dfrac{1}{x}=-3$에서 $x^2+3x+1=0$

　이 이차방정식의 판별식을 D_1이라 하면

　$D_1=9-4=5>0$

　즉, 이차방정식 $x^2+3x+1=0$은 서로 다른 두 실근을 갖는다.

(ii) $X=1$일 때

　$x+\dfrac{1}{x}=1$에서 $x^2-x+1=0$

　이 이차방정식의 판별식을 D_2라 하면

　$D_2=1-4=-3<0$

　즉, 이차방정식 $x^2-x+1=0$은 서로 다른 두 허근을 갖는다.

(i), (ii)에서 α는 이차방정식 $x^2+3x+1=0$, 즉 방정식

$x+\dfrac{1}{x}=-3$의 근이므로

$\alpha+\dfrac{1}{\alpha}=-3$

063 답 1

$x\neq0$이므로 양변을 x^2으로 나누면

$2x^2-7x-5-\dfrac{7}{x}+\dfrac{2}{x^2}=0$

$2\left(x^2+\dfrac{1}{x^2}\right)-7\left(x+\dfrac{1}{x}\right)-5=0$

$2\left(x+\dfrac{1}{x}\right)^2-7\left(x+\dfrac{1}{x}\right)-9=0$

$x+\dfrac{1}{x}=X$로 놓으면 $2X^2-7X-9=0$

$(X+1)(2X-9)=0$

$\therefore X=-1$ 또는 $X=\dfrac{9}{2}$

(i) $X=-1$일 때

　$x+\dfrac{1}{x}=-1$에서 $x^2+x+1=0$

　이 이차방정식의 판별식을 D_1이라 하면

　$D_1=1-4=-3<0$

　즉, 이차방정식 $x^2+x+1=0$은 서로 다른 두 허근을 갖는다.

(ii) $X=\dfrac{9}{2}$일 때

　$x+\dfrac{1}{x}=\dfrac{9}{2}$에서 $2x^2-9x+2=0$

　이 이차방정식의 판별식을 D_2라 하면

　$D_2=81-16=65>0$

　즉, 이차방정식 $2x^2-9x+2=0$은 서로 다른 두 실근을 갖는다.

(i), (ii)에서 주어진 방정식의 허근은 이차방정식 $x^2+x+1=0$의 두 근이므로 근과 계수의 관계에 의하여 모든 허근의 곱은 1이다.

064 답 -1, 4, -5

삼차방정식 $x^3+x^2+4x+5=0$에서 근과 계수의 관계에 의하여

$\alpha+\beta+\gamma=-\dfrac{1}{1}=-1$, $\alpha\beta+\beta\gamma+\gamma\alpha=\dfrac{4}{1}=4$, $\alpha\beta\gamma=-\dfrac{5}{1}=-5$

065 답 2, -1, 1

삼차방정식 $x^3-2x^2-x-1=0$에서 근과 계수의 관계에 의하여

$\alpha+\beta+\gamma=-\dfrac{-2}{1}=2$, $\alpha\beta+\beta\gamma+\gamma\alpha=\dfrac{-1}{1}=-1$,

$\alpha\beta\gamma=-\dfrac{-1}{1}=1$

066 답 0, -3, -2

삼차방정식 $x^3-3x+2=0$에서 근과 계수의 관계에 의하여

$\alpha+\beta+\gamma=-\dfrac{0}{1}=0$, $\alpha\beta+\beta\gamma+\gamma\alpha=\dfrac{-3}{1}=-3$, $\alpha\beta\gamma=-\dfrac{2}{1}=-2$

067 답 **7, 0, 3**

삼차방정식 $x^3-7x^2-3=0$에서 근과 계수의 관계에 의하여

$\alpha+\beta+\gamma=-\dfrac{-7}{1}=7,\ \alpha\beta+\beta\gamma+\gamma\alpha=\dfrac{0}{1}=0,\ \alpha\beta\gamma=-\dfrac{-3}{1}=3$

068 답 $-2,\ -\dfrac{1}{2},\ -1$

삼차방정식 $2x^3+4x^2-x+2=0$에서 근과 계수의 관계에 의하여

$\alpha+\beta+\gamma=-\dfrac{4}{2}=-2,\ \alpha\beta+\beta\gamma+\gamma\alpha=\dfrac{-1}{2}=-\dfrac{1}{2},$

$\alpha\beta\gamma=-\dfrac{2}{2}=-1$

069 답 $2,\ \dfrac{2}{3},\ 3$

삼차방정식 $3x^3-6x^2+2x-9=0$에서 근과 계수의 관계에 의하여

$\alpha+\beta+\gamma=-\dfrac{-6}{3}=2,\ \alpha\beta+\beta\gamma+\gamma\alpha=\dfrac{2}{3},\ \alpha\beta\gamma=-\dfrac{-9}{3}=3$

070 답 -2

삼차방정식 $x^3+2x^2+x+3=0$의 세 근이 α, β, γ이므로 근과 계수의 관계에 의하여

$\alpha+\beta+\gamma=-\dfrac{2}{1}=-2$

071 답 **1**

$\alpha\beta+\beta\gamma+\gamma\alpha=\dfrac{1}{1}=1$

072 답 -3

$\alpha\beta\gamma=-\dfrac{3}{1}=-3$

073 답 -3

$(\alpha+1)(\beta+1)(\gamma+1)$
$=\alpha\beta\gamma+(\alpha\beta+\beta\gamma+\gamma\alpha)+(\alpha+\beta+\gamma)+1$
$=-3+1+(-2)+1$
$=-3$

074 답 $-\dfrac{1}{3}$

$\dfrac{1}{\alpha}+\dfrac{1}{\beta}+\dfrac{1}{\gamma}=\dfrac{\alpha\beta+\beta\gamma+\gamma\alpha}{\alpha\beta\gamma}=\dfrac{1}{-3}=-\dfrac{1}{3}$

075 답 $\dfrac{2}{3}$

$\dfrac{1}{\alpha\beta}+\dfrac{1}{\beta\gamma}+\dfrac{1}{\gamma\alpha}=\dfrac{\alpha+\beta+\gamma}{\alpha\beta\gamma}=\dfrac{-2}{-3}=\dfrac{2}{3}$

076 답 $x^3-4x^2+3x=0$

세 근 0, 1, 3에 대하여
$0+1+3=4$
$0\times1+1\times3+3\times0=3$
$0\times1\times3=0$
따라서 구하는 삼차방정식은
$x^3-4x^2+3x=0$

077 답 $x^3+x^2-10x+8=0$

세 근 -4, 1, 2에 대하여
$-4+1+2=-1$
$-4\times1+1\times2+2\times(-4)=-10$
$-4\times1\times2=-8$
따라서 구하는 삼차방정식은 $x^3+x^2-10x+8=0$

078 답 $x^3-x^2-3x+3=0$

세 근 1, $\sqrt{3}$, $-\sqrt{3}$에 대하여
$1+\sqrt{3}+(-\sqrt{3})=1$
$1\times\sqrt{3}+\sqrt{3}\times(-\sqrt{3})+(-\sqrt{3})\times1=-3$
$1\times\sqrt{3}\times(-\sqrt{3})=-3$
따라서 구하는 삼차방정식은 $x^3-x^2-3x+3=0$

079 답 $x^3-x^2-3x-1=0$

세 근 -1, $1+\sqrt{2}$, $1-\sqrt{2}$에 대하여
$-1+(1+\sqrt{2})+(1-\sqrt{2})=1$
$-1\times(1+\sqrt{2})+(1+\sqrt{2})\times(1-\sqrt{2})+(1-\sqrt{2})\times(-1)=-3$
$-1\times(1+\sqrt{2})\times(1-\sqrt{2})=1$
따라서 구하는 삼차방정식은 $x^3-x^2-3x-1=0$

080 답 $x^3+5x^2+11x+15=0$

세 근 -3, $-1+2i$, $-1-2i$에 대하여
$-3+(-1+2i)+(-1-2i)=-5$
$-3\times(-1+2i)+(-1+2i)\times(-1-2i)+(-1-2i)\times(-3)=11$
$-3\times(-1+2i)\times(-1-2i)=-15$
따라서 구하는 삼차방정식은 $x^3+5x^2+11x+15=0$

081 답 $x^3-2x^2+3x-6=0$

세 근 2, $\sqrt{3}i$, $-\sqrt{3}i$에 대하여
$2+\sqrt{3}i+(-\sqrt{3}i)=2$
$2\times\sqrt{3}i+\sqrt{3}i\times(-\sqrt{3}i)+(-\sqrt{3}i)\times2=3$
$2\times\sqrt{3}i\times(-\sqrt{3}i)=6$
따라서 구하는 삼차방정식은 $x^3-2x^2+3x-6=0$

082 답 $4,\ 3,\ -3,\ -1,\ x^3+3x^2-4x+1=0$

083 답 $x^3+4x^2+3x-1=0$

삼차방정식 $x^3-4x^2+3x+1=0$에서 근과 계수의 관계에 의하여
$\alpha+\beta+\gamma=4,\ \alpha\beta+\beta\gamma+\gamma\alpha=3,\ \alpha\beta\gamma=-1$
구하는 삼차방정식의 세 근이 $-\alpha$, $-\beta$, $-\gamma$이므로
$-\alpha+(-\beta)+(-\gamma)=-(\alpha+\beta+\gamma)=-4$
$-\alpha\times(-\beta)+(-\beta)\times(-\gamma)+(-\gamma)\times(-\alpha)=\alpha\beta+\beta\gamma+\gamma\alpha=3$
$-\alpha\times(-\beta)\times(-\gamma)=-\alpha\beta\gamma=1$
따라서 구하는 삼차방정식은
$x^3+4x^2+3x-1=0$

084 답 $x^3-8x^2+12x+8=0$

구하는 삼차방정식의 세 근이 2α, 2β, 2γ이므로
$2\alpha+2\beta+2\gamma=2(\alpha+\beta+\gamma)=2\times4=8$

$$2\alpha \times 2\beta + 2\beta \times 2\gamma + 2\gamma \times 2\alpha = 4\alpha\beta + 4\beta\gamma + 4\gamma\alpha$$
$$= 4(\alpha\beta + \beta\gamma + \gamma\alpha)$$
$$= 4 \times 3 = 12$$
$$2\alpha \times 2\beta \times 2\gamma = 8\alpha\beta\gamma = 8 \times (-1) = -8$$
따라서 구하는 삼차방정식은
$$x^3 - 8x^2 + 12x + 8 = 0$$

085 답 $x^3 - 3x^2 - 4x - 1 = 0$

구하는 삼차방정식의 세 근이 $\alpha\beta$, $\beta\gamma$, $\gamma\alpha$이므로
$$\alpha\beta + \beta\gamma + \gamma\alpha = 3$$
$$\alpha\beta \times \beta\gamma + \beta\gamma \times \gamma\alpha + \gamma\alpha \times \alpha\beta = \alpha\beta\gamma(\alpha + \beta + \gamma)$$
$$= -1 \times 4 = -4$$
$$\alpha\beta \times \beta\gamma \times \gamma\alpha = (\alpha\beta\gamma)^2 = (-1)^2 = 1$$
따라서 구하는 삼차방정식은
$$x^3 - 3x^2 - 4x - 1 = 0$$

실전유형
141쪽

086 답 ④

삼차방정식 $x^3 + 2x^2 + 4x - 3 = 0$에서 근과 계수의 관계에 의하여
$$\alpha + \beta + \gamma = -2, \ \alpha\beta + \beta\gamma + \gamma\alpha = 4, \ \alpha\beta\gamma = 3$$
$$\therefore (\alpha-1)(\beta-1)(\gamma-1)$$
$$= \alpha\beta\gamma - (\alpha\beta + \beta\gamma + \gamma\alpha) + (\alpha + \beta + \gamma) - 1$$
$$= 3 - 4 + (-2) - 1 = -4$$

087 답 13

삼차방정식 $x^3 - 3x^2 - 2x - 5 = 0$에서 근과 계수의 관계에 의하여
$$\alpha + \beta + \gamma = 3, \ \alpha\beta + \beta\gamma + \gamma\alpha = -2$$
$$\therefore \alpha^2 + \beta^2 + \gamma^2 = (\alpha + \beta + \gamma)^2 - 2(\alpha\beta + \beta\gamma + \gamma\alpha)$$
$$= 3^2 - 2 \times (-2) = 13$$

088 답 -6

삼차방정식 $x^3 + kx^2 + 6x - 2 = 0$에서 근과 계수의 관계에 의하여
$$\alpha + \beta + \gamma = -k, \ \alpha\beta\gamma = 2$$
$\dfrac{1}{\alpha\beta} + \dfrac{1}{\beta\gamma} + \dfrac{1}{\gamma\alpha} = 3$에서 $\dfrac{\alpha + \beta + \gamma}{\alpha\beta\gamma} = 3$
$$\dfrac{-k}{2} = 3 \qquad \therefore k = -6$$

089 답 28

세 근이 연속인 정수이므로 세 근을 $\alpha-1$, α, $\alpha+1$ (α는 정수)이라 하면 삼차방정식 $x^3 - 6x^2 + ax + b = 0$에서 근과 계수의 관계에 의하여
$$(\alpha-1) + \alpha + (\alpha+1) = 6 \qquad \therefore \alpha = 2$$
따라서 세 근이 1, 2, 3이므로
$$1 \times 2 + 2 \times 3 + 3 \times 1 = a, \ 1 \times 2 \times 3 = -b$$
$$\therefore a = 11, \ b = -6$$
$$\therefore 2a - b = 28$$

090 답 ⑤

삼차방정식 $x^3 + x^2 + 1 = 0$에서 근과 계수의 관계에 의하여
$$\alpha + \beta + \gamma = -1, \ \alpha\beta + \beta\gamma + \gamma\alpha = 0, \ \alpha\beta\gamma = -1$$
구하는 삼차방정식의 세 근이 $\dfrac{1}{\alpha}$, $\dfrac{1}{\beta}$, $\dfrac{1}{\gamma}$이므로
$$\dfrac{1}{\alpha} + \dfrac{1}{\beta} + \dfrac{1}{\gamma} = \dfrac{\alpha\beta + \beta\gamma + \gamma\alpha}{\alpha\beta\gamma} = \dfrac{0}{-1} = 0$$
$$\dfrac{1}{\alpha} \times \dfrac{1}{\beta} + \dfrac{1}{\beta} \times \dfrac{1}{\gamma} + \dfrac{1}{\gamma} \times \dfrac{1}{\alpha} = \dfrac{\alpha + \beta + \gamma}{\alpha\beta\gamma} = \dfrac{-1}{-1} = 1$$
$$\dfrac{1}{\alpha} \times \dfrac{1}{\beta} \times \dfrac{1}{\gamma} = \dfrac{1}{\alpha\beta\gamma} = \dfrac{1}{-1} = -1$$
따라서 구하는 삼차방정식은
$$x^3 + x + 1 = 0$$

091 답 13

삼차방정식 $x^3 + 2x^2 - 5x + 6 = 0$에서 근과 계수의 관계에 의하여
$$\alpha + \beta + \gamma = -2, \ \alpha\beta + \beta\gamma + \gamma\alpha = -5, \ \alpha\beta\gamma = -6$$
삼차방정식의 세 근 $\alpha+2$, $\beta+2$, $\gamma+2$에 대하여
$$(\alpha+2) + (\beta+2) + (\gamma+2) = (\alpha + \beta + \gamma) + 6 = -2 + 6 = 4$$
$$(\alpha+2)(\beta+2) + (\beta+2)(\gamma+2) + (\gamma+2)(\alpha+2)$$
$$= (\alpha\beta + \beta\gamma + \gamma\alpha) + 4(\alpha + \beta + \gamma) + 12$$
$$= -5 + 4 \times (-2) + 12 = -1$$
$$(\alpha+2)(\beta+2)(\gamma+2)$$
$$= \alpha\beta\gamma + 2(\alpha\beta + \beta\gamma + \gamma\alpha) + 4(\alpha + \beta + \gamma) + 8$$
$$= -6 + 2 \times (-5) + 4 \times (-2) + 8 = -16$$
따라서 $\alpha+2$, $\beta+2$, $\gamma+2$를 세 근으로 하고 x^3의 계수가 1인 삼차방정식은
$$x^3 - 4x^2 - x + 16 = 0$$
따라서 $a = -4$, $b = -1$, $c = 16$이므로
$$a - b + c = 13$$

개념유형
142~143쪽

092 답 $1 - \sqrt{3}$, $1 - \sqrt{3}$, -4, -10, -8

093 답 $a = 5$, $b = -2$

삼차방정식 $x^3 - ax^2 + 6x + b = 0$의 계수가 유리수이므로 한 근이 $2 + \sqrt{2}$이면 $2 - \sqrt{2}$도 근이다.
나머지 한 근을 α라 하면 삼차방정식의 근과 계수의 관계에 의하여
$$(2+\sqrt{2}) + (2-\sqrt{2}) + \alpha = a \qquad \cdots\cdots \ \text{㉠}$$
$$(2+\sqrt{2})(2-\sqrt{2}) + (2-\sqrt{2})\alpha + \alpha(2+\sqrt{2}) = 6 \qquad \cdots\cdots \ \text{㉡}$$
$$(2+\sqrt{2})(2-\sqrt{2})\alpha = -b \qquad \cdots\cdots \ \text{㉢}$$
㉡에서 $\alpha = 1$
㉠, ㉢에서 $a = 5$, $b = -2$

094 답 $a = 2$, $b = -8$

삼차방정식 $x^3 + ax^2 + bx - 16 = 0$의 계수가 유리수이므로 한 근이 $-2\sqrt{2}$이면 $2\sqrt{2}$도 근이다.
나머지 한 근을 α라 하면 삼차방정식의 근과 계수의 관계에 의하여
$$-2\sqrt{2} + 2\sqrt{2} + \alpha = -a \qquad \cdots\cdots \ \text{㉠}$$

$-2\sqrt{2}\times2\sqrt{2}+2\sqrt{2}a+a(-2\sqrt{2})=b$ ...... ㉡
$-2\sqrt{2}\times2\sqrt{2}a=16$ ...... ㉢
㉢에서 $a=-2$
㉠, ㉡에서 $a=2$, $b=-8$

095 답 $1-2i$, $1-2i$, -1, 1, -5

096 답 $a=-2$, $b=-3$

삼차방정식 $x^3+ax^2+bx+10=0$의 계수가 실수이므로 한 근이
$2-i$이면 $2+i$도 근이다.
나머지 한 근을 a라 하면 삼차방정식의 근과 계수의 관계에 의하여
$(2-i)+(2+i)+a=-a$ ...... ㉠
$(2-i)(2+i)+(2+i)a+a(2-i)=b$ ...... ㉡
$(2-i)(2+i)a=-10$ ...... ㉢
㉢에서 $a=-2$
㉠, ㉡에서 $a=-2$, $b=-3$

097 답 $a=16$, $b=-30$

삼차방정식 $x^3-5x^2+ax+b=0$의 계수가 실수이므로 한 근이
$1-3i$이면 $1+3i$도 근이다.
나머지 한 근을 a라 하면 삼차방정식의 근과 계수의 관계에 의하여
$(1-3i)+(1+3i)+a=5$ ...... ㉠
$(1-3i)(1+3i)+(1+3i)a+a(1-3i)=a$ ...... ㉡
$(1-3i)(1+3i)a=-b$ ...... ㉢
㉠에서 $a=3$
㉡, ㉢에서 $a=16$, $b=-30$

098 답 $a=-5$, $b=-13$

삼차방정식 $x^3+ax^2+7x-b=0$의 계수가 실수이므로 한 근이
$3+2i$이면 $3-2i$도 근이다.
나머지 한 근을 a라 하면 삼차방정식의 근과 계수의 관계에 의하여
$(3+2i)+(3-2i)+a=-a$ ...... ㉠
$(3+2i)(3-2i)+(3-2i)a+a(3+2i)=7$ ...... ㉡
$(3+2i)(3-2i)a=b$ ...... ㉢
㉡에서 $a=-1$
㉠, ㉢에서 $a=-5$, $b=-13$

실전유형 143쪽

099 답 ⑤

삼차방정식 $x^3-(a+1)x^2+4x-a=0$의 계수가 실수이므로 한 근
이 $1+i$이면 $1-i$도 근이다.
나머지 한 근을 a라 하면 삼차방정식의 근과 계수의 관계에 의하여
$(1+i)+(1-i)+a=a+1$
$(1+i)(1-i)+(1-i)a+a(1+i)=4$
$(1+i)(1-i)a=a$
$\therefore a=1$, $a=2$

100 답 -15

삼차방정식 $x^3+ax^2+bx+c=0$의 계수가 유리수이므로 한 근이
$2+\sqrt{5}$이면 $2-\sqrt{5}$도 근이다.
따라서 세 근이 1, $2+\sqrt{5}$, $2-\sqrt{5}$이므로 삼차방정식의 근과 계수의
관계에 의하여
$1+(2+\sqrt{5})+(2-\sqrt{5})=-a$
$1\times(2+\sqrt{5})+(2+\sqrt{5})(2-\sqrt{5})+(2-\sqrt{5})\times1=b$
$1\times(2+\sqrt{5})(2-\sqrt{5})=-c$
$\therefore a=-5$, $b=3$, $c=1$ $\quad \therefore abc=-15$

101 답 10

삼차방정식 $x^3-x^2+kx-k=0$의 계수가 실수이므로 한 근이 $3i$이
면 $-3i$도 근이다.
나머지 한 근이 a이므로 삼차방정식의 근과 계수의 관계에 의하여
$3i+(-3i)+a=1$
$3i\times(-3i)+(-3i)a+3ia=k$
$3i\times(-3i)a=k$
$\therefore a=1$, $k=9$ $\quad \therefore k+a=10$

개념유형 145쪽

102 답 0

$x^3=1$에서 $x^3-1=0$, $(x-1)(x^2+x+1)=0$
이때 ω는 이차방정식 $x^2+x+1=0$의 한 허근이므로
$\omega^2+\omega+1=0$

103 답 -1

이차방정식 $x^2+x+1=0$의 한 허근이 ω이므로 다른 한 근은 $\overline{\omega}$이다.
따라서 이차방정식의 근과 계수의 관계에 의하여
$\omega+\overline{\omega}=-1$

104 답 -1

ω는 방정식 $x^3=1$의 한 허근이므로
$\omega^3=1$
$\therefore \omega^{20}+\omega^{10}=(\omega^3)^6\times\omega^2+(\omega^3)^3\times\omega$
$\qquad =\omega^2+\omega=-1$ ($\because \omega^2+\omega+1=0$)

105 답 -1

$\omega^3=1$에서 $\dfrac{1}{\omega^2}=\omega$이므로
$\omega^2+\dfrac{1}{\omega^2}=\omega^2+\omega=-1$ ($\because \omega^2+\omega+1=0$)

106 답 1

이차방정식 $x^2+x+1=0$의 두 근이 ω, $\overline{\omega}$이므로 근과 계수의 관계에
의하여
$\omega\overline{\omega}=1$
$\therefore \dfrac{\overline{\omega}}{\omega^2}=\dfrac{\omega\overline{\omega}}{\omega^3}=1$

107 답 -1

$$\frac{\omega^5}{\omega+1}=\frac{\omega^3\times\omega^2}{\omega+1}=\frac{\omega^2}{\omega+1}$$
$$=\frac{-(\omega+1)}{\omega+1}\ (\because\ \omega^2+\omega+1=0)$$
$$=-1$$

108 답 0

$x^3=-1$에서 $x^3+1=0$, $(x+1)(x^2-x+1)=0$
이때 ω는 이차방정식 $x^2-x+1=0$의 한 허근이므로
$\omega^2-\omega+1=0$

109 답 1

이차방정식 $x^2-x+1=0$의 한 허근이 ω이므로 다른 한 근은 $\overline{\omega}$이다.
따라서 이차방정식의 근과 계수의 관계에 의하여
$\omega\overline{\omega}=1$

110 답 0

ω는 방정식 $x^3=-1$의 한 허근이므로
$\omega^3=-1$
$$\therefore\ \omega^8-\omega^7+1=(\omega^3)^2\times\omega^2-(\omega^3)^2\times\omega+1$$
$$=\omega^2-\omega+1=0$$

111 답 1

$\omega^3=-1$에서 $\dfrac{1}{\omega}=-\omega^2$이므로
$$\omega+\frac{1}{\omega}=\omega-\omega^2=-(\omega^2-\omega)=1\ (\because\ \omega^2-\omega+1=0)$$

112 답 -1

$\overline{\omega}$는 방정식 $x^3=-1$의 한 허근이므로
$\overline{\omega}^3=-1$
$$\therefore\ \frac{\overline{\omega}^2}{\overline{\omega}}=\frac{\overline{\omega}^3}{\overline{\omega}\overline{\omega}}=\frac{-1}{1}=-1$$

113 답 -1

$\overline{\omega}$는 이차방정식 $x^2-x+1=0$의 한 허근이므로
$\overline{\omega}^2-\overline{\omega}+1=0$
$$\therefore\ \frac{\overline{\omega}^5}{\overline{\omega}-1}=\frac{\overline{\omega}^3\times\overline{\omega}^2}{\overline{\omega}-1}=\frac{-\overline{\omega}^2}{\overline{\omega}-1}$$
$$=\frac{-(\overline{\omega}-1)}{\overline{\omega}-1}=-1$$

실전유형

146쪽

114 답 0

$x^3=-1$에서 $x^3+1=0$, $(x+1)(x^2-x+1)=0$
이때 ω는 이차방정식 $x^2-x+1=0$의 한 허근이므로
$\omega^3=-1$, $\omega^2-\omega+1=0$
$\therefore\ \omega^{99}-\omega^{100}+\omega^{101}=\omega^{99}(\omega^2-\omega+1)=0$

115 답 ②

$x^3=1$에서 $x^3-1=0$, $(x-1)(x^2+x+1)=0$
이때 ω는 이차방정식 $x^2+x+1=0$의 한 허근이므로
$\omega^3=1$, $\omega^2+\omega+1=0$
$$\therefore\ \frac{\omega^{14}+1}{\omega^{10}}=\frac{(\omega^3)^4\times\omega^2+1}{(\omega^3)^3\times\omega}$$
$$=\frac{\omega^2+1}{\omega}$$
$$=\frac{-\omega}{\omega}=-1$$

116 답 ③

$x^3+1=0$에서 $(x+1)(x^2-x+1)=0$
이때 ω는 이차방정식 $x^2-x+1=0$의 한 허근이므로 다른 한 근은 $\overline{\omega}$이다.
따라서 이차방정식의 근과 계수의 관계에 의하여
$\omega+\overline{\omega}=1$, $\omega\overline{\omega}=1$
$$\therefore\ \frac{\omega}{1+\omega}+\frac{\overline{\omega}}{1+\overline{\omega}}=\frac{\omega(1+\overline{\omega})+\overline{\omega}(1+\omega)}{(1+\omega)(1+\overline{\omega})}$$
$$=\frac{\omega+\overline{\omega}+2\omega\overline{\omega}}{1+\omega+\overline{\omega}+\omega\overline{\omega}}$$
$$=\frac{1+2}{1+1+1}=1$$

117 답 ④

$x^3-1=0$에서 $(x-1)(x^2+x+1)=0$
이때 ω는 이차방정식 $x^2+x+1=0$의 한 허근이므로
$\omega^3=1$, $\omega^2+\omega+1=0$
① $\omega^3=1$
② $\omega^2+\omega=-1$
③ $\omega^2+\omega+1=0$의 양변을 ω로 나누면
$$\omega+1+\frac{1}{\omega}=0 \qquad \therefore\ \omega+\frac{1}{\omega}=-1$$
$$\therefore\ \omega+\frac{1}{\omega}+2=-1+2=1$$
④ $(1+\omega)(1+\omega^2)(1+\omega^3)=-\omega^2\times(-\omega)\times(1+1)$
$$=2\omega^3=2$$
⑤ $\dfrac{\omega^2}{1+\omega}+\dfrac{1+\omega^2}{\omega}+\dfrac{1}{\omega+\omega^2}=\dfrac{\omega^2}{-\omega^2}+\dfrac{-\omega}{\omega}+\dfrac{1}{-1}$
$$=-1-1-1=-3$$
따라서 값이 가장 큰 것은 ④이다.

118 답 ③

$x^3+1=0$에서 $(x+1)(x^2-x+1)=0$
이때 ω는 이차방정식 $x^2-x+1=0$의 한 허근이므로
$\omega^3=-1$, $\omega^2-\omega+1=0$
ㄱ. ω는 이차방정식 $x^2-x+1=0$의 한 허근이므로 다른 한 근은 $\overline{\omega}$이다.
$$\therefore\ \overline{\omega}^2-\overline{\omega}+1=0$$
ㄴ. $\omega^{10}-\omega^5=(\omega^3)^3\times\omega-\omega^3\times\omega^2$
$$=-\omega+\omega^2=-1$$

ㄷ. $\omega^2-\omega+1=0$의 양변을 ω로 나누면

$\omega-1+\dfrac{1}{\omega}=0$ ∴ $\omega+\dfrac{1}{\omega}=1$

∴ $\dfrac{\omega^2+1}{\omega-1}+\dfrac{\omega-1}{\omega^2+1}=\dfrac{\omega}{\omega^2}+\dfrac{\omega^2}{\omega}=\dfrac{1}{\omega}+\omega=1$

따라서 보기에서 옳은 것은 ㄱ, ㄷ이다.

119 답 -1

이차방정식 $x^2+x+1=0$의 한 허근이 ω이므로

$\omega^2+\omega+1=0$

양변에 $\omega-1$을 곱하면

$(\omega-1)(\omega^2+\omega+1)=0$, $\omega^3-1=0$ ∴ $\omega^3=1$

∴ $\omega+\omega^2+\omega^3+\cdots+\omega^{11}$

$=\omega(1+\omega+\omega^2)+\omega^4(1+\omega+\omega^2)+\omega^7(1+\omega+\omega^2)+\omega^{10}+\omega^{11}$

$=(\omega^3)^3\times\omega+(\omega^3)^3\times\omega^2$

$=\omega+\omega^2=-1$

개념유형
148쪽

120 답 5, 3, 2, 3, 2

121 답 $\begin{cases}x=-1\\y=-4\end{cases}$ 또는 $\begin{cases}x=4\\y=1\end{cases}$

$x-y=3$에서 $y=x-3$ ······ ㉠

㉠을 $x^2+y^2=17$에 대입하면

$x^2+(x-3)^2=17$, $x^2-3x-4=0$

$(x+1)(x-4)=0$ ∴ $x=-1$ 또는 $x=4$

이를 각각 ㉠에 대입하면

$x=-1$일 때 $y=-4$, $x=4$일 때 $y=1$

따라서 주어진 연립방정식의 해는

$\begin{cases}x=-1\\y=-4\end{cases}$ 또는 $\begin{cases}x=4\\y=1\end{cases}$

122 답 $\begin{cases}x=-5\\y=-7\end{cases}$ 또는 $\begin{cases}x=-1\\y=1\end{cases}$

$2x-y=-3$에서 $y=2x+3$ ······ ㉠

㉠을 $2x^2-y^2=1$에 대입하면

$2x^2-(2x+3)^2=1$, $x^2+6x+5=0$

$(x+5)(x+1)=0$ ∴ $x=-5$ 또는 $x=-1$

이를 각각 ㉠에 대입하면

$x=-5$일 때 $y=-7$, $x=-1$일 때 $y=1$

따라서 주어진 연립방정식의 해는

$\begin{cases}x=-5\\y=-7\end{cases}$ 또는 $\begin{cases}x=-1\\y=1\end{cases}$

123 답 $\begin{cases}x=-2\\y=3\end{cases}$ 또는 $\begin{cases}x=2\\y=-1\end{cases}$

$x+y=1$에서 $y=-x+1$ ······ ㉠

㉠을 $x^2+y^2-2y=7$에 대입하면

$x^2+(-x+1)^2-2(-x+1)=7$

$x^2-4=0$, $(x+2)(x-2)=0$ ∴ $x=-2$ 또는 $x=2$

이를 각각 ㉠에 대입하면

$x=-2$일 때 $y=3$, $x=2$일 때 $y=-1$

따라서 주어진 연립방정식의 해는

$\begin{cases}x=-2\\y=3\end{cases}$ 또는 $\begin{cases}x=2\\y=-1\end{cases}$

124 답 $2x$, $-\sqrt{10}$, -4, $-\sqrt{10}$, -4

125 답 $\begin{cases}x=-\sqrt{11}\\y=\sqrt{11}\end{cases}$ 또는 $\begin{cases}x=\sqrt{11}\\y=-\sqrt{11}\end{cases}$

또는 $\begin{cases}x=-3\sqrt{3}\\y=-\sqrt{3}\end{cases}$ 또는 $\begin{cases}x=3\sqrt{3}\\y=\sqrt{3}\end{cases}$

$(x+y)(x-3y)=0$에서 $x=-y$ 또는 $x=3y$

(ⅰ) $x=-y$를 $x^2+2y^2=33$에 대입하면

$y^2+2y^2=33$, $y^2=11$ ∴ $y=\pm\sqrt{11}$

이를 각각 $x=-y$에 대입하면

$y=-\sqrt{11}$일 때 $x=\sqrt{11}$, $y=\sqrt{11}$일 때 $x=-\sqrt{11}$

(ⅱ) $x=3y$를 $x^2+2y^2=33$에 대입하면

$9y^2+2y^2=33$, $y^2=3$ ∴ $y=\pm\sqrt{3}$

이를 각각 $x=3y$에 대입하면

$y=-\sqrt{3}$일 때 $x=-3\sqrt{3}$, $y=\sqrt{3}$일 때 $x=3\sqrt{3}$

(ⅰ), (ⅱ)에서 주어진 연립방정식의 해는

$\begin{cases}x=-\sqrt{11}\\y=\sqrt{11}\end{cases}$ 또는 $\begin{cases}x=\sqrt{11}\\y=-\sqrt{11}\end{cases}$ 또는 $\begin{cases}x=-3\sqrt{3}\\y=-\sqrt{3}\end{cases}$ 또는 $\begin{cases}x=3\sqrt{3}\\y=\sqrt{3}\end{cases}$

126 답 $\begin{cases}x=-3\\y=1\end{cases}$ 또는 $\begin{cases}x=3\\y=-1\end{cases}$

또는 $\begin{cases}x=-\sqrt{5}\\y=-\sqrt{5}\end{cases}$ 또는 $\begin{cases}x=\sqrt{5}\\y=\sqrt{5}\end{cases}$

$x^2+2xy-3y^2=0$에서 $(x+3y)(x-y)=0$

∴ $x=-3y$ 또는 $x=y$

(ⅰ) $x=-3y$를 $x^2+y^2=10$에 대입하면

$9y^2+y^2=10$, $y^2=1$ ∴ $y=\pm1$

이를 각각 $x=-3y$에 대입하면

$y=-1$일 때 $x=3$, $y=1$일 때 $x=-3$

(ⅱ) $x=y$를 $x^2+y^2=10$에 대입하면

$y^2+y^2=10$, $y^2=5$ ∴ $y=\pm\sqrt{5}$

이를 각각 $x=y$에 대입하면

$y=-\sqrt{5}$일 때 $x=-\sqrt{5}$, $y=\sqrt{5}$일 때 $x=\sqrt{5}$

(ⅰ), (ⅱ)에서 주어진 연립방정식의 해는

$\begin{cases}x=-3\\y=1\end{cases}$ 또는 $\begin{cases}x=3\\y=-1\end{cases}$ 또는 $\begin{cases}x=-\sqrt{5}\\y=-\sqrt{5}\end{cases}$ 또는 $\begin{cases}x=\sqrt{5}\\y=\sqrt{5}\end{cases}$

127 답 $\begin{cases}x=-\sqrt{11}i\\y=\sqrt{11}i\end{cases}$ 또는 $\begin{cases}x=\sqrt{11}i\\y=-\sqrt{11}i\end{cases}$

또는 $\begin{cases}x=-2\\y=-1\end{cases}$ 또는 $\begin{cases}x=2\\y=1\end{cases}$

$x^2-xy-2y^2=0$에서 $(x+y)(x-2y)=0$

∴ $x=-y$ 또는 $x=2y$

(ⅰ) $x=-y$를 $x^2+3xy+y^2=11$에 대입하면

$y^2-3y^2+y^2=11$, $y^2=-11$ ∴ $y=\pm\sqrt{11}i$

이를 각각 $x=-y$에 대입하면

$y=-\sqrt{11}i$일 때 $x=\sqrt{11}i$, $y=\sqrt{11}i$일 때 $x=-\sqrt{11}i$

(ii) $x=2y$를 $x^2+3xy+y^2=11$에 대입하면

$4y^2+6y^2+y^2=11$, $y^2=1$ $\quad\therefore y=\pm1$

이를 각각 $x=2y$에 대입하면

$y=-1$일 때 $x=-2$, $y=1$일 때 $x=2$

(i), (ii)에서 주어진 연립방정식의 해는

$$\begin{cases} x=-\sqrt{11}i \\ y=\sqrt{11}i \end{cases} \text{또는} \begin{cases} x=\sqrt{11}i \\ y=-\sqrt{11}i \end{cases} \text{또는} \begin{cases} x=-2 \\ y=-1 \end{cases} \text{또는} \begin{cases} x=2 \\ y=1 \end{cases}$$

실전유형

149~150쪽

128 답 ④

$x-y=2$에서 $y=x-2$ $\quad\cdots\cdots$ ㉠

㉠을 $x^2+8x+y^2=2$에 대입하면

$x^2+8x+(x-2)^2=2$

$x^2+2x+1=0$, $(x+1)^2=0$ $\quad\therefore x=-1$

이를 ㉠에 대입하면 $y=-3$

따라서 $\alpha=-1$, $\beta=-3$이므로 $\alpha+\beta=-4$

129 답 ④

$x+2y=5$에서 $x=5-2y$ $\quad\cdots\cdots$ ㉠

㉠을 $x^2+xy+y^2=13$에 대입하면

$(5-2y)^2+(5-2y)y+y^2=13$

$y^2-5y+4=0$

$(y-1)(y-4)=0$ $\quad\therefore y=1$ 또는 $y=4$

이를 각각 ㉠에 대입하면

$y=1$일 때 $x=3$, $y=4$일 때 $x=-3$

$\therefore x-y=2$ 또는 $x-y=-7$

따라서 $x-y$의 최댓값은 2이다.

130 답 1

$2x-y=1$에서 $y=2x-1$ $\quad\cdots\cdots$ ㉠

㉠을 $x^2-4y^2=-3$에 대입하면

$x^2-4(2x-1)^2=-3$

$15x^2-16x+1=0$, $(15x-1)(x-1)=0$

$\therefore x=\dfrac{1}{15}$ 또는 $x=1$

그런데 x는 정수이므로 $x=1$

이를 ㉠에 대입하면 $y=1$

$\therefore xy=1$

131 답 $x=3$, $y=1$

$x=-1$, $y=-3$을 $x-y=a$, $x^2+y^2=b$에 각각 대입하면

$-1+3=a$, $1+9=b$ $\quad\therefore a=2$, $b=10$

따라서 주어진 연립방정식은 $\begin{cases} x-y=2 \\ x^2+y^2=10 \end{cases}$

$x-y=2$에서 $y=x-2$ $\quad\cdots\cdots$ ㉠

㉠을 $x^2+y^2=10$에 대입하면

$x^2+(x-2)^2=10$

$x^2-2x-3=0$

$(x+1)(x-3)=0$ $\quad\therefore x=-1$ 또는 $x=3$

이를 각각 ㉠에 대입하면

$x=-1$일 때 $y=-3$, $x=3$일 때 $y=1$

따라서 나머지 한 근은 $x=3$, $y=1$이다.

132 답 ⑤

두 연립방정식의 공통인 해는 연립방정식 $\begin{cases} x-y=4 \\ x^2+3xy+y^2=1 \end{cases}$ 의 해와 같다.

$x-y=4$에서 $y=x-4$ $\quad\cdots\cdots$ ㉠

㉠을 $x^2+3xy+y^2=1$에 대입하면

$x^2+3x(x-4)+(x-4)^2=1$

$x^2-4x+3=0$, $(x-1)(x-3)=0$

$\therefore x=1$ 또는 $x=3$

이를 각각 ㉠에 대입하면

$x=1$일 때 $y=-3$, $x=3$일 때 $y=-1$

(i) $x=1$, $y=-3$을 $x^2-ay^2=-1$, $2x-by=7$에 각각 대입하면

$1-9a=-1$, $2+3b=7$

$\therefore a=\dfrac{2}{9}$, $b=\dfrac{5}{3}$

(ii) $x=3$, $y=-1$을 $x^2-ay^2=-1$, $2x-by=7$에 각각 대입하면

$9-a=-1$, $6+b=7$

$\therefore a=10$, $b=1$

(i), (ii)에서 자연수 a, b의 값은 $a=10$, $b=1$이므로

$a-b=9$

133 답 -10

$x^2-y^2=0$에서 $(x+y)(x-y)=0$

$\therefore x=-y$ 또는 $x=y$

(i) $x=-y$를 $x^2+4y=5$에 대입하면

$y^2+4y=5$, $y^2+4y-5=0$

$(y+5)(y-1)=0$ $\quad\therefore y=-5$ 또는 $y=1$

이를 각각 $x=-y$에 대입하면

$y=-5$일 때 $x=5$, $y=1$일 때 $x=-1$

(ii) $x=y$를 $x^2+4y=5$에 대입하면

$y^2+4y=5$, $y^2+4y-5=0$

$(y+5)(y-1)=0$ $\quad\therefore y=-5$ 또는 $y=1$

이를 각각 $x=y$에 대입하면

$y=-5$일 때 $x=-5$, $y=1$일 때 $x=1$

(i), (ii)에서 음의 실수 x, y의 값은 $x=-5$, $y=-5$이므로

$x+y=-10$

134 답 ③

$3x^2+2xy-y^2=0$에서

$(x+y)(3x-y)=0$

$\therefore y=-x$ 또는 $y=3x$

(i) $y=-x$를 $3x^2+y^2=12$에 대입하면

$3x^2+x^2=12$, $x^2=3$ $\quad\therefore x=\pm\sqrt{3}$

이를 각각 $y=-x$에 대입하면

$x=-\sqrt{3}$일 때 $y=\sqrt{3}$, $x=\sqrt{3}$일 때 $y=-\sqrt{3}$

$\therefore \alpha+\beta=0$

(ii) $y=3x$를 $3x^2+y^2=12$에 대입하면

$3x^2+9x^2=12$, $x^2=1$

$\therefore x=\pm1$

이를 각각 $y=3x$에 대입하면

$x=-1$일 때 $y=-3$, $x=1$일 때 $y=3$

$\therefore \alpha+\beta=-4$ 또는 $\alpha+\beta=4$

(i), (ii)에서 $\alpha+\beta$의 최댓값은 4이다.

135 답 18

$x^2-4xy+4y^2=0$에서 $(x-2y)^2=0$

$\therefore x=2y$ ······ ㉠

㉠을 $x^2-6x-12y+36=0$에 대입하면

$4y^2-12y-12y+36=0$, $y^2-6y+9=0$

$(y-3)^2=0$ $\therefore y=3$

이를 ㉠에 대입하면 $x=6$

따라서 $\alpha=6$, $\beta=3$이므로 $\alpha\beta=18$

136 답 ④

$4x^2-5xy+y^2=0$에서 $(x-y)(4x-y)=0$

$\therefore y=x$ 또는 $y=4x$

(i) $y=x$를 $x^2-2xy+2y^2=25$에 대입하면

$x^2-2x^2+2x^2=25$, $x^2=25$ $\therefore x=\pm5$

이를 각각 $y=x$에 대입하면

$x=-5$일 때 $y=-5$, $x=5$일 때 $y=5$

$\therefore \alpha\beta=25$

(ii) $y=4x$를 $x^2-2xy+2y^2=25$에 대입하면

$x^2-8x^2+32x^2=25$, $x^2=1$ $\therefore x=\pm1$

이를 각각 $y=4x$에 대입하면

$x=-1$일 때 $y=-4$, $x=1$일 때 $y=4$

$\therefore \alpha\beta=4$

(i), (ii)에서 $\alpha\beta$의 최댓값은 25, 최솟값은 4이므로

$M=25$, $m=4$ $\therefore M-m=21$

137 답 ③

$2x+y=k$에서 $y=k-2x$

이를 $x^2+y^2=5$에 대입하면

$x^2+(k-2x)^2=5$ $\therefore 5x^2-4kx+k^2-5=0$

이 이차방정식이 중근을 가져야 하므로 판별식을 D라 하면

$\dfrac{D}{4}=(-2k)^2-5(k^2-5)=0$

$k^2-25=0$, $(k+5)(k-5)=0$

$\therefore k=-5$ 또는 $k=5$

그런데 $k>0$이므로 $k=5$

138 답 3

$x-3y=6$에서 $x=3y+6$

이를 $x^2+y^2=k$에 대입하면

$(3y+6)^2+y^2=k$

$10y^2+36y+36-k=0$

이 이차방정식의 실근이 존재하지 않으므로 판별식을 D라 하면

$\dfrac{D}{4}=18^2-10(36-k)<0$

$-36+10k<0$ $\therefore k<\dfrac{36}{10}=3.6$

따라서 정수 k의 최댓값은 3이다.

139 답 ⑤

$2x-y=k$에서 $y=2x-k$

이를 $x^2-2y=6$에 대입하면

$x^2-2(2x-k)=6$, $x^2-4x+2k-6=0$

이 이차방정식이 실근을 가지므로 판별식을 D라 하면

$\dfrac{D}{4}=(-2)^2-(2k-6)\geq0$

$-2k+10\geq0$ $\therefore k\leq5$

따라서 자연수 k는 1, 2, 3, 4, 5의 5개이다.

개념유형

140 답 4, 4, 4, 2

141 답 $\begin{cases}x=-4\\y=-1\end{cases}$ 또는 $\begin{cases}x=-1\\y=-4\end{cases}$

$x+y=-5$, $xy=4$이므로 x, y를 두 근으로 하는 t에 대한 이차방정식은

$t^2+5t+4=0$

$(t+4)(t+1)=0$ $\therefore t=-4$ 또는 $t=-1$

따라서 주어진 연립방정식의 해는

$\begin{cases}x=-4\\y=-1\end{cases}$ 또는 $\begin{cases}x=-1\\y=-4\end{cases}$

142 답 $\begin{cases}x=-6\\y=4\end{cases}$ 또는 $\begin{cases}x=4\\y=-6\end{cases}$

$x+y=-2$, $xy=-24$이므로 x, y를 두 근으로 하는 t에 대한 이차방정식은

$t^2+2t-24=0$

$(t+6)(t-4)=0$ $\therefore t=-6$ 또는 $t=4$

따라서 주어진 연립방정식의 해는

$\begin{cases}x=-6\\y=4\end{cases}$ 또는 $\begin{cases}x=4\\y=-6\end{cases}$

143 답 $\begin{cases}x=-2\\y=5\end{cases}$ 또는 $\begin{cases}x=5\\y=-2\end{cases}$

$x+y=3$, $xy=-10$이므로 x, y를 두 근으로 하는 t에 대한 이차방정식은

$t^2-3t-10=0$

$(t+2)(t-5)=0$ $\therefore t=-2$ 또는 $t=5$

따라서 주어진 연립방정식의 해는

$$\begin{cases} x=-2 \\ y=5 \end{cases} \text{또는} \begin{cases} x=5 \\ y=-2 \end{cases}$$

144 답 u^2-2v, -1, -3, t^2-4t+3, 3, 3, 3, -1, -3, 3, 3

145 답 $\begin{cases} x=-4 \\ y=5 \end{cases}$ 또는 $\begin{cases} x=5 \\ y=-4 \end{cases}$

$\begin{cases} x+y=1 \\ x^2+xy+y^2=21 \end{cases}$ 을 변형하면

$\begin{cases} x+y=1 \\ (x+y)^2-xy=21 \end{cases}$

$x+y=u$, $xy=v$로 놓으면

$\begin{cases} u=1 & \cdots\cdots \ \bigcirc \\ u^2-v=21 & \cdots\cdots \ \bigcirc\!\!\!\!\bigcirc \end{cases}$

$\bigcirc$을 $\bigcirc\!\!\!\!\bigcirc$에 대입하면

$1-v=21$ $\therefore v=-20$

즉, $x+y=1$, $xy=-20$이므로 x, y를 두 근으로 하는 t에 대한 이차방정식은

$t^2-t-20=0$

$(t+4)(t-5)=0$ $\therefore t=-4$ 또는 $t=5$

따라서 주어진 연립방정식의 해는

$\begin{cases} x=-4 \\ y=5 \end{cases}$ 또는 $\begin{cases} x=5 \\ y=-4 \end{cases}$

146 답 $\begin{cases} x=-2-\sqrt{3}i \\ y=-2+\sqrt{3}i \end{cases}$ 또는 $\begin{cases} x=-2+\sqrt{3}i \\ y=-2-\sqrt{3}i \end{cases}$ 또는 $\begin{cases} x=1 \\ y=1 \end{cases}$

$\begin{cases} xy+x+y=3 \\ x^2+y^2=2 \end{cases}$ 를 변형하면

$\begin{cases} xy+x+y=3 \\ (x+y)^2-2xy=2 \end{cases}$

$x+y=u$, $xy=v$로 놓으면

$\begin{cases} v+u=3 & \cdots\cdots \ \bigcirc \\ u^2-2v=2 & \cdots\cdots \ \bigcirc\!\!\!\!\bigcirc \end{cases}$

$\bigcirc$에서 $v=-u+3$ $\cdots\cdots \ \bigcirc\!\!\!\!\bigcirc\!\!\!\!\bigcirc$

$\bigcirc\!\!\!\!\bigcirc\!\!\!\!\bigcirc$을 $\bigcirc\!\!\!\!\bigcirc$에 대입하면

$u^2-2(-u+3)=2$, $u^2+2u-8=0$

$(u+4)(u-2)=0$ $\therefore u=-4$ 또는 $u=2$

이를 각각 $\bigcirc\!\!\!\!\bigcirc\!\!\!\!\bigcirc$에 대입하면

$u=-4$, $v=7$ 또는 $u=2$, $v=1$

(i) $u=-4$, $v=7$, 즉 $x+y=-4$, $xy=7$일 때

　x, y를 두 근으로 하는 t에 대한 이차방정식은

　$t^2+4t+7=0$ $\therefore t=-2\pm\sqrt{3}i$

　$\therefore \begin{cases} x=-2-\sqrt{3}i \\ y=-2+\sqrt{3}i \end{cases}$ 또는 $\begin{cases} x=-2+\sqrt{3}i \\ y=-2-\sqrt{3}i \end{cases}$

(ii) $u=2$, $v=1$, 즉 $x+y=2$, $xy=1$일 때

　x, y를 두 근으로 하는 t에 대한 이차방정식은

　$t^2-2t+1=0$

　$(t-1)^2=0$ $\therefore t=1$ (중근)

　$\therefore \begin{cases} x=1 \\ y=1 \end{cases}$

(i), (ii)에서 주어진 연립방정식의 해는

$\begin{cases} x=-2-\sqrt{3}i \\ y=-2+\sqrt{3}i \end{cases}$ 또는 $\begin{cases} x=-2+\sqrt{3}i \\ y=-2-\sqrt{3}i \end{cases}$ 또는 $\begin{cases} x=1 \\ y=1 \end{cases}$

실전유형

147 답 ①

$\begin{cases} x+y+xy=8 \\ 2x+2y-xy=4 \end{cases}$ 를 변형하면

$\begin{cases} x+y+xy=8 \\ 2(x+y)-xy=4 \end{cases}$

$x+y=u$, $xy=v$로 놓으면

$\begin{cases} u+v=8 \\ 2u-v=4 \end{cases}$

이 연립방정식을 풀면 $u=4$, $v=4$

즉, $x+y=4$, $xy=4$이므로 x, y를 두 근으로 하는 t에 대한 이차방정식은

$t^2-4t+4=0$, $(t-2)^2=0$

$\therefore t=2$ (중근)

따라서 주어진 연립방정식의 해는 $x=2$, $y=2$이므로

$\alpha=2$, $\beta=2$

$\therefore \alpha^2+\beta^2=4+4=8$

148 답 4

$\begin{cases} x+y=2 \\ x^2+xy+y^2=7 \end{cases}$ 을 변형하면

$\begin{cases} x+y=2 \\ (x+y)^2-xy=7 \end{cases}$

$x+y=u$, $xy=v$로 놓으면

$\begin{cases} u=2 & \cdots\cdots \ \bigcirc \\ u^2-v=7 & \cdots\cdots \ \bigcirc\!\!\!\!\bigcirc \end{cases}$

$\bigcirc$을 $\bigcirc\!\!\!\!\bigcirc$에 대입하면

$4-v=7$ $\therefore v=-3$

즉, $x+y=2$, $xy=-3$이므로 x, y를 두 근으로 하는 t에 대한 이차방정식은

$t^2-2t-3=0$, $(t+1)(t-3)=0$

$\therefore t=-1$ 또는 $t=3$

$\therefore \begin{cases} x=-1 \\ y=3 \end{cases}$ 또는 $\begin{cases} x=3 \\ y=-1 \end{cases}$

따라서 $x-y$의 최댓값은 4이다.

149 답 -2

$\begin{cases} 2xy-x-y=-4 \\ x^2+y^2=10 \end{cases}$ 을 변형하면

$\begin{cases} 2xy-(x+y)=-4 \\ (x+y)^2-2xy=10 \end{cases}$

$x+y=u$, $xy=v$로 놓으면

$\begin{cases} 2v-u=-4 & \cdots\cdots \ \ \text{㉠} \\ u^2-2v=10 & \cdots\cdots \ \ \text{㉡} \end{cases}$

㉠에서 $u=2v+4$ $\cdots\cdots$ ㉢

㉢을 ㉡에 대입하면

$(2v+4)^2-2v=10$, $2v^2+7v+3=0$

$(v+3)(2v+1)=0$ $\quad$ $\therefore v=-3$ 또는 $v=-\dfrac{1}{2}$

이를 각각 ㉢에 대입하면

$u=-2$, $v=-3$ 또는 $u=3$, $v=-\dfrac{1}{2}$

(i) $u=-2$, $v=-3$, 즉 $x+y=-2$, $xy=-3$일 때

$\quad$ x, y를 두 근으로 하는 t에 대한 이차방정식은

$\quad$ $t^2+2t-3=0$, $(t+3)(t-1)=0$

$\quad$ $\therefore t=-3$ 또는 $t=1$

$\quad$ $\therefore \begin{cases} x=-3 \\ y=1 \end{cases}$ 또는 $\begin{cases} x=1 \\ y=-3 \end{cases}$

(ii) $u=3$, $v=-\dfrac{1}{2}$, 즉 $x+y=3$, $xy=-\dfrac{1}{2}$일 때

$\quad$ x, y를 두 근으로 하는 t에 대한 이차방정식은

$\quad$ $t^2-3t-\dfrac{1}{2}=0$, $2t^2-6t-1=0$

$\quad$ $\therefore t=\dfrac{3\pm\sqrt{11}}{2}$

$\quad$ $\therefore \begin{cases} x=\dfrac{3-\sqrt{11}}{2} \\ y=\dfrac{3+\sqrt{11}}{2} \end{cases}$ 또는 $\begin{cases} x=\dfrac{3+\sqrt{11}}{2} \\ y=\dfrac{3-\sqrt{11}}{2} \end{cases}$

(i), (ii)에서 정수 x, y의 값은 $\begin{cases} x=-3 \\ y=1 \end{cases}$ 또는 $\begin{cases} x=1 \\ y=-3 \end{cases}$이므로

$x+y=-2$

150 답 ③

처음 꽃밭의 가로, 세로의 길이를 각각 x m, y m라 하면

$\begin{cases} x^2+y^2=10^2 \\ (x+3)(y+3)=xy+51 \end{cases}$

$\therefore \begin{cases} x^2+y^2=100 & \cdots\cdots \ \ \text{㉠} \\ x+y=14 & \cdots\cdots \ \ \text{㉡} \end{cases}$

㉡에서 $y=14-x$ $\cdots\cdots$ ㉢

㉢을 ㉠에 대입하면

$x^2+(14-x)^2=100$, $x^2-14x+48=0$

$(x-6)(x-8)=0$ $\quad$ $\therefore x=6$ 또는 $x=8$

이를 각각 ㉢에 대입하면

$x=6$, $y=8$ 또는 $x=8$, $y=6$

그런데 $x>y$이므로 $x=8$, $y=6$

따라서 처음 꽃밭의 가로의 길이는 8 m이다.

151 답 5 cm

직각을 낀 두 변의 길이를 각각 x cm, y cm라 하면

$\begin{cases} x^2+y^2=13^2 \\ \dfrac{1}{2}xy=30 \end{cases}$

$\therefore \begin{cases} x^2+y^2=169 \\ xy=60 \end{cases}$

이 연립방정식을 변형하면

$\begin{cases} (x+y)^2-2xy=169 \\ xy=60 \end{cases}$

$x+y=u$, $xy=v$로 놓으면

$\begin{cases} u^2-2v=169 & \cdots\cdots \ \ \text{㉠} \\ v=60 & \cdots\cdots \ \ \text{㉡} \end{cases}$

㉡을 ㉠에 대입하면 $u^2-120=169$

$u^2-289=0$, $(u+17)(u-17)=0$

$\therefore u=-17$ 또는 $u=17$

그런데 $x+y>13$, 즉 $u>13$이므로 $u=17$

즉, $x+y=17$, $xy=60$이므로 x, y를 두 근으로 하는 t에 대한 이차방정식은

$t^2-17t+60=0$

$(t-5)(t-12)=0$ $\quad$ $\therefore t=5$ 또는 $t=12$

따라서 연립방정식의 해는 $\begin{cases} x=5 \\ y=12 \end{cases}$ 또는 $\begin{cases} x=12 \\ y=5 \end{cases}$

따라서 짧은 변의 길이는 5 cm이다.

152 답 $x=5$, $y=2$

$\begin{cases} 2\pi x+2\pi y=14\pi \\ \pi x^2+\pi y^2=29\pi \end{cases}$

$\therefore \begin{cases} x+y=7 & \cdots\cdots \ \ \text{㉠} \\ x^2+y^2=29 & \cdots\cdots \ \ \text{㉡} \end{cases}$

㉠에서 $y=7-x$ $\cdots\cdots$ ㉢

㉢을 ㉡에 대입하면

$x^2+(7-x)^2=29$, $x^2-7x+10=0$

$(x-2)(x-5)=0$ $\quad$ $\therefore x=2$ 또는 $x=5$

이를 각각 ㉢에 대입하면 $x=2$, $y=5$ 또는 $x=5$, $y=2$

그런데 $x>y$이므로 $x=5$, $y=2$

개념유형

155쪽

153 답 $y-1$, 1, 0, 1, 3, 2, (3, 2)

154 답 $(-6, -1)$, $(-4, 1)$, $(-2, -5)$, $(0, -3)$

$xy+2x+3y+9=0$에서

$x(y+2)+3(y+2)+3=0$

$\therefore (x+3)(y+2)=-3$

(i) $x+3=-3$, $y+2=1$일 때, $x=-6$, $y=-1$

(ii) $x+3=-1$, $y+2=3$일 때, $x=-4$, $y=1$

(iii) $x+3=1$, $y+2=-3$일 때, $x=-2$, $y=-5$

(iv) $x+3=3$, $y+2=-1$일 때, $x=0$, $y=-3$

(i)~(iv)에서 정수 x, y의 순서쌍 (x, y)는

$(-6, -1)$, $(-4, 1)$, $(-2, -5)$, $(0, -3)$

155 답 $(2, -3)$, $(3, -4)$, $(5, 0)$, $(6, -1)$

$xy+2x-4y-10=0$에서

$x(y+2)-4(y+2)-2=0$

$\therefore (x-4)(y+2)=2$

(i) $x-4=-2$, $y+2=-1$일 때, $x=2$, $y=-3$

(ii) $x-4=-1$, $y+2=-2$일 때, $x=3$, $y=-4$

(iii) $x-4=1$, $y+2=2$일 때, $x=5$, $y=0$

(iv) $x-4=2$, $y+2=1$일 때, $x=6$, $y=-1$

(i)~(iv)에서 정수 x, y의 순서쌍 (x, y)는

$(2, -3)$, $(3, -4)$, $(5, 0)$, $(6, -1)$

156 답 $(0, 3)$, $(2, 1)$

$xy-2x-y+3=0$에서

$x(y-2)-(y-2)+1=0$

$\therefore (x-1)(y-2)=-1$

(i) $x-1=-1$, $y-2=1$일 때, $x=0$, $y=3$

(ii) $x-1=1$, $y-2=-1$일 때, $x=2$, $y=1$

(i), (ii)에서 정수 x, y의 순서쌍 (x, y)는 $(0, 3)$, $(2, 1)$

157 답 $y-3$, $y-3$, 3, $y-3$, 3, -1

158 답 $x=4$, $y=3$

[방법 1]

$x^2+y^2-8x-6y+25=0$에서

$(x^2-8x+16)+(y^2-6y+9)=0$

$\therefore (x-4)^2+(y-3)^2=0$

x, y가 실수이므로 $x-4=0$, $y-3=0$

$\therefore x=4$, $y=3$

[방법 2]

주어진 방정식의 좌변을 x에 대하여 내림차순으로 정리하면

$x^2-8x+y^2-6y+25=0$ ······ ㉠

x가 실수이므로 이 이차방정식의 판별식을 D라 하면

$\dfrac{D}{4}=16-(y^2-6y+25)\geq 0$

$-y^2+6y-9\geq 0$ $\therefore (y-3)^2\leq 0$

이때 y는 실수이므로

$y-3=0$ $\therefore y=3$

이를 ㉠에 대입하면 $x^2-8x+16=0$

$(x-4)^2=0$ $\therefore x=4$

159 답 $x=2$, $y=-1$

[방법 1]

$x^2+y^2-4x+2y+5=0$에서

$(x^2-4x+4)+(y^2+2y+1)=0$

$\therefore (x-2)^2+(y+1)^2=0$

x, y가 실수이므로 $x-2=0$, $y+1=0$

$\therefore x=2$, $y=-1$

[방법 2]

주어진 방정식의 좌변을 x에 대하여 내림차순으로 정리하면

$x^2-4x+y^2+2y+5=0$ ······ ㉠

x가 실수이므로 이 이차방정식의 판별식을 D라 하면

$\dfrac{D}{4}=4-(y^2+2y+5)\geq 0$

$-y^2-2y-1\geq 0$ $\therefore (y+1)^2\leq 0$

이때 y는 실수이므로 $y+1=0$ $\therefore y=-1$

이를 ㉠에 대입하면 $x^2-4x+4=0$

$(x-2)^2=0$ $\therefore x=2$

160 답 $x=2$, $y=2$

[방법 1]

$2x^2+y^2-2xy-4x+4=0$에서

$(x^2-4x+4)+(x^2-2xy+y^2)=0$

$\therefore (x-2)^2+(x-y)^2=0$

x, y가 실수이므로 $x-2=0$, $x-y=0$

$\therefore x=2$, $y=2$

[방법 2]

주어진 방정식의 좌변을 x에 대하여 내림차순으로 정리하면

$2x^2-2(y+2)x+y^2+4=0$ ······ ㉠

x가 실수이므로 이 이차방정식의 판별식을 D라 하면

$\dfrac{D}{4}=(y+2)^2-2(y^2+4)\geq 0$

$-y^2+4y-4\geq 0$ $\therefore (y-2)^2\leq 0$

이때 y는 실수이므로 $y-2=0$ $\therefore y=2$

이를 ㉠에 대입하면 $2x^2-8x+8=0$

$x^2-4x+4=0$, $(x-2)^2=0$ $\therefore x=2$

실전유형 156쪽

161 답 ②

$xy-2x-y-1=0$에서

$x(y-2)-(y-2)-3=0$

$\therefore (x-1)(y-2)=3$

x, y가 자연수이므로

$x-1\geq 0$, $y-2\geq -1$

(i) $x-1=1$, $y-2=3$일 때, $x=2$, $y=5$

(ii) $x-1=3$, $y-2=1$일 때, $x=4$, $y=3$

(i), (ii)에서 자연수 x, y의 순서쌍 (x, y)는 $(2, 5)$, $(4, 3)$의 2개이다.

162 답 ④

$xy+x+y=2$에서

$x(y+1)+(y+1)=3$

$\therefore (x+1)(y+1)=3$

(i) $x+1=-3$, $y+1=-1$일 때

$x=-4$, $y=-2$ $\therefore xy=8$

(ii) $x+1=-1$, $y+1=-3$일 때

$x=-2$, $y=-4$ $\therefore xy=8$

(iii) $x+1=1$, $y+1=3$일 때

$x=0$, $y=2$ $\therefore xy=0$

(iv) $x+1=3$, $y+1=1$일 때

$x=2$, $y=0$ $\therefore xy=0$

(i)~(iv)에서 xy의 최댓값은 8이다.

163 답 6

$2xy - 2x - y = -6$에서

$2x(y-1) - (y-1) = -5$

$\therefore (2x-1)(y-1) = -5$

(i) $2x-1 = -5$, $y-1 = 1$일 때

$x = -2$, $y = 2$ $\therefore x+y = 0$

(ii) $2x-1 = -1$, $y-1 = 5$일 때

$x = 0$, $y = 6$ $\therefore x+y = 6$

(iii) $2x-1 = 1$, $y-1 = -5$일 때

$x = 1$, $y = -4$ $\therefore x+y = -3$

(iv) $2x-1 = 5$, $y-1 = -1$일 때

$x = 3$, $y = 0$ $\therefore x+y = 3$

(i)~(iv)에서 $x+y$의 최댓값은 6이다.

164 답 ①

[방법 1]

$x^2 + y^2 - 6x + 4y + 13 = 0$에서

$(x^2 - 6x + 9) + (y^2 + 4y + 4) = 0$

$\therefore (x-3)^2 + (y+2)^2 = 0$

x, y가 실수이므로 $x-3 = 0$, $y+2 = 0$

$\therefore x = 3$, $y = -2$

$\therefore xy = -6$

[방법 2]

주어진 방정식의 좌변을 x에 대하여 내림차순으로 정리하면

$x^2 - 6x + y^2 + 4y + 13 = 0$ ······ ㉠

x가 실수이므로 이 이차방정식의 판별식을 D라 하면

$\dfrac{D}{4} = 9 - (y^2 + 4y + 13) \geq 0$

$-y^2 - 4y - 4 \geq 0$ $\therefore (y+2)^2 \leq 0$

이때 y는 실수이므로

$y+2 = 0$ $\therefore y = -2$

이를 ㉠에 대입하면 $x^2 - 6x + 9 = 0$

$(x-3)^2 = 0$ $\therefore x = 3$

$\therefore xy = -6$

165 답 ⑤

[방법 1]

$x^2 + 4y^2 + 4x + 4y + 5 = 0$에서

$(x^2 + 4x + 4) + (4y^2 + 4y + 1) = 0$

$\therefore (x+2)^2 + (2y+1)^2 = 0$

x, y가 실수이므로 $x+2 = 0$, $2y+1 = 0$

$\therefore x = -2$, $y = -\dfrac{1}{2}$

$\therefore x^2 + y^2 = 4 + \dfrac{1}{4} = \dfrac{17}{4}$

[방법 2]

주어진 방정식의 좌변을 x에 대하여 내림차순으로 정리하면

$x^2 + 4x + 4y^2 + 4y + 5 = 0$ ······ ㉠

x가 실수이므로 이 이차방정식의 판별식을 D라 하면

$\dfrac{D}{4} = 4 - (4y^2 + 4y + 5) \geq 0$

$-4y^2 - 4y - 1 \geq 0$ $\therefore (2y+1)^2 \leq 0$

이때 y는 실수이므로

$2y+1 = 0$ $\therefore y = -\dfrac{1}{2}$

이를 ㉠에 대입하면 $x^2 + 4x + 4 = 0$

$(x+2)^2 = 0$ $\therefore x = -2$

$\therefore x^2 + y^2 = 4 + \dfrac{1}{4} = \dfrac{17}{4}$

166 답 −6

[방법 1]

$2x^2 + y^2 + 2xy + 6x + 9 = 0$에서

$(x^2 + 6x + 9) + (x^2 + 2xy + y^2) = 0$

$\therefore (x+3)^2 + (x+y)^2 = 0$

x, y가 실수이므로 $x+3 = 0$, $x+y = 0$

$\therefore x = -3$, $y = 3$

$\therefore x - y = -6$

[방법 2]

주어진 방정식의 좌변을 x에 대하여 내림차순으로 정리하면

$2x^2 + 2(y+3)x + y^2 + 9 = 0$ ······ ㉠

x가 실수이므로 이 이차방정식의 판별식을 D라 하면

$\dfrac{D}{4} = (y+3)^2 - 2(y^2+9) \geq 0$

$-y^2 + 6y - 9 \geq 0$, $(y-3)^2 \leq 0$

이때 y는 실수이므로 $y-3 = 0$ $\therefore y = 3$

이를 ㉠에 대입하면 $2x^2 + 12x + 18 = 0$

$x^2 + 6x + 9 = 0$, $(x+3)^2 = 0$ $\therefore x = -3$

$\therefore x - y = -6$

실전유형으로 중단원 점검 157~159쪽

1 답 ②

$f(x) = 2x^3 - 9x^2 + 7x + 6$이라 할 때, $f(2) = 0$

따라서 조립제법을 이용하여 $f(x)$를 인수분해하면

```
2 | 2  -9    7    6
  |     4  -10   -6
  ---------------------
    2  -5   -3  | 0
```

$f(x) = (x-2)(2x^2 - 5x - 3)$

$\qquad = (x-2)(2x+1)(x-3)$

즉, 주어진 방정식은

$(2x+1)(x-2)(x-3) = 0$

$\therefore x = -\dfrac{1}{2}$ 또는 $x = 2$ 또는 $x = 3$

따라서 $\alpha = 3$, $\beta = -\dfrac{1}{2}$이므로 $\alpha + \beta = \dfrac{5}{2}$

2 답 3

$x^3+kx^2-(3k+2)x-6=0$의 한 근이 2이므로 $x=2$를 대입하면

$8+4k-6k-4-6=0$ $\quad\therefore k=-1$

이를 주어진 방정식에 대입하면

$x^3-x^2+x-6=0$

$f(x)=x^3-x^2+x-6$이라 할 때, $f(2)=0$

따라서 조립제법을 이용하여 $f(x)$를 인수분해하면

$$
\begin{array}{r|rrrr}
2 & 1 & -1 & 1 & -6 \\
  &   & 2 & 2 & 6 \\
\hline
  & 1 & 1 & 3 & 0 \\
\end{array}
$$

$f(x)=(x-2)(x^2+x+3)$

즉, 주어진 방정식은

$(x-2)(x^2+x+3)=0$

$\therefore x=2$ 또는 $x^2+x+3=0$

이때 2가 아닌 나머지 두 근은 이차방정식 $x^2+x+3=0$의 근이므로 근과 계수의 관계에 의하여 두 근의 곱은 3이다.

3 답 ②

$f(x)=x^3+4x^2+(14-k)x+20-2k$라 할 때, $f(-2)=0$

따라서 조립제법을 이용하여 $f(x)$를 인수분해하면

$$
\begin{array}{r|rrrr}
-2 & 1 & 4 & 14-k & 20-2k \\
   &   & -2 & -4 & -20+2k \\
\hline
   & 1 & 2 & 10-k & 0 \\
\end{array}
$$

$f(x)=(x+2)(x^2+2x+10-k)$

즉, 주어진 방정식은

$(x+2)(x^2+2x+10-k)=0$

$\therefore x=-2$ 또는 $x^2+2x+10-k=0$

이 방정식이 허근을 가지면 이차방정식 $x^2+2x+10-k=0$이 허근을 갖는다.

이 이차방정식의 판별식을 D라 하면

$\dfrac{D}{4}=1-(10-k)<0$ $\quad\therefore k<9$

따라서 자연수 k는 $1, 2, 3, \cdots, 8$의 8개이다.

4 답 ②

상자의 밑면의 한 변의 길이와 높이는 각각 $(16-2x)\,\text{cm}$, $x\,\text{cm}$

상자의 부피가 $288\,\text{cm}^3$이므로

$x(16-2x)^2=288$

$x(8-x)^2=72$

$x^3-16x^2+64x-72=0$

$f(x)=x^3-16x^2+64x-72$라 할 때, $f(2)=0$

따라서 조립제법을 이용하여 $f(x)$를 인수분해하면

$$
\begin{array}{r|rrrr}
2 & 1 & -16 & 64 & -72 \\
  &   & 2 & -28 & 72 \\
\hline
  & 1 & -14 & 36 & 0 \\
\end{array}
$$

$f(x)=(x-2)(x^2-14x+36)$

즉, 방정식은 $(x-2)(x^2-14x+36)=0$

$\therefore x=2$ 또는 $x=7\pm\sqrt{13}$

그런데 x는 자연수이므로 $x=2$

5 답 ⑤

$(x^2+x)(x^2+x-2)-3=0$에서 $x^2+x=X$로 놓으면

$X(X-2)-3=0$, $X^2-2X-3=0$

$(X+1)(X-3)=0$

$\therefore X=-1$ 또는 $X=3$

(i) $X=-1$일 때

$x^2+x=-1$에서 $x^2+x+1=0$

이 이차방정식의 판별식을 D_1이라 하면

$D_1=1-4=-3<0$

즉, 이차방정식 $x^2+x+1=0$은 서로 다른 두 허근을 갖는다.

(ii) $X=3$일 때

$x^2+x=3$에서 $x^2+x-3=0$

이 이차방정식의 판별식을 D_2라 하면

$D_2=1+12=13>0$

즉, 이차방정식 $x^2+x-3=0$은 서로 다른 두 실근을 갖는다.

(i), (ii)에서 α, β는 이차방정식 $x^2+x-3=0$의 서로 다른 두 실근이므로 근과 계수의 관계에 의하여

$\alpha+\beta=-1$, $\alpha\beta=-3$

$\therefore \alpha^2+\beta^2=(\alpha+\beta)^2-2\alpha\beta$

$\qquad\qquad =(-1)^2-2\times(-3)=7$

6 답 $\sqrt{5}$

$x^4-6x^2+5=0$에서 $x^2=X$로 놓으면

$X^2-6X+5=0$, $(X-1)(X-5)=0$

$\therefore X=1$ 또는 $X=5$

즉, $x^2=1$ 또는 $x^2=5$이므로

$x=\pm1$ 또는 $x=\pm\sqrt{5}$

따라서 주어진 사차방정식에서 가장 큰 근은 $\sqrt{5}$이다.

7 답 ⑤

$x\neq0$이므로 양변을 x^2으로 나누면

$x^2-5x-4-\dfrac{5}{x}+\dfrac{1}{x^2}=0$

$\left(x^2+\dfrac{1}{x^2}\right)-5\left(x+\dfrac{1}{x}\right)-4=0$

$\left(x+\dfrac{1}{x}\right)^2-5\left(x+\dfrac{1}{x}\right)-6=0$

$x+\dfrac{1}{x}=X$로 놓으면

$X^2-5X-6=0$, $(X+1)(X-6)=0$

$\therefore X=-1$ 또는 $X=6$

(i) $X=-1$일 때

$x+\dfrac{1}{x}=-1$에서 $x^2+x+1=0$

$\therefore x=\dfrac{-1\pm\sqrt{3}i}{2}$

(ii) $X=6$일 때

$x+\dfrac{1}{x}=6$에서 $x^2-6x+1=0$

$\therefore x=3\pm2\sqrt{2}$

(i), (ii)에서 주어진 방정식의 실근은 $3\pm2\sqrt{2}$이다.

8 답 ②

삼차방정식 $x^3-2x^2+5x+2=0$에서 근과 계수의 관계에 의하여

$\alpha+\beta+\gamma=2$, $\alpha\beta+\beta\gamma+\gamma\alpha=5$, $\alpha\beta\gamma=-2$

$\therefore (2+\alpha)(2+\beta)(2+\gamma)$

$\quad =8+4(\alpha+\beta+\gamma)+2(\alpha\beta+\beta\gamma+\gamma\alpha)+\alpha\beta\gamma$

$\quad =8+4\times2+2\times5+(-2)=24$

9 답 $x^3+2x-4=0$

삼차방정식 $x^3+x^2+2=0$에서 근과 계수의 관계에 의하여

$\alpha+\beta+\gamma=-1$, $\alpha\beta+\beta\gamma+\gamma\alpha=0$, $\alpha\beta\gamma=-2$ ...... ⓘ

구하는 삼차방정식의 세 근이 $\alpha\beta$, $\beta\gamma$, $\gamma\alpha$이므로

$\alpha\beta+\beta\gamma+\gamma\alpha=0$

$\alpha\beta\times\beta\gamma+\beta\gamma\times\gamma\alpha+\gamma\alpha\times\alpha\beta=\alpha\beta\gamma(\alpha+\beta+\gamma)=-2\times(-1)=2$

$\alpha\beta\times\beta\gamma\times\gamma\alpha=(\alpha\beta\gamma)^2=(-2)^2=4$ ...... ⓘⓘ

따라서 구하는 삼차방정식은

$x^3+2x-4=0$ ...... ⓘⓘⓘ

채점 기준

ⓘ	세 근 α, β, γ에 대하여 세 근의 합, 두 근끼리의 곱의 합, 세 근의 곱 구하기	30%
ⓘⓘ	세 근 $\alpha\beta$, $\beta\gamma$, $\gamma\alpha$에 대하여 세 근의 합, 두 근끼리의 곱의 합, 세 근의 곱 구하기	40%
ⓘⓘⓘ	$\alpha\beta$, $\beta\gamma$, $\gamma\alpha$를 세 근으로 하고 x^3의 계수가 1인 삼차방정식 구하기	30%

10 답 ①

삼차방정식 $x^3+ax^2+x-a+2=0$의 계수가 실수이므로 한 근이 $2+i$이면 $2-i$도 근이다.

나머지 한 근을 α라 하면 삼차방정식의 근과 계수의 관계에 의하여

$(2+i)+(2-i)+\alpha=-a$

$(2+i)(2-i)+(2-i)\alpha+\alpha(2+i)=1$

$(2+i)(2-i)\alpha=a-2$

$\therefore a=-1$, $\alpha=-3$

11 답 ④

$x^3=1$에서 $x^3-1=0$, $(x-1)(x^2+x+1)=0$

이때 ω는 이차방정식 $x^2+x+1=0$의 한 허근이므로

$\omega^3=1$, $\omega^2+\omega+1=0$

$\therefore \omega^{28}+\omega^{29}+\omega^{30}+\omega^{31}=\omega^{28}(1+\omega+\omega^2+\omega^3)$

$\qquad\qquad\qquad\qquad\qquad =\omega^{28}=(\omega^3)^9\times\omega=\omega$

12 답 ⑤

$x-2y=1$에서 $x=2y+1$ ...... ㉠

㉠을 $x^2-xy-y^2=5$에 대입하면

$(2y+1)^2-(2y+1)y-y^2=5$

$y^2+3y-4=0$, $(y+4)(y-1)=0$

$\therefore y=-4$ 또는 $y=1$

그런데 y는 음의 정수이므로 $y=-4$

이를 ㉠에 대입하면

$x=-7$

$\therefore y-x=3$

13 답 $4\sqrt{2}$

$x^2-4xy+3y^2=0$에서 $(x-y)(x-3y)=0$

$\therefore x=y$ 또는 $x=3y$

(i) $x=y$를 $x^2-3xy+4y^2=8$에 대입하면

$y^2-3y^2+4y^2=8$, $y^2=4$ $\therefore y=\pm2$

이를 각각 $x=y$에 대입하면

$y=-2$일 때 $x=-2$, $y=2$일 때 $x=2$

$\therefore x+y=-4$ 또는 $x+y=4$

(ii) $x=3y$를 $x^2-3xy+4y^2=8$에 대입하면

$9y^2-9y^2+4y^2=8$, $y^2=2$ $\therefore y=\pm\sqrt{2}$

이를 각각 $x=3y$에 대입하면

$y=-\sqrt{2}$일 때 $x=-3\sqrt{2}$, $y=\sqrt{2}$일 때 $x=3\sqrt{2}$

$\therefore x+y=-4\sqrt{2}$ 또는 $x+y=4\sqrt{2}$

(i), (ii)에서 $x+y$의 최댓값은 $4\sqrt{2}$이다.

14 답 ④

$x-y=-3$에서 $y=x+3$

이를 $x^2+2y^2=k$에 대입하면

$x^2+2(x+3)^2=k$ $\therefore 3x^2+12x+18-k=0$

이 이차방정식이 중근을 가져야 하므로 판별식을 D라 하면

$\dfrac{D}{4}=36-3(18-k)=0$, $3k-18=0$ $\therefore k=6$

15 답 1

$\begin{cases} x+y-xy=-1 \\ x^2+y^2=13 \end{cases}$ 을 변형하면 $\begin{cases} x+y-xy=-1 \\ (x+y)^2-2xy=13 \end{cases}$

$x+y=u$, $xy=v$로 놓으면

$\begin{cases} u-v=-1 & \cdots\cdots ㉠ \\ u^2-2v=13 & \cdots\cdots ㉡ \end{cases}$

㉠에서 $v=u+1$ ...... ㉢

㉢을 ㉡에 대입하면 $u^2-2(u+1)=13$

$u^2-2u-15=0$, $(u+3)(u-5)=0$

$\therefore u=-3$ 또는 $u=5$

이를 각각 ㉢에 대입하면

$u=-3$, $v=-2$ 또는 $u=5$, $v=6$

(i) $u=-3$, $v=-2$, 즉 $x+y=-3$, $xy=-2$일 때

x, y를 두 근으로 하는 t에 대한 이차방정식은

$t^2+3t-2=0$ $\therefore t=\dfrac{-3\pm\sqrt{17}}{2}$

$\therefore \begin{cases} x=\dfrac{-3-\sqrt{17}}{2} \\ y=\dfrac{-3+\sqrt{17}}{2} \end{cases}$ 또는 $\begin{cases} x=\dfrac{-3+\sqrt{17}}{2} \\ y=\dfrac{-3-\sqrt{17}}{2} \end{cases}$

(ii) $u=5$, $v=6$, 즉 $x+y=5$, $xy=6$일 때

x, y를 두 근으로 하는 t에 대한 이차방정식은

$t^2-5t+6=0$, $(t-2)(t-3)=0$

$\therefore t=2$ 또는 $t=3$

$\therefore \begin{cases} x=2 \\ y=3 \end{cases}$ 또는 $\begin{cases} x=3 \\ y=2 \end{cases}$

(i), (ii)에서 자연수 x, y의 값은 $\begin{cases} x=2 \\ y=3 \end{cases}$ 또는 $\begin{cases} x=3 \\ y=2 \end{cases}$이므로

$|x-y|=1$

16 [답] $48\,\mathrm{m}^2$

처음 땅의 가로, 세로의 길이를 각각 $x\,\mathrm{m}$, $y\,\mathrm{m}$라 하면

$$\begin{cases} x^2+y^2=10^2 \\ (x-1)(y+2)=xy+8 \end{cases}$$

$$\therefore \begin{cases} x^2+y^2=100 & \cdots\cdots \text{㉠} \\ 2x-y=10 & \cdots\cdots \text{㉡} \end{cases}$$

㉡에서 $y=2x-10$ $\cdots\cdots$ ㉢

㉢을 ㉠에 대입하면 $x^2+(2x-10)^2=100$

$x^2-8x=0$, $x(x-8)=0$

$\therefore x=0$ 또는 $x=8$

그런데 $x>1$이므로 $x=8$

이를 ㉢에 대입하면 $y=6$

따라서 처음 땅의 넓이는

$xy=8\times6=48(\mathrm{m}^2)$

17 [답] ①

$xy-5x+y+2=0$에서

$x(y-5)+(y-5)+7=0$

$\therefore (x+1)(y-5)=-7$

(ⅰ) $x+1=-7$, $y-5=1$일 때

$\quad x=-8$, $y=6$ $\quad \therefore x+y=-2$

(ⅱ) $x+1=-1$, $y-5=7$일 때

$\quad x=-2$, $y=12$ $\quad \therefore x+y=10$

(ⅲ) $x+1=1$, $y-5=-7$일 때

$\quad x=0$, $y=-2$ $\quad \therefore x+y=-2$

(ⅳ) $x+1=7$, $y-5=-1$일 때

$\quad x=6$, $y=4$ $\quad \therefore x+y=10$

(ⅰ)~(ⅳ)에서 $x+y$의 최솟값은 -2이다.

18 [답] 4

[방법 1]

$10y^2-2y-6xy+x^2+1=0$에서

$(9y^2-6xy+x^2)+(y^2-2y+1)=0$

$\therefore (3y-x)^2+(y-1)^2=0$

x, y가 실수이므로 $3y-x=0$, $y-1=0$

$\therefore x=3$, $y=1$ $\quad \therefore x+y=4$

[방법 2]

주어진 방정식의 좌변을 x에 대하여 내림차순으로 정리하면

$x^2-6yx+10y^2-2y+1=0$ $\cdots\cdots$ ㉠

x가 실수이므로 이 이차방정식의 판별식을 D라 하면

$\dfrac{D}{4}=9y^2-(10y^2-2y+1)\geq0$

$-y^2+2y-1\geq0$ $\quad \therefore (y-1)^2\leq0$

이때 y는 실수이므로 $y-1=0$ $\quad \therefore y=1$

이를 ㉠에 대입하면

$x^2-6x+9=0$

$(x-3)^2=0$ $\quad \therefore x=3$

$\therefore x+y=4$

---

07 연립일차부등식

개념유형

161~164쪽

001 [답] $>$

002 [답] $<$

003 [답] $>$

004 [답] $<$

005 [답] $<$

$a<b$의 양변에 a를 더하면 $2a<a+b$

006 [답] $<$

$a<b$의 양변에 b를 더하면 $a+b<2b$

007 [답] $>$

$a<0$이므로 $a<b$의 양변에 a를 곱하면 $a^2>ab$

008 [답] $<$

$b>0$이므로 $a<b$의 양변을 b로 나누면 $\dfrac{a}{b}<1$

009 [답] $x\geq-3$

$3x-1\geq x-7$에서

$2x\geq-6$ $\quad \therefore x\geq-3$

010 [답] 해는 없다.

$2(x+4)\leq-x+3(x-1)$에서

$2x+8\leq-x+3x-3$

$\therefore 0\times x\leq-11$

따라서 주어진 일차부등식의 해는 없다.

011 [답] 모든 실수

$5(x+1)-x<4x+9$에서

$5x+5-x<4x+9$

$\therefore 0\times x<4$

따라서 주어진 일차부등식의 해는 모든 실수이다.

012 [답] $x<5$

$\dfrac{x}{5}-1>\dfrac{x-5}{3}$에서 $15\left(\dfrac{x}{5}-1\right)>15\left(\dfrac{x-5}{3}\right)$

$3x-15>5x-25$, $-2x>-10$ $\quad \therefore x<5$

013 [답] $>$, $<$, $>$, $<$

014 답 $\begin{cases} a>0일 때, x\le 1 \\ a=0일 때, 모든 실수 \\ a<0일 때, x\ge 1 \end{cases}$

$ax\le a$에서

(ⅰ) $a>0$일 때, $x\le 1$

(ⅱ) $a=0$일 때, $0\times x\le 0$이므로 해는 모든 실수이다.

(ⅲ) $a<0$일 때, $x\ge 1$

(ⅰ), (ⅱ), (ⅲ)에서 주어진 부등식의 해는

$\begin{cases} a>0일 때, x\le 1 \\ a=0일 때, 모든 실수 \\ a<0일 때, x\ge 1 \end{cases}$

015 답 $\begin{cases} a>-1일 때, x\ge 1 \\ a=-1일 때, 모든 실수 \\ a<-1일 때, x\le 1 \end{cases}$

$(a+1)x\ge a+1$에서

(ⅰ) $a+1>0$, 즉 $a>-1$일 때, $x\ge 1$

(ⅱ) $a+1=0$, 즉 $a=-1$일 때, $0\times x\ge 0$이므로 해는 모든 실수이다.

(ⅲ) $a+1<0$, 즉 $a<-1$일 때, $x\le 1$

(ⅰ), (ⅱ), (ⅲ)에서 주어진 부등식의 해는

$\begin{cases} a>-1일 때, x\ge 1 \\ a=-1일 때, 모든 실수 \\ a<-1일 때, x\le 1 \end{cases}$

016 답 $-4\le x<2$

$x+1\ge -3$에서 $x\ge -4$ ...... ㉠

$4x<8$에서 $x<2$ ...... ㉡

㉠, ㉡을 수직선 위에 나타내면 오른쪽 그림 과 같으므로 연립부등식의 해는

$-4\le x<2$

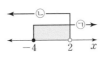

017 답 $x\ge \dfrac{1}{3}$

$4-(x-2)\le 2x+7$에서 $4-x+2\le 2x+7$

$-3x\le 1$ ∴ $x\ge -\dfrac{1}{3}$ ...... ㉠

$18x+11\ge 12x+13$에서 $6x\ge 2$

∴ $x\ge \dfrac{1}{3}$ ...... ㉡

㉠, ㉡을 수직선 위에 나타내면 오른쪽 그림 과 같으므로 연립부등식의 해는 $x\ge \dfrac{1}{3}$

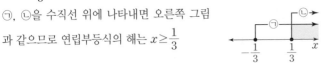

018 답 $-5\le x<5$

$3(x-2)<2x-1$에서 $3x-6<2x-1$

∴ $x<5$ ...... ㉠

$\dfrac{3}{4}x+1\ge \dfrac{1}{2}x-\dfrac{1}{4}$에서 $4\left(\dfrac{3}{4}x+1\right)\ge 4\left(\dfrac{1}{2}x-\dfrac{1}{4}\right)$

$3x+4\ge 2x-1$ ∴ $x\ge -5$ ...... ㉡

㉠, ㉡을 수직선 위에 나타내면 오른쪽 그림 과 같으므로 연립부등식의 해는

$-5\le x<5$

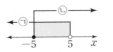

019 답 $x\ge -1$

$3.2x-0.2\ge 2.4x-1$에서 $32x-2\ge 24x-10$

$8x\ge -8$ ∴ $x\ge -1$ ...... ㉠

$-\dfrac{x}{12}<\dfrac{x}{4}+1$에서 $12\left(-\dfrac{x}{12}\right)<12\left(\dfrac{x}{4}+1\right)$

$-x<3x+12$, $-4x<12$ ∴ $x>-3$ ...... ㉡

㉠, ㉡을 수직선 위에 나타내면 오른쪽 그림 과 같으므로 연립부등식의 해는

$x\ge -1$

020 답 10, 9, 3, 3, 3, 9, 3

021 답 $-3<x\le 5$

$-7<2x-1$에서 $-2x<6$

∴ $x>-3$ ...... ㉠

$2x-1\le 9$에서 $2x\le 10$

∴ $x\le 5$ ...... ㉡

㉠, ㉡을 수직선 위에 나타내면 오른쪽 그림 과 같으므로 부등식의 해는

$-3<x\le 5$

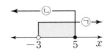

다른 풀이

$-7<2x-1\le 9$에서

$-6<2x\le 10$

∴ $-3<x\le 5$

022 답 $x\le -1$

$2x\le x-1$에서 $x\le -1$ ...... ㉠

$x-1<2$에서 $x<3$ ...... ㉡

㉠, ㉡을 수직선 위에 나타내면 오른쪽 그림 과 같으므로 부등식의 해는

$x\le -1$

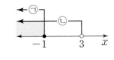

023 답 , 해는 없다.

024 답 , $x=2$

025 답 , 해는 없다.

026 답 $x=1$

$2x+5\le x+6$에서 $x\le 1$ ...... ㉠

$7x\ge 5x+2$에서 $2x\ge 2$

∴ $x\ge 1$ ...... ㉡

㉠, ㉡을 수직선 위에 나타내면 오른쪽 그림 과 같으므로 연립부등식의 해는

$x=1$

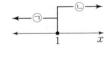

027 답 해는 없다.

$3(x+1)>4x+6$에서 $3x+3>4x+6$
$-x>3$ $\therefore x<-3$ ······ ㉠
$5x-2\leq 8x+7$에서 $-3x\leq 9$
$\therefore x\geq -3$ ······ ㉡
㉠, ㉡을 수직선 위에 나타내면 오른쪽 그림
과 같으므로 연립부등식의 해는 없다.

028 답 $x=4$

$\dfrac{x}{4}+2\leq\dfrac{x}{2}+1$에서 $4\left(\dfrac{x}{4}+2\right)\leq 4\left(\dfrac{x}{2}+1\right)$
$x+8\leq 2x+4$, $-x\leq -4$ $\therefore x\geq 4$ ······ ㉠
$\dfrac{x-2}{6}\leq -\dfrac{x-5}{3}$에서 $6\left(\dfrac{x-2}{6}\right)\leq 6\left(-\dfrac{x-5}{3}\right)$
$x-2\leq -2x+10$, $3x\leq 12$ $\therefore x\leq 4$ ······ ㉡
㉠, ㉡을 수직선 위에 나타내면 오른쪽 그림
과 같으므로 연립부등식의 해는
$x=4$

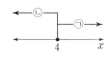

029 답 9, 3, -2, 2

030 답 -2

$x-4<2x-1$에서
$-x<3$ $\therefore x>-3$
$5x-a\leq 7$에서
$5x\leq a+7$ $\therefore x\leq\dfrac{a+7}{5}$
주어진 연립부등식의 해가 $-3<x\leq 1$이므로
$\dfrac{a+7}{5}=1$ $\therefore a=-2$

031 답 12

$2x-4>-a$에서
$2x>-a+4$ $\therefore x>\dfrac{-a+4}{2}$
$-2x+16>3x-4$에서
$-5x>-20$ $\therefore x<4$
주어진 연립부등식의 해가 $-4<x<4$이므로
$\dfrac{-a+4}{2}=-4$ $\therefore a=12$

032 답 2, 1, 1, 6

033 답 -11

$x+3\geq 3x-3$에서
$-2x\geq -6$ $\therefore x\leq 3$
$-2x-2\leq a+x$에서
$-3x\leq a+2$ $\therefore x\geq -\dfrac{a+2}{3}$
주어진 연립부등식의 해가 $x=3$이므로
$-\dfrac{a+2}{3}=3$ $\therefore a=-11$

034 답 7

$2(x-1)-3\geq a-x$에서 $2x-2-3\geq a-x$
$3x\geq a+5$ $\therefore x\geq\dfrac{a+5}{3}$
$x-11\leq 9-4x$에서 $5x\leq 20$ $\therefore x\leq 4$
주어진 연립부등식의 해가 $x=4$이므로
$\dfrac{a+5}{3}=4$ $\therefore a=7$

035 답 16, 8, $\geq$, $\geq$

036 답 $a\geq 3$

$5x>2x-6$에서 $3x>-6$ $\therefore x>-2$
$x-3>4x+a$에서 $-3x>a+3$ $\therefore x<-\dfrac{a+3}{3}$
주어진 연립부등식의 해가 없으므로
$-\dfrac{a+3}{3}\leq -2$, $a+3\geq 6$
$\therefore a\geq 3$

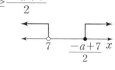

037 답 $a\leq -7$

$3(x+2)>5x-8$에서 $3x+6>5x-8$
$-2x>-14$ $\therefore x<7$
$4x-7\geq 2x-a$에서 $2x\geq -a+7$ $\therefore x\geq\dfrac{-a+7}{2}$
주어진 연립부등식의 해가 없으므로
$\dfrac{-a+7}{2}\geq 7$, $-a+7\geq 14$
$-a\geq 7$ $\therefore a\leq -7$

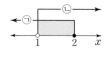

실전유형
165~167쪽

038 답 ④

$2(1-x)\geq 3x-8$에서 $2-2x\geq 3x-8$
$-5x\geq -10$ $\therefore x\leq 2$ ······ ㉠
$2x+1>6-3x$에서
$5x>5$ $\therefore x>1$ ······ ㉡
㉠, ㉡을 수직선 위에 나타내면 오른쪽 그림
과 같다.
따라서 수직선 위에 바르게 나타낸 것은 ④이
다.

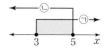

039 답 ②

$3x\geq 2x+3$에서 $x\geq 3$ ······ ㉠
$x-10\leq -x$에서
$2x\leq 10$ $\therefore x\leq 5$ ······ ㉡
㉠, ㉡을 수직선 위에 나타내면 오른쪽 그림
과 같으므로 연립부등식의 해는
$3\leq x\leq 5$
따라서 정수 x의 값은 3, 4, 5이므로 구하는 합은
$3+4+5=12$

040 답 1

$\dfrac{x}{6}-2\leq\dfrac{x}{3}-1$에서 $x-12\leq2x-6$

$-x\leq6$ $\therefore x\geq-6$ ······ ㉠

$\dfrac{x-1}{6}\geq\dfrac{x-3}{4}$에서 $2x-2\geq3x-9$

$-x\geq-7$ $\therefore x\leq7$ ······ ㉡

㉠, ㉡을 수직선 위에 나타내면 오른쪽 그림
과 같으므로 연립부등식의 해는
$-6\leq x\leq7$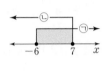
따라서 $a=-6$, $b=7$이므로
$a+b=1$

041 답 ①

$4x-1<2(x-3)+1$에서 $4x-1<2x-6+1$

$2x<-4$ $\therefore x<-2$ ······ ㉠

$2(x-3)+1<3x+2$에서 $2x-6+1<3x+2$

$-x<7$ $\therefore x>-7$ ······ ㉡

㉠, ㉡을 수직선 위에 나타내면 오른쪽 그림
과 같으므로 부등식의 해는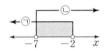
$-7<x<-2$

042 답 3

$x-1<1-\dfrac{2-x}{2}$에서 $2x-2<2-2+x$

$\therefore x<2$ ······ ㉠

$1-\dfrac{2-x}{2}\leq\dfrac{2x+1}{3}$에서 $6-6+3x\leq4x+2$

$-x\leq2$ $\therefore x\geq-2$ ······ ㉡

㉠, ㉡을 수직선 위에 나타내면 오른쪽 그림
과 같으므로 부등식의 해는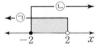
$-2\leq x<2$
따라서 정수 x의 최댓값은 1, 최솟값은 -2이므로
$M=1$, $m=-2$ $\therefore M-m=3$

043 답 ⑤

$4(x-2)<6-3x$에서 $4x-8<6-3x$

$7x<14$ $\therefore x<2$ ······ ㉠

$5x-8\geq10-4x$에서

$9x\geq18$ $\therefore x\geq2$ ······ ㉡

㉠, ㉡을 수직선 위에 나타내면 오른쪽 그림
과 같으므로 연립부등식의 해는 없다.

044 답 -5

$\dfrac{x}{3}-\dfrac{x+2}{2}\geq-\dfrac{1}{6}$에서 $2x-3x-6\geq-1$

$-x\geq5$ $\therefore x\leq-5$ ······ ㉠

$\dfrac{1+x}{4}\geq\dfrac{x-1}{6}$에서 $3+3x\geq2x-2$

$\therefore x\geq-5$ ······ ㉡

㉠, ㉡을 수직선 위에 나타내면 오른쪽 그림
과 같으므로 연립부등식의 해는 $x=-5$
$\therefore a=-5$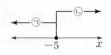

045 답 ④

① $2x<5$에서 $x<\dfrac{5}{2}$ ······ ㉠

　$6x-5\leq3x+4$에서 $3x\leq9$

　$\therefore x\leq3$ ······ ㉡

　㉠, ㉡을 수직선 위에 나타내면 오른쪽 그
　림과 같으므로 부등식의 해는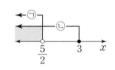
　$x<\dfrac{5}{2}$

② $x-3\leq-1-x$에서 $2x\leq2$

　$\therefore x\leq1$ ······ ㉠

　$1-4x\leq-2-x$에서 $-3x\leq-3$

　$\therefore x\geq1$ ······ ㉡

　㉠, ㉡을 수직선 위에 나타내면 오른쪽 그
　림과 같으므로 부등식의 해는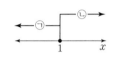
　$x=1$

③ $2x\geq5x+6$에서 $-3x\geq6$ $\therefore x\leq-2$ ······ ㉠

　$4(x+1)>2(x-4)$에서 $4x+4>2x-8$

　$2x>-12$ $\therefore x>-6$ ······ ㉡

　㉠, ㉡을 수직선 위에 나타내면 오른쪽 그
　림과 같으므로 부등식의 해는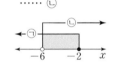
　$-6<x\leq-2$

④ $\dfrac{x}{10}+\dfrac{1}{5}\leq\dfrac{1}{20}$에서 $2x+4\leq1$

　$2x\leq-3$ $\therefore x\leq-\dfrac{3}{2}$ ······ ㉠

　$\dfrac{x}{2}-3>1$에서 $x-6>2$ $\therefore x>8$ ······ ㉡

　㉠, ㉡을 수직선 위에 나타내면 오른쪽 그
　림과 같으므로 부등식의 해는 없다.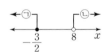

⑤ $x-3\leq6x+2$에서 $-5x\leq5$

　$\therefore x\geq-1$ ······ ㉠

　$6x+2<10-2x$에서 $8x<8$

　$\therefore x<1$ ······ ㉡

　㉠, ㉡을 수직선 위에 나타내면 오른쪽 그
　림과 같으므로 부등식의 해는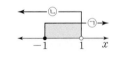
　$-1\leq x<1$
따라서 해가 없는 것은 ④이다.

046 답 11

$5x-4>a$에서 $5x>a+4$ $\therefore x>\dfrac{a+4}{5}$

$-x+12>2x-3$에서 $-3x>-15$ $\therefore x<5$
주어진 그림에서 연립부등식의 해가 $3<x<5$이므로
$\dfrac{a+4}{5}=3$ $\therefore a=11$

047 답 21

$x-1>8$에서 $x>9$

$2x-16 \leq x+a$에서 $x \leq a+16$

주어진 연립부등식의 해가 $b<x \leq 28$이므로

$a+16=28$, $b=9$ ∴ $a=12$

∴ $a+b=21$

048 답 ③

$3(x-1) \geq 4x-a$에서 $3x-3 \geq 4x-a$

$-x \geq -a+3$ ∴ $x \leq a-3$

$5x+b \leq 8x-7$에서 $-3x \leq -b-7$ ∴ $x \geq \dfrac{b+7}{3}$

주어진 연립부등식의 해가 $x=3$이므로

$a-3=3$, $\dfrac{b+7}{3}=3$ ∴ $a=6$, $b=2$

∴ $ab=12$

049 답 8

$6-x<2(x-3)$에서 $6-x<2x-6$

$-3x<-12$ ∴ $x>4$ ...... ㉠

$3x-k \leq x$에서 $2x \leq k$

∴ $x \leq \dfrac{k}{2}$ ...... ㉡

주어진 연립부등식이 해를 갖지 않으므로 오른쪽 그림에서

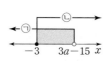

$\dfrac{k}{2} \leq 4$ ∴ $k \leq 8$

따라서 정수 k의 최댓값은 8이다.

050 답 ④

$\dfrac{x}{3}+5<a$에서 $x+15<3a$

$x<3a-15$ ...... ㉠

$2-4x \leq -x+11$에서

$-3x \leq 9$ ∴ $x \geq -3$ ...... ㉡

주어진 연립부등식이 해를 가지므로 오른쪽 그림에서

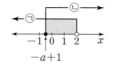

$3a-15>-3$, $3a>12$

∴ $a>4$

051 답 $1 \leq a<2$

$2x+1>5x-5$에서 $-3x>-6$

∴ $x<2$ ...... ㉠

$3x-1 \geq 2x-a$에서 $x \geq -a+1$ ...... ㉡

주어진 연립부등식을 만족시키는 정수 x가 0과 1뿐이려면 오른쪽 그림에서

$-1<-a+1 \leq 0$, $-2<-a \leq -1$

∴ $1 \leq a<2$

052 답 ②

$3x-7<x+1$에서 $2x<8$

∴ $x<4$ ...... ㉠

$x+1 \leq 5x-a$에서 $-4x \leq -a-1$

∴ $x \geq \dfrac{a+1}{4}$ ...... ㉡

주어진 연립부등식을 만족시키는 정수 x가 3개이려면 오른쪽 그림에서

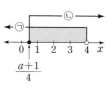

$0<\dfrac{a+1}{4} \leq 1$, $0<a+1 \leq 4$

∴ $-1<a \leq 3$

053 답 ①

어떤 자연수를 x라 하면 ㈎, ㈏에서

$\begin{cases} 6(x-2)<36 \\ x-2>6-x \end{cases}$

$6(x-2)<36$에서 $6x-12<36$

$6x<48$ ∴ $x<8$ ...... ㉠

$x-2>6-x$에서 $2x>8$

∴ $x>4$ ...... ㉡

㉠, ㉡의 공통부분을 구하면 $4<x<8$

따라서 조건을 만족시키는 자연수 x는 5, 6, 7의 3개이다.

054 답 ④

막대 사탕을 x개 사면 알사탕은 $(30-x)$개 살 수 있고, 전체 무게가 180g 이상 225g 이하가 되어야 하므로

$180 \leq 12x+3(30-x) \leq 225$

$180 \leq 9x+90 \leq 225$, $90 \leq 9x \leq 135$

∴ $10 \leq x \leq 15$

따라서 살 수 있는 막대 사탕의 최대 개수는 15이다.

055 답 18명

학생 수를 x라 하면 선물의 개수는 $5x+13$

학생 1명당 선물을 6개씩 주면 마지막 1명은 최소 1개, 최대 3개 받을 수 있으므로

$6(x-1)+1 \leq 5x+13 \leq 6(x-1)+3$

$6(x-1)+1 \leq 5x+13$에서 $6x-6+1 \leq 5x+13$

∴ $x \leq 18$ ...... ㉠

$5x+13 \leq 6(x-1)+3$에서 $5x+13 \leq 6x-6+3$

$-x \leq -16$ ∴ $x \geq 16$ ...... ㉡

㉠, ㉡의 공통부분을 구하면 $16 \leq x \leq 18$

따라서 학생은 최대 18명이다.

개념유형

169~170쪽

056 답 -2, -1

057 답 $-14 \leq x \leq 6$

$|x+4| \leq 10$에서 $-10 \leq x+4 \leq 10$ ∴ $-14 \leq x \leq 6$

058 답 $-4 < x < 3$

$|2x+1| < 7$에서 $-7 < 2x+1 < 7$
$-8 < 2x < 6$ ∴ $-4 < x < 3$

059 답 $\dfrac{2}{3} \le x \le 4$

$|3x-7| \le 5$에서 $-5 \le 3x-7 \le 5$
$2 \le 3x \le 12$ ∴ $\dfrac{2}{3} \le x \le 4$

060 답 $-5 \le x \le 7$

$|1-x| \le 6$에서 $-6 \le 1-x \le 6$
$-7 \le -x \le 5$ ∴ $-5 \le x \le 7$

061 답 $-1 < x < 6$

$|5-2x| < 7$에서 $-7 < 5-2x < 7$
$-12 < -2x < 2$ ∴ $-1 < x < 6$

062 답 $-5,\ -3,\ 7$

063 답 $x < -9$ 또는 $x > 3$

$|x+3| > 6$에서 $x+3 < -6$ 또는 $x+3 > 6$
∴ $x < -9$ 또는 $x > 3$

064 답 $x < -1$ 또는 $x > 4$

$|2x-3| > 5$에서 $2x-3 < -5$ 또는 $2x-3 > 5$
$2x < -2$ 또는 $2x > 8$
∴ $x < -1$ 또는 $x > 4$

065 답 $x < -\dfrac{9}{4}$ 또는 $x > \dfrac{15}{4}$

$|4x-3| > 12$에서
$4x-3 < -12$ 또는 $4x-3 > 12$
$4x < -9$ 또는 $4x > 15$
∴ $x < -\dfrac{9}{4}$ 또는 $x > \dfrac{15}{4}$

066 답 $x \le -2$ 또는 $x \ge 14$

$\left|3-\dfrac{x}{2}\right| \ge 4$에서
$3-\dfrac{x}{2} \le -4$ 또는 $3-\dfrac{x}{2} \ge 4$
$-\dfrac{x}{2} \le -7$ 또는 $-\dfrac{x}{2} \ge 1$
∴ $x \le -2$ 또는 $x \ge 14$

067 답 $x < 1$ 또는 $x > \dfrac{7}{3}$

$|5-3x| > 2$에서
$5-3x < -2$ 또는 $5-3x > 2$
$-3x < -7$ 또는 $-3x > -3$
∴ $x < 1$ 또는 $x > \dfrac{7}{3}$

068 답 $1,\ 1,\ -2,\ 4,\ 1$

069 답 $x \le 2$

$|x+2| \ge 2x$에서 $x+2=0$, 즉 $x=-2$를 기준으로 범위를 나누면
(i) $x < -2$일 때
$|x+2| = -(x+2)$이므로
$-(x+2) \ge 2x$, $-x-2 \ge 2x$
$-3x \ge 2$ ∴ $x \le -\dfrac{2}{3}$
그런데 $x < -2$이므로 $x < -2$
(ii) $x \ge -2$일 때
$|x+2| = x+2$이므로
$x+2 \ge 2x$, $-x \ge -2$ ∴ $x \le 2$
그런데 $x \ge -2$이므로 $-2 \le x \le 2$
(i), (ii)에서 주어진 부등식의 해는 $x \le 2$

070 답 $-\dfrac{6}{7} < x < \dfrac{16}{5}$

$|6x-5| < x+11$에서 $6x-5=0$, 즉 $x=\dfrac{5}{6}$를 기준으로 범위를 나누면
(i) $x < \dfrac{5}{6}$일 때
$|6x-5| = -(6x-5)$이므로
$-(6x-5) < x+11$, $-6x+5 < x+11$
$-7x < 6$ ∴ $x > -\dfrac{6}{7}$
그런데 $x < \dfrac{5}{6}$이므로 $-\dfrac{6}{7} < x < \dfrac{5}{6}$
(ii) $x \ge \dfrac{5}{6}$일 때
$|6x-5| = 6x-5$이므로
$6x-5 < x+11$, $5x < 16$ ∴ $x < \dfrac{16}{5}$
그런데 $x \ge \dfrac{5}{6}$이므로 $\dfrac{5}{6} \le x < \dfrac{16}{5}$
(i), (ii)에서 주어진 부등식의 해는 $-\dfrac{6}{7} < x < \dfrac{16}{5}$

071 답 $x > \dfrac{9}{4}$

$2|x+1| < 6x-7$에서 $x+1=0$, 즉 $x=-1$을 기준으로 범위를 나누면
(i) $x < -1$일 때
$|x+1| = -(x+1)$이므로
$-2(x+1) < 6x-7$, $-2x-2 < 6x-7$
$-8x < -5$ ∴ $x > \dfrac{5}{8}$
그런데 $x < -1$이므로 해는 없다.
(ii) $x \ge -1$일 때
$|x+1| = x+1$이므로
$2(x+1) < 6x-7$, $2x+2 < 6x-7$
$-4x < -9$ ∴ $x > \dfrac{9}{4}$
그런데 $x \ge -1$이므로 $x > \dfrac{9}{4}$
(i), (ii)에서 주어진 부등식의 해는 $x > \dfrac{9}{4}$

072 답 -4, -4, 2, -4, 3

073 답 $-\dfrac{1}{2}<x<\dfrac{3}{2}$

$|x|+|x-1|<2$에서 $x=0$과 $x-1=0$, 즉 $x=0$과 $x=1$을 기준으로 범위를 나누면

(i) $x<0$일 때

$\quad |x|=-x$, $|x-1|=-(x-1)$이므로

$\quad -x-(x-1)<2$, $-2x+1<2$

$\quad\quad -2x<1 \qquad \therefore x>-\dfrac{1}{2}$

그런데 $x<0$이므로 $-\dfrac{1}{2}<x<0$

(ii) $0\le x<1$일 때

$\quad |x|=x$, $|x-1|=-(x-1)$이므로

$\quad x-(x-1)<2$

이때 $0\times x<1$이므로 해는 모든 실수이다.

그런데 $0\le x<1$이므로 $0\le x<1$

(iii) $x\ge1$일 때

$\quad |x|=x$, $|x-1|=x-1$이므로

$\quad x+(x-1)<2$, $2x-1<2$

$\quad\quad 2x<3 \qquad \therefore x<\dfrac{3}{2}$

그런데 $x\ge1$이므로 $1\le x<\dfrac{3}{2}$

(i), (ii), (iii)에서 주어진 부등식의 해는

$-\dfrac{1}{2}<x<\dfrac{3}{2}$

074 답 $x=-2$

$|x-3|+2|x+2|\le5$에서 $x+2=0$과 $x-3=0$, 즉 $x=-2$와 $x=3$을 기준으로 범위를 나누면

(i) $x<-2$일 때

$\quad |x-3|=-(x-3)$, $|x+2|=-(x+2)$이므로

$\quad -(x-3)-2(x+2)\le5$

$\quad -3x-1\le5$

$\quad\quad -3x\le6 \qquad \therefore x\ge-2$

그런데 $x<-2$이므로 해는 없다.

(ii) $-2\le x<3$일 때

$\quad |x-3|=-(x-3)$, $|x+2|=x+2$이므로

$\quad -(x-3)+2(x+2)\le5$

$\quad x+7\le5$

$\quad\quad \therefore x\le-2$

그런데 $-2\le x<3$이므로 $x=-2$

(iii) $x\ge3$일 때

$\quad |x-3|=x-3$, $|x+2|=x+2$이므로

$\quad (x-3)+2(x+2)\le5$

$\quad 3x+1\le5$

$\quad 3x\le4 \qquad \therefore x\le\dfrac{4}{3}$

그런데 $x\ge3$이므로 해는 없다.

(i), (ii), (iii)에서 주어진 부등식의 해는

$x=-2$

075 답 $x\ge\dfrac{5}{2}$

$|x-1|+|x-2|\ge-2x+7$에서 $x-1=0$과 $x-2=0$, 즉 $x=1$과 $x=2$를 기준으로 범위를 나누면

(i) $x<1$일 때

$\quad |x-1|=-(x-1)$, $|x-2|=-(x-2)$이므로

$\quad -(x-1)-(x-2)\ge-2x+7$, $-2x+3\ge-2x+7$

이때 $0\times x\ge4$이므로 해는 없다.

(ii) $1\le x<2$일 때

$\quad |x-1|=x-1$, $|x-2|=-(x-2)$이므로

$\quad (x-1)-(x-2)\ge-2x+7$, $1\ge-2x+7$

$\quad 2x\ge6 \qquad \therefore x\ge3$

그런데 $1\le x<2$이므로 해는 없다.

(iii) $x\ge2$일 때

$\quad |x-1|=x-1$, $|x-2|=x-2$이므로

$\quad (x-1)+(x-2)\ge-2x+7$, $2x-3\ge-2x+7$

$\quad 4x\ge10 \qquad \therefore x\ge\dfrac{5}{2}$

그런데 $x\ge2$이므로 $x\ge\dfrac{5}{2}$

(i), (ii), (iii)에서 주어진 부등식의 해는

$x\ge\dfrac{5}{2}$

실전유형

171쪽

076 답 ③

$|2x-3|<5$에서 $-5<2x-3<5$

$-2<2x<8 \qquad \therefore -1<x<4$

따라서 $a=-1$, $b=4$이므로 $a+b=3$

077 답 0

$2<|2-5x|\le7$에서

$-7\le2-5x<-2$ 또는 $2<2-5x\le7$

$-9\le-5x<-4$ 또는 $0<-5x\le5$

$\therefore \dfrac{4}{5}<x\le\dfrac{9}{5}$ 또는 $-1\le x<0$

따라서 주어진 부등식을 만족시키는 정수 x의 값은 -1, 1이므로 구하는 합은

$-1+1=0$

078 답 10

$|3x-6|<2x+5$에서 $3x-6=0$, 즉 $x=2$를 기준으로 범위를 나누면

(i) $x<2$일 때

$\quad -(3x-6)<2x+5$, $-3x+6<2x+5$

$\quad -5x<-1 \qquad \therefore x>\dfrac{1}{5}$

그런데 $x<2$이므로 $\dfrac{1}{5}<x<2$

(ii) $x\ge2$일 때

$\quad 3x-6<2x+5 \qquad \therefore x<11$

그런데 $x\ge2$이므로 $2\le x<11$

(i), (ii)에서 주어진 부등식의 해는 $\frac{1}{5}<x<11$

따라서 정수 x의 최댓값은 10이다.

079 답 ②

$x<|1-2x|-3$에서 $1-2x=0$, 즉 $x=\frac{1}{2}$을 기준으로 범위를 나누면

(i) $x<\frac{1}{2}$일 때

 $x<(1-2x)-3$, $3x<-2$

 $\therefore x<-\frac{2}{3}$

 그런데 $x<\frac{1}{2}$이므로 $x<-\frac{2}{3}$

(ii) $x\geq\frac{1}{2}$일 때

 $x<-(1-2x)-3$, $x<-1+2x-3$

 $-x<-4$ $\therefore x>4$

 그런데 $x\geq\frac{1}{2}$이므로 $x>4$

(i), (ii)에서 주어진 부등식의 해는 $x<-\frac{2}{3}$ 또는 $x>4$

따라서 $a=-\frac{2}{3}$, $b=4$이므로 $3a+b=2$

080 답 6

$|x-4|+|x+1|\leq6$에서 $x+1=0$과 $x-4=0$, 즉 $x=-1$과 $x=4$를 기준으로 범위를 나누면

(i) $x<-1$일 때

 $-(x-4)-(x+1)\leq6$, $-2x+3\leq6$

 $-2x\leq3$ $\therefore x\geq-\frac{3}{2}$

 그런데 $x<-1$이므로 $-\frac{3}{2}\leq x<-1$

(ii) $-1\leq x<4$일 때

 $-(x-4)+(x+1)\leq6$에서 $0\times x\leq1$이므로 해는 모든 실수이다.

 그런데 $-1\leq x<4$이므로 $-1\leq x<4$

(iii) $x\geq4$일 때

 $(x-4)+(x+1)\leq6$, $2x-3\leq6$

 $2x\leq9$ $\therefore x\leq\frac{9}{2}$

 그런데 $x\geq4$이므로 $4\leq x\leq\frac{9}{2}$

(i), (ii), (iii)에서 주어진 부등식의 해는 $-\frac{3}{2}\leq x\leq\frac{9}{2}$

따라서 $a=-\frac{3}{2}$, $b=\frac{9}{2}$이므로 $b-a=6$

081 답 ③

$2|x+1|+|x-1|<5$에서 $x+1=0$과 $x-1=0$, 즉 $x=-1$과 $x=1$을 기준으로 범위를 나누면

(i) $x<-1$일 때

 $-2(x+1)-(x-1)<5$, $-3x-1<5$

 $-3x<6$ $\therefore x>-2$

 그런데 $x<-1$이므로 $-2<x<-1$

(ii) $-1\leq x<1$일 때

 $2(x+1)-(x-1)<5$

 $x+3<5$

 $\therefore x<2$

 그런데 $-1\leq x<1$이므로 $-1\leq x<1$

(iii) $x\geq1$일 때

 $2(x+1)+(x-1)<5$

 $3x+1<5$

 $3x<4$ $\therefore x<\frac{4}{3}$

 그런데 $x\geq1$이므로 $1\leq x<\frac{4}{3}$

(i), (ii), (iii)에서 주어진 부등식의 해는

$-2<x<\frac{4}{3}$

따라서 정수 x는 -1, 0, 1의 3개이다.

1 답 ①

$3(x+4)>4-x$에서 $3x+12>4-x$

$4x>-8$ $\therefore x>-2$ $\cdots\cdots$ ㉠

$\frac{2x+1}{3}<\frac{x}{4}+2$에서 $8x+4<3x+24$

$5x<20$ $\therefore x<4$ $\cdots\cdots$ ㉡

㉠, ㉡을 수직선 위에 나타내면 오른쪽 그림과 같으므로 연립부등식의 해는

$-2<x<4$

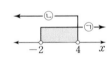

따라서 $a=-2$, $b=4$이므로

$ab=-8$

2 답 ④

$3x-3\leq2x+1$에서 $x\leq4$ $\cdots\cdots$ ㉠

$2x+1<4x+7$에서 $-2x<6$

$\therefore x>-3$ $\cdots\cdots$ ㉡

㉠, ㉡을 수직선 위에 나타내면 오른쪽 그림과 같으므로 부등식의 해는

$-3<x\leq4$

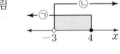

따라서 정수 x는 -2, -1, 0, 1, 2, 3, 4의 7개이다.

3 답 ④

① $2x-1\leq3$에서 $2x\leq4$

 $\therefore x\leq2$ $\cdots\cdots$ ㉠

 $x-2>4-3x$에서 $4x>6$

 $\therefore x>\frac{3}{2}$ $\cdots\cdots$ ㉡

① ⊙, ⊙을 수직선 위에 나타내면 오른쪽 그림과 같으므로 부등식의 해는 $\frac{3}{2}<x\leq 2$

② $1.2x+1.7\leq -1.5-2x$에서 $12x+17\leq -15-20x$

$32x\leq -32$　∴　$x\leq -1$　……　⊙

$2(x+4)-3>-2$에서 $2x+8-3>-2$

$2x>-7$　∴　$x>-\frac{7}{2}$　……　⊙

⊙, ⊙을 수직선 위에 나타내면 오른쪽 그림과 같으므로 부등식의 해는

$-\frac{7}{2}<x\leq -1$

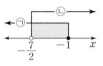

③ $\frac{1}{2}x-\frac{3}{4}\geq 2x$에서 $2x-3\geq 8x$

$-6x\geq 3$　∴　$x\leq -\frac{1}{2}$　……　⊙

$2-5x\leq 3-3x$에서 $-2x\leq 1$

∴　$x\geq -\frac{1}{2}$　……　⊙

⊙, ⊙을 수직선 위에 나타내면 오른쪽 그림과 같으므로 부등식의 해는 $x=-\frac{1}{2}$

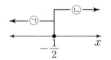

④ $2x-3<1-(x-2)$에서 $2x-3<1-x+2$

$3x<6$　∴　$x<2$　……　⊙

$3-2x\leq \frac{3}{2}x-4$에서 $6-4x\leq 3x-8$

$-7x\leq -14$　∴　$x\geq 2$　……　⊙

⊙, ⊙을 수직선 위에 나타내면 오른쪽 그림과 같으므로 부등식의 해는 없다.

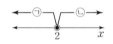

⑤ $3x-2\leq 2(x-2)+3$에서

$3x-2\leq 2x-4+3$　∴　$x\leq 1$　……　⊙

$2(x-2)+3<5-x$에서 $2x-4+3<5-x$

$3x<6$　∴　$x<2$　……　⊙

⊙, ⊙을 수직선 위에 나타내면 오른쪽 그림과 같으므로 부등식의 해는 $x\leq 1$

따라서 해가 없는 것은 ④이다.

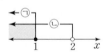

4 답 ④

$-5+x<4-2x$에서 $3x<9$　∴　$x<3$

$x+a<4x+10$에서 $-3x<10-a$　∴　$x>-\frac{10-a}{3}$

주어진 연립부등식의 해가 $-2<x<b$이므로

$-\frac{10-a}{3}=-2$, $b=3$

$-\frac{10-a}{3}=-2$에서 $-10+a=-6$　∴　$a=4$

∴　$ab=12$

5 답 ③

$x+3\leq 3x+a$에서 $-2x\leq a-3$　∴　$x\geq -\frac{a-3}{2}$

$3x-2(1+2x)\geq b$에서 $3x-2-4x\geq b$

$-x\geq b+2$　∴　$x\leq -b-2$

주어진 연립부등식의 해가 $x=-1$이므로

$-\frac{a-3}{2}=-1$, $-b-2=-1$　∴　$a=5$, $b=-1$

∴　$a-b=6$

6 답 3

$3x-2<4x+1$에서 $-x<3$

∴　$x>-3$　……　⊙

$2(3x-1)>8x+a$에서

$6x-2>8x+a$, $-2x>a+2$

∴　$x<-\frac{a+2}{2}$　……　⊙　　　　　……　i

주어진 연립부등식이 해를 가지므로 오른쪽 그림에서

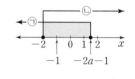

$-\frac{a+2}{2}>-3$, $a+2<6$

∴　$a<4$　　　　　……　ii

따라서 정수 a의 최댓값은 3이다.　……　iii

채점 기준

i	각 일차부등식의 해 구하기	40%
ii	a의 값의 범위 구하기	40%
iii	정수 a의 최댓값 구하기	20%

7 답 ②

$2(x+a)\leq x-1$에서 $2x+2a\leq x-1$

∴　$x\leq -2a-1$　……　⊙

$-x-2\leq 3x+6$에서 $-4x\leq 8$

∴　$x\geq -2$　……　⊙

주어진 연립부등식을 만족시키는 정수 x가 4개이려면 오른쪽 그림에서

$1\leq -2a-1<2$, $2\leq -2a<3$

∴　$-\frac{3}{2}<a\leq -1$

따라서 a의 최댓값은 -1이다.

8 답 ⑤

사과를 x개 사면 복숭아는 $(10-x)$개 살 수 있고, 지불할 금액이 12000원 이상 16000원 이하가 되어야 하므로

$12000\leq 1000x+2000(10-x)\leq 16000$

$12\leq x+2(10-x)\leq 16$, $12\leq -x+20\leq 16$

$-8\leq -x\leq -4$　∴　$4\leq x\leq 8$

따라서 살 수 있는 사과의 최대 개수는 8이다.

9 답 20

의자의 개수를 x라 하면 학생 수는 $8x+18$

한 의자에 9명씩 앉으면 마지막 의자에는 1명 이상 7명 이하의 학생이 앉을 수 있으므로

$9(x-1)+1\leq 8x+18\leq 9(x-1)+7$　……　i

$9(x-1)+1\leq 8x+18$에서 $9x-9+1\leq 8x+18$

∴　$x\leq 26$　　　　　……　⊙

$8x+18 \leq 9(x-1)+7$에서 $8x+18 \leq 9x-9+7$

$-x \leq -20$ $\therefore x \geq 20$ …… ㉡

㉠, ㉡의 공통부분을 구하면 $20 \leq x \leq 26$ …… ⅱ

따라서 의자의 최소 개수는 20이다.   …… ⅲ

채점 기준	
ⅰ 조건을 만족시키는 부등식 세우기	40 %
ⅱ 부등식의 해 구하기	40 %
ⅲ 의자의 최소 개수 구하기	20 %

10 답 ①

$|3x+1| \leq 4$에서 $-4 \leq 3x+1 \leq 4$

$-5 \leq 3x \leq 3$ $\therefore -\dfrac{5}{3} \leq x \leq 1$

따라서 $a=-\dfrac{5}{3}$, $b=1$이므로 $a+b=-\dfrac{2}{3}$

11 답 1

$|x-1| \geq 3x-4$에서 $x-1=0$, 즉 $x=1$을 기준으로 범위를 나누면

(ⅰ) $x<1$일 때

$-(x-1) \geq 3x-4$, $-x+1 \geq 3x-4$

$-4x \geq -5$ $\therefore x \leq \dfrac{5}{4}$

그런데 $x<1$이므로 $x<1$

(ⅱ) $x \geq 1$일 때

$x-1 \geq 3x-4$

$-2x \geq -3$ $\therefore x \leq \dfrac{3}{2}$

그런데 $x \geq 1$이므로 $1 \leq x \leq \dfrac{3}{2}$

(ⅰ), (ⅱ)에서 주어진 부등식의 해는 $x \leq \dfrac{3}{2}$

따라서 정수 x의 최댓값은 1이다.

12 답 ④

$|x-2|+|x+2|<10$에서 $x+2=0$와 $x-2=0$, 즉 $x=-2$와 $x=2$를 기준으로 범위를 나누면

(ⅰ) $x<-2$일 때

$-(x-2)-(x+2)<10$, $-2x<10$

$\therefore x>-5$

그런데 $x<-2$이므로 $-5<x<-2$

(ⅱ) $-2 \leq x<2$일 때

$-(x-2)+(x+2)<10$에서 $0 \times x<6$이므로 해는 모든 실수이다.

그런데 $-2 \leq x<2$이므로 $-2 \leq x<2$

(ⅲ) $x \geq 2$일 때

$(x-2)+(x+2)<10$, $2x<10$

$\therefore x<5$

그런데 $x \geq 2$이므로 $2 \leq x<5$

(ⅰ), (ⅱ), (ⅲ)에서 주어진 부등식의 해는

$-5<x<5$

따라서 정수 x는 -4, -3, -2, …, 4의 9개이다.

08 이차부등식

개념유형

001 답 $x<2$ 또는 $x>5$

부등식 $f(x)>0$의 해는 이차함수 $y=f(x)$의 그래프가 x축보다 위쪽에 있는 부분의 x의 값의 범위이므로

$x<2$ 또는 $x>5$

002 답 $x \leq 2$ 또는 $x \geq 5$

부등식 $f(x) \geq 0$의 해는 이차함수 $y=f(x)$의 그래프가 x축보다 위쪽에 있거나 만나는 부분의 x의 값의 범위이므로

$x \leq 2$ 또는 $x \geq 5$

003 답 $2<x<5$

부등식 $f(x)<0$의 해는 이차함수 $y=f(x)$의 그래프가 x축보다 아래쪽에 있는 부분의 x의 값의 범위이므로

$2<x<5$

004 답 $2 \leq x \leq 5$

부등식 $f(x) \leq 0$의 해는 이차함수 $y=f(x)$의 그래프가 x축보다 아래쪽에 있거나 만나는 부분의 x의 값의 범위이므로

$2 \leq x \leq 5$

005 답 $x<-5$ 또는 $x>1$

부등식 $f(x)>g(x)$의 해는 이차함수 $y=f(x)$의 그래프가 직선 $y=g(x)$보다 위쪽에 있는 부분의 x의 값의 범위이므로

$x<-5$ 또는 $x>1$

006 답 $-5 \leq x \leq 1$

$f(x)-g(x) \leq 0$에서 $f(x) \leq g(x)$

부등식 $f(x) \leq g(x)$의 해는 이차함수 $y=f(x)$의 그래프가 직선 $y=g(x)$보다 아래쪽에 있거나 만나는 부분의 x의 값의 범위이므로

$-5 \leq x \leq 1$

007 답 $x-3$, 3

008 답 $x<-1$ 또는 $x>8$

이차부등식 $x^2-7x-8>0$의 좌변을 인수분해하면

$(x+1)(x-8)>0$

따라서 주어진 부등식의 해는

$x<-1$ 또는 $x>8$

009 답 $-4<x<-1$

이차부등식 $x^2+5x+4<0$의 좌변을 인수분해하면

$(x+4)(x+1)<0$

따라서 주어진 부등식의 해는

$-4<x<-1$

010 답 $x<-3$ 또는 $x>1$

이차부등식 $x^2+2x-3>0$의 좌변을 인수분해하면
$(x+3)(x-1)>0$
따라서 주어진 부등식의 해는
$x<-3$ 또는 $x>1$

011 답 $-2\leq x\leq\dfrac{3}{2}$

이차부등식 $2x^2+x-6\leq0$의 좌변을 인수분해하면
$(x+2)(2x-3)\leq0$
따라서 주어진 부등식의 해는
$-2\leq x\leq\dfrac{3}{2}$

012 답 $x\leq-2$ 또는 $x\geq\dfrac{1}{3}$

$3x^2\geq2-5x$에서 $3x^2+5x-2\geq0$
좌변을 인수분해하면 $(x+2)(3x-1)\geq0$
따라서 주어진 부등식의 해는
$x\leq-2$ 또는 $x\geq\dfrac{1}{3}$

013 답 3, 3

014 답 $x\neq-5$인 모든 실수

이차부등식 $x^2+10x+25>0$의 좌변을 인수분해하면
$(x+5)^2>0$
따라서 주어진 부등식의 해는 $x\neq-5$인 모든 실수이다.

015 답 해는 없다.

이차부등식 $x^2-24x+144<0$의 좌변을 인수분해하면
$(x-12)^2<0$
따라서 주어진 부등식의 해는 없다.

016 답 모든 실수

이차부등식 $9x^2-24x+16\geq0$의 좌변을 인수분해하면
$(3x-4)^2\geq0$
따라서 주어진 부등식의 해는 모든 실수이다.

017 답 $x\neq2$인 모든 실수

$-x^2+4x-4<0$에서 $x^2-4x+4>0$
좌변을 인수분해하면
$(x-2)^2>0$
따라서 주어진 부등식의 해는 $x\neq2$인 모든 실수이다.

018 답 $x=1$

$2x^2\leq4x-2$에서 $2x^2-4x+2\leq0$
좌변을 인수분해하면
$2(x-1)^2\leq0$
따라서 주어진 부등식의 해는
$x=1$

019 답 없다.

020 답 모든 실수

$x^2+3x+9\geq0$의 좌변에서 $x^2+3x+9=\left(x+\dfrac{3}{2}\right)^2+\dfrac{27}{4}\geq\dfrac{27}{4}$이므로 주어진 부등식의 해는 모든 실수이다.

021 답 모든 실수

$x^2+4x+5>0$의 좌변에서 $x^2+4x+5=(x+2)^2+1\geq1$이므로 주어진 부등식의 해는 모든 실수이다.

022 답 해는 없다.

$x^2-5x+10<0$의 좌변에서 $x^2-5x+10=\left(x-\dfrac{5}{2}\right)^2+\dfrac{15}{4}\geq\dfrac{15}{4}$이므로 주어진 부등식의 해는 없다.

023 답 해는 없다.

$-x^2+x-1\geq0$의 좌변에서 $-x^2+x-1=-\left(x-\dfrac{1}{2}\right)^2-\dfrac{3}{4}\leq-\dfrac{3}{4}$이므로 주어진 부등식의 해는 없다.

024 답 모든 실수

$-2x^2+x-1\leq0$의 좌변에서
$-2x^2+x-1=-2\left(x-\dfrac{1}{4}\right)^2-\dfrac{7}{8}\leq-\dfrac{7}{8}$이므로 주어진 부등식의 해는 모든 실수이다.

실전유형

025 답 1

부등식 $f(x)\leq0$의 해는 이차함수 $y=f(x)$의 그래프가 x축보다 아래쪽에 있거나 만나는 부분의 x의 값의 범위이므로
$-3\leq x\leq1$
따라서 정수 x의 최댓값은 1이다.

026 답 $-2\leq x\leq0$

부등식 $f(x)\leq g(x)$의 해는 이차함수 $y=f(x)$의 그래프가 직선 $y=g(x)$보다 아래쪽에 있거나 만나는 부분의 x의 값의 범위이므로
$-2\leq x\leq0$

027 답 ⑤

$ax^2+(b-m)x+c-n>0$에서
$ax^2+bx+c>mx+n$
부등식 $ax^2+bx+c>mx+n$의 해는 이차함수 $y=ax^2+bx+c$의 그래프가 직선 $y=mx+n$보다 위쪽에 있는 부분의 x의 값의 범위이므로
$x<-2$ 또는 $x>1$

028 답 3

부등식 $f(x)>g(x)$의 해는 이차함수 $y=f(x)$의 그래프가 이차함수 $y=g(x)$의 그래프보다 위쪽에 있는 부분의 x의 값의 범위이므로
$-1<x<4$
따라서 $\alpha=-1$, $\beta=4$이므로 $\alpha+\beta=3$

029 답 ③

$x^2-3x+8<2x^2-x$에서 $-x^2-2x+8<0$
$x^2+2x-8>0$, $(x+4)(x-2)>0$
$\therefore x<-4$ 또는 $x>2$
따라서 $\alpha=-4$, $\beta=2$이므로 $\beta-\alpha=6$

030 답 ④

$(2x-3)(x+2)<9$에서 $2x^2+x-6<9$
$2x^2+x-15<0$, $(x+3)(2x-5)<0$
$\therefore -3<x<\dfrac{5}{2}$
따라서 정수 x의 최댓값은 2이다.

031 답 ④

① $x^2+2x+1\leq0$에서 $(x+1)^2\leq0$
 $\therefore x=-1$
② $x^2+3x-4<0$에서 $(x+4)(x-1)<0$
 $\therefore -4<x<1$
③ $x^2+3x+8=\left(x+\dfrac{3}{2}\right)^2+\dfrac{23}{4}\geq\dfrac{23}{4}$이므로 이차부등식
 $x^2+3x+8>0$의 해는 모든 실수이다.
④ $-x^2+x-4\geq0$에서 $x^2-x+4\leq0$
 $x^2-x+4=\left(x-\dfrac{1}{2}\right)^2+\dfrac{15}{4}\geq\dfrac{15}{4}$이므로 이차부등식 $x^2-x+4\leq0$,
 즉 $-x^2+x-4\geq0$의 해는 없다.
⑤ $-x^2+2x-3<0$에서 $x^2-2x+3>0$
 $x^2-2x+3=(x-1)^2+2\geq2$이므로 이차부등식 $x^2-2x+3>0$,
 즉 $-x^2+2x-3<0$의 해는 모든 실수이다.
따라서 해가 없는 것은 ④이다.

032 답 $x\leq1$ 또는 $x\geq5$

이차함수 $y=f(x)$의 그래프가 아래로 볼록하고, x축과 만나는 점의
x좌표가 2, 4이므로 $f(x)=a(x-2)(x-4)(a>0)$라 하자.
이때 $f(0)=8$이므로 $8a=8$ $\therefore a=1$
$\therefore f(x)=(x-2)(x-4)$
$f(x)\geq3$에서 $(x-2)(x-4)\geq3$
$x^2-6x+5\geq0$, $(x-1)(x-5)\geq0$
$\therefore x\leq1$ 또는 $x\geq5$

033 답 ②

이차함수 $y=-x^2+3x+2$의 그래프가 직선 $y=-x-3$보다 위쪽에
있는 부분의 x의 값의 범위는 부등식 $-x^2+3x+2>-x-3$의 해
와 같으므로
$-x^2+4x+5>0$, $x^2-4x-5<0$

$(x+1)(x-5)<0$ $\therefore -1<x<5$
따라서 $a=-1$, $b=5$이므로 $3a+b=2$

034 답 ③

둘레의 길이가 40m인 직사각형의 가로의 길이를 xm라 하면 세로
의 길이는 $(20-x)$m이므로 넓이가 $96\,m^2$ 이상이려면
$x(20-x)\geq96$
$x^2-20x+96\leq0$, $(x-8)(x-12)\leq0$
$\therefore 8\leq x\leq12$
따라서 광고판의 가로의 길이의 최댓값은 12m이다.

035 답 25 m

도로의 폭을 xm라 하면 도로를 제외한 땅의 넓이는 한 변의 길이가
$(50-x)$m인 정사각형의 넓이와 같고, 그 넓이가 $625\,m^2$ 이상이 되
어야 하므로
$(50-x)^2\geq625$
$x^2-100x+1875\geq0$, $(x-25)(x-75)\geq0$
$\therefore x\leq25$ 또는 $x\geq75$
그런데 $0<x<50$이므로 $0<x\leq25$
따라서 도로의 최대 폭은 25m이다.

036 답 ①

스피커 한 대의 가격을 x만 원 올리면 스피커 한 대의 가격은
$(10+x)$만 원, 월 판매량은 $(100-4x)$대이고, 한 달 판매액이
1200만 원 이상이 되어야 하므로
$(10+x)(100-4x)\geq1200$
$4x^2-60x+200\leq0$
$x^2-15x+50\leq0$, $(x-5)(x-10)\leq0$
$\therefore 5\leq x\leq10$
이때 스피커 한 대의 가격은 $(10+x)$만 원이므로
$15\leq10+x\leq20$
따라서 스피커 한 대의 가격은 15만 원 이상 20만 원 이하이다.

개념유형

179~180쪽

037 답 5, 9, 20

038 답 $x^2-9\geq0$

해가 $x\leq-3$ 또는 $x\geq3$이고 x^2의 계수가 1인 이차부등식은
$(x+3)(x-3)\geq0$ $\therefore x^2-9\geq0$

039 답 $x^2-x-2\leq0$

해가 $-1\leq x\leq2$이고 x^2의 계수가 1인 이차부등식은
$(x+1)(x-2)\leq0$ $\therefore x^2-x-2\leq0$

040 답 $x^2+11x+28>0$

해가 $x<-7$ 또는 $x>-4$이고 x^2의 계수가 1인 이차부등식은
$(x+7)(x+4)>0$ $\therefore x^2+11x+28>0$

041 답 $x^2+3x<0$

해가 $-3<x<0$이고 x^2의 계수가 1인 이차부등식은
$x(x+3)<0$ ∴ $x^2+3x<0$

042 답 <, <, <, -4, 1, 3

043 답 $a=1$, $b=70$

x^2의 계수가 a이고 해가 $x\le7$ 또는 $x\ge10$이므로 $a>0$
해가 $x\le7$ 또는 $x\ge10$이고 x^2의 계수가 1인 이차부등식은
$(x-7)(x-10)\ge0$ ∴ $x^2-17x+70\ge0$
양변에 a를 곱하면
$ax^2-17ax+70a\ge0$ $(∵ a>0)$
이 부등식이 $ax^2-17x+b\ge0$과 같으므로
$-17a=-17$, $70a=b$
∴ $a=1$, $b=70$

044 답 $a=3$, $b=2$

x^2의 계수가 a이고 해가 $-1<x<\dfrac{1}{3}$이므로 $a>0$
해가 $-1<x<\dfrac{1}{3}$이고 x^2의 계수가 1인 이차부등식은
$(x+1)\left(x-\dfrac{1}{3}\right)<0$ ∴ $x^2+\dfrac{2}{3}x-\dfrac{1}{3}<0$
양변에 a를 곱하면
$ax^2+\dfrac{2}{3}ax-\dfrac{1}{3}a<0$ $(∵ a>0)$
이 부등식이 $ax^2+bx-1<0$과 같으므로 $\dfrac{2}{3}a=b$, $-\dfrac{1}{3}a=-1$
∴ $a=3$, $b=2$

045 답 $a=-1$, $b=-3$

x^2의 계수가 a이고 해가 $-6\le x\le3$이므로 $a<0$
해가 $-6\le x\le3$이고 x^2의 계수가 1인 이차부등식은
$(x+6)(x-3)\le0$ ∴ $x^2+3x-18\le0$
양변에 a를 곱하면
$ax^2+3ax-18a\ge0$ $(∵ a<0)$
이 부등식이 $ax^2+bx+18\ge0$과 같으므로 $3a=b$, $-18a=18$
∴ $a=-1$, $b=-3$

046 답 $a=-2$, $b=2$

x^2의 계수가 a이고 해가 $x<-\dfrac{1}{2}$ 또는 $x>2$이므로 $a<0$
해가 $x<-\dfrac{1}{2}$ 또는 $x>2$이고 x^2의 계수가 1인 이차부등식은
$\left(x+\dfrac{1}{2}\right)(x-2)>0$ ∴ $x^2-\dfrac{3}{2}x-1>0$
양변에 a를 곱하면
$ax^2-\dfrac{3}{2}ax-a<0$ $(∵ a<0)$
이 부등식이 $ax^2+3x+b<0$과 같으므로 $-\dfrac{3}{2}a=3$, $-a=b$
∴ $a=-2$, $b=2$

047 답 ①

해가 $2<x<3$이고 x^2의 계수가 1인 이차부등식은
$(x-2)(x-3)<0$ ∴ $x^2-5x+6<0$
이 부등식이 $x^2+ax+6<0$과 같으므로
$a=-5$

048 답 $-1<x<\dfrac{1}{2}$

해가 $-1\le x\le2$이고 x^2의 계수가 1인 이차부등식은
$(x+1)(x-2)\le0$ ∴ $x^2-x-2\le0$
이 부등식이 $x^2+ax+b\le0$과 같으므로
$a=-1$, $b=-2$
이를 $bx^2+ax+1>0$에 대입하면 $-2x^2-x+1>0$
$2x^2+x-1<0$, $(x+1)(2x-1)<0$
∴ $-1<x<\dfrac{1}{2}$

049 답 ③

해가 $x<2$ 또는 $x>b$이고 x^2의 계수가 2인 이차부등식은
$2(x-2)(x-b)>0$
∴ $2x^2-2(2+b)x+4b>0$
이 부등식이 $2x^2-(4a+1)x+10>0$과 같으므로
$2(2+b)=4a+1$, $4b=10$
따라서 $a=2$, $b=\dfrac{5}{2}$이므로
$ab=5$

050 답 ③

해가 $x=\dfrac{1}{2}$이고 x^2의 계수가 4인 이차부등식은
$4\left(x-\dfrac{1}{2}\right)^2\le0$ ∴ $4x^2-4x+1\le0$
이 부등식이 $4x^2+ax+b\le0$과 같으므로
$a=-4$, $b=1$ ∴ $a^2+b^2=16+1=17$

051 답 3

이차함수 $y=x^2-ax+b$의 그래프가 직선 $y=x+2$보다 아래쪽에 있는 부분의 x의 값의 범위는 부등식 $x^2-ax+b<x+2$, 즉
$x^2-(a+1)x+b-2<0$ …… ㉠
의 해와 같다.
해가 $1<x<5$이고 x^2의 계수가 1인 이차부등식은
$(x-1)(x-5)<0$ ∴ $x^2-6x+5<0$
이 부등식이 ㉠과 같으므로
$a+1=6$, $b-2=5$ ∴ $a=5$, $b=7$
∴ $2a-b=3$

052 답 ④

이차부등식 $f(x)<0$의 해가 $3<x<7$이므로
$f(x)=a(x-3)(x-7)$ $(a>0)$이라 하면
$f(2x-5)=a(2x-5-3)(2x-5-7)=4a(x-4)(x-6)$

따라서 부등식 $f(2x-5)<0$, 즉 $4a(x-4)(x-6)<0$에서
$(x-4)(x-6)<0$ ($\because a>0$) $\therefore 4<x<6$
따라서 $\alpha=4$, $\beta=6$이므로 $\alpha\beta=24$

다른 풀이
$f(x)<0$의 해가 $3<x<7$이므로 $f(2x-5)<0$의 해는
$3<2x-5<7$, $8<2x<12$ $\therefore 4<x<6$
따라서 $\alpha=4$, $\beta=6$이므로 $\alpha\beta=24$

053 답 $-1\leq x\leq 4$

이차부등식 $f(x)\geq 0$의 해가 $x\leq -2$ 또는 $x\geq 3$이므로
$f(x)=a(x+2)(x-3)(a>0)$이라 하면
$f(2-x)=a(2-x+2)(2-x-3)=a(x+1)(x-4)$
따라서 부등식 $f(2-x)\leq 0$, 즉 $a(x+1)(x-4)\leq 0$에서
$(x+1)(x-4)\leq 0$ ($\because a>0$)
$\therefore -1\leq x\leq 4$

054 답 3

$x^2+2x\leq 2k+kx$에서 $x^2+(2-k)x-2k\leq 0$
$(x+2)(x-k)\leq 0$ $\therefore -2\leq x\leq k$ ($\because k>0$)
주어진 이차부등식을 만족시키는 정
수 x가 6개이려면 오른쪽 그림에서
$3\leq k<4$
따라서 자연수 k의 값은 3이다.

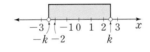

055 답 ③

$x^2-k^2<0$에서 $(x+k)(x-k)<0$
$\therefore -k<x<k$ ($\because k>0$)
주어진 이차부등식을 만족시키는 정
수 x가 5개이려면 오른쪽 그림에서
$2<k\leq 3$
따라서 자연수 k의 값은 3이다.

개념유형

183~184쪽

056 답 1, 1

057 답 $k\geq 4$

모든 실수 x에 대하여 이차부등식 $x^2-4x+k\geq 0$이 성립하므로 이차방정식 $x^2-4x+k=0$의 판별식을 D라 하면
$\dfrac{D}{4}=4-k\leq 0$
$\therefore k\geq 4$

058 답 $k\leq -\dfrac{9}{4}$

모든 실수 x에 대하여 이차부등식 $-x^2-3x+k\leq 0$이 성립하므로 이차방정식 $-x^2-3x+k=0$의 판별식을 D라 하면
$D=9+4k\leq 0$
$4k\leq -9$ $\therefore k\leq -\dfrac{9}{4}$

059 답 $k>\dfrac{4}{3}$

모든 실수 x에 대하여 이차부등식 $3x^2+4x+k>0$이 성립하므로 이차방정식 $3x^2+4x+k=0$의 판별식을 D라 하면
$\dfrac{D}{4}=4-3k<0$, $3k>4$
$\therefore k>\dfrac{4}{3}$

060 답 $k<-\dfrac{9}{8}$

모든 실수 x에 대하여 이차부등식 $-2x^2-3x+k<0$이 성립하므로 이차방정식 $-2x^2-3x+k=0$의 판별식을 D라 하면
$D=9+8k<0$, $8k<-9$
$\therefore k<-\dfrac{9}{8}$

061 답 $0\leq k\leq 1$

모든 실수 x에 대하여 이차부등식 $-x^2+2kx-k\leq 0$이 성립하므로 이차방정식 $-x^2+2kx-k=0$의 판별식을 D라 하면
$\dfrac{D}{4}=k^2-k\leq 0$, $k(k-1)\leq 0$
$\therefore 0\leq k\leq 1$

062 답 $-1<k<3$

모든 실수 x에 대하여 이차부등식 $x^2+(k+1)x+k+1>0$이 성립하므로 이차방정식 $x^2+(k+1)x+k+1=0$의 판별식을 D라 하면
$D=(k+1)^2-4(k+1)<0$
$k^2-2k-3<0$, $(k+1)(k-3)<0$
$\therefore -1<k<3$

063 답 >, <, <, 4, 4

064 답 $0<k<\dfrac{16}{9}$

이차부등식 $kx^2-3kx+4>0$이 모든 실수 x에 대하여 성립하므로
$k>0$ ······ ㉠
또 이차방정식 $kx^2-3kx+4=0$의 판별식을 D라 하면
$D=9k^2-16k<0$
$k(9k-16)<0$ $\therefore 0<k<\dfrac{16}{9}$ ······ ㉡
㉠, ㉡에서 $0<k<\dfrac{16}{9}$

065 답 $-5\leq k<0$

이차부등식 $kx^2+4kx+3k-5\leq 0$이 모든 실수 x에 대하여 성립하므로 $k<0$ ······ ㉠
또 이차방정식 $kx^2+4kx+3k-5=0$의 판별식을 D라 하면
$\dfrac{D}{4}=4k^2-k(3k-5)\leq 0$
$k^2+5k\leq 0$, $k(k+5)\leq 0$ $\therefore -5\leq k\leq 0$ ······ ㉡
㉠, ㉡에서 $-5\leq k<0$

066 답 $-9<k<-1$

이차부등식 $kx^2-2(k+3)x-4<0$이 모든 실수 x에 대하여 성립하므로 $k<0$ ······ ㉠

또 이차방정식 $kx^2-2(k+3)x-4=0$의 판별식을 D라 하면

$\dfrac{D}{4}=(k+3)^2+4k<0$

$k^2+10k+9<0$, $(k+1)(k+9)<0$

$\therefore -9<k<-1$ ...... ㉡

㉠, ㉡에서 $-9<k<-1$

067 답 $-1<k\leq1$

이차부등식 $(k+1)x^2-2(k+1)x+2\geq0$이 모든 실수 x에 대하여 성립하므로

$k+1>0$ $\therefore k>-1$ ...... ㉠

또 이차방정식 $(k+1)x^2-2(k+1)x+2=0$의 판별식을 D라 하면

$\dfrac{D}{4}=(k+1)^2-2(k+1)\leq0$

$k^2-1\leq0$, $(k+1)(k-1)\leq0$

$\therefore -1\leq k\leq1$ ...... ㉡

㉠, ㉡에서 $-1<k\leq1$

068 답 4, 2, 2

069 답 $k=-2\sqrt{2}$ 또는 $k=2\sqrt{2}$

이차부등식 $x^2-3kx+18\leq0$의 해가 오직 한 개이므로 이차방정식 $x^2-3kx+18=0$의 판별식을 D라 하면

$D=9k^2-72=0$

$k^2=8$ $\therefore k=-2\sqrt{2}$ 또는 $k=2\sqrt{2}$

070 답 $k=-4$ 또는 $k=0$

이차부등식 $x^2-2(k+2)x+4\leq0$의 해가 오직 한 개이므로 이차방정식 $x^2-2(k+2)x+4=0$의 판별식을 D라 하면

$\dfrac{D}{4}=(k+2)^2-4=0$

$k^2+4k=0$, $k(k+4)=0$

$\therefore k=-4$ 또는 $k=0$

071 답 $k=-16$ 또는 $k=0$

이차부등식 $-4x^2+kx+k\geq0$의 해가 오직 한 개이므로 이차방정식 $-4x^2+kx+k=0$의 판별식을 D라 하면

$D=k^2+16k=0$

$k(k+16)=0$ $\therefore k=-16$ 또는 $k=0$

072 답 $k=1$ 또는 $k=5$

이차부등식 $-x^2+(k+1)x-2k+1\geq0$의 해가 오직 한 개이므로 이차방정식 $-x^2+(k+1)x-2k+1=0$의 판별식을 D라 하면

$D=(k+1)^2+4(-2k+1)=0$

$k^2-6k+5=0$, $(k-1)(k-5)=0$

$\therefore k=1$ 또는 $k=5$

073 답 $\geq$, $\leq$, $\geq$

074 답 $k>4$

이차부등식 $x^2+8x+4k\leq0$이 해를 갖지 않으면 모든 실수 x에 대하여 $x^2+8x+4k>0$이 성립한다.

즉, 이차방정식 $x^2+8x+4k=0$의 판별식을 D라 하면

$\dfrac{D}{4}=16-4k<0$

$4k>16$ $\therefore k>4$

075 답 $4\leq k\leq16$

이차부등식 $x^2+(k-8)x+k<0$이 해를 갖지 않으면 모든 실수 x에 대하여 $x^2+(k-8)x+k\geq0$이 성립한다.

즉, 이차방정식 $x^2+(k-8)x+k=0$의 판별식을 D라 하면

$D=(k-8)^2-4k\leq0$

$k^2-20k+64\leq0$, $(k-4)(k-16)\leq0$

$\therefore 4\leq k\leq16$

076 답 $k\leq-\dfrac{1}{4}$

이차부등식 $-x^2-x+k>0$이 해를 갖지 않으면 모든 실수 x에 대하여 $-x^2-x+k\leq0$이 성립한다.

즉, 이차방정식 $-x^2-x+k=0$의 판별식을 D라 하면

$D=1+4k\leq0$

$4k\leq-1$ $\therefore k\leq-\dfrac{1}{4}$

077 답 $\dfrac{1}{2}\leq k\leq1$

이차부등식 $-x^2+2(2k-1)x-(2k-1)>0$이 해를 갖지 않으면 모든 실수 x에 대하여 $-x^2+2(2k-1)x-(2k-1)\leq0$이 성립한다.

즉, 이차방정식 $-x^2+2(2k-1)x-(2k-1)=0$의 판별식을 D라 하면

$\dfrac{D}{4}=(2k-1)^2-(2k-1)\leq0$

$4k^2-6k+2\leq0$, $2k^2-3k+1\leq0$

$(2k-1)(k-1)\leq0$ $\therefore \dfrac{1}{2}\leq k\leq1$

실전유형 185~186쪽

078 답 ④

모든 실수 x에 대하여 이차부등식 $x^2+(m+2)x+2m+1>0$이 성립하려면 이차방정식 $x^2+(m+2)x+2m+1=0$의 판별식을 D라 할 때

$D=(m+2)^2-4(2m+1)<0$

$m^2-4m<0$, $m(m-4)<0$ $\therefore 0<m<4$

따라서 정수 m의 값은 1, 2, 3이므로 구하는 합은

$1+2+3=6$

079 답 3

모든 실수 x에 대하여 이차부등식 $x^2+2kx-2k+3>0$이 성립하므로 이차방정식 $x^2+2kx-2k+3=0$의 판별식을 D라 하면

$\dfrac{D}{4}=k^2+2k-3<0$

$(k+3)(k-1)<0$ $\therefore -3<k<1$

따라서 정수 k는 -2, -1, 0의 3개이다.

080 답 ②

이차함수 $y=x^2-5x$의 그래프가 직선 $y=-3x+k$보다 항상 위쪽에 있으므로 모든 실수 x에 대하여 $x^2-5x>-3x+k$, 즉 $x^2-2x-k>0$이 성립한다.

이차방정식 $x^2-2x-k=0$의 판별식을 D라 하면

$\dfrac{D}{4}=1+k<0$ $\quad\therefore k<-1$

따라서 정수 k의 최댓값은 -2이다.

081 답 ②

부등식 $(a-1)x^2-2(a-1)x+1>0$에서

(i) $a=1$일 때

$0\times x^2-0\times x+1>0$이므로 x의 값에 관계없이 주어진 부등식이 항상 성립한다.

(ii) $a\neq 1$일 때

x의 값에 관계없이 주어진 부등식이 항상 성립하면 이차함수 $y=(a-1)x^2-2(a-1)x+1$의 그래프가 아래로 볼록하므로

$a-1>0$ $\quad\therefore a>1$ $\qquad$ …… ㉠

또 이차방정식 $(a-1)x^2-2(a-1)x+1=0$의 판별식을 D라 하면

$\dfrac{D}{4}=(a-1)^2-(a-1)<0$

$a^2-3a+2<0, (a-1)(a-2)<0$

$\therefore 1<a<2$ $\qquad$ …… ㉡

㉠, ㉡에서 $1<a<2$

(i), (ii)에서 a의 값의 범위는

$1\le a<2$

082 답 $k<-5$ 또는 $k>-1$

이차부등식 $x^2+(k+3)x+1<0$이 해를 가지면 이차방정식 $x^2+(k+3)x+1=0$이 서로 다른 두 실근을 가지므로 이 이차방정식의 판별식을 D라 하면

$D=(k+3)^2-4>0$

$k^2+6k+5>0, (k+5)(k+1)>0$

$\therefore k<-5$ 또는 $k>-1$

083 답 $\dfrac{1}{3}$

이차부등식 $3x^2+2x+k\le 0$의 해가 오직 한 개이므로 이차방정식 $3x^2+2x+k=0$의 판별식을 D라 하면

$\dfrac{D}{4}=1-3k=0$

$\therefore k=\dfrac{1}{3}$

084 답 2

(i) $k>0$일 때

이차부등식 $kx^2-4kx+8<0$이 해를 가지면 이차방정식 $kx^2-4kx+8=0$이 서로 다른 두 실근을 가지므로 이 이차방정식의 판별식을 D라 하면

$\dfrac{D}{4}=4k^2-8k>0$

$4k(k-2)>0$

$\therefore k<0$ 또는 $k>2$

그런데 $k>0$이므로 $k>2$

(ii) $k<0$일 때

이차함수 $y=kx^2-4kx+8$의 그래프는 위로 볼록하므로 주어진 이차부등식은 항상 해를 갖는다.

$\therefore k<0$

(i), (ii)에서 k의 값의 범위는 $k<0$ 또는 $k>2$이므로

$\alpha=0, \beta=2$

$\therefore \alpha+\beta=2$

085 답 ⑤

이차부등식 $(k-2)x^2+2(k-2)x+4\le 0$의 해가 오직 한 개이므로

$k-2>0$ $\quad\therefore k>2$

또 이차방정식 $(k-2)x^2+2(k-2)x+4=0$의 판별식을 D라 하면

$\dfrac{D}{4}=(k-2)^2-4(k-2)=0$

$k^2-8k+12=0, (k-2)(k-6)=0$

$\therefore k=2$ 또는 $k=6$

그런데 $k>2$이므로 $k=6$

086 답 22

이차부등식 $x^2+8x+(a-6)<0$이 해를 갖지 않으려면 모든 실수 x에 대하여 $x^2+8x+(a-6)\ge 0$이 성립해야 한다.

즉, 이차방정식 $x^2+8x+(a-6)=0$의 판별식을 D라 하면

$\dfrac{D}{4}=16-a+6\le 0$ $\quad\therefore a\ge 22$

따라서 a의 최솟값은 22이다.

087 답 ①

이차부등식 $kx^2-2(k+1)x+4<0$이 해를 갖지 않으면 모든 실수 x에 대하여 $kx^2-2(k+1)x+4\ge 0$이 성립하므로

$k>0$

또 이차방정식 $kx^2-2(k+1)x+4=0$의 판별식을 D라 하면

$\dfrac{D}{4}=(k+1)^2-4k\le 0$

$k^2-2k+1\le 0, (k-1)^2\le 0$ $\quad\therefore k=1$

088 답 1

$f(x)=-x^2+2x+k-2$라 하면

$f(x)=-(x-1)^2+k-1$

$-1\le x\le 2$에서 $f(x)\le 0$이므로 $y=f(x)$의 그래프가 오른쪽 그림과 같다.

$-1\le x\le 2$에서 $f(x)$는 $x=1$일 때 최대이므로 $f(1)\le 0$에서

$k-1\le 0$ $\quad\therefore k\le 1$

따라서 k의 최댓값은 1이다.

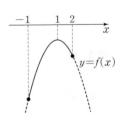

089 답 ⑤

$f(x)=2x^2-4x+2k^2-k+1$이라 하면

$f(x)=2(x-1)^2+2k^2-k-1$

$0\le x\le 3$에서 $f(x)\ge 0$이므로 $y=f(x)$의
그래프가 오른쪽 그림과 같다.

$0\le x\le 3$에서 $f(x)$는 $x=1$일 때 최소이
므로 $f(1)\ge 0$에서

$2k^2-k-1\ge 0$, $(2k+1)(k-1)\ge 0$

$\therefore k\le -\dfrac{1}{2}$ 또는 $k\ge 1$

따라서 $\alpha=-\dfrac{1}{2}$, $\beta=1$이므로

$\beta-\alpha=\dfrac{3}{2}$

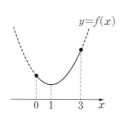

개념유형

187~188쪽

090 답 $-1<x\le 4$

$x-4\le 0$에서 $x\le 4$ ······ ㉠

$x^2-6x-7<0$에서 $(x+1)(x-7)<0$

$\therefore -1<x<7$ ······ ㉡

㉠, ㉡의 공통부분을 구하면 $-1<x\le 4$

091 답 $-\dfrac{5}{2}\le x\le 1$

$2x+5\ge 0$에서 $x\ge -\dfrac{5}{2}$ ······ ㉠

$x^2+3x-4\le 0$에서 $(x+4)(x-1)\le 0$

$\therefore -4\le x\le 1$ ······ ㉡

㉠, ㉡의 공통부분을 구하면 $-\dfrac{5}{2}\le x\le 1$

092 답 $x>4$

$2x-1\ge x-2$에서 $x\ge -1$ ······ ㉠

$x^2+x-15>5$에서 $x^2+x-20>0$

$(x+5)(x-4)>0$

$\therefore x<-5$ 또는 $x>4$ ······ ㉡

㉠, ㉡의 공통부분을 구하면 $x>4$

093 답 $-\dfrac{3}{4}<x\le 1$

$4x+1\le 5$에서

$4x\le 4$ $\therefore x\le 1$ ······ ㉠

$8x^2-5x-7<x+2$에서

$8x^2-6x-9<0$

$(4x+3)(2x-3)<0$

$\therefore -\dfrac{3}{4}<x<\dfrac{3}{2}$ ······ ㉡

㉠, ㉡의 공통부분을 구하면 $-\dfrac{3}{4}<x\le 1$

094 답 $-2<x\le -1$ 또는 $3\le x<5$

$x^2-2x-3\ge 0$에서 $(x+1)(x-3)\ge 0$

$\therefore x\le -1$ 또는 $x\ge 3$ ······ ㉠

$x^2-3x-10<0$에서 $(x+2)(x-5)<0$

$\therefore -2<x<5$ ······ ㉡

㉠, ㉡의 공통부분을 구하면 $-2<x\le -1$ 또는 $3\le x<5$

095 답 $-2\le x<-1$

$x^2-x-5>3x$에서 $x^2-4x-5>0$

$(x+1)(x-5)>0$ $\therefore x<-1$ 또는 $x>5$ ······ ㉠

$2x^2-2x-6\le x^2+2$에서 $x^2-2x-8\le 0$

$(x+2)(x-4)\le 0$ $\therefore -2\le x\le 4$ ······ ㉡

㉠, ㉡의 공통부분을 구하면 $-2\le x<-1$

096 답 해는 없다.

$2x^2-4<0$에서 $x^2-2<0$

$(x+\sqrt2)(x-\sqrt2)<0$ $\therefore -\sqrt2<x<\sqrt2$ ······ ㉠

$-x^2+5x-3>3$에서 $x^2-5x+6<0$

$(x-2)(x-3)<0$ $\therefore 2<x<3$ ······ ㉡

㉠, ㉡의 공통부분은 없으므로 연립부등식의 해는 없다.

097 답 $-9\le x\le -\dfrac{7}{3}$

$-x^2-11x-14\ge 4$에서 $x^2+11x+18\le 0$

$(x+9)(x+2)\le 0$ $\therefore -9\le x\le -2$ ······ ㉠

$3x^2+7x+1\ge 1$에서 $3x^2+7x\ge 0$

$x(3x+7)\ge 0$ $\therefore x\le -\dfrac{7}{3}$ 또는 $x\ge 0$ ······ ㉡

㉠, ㉡의 공통부분을 구하면 $-9\le x\le -\dfrac{7}{3}$

098 답 $2<x<4$

$x^2-3x<3x-8$에서 $x^2-6x+8<0$

$(x-2)(x-4)<0$

$\therefore 2<x<4$ ······ ㉠

$3x-8<7x+2$에서 $-4x<10$ $\therefore x>-\dfrac{5}{2}$ ······ ㉡

㉠, ㉡의 공통부분을 구하면 $2<x<4$

099 답 $-3\le x<-1$ 또는 $3<x\le 5$

$4<x^2-2x+1$에서 $x^2-2x-3>0$

$(x+1)(x-3)>0$ $\therefore x<-1$ 또는 $x>3$ ······ ㉠

$x^2-2x+1\le 16$에서 $x^2-2x-15\le 0$

$(x+3)(x-5)\le 0$ $\therefore -3\le x\le 5$ ······ ㉡

㉠, ㉡의 공통부분을 구하면 $-3\le x<-1$ 또는 $3<x\le 5$

100 답 $4\le x\le 5$

$x+9<x^2+7$에서 $x^2-x-2>0$

$(x+1)(x-2)>0$ $\therefore x<-1$ 또는 $x>2$

$x^2+7\le 9x-13$에서 $x^2-9x+20\le 0$

$(x-4)(x-5)\le 0$ $\therefore 4\le x\le 5$ ······ ㉡

㉠, ㉡의 공통부분을 구하면 $4\le x\le 5$

101 답 $2 \leq x < 8$

$x^2-3x+5 \leq 2x^2-5$에서 $x^2+3x-10 \geq 0$

$(x+5)(x-2) \geq 0$ $\therefore x \leq -5$ 또는 $x \geq 2$ ······ ㉠

$2x^2-5 < x^2+7x+3$에서 $x^2-7x-8 < 0$

$(x+1)(x-8) < 0$ $\therefore -1 < x < 8$ ······ ㉡

㉠, ㉡의 공통부분을 구하면

$2 \leq x < 8$

실전유형

189~190쪽

102 답 ③

$2x-1 \geq 3$에서 $2x \geq 4$ $\therefore x \geq 2$ ······ ㉠

$x^2-3x-5 \leq -1$에서 $x^2-3x-4 \leq 0$

$(x+1)(x-4) \leq 0$ $\therefore -1 \leq x \leq 4$ ······ ㉡

㉠, ㉡의 공통부분을 구하면

$2 \leq x \leq 4$

따라서 $a=2$, $b=4$이므로 $a+b=6$

103 답 ①

$x^2-x-12 \leq 0$에서 $(x+3)(x-4) \leq 0$

$\therefore -3 \leq x \leq 4$ ······ ㉠

$x^2-3x+2 > 0$에서 $(x-1)(x-2) > 0$

$\therefore x < 1$ 또는 $x > 2$ ······ ㉡

㉠, ㉡의 공통부분을 구하면

$-3 \leq x < 1$ 또는 $2 < x \leq 4$

따라서 정수 x의 값은 -3, -2, -1, 0, 3, 4이므로 구하는 합은

$-3+(-2)+(-1)+0+3+4=1$

104 답 2

$4x+1 \leq x^2+4$에서 $x^2-4x+3 \geq 0$

$(x-1)(x-3) \geq 0$ $\therefore x \leq 1$ 또는 $x \geq 3$ ······ ㉠

$x^2+4 < 2x+7$에서 $x^2-2x-3 < 0$

$(x+1)(x-3) < 0$ $\therefore -1 < x < 3$ ······ ㉡

㉠, ㉡의 공통부분을 구하면

$-1 < x \leq 1$

따라서 정수 x는 0, 1의 2개이다.

105 답 ④

$|x+2| < 2$에서 $-2 < x+2 < 2$ $\therefore -4 < x < 0$ ······ ㉠

$x^2+2x+3 > x+5$에서 $x^2+x-2 > 0$

$(x+2)(x-1) > 0$ $\therefore x < -2$ 또는 $x > 1$ ······ ㉡

㉠, ㉡의 공통부분을 구하면

$-4 < x < -2$

따라서 $a=-4$, $b=-2$이므로

$ab=8$

106 답 ①

$x^2-x-6 \geq 0$에서

$(x+2)(x-3) \geq 0$

$\therefore x \leq -2$ 또는 $x \geq 3$ ······ ㉠

$x^2-(a+7)x+7a \leq 0$에서

$(x-a)(x-7) \leq 0$ ······ ㉡

㉠, ㉡의 공통부분이 $3 \leq x \leq 7$이려면

오른쪽 그림에서

$-2 < a \leq 3$

따라서 a의 최댓값은 3이다.

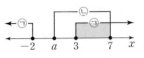

107 답 $-3 \leq a \leq -1$

$x^2-8x+15 < 0$에서

$(x-3)(x-5) < 0$

$\therefore 3 < x < 5$

따라서 주어진 연립부등식의 해가 $3 < x < 5$이다.

$x^2-4x+3 > 0$에서

$(x-1)(x-3) > 0$

$\therefore x < 1$ 또는 $x > 3$ ······ ㉠

$x^2+(a-5)x-5a < 0$에서

$(x-5)(x+a) < 0$ ······ ㉡

㉠, ㉡의 공통부분이 $3 < x < 5$이려면 오른쪽 그림에서

$1 \leq -a \leq 3$

$\therefore -3 \leq a \leq -1$

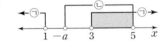

108 답 $2 < a \leq 3$

$x^2-6x+8 \leq 0$에서

$(x-2)(x-4) \leq 0$

$\therefore 2 \leq x \leq 4$ ······ ㉠

$x^2+(1-a)x-a < 0$에서

$(x+1)(x-a) < 0$ ······ ㉡

㉠, ㉡을 동시에 만족시키는 정수 x의 값이 2뿐이려면 오른쪽 그림에서

$2 < a \leq 3$

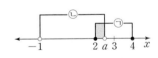

109 답 3

$x+1 \leq a$에서

$x \leq a-1$ ······ ㉠

$x^2-x < 2x+4$에서 $x^2-3x-4 < 0$

$(x+1)(x-4) < 0$

$\therefore -1 < x < 4$ ······ ㉡

㉠, ㉡을 동시에 만족시키는 정수 x가 3개이려면 오른쪽 그림에서

$2 \leq a-1 < 3$

$\therefore 3 \leq a < 4$

따라서 a의 최솟값은 3이다.

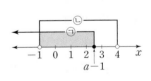

110 답 ④

$2x-2>-x+4$에서 $3x>6$

$\therefore x>2$ ...... ㉠

$(x-2k)(x-2k-2)\leq0$에서

$2k\leq x\leq 2k+2$ ...... ㉡

㉠, ㉡의 공통부분이 있으려면 오른쪽
그림에서

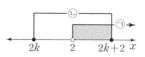

$2k+2>2$

$\therefore k>0$

111 답 ①

$|x-5|<1$에서

$-1<x-5<1$

$\therefore 4<x<6$ ...... ㉠

$x^2-4ax+3a^2>0$에서

$(x-a)(x-3a)>0$

$\therefore x<a$ 또는 $x>3a$ ($\because a>0$) ...... ㉡

㉠, ㉡의 공통부분이 없으려면 오른쪽
그림에서

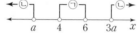

$a\leq4$, $3a\geq6$

$\therefore 2\leq a\leq4$

따라서 자연수 a는 2, 3, 4의 3개이다.

112 답 ⑤

처음 정사각형의 한 변의 길이를 x cm라 하면 새로 만든 직사각형의
가로, 세로의 길이는 각각 $(x+3)$ cm, $(x+2)$ cm

넓이가 42 cm² 이상 72 cm² 이하가 되어야 하므로

$42\leq(x+3)(x+2)\leq72$

$\therefore 42\leq x^2+5x+6\leq72$

$42\leq x^2+5x+6$에서 $x^2+5x-36\geq0$

$(x+9)(x-4)\geq0$

$\therefore x\leq-9$ 또는 $x\geq4$

그런데 $x>0$이므로 $x\geq4$ ...... ㉠

$x^2+5x+6\leq72$에서 $x^2+5x-66\leq0$

$(x+11)(x-6)\leq0$

$\therefore -11\leq x\leq6$

그런데 $x>0$이므로 $0<x\leq6$ ...... ㉡

㉠, ㉡의 공통부분을 구하면

$4\leq x\leq6$

따라서 처음 정사각형의 한 변의 길이의 최댓값은 6 cm이다.

113 답 3

변의 길이는 양수이므로

$x-1>0$ $\therefore x>1$ ...... ㉠

세 변 중 가장 긴 변의 길이는 $x+1$이므로

$x+1<x+(x-1)$ $\therefore x>2$ ...... ㉡

이 삼각형이 둔각삼각형이 되려면

$(x+1)^2>x^2+(x-1)^2$

$x^2-4x<0$, $x(x-4)<0$

$\therefore 0<x<4$ ...... ㉢

㉠, ㉡, ㉢의 공통부분을 구하면 $2<x<4$

따라서 자연수 x의 값은 3이다.

> **참고** 삼각형의 세 변의 길이가 a, b, c ($a\leq b\leq c$)일 때
> (1) $c^2<a^2+b^2$ ➡ 예각삼각형
> (2) $c^2=a^2+b^2$ ➡ 빗변의 길이가 c인 직각삼각형
> (3) $c^2>a^2+b^2$ ➡ 둔각삼각형

개념유형

192쪽

114 답 5, -5, >, >, >, >, >, <, $1\leq k<\dfrac{5}{4}$

115 답 $k\leq-5$

이차방정식 $x^2-2kx-4k+5=0$의 판별식을 D, 두 실근을 α, β라
하자.

(i) $D\geq0$이므로

$\dfrac{D}{4}=k^2+4k-5\geq0$

$(k+5)(k-1)\geq0$ $\therefore k\leq-5$ 또는 $k\geq1$

(ii) $\alpha+\beta<0$이므로

$2k<0$ $\therefore k<0$

(iii) $\alpha\beta>0$이므로

$-4k+5>0$ $\therefore k<\dfrac{5}{4}$

(i), (ii), (iii)에서 k의 값의 범위는 $k\leq-5$

116 답 $k>\dfrac{5}{4}$

$\alpha\beta<0$이므로

$-4k+5<0$ $\therefore k>\dfrac{5}{4}$

117 답 1, 1, >, >, <, $1\leq k<2$

118 답 $k\leq-\dfrac{1}{4}$

이차방정식 $x^2-4kx+3k+1=0$의 판별식을 D,
$f(x)=x^2-4kx+3k+1$이라 하자.

(i) $D\geq0$이므로

$\dfrac{D}{4}=4k^2-3k-1\geq0$

$(4k+1)(k-1)\geq0$

$\therefore k\leq-\dfrac{1}{4}$ 또는 $k\geq1$

(ii) $f(1)>0$이므로

$1-4k+3k+1=2-k>0$ $\therefore k<2$

(iii) 이차함수 $y=f(x)$의 그래프의 축의 방정식이 $x=2k$이므로

$2k<1$에서 $k<\dfrac{1}{2}$

(i), (ii), (iii)에서 k의 값의 범위는 $k\leq-\dfrac{1}{4}$

119 답 $k>2$

$f(1)<0$이므로 $2-k<0$ $\therefore k>2$

120 답 ⑤

이차방정식 $x^2-(k-3)x+k=0$의 판별식을 D, 두 실근을 α, β라 하면 두 근이 모두 양수이므로

(i) $D=(k-3)^2-4k \geq 0$, $k^2-10k+9 \geq 0$
$(k-1)(k-9) \geq 0$ ∴ $k \leq 1$ 또는 $k \geq 9$

(ii) $\alpha+\beta=k-3>0$ ∴ $k>3$

(iii) $\alpha\beta=k>0$

(i), (ii), (iii)에서 k의 값의 범위는 $k \geq 9$

121 답 4

이차방정식 $x^2+(k+2)x+k+5=0$의 판별식을 D, 두 실근을 α, β라 하면 두 근이 모두 음수이므로

(i) $D=(k+2)^2-4(k+5) \geq 0$, $k^2-16 \geq 0$
$(k+4)(k-4) \geq 0$ ∴ $k \leq -4$ 또는 $k \geq 4$

(ii) $\alpha+\beta=-(k+2)<0$
$k+2>0$ ∴ $k>-2$

(iii) $\alpha\beta=k+5>0$ ∴ $k>-5$

(i), (ii), (iii)에서 k의 값의 범위는 $k \geq 4$
따라서 k의 최솟값은 4이다.

122 답 ④

이차방정식 $x^2-(k^2+2k-3)x+k^2-3k-4=0$의 두 실근을 α, β라 하면 두 근의 부호가 서로 다르므로
$\alpha\beta=k^2-3k-4<0$
$(k+1)(k-4)<0$ ∴ $-1<k<4$ ······ ㉠
또 두 실근의 절댓값이 같으므로
$\alpha+\beta=k^2+2k-3=0$
$(k+3)(k-1)=0$ ∴ $k=-3$ 또는 $k=1$ ······ ㉡
㉠, ㉡에서 $k=1$

123 답 4

$f(x)=x^2+(k^2+k)x+5k-8$이라 하면 $f(2)<0$이어야 하므로
$4+2k^2+2k+5k-8<0$, $2k^2+7k-4<0$
$(k+4)(2k-1)<0$ ∴ $-4<k<\dfrac{1}{2}$
따라서 정수 k는 -3, -2, -1, 0의 4개이다.

124 답 $k \geq 1$

$f(x)=x^2-2kx-k+2$라 할 때

(i) 이차방정식 $f(x)=0$의 판별식을 D라 하면
$\dfrac{D}{4}=k^2+k-2 \geq 0$
$(k+2)(k-1) \geq 0$ ∴ $k \leq -2$ 또는 $k \geq 1$

(ii) $f(-1)>0$이어야 하므로
$1+2k-k+2>0$, $k+3>0$ ∴ $k>-3$

(iii) 이차함수 $y=f(x)$의 그래프의 축의 방정식이 $x=k$이므로
$k>-1$

(i), (ii), (iii)에서 k의 값의 범위는 $k \geq 1$

125 답 -4

$f(x)=x^2-kx+k+8$이라 할 때

(i) 이차방정식 $f(x)=0$의 판별식을 D라 하면
$D=k^2-4k-32 \geq 0$
$(k+4)(k-8) \geq 0$ ∴ $k \leq -4$ 또는 $k \geq 8$

(ii) $f(2)>0$이므로
$4-2k+k+8>0$, $-k+12>0$
∴ $k<12$

(iii) 이차함수 $y=f(x)$의 그래프의 축의 방정식이 $x=\dfrac{k}{2}$이므로
$\dfrac{k}{2}<2$에서 $k<4$

(i), (ii), (iii)에서 k의 값의 범위는 $k \leq -4$
따라서 k의 최댓값은 -4이다.

1 답 $x \leq -1$ 또는 $x \geq 2$

$ax^2+(b-m)x+c-n \leq 0$에서 $ax^2+bx+c \leq mx+n$
부등식 $ax^2+bx+c \leq mx+n$의 해는 이차함수 $y=ax^2+bx+c$의 그래프가 직선 $y=mx+n$보다 아래쪽에 있거나 만나는 부분의 x의 값의 범위이므로
$x \leq -1$ 또는 $x \geq 2$

2 답 ⑤

$4x^2+x-2 \leq -x^2+4x$에서 $5x^2-3x-2 \leq 0$
$(5x+2)(x-1) \leq 0$ ∴ $-\dfrac{2}{5} \leq x \leq 1$
따라서 $\alpha=-\dfrac{2}{5}$, $\beta=1$이므로
$\beta-\alpha=\dfrac{7}{5}$

3 답 10 m

도로의 폭을 x m라 하면 도로를 제외한 땅의 넓이는 가로, 세로의 길이가 각각 $(35-x)$ m, $(20-x)$ m인 직사각형의 넓이와 같고, 그 넓이가 250 m² 이상이 되어야 하므로
$(35-x)(20-x) \geq 250$
$x^2-55x+450 \geq 0$, $(x-10)(x-45) \geq 0$
∴ $x \leq 10$ 또는 $x \geq 45$
그런데 $0<x<20$이므로 $0<x \leq 10$
따라서 도로의 최대 폭은 10 m이다.

4 답 $-3<x<2$

해가 $x<-\dfrac{1}{3}$ 또는 $x>\dfrac{1}{2}$이고 x^2의 계수가 6인 이차부등식은
$6\left(x+\dfrac{1}{3}\right)\left(x-\dfrac{1}{2}\right)>0$, $6\left(x^2-\dfrac{1}{6}x-\dfrac{1}{6}\right)>0$
∴ $6x^2-x-1>0$

이 부등식이 $6x^2+ax+b>0$과 같으므로 $a=-1$, $b=-1$

이를 $ax^2+bx+6>0$에 대입하면 $-x^2-x+6>0$

$x^2+x-6<0$, $(x+3)(x-2)<0$

$\therefore -3<x<2$

5 답 ②

이차부등식 $f(x)<0$의 해가 $-6<x<2$이므로

$f(x)=a(x+6)(x-2)$ $(a>0)$라 하면

$f(4x-2)=a(4x-2+6)(4x-2-2)=16a(x+1)(x-1)$

따라서 부등식 $f(4x-2)<0$, 즉 $16a(x+1)(x-1)<0$에서

$(x+1)(x-1)<0$ $(\because a>0)$ $\therefore -1<x<1$

따라서 $\alpha=-1$, $\beta=1$이므로 $\alpha+\beta=0$

다른 풀이

$f(x)<0$의 해가 $-6<x<2$이므로 $f(4x-2)<0$의 해는

$-6<4x-2<2$, $-4<4x<4$ $\therefore -1<x<1$

따라서 $\alpha=-1$, $\beta=1$이므로

$\alpha+\beta=0$

6 답 ③

부등식 $(a+2)x^2-2(a+2)x+4>0$에서

(i) $a=-2$일 때

$0 \times x^2-0 \times x+4>0$이므로 x의 값에 관계없이 주어진 부등식이 항상 성립한다.

(ii) $a \neq -2$일 때

x의 값에 관계없이 주어진 부등식이 항상 성립하면 이차함수 $y=(a+2)x^2-2(a+2)x+4$의 그래프가 아래로 볼록하므로

$a+2>0$ $\therefore a>-2$ ······ ㉠

또 이차방정식 $(a+2)x^2-2(a+2)x+4=0$의 판별식을 D라 하면

$\dfrac{D}{4}=(a+2)^2-4(a+2)<0$

$a^2-4<0$, $(a+2)(a-2)<0$

$\therefore -2<a<2$ ······ ㉡

㉠, ㉡에서 $-2<a<2$

(i), (ii)에서 a의 값의 범위는

$-2 \le a<2$

7 답 $k<0$ 또는 $k>16$

(i) $k>0$일 때

이차부등식 $kx^2-kx+4<0$이 해를 가지면 이차방정식 $kx^2-kx+4=0$이 서로 다른 두 실근을 가지므로 이 이차방정식의 판별식을 D라 하면

$D=k^2-16k>0$

$k(k-16)>0$ $\therefore k<0$ 또는 $k>16$

그런데 $k>0$이므로 $k>16$ ······ ⓘ

(ii) $k<0$일 때

이차함수 $y=kx^2-kx+4$의 그래프는 위로 볼록하므로 주어진 이차부등식은 항상 해를 갖는다.

$\therefore k<0$ ······ ⓘⓘ

(i), (ii)에서 k의 값의 범위는 $k<0$ 또는 $k>16$ ······ ⓘⓘⓘ

8 답 7

이차부등식 $2x^2+(k+3)x+2 \le 0$이 해를 갖지 않으면 모든 실수 x에 대하여 $2x^2+(k+3)x+2>0$이 성립한다.

즉, 이차방정식 $2x^2+(k+3)x+2=0$의 판별식을 D라 하면

$D=(k+3)^2-16<0$

$k^2+6k-7<0$, $(k+7)(k-1)<0$

$\therefore -7<k<1$

따라서 정수 k는 -6, -5, -4, -3, -2, -1, 0의 7개이다.

9 답 ④

$f(x)=x^2-4x-3k^2+2k+3$이라 하면

$f(x)=(x-2)^2-3k^2+2k-1$

$-1 \le x \le 3$에서 $f(x) \le 0$이어야 하므로 $y=f(x)$의 그래프가 오른쪽 그림과 같아야 한다.

$-1 \le x \le 3$에서 $f(x)$는 $x=-1$일 때 최대이므로 $f(-1) \le 0$에서

$-3k^2+2k+8 \le 0$

$3k^2-2k-8 \ge 0$, $(3k+4)(k-2) \ge 0$

$\therefore k \le -\dfrac{4}{3}$ 또는 $k \ge 2$

따라서 $\alpha=-\dfrac{4}{3}$, $\beta=2$이므로 $\alpha+\beta=\dfrac{2}{3}$

10 답 2

$2x^2-5x-7 \le 0$에서 $(x+1)(2x-7) \le 0$

$\therefore -1 \le x \le \dfrac{7}{2}$ ······ ㉠

$x^2+3x-4>0$에서 $(x+4)(x-1)>0$

$\therefore x<-4$ 또는 $x>1$ ······ ㉡

㉠, ㉡의 공통부분을 구하면 $1<x \le \dfrac{7}{2}$

따라서 정수 x는 2, 3의 2개이다.

11 답 -2

$x^2-2x-3 \le 0$에서 $(x+1)(x-3) \le 0$

$\therefore -1 \le x \le 3$ ······ ㉠

$x^2-(a+2)x+2a \ge 0$에서

$(x-a)(x-2) \ge 0$ ······ ㉡   ······ ⓘ

㉠, ㉡의 공통부분이 $2 \le x \le 3$이려면 오른쪽 그림에서

$a<-1$ ······ ⓘⓘ

따라서 정수 a의 최댓값은 -2이다.   ······ ⓘⓘⓘ

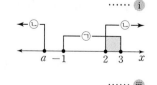

12 답 -4

$x^2-5x-14\geq0$에서 $(x+2)(x-7)\geq0$

$\therefore x\leq-2$ 또는 $x\geq7$ $\qquad$ ……… ㉠

$(x-k)(x-k-5)\leq0$에서

$k\leq x\leq k+5$ $\qquad$ ……… ㉡

㉠, ㉡의 공통부분이 없으려면 오른쪽 그림에서

$k>-2$, $k+5<7$

$\therefore -2<k<2$

따라서 $a=-2$, $b=2$이므로

$ab=-4$

13 답 13

변의 길이는 양수이므로

$3x-1>0$ $\qquad \therefore x>\dfrac{1}{3}$ $\qquad$ ……… ㉠

세 변 중 가장 긴 변의 길이는 $3x+1$이므로

$3x+1<x+(3x-1)$ $\qquad \therefore x>2$ $\qquad$ ……… ㉡

이 삼각형이 예각삼각형이 되려면

$(3x+1)^2<x^2+(3x-1)^2$

$x^2-12x>0$, $x(x-12)>0$

$\therefore x<0$ 또는 $x>12$ $\qquad$ ……… ㉢

㉠, ㉡, ㉢의 공통부분을 구하면 $x>12$

따라서 자연수 x의 최솟값은 13이다.

14 답 $1\leq k<2$

이차방정식 $x^2-(3k-1)x-k+2=0$의 판별식을 D, 두 실근을 α, β라 하면 두 근이 모두 양수이므로

(i) $D=(3k-1)^2+4k-8\geq0$

$9k^2-2k-7\geq0$, $(9k+7)(k-1)\geq0$

$\therefore k\leq-\dfrac{7}{9}$ 또는 $k\geq1$

(ii) $\alpha+\beta=3k-1>0$ $\qquad \therefore k>\dfrac{1}{3}$

(iii) $\alpha\beta=-k+2>0$ $\qquad \therefore k<2$

(i), (ii), (iii)에서 k의 값의 범위는 $1\leq k<2$

15 답 ④

$f(x)=x^2-2(k+1)x+5k+11$이라 할 때

(i) 이차방정식 $f(x)=0$의 판별식을 D라 하면

$\dfrac{D}{4}=(k+1)^2-5k-11\geq0$

$k^2-3k-10\geq0$, $(k+2)(k-5)\geq0$

$\therefore k\leq-2$ 또는 $k\geq5$

(ii) $f(2)>0$이므로

$4-4k-4+5k+11>0$, $k+11>0$

$\therefore k>-11$

(iii) 이차함수 $y=f(x)$의 그래프의 축의 방정식이 $x=k+1$이므로

$k+1<2$에서 $k<1$

(i), (ii), (iii)에서 k의 값의 범위는 $-11<k\leq-2$

따라서 k의 최댓값은 -2이다.

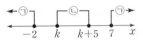

09 경우의 수와 순열

개념유형

198~203쪽

001 답 27

002 답 3

003 답 3

비기는 경우는 (가위, 가위), (바위, 바위), (보, 보)의 3가지

004 답 5

4의 배수가 적힌 카드를 뽑는 경우는 4, 8, 12, 16, 20의 5가지

005 답 2

나오는 두 눈의 수의 합이 3이 되는 경우는 (1, 2), (2, 1)의 2가지

006 답 6

나오는 두 눈의 수의 곱이 12가 되는 경우는

(1, 12), (2, 6), (3, 4), (4, 3), (6, 2), (12, 1)의 6가지

007 답 8

구하는 경우의 수는 $3+5=8$

008 답 7

구하는 경우의 수는 $3+4=7$

009 답 5

구하는 경우의 수는 $3+2=5$

010 답 5

(i) 뽑은 카드에 적힌 수가 3의 배수인 경우는
  3, 6, 9의 3가지

(ii) 뽑은 카드에 적힌 수가 5의 배수인 경우는
  5, 10의 2가지

(i), (ii)에서 구하는 경우의 수는 $3+2=5$

011 답 7

(i) 나오는 두 눈의 수의 합이 4인 경우는
  (1, 3), (2, 2), (3, 1)의 3가지

(ii) 나오는 두 눈의 수의 합이 5인 경우는
  (1, 4), (2, 3), (3, 2), (4, 1)의 4가지

(i), (ii)에서 구하는 경우의 수는 $3+4=7$

012 답 5, 1, 6

013 답 6

x, y, z가 자연수이므로 $x \geq 1$, $y \geq 1$, $z \geq 1$

주어진 방정식에서 x, y, z의 계수가 모두 같으므로 x가 될 수 있는 자연수를 구하면 $x < 5$에서

$x = 1$ 또는 $x = 2$ 또는 $x = 3$ 또는 $x = 4$

(i) $x = 1$일 때, $y + z = 4$이므로 순서쌍 (y, z)는 $(1, 3)$, $(2, 2)$, $(3, 1)$의 3개

(ii) $x = 2$일 때, $y + z = 3$이므로 순서쌍 (y, z)는 $(1, 2)$, $(2, 1)$의 2개

(iii) $x = 3$일 때, $y + z = 2$이므로 순서쌍 (y, z)는 $(1, 1)$의 1개

(iv) $x = 4$일 때, $y + z = 1$이므로 순서쌍 (y, z)는 없다.

(i)~(iv)에서 구하는 순서쌍 (x, y, z)의 개수는 $3 + 2 + 1 = 6$

014 답 12

x, y, z가 자연수이므로 $x \geq 1$, $y \geq 1$, $z \geq 1$

주어진 방정식에서 y의 계수가 가장 크므로 y가 될 수 있는 자연수를 구하면 $2y < 9$에서

$y = 1$ 또는 $y = 2$ 또는 $y = 3$ 또는 $y = 4$

(i) $y = 1$일 때, $x + z = 7$이므로 순서쌍 (x, z)는 $(1, 6)$, $(2, 5)$, $(3, 4)$, $(4, 3)$, $(5, 2)$, $(6, 1)$의 6개

(ii) $y = 2$일 때, $x + z = 5$이므로 순서쌍 (x, z)는 $(1, 4)$, $(2, 3)$, $(3, 2)$, $(4, 1)$의 4개

(iii) $y = 3$일 때, $x + z = 3$이므로 순서쌍 (x, z)는 $(1, 2)$, $(2, 1)$의 2개

(iv) $y = 4$일 때, $x + z = 1$이므로 순서쌍 (x, z)는 없다.

(i)~(iv)에서 구하는 순서쌍 (x, y, z)의 개수는 $6 + 4 + 2 = 12$

015 답 15

x, y, z가 자연수이므로 $x \geq 1$, $y \geq 1$, $z \geq 1$

주어진 방정식에서 z의 계수가 가장 크므로 z가 될 수 있는 자연수를 구하면 $3z < 12$에서

$z = 1$ 또는 $z = 2$ 또는 $z = 3$

(i) $z = 1$일 때, $x + y = 9$이므로 순서쌍 (x, y)는 $(1, 8)$, $(2, 7)$, $(3, 6)$, $(4, 5)$, $(5, 4)$, $(6, 3)$, $(7, 2)$, $(8, 1)$의 8개

(ii) $z = 2$일 때, $x + y = 6$이므로 순서쌍 (x, y)는 $(1, 5)$, $(2, 4)$, $(3, 3)$, $(4, 2)$, $(5, 1)$의 5개

(iii) $z = 3$일 때, $x + y = 3$이므로 순서쌍 (x, y)는 $(1, 2)$, $(2, 1)$의 2개

(i), (ii), (iii)에서 구하는 순서쌍 (x, y, z)의 개수는 $8 + 5 + 2 = 15$

016 답 4, 2, 6

017 답 10

x, y가 자연수이므로 $x \geq 1$, $y \geq 1$

주어진 부등식에서 x, y의 계수가 같으므로 x가 될 수 있는 자연수를 구하면 $x < 5$에서

$x = 1$ 또는 $x = 2$ 또는 $x = 3$ 또는 $x = 4$

(i) $x = 1$일 때, $y \leq 4$이므로 순서쌍 (x, y)는 $(1, 1)$, $(1, 2)$, $(1, 3)$, $(1, 4)$의 4개

(ii) $x = 2$일 때, $y \leq 3$이므로 순서쌍 (x, y)는 $(2, 1)$, $(2, 2)$, $(2, 3)$의 3개

(iii) $x = 3$일 때, $y \leq 2$이므로 순서쌍 (x, y)는 $(3, 1)$, $(3, 2)$의 2개

(iv) $x = 4$일 때, $y \leq 1$이므로 순서쌍 (x, y)는 $(4, 1)$의 1개

(i)~(iv)에서 구하는 순서쌍 (x, y)의 개수는 $4 + 3 + 2 + 1 = 10$

018 답 12

x, y가 자연수이므로 $x \geq 1$, $y \geq 1$

주어진 부등식에서 y의 계수가 가장 크므로 y가 될 수 있는 자연수를 구하면 $3y < 10$에서

$y = 1$ 또는 $y = 2$ 또는 $y = 3$

(i) $y = 1$일 때, $x \leq 7$이므로 순서쌍 (x, y)는 $(1, 1)$, $(2, 1)$, $(3, 1)$, $(4, 1)$, $(5, 1)$, $(6, 1)$, $(7, 1)$의 7개

(ii) $y = 2$일 때, $x \leq 4$이므로 순서쌍 (x, y)는 $(1, 2)$, $(2, 2)$, $(3, 2)$, $(4, 2)$의 4개

(iii) $y = 3$일 때, $x \leq 1$이므로 순서쌍 (x, y)는 $(1, 3)$의 1개

(i), (ii), (iii)에서 구하는 순서쌍 (x, y)의 개수는 $7 + 4 + 1 = 12$

019 답 8

x, y가 자연수이므로 $x \geq 1$, $y \geq 1$

주어진 부등식에서 y의 계수가 가장 크므로 y가 될 수 있는 자연수를 구하면 $3y < 12$에서

$y = 1$ 또는 $y = 2$ 또는 $y = 3$

(i) $y = 1$일 때, $2x \leq 9$, 즉 $x \leq \dfrac{9}{2}$이므로 순서쌍 (x, y)는 $(1, 1)$, $(2, 1)$, $(3, 1)$, $(4, 1)$의 4개

(ii) $y = 2$일 때, $2x \leq 6$, 즉 $x \leq 3$이므로 순서쌍 (x, y)는 $(1, 2)$, $(2, 2)$, $(3, 2)$의 3개

(iii) $y = 3$일 때, $2x \leq 3$, 즉 $x \leq \dfrac{3}{2}$이므로 순서쌍 (x, y)는 $(1, 3)$의 1개

(i), (ii), (iii)에서 구하는 순서쌍 (x, y)의 개수는 $4 + 3 + 1 = 8$

020 답 21

구하는 경우의 수는 $7 \times 3 = 21$

021 답 12

구하는 경우의 수는 $3 \times 4 = 12$

022 답 60

구하는 경우의 수는 $4 \times 3 \times 5 = 60$

023 답 6

2의 배수의 눈이 나오는 경우는 2, 4, 6의 3가지

3의 배수의 눈이 나오는 경우는 3, 6의 2가지

따라서 구하는 경우의 수는 $3 \times 2 = 6$

024 답 144

한 개의 주사위를 던질 때 나오는 모든 경우는
1, 2, 3, 4, 5, 6의 6가지
한 개의 동전을 던질 때 나오는 모든 경우는 앞면, 뒷면의 2가지
따라서 구하는 경우의 수는
$6 \times 6 \times 2 \times 2 = 144$

025 답 6

$(x+y)(a+b+c)$를 전개하면 x, y에 a, b, c를 각각 곱하여 항이 만들어지므로 구하는 항의 개수는 $2 \times 3 = 6$

026 답 12

$(x+y+z)(a+b+c+d)$를 전개하면 x, y, z에 a, b, c, d를 각각 곱하여 항이 만들어지므로 구하는 항의 개수는 $3 \times 4 = 12$

027 답 9

$(x^2+x+1)(y^3+y^2+y)$를 전개하면 x^2, x, 1에 y^3, y^2, y를 각각 곱하여 항이 만들어지므로 구하는 항의 개수는 $3 \times 3 = 9$

028 답 12

$(x+y)(a+b)(p+q+r)$를 전개하면 x, y에 a, b를 각각 곱하여 항이 만들어지고, 그것에 다시 p, q, r를 각각 곱하여 항이 만들어지므로 구하는 항의 개수는 $2 \times 2 \times 3 = 12$

029 답 1, 3, 3, 6

030 답 10

$48 = 2^4 \times 3$이므로 48의 약수의 개수는
$(4+1)(1+1) = 10$

031 답 12

$72 = 2^3 \times 3^2$이므로 72의 약수의 개수는
$(3+1)(2+1) = 12$

032 답 18

$180 = 2^2 \times 3^2 \times 5$이므로 180의 약수의 개수는
$(2+1)(2+1)(1+1) = 18$

033 답 6

A 지점에서 B 지점으로 가는 경우의 수는 2
B 지점에서 C 지점으로 가는 경우의 수는 3
따라서 구하는 경우의 수는
$2 \times 3 = 6$

034 답 2

035 답 8

(i) A 지점에서 B 지점을 거쳐 C 지점으로 가는 경우의 수는 6
(ii) A 지점에서 B 지점을 거치지 않고 C 지점으로 가는 경우의 수는 2
(i), (ii)에서 구하는 경우의 수는
$6+2 = 8$

036 답 9

집에서 문구점으로 가는 경우의 수는 3
문구점에서 서점으로 가는 경우의 수는 3
따라서 구하는 경우의 수는
$3 \times 3 = 9$

037 답 6

집에서 학교로 가는 경우의 수는 3
학교에서 서점으로 가는 경우의 수는 2
따라서 구하는 경우의 수는
$3 \times 2 = 6$

038 답 15

(i) 집에서 문구점을 거쳐 서점으로 가는 경우의 수는 9
(ii) 집에서 학교를 거쳐 서점으로 가는 경우의 수는 6
(i), (ii)에서 구하는 경우의 수는
$9+6 = 15$

039 답 2, 2, 48

040 답 108

B에 칠할 수 있는 색은 4가지
A에 칠할 수 있는 색은 B에 칠한 색을 제외한 3가지
C에 칠할 수 있는 색은 B에 칠한 색을 제외한 3가지
D에 칠할 수 있는 색은 C에 칠한 색을 제외한 3가지
따라서 구하는 경우의 수는
$4 \times 3 \times 3 \times 3 = 108$

041 답 72

B에 칠할 수 있는 색은 4가지
A에 칠할 수 있는 색은 B에 칠한 색을 제외한 3가지
C에 칠할 수 있는 색은 B에 칠한 색을 제외한 3가지
D에 칠할 수 있는 색은 B와 C에 칠한 색을 제외한 2가지
따라서 구하는 경우의 수는
$4 \times 3 \times 3 \times 2 = 72$

042 답 ③

(i) 나오는 두 눈의 수의 합이 6인 경우는

$(1, 5), (2, 4), (3, 3), (4, 2), (5, 1)$의 5가지

(ii) 나오는 두 눈의 수의 합이 12인 경우는

$(6, 6)$의 1가지

(i), (ii)에서 구하는 경우의 수는 $5+1=6$

043 답 16

(i) 나오는 두 눈의 수의 차가 0인 경우는

$(1, 1), (2, 2), (3, 3), (4, 4), (5, 5), (6, 6)$의 6가지

(ii) 나오는 두 눈의 수의 차가 1인 경우는

$(1, 2), (2, 1), (2, 3), (3, 2), (3, 4), (4, 3), (4, 5), (5, 4),$
$(5, 6), (6, 5)$의 10가지

(i), (ii)에서 구하는 경우의 수는 $6+10=16$

044 답 ④

1부터 80까지의 자연수 중에서

(i) 2로 나누어떨어지는 수

2의 배수이므로 2, 4, 6, …, 80의 40개

(ii) 3으로 나누어떨어지는 수

3의 배수이므로 3, 6, 9, …, 78의 26개

(iii) 2와 3으로 모두 나누어떨어지는 수

6의 배수이므로 6, 12, 18, …, 78의 13개

(i), (ii), (iii)에서 구하는 자연수의 개수는

$40+26-13=53$

045 답 6

x, y, z가 자연수이므로 $x \geq 1, y \geq 1, z \geq 1$

주어진 방정식에서 x, y의 계수가 가장 크므로 x가 될 수 있는 자연수를 구하면 $2x < 10$에서

$x=1$ 또는 $x=2$ 또는 $x=3$ 또는 $x=4$

(i) $x=1$일 때, $2y+z=8$이므로 순서쌍 (y, z)는 $(1, 6), (2, 4),$
$(3, 2)$의 3개

(ii) $x=2$일 때, $2y+z=6$이므로 순서쌍 (y, z)는 $(1, 4), (2, 2)$의
2개

(iii) $x=3$일 때, $2y+z=4$이므로 순서쌍 (y, z)는 $(1, 2)$의 1개

(iv) $x=4$일 때, $2y+z=2$이므로 순서쌍 (y, z)는 없다.

(i)~(iv)에서 구하는 순서쌍 (x, y, z)의 개수는

$3+2+1=6$

046 답 ⑤

x, y가 음이 아닌 정수이므로 $x \geq 0, y \geq 0$

주어진 부등식에서 y의 계수가 가장 크므로 y가 될 수 있는 음이 아닌 정수를 구하면 $2y \leq 7$에서

$y=0$ 또는 $y=1$ 또는 $y=2$ 또는 $y=3$

(i) $y=0$일 때, $x \leq 7$이므로 순서쌍 (x, y)는 $(0, 0), (1, 0), (2, 0),$
$(3, 0), (4, 0), (5, 0), (6, 0), (7, 0)$의 8개

(ii) $y=1$일 때, $x \leq 5$이므로 순서쌍 (x, y)는 $(0, 1), (1, 1), (2, 1),$
$(3, 1), (4, 1), (5, 1)$의 6개

(iii) $y=2$일 때, $x \leq 3$이므로 순서쌍 (x, y)는 $(0, 2), (1, 2), (2, 2),$
$(3, 2)$의 4개

(iv) $y=3$일 때, $x \leq 1$이므로 순서쌍 (x, y)는 $(0, 3), (1, 3)$의 2개

(i)~(iv)에서 구하는 순서쌍 (x, y)의 개수는

$8+6+4+2=20$

047 답 ④

400원, 1200원, 1600원짜리 과자를 각각 x개, y개, z개 산다고 하면 그 금액의 합이 6000원이므로

$400x+1200y+1600z=6000$

$\therefore x+3y+4z=15$ ...... ㉠

따라서 구하는 경우의 수는 방정식 ㉠을 만족시키는 자연수 x, y, z의 순서쌍 (x, y, z)의 개수와 같다.

x, y, z가 자연수이므로 $x \geq 1, y \geq 1, z \geq 1$

방정식 ㉠에서 z의 계수가 가장 크므로 z가 될 수 있는 자연수를 구하면 $4z < 15$에서

$z=1$ 또는 $z=2$ 또는 $z=3$

(i) $z=1$일 때, $x+3y=11$이므로 순서쌍 (x, y)는 $(8, 1), (5, 2),$
$(2, 3)$의 3개

(ii) $z=2$일 때, $x+3y=7$이므로 순서쌍 (x, y)는 $(4, 1), (1, 2)$의
2개

(iii) $z=3$일 때, $x+3y=3$이므로 순서쌍 (x, y)는 없다.

(i), (ii), (iii)에서 순서쌍 (x, y, z)의 개수는 $3+2=5$

따라서 구하는 경우의 수는 5이다.

048 답 40

구하는 경우의 수는 $5 \times 4 \times 2=40$

049 답 ②

$(x+y)^2(a+b+c)=(x^2+2xy+y^2)(a+b+c)$를 전개하면 $x^2,$
$2xy, y^2$에 a, b, c를 각각 곱하여 항이 만들어지므로 구하는 항의 개수는 $3 \times 3=9$

050 답 ③

백의 자리에 올 수 있는 숫자는 2, 4, 6, 8의 4개

십의 자리에 올 수 있는 숫자는 2, 3, 5, 7의 4개

일의 자리에 올 수 있는 숫자는 1, 3, 5, 7, 9의 5개

따라서 구하는 자연수의 개수는 $4 \times 4 \times 5=80$

051 답 ⑤

$60=2^2 \times 3 \times 5$이므로 60의 약수의 개수는

$(2+1)(1+1)(1+1)=12$ $\therefore a=12$

$100=2^2 \times 5^2$이므로 100의 약수의 개수는

$(2+1)(2+1)=9$ $\therefore b=9$

$\therefore a+b=21$

052 답 ③

$90=2\times3^2\times5$와 $225=3^2\times5^2$의 최대공약수는 $3^2\times5$
따라서 90과 225의 공약수의 개수는 $3^2\times5$의 약수의 개수와 같으므로
$(2+1)(1+1)=6$

053 답 6

$2^2\times3^3\times5^n$의 약수의 개수가 84이므로
$(2+1)(3+1)(n+1)=84$
$n+1=7$ ∴ $n=6$

054 답 10

(i) A → C로 가는 경우의 수는 2
(ii) A → B → C로 가는 경우의 수는 $4\times2=8$
(i), (ii)에서 구하는 경우의 수는
$2+8=10$

055 답 17

(i) A → B → C로 가는 경우의 수는 $2\times4=8$
(ii) A → D → C로 가는 경우의 수는 $3\times3=9$
(i), (ii)에서 구하는 경우의 수는
$8+9=17$

056 답 ④

(i) A → B → C로 가는 경우의 수는 $3\times3=9$
(ii) A → D → C로 가는 경우의 수는 $2\times3=6$
(iii) A → B → D → C로 가는 경우의 수는 $3\times1\times3=9$
(iv) A → D → B → C로 가는 경우의 수는 $2\times1\times3=6$
(i)~(iv)에서 구하는 경우의 수는
$9+6+9+6=30$

057 답 180

B에 칠할 수 있는 색은 5가지
A에 칠할 수 있는 색은 B에 칠한 색을 제외한 4가지
C에 칠할 수 있는 색은 A와 B에 칠한 색을 제외한 3가지
D에 칠할 수 있는 색은 B와 C에 칠한 색을 제외한 3가지
따라서 구하는 경우의 수는
$5\times4\times3\times3=180$

058 답 ②

C에 칠할 수 있는 색은 5가지
A에 칠할 수 있는 색은 C에 칠한 색을 제외한 4가지
B에 칠할 수 있는 색은 A와 C에 칠한 색을 제외한 3가지
E에 칠할 수 있는 색은 B와 C에 칠한 색을 제외한 3가지
D에 칠할 수 있는 색은 C와 E에 칠한 색을 제외한 3가지
따라서 구하는 경우의 수는
$5\times4\times3\times3\times3=540$

059 답 84

영역 D를 가장 마지막에 칠한다고 할 때, 두 영역 A, C에 서로 다른
색을 칠하는 경우와 서로 같은 색을 칠하는 경우에 따라 D를 칠하는
경우의 수가 다르므로 경우를 나누어 구한다.
(i) A와 C에 서로 다른 색을 칠하는 경우
    A에 칠할 수 있는 색은 4가지
    B에 칠힐 수 있는 색은 A에 칠한 색을 제외한 3가지
    C에 칠할 수 있는 색은 A와 B에 칠한 색을 제외한 2가지
    D에 칠할 수 있는 색은 A와 C에 칠한 색을 제외한 2가지
    따라서 A와 C에 서로 다른 색을 칠하는 경우의 수는
    $4\times3\times2\times2=48$
(ii) A와 C에 서로 같은 색을 칠하는 경우
    A에 칠할 수 있는 색은 4가지
    B에 칠할 수 있는 색은 A에 칠한 색을 제외한 3가지
    C에 칠할 수 있는 색은 A에 칠한 색과 같은 색인 1가지
    D에 칠할 수 있는 색은 A와 C에 칠한 색을 제외한 3가지
    따라서 A와 C에 서로 같은 색을 칠하는 경우의 수는
    $4\times3\times1\times3=36$
(i), (ii)에서 구하는 경우의 수는
$48+36=84$

개념유형

208~211쪽

060 답 20

$_5P_2=5\times4=20$

061 답 8

062 답 504

$_9P_3=9\times8\times7=504$

063 답 840

$_7P_4=7\times6\times5\times4=840$

064 답 6

$_3P_3=3\times2\times1=6$

065 답 1

066 답 24

$4!=4\times3\times2\times1=24$

067 답 **120**

$5!=5\times4\times3\times2\times1=120$

068 답 **1**

069 답 **1**

070 답 **8**

$_nP_2=56$에서

$n(n-1)=8\times7$ ∴ $n=8$ (∵ n은 자연수)

071 답 **5**

$_nP_3=60$에서

$n(n-1)(n-2)=5\times4\times3$ ∴ $n=5$ (∵ n은 자연수)

072 답 **4**

$_nP_n=24$에서

$n!=4\times3\times2\times1$ ∴ $n=4$ (∵ n은 자연수)

073 답 **2**

$_9P_r=72=9\times8$ ∴ $r=2$

074 답 **3**

$_6P_r=120=6\times5\times4$ ∴ $r=3$

075 답 **0**

076 답 **120**

구하는 경우의 수는 $_6P_3=6\times5\times4=120$

077 답 **24**

구하는 경우의 수는 $4!=4\times3\times2\times1=24$

078 답 **42**

구하는 경우의 수는 $_7P_2=7\times6=42$

079 답 **60**

구하는 경우의 수는 $_5P_3=5\times4\times3=60$

080 답 **336**

구하는 경우의 수는 $_8P_3=8\times7\times6=336$

081 답 **24, 2, 48**

부모님 2명을 한 명으로 생각하여 4명을 일렬로 세우는 경우의 수는

$4!=4\times3\times2\times1=\boxed{24}$

부모님이 서로 자리를 바꾸는 경우의 수는 $2!=2\times1=\boxed{2}$

따라서 구하는 경우의 수는

$24\times2=\boxed{48}$

082 답 **720**

여학생 3명을 한 명으로 생각하여 5명의 학생을 일렬로 세우는 경우의 수는 $5!=5\times4\times3\times2\times1=120$

여학생 3명이 서로 자리를 바꾸는 경우의 수는 $3!=3\times2\times1=6$

따라서 구하는 경우의 수는

$120\times6=720$

083 답 **240**

모음 a, e의 2개를 한 문자로 생각하여 5개의 문자를 일렬로 배열하는 경우의 수는 $5!=5\times4\times3\times2\times1=120$

a와 e의 자리를 바꾸는 경우의 수는 $2!=2\times1=2$

따라서 구하는 경우의 수는

$120\times2=240$

084 답 **2880**

홀수 1, 3, 5, 7이 적힌 카드 4장을 한 장으로 생각하여 5장의 카드를 일렬로 배열하는 경우의 수는 $5!=5\times4\times3\times2\times1=120$

홀수가 적힌 카드끼리 서로 자리를 바꾸는 경우의 수는

$4!=4\times3\times2\times1=24$

따라서 구하는 경우의 수는

$120\times24=2880$

085 답 **24, 5, 2, 20, 480**

이웃해도 되는 2학년 학생 4명을 일렬로 세우는 경우의 수는

$4!=4\times3\times2\times1=\boxed{24}$

2학년 학생 사이사이와 양 끝의 5개의 자리에 1학년 학생 2명을 세우는 경우의 수는 $_{\boxed{5}}P_{\boxed{2}}=5\times4=\boxed{20}$

따라서 구하는 경우의 수는

$24\times20=\boxed{480}$

086 답 **12**

이웃해도 되는 2명을 일렬로 세우는 경우의 수는 $2!=2\times1=2$

2명 사이와 양 끝의 3개의 자리에 민재와 경희를 세우는 경우의 수는

$_3P_2=3\times2=6$

따라서 구하는 경우의 수는

$2\times6=12$

087 답 3600

이웃해도 되는 자음 b, c, d, f, g의 5개를 일렬로 배열하는 경우의 수는

$5!=5\times4\times3\times2\times1=120$

자음 사이사이와 양 끝의 6개의 자리에 모음 a, e의 2개를 배열하는 경우의 수는 $_6P_2=6\times5=30$

따라서 구하는 경우의 수는

$120\times30=3600$

088 답 14400

이웃해도 되는 여자 5명을 일렬로 세우는 경우의 수는

$5!=5\times4\times3\times2\times1=120$

여자 사이사이와 양 끝의 6개의 자리에 남자 3명을 세우는 경우의 수는

$_6P_3=6\times5\times4=120$

따라서 구하는 경우의 수는

$120\times120=14400$

089 답 4, 2, 12

090 답 120

동희를 맨 뒤에 고정시키고 나머지 6명 중에서 3명을 뽑아 일렬로 세우면 되므로 구하는 경우의 수는

$_6P_3=6\times5\times4=120$

091 답 24

c를 맨 앞, e를 맨 뒤에 고정시키고 그 사이에 나머지 a, b, d, f의 4개의 문자 중에서 3개를 택하여 일렬로 배열하면 되므로 구하는 경우의 수는

$_4P_3=4\times3\times2=24$

092 답 12

A, B를 양 끝에 세우는 경우의 수는

$2!=2\times1=2$

양 끝의 2명을 제외한 3명을 일렬로 세우는 경우의 수는

$3!=3\times2\times1=6$

따라서 구하는 경우의 수는

$2\times6=12$

093 답 120, 2, 6, 12, 108

5명의 학생을 일렬로 세우는 경우의 수에서 양 끝에 여학생만 오도록 세우는 경우의 수를 빼면 된다.

(i) 5명의 학생을 일렬로 세우는 경우의 수는

$5!=5\times4\times3\times2\times1=$ $\boxed{120}$

(ii) 양 끝에 여학생 2명을 세우는 경우의 수는 $2!=2\times1=$ $\boxed{2}$

양 끝의 여학생 2명을 제외한 남학생 3명을 일렬로 세우는 경우의 수는 $3!=3\times2\times1=$ $\boxed{6}$

따라서 양 끝에 여학생만 오도록 세우는 경우의 수는 $2\times6=$ $\boxed{12}$

(i), (ii)에서 구하는 경우의 수는

$120-12=$ $\boxed{108}$

094 답 96

6개의 문자 중에서 3개를 택하여 일렬로 배열하는 경우의 수에서 자음 b, c, d, f의 4개 중에서 3개를 택하여 일렬로 배열하는 경우의 수를 빼면 된다.

(i) 6개의 문자 중에서 3개를 택하여 일렬로 배열하는 경우의 수는

$_6P_3=6\times5\times4=120$

(ii) 자음 b, c, d, f의 4개 중에서 3개를 택하여 일렬로 배열하는 경우의 수는 $_4P_3=4\times3\times2=24$

(i), (ii)에서 구하는 경우의 수는 $120-24=96$

095 답 672

6개의 문자를 일렬로 배열하는 경우의 수에서 양 끝에 모음만 오도록 배열하는 경우의 수를 빼면 된다.

(i) 6개의 문자를 일렬로 배열하는 경우의 수는

$6!=6\times5\times4\times3\times2\times1=720$

(ii) 양 끝에 모음 e, a를 배열하는 경우의 수는 $2!=2\times1=2$

양 끝의 모음 2개를 제외한 자음 4개를 일렬로 배열하는 경우의 수는 $4!=4\times3\times2\times1=24$

따라서 양 끝에 모음만 오도록 배열하는 경우의 수는 $2\times24=48$

(i), (ii)에서 구하는 경우의 수는 $720-48=672$

096 답 4320

7명의 선수를 일렬로 세우는 경우의 수에서 양 끝에 야구 선수만 오도록 세우는 경우의 수를 빼면 된다.

(i) 7명을 일렬로 세우는 경우의 수는

$7!=7\times6\times5\times4\times3\times2\times1=5040$

(ii) 양 끝에 야구 선수 3명 중에서 2명을 뽑아 세우는 경우의 수는

$_3P_2=3\times2=6$

양 끝의 2명을 제외한 선수 5명을 일렬로 세우는 경우의 수는

$5!=5\times4\times3\times2\times1=120$

따라서 양 끝에 야구 선수만 오도록 세우는 경우의 수는

$6\times120=720$

(i), (ii)에서 구하는 경우의 수는 $5040-720=4320$

097 답 4, 4, 4, 2, 12, 48

백의 자리에 올 수 있는 숫자는 0을 제외한 $\boxed{4}$ 개

십의 자리와 일의 자리의 숫자를 택하는 경우의 수는 백의 자리에 오는 숫자를 제외한 $\boxed{4}$ 개의 숫자 중에서 2개를 택하여 일렬로 배열하는 경우의 수와 같으므로 $_{\boxed{4}}P_{\boxed{2}}=4\times3=\boxed{12}$

따라서 구하는 자연수의 개수는 $4\times12=\boxed{48}$

098 답 96

천의 자리에 올 수 있는 숫자는 0을 제외한 4개

백의 자리, 십의 자리, 일의 자리의 숫자를 택하는 경우의 수는 천의 자리에 오는 숫자를 제외한 4개의 숫자 중에서 3개를 택하여 일렬로 배열하는 경우의 수와 같으므로 $_4P_3=4\times3\times2=24$

따라서 구하는 자연수의 개수는 $4\times24=96$

099 답 36

홀수이려면 일의 자리의 숫자가 1 또는 3이어야 한다.

(i) 일의 자리의 숫자가 1인 경우

천의 자리에 올 수 있는 숫자는 0과 1을 제외한 3개

백의 자리와 십의 자리의 숫자를 택하는 경우의 수는 천의 자리와 일의 자리에 오는 숫자를 제외한 3개의 숫자 중에서 2개를 택하여 일렬로 배열하는 경우의 수와 같으므로 $_3P_2=3\times2=6$

따라서 일의 자리의 숫자가 1인 홀수의 개수는 $3\times6=18$

(ii) 일의 자리의 숫자가 3인 경우

천의 자리에 올 수 있는 숫자는 0과 3을 제외한 3개

백의 자리와 십의 자리의 숫자를 택하는 경우의 수는 천의 자리와 일의 자리에 오는 숫자를 제외한 3개의 숫자 중에서 2개를 택하여 일렬로 배열하는 경우의 수와 같으므로 $_3P_2=3\times2=6$

따라서 일의 자리의 숫자가 3인 홀수의 개수는 $3\times6=18$

(i), (ii)에서 구하는 홀수의 개수는

$18+18=36$

100 답 30

짝수이려면 일의 자리의 숫자가 0 또는 2 또는 4이어야 한다.

(i) 일의 자리의 숫자가 0인 경우

나머지 자리에는 0을 제외한 4개의 숫자 중에서 2개를 택하여 일렬로 배열하면 되므로 일의 자리의 숫자가 0인 짝수의 개수는

$_4P_2=4\times3=12$

(ii) 일의 자리의 숫자가 2인 경우

백의 자리에 올 수 있는 숫자는 0과 2를 제외한 3개

십의 자리에 올 수 있는 숫자는 백의 자리와 일의 자리에 오는 숫자를 제외한 3개

따라서 일의 자리의 숫자가 2인 짝수의 개수는 $3\times3=9$

(iii) 일의 자리의 숫자가 4인 경우

백의 자리에 올 수 있는 숫자는 0과 4를 제외한 3개

십의 자리에 올 수 있는 숫자는 백의 자리와 일의 자리에 오는 숫자를 제외한 3개

따라서 일의 자리의 숫자가 4인 짝수의 개수는 $3\times3=9$

(i), (ii), (iii)에서 구하는 짝수의 개수는

$12+9+9=30$

실전유형

212~215쪽

101 답 ④

$_{n+1}P_4=7\times_nP_3$에서

$(n+1)n(n-1)(n-2)=7n(n-1)(n-2)$

이때 $_nP_3$에서 $n\geq3$이므로 양변을 $n(n-1)(n-2)$로 나누면

$n+1=7$　　$\therefore n=6$

102 답 8

$_nP_3 : _{n+1}P_3=2 : 3$에서

$2\times_{n+1}P_3=3\times_nP_3$

$2(n+1)n(n-1)=3n(n-1)(n-2)$

이때 $_nP_3$에서 $n\geq3$이므로 양변을 $n(n-1)$로 나누면

$2(n+1)=3(n-2)$　　$\therefore n=8$

103 답 ②

$_nP_3\leq6\times_nP_2$에서

$n(n-1)(n-2)\leq6n(n-1)$

이때 $_nP_3$에서 $n\geq3$이므로 양변을 $n(n-1)$로 나누면

$n-2\leq6$　　$\therefore n\leq8$

그런데 $n\geq3$이므로 $3\leq n\leq8$

따라서 자연수 n의 값은 3, 4, 5, 6, 7, 8이므로 구하는 합은

$3+4+5+6+7+8=33$

104 답 ④

구하는 경우의 수는 $5!=5\times4\times3\times2\times1=120$

105 답 6

남학생 3명 중에서 2명을 뽑아 일렬로 세우는 경우의 수는

$_3P_2=3\times2=6$　　$\therefore a=6$

여학생 4명 중에서 2명을 뽑아 일렬로 세우는 경우의 수는

$_4P_2=4\times3=12$　　$\therefore b=12$

$\therefore b-a=6$

106 답 ④

n명 중에서 회장, 부회장, 총무를 각각 1명씩 뽑는 경우의 수가 720이므로

$_nP_3=720$

$n(n-1)(n-2)=10\times9\times8$　　$\therefore n=10$ ($\because n$은 자연수)

107 답 12

찬호와 준형이를 한 명으로 생각하여 3명의 학생을 일렬로 세우는 경우의 수는 $3!=3\times2\times1=6$

찬호와 준형이가 서로 자리를 바꾸는 경우의 수는 $2!=2\times1=2$

따라서 구하는 경우의 수는

$6\times2=12$

108 답 ⑤

어른 3명을 한 명으로 생각하여 4명이 일렬로 버스에 타는 경우의 수는 $4!=4\times3\times2\times1=24$

어른 3명이 서로 순서를 바꾸어 타는 경우의 수는 $3!=3\times2\times1=6$

따라서 구하는 경우의 수는

$24\times6=144$

109 답 ①

1학년 학생 3명과 2학년 학생 2명을 각각 한 명으로 생각하여 2명의 학생을 일렬로 세우는 경우의 수는 $2!=2\times1=2$

1학년 학생 3명이 서로 자리를 바꾸는 경우의 수는 $3!=3\times2\times1=6$

2학년 학생 2명이 서로 자리를 바꾸는 경우의 수는 $2!=2\times1=2$

따라서 구하는 경우의 수는

$2\times6\times2=24$

110 답 ⑤

이웃해도 되는 홀수 1, 3, 5가 적힌 카드 3장을 일렬로 배열하는 경우의 수는 $3!=3\times2\times1=6$

홀수가 적힌 카드 사이사이와 양 끝의 4개의 자리에 짝수 2, 4가 적힌 카드 2장을 배열하는 경우의 수는 $_4P_2=4\times3=12$

따라서 구하는 경우의 수는 $6\times12=72$

다른 풀이

5장의 카드를 일렬로 배열하는 경우의 수에서 짝수가 적힌 카드끼리 서로 이웃하는 경우의 수를 빼면 된다.

(i) 5장의 카드를 일렬로 배열하는 경우의 수는
$5!=5\times4\times3\times2\times1=120$

(ii) 짝수 2, 4가 적힌 카드 2장을 한 장으로 생각하여 4장의 카드를 일렬로 배열하는 경우의 수는 $4!=4\times3\times2\times1=24$
짝수가 적힌 카드끼리 서로 자리를 바꾸는 경우의 수는
$2!=2\times1=2$
따라서 짝수가 적힌 카드끼리 서로 이웃하는 경우의 수는
$24\times2=48$

(i), (ii)에서 구하는 경우의 수는 $120-48=72$

111 답 1440

이웃해도 되는 여학생 4명을 일렬로 세우는 경우의 수는
$4!=4\times3\times2\times1=24$

여학생 사이사이와 양 끝의 5개의 자리에 남학생 3명을 세우는 경우의 수는 $_5P_3=5\times4\times3=60$

따라서 구하는 경우의 수는
$24\times60=1440$

112 답 ④

자음 s, m, l, t와 모음 i, u, a, e의 개수가 같으므로 자음과 모음을 교대로 배열하는 경우는 자음이 맨 앞에 오거나 모음이 맨 앞에 오는 2가지가 있다.

각각의 경우에 대하여 자음 4개를 일렬로 배열하는 경우의 수는
$4!=4\times3\times2\times1=24$

모음 4개를 일렬로 배열하는 경우의 수는 $4!=4\times3\times2\times1=24$

따라서 구하는 경우의 수는
$2\times24\times24=1152$

113 답 30

D를 서기로 뽑고 나머지 후보 6명 중에서 회장 1명, 부회장 1명을 뽑으면 되므로 구하는 경우의 수는
$_6P_2=6\times5=30$

114 답 ④

맨 앞에 올 수 있는 모음은 e, o의 2가지

맨 앞의 문자를 제외한 5개의 문자를 일렬로 배열하는 경우의 수는
$5!=5\times4\times3\times2\times1=120$

따라서 구하는 경우의 수는 $2\times120=240$

115 답 ⑤

(i) 남학생을 양 끝에 세우는 경우
양 끝에 남학생 4명 중에서 2명을 택하여 세우는 경우의 수는
$_4P_2=4\times3=12$
양 끝의 남학생 2명을 제외한 5명의 학생을 일렬로 세우는 경우의 수는 $5!=5\times4\times3\times2\times1=120$
따라서 남학생을 양 끝에 세우는 경우의 수는
$12\times120=1440$

(ii) 여학생을 양 끝에 세우는 경우
양 끝에 여학생 3명 중에서 2명을 택하여 세우는 경우의 수는
$_3P_2=3\times2=6$
양 끝의 여학생 2명을 제외한 5명의 학생을 일렬로 세우는 경우의 수는 $5!=5\times4\times3\times2\times1=120$
따라서 여학생을 양 끝에 세우는 경우의 수는
$6\times120=720$

(i), (ii)에서 구하는 경우의 수는
$1440+720=2160$

116 답 12

A, B, C를 한 문자로 생각하여 3개의 문자를 일렬로 배열하는 경우의 수는 $3!=3\times2\times1=6$

A와 C의 자리를 바꾸는 경우의 수는 $2!=2\times1=2$

따라서 구하는 경우의 수는
$6\times2=12$

117 답 ②

6개의 문자를 일렬로 배열하는 경우의 수에서 양 끝에 자음만 오도록 배열하는 경우의 수를 빼면 된다.

(i) 6개의 문자를 일렬로 배열하는 경우의 수는
$6!=6\times5\times4\times3\times2\times1=720$

(ii) 양 끝에 자음 l, m, n, d의 4개 중에서 2개를 택하여 배열하는 경우의 수는 $_4P_2=4\times3=12$
양 끝의 자음 2개를 제외한 문자 4개를 일렬로 배열하는 경우의 수는 $4!=4\times3\times2\times1=24$
따라서 양 끝에 자음만 오도록 배열하는 경우의 수는
$12\times24=288$

(i), (ii)에서 구하는 경우의 수는
$720-288=432$

118 답 480

6장의 카드를 일렬로 배열하는 경우의 수에서 1과 2가 적힌 카드 사이에 카드가 한 장도 없는 경우의 수를 빼면 된다.

(i) 6장의 카드를 일렬로 배열하는 경우의 수는
$6!=6\times5\times4\times3\times2\times1=720$

(ii) 1과 2가 적힌 카드 사이에 카드가 한 장도 없는 경우는 1과 2가 적힌 카드가 서로 이웃하는 경우이므로 1과 2가 적힌 카드를 한 장으로 생각하여 5장의 카드를 일렬로 배열하는 경우의 수는
$5!=5\times4\times3\times2\times1=120$

1과 2가 적힌 카드의 자리를 바꾸는 경우의 수는 $2!=2\times1=2$

따라서 1과 2가 적힌 카드 사이에 카드가 한 장도 없는 경우의 수는 $120\times2=240$

(ⅰ), (ⅱ)에서 구하는 경우의 수는

$720-240=480$

119 답 720

천의 자리에 올 수 있는 숫자는 0을 제외한 6개

백의 자리, 십의 자리, 일의 자리의 숫자를 택하는 경우의 수는 천의 자리에 오는 숫자를 제외한 6개의 숫자 중에서 3개를 택하여 일렬로 배열하는 경우의 수와 같으므로 $_6P_3=6\times5\times4=120$

따라서 구하는 자연수의 개수는 $6\times120=720$

120 답 ⑤

홀수이려면 일의 자리에 올 수 있는 숫자는 1, 3의 2개

백의 자리에 올 수 있는 숫자는 0과 일의 자리에 오는 숫자를 제외한 3개

십의 자리에 올 수 있는 숫자는 백의 자리와 일의 자리에 오는 숫자를 제외한 3개

따라서 구하는 홀수의 개수는

$2\times3\times3=18$

121 답 ⑤

5의 배수이려면 일의 자리의 숫자가 0 또는 5이어야 한다.

(ⅰ) 일의 자리의 숫자가 0인 경우

나머지 자리에는 0을 제외한 5개의 숫자 중에서 4개를 택하여 일렬로 배열하면 되므로 일의 자리의 숫자가 0인 자연수의 개수는

$_5P_4=5\times4\times3\times2=120$

(ⅱ) 일의 자리의 숫자가 5인 경우

만의 자리에 올 수 있는 숫자는 0과 5를 제외한 4개

천의 자리, 백의 자리, 십의 자리의 숫자를 택하는 경우의 수는 만의 자리와 일의 자리에 오는 숫자를 제외한 4개의 숫자 중에서 3개를 택하여 일렬로 배열하는 경우의 수와 같으므르

$_4P_3=4\times3\times2=24$

따라서 일의 자리의 숫자가 5인 자연수의 개수는 $4\times24=96$

(ⅰ), (ⅱ)에서 구하는 5의 배수의 개수는 $120+96=216$

122 답 408

57000보다 큰 다섯 자리의 자연수는 57□□□, 58□□□, 6□□□□, 7□□□□, 8□□□□ 꼴이다.

57□□□ 꼴인 자연수의 개수는 $_4P_3=4\times3\times2=24$

58□□□ 꼴인 자연수의 개수는 $_4P_3=4\times3\times2=24$

6□□□□ 꼴인 자연수의 개수는 $_5P_4=5\times4\times3\times2=120$

7□□□□ 꼴인 자연수의 개수는 $_5P_4=5\times4\times3\times2=120$

8□□□□ 꼴인 자연수의 개수는 $_5P_4=5\times4\times3\times2=120$

따라서 구하는 자연수의 개수는

$24+24+120+120+120=408$

123 답 ④

A□□□□ 꼴인 문자열의 개수는 $4!=4\times3\times2\times1=24$

BA□□□ 꼴인 문자열의 개수는 $3!=3\times2\times1=6$

BC□□□ 꼴인 문자열의 개수는 $3!=3\times2\times1=6$

BD로 시작하는 문자열을 순서대로 배열하면

BDACE, BDAEC, BDCAE, ...

따라서 BD□□□ 꼴인 문자열에서 BDCAE는 세 번째이므로 BDCAE가 나타나는 순서는

$24+6+6+3=39$(번째)

124 답 ②

d□□□□ 꼴인 문자열의 개수는 $4!=4\times3\times2\times1=24$

s□□□□ 꼴인 문자열의 개수는 $4!=4\times3\times2\times1=24$

이때 $24+24=48$이므로 50번째에 나타나는 문자열은 t□□□□ 꼴인 문자열 중에서 두 번째 문자열이다.

t□□□□ 꼴인 문자열을 순서대로 배열하면

tdsuy, tdsyu, ...

따라서 50번째에 나타나는 문자열은 tdsyu이다.

1 답 ③

(ⅰ) 나오는 두 눈의 수의 합이 1인 경우는 없다.

(ⅱ) 나오는 두 눈의 수의 합이 2인 경우는

(1, 1)의 1가지

(ⅲ) 나오는 두 눈의 수의 합이 3인 경우는

(1, 2), (2, 1)의 2가지

(ⅳ) 나오는 두 눈의 수의 합이 4인 경우는

(1, 3), (2, 2), (3, 1)의 3가지

(ⅴ) 나오는 두 눈의 수의 합이 6인 경우는

(1, 5), (2, 4), (3, 3), (4, 2), (5, 1)의 5가지

(ⅵ) 나오는 두 눈의 수의 합이 12인 경우는

(6, 6)의 1가지

(ⅰ)~(ⅵ)에서 구하는 경우의 수는

$1+2+3+5+1=12$

2 답 10

x, y, z가 자연수이므로 $x\geq1$, $y\geq1$, $z\geq1$

주어진 방정식에서 z의 계수가 가장 크므로 z가 될 수 있는 자연수를 구하면 $3z<14$에서

$z=1$ 또는 $z=2$ 또는 $z=3$ 또는 $z=4$

(i) $z=1$일 때, $x+2y=11$이므로 순서쌍 (x, y)는 $(9, 1)$, $(7, 2)$ $(5, 3)$, $(3, 4)$, $(1, 5)$의 5개

(ii) $z=2$일 때, $x+2y=8$이므로 순서쌍 (x, y)는 $(6, 1)$, $(4, 2)$, $(2, 3)$의 3개

(iii) $z=3$일 때, $x+2y=5$이므로 순서쌍 (x, y)는 $(3, 1)$, $(1, 2)$의 2개

(iv) $z=4$일 때, $x+2y=2$이므로 순서쌍 (x, y)는 없다.

(i)~(iv)에서 구하는 순서쌍 (x, y, z)의 개수는

$5+3+2=10$

3 답 ③

백의 자리에 올 수 있는 숫자는 1, 3, 5, 7, 9의 5개

십의 자리에 올 수 있는 숫자는 3, 6, 9의 3개

일의 자리에 올 수 있는 숫자는 1, 2, 3, 6의 4개

따라서 구하는 자연수의 개수는

$5\times3\times4=60$

4 답 ⑤

$112=2^4\times7$이므로 112의 약수의 개수는

$(4+1)(1+1)=10$ $\therefore a=10$

$300=2^2\times3\times5^2$이므로 300의 약수의 개수는

$(2+1)(1+1)(2+1)=18$ $\therefore b=18$

$\therefore ab=180$

5 답 30

(i) A → B → C로 가는 경우의 수는 $2\times2=4$

(ii) A → D → C로 가는 경우의 수는 $2\times3=6$

(iii) A → B → D → C로 가는 경우의 수는 $2\times2\times3=12$

(iv) A → D → B → C로 가는 경우의 수는 $2\times2\times2=8$

(i)~(iv)에서 구하는 경우의 수는

$4+6+12+8=30$

6 답 1620

A에 칠할 수 있는 색은 5가지

B에 칠할 수 있는 색은 A에 칠한 색을 제외한 4가지

C에 칠할 수 있는 색은 A와 B에 칠한 색을 제외한 3가지

D에 칠할 수 있는 색은 A와 C에 칠한 색을 제외한 3가지

E에 칠할 수 있는 색은 A와 D에 칠한 색을 제외한 3가지

F에 칠할 수 있는 색은 A와 E에 칠한 색을 제외한 3가지

따라서 구하는 경우의 수는

$5\times4\times3\times3\times3\times3=1620$

7 답 ⑤

$_{2n}P_3=100\times{_n}P_2$에서

$2n(2n-1)(2n-2)=100n(n-1)$

$4n(2n-1)(n-1)=100n(n-1)$

이때 $_nP_2$에서 $n\geq2$이므로 양변을 $4n(n-1)$로 나누면

$2n-1=25$

$\therefore n=13$

8 답 12

n명 중에서 반장 1명, 부반장 1명을 뽑는 경우의 수가 132이므로

$_nP_2=132$

$n(n-1)=12\times11$

$\therefore n=12$ ($\because n$은 자연수)

9 답 ②

세 쌍의 부부를 각각 한 명으로 생각하여 3명이 일렬로 앉는 경우의 수는

$3!=3\times2\times1=6$

부부끼리 서로 자리를 바꾸는 경우의 수는 각각

$2!=2\times1=2$

따라서 구하는 경우의 수는

$6\times2\times2\times2=48$

10 답 14400

이웃해도 되는 자음 t, r, n, g, l의 5개를 일렬로 배열하는 경우의 수는

$5!=5\times4\times3\times2\times1=120$ ...... ⓘ

자음 사이사이와 양 끝의 6개의 자리에 모음 i, a, e의 3개를 배열하는 경우의 수는

$_6P_3=6\times5\times4=120$ ...... ⓘⓘ

따라서 구하는 경우의 수는

$120\times120=14400$ ...... ⓘⓘⓘ

채점 기준

ⓘ 자음을 일렬로 배열하는 경우의 수 구하기	40 %
ⓘⓘ 자음의 사이사이와 양 끝에 모음을 배열하는 경우의 수 구하기	40 %
ⓘⓘⓘ 모음끼리 서로 이웃하지 않도록 배열하는 경우의 수 구하기	20 %

11 답 ④

(i) 1학년 학생을 양 끝에 세우는 경우

양 끝에 1학년 학생 2명을 세우는 경우의 수는 $2!=2\times1=2$

양 끝의 1학년 학생 2명을 제외한 5명의 학생을 일렬로 세우는 경우의 수는

$5!=5\times4\times3\times2\times1=120$

따라서 1학년 학생을 양 끝에 세우는 경우의 수는

$2\times120=240$

(ii) 2학년 학생을 양 끝에 세우는 경우

양 끝에 2학년 학생 5명 중에서 2명을 택하여 세우는 경우의 수는

$_5P_2=5\times4=20$

양 끝의 2학년 학생 2명을 제외한 5명의 학생을 일렬로 세우는 경우의 수는

$5!=5\times4\times3\times2\times1=120$

따라서 2학년 학생을 양 끝에 세우는 경우의 수는

$20\times120=2400$

(i), (ii)에서 구하는 경우의 수는

$240+2400=2640$

12 답 4800

7개의 문자를 일렬로 배열하는 경우의 수에서 양 끝에 모음만 오도록 배열하는 경우의 수를 빼면 된다.

(i) 7개의 문자를 일렬로 배열하는 경우의 수는
$$7!=7\times6\times5\times4\times3\times2\times1=5040$$

(ii) 양 끝에 모음 e, a의 2개를 배열하는 경우의 수는
$$2!=2\times1=2$$
양 끝의 모음 2개를 제외한 문자 5개를 일렬로 배열하는 경우의 수는
$$5!=5\times4\times3\times2\times1=120$$
따라서 양 끝에 모음만 오도록 배열하는 경우의 수는
$$2\times120=240$$

(i), (ii)에서 구하는 경우의 수는
$$5040-240=4800$$

13 답 ③

짝수이려면 일의 자리의 숫자가 0 또는 2 또는 4이어야 한다.

(i) 일의 자리의 숫자가 0인 경우
나머지 자리에는 0을 제외한 5개의 숫자 중에서 3개를 택하여 일렬로 배열하면 되므로 일의 자리의 숫자가 0인 자연수의 개수는
$${}_5P_3=5\times4\times3=60$$

(ii) 일의 자리의 숫자가 2 또는 4인 경우
천의 자리에 올 수 있는 숫자는 0과 일의 자리에 오는 숫자를 제외한 4개
백의 자리와 십의 자리의 숫자를 택하는 경우의 수는 천의 자리와 일의 자리에 오는 숫자를 제외한 4개의 숫자 중에서 2개를 택하여 일렬로 배열하는 경우의 수와 같으므로
$${}_4P_2=4\times3=12$$
따라서 일의 자리의 숫자가 2 또는 4인 자연수의 개수는
$$2\times4\times12=96$$

(i), (ii)에서 구하는 짝수의 개수는
$$60+96=156$$

14 답 dbace

$a\square\square\square\square$ 꼴인 문자열의 개수는
$$4!=4\times3\times2\times1=24$$
$b\square\square\square\square$ 꼴인 문자열의 개수는
$$4!=4\times3\times2\times1=24$$
$c\square\square\square\square$ 꼴인 문자열의 개수는
$$4!=4\times3\times2\times1=24$$
$da\square\square\square$ 꼴인 문자열의 개수는
$$3!=3\times2\times1=6$$
이때 $24+24+24+6=78$이므로 79번째에 나타나는 문자열은 $db\square\square\square$ 꼴인 문자열 중에서 첫 번째 문자열이다.
따라서 79번째에 나타나는 문자열은 $dbace$이다.

개념유형

219~222쪽

001 답 56
$${}_8C_3=\frac{8\times7\times6}{3\times2\times1}=56$$

002 답 9

003 답 715
$${}_{13}C_4=\frac{13\times12\times11\times10}{4\times3\times2\times1}=715$$

004 답 55
$${}_{11}C_9={}_{11}C_2=\frac{11\times10}{2\times1}=55$$

005 답 1

006 답 1

007 답 2

008 답 3

009 답 6
$${}_9C_3=\frac{9!}{3!(9-3)!}=\frac{9!}{3!\,\boxed{6}!}$$

010 답 7
$$\frac{7!}{2!5!}=\frac{7!}{2!(7-2)!}=\boxed{7}C_2$$

011 답 6
${}_nC_2=15$에서 $\dfrac{n(n-1)}{2\times1}=15$
$$n(n-1)=6\times5$$
$$\therefore n=6\ (\because n은 자연수)$$

012 답 7
${}_nC_3=35$에서 $\dfrac{n(n-1)(n-2)}{3\times2\times1}=35$
$$n(n-1)(n-2)=7\times6\times5$$
$$\therefore n=7\ (\because n은 자연수)$$

013 답 **5**

$_{n+1}C_3=20$에서 $\dfrac{(n+1)n(n-1)}{3\times2\times1}=20$

$(n+1)n(n-1)=6\times5\times4$

$\therefore n=5$ ($\because n$은 자연수)

014 답 **0 또는 7**

$_7C_0={_7}C_7=1$이므로

$r=0$ 또는 $r=7$

015 답 **13**

$_nC_2={_n}C_{11}$에서 $_nC_2={_n}C_{n-2}$이므로

$_nC_{n-2}={_n}C_{11}$

$n-2=11$ $\therefore n=13$

016 답 **15**

$_nC_7={_n}C_8$에서 $_nC_7={_n}C_{n-7}$이므로

$_nC_{n-7}={_n}C_8$

$n-7=8$ $\therefore n=15$

017 답 **5**

$_{13}C_r={_{13}}C_8$에서 $_{13}C_r={_{13}}C_{13-r}$이므로

$_{13}C_{13-r}={_{13}}C_8$

$13-r=8$ $\therefore r=5$

018 답 **4**

$_7C_3+{_7}C_4={_8}C_4$이므로

$r=4$

019 답 **35**

구하는 경우의 수는 $_7C_3=\dfrac{7\times6\times5}{3\times2\times1}=35$

020 답 **28**

구하는 경우의 수는 $_8C_2=\dfrac{8\times7}{2\times1}=28$

021 답 **10**

구하는 경우의 수는 $_5C_2=\dfrac{5\times4}{2\times1}=10$

022 답 **120**

구하는 경우의 수는 $_{10}C_3=\dfrac{10\times9\times8}{3\times2\times1}=120$

023 답 **10**

야구 선수 5명 중에서 3명을 뽑으면 되므로 구하는 경우의 수는

$_5C_3={_5}C_2=\dfrac{5\times4}{2\times1}=10$

024 답 **4, 4**

b를 제외한 4개의 문자 중에서 서로 다른 3개를 택하면 되므로 구하는 경우의 수는

$_{\boxed{4}}C_3={_4}C_1=\boxed{4}$

025 답 **84**

4를 제외한 9개의 자연수 중에서 서로 다른 3개를 택하면 되므로 구하는 경우의 수는

$_9C_3=\dfrac{9\times8\times7}{3\times2\times1}=84$

026 답 **20**

2학년 학생을 이미 모두 뽑았다고 생각하고 나머지 1학년 학생 6명 중에서 3명을 뽑으면 되므로 구하는 경우의 수는

$_6C_3=\dfrac{6\times5\times4}{3\times2\times1}=20$

027 답 **21**

특정한 남학생 1명과 특정한 여학생 1명을 이미 뽑았다고 생각하고 나머지 학생 7명 중에서 2명을 뽑으면 되므로 구하는 경우의 수는

$_7C_2=\dfrac{7\times6}{2\times1}=21$

028 답 **70, 5, 65**

책 8권 중에서 4권을 고르는 경우의 수에서 만화책만 4권을 고르는 경우의 수를 빼면 된다.

(i) 책 8권 중에서 4권을 고르는 경우의 수는

$_8C_4=\dfrac{8\times7\times6\times5}{4\times3\times2\times1}=\boxed{70}$

(ii) 만화책만 4권을 고르는 경우의 수는 $_5C_4={_5}C_1=\boxed{5}$

(i), (ii)에서 구하는 경우의 수는 $70-5=\boxed{65}$

029 답 **31**

학생 7명 중에서 3명을 뽑는 경우의 수에서 2학년 학생만 3명을 뽑는 경우의 수를 빼면 된다.

(i) 학생 7명 중에서 3명을 뽑는 경우의 수는

$_7C_3=\dfrac{7\times6\times5}{3\times2\times1}=35$

(ii) 2학년 학생만 3명을 뽑는 경우의 수는 $_4C_3={_4}C_1=4$

(i), (ii)에서 구하는 경우의 수는 $35-4=31$

030 답 **16**

6개의 문자 중에서 3개를 택하는 경우의 수에서 자음만 3개를 택하는 경우의 수를 빼면 된다.

(i) 6개의 문자 중에서 3개를 택하는 경우의 수는

$_6C_3=\dfrac{6\times5\times4}{3\times2\times1}=20$

(ii) 자음만 3개를 택하는 경우의 수는 $_4C_3={_4}C_1=4$

(i), (ii)에서 구하는 경우의 수는 $20-4=16$

031 답 **5, 10, 4, 6, 24, 1440**

남학생 5명 중에서 2명을 뽑는 경우의 수는 $_{\boxed{5}}C_2 = \dfrac{5 \times 4}{2 \times 1} = \boxed{10}$

여학생 4명 중에서 2명을 뽑는 경우의 수는 $_{\boxed{4}}C_2 = \dfrac{4 \times 3}{2 \times 1} = \boxed{6}$

뽑은 4명을 일렬로 세우는 경우의 수는 $4! = 4 \times 3 \times 2 \times 1 = \boxed{24}$

따라서 구하는 경우의 수는 $10 \times 6 \times 24 = \boxed{1440}$

032 답 **24000**

1반 학생 6명 중에서 3명을 뽑는 경우의 수는 $_6C_3 = \dfrac{6 \times 5 \times 4}{3 \times 2 \times 1} = 20$

2반 학생 5명 중에서 2명을 뽑는 경우의 수는 $_5C_2 = \dfrac{5 \times 4}{2 \times 1} = 10$

뽑은 5명을 일렬로 세우는 경우의 수는 $5! = 5 \times 4 \times 3 \times 2 \times 1 = 120$

따라서 구하는 경우의 수는 $20 \times 10 \times 120 = 24000$

033 답 **32400**

A 동아리 회원 4명 중에서 2명을 뽑는 경우의 수는 $_4C_2 = \dfrac{4 \times 3}{2 \times 1} = 6$

B 동아리 회원 6명 중에서 2명을 뽑는 경우의 수는 $_6C_2 = \dfrac{6 \times 5}{2 \times 1} = 15$

C 동아리 회원 3명 중에서 1명을 뽑는 경우의 수는 $_3C_1 = 3$

뽑은 5명을 일렬로 세우는 경우의 수는 $5! = 5 \times 4 \times 3 \times 2 \times 1 = 120$

따라서 구하는 경우의 수는 $6 \times 15 \times 3 \times 120 = 32400$

034 답 **2, 4, 8, 8, 10**

직선 l 위에 있는 점 1개와 직선 m 위에 있는 점 1개를 택하여 만들 수 있는 직선의 개수는

$_{\boxed{2}}C_1 \times _{\boxed{4}}C_1 = 2 \times 4 = \boxed{8}$

또 직선 l 위에 있는 점으로 만들 수 있는 직선이 1개, 직선 m 위에 있는 점으로 만들 수 있는 직선이 1개이므로 구하는 직선의 개수는

$\boxed{8} + 1 + 1 = \boxed{10}$

035 답 **18**

직선 l 위에 있는 점 1개와 직선 m 위에 있는 점 1개를 택하여 만들 수 있는 직선의 개수는

$_4C_1 \times _4C_1 = 4 \times 4 = 16$

또 직선 l 위에 있는 점으로 만들 수 있는 직선이 1개, 직선 m 위에 있는 점으로 만들 수 있는 직선이 1개이므로 구하는 직선의 개수는

$16 + 1 + 1 = 18$

036 답 **10**

5개의 점 중에서 2개를 택하면 되므로 구하는 직선의 개수는

$_5C_2 = \dfrac{5 \times 4}{2 \times 1} = 10$

037 답 **28**

8개의 점 중에서 2개를 택하면 되므로 구하는 직선의 개수는

$_8C_2 = \dfrac{8 \times 7}{2 \times 1} = 28$

038 답 **8, 56, 4, 4, 52**

8개의 점 중에서 3개를 택하는 경우의 수는

$_{\boxed{8}}C_3 = \dfrac{8 \times 7 \times 6}{3 \times 2 \times 1} = \boxed{56}$

한 직선 위에 있는 4개의 점 중에서 3개를 택하는 경우의 수는

$_{\boxed{4}}C_3 = _4C_1 = \boxed{4}$

그런데 한 직선 위에 있는 점으로는 삼각형을 만들 수 없으므로 구하는 삼각형의 개수는

$56 - 4 = \boxed{52}$

039 답 **110**

10개의 점 중에서 3개를 택하는 경우의 수는

$_{10}C_3 = \dfrac{10 \times 9 \times 8}{3 \times 2 \times 1} = 120$

한 직선 위에 있는 5개의 점 중에서 3개를 택하는 경우의 수는

$_5C_3 = _5C_2 = \dfrac{5 \times 4}{2 \times 1} = 10$

그런데 한 직선 위에 있는 점으로는 삼각형을 만들 수 없으므로 구하는 삼각형의 개수는

$120 - 10 = 110$

040 답 **30**

직선 l 위에 있는 3개의 점 각각에 대하여 직선 m 위에 있는 4개의 점 중에서 2개를 택하는 경우의 수는

$3 \times _4C_2 = 3 \times \dfrac{4 \times 3}{2 \times 1} = 18$

직선 m 위에 있는 4개의 점 각각에 대하여 직선 l 위에 있는 3개의 점 중에서 2개를 택하는 경우의 수는

$4 \times _3C_2 = 4 \times _3C_1 = 4 \times 3 = 12$

따라서 구하는 삼각형의 개수는 $18 + 12 = 30$

041 답 **70**

8개의 점 중에서 4개를 택하면 되므로 구하는 사각형의 개수는

$_8C_4 = \dfrac{8 \times 7 \times 6 \times 5}{4 \times 3 \times 2 \times 1} = 70$

실전유형
222~225쪽

042 답 **⑤**

$_mC_2 = 28$에서 $\dfrac{m(m-1)}{2 \times 1} = 28$

$m(m-1) = 8 \times 7$ ∴ $m = 8$ (∵ m은 자연수)

$_{n+3}C_n = 10$에서 $_{n+3}C_n = _{n+3}C_3$이므로

$\dfrac{(n+3)(n+2)(n+1)}{3 \times 2 \times 1} = 10$

$(n+3)(n+2)(n+1) = 5 \times 4 \times 3$

∴ $n = 2$ (∵ n은 자연수)

∴ $m + n = 8 + 2 = 10$

043 답 6

$_{n-2}C_2+{_nC_2}={_{n+1}}C_2$에서

$$\frac{(n-2)(n-3)}{2\times 1}+\frac{n(n-1)}{2\times 1}=\frac{(n+1)n}{2\times 1}$$

$n^2-5n+6+n^2-n=n^2+n$

$n^2-7n+6=0$, $(n-1)(n-6)=0$ ∴ $n=1$ 또는 $n=6$

이때 $_{n-2}C_2$에서 $n\geq 4$이므로 $n=6$

044 답 ③

(i) $_{10}C_{2r}={_{10}}C_{r+4}$에서 $2r=r+4$ ∴ $r=4$

(ii) $_{10}C_{2r}={_{10}}C_{r+4}$에서 $_{10}C_{r+4}={_{10}}C_{10-(r+4)}={_{10}}C_{6-r}$이므로

$2r=6-r$ ∴ $r=2$

(i), (ii)에서 자연수 r의 값의 합은

$2+4=6$

045 답 10

홀수 1, 3, 5, 7, 9가 적힌 5장의 카드 중에서 3장을 뽑는 경우의 수는

$_5C_3={_5}C_2=\dfrac{5\times 4}{2\times 1}=10$

046 답 60

1학년 6명 중에서 4명을 뽑는 경우의 수는 $_6C_4={_6}C_2=\dfrac{6\times 5}{2\times 1}=15$

2학년 4명 중에서 3명을 뽑는 경우의 수는 $_4C_3={_4}C_1=4$

따라서 구하는 경우의 수는 $15\times 4=60$

047 답 13

n명의 참가자들끼리 모두 한 번씩 악수를 하는 경우의 수가 78이므로

$_nC_2=78$

$\dfrac{n(n-1)}{2\times 1}=78$

$n(n-1)=13\times 12$ ∴ $n=13$ ($\because$ n은 자연수)

048 답 ②

$1<a<b\leq 8$을 만족시키는 자연수 a, b는 7개의 자연수 2, 3, 4, 5, 6, 7, 8 중에서 서로 다른 2개를 뽑아 크기가 작은 순서대로 a, b로 정하면 되므로 순서쌍 (a, b)의 개수는

$_7C_2=\dfrac{7\times 6}{2\times 1}=21$

049 답 ②

특정한 선수 3명을 이미 뽑았다고 생각하고 나머지 선수 8명 중에서 4명을 뽑으면 되므로 구하는 경우의 수는

$_8C_4=\dfrac{8\times 7\times 6\times 5}{4\times 3\times 2\times 1}=70$

050 답 6

모음 a, e를 이미 택하였다고 생각하고 f를 제외한 나머지 4개의 문자 중에서 2개를 택하면 되므로 구하는 경우의 수는

$_4C_2=\dfrac{4\times 3}{2\times 1}=6$

051 답 ④

특정한 남학생 1명을 이미 뽑았다고 생각하고 나머지 남학생 3명 중에서 1명을 뽑는 경우의 수는 $_3C_1=3$

특정한 여학생 1명을 이미 뽑았다고 생각하고 나머지 여학생 6명 중에서 3명을 뽑는 경우의 수는 $_6C_3=\dfrac{6\times 5\times 4}{3\times 2\times 1}=20$

따라서 구하는 경우의 수는 $3\times 20=60$

052 답 ③

10개 중에서 3개를 택하는 경우의 수에서 아이스크림만 3개를 택하는 경우의 수를 빼면 된다.

(i) 10개 중에서 3개를 택하는 경우의 수는

$_{10}C_3=\dfrac{10\times 9\times 8}{3\times 2\times 1}=120$

(ii) 아이스크림만 3개를 택하는 경우의 수는

$_6C_3=\dfrac{6\times 5\times 4}{3\times 2\times 1}=20$

(i), (ii)에서 구하는 경우의 수는 $120-20=100$

053 답 ⑤

직원 13명 중에서 4명을 뽑는 경우의 수에서 A 팀 직원만 4명을 뽑거나 B 팀 직원만 4명을 뽑는 경우의 수를 빼면 된다.

(i) 직원 13명 중에서 4명을 뽑는 경우의 수는

$_{13}C_4=\dfrac{13\times 12\times 11\times 10}{4\times 3\times 2\times 1}=715$

(ii) A 팀 직원만 4명을 뽑거나 B 팀 직원만 4명을 뽑는 경우의 수는

$_6C_4+{_7}C_4={_6}C_2+{_7}C_3=\dfrac{6\times 5}{2\times 1}+\dfrac{7\times 6\times 5}{3\times 2\times 1}$

$\qquad\qquad\qquad=15+35=50$

(i), (ii)에서 구하는 경우의 수는 $715-50=665$

054 답 5명

여자 회원을 적어도 1명은 포함하여 뽑는 경우의 수는 회원 12명 중에서 3명을 뽑는 경우의 수에서 남자 회원만 3명을 뽑는 경우의 수를 뺀 것과 같다.

남자 회원의 수를 n이라 하자.

(i) 회원 12명 중에서 3명을 뽑는 경우의 수는

$_{12}C_3=\dfrac{12\times 11\times 10}{3\times 2\times 1}=220$

(ii) 남자 회원만 3명을 뽑는 경우의 수는

$_nC_3=\dfrac{n(n-1)(n-2)}{3\times 2\times 1}=\dfrac{n(n-1)(n-2)}{6}$

(i), (ii)에서 여자 회원을 적어도 1명은 포함하여 뽑는 경우의 수는

$220-\dfrac{n(n-1)(n-2)}{6}=185$

$\dfrac{n(n-1)(n-2)}{6}=35$

$n(n-1)(n-2)=7\times 6\times 5$ ∴ $n=7$ ($\because$ n은 자연수)

따라서 남자 회원이 7명이므로 여자 회원은

$12-7=5$(명)

055 답 ⑤

남학생 4명 중에서 2명을 뽑는 경우의 수는

$_4C_2 = \dfrac{4 \times 3}{2 \times 1} = 6$

여학생 6명 중에서 3명을 뽑는 경우의 수는

$_6C_3 = \dfrac{6 \times 5 \times 4}{3 \times 2 \times 1} = 20$

뽑은 5명을 일렬로 세우는 경우의 수는 $5! = 5 \times 4 \times 3 \times 2 \times 1 = 120$

따라서 구하는 경우의 수는

$6 \times 20 \times 120 = 14400$

056 답 240

부모님 2명을 이미 뽑았다고 생각하고 나머지 5명 중에서 2명을 뽑는 경우의 수는

$_5C_2 = \dfrac{5 \times 4}{2 \times 1} = 10$

뽑은 4명을 일렬로 세우는 경우의 수는 $4! = 4 \times 3 \times 2 \times 1 = 24$

따라서 구하는 경우의 수는

$10 \times 24 = 240$

057 답 ②

성은이와 희근이를 이미 뽑았다고 생각하고 회원 7명 중에서 3명을 뽑는 경우의 수는

$_7C_3 = \dfrac{7 \times 6 \times 5}{3 \times 2 \times 1} = 35$

성은이와 희근이를 한 명으로 생각하여 4명의 회원을 일렬로 세우는 경우의 수는

$4! = 4 \times 3 \times 2 \times 1 = 24$

성은이와 희근이가 서로 자리를 바꾸는 경우의 수는 $2! = 2 \times 1 = 2$

따라서 구하는 경우의 수는

$35 \times 24 \times 2 = 1680$

058 답 ③

6개의 점 중에서 2개를 택하면 되므로 구하는 직선의 개수는

$_6C_2 = \dfrac{6 \times 5}{2 \times 1} = 15$

059 답 ②

직선 l 위에 있는 점 1개와 직선 m 위에 있는 점 1개를 택하여 만들 수 있는 직선의 개수는

$_6C_1 \times _9C_1 = 6 \times 9 = 54$

또 직선 l 위에 있는 점으로 만들 수 있는 직선이 1개, 직선 m 위에 있는 점으로 만들 수 있는 직선이 1개이므로 구하는 직선의 개수는

$54 + 1 + 1 = 56$

060 답 20

8개의 꼭짓점 중에서 2개를 택하여 만들 수 있는 선분의 개수는

$_8C_2 = \dfrac{8 \times 7}{2 \times 1} = 28$

이때 팔각형의 변의 개수는 8이므로 구하는 대각선의 개수는

$28 - 8 = 20$

061 답 30

직선 l 위에 있는 3개의 점 중에서 2개를 택하는 경우의 수는

$_3C_2 = _3C_1 = 3$

직선 m 위에 있는 5개의 점 중에서 2개를 택하는 경우의 수는

$_5C_2 = \dfrac{5 \times 4}{2 \times 1} = 10$

따라서 구하는 사각형의 개수는

$3 \times 10 = 30$

062 답 ①

7개의 점 중에서 3개를 택하는 경우의 수는

$_7C_3 = \dfrac{7 \times 6 \times 5}{3 \times 2 \times 1} = 35$

한 직선 위에 있는 4개의 점 중에서 3개를 택하는 경우의 수는

$_4C_3 = _4C_1 = 4$

그런데 한 직선 위에 있는 점으로는 삼각형을 만들 수 없으므로 구하는 삼각형의 개수는

$35 - 4 = 31$

063 답 60

가로 방향의 평행한 직선 4개 중에서 2개를 택하는 경우의 수는

$_4C_2 = \dfrac{4 \times 3}{2 \times 1} = 6$

세로 방향의 평행한 직선 5개 중에서 2개를 택하는 경우의 수는

$_5C_2 = \dfrac{5 \times 4}{2 \times 1} = 10$

따라서 구하는 평행사변형의 개수는

$6 \times 10 = 60$

실전유형으로 **중단원** 점검   226~227쪽

1 답 ③

$_nC_2 + _nC_3 = 2 \times _{2n}C_1$에서

$\dfrac{n(n-1)}{2 \times 1} + \dfrac{n(n-1)(n-2)}{3 \times 2 \times 1} = 2 \times 2n$

$3n(n-1) + n(n-1)(n-2) = 24n$

이때 $_nC_3$에서 $n \geq 3$이므로 양변을 n으로 나누면

$3(n-1) + (n-1)(n-2) = 24$

$3n - 3 + n^2 - 3n + 2 = 24,\ n^2 - 25 = 0$

$(n+5)(n-5) = 0$ $\therefore\ n = -5$ 또는 $n = 5$

그런데 $n \geq 3$이므로 $n = 5$

2 답 ③

밴드부 학생 6명 중에서 2명을 뽑는 경우의 수는 $_6C_2 = \dfrac{6 \times 5}{2 \times 1} = 15$

연극부 학생 7명 중에서 2명을 뽑는 경우의 수는 $_7C_2 = \dfrac{7 \times 6}{2 \times 1} = 21$

따라서 구하는 경우의 수는 $15 \times 21 = 315$

3 답 11

n개의 팀끼리 모두 한 번씩 경기를 하는 경우의 수가 55이므로

$_nC_2=55$

$\dfrac{n(n-1)}{2\times 1}=55$

$n(n-1)=11\times 10$　　∴ $n=11$ ($\because$ n은 자연수)

4 답 ④

6이 적힌 공을 이미 꺼냈다고 생각하고 10의 약수 1, 2, 5, 10이 적힌 공을 제외한 나머지 3, 4, 7, 8, 9가 적힌 5개의 공 중에서 2개를 꺼내면 되므로 구하는 경우의 수는 $_5C_2=\dfrac{5\times 4}{2\times 1}=10$

5 답 ②

기태를 이미 뽑았다고 생각하고 나머지 남학생 4명 중에서 2명을 뽑는 경우의 수는

$_4C_2=\dfrac{4\times 3}{2\times 1}=6$

진희를 이미 뽑았다고 생각하고 나머지 여학생 5명 중에서 1명을 뽑는 경우의 수는 $_5C_1=5$

따라서 구하는 경우의 수는 $6\times 5=30$

6 답 220

학생 13명 중에서 3명을 뽑는 경우의 수에서 1학년 학생만 3명을 뽑거나 2학년 학생만 3명을 뽑는 경우의 수를 빼면 된다.

(i) 학생 13명 중에서 3명을 뽑는 경우의 수는

$\quad _{13}C_3=\dfrac{13\times 12\times 11}{3\times 2\times 1}=286$

(ii) 1학년 학생만 3명을 뽑거나 2학년 학생만 3명을 뽑는 경우의 수는

$\quad _8C_3+_5C_3=_8C_3+_5C_2=\dfrac{8\times 7\times 6}{3\times 2\times 1}+\dfrac{5\times 4}{2\times 1}=56+10=66$

(i), (ii)에서 구하는 경우의 수는 $286-66=220$

7 답 6명

20대 회원을 적어도 1명은 포함하여 뽑는 경우의 수는 회원 14명 중에서 3명을 뽑는 경우의 수에서 10대 회원만 3명을 뽑는 경우의 수를 뺀 것과 같다.

10대 회원의 수를 n이라 하자.

(i) 회원 14명 중에서 3명을 뽑는 경우의 수는

$\quad _{14}C_3=\dfrac{14\times 13\times 12}{3\times 2\times 1}=364$

(ii) 10대 회원만 3명을 뽑는 경우의 수는

$\quad _nC_3=\dfrac{n(n-1)(n-2)}{3\times 2\times 1}=\dfrac{n(n-1)(n-2)}{6}$

(i), (ii)에서 20대 회원을 적어도 1명은 포함하여 뽑는 경우의 수는

$364-\dfrac{n(n-1)(n-2)}{6}=308$　　…… ⓘ

$\dfrac{n(n-1)(n-2)}{6}=56$, $n(n-1)(n-2)=8\times 7\times 6$

∴ $n=8$ ($\because$ n은 자연수)　　…… ⓘⓘ

따라서 10대 회원이 8명이므로 20대 회원은 $14-8=6$(명)　…… ⓘⓘⓘ

8 답 ⑤

어른 4명 중에서 2명을 뽑는 경우의 수는

$_4C_2=\dfrac{4\times 3}{2\times 1}=6$

아이 3명 중에서 2명을 뽑는 경우의 수는

$_3C_2=_3C_1=3$

뽑은 4명을 일렬로 세우는 경우의 수는

$4!=4\times 3\times 2\times 1=24$

따라서 구하는 경우의 수는

$6\times 3\times 24=432$

9 답 42

직선 l 위에 있는 점 1개와 직선 m 위에 있는 점 1개를 택하여 만들 수 있는 직선의 개수는

$_5C_1\times _8C_1=5\times 8=40$

또 직선 l 위에 있는 점으로 만들 수 있는 직선이 1개, 직선 m 위에 있는 점으로 만들 수 있는 직선이 1개이므로 구하는 직선의 개수는

$40+1+1=42$

10 답 ④

12개의 꼭짓점 중에서 2개를 택하여 만들 수 있는 선분의 개수는

$_{12}C_2=\dfrac{12\times 11}{2\times 1}=66$

이때 십이각형의 변의 개수는 12이므로 구하는 대각선의 개수는

$66-12=54$

11 답 ②

9개의 점 중에서 3개를 택하는 경우의 수는

$_9C_3=\dfrac{9\times 8\times 7}{3\times 2\times 1}=84$

한 직선 위에 있는 5개의 점 중에서 3개를 택하는 경우의 수는

$_5C_3=_5C_2=\dfrac{5\times 4}{2\times 1}=10$

그런데 한 직선 위에 있는 점으로는 삼각형을 만들 수 없으므로 구하는 삼각형의 개수는

$84-10=74$

12 답 150

가로 방향의 평행한 직선 5개 중에서 2개를 택하는 경우의 수는

$_5C_2=\dfrac{5\times 4}{2\times 1}=10$

세로 방향의 평행한 직선 6개 중에서 2개를 택하는 경우의 수는

$_6C_2=\dfrac{6\times 5}{2\times 1}=15$

따라서 구하는 평행사변형의 개수는

$10\times 15=150$

11 행렬의 연산

001 답 $\begin{pmatrix} 80 & 95 & 97 \\ 91 & 89 & 100 \end{pmatrix}$

002 답 91, 89, 100

003 답 95, 89

004 답 2

005 답 4

006 답 2, 1

007 답 1, 2

008 답 1, 3

009 답 4, 1

010 답 3, 2

011 답 2, 4

012 답 3, 3

013 답 0

014 답 4

015 답 0

016 답 -1

$a_{13}+a_{22}=1+(-2)=-1$

017 답 3

$a_{21}-a_{33}=5-2=3$

018 답 -1

$i=j$인 성분은 a_{11}, a_{22}, a_{33}이므로
$a_{11}+a_{22}+a_{33}=-1+(-2)+2=-1$

019 답 5

$i<j$인 성분은 a_{12}, a_{13}, a_{23}이므로
$a_{12}+a_{13}+a_{23}=0+1+4=5$

020 답 $\begin{pmatrix} -1 & -1 \\ 0 & 0 \end{pmatrix}$

$a_{11}=1-2=-1,\ a_{12}=1-2=-1$
$a_{21}=2-2=0,\ a_{22}=2-2=0$
$\therefore A=\begin{pmatrix} -1 & -1 \\ 0 & 0 \end{pmatrix}$

021 답 $\begin{pmatrix} 2 & 3 & 4 \\ 3 & 4 & 5 \end{pmatrix}$

$a_{11}=1+1=2,\ a_{12}=1+2=3,\ a_{13}=1+3=4$
$a_{21}=2+1=3,\ a_{22}=2+2=4,\ a_{23}=2+3=5$
$\therefore A=\begin{pmatrix} 2 & 3 & 4 \\ 3 & 4 & 5 \end{pmatrix}$

022 답 $\begin{pmatrix} 2 & 1 \\ 3 & 2 \\ 4 & 3 \end{pmatrix}$

$a_{11}=1-1+2=2,\ a_{12}=1-2+2=1$
$a_{21}=2-1+2=3,\ a_{22}=2-2+2=2$
$a_{31}=3-1+2=4,\ a_{32}=3-2+2=3$
$\therefore A=\begin{pmatrix} 2 & 1 \\ 3 & 2 \\ 4 & 3 \end{pmatrix}$

023 답 $\begin{pmatrix} 1 & -1 & 1 \\ -1 & 1 & -1 \\ 1 & -1 & 1 \end{pmatrix}$

$a_{11}=(-1)^{1+1}=1,\ a_{12}=(-1)^{1+2}=-1,\ a_{13}=(-1)^{1+3}=1$
$a_{21}=(-1)^{2+1}=-1,\ a_{22}=(-1)^{2+2}=1,\ a_{23}=(-1)^{2+3}=-1$
$a_{31}=(-1)^{3+1}=1,\ a_{32}=(-1)^{3+2}=-1,\ a_{33}=(-1)^{3+3}=1$
$\therefore A=\begin{pmatrix} 1 & -1 & 1 \\ -1 & 1 & -1 \\ 1 & -1 & 1 \end{pmatrix}$

024 답 $\begin{pmatrix} 0 & 1 \\ 1 & 0 \end{pmatrix}$

$a_{11}=0,\ a_{12}=1$
$a_{21}=1,\ a_{22}=0$
$\therefore A=\begin{pmatrix} 0 & 1 \\ 1 & 0 \end{pmatrix}$

025 답 $\begin{pmatrix} 2 & 2 & 3 \\ 3 & 4 & 6 \\ 4 & 5 & 6 \end{pmatrix}$

$a_{11}=1+1=2,\ a_{12}=1\times2=2,\ a_{13}=1\times3=3$
$a_{21}=2+1=3,\ a_{22}=2+2=4,\ a_{23}=2\times3=6$
$a_{31}=3+1=4,\ a_{32}=3+2=5,\ a_{33}=3+3=6$
$\therefore A=\begin{pmatrix} 2 & 2 & 3 \\ 3 & 4 & 6 \\ 4 & 5 & 6 \end{pmatrix}$

026 답 9

$a_{12}=1\times2+2-2=2$

$a_{21}=2\times1+1-2=1$

$a_{32}=3\times2+2-2=6$

$\therefore a_{12}+a_{21}+a_{32}=2+1+6=9$

027 답 ③

$a_{11}=3\times1+1=4$, $a_{12}=3\times1+2=5$

$a_{21}=3\times2-1=5$, $a_{22}=3\times2-2=4$

따라서 행렬 A의 모든 성분의 합은

$4+5+5+4=18$

028 답 ④

$a_{11}=1^2-4\times1=-3$, $a_{12}=1^2-4\times2=-7$

$a_{21}=2^2-4\times1=0$, $a_{22}=2^2-4\times2=-4$

$b_{ij}=a_{ji}$이므로

$b_{11}=a_{11}=-3$, $b_{12}=a_{21}=0$, $b_{21}=a_{12}=-7$, $b_{22}=a_{22}=-4$

$\therefore B=\begin{pmatrix} -3 & 0 \\ -7 & -4 \end{pmatrix}$

029 답 $\begin{pmatrix} 0 & 1 & 1 \\ 1 & 1 & 1 \\ 1 & 0 & 0 \end{pmatrix}$

정류장 P_1에 정차하는 버스는 2번, 3번이므로

$a_{11}=0$, $a_{12}=1$, $a_{13}=1$

정류장 P_2에 정차하는 버스는 1번, 2번, 3번이므로

$a_{21}=1$, $a_{22}=1$, $a_{23}=1$

정류장 P_3에 정차하는 버스는 1번이므로

$a_{31}=1$, $a_{32}=0$, $a_{33}=0$

$\therefore A=\begin{pmatrix} 0 & 1 & 1 \\ 1 & 1 & 1 \\ 1 & 0 & 0 \end{pmatrix}$

030 답 ③

도시 A_1에서 도시 A_1, A_2, A_3으로 바로 가는 도로의 수가 각각 0, 2, 2이므로

$a_{11}=0$, $a_{12}=2$, $a_{13}=2$

도시 A_2에서 도시 A_1, A_2, A_3으로 바로 가는 도로의 수가 각각 0, 0, 1이므로

$a_{21}=0$, $a_{22}=0$, $a_{23}=1$

도시 A_3에서 도시 A_1, A_2, A_3으로 바로 가는 도로의 수가 각각 1, 1, 1이므로

$a_{31}=1$, $a_{32}=1$, $a_{33}=1$

따라서 구하는 행렬은 $\begin{pmatrix} 0 & 2 & 2 \\ 0 & 0 & 1 \\ 1 & 1 & 1 \end{pmatrix}$

031 답 $a=-1$, $b=4$

032 답 $a=4$, $b=-1$

행렬이 서로 같을 조건에 의하여

$a-1=3$, $b+2=1$

$\therefore a=4$, $b=-1$

033 답 $a=4$, $b=3$

행렬이 서로 같을 조건에 의하여

$a+1=5$, $2b=6$

$\therefore a=4$, $b=3$

034 답 $a=3$, $b=4$

행렬이 서로 같을 조건에 의하여

$3a-2=7$, $-4=4-2b$

$\therefore a=3$, $b=4$

035 답 $a=2$, $b=5$, $c=-2$

행렬이 서로 같을 조건에 의하여

$2a=4$ ...... ㉠

$a-b=-3$ ...... ㉡

$b+2c=1$ ...... ㉢

㉠에서 $a=2$

이를 ㉡에 대입하면

$2-b=-3$ $\therefore b=5$

이를 ㉢에 대입하면

$5+2c=1$ $\therefore c=-2$

036 답 $a=-4$, $b=2$, $c=-3$

행렬이 서로 같을 조건에 의하여

$ab=-8$ ...... ㉠

$3b=6$ ...... ㉡

$14=ac+2$ ...... ㉢

㉡에서 $b=2$

이를 ㉠에 대입하면

$2a=-8$ $\therefore a=-4$

이를 ㉢에 대입하면

$14=-4c+2$ $\therefore c=-3$

037 답 $a=1$, $b=2$, $c=4$

행렬이 서로 같을 조건에 의하여

$a+b=3$ ...... ㉠

$c=2b$ ...... ㉡

$2a=b$ ...... ㉢

㉠, ㉢을 연립하여 풀면 $a=1$, $b=2$

$b=2$를 ㉡에 대입하면 $c=4$

038 답 $a=2$, $b=3$, $c=8$

행렬이 서로 같을 조건에 의하여

$a+b=5$ ····· ㉠

$a-b=-1$ ····· ㉡

$4=c-2a$ ····· ㉢

㉠, ㉡을 연립하여 풀면 $a=2$, $b=3$

$a=2$를 ㉢에 대입하면

$4=c-4$ ∴ $c=8$

039 답 $a=-1$, $b=2$, $c=-2$

행렬이 서로 같을 조건에 의하여

$a^2-2a=3$ ····· ㉠

$a+2=a^2$ ····· ㉡

$b-a=-b+5$ ····· ㉢

$2a=c$ ····· ㉣

㉠에서 $a^2-2a-3=0$

$(a+1)(a-3)=0$

∴ $a=-1$ 또는 $a=3$ ····· ㉤

㉡에서 $a^2-a-2=0$

$(a+1)(a-2)=0$

∴ $a=-1$ 또는 $a=2$ ····· ㉥

㉤, ㉥에서 $a=-1$

이를 ㉢에 대입하면

$b+1=-b+5$

$2b=4$ ∴ $b=2$

$a=-1$을 ㉣에 대입하면

$c=-2$

실전유형   235쪽

040 답 ②

행렬이 서로 같을 조건에 의하여

$a-1=5$, $6=b+2$

따라서 $a=6$, $b=4$이므로

$a+b=10$

041 답 144

행렬이 서로 같을 조건에 의하여

$a+c=8$ ····· ㉠

$a^2-5a=-6$ ····· ㉡

$b=2c$ ····· ㉢

$a^2-3a=-2$ ····· ㉣

㉡에서 $a^2-5a+6=0$

$(a-2)(a-3)=0$

∴ $a=2$ 또는 $a=3$ ····· ㉤

㉣에서 $a^2-3a+2=0$

$(a-1)(a-2)=0$

∴ $a=1$ 또는 $a=2$ ····· ㉥

㉤, ㉥에서 $a=2$

이를 ㉠에 대입하면

$2+c=8$

∴ $c=6$

이를 ㉢에 대입하면

$b=12$

∴ $abc=2\times12\times6=144$

042 답 ⑤

행렬이 서로 같을 조건에 의하여

$-8=2\alpha\beta$, $\alpha+\beta=2$ ∴ $\alpha\beta=-4$

∴ $\alpha^3+\beta^3=(\alpha+\beta)^3-3\alpha\beta(\alpha+\beta)$

$=2^3-3\times(-4)\times2=32$

개념유형   237~239쪽

043 답 $(5 \quad 5)$

044 답 $\begin{pmatrix} 1 \\ 2 \\ 2 \end{pmatrix}$

045 답 $\begin{pmatrix} 3 & 1 \\ 6 & -3 \end{pmatrix}$

046 답 $\begin{pmatrix} -2 & 10 & 9 \\ -1 & -2 & 5 \end{pmatrix}$

047 답 $\begin{pmatrix} -3 & 11 \\ -1 & 0 \\ -3 & 3 \end{pmatrix}$

048 답 $\begin{pmatrix} 7 & 3 & -4 \\ 3 & 5 & 6 \\ 1 & 1 & 3 \end{pmatrix}$

049 답 $(1 \quad -4)$

050 답 $\begin{pmatrix} -10 \\ 8 \\ -4 \end{pmatrix}$

051 답 $\begin{pmatrix} 2 & -2 \\ -1 & 9 \end{pmatrix}$

052 답 $\begin{pmatrix} 2 & 4 & 2 \\ -8 & 4 & -7 \end{pmatrix}$

053 답 $\begin{pmatrix} 2 & -1 \\ 2 & -3 \\ -14 & -3 \end{pmatrix}$

054 답 $\begin{pmatrix} -2 & 2 & -4 \\ 4 & -1 & -6 \\ -1 & -12 & 14 \end{pmatrix}$

055 답 $\begin{pmatrix} 6 & -4 \\ 13 & 10 \end{pmatrix}$

$A+C=\begin{pmatrix} 1 & -3 \\ 4 & 2 \end{pmatrix}+\begin{pmatrix} 5 & -1 \\ 9 & 8 \end{pmatrix}$

$\quad=\begin{pmatrix} 6 & -4 \\ 13 & 10 \end{pmatrix}$

056 답 $\begin{pmatrix} 7 & -1 \\ 13 & 2 \end{pmatrix}$

$C-B=\begin{pmatrix} 5 & -1 \\ 9 & 8 \end{pmatrix}-\begin{pmatrix} -2 & 0 \\ -4 & 6 \end{pmatrix}$

$\quad=\begin{pmatrix} 7 & -1 \\ 13 & 2 \end{pmatrix}$

057 답 $\begin{pmatrix} -6 & -2 \\ -9 & 0 \end{pmatrix}$

$A+B-C=\begin{pmatrix} 1 & -3 \\ 4 & 2 \end{pmatrix}+\begin{pmatrix} -2 & 0 \\ -4 & 6 \end{pmatrix}-\begin{pmatrix} 5 & -1 \\ 9 & 8 \end{pmatrix}$

$\quad=\begin{pmatrix} -6 & -2 \\ -9 & 0 \end{pmatrix}$

058 답 $\begin{pmatrix} 2 & 2 \\ 1 & 12 \end{pmatrix}$

$C-A+B=\begin{pmatrix} 5 & -1 \\ 9 & 8 \end{pmatrix}-\begin{pmatrix} 1 & -3 \\ 4 & 2 \end{pmatrix}+\begin{pmatrix} -2 & 0 \\ -4 & 6 \end{pmatrix}$

$\quad=\begin{pmatrix} 2 & 2 \\ 1 & 12 \end{pmatrix}$

059 답 $\begin{pmatrix} -6 & 0 \\ 18 & 12 \end{pmatrix}$

060 답 $\begin{pmatrix} 4 & 0 \\ -12 & -8 \end{pmatrix}$

061 답 $\begin{pmatrix} -1 & 0 \\ 3 & 2 \end{pmatrix}$

062 답 $\begin{pmatrix} 4 & 0 \\ 0 & 13 \end{pmatrix}$

$2A+B=2\begin{pmatrix} 2 & -1 \\ 3 & 10 \end{pmatrix}+\begin{pmatrix} 0 & 2 \\ -6 & -7 \end{pmatrix}$

$\quad=\begin{pmatrix} 4 & -2 \\ 6 & 20 \end{pmatrix}+\begin{pmatrix} 0 & 2 \\ -6 & -7 \end{pmatrix}$

$\quad=\begin{pmatrix} 4 & 0 \\ 0 & 13 \end{pmatrix}$

063 답 $\begin{pmatrix} 6 & 1 \\ -3 & 16 \end{pmatrix}$

$3A+2B=3\begin{pmatrix} 2 & -1 \\ 3 & 10 \end{pmatrix}+2\begin{pmatrix} 0 & 2 \\ -6 & -7 \end{pmatrix}$

$\quad=\begin{pmatrix} 6 & -3 \\ 9 & 30 \end{pmatrix}+\begin{pmatrix} 0 & 4 \\ -12 & -14 \end{pmatrix}$

$\quad=\begin{pmatrix} 6 & 1 \\ -3 & 16 \end{pmatrix}$

064 답 $\begin{pmatrix} 2 & -7 \\ 21 & 31 \end{pmatrix}$

$A-3B=\begin{pmatrix} 2 & -1 \\ 3 & 10 \end{pmatrix}-3\begin{pmatrix} 0 & 2 \\ -6 & -7 \end{pmatrix}$

$\quad=\begin{pmatrix} 2 & -1 \\ 3 & 10 \end{pmatrix}-\begin{pmatrix} 0 & 6 \\ -18 & -21 \end{pmatrix}$

$\quad=\begin{pmatrix} 2 & -7 \\ 21 & 31 \end{pmatrix}$

065 답 $\begin{pmatrix} -4 & 4 \\ -12 & -27 \end{pmatrix}$

$B-2A=\begin{pmatrix} 0 & 2 \\ -6 & -7 \end{pmatrix}-2\begin{pmatrix} 2 & -1 \\ 3 & 10 \end{pmatrix}$

$\quad=\begin{pmatrix} 0 & 2 \\ -6 & -7 \end{pmatrix}-\begin{pmatrix} 4 & -2 \\ 6 & 20 \end{pmatrix}$

$\quad=\begin{pmatrix} -4 & 4 \\ -12 & -27 \end{pmatrix}$

066 답 $\begin{pmatrix} 2 & 7 \\ -21 & -18 \end{pmatrix}$

$4(A+B)-3A=A+4B$

$\quad=\begin{pmatrix} 2 & -1 \\ 3 & 10 \end{pmatrix}+4\begin{pmatrix} 0 & 2 \\ -6 & -7 \end{pmatrix}$

$\quad=\begin{pmatrix} 2 & -1 \\ 3 & 10 \end{pmatrix}+\begin{pmatrix} 0 & 8 \\ -24 & -28 \end{pmatrix}$

$\quad=\begin{pmatrix} 2 & 7 \\ -21 & -18 \end{pmatrix}$

067 답 $\begin{pmatrix} -2 & 11 \\ -33 & -45 \end{pmatrix}$

$-(A-B)+4B=-A+5B$

$\qquad =-\begin{pmatrix} 2 & -1 \\ 3 & 10 \end{pmatrix}+5\begin{pmatrix} 0 & 2 \\ -6 & -7 \end{pmatrix}$

$\qquad =\begin{pmatrix} -2 & 1 \\ -3 & -10 \end{pmatrix}+\begin{pmatrix} 0 & 10 \\ -30 & -35 \end{pmatrix}$

$\qquad =\begin{pmatrix} -2 & 11 \\ -33 & -45 \end{pmatrix}$

068 답 $\begin{pmatrix} 2 & 6 \\ 12 & -4 \end{pmatrix}$

$X=2A=2\begin{pmatrix} 1 & 3 \\ 6 & -2 \end{pmatrix}=\begin{pmatrix} 2 & 6 \\ 12 & -4 \end{pmatrix}$

069 답 $\begin{pmatrix} -5 & 2 \\ -5 & -5 \end{pmatrix}$

$-(A+B)-X=O$에서

$X=-A-B$

$\qquad =-\begin{pmatrix} 1 & 3 \\ 6 & -2 \end{pmatrix}-\begin{pmatrix} 4 & -5 \\ -1 & 7 \end{pmatrix}$

$\qquad =\begin{pmatrix} -1 & -3 \\ -6 & 2 \end{pmatrix}-\begin{pmatrix} 4 & -5 \\ -1 & 7 \end{pmatrix}$

$\qquad =\begin{pmatrix} -5 & 2 \\ -5 & -5 \end{pmatrix}$

070 답 $\begin{pmatrix} 14 & -9 \\ 9 & 17 \end{pmatrix}$

$2(X-A)=2A+6B$에서 $2X=4A+6B$

$\therefore X=2A+3B$

$\qquad =2\begin{pmatrix} 1 & 3 \\ 6 & -2 \end{pmatrix}+3\begin{pmatrix} 4 & -5 \\ -1 & 7 \end{pmatrix}$

$\qquad =\begin{pmatrix} 2 & 6 \\ 12 & -4 \end{pmatrix}+\begin{pmatrix} 12 & -15 \\ -3 & 21 \end{pmatrix}$

$\qquad =\begin{pmatrix} 14 & -9 \\ 9 & 17 \end{pmatrix}$

071 답 $\begin{pmatrix} -7 & 13 \\ 8 & -16 \end{pmatrix}$

$3(B-X)=9B-3A$에서 $-3X=-3A+6B$

$\therefore X=A-2B$

$\qquad =\begin{pmatrix} 1 & 3 \\ 6 & -2 \end{pmatrix}-2\begin{pmatrix} 4 & -5 \\ -1 & 7 \end{pmatrix}$

$\qquad =\begin{pmatrix} 1 & 3 \\ 6 & -2 \end{pmatrix}-\begin{pmatrix} 8 & -10 \\ -2 & 14 \end{pmatrix}$

$\qquad =\begin{pmatrix} -7 & 13 \\ 8 & -16 \end{pmatrix}$

072 답 4, 20, 5, 5, -3

073 답 $A=\begin{pmatrix} 0 & 2 \\ 4 & -3 \end{pmatrix}$, $B=\begin{pmatrix} 2 & -1 \\ -1 & 1 \end{pmatrix}$

$A+B=\begin{pmatrix} 2 & 1 \\ 3 & -2 \end{pmatrix}$ $\qquad$ ...... ㉠

$A-B=\begin{pmatrix} -2 & 3 \\ 5 & -4 \end{pmatrix}$ $\qquad$ ...... ㉡

㉠$+$㉡을 하면

$2A=\begin{pmatrix} 2 & 1 \\ 3 & -2 \end{pmatrix}+\begin{pmatrix} -2 & 3 \\ 5 & -4 \end{pmatrix}=\begin{pmatrix} 0 & 4 \\ 8 & -6 \end{pmatrix}$

$\therefore A=\dfrac{1}{2}\begin{pmatrix} 0 & 4 \\ 8 & -6 \end{pmatrix}=\begin{pmatrix} 0 & 2 \\ 4 & -3 \end{pmatrix}$

이를 ㉠에 대입하면

$\begin{pmatrix} 0 & 2 \\ 4 & -3 \end{pmatrix}+B=\begin{pmatrix} 2 & 1 \\ 3 & -2 \end{pmatrix}$

$\therefore B=\begin{pmatrix} 2 & 1 \\ 3 & -2 \end{pmatrix}-\begin{pmatrix} 0 & 2 \\ 4 & -3 \end{pmatrix}=\begin{pmatrix} 2 & -1 \\ -1 & 1 \end{pmatrix}$

074 답 $A=\begin{pmatrix} 3 & -1 \\ -2 & 4 \end{pmatrix}$, $B=\begin{pmatrix} 0 & 3 \\ 9 & -11 \end{pmatrix}$

$A+B=\begin{pmatrix} 3 & 2 \\ 7 & -7 \end{pmatrix}$ $\qquad$ ...... ㉠

$4A+B=\begin{pmatrix} 12 & -1 \\ 1 & 5 \end{pmatrix}$ $\qquad$ ...... ㉡

㉡$-$㉠을 하면

$3A=\begin{pmatrix} 12 & -1 \\ 1 & 5 \end{pmatrix}-\begin{pmatrix} 3 & 2 \\ 7 & -7 \end{pmatrix}=\begin{pmatrix} 9 & -3 \\ -6 & 12 \end{pmatrix}$

$\therefore A=\dfrac{1}{3}\begin{pmatrix} 9 & -3 \\ -6 & 12 \end{pmatrix}=\begin{pmatrix} 3 & -1 \\ -2 & 4 \end{pmatrix}$

이를 ㉠에 대입하면

$\begin{pmatrix} 3 & -1 \\ -2 & 4 \end{pmatrix}+B=\begin{pmatrix} 3 & 2 \\ 7 & -7 \end{pmatrix}$

$\therefore B=\begin{pmatrix} 3 & 2 \\ 7 & -7 \end{pmatrix}-\begin{pmatrix} 3 & -1 \\ -2 & 4 \end{pmatrix}=\begin{pmatrix} 0 & 3 \\ 9 & -11 \end{pmatrix}$

075 답 $x=2$, $y=-2$

$\begin{pmatrix} 5 & -3x \\ 1 & 4 \end{pmatrix}-\begin{pmatrix} 2 & 9 \\ 4y & 6 \end{pmatrix}=\begin{pmatrix} 3 & -15 \\ 9 & -2 \end{pmatrix}$에서

$\begin{pmatrix} 3 & -3x-9 \\ 1-4y & -2 \end{pmatrix}=\begin{pmatrix} 3 & -15 \\ 9 & -2 \end{pmatrix}$

행렬이 서로 같을 조건에 의하여

$-3x-9=-15$, $1-4y=9$ $\qquad \therefore x=2$, $y=-2$

076 답 $x=2$, $y=-5$

$3\begin{pmatrix} x & y \\ -1 & 0 \end{pmatrix}+2\begin{pmatrix} -y & 2x \\ 1 & 4 \end{pmatrix}=\begin{pmatrix} 16 & -7 \\ -1 & 8 \end{pmatrix}$에서

$\begin{pmatrix} 3x & 3y \\ -3 & 0 \end{pmatrix}+\begin{pmatrix} -2y & 4x \\ 2 & 8 \end{pmatrix}=\begin{pmatrix} 16 & -7 \\ -1 & 8 \end{pmatrix}$

$\begin{pmatrix} 3x-2y & 4x+3y \\ -1 & 8 \end{pmatrix}=\begin{pmatrix} 16 & -7 \\ -1 & 8 \end{pmatrix}$

행렬이 서로 같을 조건에 의하여
$3x-2y=16$, $4x+3y=-7$
두 식을 연립하여 풀면 $x=2$, $y=-5$

077 답 $x=-2$, $y=3$

$x\begin{pmatrix} 1 & -2 \\ -1 & 3 \end{pmatrix}+y\begin{pmatrix} 2 & 5 \\ 1 & -4 \end{pmatrix}=\begin{pmatrix} 4 & 19 \\ 5 & -18 \end{pmatrix}$ 에서

$\begin{pmatrix} x & -2x \\ -x & 3x \end{pmatrix}+\begin{pmatrix} 2y & 5y \\ y & -4y \end{pmatrix}=\begin{pmatrix} 4 & 19 \\ 5 & -18 \end{pmatrix}$

$\begin{pmatrix} x+2y & -2x+5y \\ -x+y & 3x-4y \end{pmatrix}=\begin{pmatrix} 4 & 19 \\ 5 & -18 \end{pmatrix}$

행렬이 서로 같을 조건에 의하여
$x+2y=4$, $-x+y=5$
두 식을 연립하여 풀면 $x=-2$, $y=3$

078 답 $x=-1$, $y=-4$

$x\begin{pmatrix} 2 & 1 \\ 4 & -3 \end{pmatrix}-y\begin{pmatrix} -2 & 2 \\ -1 & 6 \end{pmatrix}=\begin{pmatrix} -10 & 7 \\ -8 & 27 \end{pmatrix}$ 에서

$\begin{pmatrix} 2x & x \\ 4x & -3x \end{pmatrix}-\begin{pmatrix} -2y & 2y \\ -y & 6y \end{pmatrix}=\begin{pmatrix} -10 & 7 \\ -8 & 27 \end{pmatrix}$

$\begin{pmatrix} 2x+2y & x-2y \\ 4x+y & -3x-6y \end{pmatrix}=\begin{pmatrix} -10 & 7 \\ -8 & 27 \end{pmatrix}$

행렬이 서로 같을 조건에 의하여
$2x+2y=-10$, $x-2y=7$
두 식을 연립하여 풀면 $x=-1$, $y=-4$

실전유형

240~241쪽

079 답 ①

$A-B=\begin{pmatrix} 2 & -1 \\ 3 & 4 \end{pmatrix}-\begin{pmatrix} -2 & 1 \\ 1 & 2 \end{pmatrix}=\begin{pmatrix} 4 & -2 \\ 2 & 2 \end{pmatrix}$

따라서 구하는 모든 성분의 합은
$4+(-2)+2+2=6$

080 답 1

$A+2B=\begin{pmatrix} 2 & -5 \\ x & 6 \end{pmatrix}+2\begin{pmatrix} 3x & 1 \\ 7 & -4 \end{pmatrix}$

$=\begin{pmatrix} 2 & -5 \\ x & 6 \end{pmatrix}+\begin{pmatrix} 6x & 2 \\ 14 & -8 \end{pmatrix}$

$=\begin{pmatrix} 2+6x & -3 \\ x+14 & -2 \end{pmatrix}$

행렬 $A+2B$의 모든 성분의 합이 18이므로
$2+6x+(-3)+x+14+(-2)=18$
$7x+11=18$ ∴ $x=1$

081 답 ③

$3\left(A+\dfrac{1}{3}B\right)-2\left(\dfrac{1}{2}A-2B\right)$

$=2A+5B$

$=2\begin{pmatrix} -3 & 1 & 2 \\ 0 & 6 & -4 \end{pmatrix}+5\begin{pmatrix} -2 & 3 & 1 \\ -1 & 5 & 0 \end{pmatrix}$

$=\begin{pmatrix} -6 & 2 & 4 \\ 0 & 12 & -8 \end{pmatrix}+\begin{pmatrix} -10 & 15 & 5 \\ -5 & 25 & 0 \end{pmatrix}$

$=\begin{pmatrix} -16 & 17 & 9 \\ -5 & 37 & -8 \end{pmatrix}$

082 답 $\begin{pmatrix} 10 & 21 \\ -9 & -22 \end{pmatrix}$

$2(A+2B)-3(B-C)-4A$

$=-2A+B+3C$

$=-2\begin{pmatrix} 1 & 2 \\ 3 & 4 \end{pmatrix}+\begin{pmatrix} -3 & -2 \\ 0 & 7 \end{pmatrix}+3\begin{pmatrix} 5 & 9 \\ -1 & -7 \end{pmatrix}$

$=\begin{pmatrix} -2 & -4 \\ -6 & -8 \end{pmatrix}+\begin{pmatrix} -3 & -2 \\ 0 & 7 \end{pmatrix}+\begin{pmatrix} 15 & 27 \\ -3 & -21 \end{pmatrix}$

$=\begin{pmatrix} 10 & 21 \\ -9 & -22 \end{pmatrix}$

083 답 ②

$A+X=3B+2X$에서
$X=A-3B$

$=\begin{pmatrix} 1 & 0 \\ 3 & -2 \end{pmatrix}-3\begin{pmatrix} 2 & -1 \\ 4 & 3 \end{pmatrix}$

$=\begin{pmatrix} 1 & 0 \\ 3 & -2 \end{pmatrix}-\begin{pmatrix} 6 & -3 \\ 12 & 9 \end{pmatrix}$

$=\begin{pmatrix} -5 & 3 \\ -9 & -11 \end{pmatrix}$

084 답 ③

$A+B=\begin{pmatrix} 2 & 5 \\ -4 & 1 \end{pmatrix}$ ······ ㉠

$A-B=\begin{pmatrix} 4 & 5 \\ 2 & 3 \end{pmatrix}$ ······ ㉡

㉠+㉡을 하면

$2A=\begin{pmatrix} 2 & 5 \\ -4 & 1 \end{pmatrix}+\begin{pmatrix} 4 & 5 \\ 2 & 3 \end{pmatrix}=\begin{pmatrix} 6 & 10 \\ -2 & 4 \end{pmatrix}$

∴ $A=\dfrac{1}{2}\begin{pmatrix} 6 & 10 \\ -2 & 4 \end{pmatrix}=\begin{pmatrix} 3 & 5 \\ -1 & 2 \end{pmatrix}$

085 답 19

$A+2B=\begin{pmatrix} 5 & 13 \\ 2 & 10 \end{pmatrix}$ ······ ㉠

$2A+B=\begin{pmatrix} 4 & 11 \\ 1 & 11 \end{pmatrix}$ ······ ㉡

$2\times\bigcirc-\bigcirc$을 하면

$$3B=2\begin{pmatrix}5&13\\2&10\end{pmatrix}-\begin{pmatrix}4&11\\1&11\end{pmatrix}$$

$$=\begin{pmatrix}10&26\\4&20\end{pmatrix}-\begin{pmatrix}4&11\\1&11\end{pmatrix}$$

$$=\begin{pmatrix}6&15\\3&9\end{pmatrix}$$

$$\therefore B=\frac{1}{3}\begin{pmatrix}6&15\\3&9\end{pmatrix}=\begin{pmatrix}2&5\\1&3\end{pmatrix}$$

이를 $\bigcirc$에 대입하면

$$A+2\begin{pmatrix}2&5\\1&3\end{pmatrix}=\begin{pmatrix}5&13\\2&10\end{pmatrix}$$

$$\therefore A=\begin{pmatrix}5&13\\2&10\end{pmatrix}-\begin{pmatrix}4&10\\2&6\end{pmatrix}$$

$$=\begin{pmatrix}1&3\\0&4\end{pmatrix}$$

$$\therefore A+B=\begin{pmatrix}1&3\\0&4\end{pmatrix}+\begin{pmatrix}2&5\\1&3\end{pmatrix}$$

$$=\begin{pmatrix}3&8\\1&7\end{pmatrix}$$

따라서 구하는 모든 성분의 합은

$3+8+1+7=19$

086 답 ①

$$X+3Y=\begin{pmatrix}14&-1\\-7&-6\end{pmatrix}\quad\cdots\cdots\bigcirc$$

$$2X-Y=\begin{pmatrix}14&5\\0&-33\end{pmatrix}\quad\cdots\cdots\bigcirc$$

$2\times\bigcirc-\bigcirc$을 하면

$$7Y=2\begin{pmatrix}14&-1\\-7&-6\end{pmatrix}-\begin{pmatrix}14&5\\0&-33\end{pmatrix}$$

$$=\begin{pmatrix}28&-2\\-14&-12\end{pmatrix}-\begin{pmatrix}14&5\\0&-33\end{pmatrix}$$

$$=\begin{pmatrix}14&-7\\-14&21\end{pmatrix}$$

$$\therefore Y=\frac{1}{7}\begin{pmatrix}14&-7\\-14&21\end{pmatrix}=\begin{pmatrix}2&-1\\-2&3\end{pmatrix}$$

이를 $\bigcirc$에 대입하면

$$X+3\begin{pmatrix}2&-1\\-2&3\end{pmatrix}=\begin{pmatrix}14&-1\\-7&-6\end{pmatrix}$$

$$\therefore X=\begin{pmatrix}14&-1\\-7&-6\end{pmatrix}-\begin{pmatrix}6&-3\\-6&9\end{pmatrix}$$

$$=\begin{pmatrix}8&2\\-1&-15\end{pmatrix}$$

$$\therefore X-Y=\begin{pmatrix}8&2\\-1&-15\end{pmatrix}-\begin{pmatrix}2&-1\\-2&3\end{pmatrix}$$

$$=\begin{pmatrix}6&3\\1&-18\end{pmatrix}$$

따라서 구하는 모든 성분의 합은

$6+3+1+(-18)=-8$

087 답 ④

$$X+Y=A-2B\quad\cdots\cdots\bigcirc$$

$$X-2Y=4A+B\quad\cdots\cdots\bigcirc$$

$\bigcirc-\bigcirc$을 하면

$$3Y=-3A-3B$$

$$\therefore Y=-A-B$$

이를 $\bigcirc$에 대입하면

$$X+(-A-B)=A-2B$$

$$\therefore X=2A-B$$

$$\therefore 2X+Y=2(2A-B)+(-A-B)$$

$$=3A-3B$$

$$=3\begin{pmatrix}3&-2\\7&-4\end{pmatrix}-3\begin{pmatrix}0&1\\4&5\end{pmatrix}$$

$$=\begin{pmatrix}9&-6\\21&-12\end{pmatrix}-\begin{pmatrix}0&3\\12&15\end{pmatrix}$$

$$=\begin{pmatrix}9&-9\\9&-27\end{pmatrix}$$

088 답 ①

$$\begin{pmatrix}x&0\\2&y\end{pmatrix}+\begin{pmatrix}y&z\\x&-z\end{pmatrix}=\begin{pmatrix}5&y\\4&5\end{pmatrix}-\begin{pmatrix}2&1\\z&y\end{pmatrix}$$에서

$$\begin{pmatrix}x+y&z\\2+x&y-z\end{pmatrix}=\begin{pmatrix}3&y-1\\4-z&5-y\end{pmatrix}$$

행렬이 서로 같을 조건에 의하여

$x+y=3\quad\cdots\cdots\bigcirc$

$z=y-1\quad\cdots\cdots\bigcirc$

$y-z=5-y\quad\cdots\cdots\bigcirc$

$\bigcirc$에서 $y-z=1\quad\cdots\cdots$②

$\bigcirc$에서 $2y-z=5\quad\cdots\cdots$⑩

②, ⑩을 연립하여 풀면

$y=4,\ z=3$

$y=4$를 $\bigcirc$에 대입하면

$x+4=3\quad\therefore x=-1$

$$\therefore xyz=-1\times4\times3=-12$$

089 답 1

$$x\begin{pmatrix}1&2\\6&-5\end{pmatrix}+y\begin{pmatrix}-2&1\\4&7\end{pmatrix}=\begin{pmatrix}-8&-1\\0&31\end{pmatrix}$$에서

$$\begin{pmatrix}x&2x\\6x&-5x\end{pmatrix}+\begin{pmatrix}-2y&y\\4y&7y\end{pmatrix}=\begin{pmatrix}-8&-1\\0&31\end{pmatrix}$$

$$\begin{pmatrix}x-2y&2x+y\\6x+4y&-5x+7y\end{pmatrix}=\begin{pmatrix}-8&-1\\0&31\end{pmatrix}$$

행렬이 서로 같을 조건에 의하여

$x-2y=-8,\ 2x+y=-1$

두 식을 연립하여 풀면

$x=-2,\ y=3$

$$\therefore x+y=1$$

090 답 22

$xA+yB=C$에서

$x\begin{pmatrix} -1 & 3 \\ -2 & 2 \end{pmatrix}+y\begin{pmatrix} 1 & -6 \\ -1 & 5 \end{pmatrix}=\begin{pmatrix} 3 & -21 \\ -6 & a \end{pmatrix}$

$\begin{pmatrix} -x & 3x \\ -2x & 2x \end{pmatrix}+\begin{pmatrix} y & -6y \\ -y & 5y \end{pmatrix}=\begin{pmatrix} 3 & -21 \\ -6 & a \end{pmatrix}$

$\begin{pmatrix} -x+y & 3x-6y \\ -2x-y & 2x+5y \end{pmatrix}=\begin{pmatrix} 3 & -21 \\ -6 & a \end{pmatrix}$

행렬이 서로 같을 조건에 의하여

$-x+y=3$ ······ ㉠

$-2x-y=-6$ ······ ㉡

$2x+5y=a$ ······ ㉢

㉠, ㉡을 연립하여 풀면

$x=1,\ y=4$

이를 ㉢에 대입하면

$a=2\times1+5\times4=22$

243~244쪽

개념유형

091 답 32

092 답 -10

093 답 $(-6\quad 14)$

094 답 $(-4\quad 26)$

095 답 $\begin{pmatrix} 5 & 10 \\ -3 & -6 \end{pmatrix}$

096 답 $\begin{pmatrix} 8 & -32 \\ -4 & 16 \end{pmatrix}$

097 답 $\begin{pmatrix} -6 \\ -1 \end{pmatrix}$

098 답 $\begin{pmatrix} 11 \\ -7 \end{pmatrix}$

099 답 $\begin{pmatrix} 2 & 24 \\ 3 & 6 \end{pmatrix}$

100 답 $\begin{pmatrix} 24 & -12 \\ -12 & 18 \end{pmatrix}$

101 답 $\begin{pmatrix} -4 & -19 \\ 2 & -48 \end{pmatrix}$

102 답 $\begin{pmatrix} 4 & 26 \\ -3 & 18 \end{pmatrix}$

103 답 $\begin{pmatrix} -2 & 3 \\ 3 & 0 \end{pmatrix}$

$AB=\begin{pmatrix} 2 & -1 \\ 3 & 0 \end{pmatrix}\begin{pmatrix} 1 & 0 \\ 4 & -3 \end{pmatrix}$

$\quad=\begin{pmatrix} -2 & 3 \\ 3 & 0 \end{pmatrix}$

104 답 $\begin{pmatrix} 2 & 5 \\ 14 & 17 \end{pmatrix}$

$BC=\begin{pmatrix} 1 & 0 \\ 4 & -3 \end{pmatrix}\begin{pmatrix} 2 & 5 \\ -2 & 1 \end{pmatrix}$

$\quad=\begin{pmatrix} 2 & 5 \\ 14 & 17 \end{pmatrix}$

105 답 $\begin{pmatrix} 19 & -2 \\ -1 & 2 \end{pmatrix}$

$CA=\begin{pmatrix} 2 & 5 \\ -2 & 1 \end{pmatrix}\begin{pmatrix} 2 & -1 \\ 3 & 0 \end{pmatrix}$

$\quad=\begin{pmatrix} 19 & -2 \\ -1 & 2 \end{pmatrix}$

106 답 $\begin{pmatrix} 8 & 14 \\ 20 & 32 \end{pmatrix}$

$A+B=\begin{pmatrix} 2 & -1 \\ 3 & 0 \end{pmatrix}+\begin{pmatrix} 1 & 0 \\ 4 & -3 \end{pmatrix}=\begin{pmatrix} 3 & -1 \\ 7 & -3 \end{pmatrix}$이므로

$(A+B)C=\begin{pmatrix} 3 & -1 \\ 7 & -3 \end{pmatrix}\begin{pmatrix} 2 & 5 \\ -2 & 1 \end{pmatrix}$

$\qquad\quad=\begin{pmatrix} 8 & 14 \\ 20 & 32 \end{pmatrix}$

107 답 $\begin{pmatrix} -8 & -6 \\ -3 & -15 \end{pmatrix}$

$B-C=\begin{pmatrix} 1 & 0 \\ 4 & -3 \end{pmatrix}-\begin{pmatrix} 2 & 5 \\ -2 & 1 \end{pmatrix}=\begin{pmatrix} -1 & -5 \\ 6 & -4 \end{pmatrix}$이므로

$A(B-C)=\begin{pmatrix} 2 & -1 \\ 3 & 0 \end{pmatrix}\begin{pmatrix} -1 & -5 \\ 6 & -4 \end{pmatrix}$

$\qquad\quad=\begin{pmatrix} -8 & -6 \\ -3 & -15 \end{pmatrix}$

108 답 $x=-2,\ y=3$

$\begin{pmatrix} x & 0 \\ 3 & 2 \end{pmatrix}\begin{pmatrix} -1 \\ 3 \end{pmatrix}=\begin{pmatrix} 2 \\ y \end{pmatrix}$에서

$\begin{pmatrix} -x \\ 3 \end{pmatrix}=\begin{pmatrix} 2 \\ y \end{pmatrix}$

행렬이 서로 같을 조건에 의하여

$-x=2,\ 3=y$ $\therefore x=-2,\ y=3$

109 답 $x=2,\ y=-3$

$\begin{pmatrix} 2 & 4 \\ -1 & 1 \end{pmatrix}\begin{pmatrix} x \\ y \end{pmatrix}=\begin{pmatrix} -8 \\ -5 \end{pmatrix}$에서

$\begin{pmatrix} 2x+4y \\ -x+y \end{pmatrix}=\begin{pmatrix} -8 \\ -5 \end{pmatrix}$

행렬이 서로 같을 조건에 의하여

$2x+4y=-8,\ -x+y=-5$

두 식을 연립하여 풀면

$x=2,\ y=-3$

110 답 $x=-1,\ y=4$

$(5\ \ -2)\begin{pmatrix} x & 2 \\ 1 & y \end{pmatrix}=(-7\ \ 2)$에서

$(5x-2\ \ 10-2y)=(-7\ \ 2)$

행렬이 서로 같을 조건에 의하여

$5x-2=-7,\ 10-2y=2$

$\therefore x=-1,\ y=4$

111 답 $x=-5,\ y=-3$

$(x\ \ y)\begin{pmatrix} -2 & 1 \\ 6 & 7 \end{pmatrix}=(-8\ \ -26)$에서

$(-2x+6y\ \ x+7y)=(-8\ \ -26)$

행렬이 서로 같을 조건에 의하여

$-2x+6y=-8,\ x+7y=-26$

두 식을 연립하여 풀면

$x=-5,\ y=-3$

112 답 $x=1,\ y=4$

$\begin{pmatrix} -1 & -2 \\ x & 1 \end{pmatrix}\begin{pmatrix} 3 & y \\ 2 & -1 \end{pmatrix}=\begin{pmatrix} -7 & -2 \\ 5 & 3 \end{pmatrix}$에서

$\begin{pmatrix} -7 & -y+2 \\ 3x+2 & xy-1 \end{pmatrix}=\begin{pmatrix} -7 & -2 \\ 5 & 3 \end{pmatrix}$

행렬이 서로 같을 조건에 의하여

$-y+2=-2,\ 3x+2=5$

$\therefore x=1,\ y=4$

113 답 $x=2,\ y=4$

$\begin{pmatrix} 7 & -2 \\ 4 & 1 \end{pmatrix}\begin{pmatrix} x & 1 \\ y & -3 \end{pmatrix}=\begin{pmatrix} 6 & 13 \\ 12 & 1 \end{pmatrix}$에서

$\begin{pmatrix} 7x-2y & 13 \\ 4x+y & 1 \end{pmatrix}=\begin{pmatrix} 6 & 13 \\ 12 & 1 \end{pmatrix}$

행렬이 서로 같을 조건에 의하여

$7x-2y=6,\ 4x+y=12$

두 식을 연립하여 풀면

$x=2,\ y=4$

114 답 ④

$AB=\begin{pmatrix} 1 & 2 \\ 3 & 4 \end{pmatrix}\begin{pmatrix} 0 & 1 \\ 1 & 0 \end{pmatrix}=\begin{pmatrix} 2 & 1 \\ 4 & 3 \end{pmatrix}$

따라서 구하는 모든 성분의 합은

$2+1+4+3=10$

115 답 ②

A는 2×1 행렬, B는 1×2 행렬, C는 2×2 행렬이다.

① 2×1 행렬과 1×2 행렬의 곱은 2×2 행렬이 된다.

② 2×1 행렬과 2×2 행렬의 곱은 정의되지 않는다.

③ 1×2 행렬과 2×1 행렬의 곱은 1×1 행렬이 된다.

④ 1×2 행렬과 2×2 행렬의 곱은 1×2 행렬이 된다.

⑤ 2×2 행렬과 2×1 행렬의 곱은 2×1 행렬이 된다.

따라서 곱이 정의되지 않는 것은 ②이다.

116 답 ⑤

$AB-BA=\begin{pmatrix} 3 & 2 \\ 1 & 0 \end{pmatrix}\begin{pmatrix} 1 & -1 \\ 2 & 0 \end{pmatrix}-\begin{pmatrix} 1 & -1 \\ 2 & 0 \end{pmatrix}\begin{pmatrix} 3 & 2 \\ 1 & 0 \end{pmatrix}$

$\quad=\begin{pmatrix} 7 & -3 \\ 1 & -1 \end{pmatrix}-\begin{pmatrix} 2 & 2 \\ 6 & 4 \end{pmatrix}$

$\quad=\begin{pmatrix} 5 & -5 \\ -5 & -5 \end{pmatrix}$

117 답 ②

$X+AB=B$에서

$X=B-AB$

$\quad=\begin{pmatrix} 0 & 1 \\ 1 & 0 \end{pmatrix}-\begin{pmatrix} 1 & -1 \\ 1 & -1 \end{pmatrix}\begin{pmatrix} 0 & 1 \\ 1 & 0 \end{pmatrix}$

$\quad=\begin{pmatrix} 0 & 1 \\ 1 & 0 \end{pmatrix}-\begin{pmatrix} -1 & 1 \\ -1 & 1 \end{pmatrix}$

$\quad=\begin{pmatrix} 1 & 0 \\ 2 & -1 \end{pmatrix}$

따라서 구하는 모든 성분의 합은

$1+0+2+(-1)=2$

118 답 7

$BA=O$에서

$\begin{pmatrix} 2 & 1 \\ y & 2 \end{pmatrix}\begin{pmatrix} x & 1 \\ 6 & -2 \end{pmatrix}=\begin{pmatrix} 0 & 0 \\ 0 & 0 \end{pmatrix}$

$\begin{pmatrix} 2x+6 & 0 \\ xy+12 & y-4 \end{pmatrix}=\begin{pmatrix} 0 & 0 \\ 0 & 0 \end{pmatrix}$

행렬이 서로 같을 조건에 의하여

$2x+6=0,\ y-4=0$

따라서 $x=-3,\ y=4$이므로

$y-x=7$

119 답 ④

$$\begin{pmatrix} 3 & -1 \\ x & 5 \end{pmatrix}\begin{pmatrix} 7 & -2 \\ 4 & y \end{pmatrix}=\begin{pmatrix} 17 & -7 \\ 6 & a \end{pmatrix}$$에서

$$\begin{pmatrix} 17 & -6-y \\ 7x+20 & -2x+5y \end{pmatrix}=\begin{pmatrix} 17 & -7 \\ 6 & a \end{pmatrix}$$

행렬이 서로 같을 조건에 의하여

$-6-y=-7$ ····· ㉠

$7x+20=6$ ····· ㉡

$-2x+5y=a$ ····· ㉢

㉠에서 $y=1$

㉡에서 $x=-2$

$x=-2$, $y=1$을 ㉢에 대입하면

$a=-2\times(-2)+5\times1=9$

120 답 ③

$$AB=\begin{pmatrix} 700 & 1200 \\ 900 & 1000 \end{pmatrix}\begin{pmatrix} 10 & 7 \\ 8 & 9 \end{pmatrix}$$

$$=\begin{pmatrix} 700\times10+1200\times8 & 700\times7+1200\times9 \\ 900\times10+1000\times8 & 900\times7+1000\times9 \end{pmatrix}$$

이때 행렬 AB의 $(2, 1)$ 성분은 $900\times10+1000\times8$이므로 가게 Q 에서 사과 10개와 망고 8개를 산 지민이의 지불 금액과 같다.

121 답 $a+b$

$$AB=\begin{pmatrix} 400 & 600 \\ 800 & 1500 \end{pmatrix}\begin{pmatrix} 120 & 150 \\ 210 & 180 \end{pmatrix}$$

$$=\begin{pmatrix} 400\times120+600\times210 & 400\times150+600\times180 \\ 800\times120+1500\times210 & 800\times150+1500\times180 \end{pmatrix}$$

즉,

$$\begin{pmatrix} a & b \\ c & d \end{pmatrix}=\begin{pmatrix} 400\times120+600\times210 & 400\times150+600\times180 \\ 800\times120+1500\times210 & 800\times150+1500\times180 \end{pmatrix}$$

이므로

$a=$(3월에 판매된 라면과 과자의 제조 원가 총액)

$b=$(4월에 판매된 라면과 과자의 제조 원가 총액)

$c=$(3월에 판매된 라면과 과자의 판매 금액)

$d=$(4월에 판매된 라면과 과자의 판매 금액)

따라서 3월과 4월에 판매된 라면과 과자의 제조 원가 총액은

$a+b$

122 답 ④

$$PQ=\begin{pmatrix} 300 & 200 \\ 250 & 150 \end{pmatrix}\begin{pmatrix} 0.7 & 0.6 \\ 0.3 & 0.4 \end{pmatrix}$$

$$=\begin{pmatrix} 300\times0.7+200\times0.3 & 300\times0.6+200\times0.4 \\ 250\times0.7+150\times0.3 & 250\times0.6+150\times0.4 \end{pmatrix}$$

$$QP=\begin{pmatrix} 0.7 & 0.6 \\ 0.3 & 0.4 \end{pmatrix}\begin{pmatrix} 300 & 200 \\ 250 & 150 \end{pmatrix}$$

$$=\begin{pmatrix} 0.7\times300+0.6\times250 & 0.7\times200+0.6\times150 \\ 0.3\times300+0.4\times250 & 0.3\times200+0.4\times150 \end{pmatrix}$$

A 학교에서 배드민턴을 배우는 학생 수는 $300\times0.3+250\times0.4$

따라서 이를 나타내는 행렬의 성분은 QP의 $(2, 1)$ 성분이다.

123 답 $\begin{pmatrix} 1 & -9 \\ 0 & 4 \end{pmatrix}$

$$A^2=AA=\begin{pmatrix} -1 & 3 \\ 0 & -2 \end{pmatrix}\begin{pmatrix} -1 & 3 \\ 0 & -2 \end{pmatrix}$$

$$=\begin{pmatrix} 1 & -9 \\ 0 & 4 \end{pmatrix}$$

124 답 $\begin{pmatrix} -1 & 21 \\ 0 & -8 \end{pmatrix}$

$$A^3=A^2A=\begin{pmatrix} 1 & -9 \\ 0 & 4 \end{pmatrix}\begin{pmatrix} -1 & 3 \\ 0 & -2 \end{pmatrix}$$

$$=\begin{pmatrix} -1 & 21 \\ 0 & -8 \end{pmatrix}$$

125 답 $\begin{pmatrix} 1 & -45 \\ 0 & 16 \end{pmatrix}$

$$A^4=A^3A=\begin{pmatrix} -1 & 21 \\ 0 & -8 \end{pmatrix}\begin{pmatrix} -1 & 3 \\ 0 & -2 \end{pmatrix}$$

$$=\begin{pmatrix} 1 & -45 \\ 0 & 16 \end{pmatrix}$$

126 답 $\begin{pmatrix} 4 & 0 \\ 4 & 0 \end{pmatrix}$

$$A^2=AA=\begin{pmatrix} 2 & 0 \\ 2 & 0 \end{pmatrix}\begin{pmatrix} 2 & 0 \\ 2 & 0 \end{pmatrix}=\begin{pmatrix} 4 & 0 \\ 4 & 0 \end{pmatrix}$$

127 답 $\begin{pmatrix} 8 & 0 \\ 8 & 0 \end{pmatrix}$

$$A^3=A^2A=\begin{pmatrix} 4 & 0 \\ 4 & 0 \end{pmatrix}\begin{pmatrix} 2 & 0 \\ 2 & 0 \end{pmatrix}=\begin{pmatrix} 8 & 0 \\ 8 & 0 \end{pmatrix}$$

128 답 $\begin{pmatrix} 16 & 0 \\ 16 & 0 \end{pmatrix}$

$$A^4=A^3A=\begin{pmatrix} 8 & 0 \\ 8 & 0 \end{pmatrix}\begin{pmatrix} 2 & 0 \\ 2 & 0 \end{pmatrix}=\begin{pmatrix} 16 & 0 \\ 16 & 0 \end{pmatrix}$$

129 답 ①

$$A^2=AA=\begin{pmatrix} -3 & 0 \\ -3 & 0 \end{pmatrix}\begin{pmatrix} -3 & 0 \\ -3 & 0 \end{pmatrix}=\begin{pmatrix} 9 & 0 \\ 9 & 0 \end{pmatrix}$$

$$A^3=A^2A=\begin{pmatrix} 9 & 0 \\ 9 & 0 \end{pmatrix}\begin{pmatrix} -3 & 0 \\ -3 & 0 \end{pmatrix}=\begin{pmatrix} -27 & 0 \\ -27 & 0 \end{pmatrix}=9\begin{pmatrix} -3 & 0 \\ -3 & 0 \end{pmatrix}=9A$$

$\therefore k=9$

130 답 ②

$$A^2 = AA = \begin{pmatrix} 1 & -2 \\ 0 & 1 \end{pmatrix}\begin{pmatrix} 1 & -2 \\ 0 & 1 \end{pmatrix} = \begin{pmatrix} 1 & -4 \\ 0 & 1 \end{pmatrix}$$

$$A^3 = A^2A = \begin{pmatrix} 1 & -4 \\ 0 & 1 \end{pmatrix}\begin{pmatrix} 1 & -2 \\ 0 & 1 \end{pmatrix} = \begin{pmatrix} 1 & -6 \\ 0 & 1 \end{pmatrix}$$

$$\vdots$$

$$\therefore A^n = \begin{pmatrix} 1 & -2n \\ 0 & 1 \end{pmatrix} \text{ (단, } n\text{은 자연수)}$$

$$\therefore A^{50} = \begin{pmatrix} 1 & -100 \\ 0 & 1 \end{pmatrix}$$

따라서 구하는 모든 성분의 합은
$$1 + (-100) + 0 + 1 = -98$$

131 답 9

$$A^2 = AA = \begin{pmatrix} -1 & 0 \\ a & -1 \end{pmatrix}\begin{pmatrix} -1 & 0 \\ a & -1 \end{pmatrix} = \begin{pmatrix} 1 & 0 \\ -2a & 1 \end{pmatrix}$$

$$A^4 = A^2A^2 = \begin{pmatrix} 1 & 0 \\ -2a & 1 \end{pmatrix}\begin{pmatrix} 1 & 0 \\ -2a & 1 \end{pmatrix} = \begin{pmatrix} 1 & 0 \\ -4a & 1 \end{pmatrix}$$

이때 행렬 A^4의 모든 성분의 합이 -34이므로
$$1 + 0 + (-4a) + 1 = -34$$
$$-4a = -36$$
$$\therefore a = 9$$

132 답 ④

$$A^2 = AA = \begin{pmatrix} a & 1 \\ -4 & -2 \end{pmatrix}\begin{pmatrix} a & 1 \\ -4 & -2 \end{pmatrix}$$
$$= \begin{pmatrix} a^2-4 & a-2 \\ -4a+8 & 0 \end{pmatrix}$$

$$A^3 = A^2A = \begin{pmatrix} a^2-4 & a-2 \\ -4a+8 & 0 \end{pmatrix}\begin{pmatrix} a & 1 \\ -4 & -2 \end{pmatrix}$$
$$= \begin{pmatrix} a^3-8a+8 & a^2-2a \\ -4a^2+8a & -4a+8 \end{pmatrix}$$

즉, $\begin{pmatrix} a^3-8a+8 & a^2-2a \\ -4a^2+8a & -4a+8 \end{pmatrix} = \begin{pmatrix} 0 & 0 \\ 0 & 0 \end{pmatrix}$이므로 행렬이 서로 같을 조건에 의하여
$$-4a+8 = 0 \quad \therefore a = 2$$

133 답 ③

$$A^2 = AA = \begin{pmatrix} 1 & 0 \\ 0 & 3 \end{pmatrix}\begin{pmatrix} 1 & 0 \\ 0 & 3 \end{pmatrix} = \begin{pmatrix} 1 & 0 \\ 0 & 9 \end{pmatrix}$$

$$A^3 = A^2A = \begin{pmatrix} 1 & 0 \\ 0 & 9 \end{pmatrix}\begin{pmatrix} 1 & 0 \\ 0 & 3 \end{pmatrix} = \begin{pmatrix} 1 & 0 \\ 0 & 27 \end{pmatrix}$$

$$\vdots$$

$$\therefore A^n = \begin{pmatrix} 1 & 0 \\ 0 & 3^n \end{pmatrix} \text{ (단, } n\text{은 자연수)}$$

이때 $A^k = \begin{pmatrix} 1 & 0 \\ 0 & 729 \end{pmatrix}$이고, $3^6 = 729$이므로
$$k = 6$$

134 답 34

$$A^2 = AA = \begin{pmatrix} 1 & 0 \\ 3 & 1 \end{pmatrix}\begin{pmatrix} 1 & 0 \\ 3 & 1 \end{pmatrix} = \begin{pmatrix} 1 & 0 \\ 6 & 1 \end{pmatrix}$$

$$A^3 = A^2A = \begin{pmatrix} 1 & 0 \\ 6 & 1 \end{pmatrix}\begin{pmatrix} 1 & 0 \\ 3 & 1 \end{pmatrix} = \begin{pmatrix} 1 & 0 \\ 9 & 1 \end{pmatrix}$$

$$\vdots$$

$$\therefore A^n = \begin{pmatrix} 1 & 0 \\ 3n & 1 \end{pmatrix} \text{ (단, } n\text{은 자연수)}$$

따라서 행렬 A^n의 $(2, 1)$ 성분은 $3n$이므로
$$a_n = 3n$$
$$3n > 100\text{에서 } n > \frac{100}{3} = 33.3\cdots$$
따라서 자연수 n의 최솟값은 34이다.

개념유형

135 답 $\begin{pmatrix} 7 & 0 \\ -1 & -2 \end{pmatrix}$

$AB+AC = A(B+C)$이므로 행렬 $B+C$를 먼저 구하면
$$B+C = \begin{pmatrix} -1 & 0 \\ 3 & 2 \end{pmatrix} + \begin{pmatrix} 2 & 2 \\ 0 & -3 \end{pmatrix}$$
$$= \begin{pmatrix} 1 & 2 \\ 3 & -1 \end{pmatrix}$$
$$\therefore AB+AC = A(B+C)$$
$$= \begin{pmatrix} 1 & 2 \\ -1 & 0 \end{pmatrix}\begin{pmatrix} 1 & 2 \\ 3 & -1 \end{pmatrix}$$
$$= \begin{pmatrix} 7 & 0 \\ -1 & -2 \end{pmatrix}$$

136 답 $\begin{pmatrix} -1 & 2 \\ 4 & 6 \end{pmatrix}$

$BA+CA = (B+C)A$이므로
$$BA+CA = (B+C)A$$
$$= \begin{pmatrix} 1 & 2 \\ 3 & -1 \end{pmatrix}\begin{pmatrix} 1 & 2 \\ -1 & 0 \end{pmatrix}$$
$$= \begin{pmatrix} -1 & 2 \\ 4 & 6 \end{pmatrix}$$

137 답 $\begin{pmatrix} -4 & 0 \\ 12 & 6 \end{pmatrix}$

$CA-CB = C(A-B)$이므로 행렬 $A-B$를 먼저 구하면
$$A-B = \begin{pmatrix} 1 & 2 \\ -1 & 0 \end{pmatrix} - \begin{pmatrix} -1 & 0 \\ 3 & 2 \end{pmatrix} = \begin{pmatrix} 2 & 2 \\ -4 & -2 \end{pmatrix}$$
$$\therefore CA-CB = C(A-B)$$
$$= \begin{pmatrix} 2 & 2 \\ 0 & -3 \end{pmatrix}\begin{pmatrix} 2 & 2 \\ -4 & -2 \end{pmatrix}$$
$$= \begin{pmatrix} -4 & 0 \\ 12 & 6 \end{pmatrix}$$

11 행렬의 연산 131

138 답 $\begin{pmatrix} 11 & 8 \\ 3 & 4 \end{pmatrix}$

$ABA+ABC=AB(A+C)$이므로 두 행렬 AB, $A+C$를 각각 구하면

$AB=\begin{pmatrix} 1 & 2 \\ -1 & 0 \end{pmatrix}\begin{pmatrix} -1 & 0 \\ 3 & 2 \end{pmatrix}=\begin{pmatrix} 5 & 4 \\ 1 & 0 \end{pmatrix}$

$A+C=\begin{pmatrix} 1 & 2 \\ -1 & 0 \end{pmatrix}+\begin{pmatrix} 2 & 2 \\ 0 & -3 \end{pmatrix}=\begin{pmatrix} 3 & 4 \\ -1 & -3 \end{pmatrix}$

$\therefore ABA+ABC=AB(A+C)$

$\qquad\qquad\quad =\begin{pmatrix} 5 & 4 \\ 1 & 0 \end{pmatrix}\begin{pmatrix} 3 & 4 \\ -1 & -3 \end{pmatrix}$

$\qquad\qquad\quad =\begin{pmatrix} 11 & 8 \\ 3 & 4 \end{pmatrix}$

139 답 -1, 5

140 답 $\begin{pmatrix} 1 \\ 3 \end{pmatrix}$

$\begin{pmatrix} a+c \\ b+d \end{pmatrix}=\begin{pmatrix} a \\ b \end{pmatrix}+\begin{pmatrix} c \\ d \end{pmatrix}$이므로

$A\begin{pmatrix} a+c \\ b+d \end{pmatrix}=A\begin{pmatrix} a \\ b \end{pmatrix}+A\begin{pmatrix} c \\ d \end{pmatrix}$

$\qquad\qquad =\begin{pmatrix} 3 \\ 1 \end{pmatrix}+\begin{pmatrix} -2 \\ 2 \end{pmatrix}=\begin{pmatrix} 1 \\ 3 \end{pmatrix}$

141 답 $\begin{pmatrix} 14 \\ 2 \end{pmatrix}$

$\begin{pmatrix} 4a-c \\ 4b-d \end{pmatrix}=\begin{pmatrix} 4a \\ 4b \end{pmatrix}-\begin{pmatrix} c \\ d \end{pmatrix}=4\begin{pmatrix} a \\ b \end{pmatrix}-\begin{pmatrix} c \\ d \end{pmatrix}$이므로

$A\begin{pmatrix} 4a-c \\ 4b-d \end{pmatrix}=4A\begin{pmatrix} a \\ b \end{pmatrix}-A\begin{pmatrix} c \\ d \end{pmatrix}$

$\qquad\qquad =4\begin{pmatrix} 3 \\ 1 \end{pmatrix}-\begin{pmatrix} -2 \\ 2 \end{pmatrix}$

$\qquad\qquad =\begin{pmatrix} 12 \\ 4 \end{pmatrix}-\begin{pmatrix} -2 \\ 2 \end{pmatrix}=\begin{pmatrix} 14 \\ 2 \end{pmatrix}$

142 답 $\begin{pmatrix} -12 \\ 4 \end{pmatrix}$

$\begin{pmatrix} 3c-2a \\ 3d-2b \end{pmatrix}=\begin{pmatrix} 3c \\ 3d \end{pmatrix}-\begin{pmatrix} 2a \\ 2b \end{pmatrix}=3\begin{pmatrix} c \\ d \end{pmatrix}-2\begin{pmatrix} a \\ b \end{pmatrix}$이므로

$A\begin{pmatrix} 3c-2a \\ 3d-2b \end{pmatrix}=3A\begin{pmatrix} c \\ d \end{pmatrix}-2A\begin{pmatrix} a \\ b \end{pmatrix}$

$\qquad\qquad =3\begin{pmatrix} -2 \\ 2 \end{pmatrix}-2\begin{pmatrix} 3 \\ 1 \end{pmatrix}$

$\qquad\qquad =\begin{pmatrix} -6 \\ 6 \end{pmatrix}-\begin{pmatrix} 6 \\ 2 \end{pmatrix}$

$\qquad\qquad =\begin{pmatrix} -12 \\ 4 \end{pmatrix}$

143 답 ①

$A^2-AB=A(A-B)$

$\qquad\quad =\begin{pmatrix} 1 & 2 \\ 0 & 1 \end{pmatrix}\begin{pmatrix} 1 & 0 \\ 1 & -1 \end{pmatrix}$

$\qquad\quad =\begin{pmatrix} 3 & -2 \\ 1 & -1 \end{pmatrix}$

따라서 구하는 모든 성분의 합은

$3+(-2)+1+(-1)=1$

144 답 ④

$A(B+C)+(C-A)B-C(A+B)$

$=AB+AC+CB-AB-CA-CB$

$=AC-CA$

$=\begin{pmatrix} 1 & 1 \\ -2 & 0 \end{pmatrix}\begin{pmatrix} 3 & 2 \\ -1 & 4 \end{pmatrix}-\begin{pmatrix} 3 & 2 \\ -1 & 4 \end{pmatrix}\begin{pmatrix} 1 & 1 \\ -2 & 0 \end{pmatrix}$

$=\begin{pmatrix} 2 & 6 \\ -6 & -4 \end{pmatrix}-\begin{pmatrix} -1 & 3 \\ -9 & -1 \end{pmatrix}$

$=\begin{pmatrix} 3 & 3 \\ 3 & -3 \end{pmatrix}$

145 답 -8

$(A+B)^2=A^2+AB+BA+B^2$이므로

$A^2+B^2=(A+B)^2-(AB+BA)$

$\qquad\quad =\begin{pmatrix} 1 & -1 \\ 3 & -2 \end{pmatrix}\begin{pmatrix} 1 & -1 \\ 3 & -2 \end{pmatrix}-\begin{pmatrix} 2 & 0 \\ 6 & -3 \end{pmatrix}$

$\qquad\quad =\begin{pmatrix} -2 & 1 \\ -3 & 1 \end{pmatrix}-\begin{pmatrix} 2 & 0 \\ 6 & -3 \end{pmatrix}$

$\qquad\quad =\begin{pmatrix} -4 & 1 \\ -9 & 4 \end{pmatrix}$

따라서 구하는 모든 성분의 합은

$-4+1+(-9)+4=-8$

146 답 ④

주어진 식의 좌변을 전개하면

$(A+B)^2=A^2+AB+BA+B^2$

즉, $A^2+AB+BA+B^2=A^2+2AB+B^2$이려면

$AB+BA=2AB$

$\therefore AB=BA$

즉, $\begin{pmatrix} 3 & 2 \\ 1 & 5 \end{pmatrix}\begin{pmatrix} 1 & 4 \\ 2 & x \end{pmatrix}=\begin{pmatrix} 1 & 4 \\ 2 & x \end{pmatrix}\begin{pmatrix} 3 & 2 \\ 1 & 5 \end{pmatrix}$이므로

$\begin{pmatrix} 7 & 12+2x \\ 11 & 4+5x \end{pmatrix}=\begin{pmatrix} 7 & 22 \\ 6+x & 4+5x \end{pmatrix}$

행렬이 서로 같을 조건에 의하여

$11=6+x$

$\therefore x=5$

147 답 3

주어진 식의 좌변을 전개하면

$(A-B)^2=A^2-AB-BA+B^2$

즉, $A^2-AB-BA+B^2=A^2-2AB+B^2$이려면

$-AB-BA=-2AB$

$\therefore AB=BA$

즉, $\begin{pmatrix} 0 & 4 \\ 2 & 4 \end{pmatrix}\begin{pmatrix} 1 & x \\ y & 3 \end{pmatrix}=\begin{pmatrix} 1 & x \\ y & 3 \end{pmatrix}\begin{pmatrix} 0 & 4 \\ 2 & 4 \end{pmatrix}$이므로

$\begin{pmatrix} 4y & 12 \\ 2+4y & 2x+12 \end{pmatrix}=\begin{pmatrix} 2x & 4+4x \\ 6 & 4y+12 \end{pmatrix}$

행렬이 서로 같을 조건에 의하여

$12=4+4x$, $2+4y=6$

따라서 $x=2$, $y=1$이므로

$x+y=3$

148 답 13

주어진 식의 좌변을 전개하면

$(A+B)(A-B)=A^2-AB+BA-B^2$

즉, $A^2-AB+BA-B^2=A^2-B^2$이려면

$-AB+BA=O$

$\therefore AB=BA$

즉, $\begin{pmatrix} -1 & x \\ 3 & 0 \end{pmatrix}\begin{pmatrix} -2 & 2 \\ y & -1 \end{pmatrix}=\begin{pmatrix} -2 & 2 \\ y & -1 \end{pmatrix}\begin{pmatrix} -1 & x \\ 3 & 0 \end{pmatrix}$이므로

$\begin{pmatrix} 2+xy & -2-x \\ -6 & 6 \end{pmatrix}=\begin{pmatrix} 8 & -2x \\ -y-3 & xy \end{pmatrix}$

행렬이 서로 같을 조건에 의하여

$-2-x=-2x$, $-6=-y-3$

따라서 $x=2$, $y=3$이므로

$x^2+y^2=4+9=13$

149 답 ⑤

$\begin{pmatrix} 3a-c \\ 3b-d \end{pmatrix}=\begin{pmatrix} 3a \\ 3b \end{pmatrix}-\begin{pmatrix} c \\ d \end{pmatrix}=3\begin{pmatrix} a \\ b \end{pmatrix}-\begin{pmatrix} c \\ d \end{pmatrix}$이므로

$A\begin{pmatrix} 3a-c \\ 3b-d \end{pmatrix}=3A\begin{pmatrix} a \\ b \end{pmatrix}-A\begin{pmatrix} c \\ d \end{pmatrix}$

$=3\begin{pmatrix} 2 \\ 3 \end{pmatrix}-\begin{pmatrix} -1 \\ 5 \end{pmatrix}$

$=\begin{pmatrix} 6 \\ 9 \end{pmatrix}-\begin{pmatrix} -1 \\ 5 \end{pmatrix}=\begin{pmatrix} 7 \\ 4 \end{pmatrix}$

150 답 ②

실수 a, b에 대하여 $a\begin{pmatrix} 1 \\ 0 \end{pmatrix}+b\begin{pmatrix} 0 \\ 1 \end{pmatrix}=\begin{pmatrix} 1 \\ 2 \end{pmatrix}$가 성립한다고 하면

$\begin{pmatrix} a \\ b \end{pmatrix}=\begin{pmatrix} 1 \\ 2 \end{pmatrix}$

행렬이 서로 같을 조건에 의하여

$a=1$, $b=2$

$\therefore A\begin{pmatrix} 1 \\ 2 \end{pmatrix}=A\left\{\begin{pmatrix} 1 \\ 0 \end{pmatrix}+2\begin{pmatrix} 0 \\ 1 \end{pmatrix}\right\}$

$=A\begin{pmatrix} 1 \\ 0 \end{pmatrix}+2A\begin{pmatrix} 0 \\ 1 \end{pmatrix}$

$=\begin{pmatrix} 2 \\ 3 \end{pmatrix}+2\begin{pmatrix} -1 \\ 2 \end{pmatrix}$

$=\begin{pmatrix} 2 \\ 3 \end{pmatrix}+\begin{pmatrix} -2 \\ 4 \end{pmatrix}=\begin{pmatrix} 0 \\ 7 \end{pmatrix}$

따라서 $p=0$, $q=7$이므로 $p+q=7$

151 답 2

$A\begin{pmatrix} -2a \\ 7b \end{pmatrix}=\begin{pmatrix} 4 \\ -2 \end{pmatrix}$, $A\begin{pmatrix} 5a \\ -4b \end{pmatrix}=\begin{pmatrix} -7 \\ 11 \end{pmatrix}$을 변끼리 더하면

$A\begin{pmatrix} -2a \\ 7b \end{pmatrix}+A\begin{pmatrix} 5a \\ -4b \end{pmatrix}=\begin{pmatrix} 4 \\ -2 \end{pmatrix}+\begin{pmatrix} -7 \\ 11 \end{pmatrix}$

$A\begin{pmatrix} 3a \\ 3b \end{pmatrix}=\begin{pmatrix} -3 \\ 9 \end{pmatrix}$, $3A\begin{pmatrix} a \\ b \end{pmatrix}=\begin{pmatrix} -3 \\ 9 \end{pmatrix}$

$\therefore A\begin{pmatrix} a \\ b \end{pmatrix}=\frac{1}{3}\begin{pmatrix} -3 \\ 9 \end{pmatrix}=\begin{pmatrix} -1 \\ 3 \end{pmatrix}$

따라서 구하는 모든 성분의 합은

$-1+3=2$

개념유형

253쪽

152 답 $\begin{pmatrix} -1 & 0 \\ 0 & -1 \end{pmatrix}$

153 답 $\begin{pmatrix} 3 & 0 \\ 0 & 3 \end{pmatrix}$

154 답 $\begin{pmatrix} 1 & 0 \\ 0 & 1 \end{pmatrix}$

자연수 n에 대하여 $E^n=E=\begin{pmatrix} 1 & 0 \\ 0 & 1 \end{pmatrix}$이므로

$E^3=E=\begin{pmatrix} 1 & 0 \\ 0 & 1 \end{pmatrix}$

155 답 $\begin{pmatrix} 1 & 0 \\ 0 & 1 \end{pmatrix}$

$(-E)^{20}=E^{20}=E=\begin{pmatrix} 1 & 0 \\ 0 & 1 \end{pmatrix}$

156 답 A^2-E

$(A+E)(A-E)=A^2-AE+EA-E^2$

$=A^2-A+A-E$

$=A^2-E$

157 답 $A^2-4A+4E$

$(A-2E)^2=(A-2E)(A-2E)$
$\qquad =A^2-2AE-2EA+4E^2$
$\qquad =A^2-2A-2A+4E$
$\qquad =A^2-4A+4E$

158 답 A^3+E

$(A+E)(A^2-A+E)=A^3-A^2+AE+EA^2-EA+E^2$
$\qquad\qquad\qquad\qquad =A^3-A^2+A+A^2-A+E$
$\qquad\qquad\qquad\qquad =A^3+E$

159 답 E, 4

160 답 2

$A^2=AA=\begin{pmatrix} -1 & 0 \\ 0 & 1 \end{pmatrix}\begin{pmatrix} -1 & 0 \\ 0 & 1 \end{pmatrix}=\begin{pmatrix} 1 & 0 \\ 0 & 1 \end{pmatrix}=E$

따라서 자연수 n의 최솟값은 2이다.

161 답 3

$A^2=AA=\begin{pmatrix} 1 & -1 \\ 3 & -2 \end{pmatrix}\begin{pmatrix} 1 & -1 \\ 3 & -2 \end{pmatrix}=\begin{pmatrix} -2 & 1 \\ -3 & 1 \end{pmatrix}$

$A^3=A^2A=\begin{pmatrix} -2 & 1 \\ -3 & 1 \end{pmatrix}\begin{pmatrix} 1 & -1 \\ 3 & -2 \end{pmatrix}=\begin{pmatrix} 1 & 0 \\ 0 & 1 \end{pmatrix}=E$

따라서 자연수 n의 최솟값은 3이다.

162 답 6

$A^2=AA=\begin{pmatrix} -1 & 3 \\ -1 & 2 \end{pmatrix}\begin{pmatrix} -1 & 3 \\ -1 & 2 \end{pmatrix}=\begin{pmatrix} -2 & 3 \\ -1 & 1 \end{pmatrix}$

$A^3=A^2A=\begin{pmatrix} -2 & 3 \\ -1 & 1 \end{pmatrix}\begin{pmatrix} -1 & 3 \\ -1 & 2 \end{pmatrix}=\begin{pmatrix} -1 & 0 \\ 0 & -1 \end{pmatrix}=-E$

$A^4=A^3A=(-E)A=-A$
$A^5=A^4A=(-A)A=-A^2$
$A^6=A^5A=(-A^2)A=-A^3=-(-E)=E$

따라서 자연수 n의 최솟값은 6이다.

실전유형   254쪽

163 답 ⑤

$A^2=AA=\begin{pmatrix} 1 & 0 \\ -2 & 2 \end{pmatrix}\begin{pmatrix} 1 & 0 \\ -2 & 2 \end{pmatrix}=\begin{pmatrix} 1 & 0 \\ -6 & 4 \end{pmatrix}$

$A^3=A^2A=\begin{pmatrix} 1 & 0 \\ -6 & 4 \end{pmatrix}\begin{pmatrix} 1 & 0 \\ -2 & 2 \end{pmatrix}=\begin{pmatrix} 1 & 0 \\ -14 & 8 \end{pmatrix}$

$\therefore (A-E)(A^2+A+E)=A^3-E$
$\qquad\qquad\qquad\qquad =\begin{pmatrix} 1 & 0 \\ -14 & 8 \end{pmatrix}-\begin{pmatrix} 1 & 0 \\ 0 & 1 \end{pmatrix}$
$\qquad\qquad\qquad\qquad =\begin{pmatrix} 0 & 0 \\ -14 & 7 \end{pmatrix}$

164 답 9

$A^2=AA=\begin{pmatrix} -1 & 1 \\ 0 & 1 \end{pmatrix}\begin{pmatrix} -1 & 1 \\ 0 & 1 \end{pmatrix}=\begin{pmatrix} 1 & 0 \\ 0 & 1 \end{pmatrix}=E$이므로

$(2A+E)^2=4A^2+4A+E^2$
$\qquad\qquad =4E+4A+E$
$\qquad\qquad =4A+5E$

따라서 $x=4$, $y=5$이므로
$x+y=9$

165 답 1

$(A+E)(A-E)=E$에서
$A^2-E^2=E$ $\qquad \therefore A^2=2E$ $\qquad \cdots\cdots$ ㉠
$A^2=AA=\begin{pmatrix} x & 1 \\ y & -1 \end{pmatrix}\begin{pmatrix} x & 1 \\ y & -1 \end{pmatrix}=\begin{pmatrix} x^2+y & x-1 \\ xy-y & y+1 \end{pmatrix}$이므로 ㉠에서

$\begin{pmatrix} x^2+y & x-1 \\ xy-y & y+1 \end{pmatrix}=\begin{pmatrix} 2 & 0 \\ 0 & 2 \end{pmatrix}$

행렬이 서로 같을 조건에 의하여
$x-1=0$, $y+1=2$
따라서 $x=1$, $y=1$이므로
$xy=1$

166 답 3

$A^2=AA=\begin{pmatrix} -2 & 1 \\ -3 & 1 \end{pmatrix}\begin{pmatrix} -2 & 1 \\ -3 & 1 \end{pmatrix}=\begin{pmatrix} 1 & -1 \\ 3 & -2 \end{pmatrix}$

$A^3=A^2A=\begin{pmatrix} 1 & -1 \\ 3 & -2 \end{pmatrix}\begin{pmatrix} -2 & 1 \\ -3 & 1 \end{pmatrix}=\begin{pmatrix} 1 & 0 \\ 0 & 1 \end{pmatrix}=E$

따라서 자연수 n의 최솟값은 3이다.

167 답 4

$A^2=AA=\begin{pmatrix} 2 & -1 \\ 5 & -2 \end{pmatrix}\begin{pmatrix} 2 & -1 \\ 5 & -2 \end{pmatrix}=\begin{pmatrix} -1 & 0 \\ 0 & -1 \end{pmatrix}=-E$

$A^3=A^2A=(-E)A=-A$
$A^4=A^3A=(-A)A=-A^2=-(-E)=E$

$\therefore A^{2013}=(A^4)^{503}A=E^{503}A=EA=A=\begin{pmatrix} 2 & -1 \\ 5 & -2 \end{pmatrix}$

따라서 구하는 모든 성분의 합은
$2+(-1)+5+(-2)=4$

168 답 ④

$A^2=AA=\begin{pmatrix} 3 & 1 \\ -7 & -2 \end{pmatrix}\begin{pmatrix} 3 & 1 \\ -7 & -2 \end{pmatrix}=\begin{pmatrix} 2 & 1 \\ -7 & -3 \end{pmatrix}$

$A^3=A^2A=\begin{pmatrix} 2 & 1 \\ -7 & -3 \end{pmatrix}\begin{pmatrix} 3 & 1 \\ -7 & -2 \end{pmatrix}=\begin{pmatrix} -1 & 0 \\ 0 & -1 \end{pmatrix}=-E$

$A^4 = A^3 A = (-E)A = -A$

$A^5 = A^4 A = (-A)A = -A^2$

$A^6 = A^5 A = (-A^2)A = -A^3 = -(-E) = E$

$\therefore A^{96} + A^{97} = (A^6)^{16} + (A^6)^{16}A$

$\qquad\qquad = E^{16} + E^{16}A = E + EA$

$\qquad\qquad = A + E$

실전유형으로 **중단원** 점검

255~256쪽

1 답 12

$a_{11} = 2 \times 1 + 1 = 3,\ a_{12} = 2 \times 1 + 2 = 4$

$a_{21} = 2 - 3 = -1,\ a_{22} = 2 \times 2 + 2 = 6$

따라서 행렬 A의 모든 성분의 합은

$3 + 4 + (-1) + 6 = 12$

2 답 ③

지점 A_1에서 지점 A_1, A_2, A_3으로 바로 가는 도로의 수가 각각 2, 1, 0이므로

$a_{11} = 2,\ a_{12} = 1,\ a_{13} = 0$

지점 A_2에서 지점 A_1, A_2, A_3으로 바로 가는 도로의 수가 각각 1, 1, 2이므로

$a_{21} = 1,\ a_{22} = 1,\ a_{23} = 2$

지점 A_3에서 지점 A_1, A_2, A_3으로 바로 가는 도로의 수가 각각 3, 1, 0이므로

$a_{31} = 3,\ a_{32} = 1,\ a_{33} = 0$

따라서 구하는 행렬은 $\begin{pmatrix} 2 & 1 & 0 \\ 1 & 1 & 2 \\ 3 & 1 & 0 \end{pmatrix}$

3 답 ④

행렬이 서로 같을 조건에 의하여

$\alpha = 6 - \beta,\ \beta = \dfrac{8}{\alpha}$ $\quad \therefore\ \alpha + \beta = 6,\ \alpha\beta = 8$

$\therefore\ \dfrac{\beta}{\alpha} + \dfrac{\alpha}{\beta} = \dfrac{\alpha^2 + \beta^2}{\alpha\beta} = \dfrac{(\alpha + \beta)^2 - 2\alpha\beta}{\alpha\beta}$

$\qquad\qquad = \dfrac{6^2 - 2 \times 8}{8} = \dfrac{5}{2}$

4 답 ②

$2A + B + 3X = X + 5B$에서

$2X = -2A + 4B$

$\therefore X = -A + 2B$

$\qquad = -\begin{pmatrix} 2 & 5 \\ -1 & -2 \end{pmatrix} + 2\begin{pmatrix} -3 & 1 \\ 4 & -6 \end{pmatrix}$

$\qquad = \begin{pmatrix} -2 & -5 \\ 1 & 2 \end{pmatrix} + \begin{pmatrix} -6 & 2 \\ 8 & -12 \end{pmatrix}$

$\qquad = \begin{pmatrix} -8 & -3 \\ 9 & -10 \end{pmatrix}$

5 답 -3

$A - B = \begin{pmatrix} 8 & -1 \\ -15 & 5 \end{pmatrix}$ $\quad$ ...... ㉠

$4A + B = \begin{pmatrix} 7 & 6 \\ -5 & -20 \end{pmatrix}$ $\quad$ ...... ㉡

㉠+㉡을 하면

$5A = \begin{pmatrix} 8 & -1 \\ -15 & 5 \end{pmatrix} + \begin{pmatrix} 7 & 6 \\ -5 & -20 \end{pmatrix}$

$\quad = \begin{pmatrix} 15 & 5 \\ -20 & -15 \end{pmatrix}$

$\therefore A = \dfrac{1}{5}\begin{pmatrix} 15 & 5 \\ -20 & -15 \end{pmatrix} = \begin{pmatrix} 3 & 1 \\ -4 & -3 \end{pmatrix}$

이를 ㉠에 대입하면

$\begin{pmatrix} 3 & 1 \\ -4 & -3 \end{pmatrix} - B = \begin{pmatrix} 8 & -1 \\ -15 & 5 \end{pmatrix}$

$\therefore B = \begin{pmatrix} 3 & 1 \\ -4 & -3 \end{pmatrix} - \begin{pmatrix} 8 & -1 \\ -15 & 5 \end{pmatrix} = \begin{pmatrix} -5 & 2 \\ 11 & -8 \end{pmatrix}$

$\therefore A + B = \begin{pmatrix} 3 & 1 \\ -4 & -3 \end{pmatrix} + \begin{pmatrix} -5 & 2 \\ 11 & -8 \end{pmatrix} = \begin{pmatrix} -2 & 3 \\ 7 & -11 \end{pmatrix}$

따라서 구하는 모든 성분의 합은

$-2 + 3 + 7 + (-11) = -3$

6 답 -5

$xA + yB = C$에서

$x\begin{pmatrix} 1 & -3 \\ 3 & -6 \end{pmatrix} + y\begin{pmatrix} 2 & 1 \\ -2 & a \end{pmatrix} = \begin{pmatrix} -5 & -13 \\ 17 & 2 \end{pmatrix}$

$\begin{pmatrix} x & -3x \\ 3x & -6x \end{pmatrix} + \begin{pmatrix} 2y & y \\ -2y & ay \end{pmatrix} = \begin{pmatrix} -5 & -13 \\ 17 & 2 \end{pmatrix}$

$\begin{pmatrix} x+2y & -3x+y \\ 3x-2y & -6x+ay \end{pmatrix} = \begin{pmatrix} -5 & -13 \\ 17 & 2 \end{pmatrix}$

행렬이 서로 같을 조건에 의하여

$x + 2y = -5$ $\quad$ ...... ㉠

$3x - 2y = 17$ $\quad$ ...... ㉡

$-6x + ay = 2$ $\quad$ ...... ㉢

㉠, ㉡을 연립하여 풀면

$x = 3,\ y = -4$

이를 ㉢에 대입하면

$-6 \times 3 + a \times (-4) = 2$

$-18 - 4a = 2$ $\quad \therefore a = -5$

7 답 -5

$\begin{pmatrix} 4 & -2 \\ 2 & x \end{pmatrix}\begin{pmatrix} -1 & 5 \\ y & 4 \end{pmatrix} = \begin{pmatrix} -10 & 12 \\ a & 6 \end{pmatrix}$에서

$\begin{pmatrix} -4-2y & 12 \\ -2+xy & 10+4x \end{pmatrix} = \begin{pmatrix} -10 & 12 \\ a & 6 \end{pmatrix}$

행렬이 서로 같을 조건에 의하여

$-4 - 2y = -10$ $\quad$ ...... ㉠

$-2 + xy = a$ $\quad$ ...... ㉡

$10 + 4x = 6$ $\quad$ ...... ㉢

㉠에서 $y=3$

㉢에서 $x=-1$

$x=-1$, $y=3$을 ㉡에 대입하면

$a=-2+(-1)\times3=-5$

8 답 ②

$$AB=\begin{pmatrix} 800 & 2200 \\ 1000 & 3000 \end{pmatrix}\begin{pmatrix} 5 & 6 \\ 4 & 3 \end{pmatrix}$$

$$=\begin{pmatrix} 800\times5+2200\times4 & 800\times6+2200\times3 \\ 1000\times5+3000\times4 & 1000\times6+3000\times3 \end{pmatrix}$$

이때 행렬 AB의 $(1, 2)$ 성분은 $800\times6+2200\times3$이므로 편의점 P에서 우유 6개와 김밥 3개를 산 상훈이의 지불 금액과 같다.

9 답 -200

$$A^2=AA=\begin{pmatrix} 1 & 0 \\ -1 & 1 \end{pmatrix}\begin{pmatrix} 1 & 0 \\ -1 & 1 \end{pmatrix}=\begin{pmatrix} 1 & 0 \\ -2 & 1 \end{pmatrix}$$

$$A^3=A^2A=\begin{pmatrix} 1 & 0 \\ -2 & 1 \end{pmatrix}\begin{pmatrix} 1 & 0 \\ -1 & 1 \end{pmatrix}=\begin{pmatrix} 1 & 0 \\ -3 & 1 \end{pmatrix}$$

$$\vdots$$

$$\therefore A^n=\begin{pmatrix} 1 & 0 \\ -n & 1 \end{pmatrix} \text{ (단, } n\text{은 자연수)}$$

$$\therefore A^{200}=\begin{pmatrix} 1 & 0 \\ -200 & 1 \end{pmatrix}$$

따라서 행렬 A^{200}의 $(2, 1)$ 성분은 -200이다.

10 답 -8

$(A+B)^2=A^2+AB+BA+B^2$이므로

$AB+BA=(A+B)^2-(A^2+B^2)$

$$=\begin{pmatrix} 2 & -1 \\ -5 & 3 \end{pmatrix}\begin{pmatrix} 2 & -1 \\ -5 & 3 \end{pmatrix}-\begin{pmatrix} -2 & 4 \\ -1 & 0 \end{pmatrix}$$

$$=\begin{pmatrix} 9 & -5 \\ -25 & 14 \end{pmatrix}-\begin{pmatrix} -2 & 4 \\ -1 & 0 \end{pmatrix}$$

$$=\begin{pmatrix} 11 & -9 \\ -24 & 14 \end{pmatrix}$$

따라서 구하는 모든 성분의 합은

$11+(-9)+(-24)+14=-8$

11 답 1

주어진 식의 좌변을 전개하면

$(A+B)(A-B)=A^2-AB+BA-B^2$

즉, $A^2-AB+BA-B^2=A^2-B^2$이려면

$-AB+BA=O$ $\therefore AB=BA$ $\cdots\cdots$ ⅰ

즉, $\begin{pmatrix} 1 & 2 \\ x & 3 \end{pmatrix}\begin{pmatrix} 1 & y \\ 3 & -1 \end{pmatrix}=\begin{pmatrix} 1 & y \\ 3 & -1 \end{pmatrix}\begin{pmatrix} 1 & 2 \\ x & 3 \end{pmatrix}$이므로

$\begin{pmatrix} 7 & y-2 \\ x+9 & xy-3 \end{pmatrix}=\begin{pmatrix} 1+xy & 2+3y \\ 3-x & 3 \end{pmatrix}$ $\cdots\cdots$ ⅱ

행렬이 서로 같을 조건에 의하여

$y-2=2+3y$, $x+9=3-x$

따라서 $x=-3$, $y=-2$이므로 $x-2y=1$ $\cdots\cdots$ ⅲ

채점 기준

ⅰ	$AB=BA$임을 보이기	30%
ⅱ	AB, BA 계산하기	30%
ⅲ	$x-2y$의 값 구하기	40%

12 답 16

실수 a, b에 대하여 $a\begin{pmatrix} 1 \\ 0 \end{pmatrix}+b\begin{pmatrix} 0 \\ 1 \end{pmatrix}=\begin{pmatrix} 3 \\ -1 \end{pmatrix}$이 성립한다고 하면

$\begin{pmatrix} a \\ b \end{pmatrix}=\begin{pmatrix} 3 \\ -1 \end{pmatrix}$

행렬이 서로 같을 조건에 의하여 $a=3$, $b=-1$

$\therefore A\begin{pmatrix} 3 \\ -1 \end{pmatrix}=A\left\{3\begin{pmatrix} 1 \\ 0 \end{pmatrix}-\begin{pmatrix} 0 \\ 1 \end{pmatrix}\right\}$

$=3A\begin{pmatrix} 1 \\ 0 \end{pmatrix}-A\begin{pmatrix} 0 \\ 1 \end{pmatrix}$

$=3\begin{pmatrix} -1 \\ 4 \end{pmatrix}-\begin{pmatrix} 2 \\ 1 \end{pmatrix}$

$=\begin{pmatrix} -3 \\ 12 \end{pmatrix}-\begin{pmatrix} 2 \\ 1 \end{pmatrix}=\begin{pmatrix} -5 \\ 11 \end{pmatrix}$

따라서 $p=-5$, $q=11$이므로 $q-p=16$

13 답 18

$$A^2=AA=\begin{pmatrix} 2 & -1 \\ 0 & 3 \end{pmatrix}\begin{pmatrix} 2 & -1 \\ 0 & 3 \end{pmatrix}=\begin{pmatrix} 4 & -5 \\ 0 & 9 \end{pmatrix}$$

$$A^3=A^2A=\begin{pmatrix} 4 & -5 \\ 0 & 9 \end{pmatrix}\begin{pmatrix} 2 & -1 \\ 0 & 3 \end{pmatrix}=\begin{pmatrix} 8 & -19 \\ 0 & 27 \end{pmatrix}$$

$\therefore (A+E)(A^2-A+E)=A^3+E$

$$=\begin{pmatrix} 8 & -19 \\ 0 & 27 \end{pmatrix}+\begin{pmatrix} 1 & 0 \\ 0 & 1 \end{pmatrix}$$

$$=\begin{pmatrix} 9 & -19 \\ 0 & 28 \end{pmatrix}$$

따라서 구하는 모든 성분의 합은

$9+(-19)+0+28=18$

14 답 ①

$$A^2=AA=\begin{pmatrix} 2 & -3 \\ 1 & -1 \end{pmatrix}\begin{pmatrix} 2 & -3 \\ 1 & -1 \end{pmatrix}=\begin{pmatrix} 1 & -3 \\ 1 & -2 \end{pmatrix}$$

$$A^3=A^2A=\begin{pmatrix} 1 & -3 \\ 1 & -2 \end{pmatrix}\begin{pmatrix} 2 & -3 \\ 1 & -1 \end{pmatrix}=\begin{pmatrix} -1 & 0 \\ 0 & -1 \end{pmatrix}=-E$$

$A^4=A^3A=(-E)A=-A$

$A^5=A^4A=(-A)A=-A^2$

$A^6=A^5A=(-A^2)A=-A^3=-(-E)=E$

$\therefore A^{1004}=(A^6)^{167}A^2=E^{167}A^2=EA^2=A^2=\begin{pmatrix} 1 & -3 \\ 1 & -2 \end{pmatrix}$

따라서 행렬 A^{1004}의 $(1, 2)$ 성분은 -3이다.